土木工程制图

主编　郭南初

黄河水利出版社

内 容 提 要

本书是参照高等学校工科制图课程教学指导委员会制定的《画法几何及土木建筑制图课程教学基本要求》，适应新世纪对人才素质的要求，参考了国内外同类书，吸收了多年来的教学经验，尤其是总结了近几年来课程教学改革实践而编写的。主要介绍土木工程制图的一般理论和制图方法，具有较强的专业特色，同时注意投影理论与制图实践的密切结合，遵循制图规范，由浅入深，便于学习。

全书共分为二十章，主要内容为制图基础、投影理论、建筑施工图、结构施工图等。为了加强对相关知识的了解，还增加了阴影、透视、给排水工程图、标高投影及机械图。为配合教学，另册出版《土木工程制图习题集》。

本书适用于建筑学、城市规划、土木工程、给排水工程及其他土建类专业使用。计划学时为 70～120 学时。

图书在版编目（CIP）数据

土木工程制图/郭南初主编.—郑州：黄河水利出版社，2007.6

高等院校土木工程专业规划教材

ISBN 7-80734-080-0

Ⅰ.土… Ⅱ.郭… Ⅲ.土木工程-建筑制图-高等学校-教材 Ⅳ.TU204

中国版本图书馆 CIP 数据核字（2006）第 096039 号

出 版 社：黄河水利出版社

地址：河南省郑州市金水路 11 号　　邮政编码：450003

发行单位：黄河水利出版社

发行部电话：0371-66026940　　传真：0371-66022620

E-mail：hhslcbs@126.com

承印单位：黄河水利委员会印刷厂

开本：787 mm×1 092 mm　1/16

印张：22

字数：508 千字　　印数：1—4 100

版次：2007 年 6 月第 1 版　　印次：2007 年 6 月第 1 次印刷

书号：ISBN 7-80734-080-0/TU·71　　定价：34.00 元

前　　言

本书及其配套使用的《土木工程制图习题集》，是根据高等工业学校《画法几何及土木建筑制图课程教学基本要求》的主要精神，在参考了国内外同类教材，结合我国高等工程教育课程改革的新成果，总结多年教学改革经验的基础上编写而成的。适用于普通高等工业院校建筑学、城市规划、土木工程、给排水工程及其他土建类专业土木工程制图的教学，也可供其他类型的学校，如函授大学、电视大学等有关专业参考使用。

本书分为画法几何、土木工程制图、计算机绘图三部分。画法几何部分主要讲述投影的基本理论和基本方法，培养学生的空间想象能力和空间思维能力；土木工程制图部分采用最新颁布的有关制图的国家标准和行业标准，介绍了制图的基本知识和形体的表达方法以及建筑施工图、结构施工图、给排水工程图等的图示特点及绘制方法和步骤；计算机绘图部分主要介绍了通用的绘图软件的基本知识。

本书在内容上兼顾了大土木工程各专业的基本要求，为适应现代绘图的需要，加强了计算机绘图部分。在文字讲述方面，力求文理通顺，深入浅出，循序渐进，突出重点。对于重要的例图，给出了分步图，以便于理解和阅读。对于重要的概念和较复杂的投影图，给出了直观图，以帮助进行空间想象。同时密切注意最新制图国家标准，并在教材中进行贯彻，以充分体现教材的先进性。

本书由郭南初任主编，左满常、贾彩虹任副主编。参加编写的有：郭南初（第一、二、十一、十九、二十章）、左满常（第十、十三、十四章）、贾彩虹（第三、十六、十七章）、金云霄（第四、五、十二章）、赵冰华（第六、七、十五章）、贺子奇（第八、九、十八章）。

由于编者水平有限，书中错误之处在所难免，敬请读者尤其是任课教师批评指正。

编　者

2007 年 5 月

目　　录

第一章 绪 论

第一节 学习土木工程制图课程的目的和任务

在土木工程中,任何建筑物的建设都需根据设计完善的图纸进行施工,图纸是土木工程不可缺少的重要技术资料,所有从事工程技术工作的人员,都必须掌握制图技能。不会读图就无法理解别人的设计意图,不会画图就无法表达自己的设计构思,所以工程图有"工程界的语言"之称,当然也是一种国际化语言。总之,凡从事土木工程设计、施工、管理的技术人员都离不开图纸。

本课程是高等工科院校土木建筑类专业一门既有理论又有实践的技术基础课。主要目的是培养学生能够自觉地运用各种绘图手段来构思、分析和表达工程问题的能力;同时培养和发展学生的空间想象能力和分析能力;以《建筑制图标准》(GB/T50104—2001)等为基础研究土木建筑工程图样的绘制和阅读问题。同时,它又为学生的相关后续课程、课程设计、毕业设计打下了良好的基础。

本课程的主要任务是:

(1)学习投影法,主要掌握正投影法和中心投影法的基本理论及应用。

(2)培养绘制和阅读土木建筑工程图样的初步能力。

(3)培养学生三维空间逻辑思维和形象思维能力。

(4)培养计算机绘制工程图样的能力。

(5)贯彻制图国家标准,培养学生自觉遵守国家标准的习惯。

(6)注重审美、创新能力的培养,逐步形成严谨细致、认真负责的科学作风。

本课程是一门实践性较强的课程,学生学完本课程后应达到如下要求:

(1)掌握各种投影法的基本理论和作图方法。

(2)能正确使用绘图仪器和工具,掌握徒手作图技巧,能绘制出符合国家标准的图纸和正确地阅读一般建筑图纸。

(3)对计算机绘图有初步认识,并能运用计算机绘图软件绘制出一般的建筑工程图样。

第二节 土木工程制图课程的学习方法

本课程的内容包括:画法几何、制图基础、土木工程制图和计算机绘图四个部分。画法几何是用投影方法研究空间几何元素的图示和图解问题的理论,为工程制图提供理论基础。制图基础是投影理论的运用,实践性较强,学习时应掌握工程形体的各种表达方法,熟悉并贯彻建筑制图国家标准。在土木工程制图中我们应该了解专业图的图示内容和图示方法；了解专业制图标准，初步掌握专业图样的绘制和阅读方法。计算机绘图的突出特点是实践性强，所以必须有足够的时间用于上机操作，这样才有可能真正掌握这一技术。学习时应讲究学习方法，才能提高学习效率，具体应注意以下三点。

一、课前预习，认真听课，及时复习

为了提高听课效果，同学们要尽可能地进行课前预习，即根据教学计划进度表，在每次听课前把教科书上相应的章节粗读一遍，了解讲课的主要内容，对看不懂的地方做出记号。听课时要全神贯注，紧紧抓住图形与空间的关系，并从这些关系中推导出投影特性和投影规律，注意教师讲课时的基本作图方法和作图步骤的理论依据。课后应及时复习，明确各章的教学目的及要求。

二、注意培养空间想象和空间分析能力

为了培养自己的空间想象和空间分析能力，必须搞清楚基本的作图方法和作图步骤的理论依据；画图与看图相结合，反复地看和画，交叉练习，使空间想象能力和空间分析能力得到提高。

三、按时完成布置的作业

本课程是一门实践性很强的课程，课程内容要通过完成足够的习题和作业才能最终掌握，这就要求学生多看、多画、多想，反复实践，才能达到熟能生巧、触类旁通的程度。作图一定要认真细致，应严格按照国家标准的规定画图，切忌马虎了事，做到作图准确、图线清晰、图面整洁。解题时要灵活运用基本方法和基本理论来做题，先认真审题，进行空间分析，从而明确已知条件和解题思路，并提出解题的方法和步骤，再进行作图。

第二章　制图的基本知识与技能

第一节　制图的基本规定

土木工程图用于表达设计的主要内容，是施工的依据，工程界的技术语言。为了便于设计、施工、管理和进行技术交流，使绘图和看图有一个共同的准则，必须对土木工程图的内容、画法、尺寸注法及其采用的符号（代号）等做统一的规定，这个统一的规定就是制图标准。1987 年国家计划委员会颁布了六种有关房屋建筑制图的国家标准，2001 年建设部会同有关部门对这六种标准进行修订，并于 2002 年 3 月 1 日起实施。六种标准是：《房屋建筑制图统一标准》（GB/T50001—2001）、《总图制图标准》（GB/T50103—2001）、《建筑制图标准》（GB/T50104—2001）、《建筑结构制图标准》（GB/T50105—2001）、《给水排水制图标准》（GB/T50106—2001）、《采暖通风与空气调节制图标准》（GB/T50114—2001）。每个工程技术人员都必须掌握并严格遵守。

我国国家标准简称国标，其代号是“GB”，例如 GB/T50104—2001，其中 GB/T 是表示推荐性国标，50104 是标准编号，2001 是发布年号。

本节主要介绍：图幅、图线、字体、比例、尺寸注法等基本制图标准，其他有关标准将在后续章节逐步介绍。

一、图纸幅面和图框格式

绘制技术图样时，首先采用表 2-1 中的基本幅面规格尺寸。必要时，可以加长幅面，加长幅面是按基本幅面的短边成整数倍增加。

表 2-1　基本幅面尺寸和图框尺寸　　（单位：mm）

尺寸	幅面代号				
	A0	A1	A2	A3	A4
$B\times L$	841×1189	594×841	420×594	297×420	210×297
c	10			5	
a	25				

基本幅面尺寸关系如图 2-1 所示，沿着某一号幅面的长边对裁，即为下一号幅面的大小。例如，沿 A1 幅面的长边对裁，即为 A2 的幅面，以此类推。表中代号的意义如图 2-1 所示。以短边作为垂直边的图纸称为横式幅面（见图 2-1(a)），以短边作为水平边的图纸称为竖式幅面（见图 2-1(b)）。一般 A0～A3 图纸宜用横式。

为了使图样复制和缩微摄影时定位方便，应在图纸各边长的中点处分别画出对中符号，对中符号是从周边画入图框内约 5mm 的一段粗实线。

图纸的标题栏(简称图标)和会签栏是图样的重要内容之一,其位置、尺寸和内容如图 2-1、图 2-2 和图 2-3 所示。标题栏的外框线为粗实线,标题栏的分格线为细实线。标题栏中文字的方向应为看图方向。在学校制图作业中,标题栏建议采用图 2-4 所示的格式,制图作业不用会签栏。

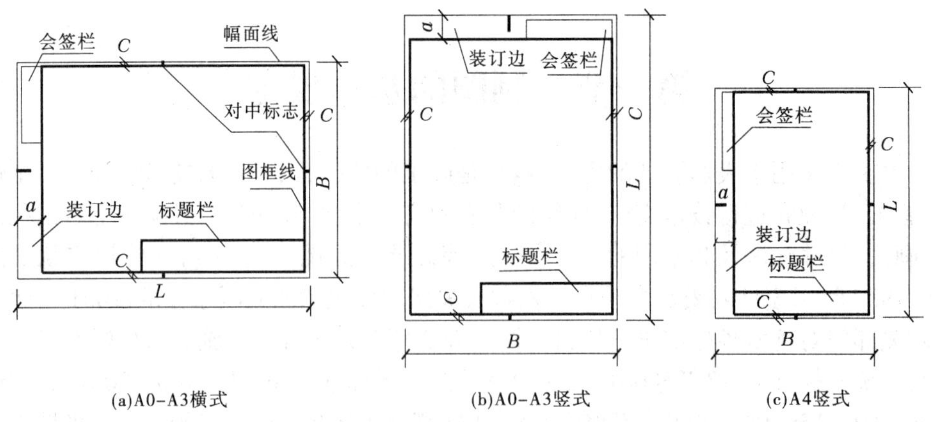

图 2-1 幅面代号及格式

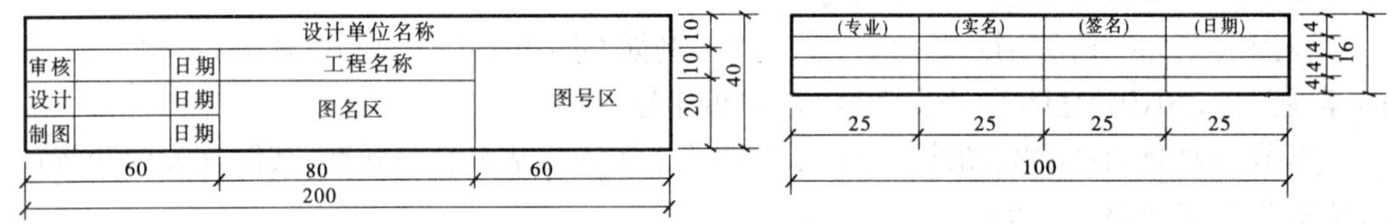

图 2-2 标题栏

图 2-3 会签栏

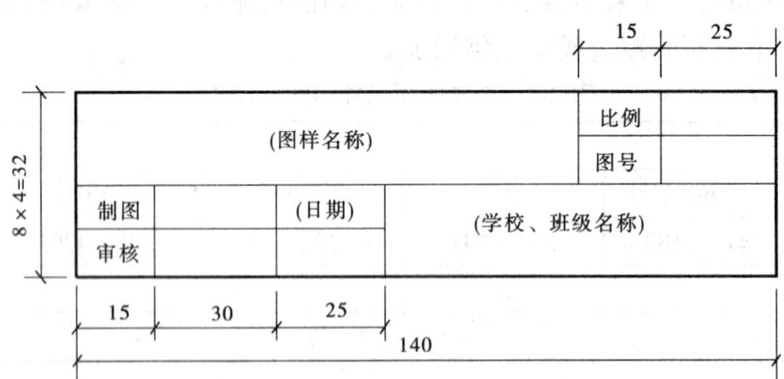

图 2-4 作业用标题栏

二、图线

画在图纸上的线条统称为图线。图线有粗、中、细之分。每个图样应根据形体的复杂程度和比例的大小,确定基本线宽 b,如表 2-2 所示。按《建筑制图标准》规定,图线 b 采用 2.0、1.4、1.0、0.7、0.5、0.35(单位 mm)6 种线宽。

在同一张图纸内，相同比例的图，应选用相同的线宽组，同类线应粗细相同，如表 2-3 所示。图框线、标题栏线、会签栏线的宽度按表 2-4 选用。

表 2-2　图线的形式和用途

名称		线型	线宽	用途
实线	粗		b	1. 平、剖面图中被剖切的主要建筑构造(含构配件)的轮廓线 2. 建筑立面图或室内立面图的外轮廓线 3. 建筑构造详图中被剖切的主要部分的轮廓线 4. 建筑构配件详图中的外轮廓线 5. 平、立、剖面图的剖切符号 6. 总平面图中新建建筑物的可见轮廓线 7. 给排水工程图中的给水管道
	中		$0.5b$	1. 平、剖面图中被剖切的次要建筑构造(含构配件)的轮廓线 2. 建筑平、立、剖面图中建筑构配件的轮廓线 3. 建筑构造详图及建筑构配件详图中的一般轮廓线 4. 总平面图中新建道路、桥梁、围墙等及其他设施的可见轮廓线和区域分界线 5. 尺寸起止符号
	细		$0.25b$	1. 总平面图中新建人行道、排水沟、草地、花坛等可见轮廓线，原有建筑物、铁路、道路、桥涵、围墙的可见轮廓线 2. 图例线、索引符号、尺寸线、尺寸界限、引出线、标高符号、较小图形的中心线、详图材料做法引出线等
虚线	粗		b	1. 新建建筑物的不可见轮廓线 2. 结构图上不可见钢筋及螺栓线 3. 给排水工程中的排水管道
	中		$0.5b$	1. 建筑构造详图及建筑构配件不可见轮廓线 2. 平面图中的起重机(吊车)轮廓线 3. 总平面图中拟扩建的建筑物、铁路、道路、桥涵、围墙及其他设施的轮廓线
	细		$0.25b$	1. 总平面图上原有建筑物和道路、桥涵、围墙等设施的不可见轮廓线 2. 结构详图中不可见钢筋混凝土构件轮廓线 3. 图例线
点画线	粗		b	1. 起重机(吊车)轨道线 2. 结构图中的支撑线
	中		$0.5b$	土方填挖区的零点线
	细		$0.25b$	分水线、中心线、对称线、定位轴线
双点画线	粗		b	预应力钢筋线
	细		$0.25b$	假想轮廓线、成型前原始轮廓线
折断线			$0.25b$	不需画全的断开界线
波浪线			$0.25b$	不需画全的断开界线

注：地平线的线宽可用 $1.4b$。

表 2-3 线条宽度表

线宽	线宽组					
b	2.0	1.4	1.0	0.7	0.5	0.35
$0.5b$	1.0	0.7	0.5	0.35	0.25	0.18
$0.25b$	0.5	0.35	0.25	0.18		

表 2-4 图框线、标题栏线、会签栏线的宽度

幅面代号	图框线	标题栏外框线	标题栏分隔线、会签栏线
A0、A1	1.4	0.7	0.35
A2、A3、A4	1.0	0.7	0.35

画线时还应注意以下几点：

(1)虚线的画和间隔应保持长短一致。画长3～6mm，间隔0.5～1mm。点画线和双点画线的首末两端应为“画”而不应为“点”。点画线画的长度应大致相等，为15～20mm，间隔1mm，再画短画，长度为2～3mm，间隔1mm，再画长画。

(2)虚线与虚线、点画线与点画线、虚线或点画线与其他图线交接时，应是线段交接。点画线或双点画线，当在较小图形中绘制有困难时，可用实线代替。

(3)虚线为实线的延长线时，不得与实线连接。

(4)图线不得与文字、数字或符号重叠、混淆。不可避免时，应首先保证文字等的清晰。

(5)绘制圆的对称中心线时，圆心应为画的交点，如图 2-5 所示。

各种线型在房屋平面图上的用法，如图 2-6 所示。

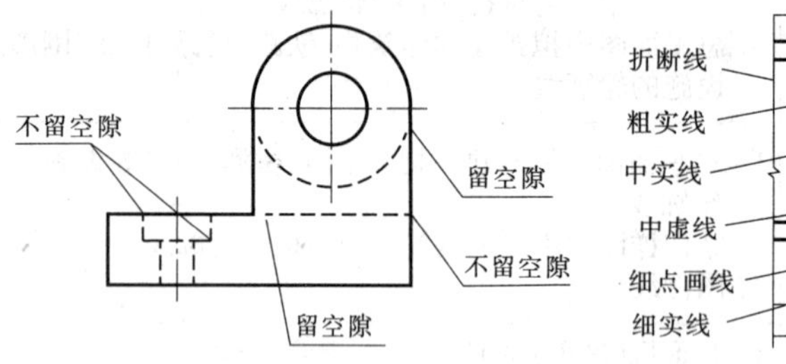

图 2-5 图线注意事项图

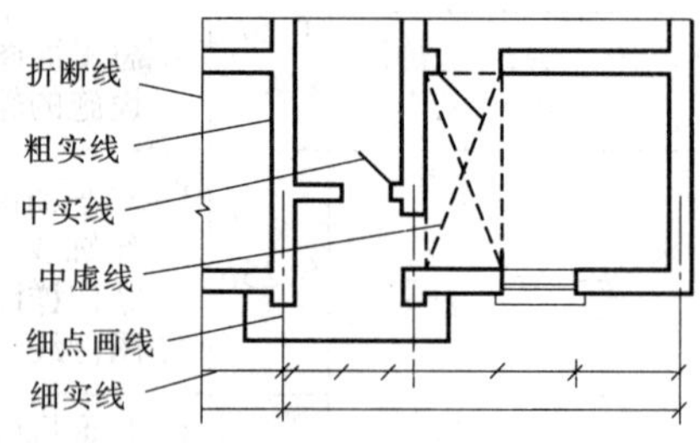

图 2-6 各种线型在房屋平面图上的用法

三、字体

字体是图样中的重要内容。图样上除了绘制物体的图形外，还要用汉字填写标题栏、文字说明；用数字标注尺寸；用字母注写各种代号或符号。

在《建筑制图标准》中，对图样中的汉字、数字、字母的字型和大小作了规定，并要求书写时必须做到字体工整、笔画清楚、间隔均匀、排列整齐。

字体的大小用字体的号数代表。字体的号数(简称字号)指字体的高度，用 h 表示。

图样中字号分为:20、14、10、7、5、3.5、2.5mm 七种。

(一)汉字

汉字应书写成长仿宋体,并应采用国家正式公布实施的简化字。字高应不小于3.5mm。字体的高宽之比为 1∶0.7。

长仿宋体字的书写要领是:横平竖直、起落有锋、结构匀称、填满方格。如图 2-7 所示。

图 2-7 长仿宋字示例

(二)数字和字母

数字和字母可以写成直体,也可以写成与水平线成 75°的斜体字。工程图样中常采用斜体。汉字与数字或字母混写时,数字和字母的高度比汉字的字高宜小一号。数字和字母的书写格式如图 2-8 所示。

I II III IV V VI VII VIII IX X

斜体罗马数字

图 2-8 字母和数字的书写格式示例

四、比例

图样中图形与其实物相对应的线性尺寸之比称为比例。

比值为 1 称原值比例(1:1),即图形与实物同样大;比值大于 1 称放大比例,如 2:1,即图形是实物的 2 倍,比值小于 1 称缩小比例,如 1:2,即图形是实物的$\frac{1}{2}$。

图样上的比例只反映图形与实物大小的缩放关系,图中标注的尺寸数值应为实物的真实大小,与图样的比例无关。

绘图所用的比例,应根据图样用途与被绘物体的复杂程度,采用如表 2-5 所示的国家标准规定的比例,并应优先选用常用比例。

表 2-5　国家标准规定的比例

图 名	常用比例	可选用比例
总平面图	1:500　1:1000　1:2000 1:5000　1:10000　1:50000	1:2500
总图专业的竖向布置图、管线综合图、断面图等	1:100　1:200　1:500 1:1000　1:2000　1:5000	1:300
平面图、立面图、剖视图、结构布置图、设备布置图等	1:50　1:100　1:150 1:200	1:300　1:400
简单的平面图	1:200　1:500	1:400
详图	1:1　1:2　1:5　1:10　1:20　1:50	1:3　1:4　1:6　1:15 1:25　1:30　1:40　1:60
机械图	2:1　5:1	

在图纸上必须注明比例,当整张图纸只用一种比例时,应统一注写在标题栏内,否则应区别注写。

五、尺寸标注

在土木工程图中,图样仅表示物体的形状,而物体的真实大小则由图样上所标注的实际尺寸来确定。本节只介绍尺寸标注的一般规则,而各种物体及工程图样的尺寸注法,将在以后有关章节中分别介绍。

(一)尺寸的组成与注意事项

一个完整的尺寸由尺寸界线、尺寸线、尺寸起止符号、尺寸数字 4 个部分组成。如图 2-9 所示。

1. 尺寸界线

尺寸界线用以表示所注尺寸的范围,用细实线绘制,一般应与被注长度垂直。尺寸界线可从图形的轮廓线、轴线或中心线处引出,也可以直接利用轮廓线、轴线或中心线作尺寸界线。绘制尺寸界线时,其引出的一端与轮廓线之间一般留有 2～3mm 间隙,另一端应超出尺寸线 2～3mm。

2.尺寸线

尺寸线用以表示尺寸的方向，用细实线绘制,应与被注的线段等长且平行,距离所注的线段10mm以上。尺寸线不能用其他任何图线代替,必须单独画出。

3.尺寸起止符号

尺寸起止符号用以表示尺寸的起止点。尺寸起止符号一般采用45°的中粗短画线表示,其倾斜方向应与尺寸界线成顺时针45°角,长度为2～3mm。也可以用箭头代替45°短画,但同一张图纸上只能用一种形式。半径、直径、角度和弧长等尺寸起止符号必须用箭头。

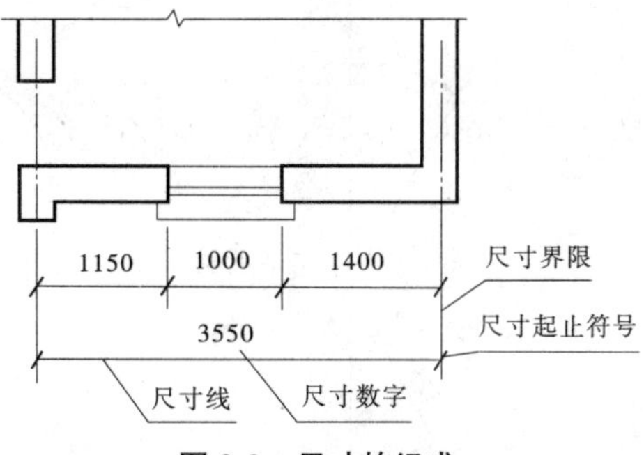

图2-9　尺寸的组成

4.尺寸数字

尺寸数字表示物体的真实大小,一般用3.5号斜体阿拉伯数字书写。国标规定,图样上的尺寸单位,除标高及总平面图以m为单位外,其余尺寸以mm为单位。因此,图样上的尺寸数字无须注写单位。尺寸数字的大小全图应一致。尺寸数字不可被任何图线或符号通过,当无法避免时,必须将图线或符号断开,如图2-10所示。

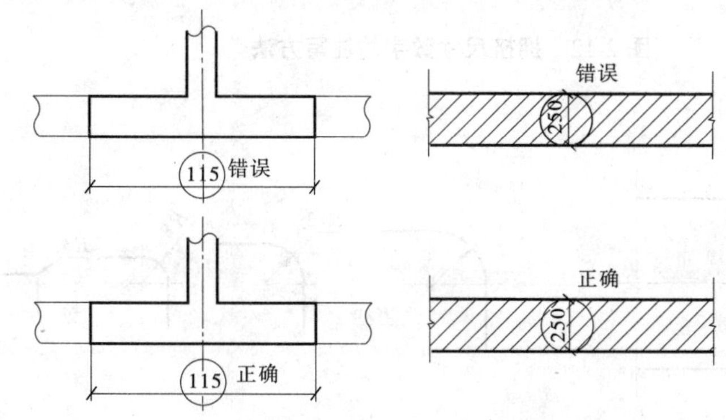

图2-10　尺寸数字处图线应断开

注写尺寸数字时还应注意以下几点:

(1)所注写的尺寸数字与绘图比例无关。

(2)尺寸数字应按图2-11(a)的规定注写,如果在图2-11(a)的30°角区域内注写尺寸时,宜按图2-11(b)的方式注写。

如果两尺寸线之间比较窄时,尺寸数字可注写在尺寸界线外侧,或上下错开,或用引出线引出再标注,如图2-12所示。

(二)半径和直径的尺寸标注

半圆或小于半圆的圆弧应标注半径。半径的尺寸线应一端从圆心开始,另一端画箭头指至圆弧。半径数字前应加注半径符号 R,如图2-13所示。较小圆弧的半径,可按图2-14所示的形式标注。

圆或大于半圆的圆弧应标注直径。标注直径尺寸时,直径数字前应加符号ϕ。在圆

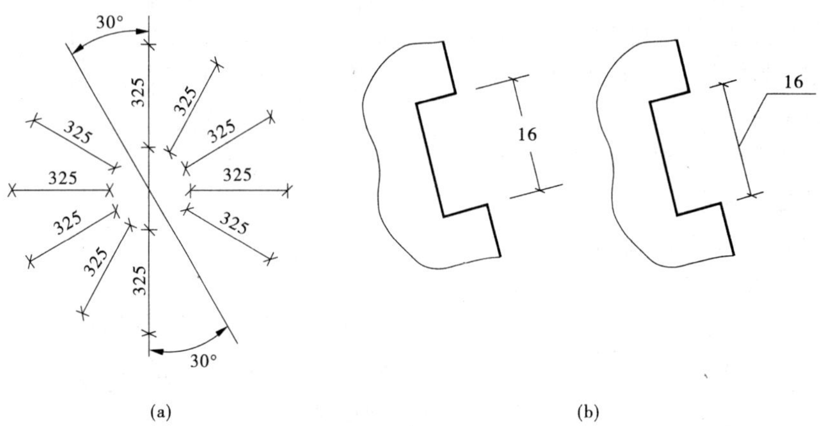

图 2-11　尺寸数字的注写

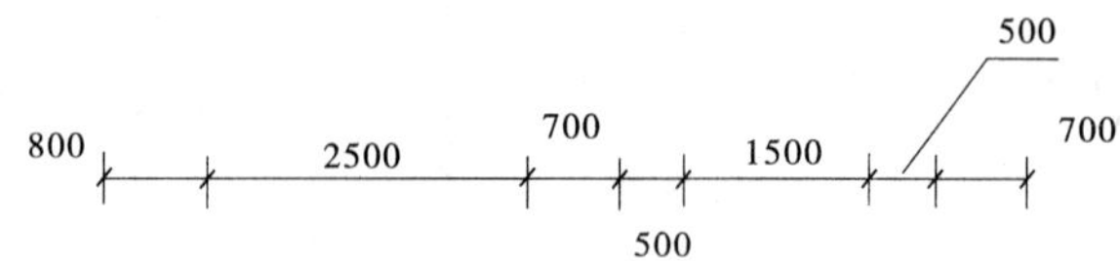

图 2-12　拥挤尺寸数字的注写方法

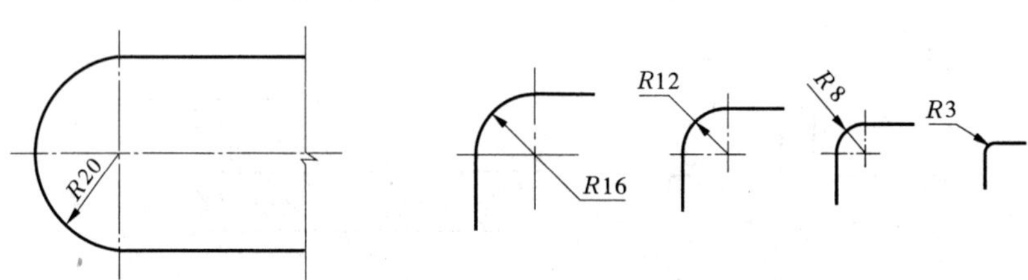

图 2-13　半径标注方法　　图 2-14　小圆弧半径标注方法

内标注的直径尺寸线应通过圆心,两端画箭头指至圆弧,如图 2-15 所示。

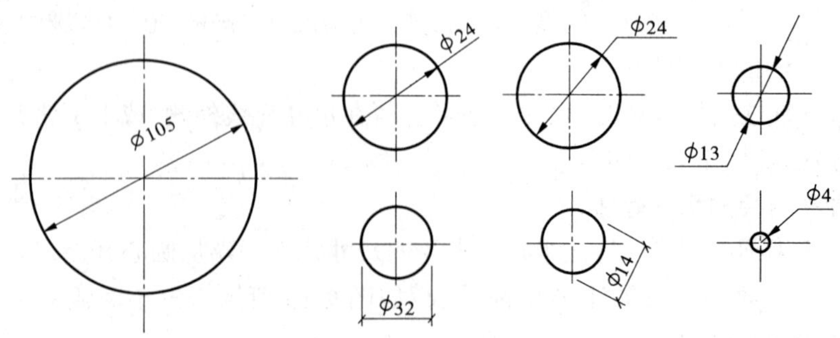

图 2-15　直径标注方法

(三)尺寸的简化标注

杆件或管线的长度,在单线图(桁架简图、钢筋简图等)上,可直接将数字沿杆件或管线的一侧注写;连续排列的等长尺寸,可用“个数×等长尺寸=总长”的形式标注。如图 2-16 所示。

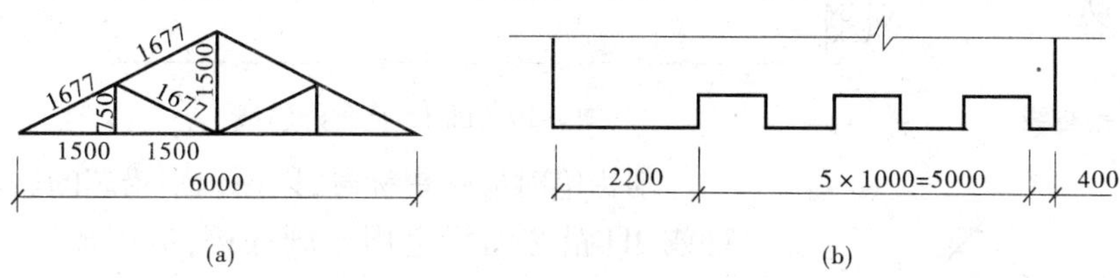

图 2-16 尺寸的简化标注

第二节 常用制图工具和仪器的使用方法

一、图板与丁字尺

图板用于固定图纸。图板有大小不同的规格,图板左边为工作边,在图板上要使用胶带纸固定图纸。

丁字尺主要用于画水平线。丁字尺由尺头和尺身两部分组成,材料为有机玻璃,尺身的上边为工作边。丁字尺有各种规格,一般与图板配套使用。如图 2-17 所示。

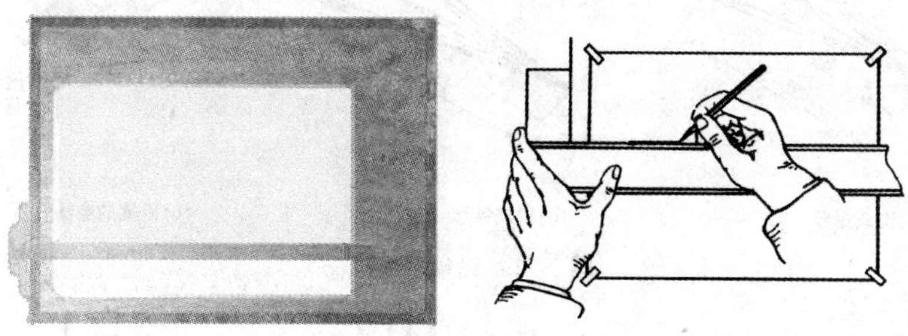

图 2-17 图板、丁字尺及其用法

二、三角板

一副三角板有两块,一块 30°、60°、90°角,另一块 45°、45°、90°角,与丁字尺配合画铅垂线,如图 2-18 所示;与丁字尺配合画 15°倍角的斜线,如图 2-19 所示。两块三角板配合画任意直线的平行线,如图 2-20 所示。

三、铅笔

绘图铅笔的铅芯有软硬之分,用 B 和 H 表示。B、2B、…、4B 数字越大表示铅芯越软且色浓黑;H、2H、…、4H 数字越大表示铅芯越硬且色浅淡;HB 介于软硬之间。

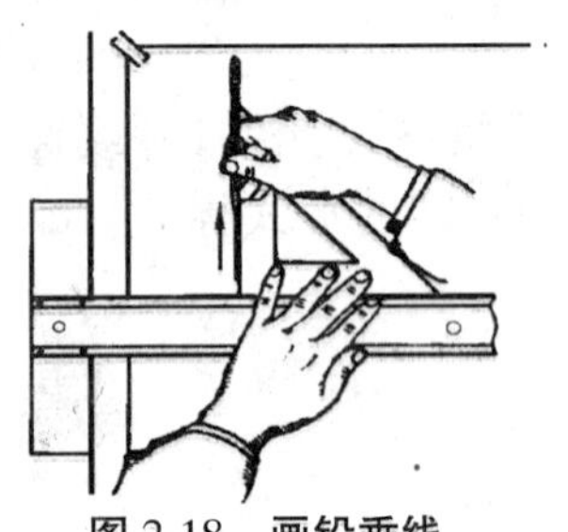

图 2-18　画铅垂线

图 2-19　画 15°倍角的斜线

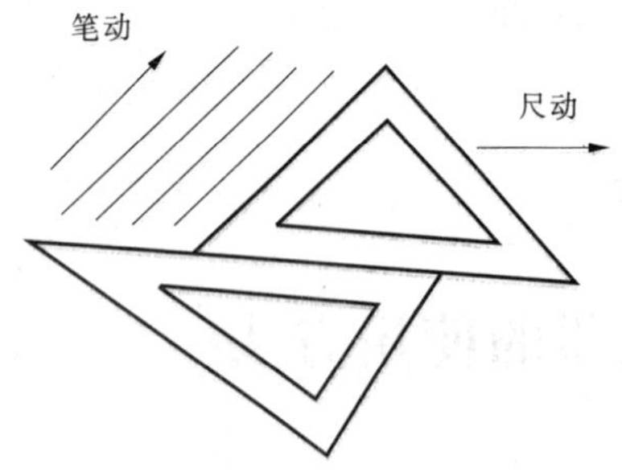

图 2-20　画任意直线的平行线

削铅笔时应保留标号，以便识别铅芯的软硬度。H 或 2H 铅芯的铅笔用于画底稿，应削成锥形；HB 铅芯的铅笔用于写字和加深细线，也应削成锥形；B 或 2B 铅芯的铅笔用于加深粗实线，应削成矩形，如图 2-21 所示。

四、圆规

圆规是用于画圆及圆弧的绘图仪器。画圆前要调整好铅芯与钢针的位置，即圆规两腿合拢时，铅芯要与钢针的台肩平齐，如图 2-22 所示。

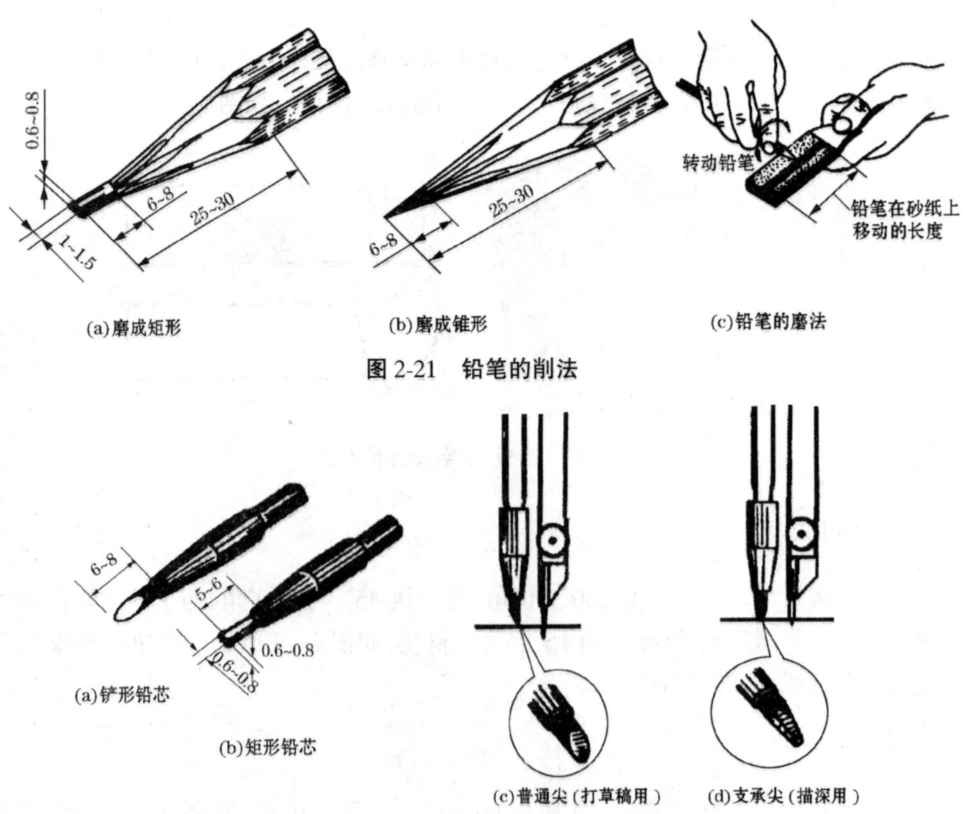

图 2-21　铅笔的削法

图 2-22　圆规的用法

第三节　几何作图

一、椭圆的近似画法

已知椭圆的长、短轴 AB 和 CD，用四心圆法作椭圆。所谓四心圆法就是用 4 段圆弧光滑连接成近似椭圆。具体步骤如下：

(1)画长、短轴 AB、CD，连接 AC，并取 $CF=OA-OC$，如图 2-23(a)所示。

(2)作 AF 的中垂线，与长、短轴交于 1、2 两点，在轴上取 1、2 的对称点 3、4，得 4 个圆心，如图 2-23(b)所示。

(3)以 $2C$(或 $4D$)为半径，画 2 个大圆弧，以 $1A$(或 $3B$)为半径，画 2 个小圆弧，4 个切点在有关圆心的连线上，如图 2-23(c)所示。

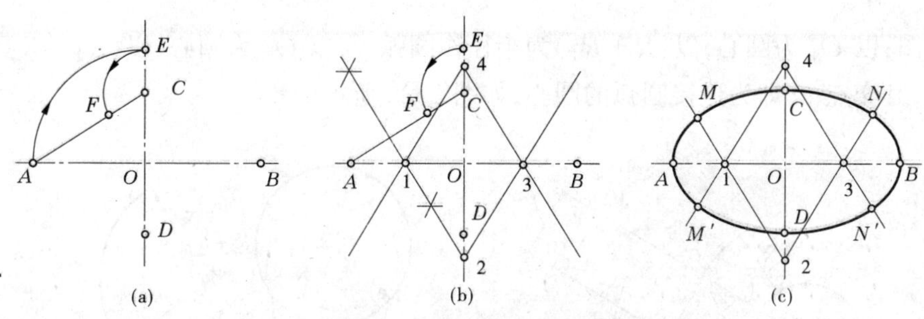

图 2-23　四心圆法画椭圆

二、圆弧连接

圆弧连接是指用一个已知半径、不知圆心的圆弧，把已知的两条线段光滑地连接起来。所谓光滑连接，实质上就是圆弧与直线或圆弧与圆弧相切。因此，在作图时要解决两个问题：一是求出连接圆弧的圆心。二是确定连接线段的切点即连接点。圆弧连接的形式有 3 种。

(一)两直线间的圆弧连接

已知：任意两直线 L_1、L_2，要求用半径为 R 的圆弧把它们连接起来。

作图：分别作出与两直线 L_1、L_2 平行且相距为 R 的二直线，交点 O 即所求圆弧的圆心；过 O 作 L_1、L_2 的垂线，得垂足 A 和 B 即所求的切点；然后画出连接圆弧 AB，如图 2-24(a)所示。

如果已知直线为垂直两直线，其连接圆弧可按 2-24(b)所示的方法画出。

(二)直线与圆弧间的圆弧连接

已知：直线 L、半径为 R_1 的圆弧和连接圆弧的半径 R。

作图：以 O_1 为圆心，以$(R+R_1)$为半径作圆弧，与距 L 直线为 R 的直线的交点 O，即为连接圆弧的圆心，如图 2-25 所示。

(三)两圆弧间的圆弧连接

已知：半径为 R_1 和 R_2 的两段圆弧，要求半径为 R 连接圆弧与圆 O_1 外切、与圆 O_2

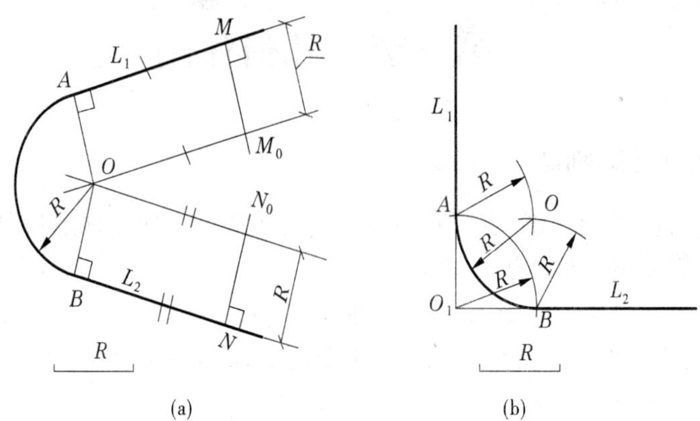

图 2-24　两直线间的圆弧连接

内切。

作图：以 O_1 为圆心，以$(R+R_1)$为半径作圆弧，与以 O_2 为圆心，以(R_2-R)为半径作圆弧，其交点 O 即为连接圆弧的圆心，如图 2-26 所示。

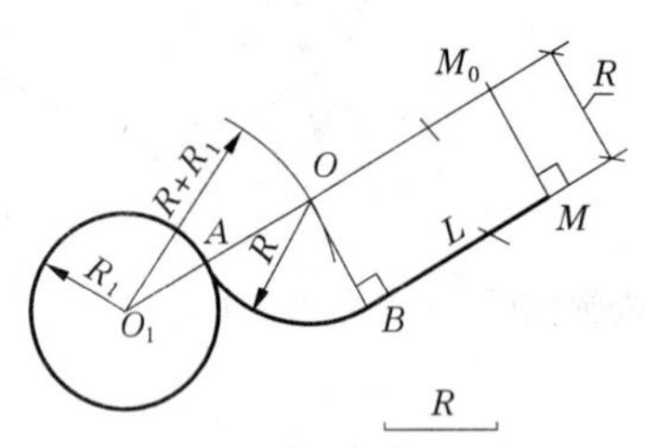

图 2-25　直线与圆弧间的圆弧连接

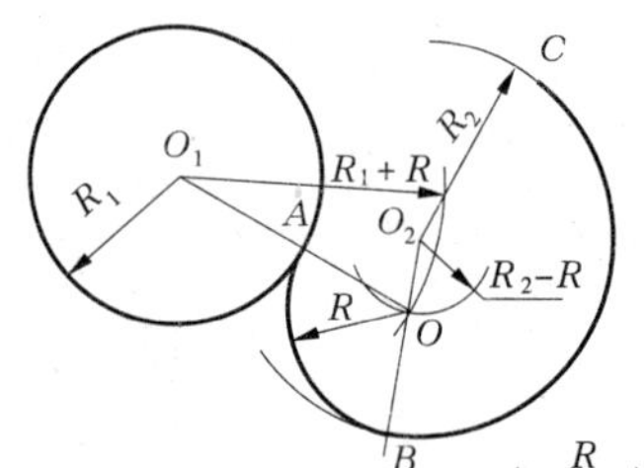

图 2-26　两圆弧间的圆弧连接

第四节　平面图形分析

一、平面图形的尺寸分析

平面图形中的尺寸是确定其大小和形状的必要要素，按其作用可分为定形尺寸和定位尺寸两种。

(1)定形尺寸。确定平面图形中线段的长度、圆的直径或半径，以及角度大小的尺寸称定形尺寸。如图 2-27 中，$\phi12$、$R13$、$R26$ 等是确定圆的直径或弧的半径大小，尺寸 48 确定线段 AB 的长度，它还是线段 BC 的定位尺寸。

(2)定位尺寸。确定平面图形中各部之间相互位置的尺寸为定位尺寸。定位尺寸应以尺寸基准作为标注尺寸的起点。一个平面图应有水平和铅垂两个方向的尺寸基准。通常以图形的对称线、较大圆的中心线或较长的直线作为尺寸基准。如图 2-27 中，线段 AB 与圆中 $\phi12$ 的垂直中心线分别是铅垂方向和水平方向的尺寸基准，尺寸 18、4 和 40 为有关圆心的定位尺寸。

图形中有些尺寸既是定形尺寸，也是定位尺寸，具有双重作用。

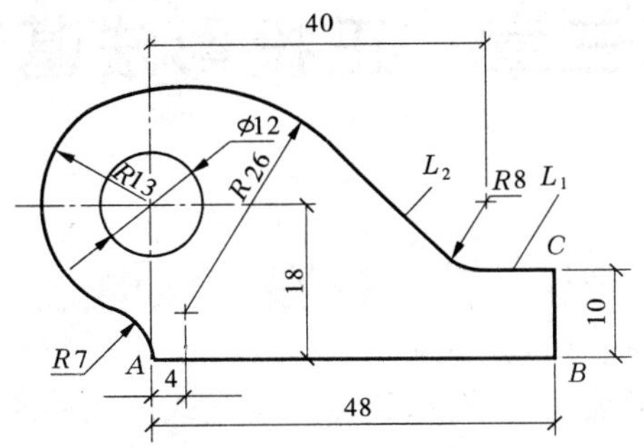

图 2-27　平面图形分析

二、平面图形的线段分析

平面图形中的线段按给出尺寸的情况可分为：

(1)已知线段。尺寸齐全，根据基准线位置和尺寸就能直接画出的线段。如图 2-27 中，圆 ϕ12、圆弧 $R13$、线段 AB、BC、L_1 为已知线段。

(2)中间线段。尺寸不齐全，其中一个定位尺寸必须借助于已知线段的连接条件确定的线段。如图 2-27 中，圆弧 $R26$ 和 $R8$ 为中间线段。

(3)连接线段。缺少定位尺寸，需要依靠与其两端相邻线段的连接条件才能确定的线段。如图 2-27 中，圆弧 $R7$ 和直线 L_2 为连接线段。

平面图形上不是都同时具有这 3 种线段，有的只有已知线段，有的只有已知线段和连接线段。

第三章　正投影法基础

第一节　投影方法概述

在日常生活中，人们经常可以看到，物体在阳光或灯光的照射下，会在地面或墙面上留下影子。这种影子的内部灰黑一片，只能反映物体外形的轮廓，不能表达物体的本来面目，如图 3-1(a)所示。

通过对自然界的这一物理现象加以科学的抽象和概括，人们把光线抽象为投影线，把物体抽象为形体(只研究其形状、大小、位置，而不考虑它的物理性质和化学性质)，把承接影子的平面(即地面或墙面)抽象为投影面，为了能反映物体表面上各个点和线的影子，假设光线能穿透物体，则物体表面上的各个点和线都在投影面上落下它们的影子，将这些点、线的影子相连组成“线框图”，就能够反映物体形状，如图 3-1(b)所示。我们把这样形成的“线框图”称为投影。

通过前面的分析，可以看出要产生投影必须具备投射线、物体、投影面三个条件，把能够产生光线的光源称为投影中心 S，光线称为投射线，承接影子的平面 H 称为投影面。这种把空间物体转化为平面图形的方法称为投影法，工程上常用各种投影法来绘制图样。

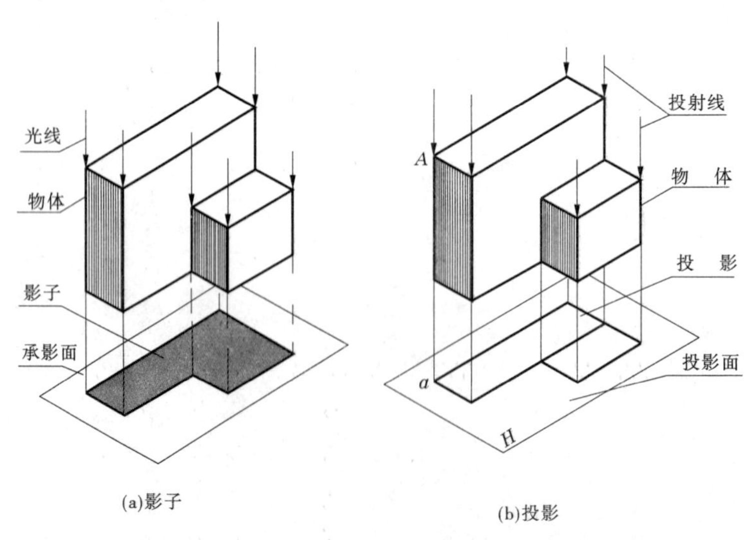

图 3-1　影子与投影

第二节　投影法的分类及其应用

一、投影的分类

根据投射线之间的相互关系，可将投影分为中心投影和平行投影。

（一）中心投影

当投影中心（光源）S 在有限的距离内，所有的投射线都交会于一点，这种方法所产生的投影，称为中心投影，如图 3-2 所示。

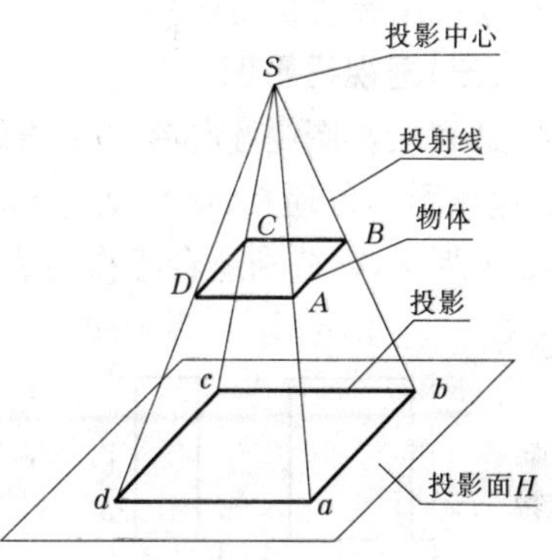

图 3-2　中心投影

（二）平行投影

当投影中心 S 距离投影面无限远时，则投射线可视为互相平行，由此产生的投影称为平行投影。平行投影的投射线互相平行，所得投影的大小与物体到投影中心的距离无关。

根据投射线与投影面之间的位置关系，平行投影可分为斜投影和正投影两种，投射线与投影面倾斜时称为斜投影，如图 3-3(a)所示，得到这种投影图的方法称为斜投影法；投射线与投影面垂直时称为正投影，如图 3-3(b)所示，得到这种投影图的方法称为正投影法。

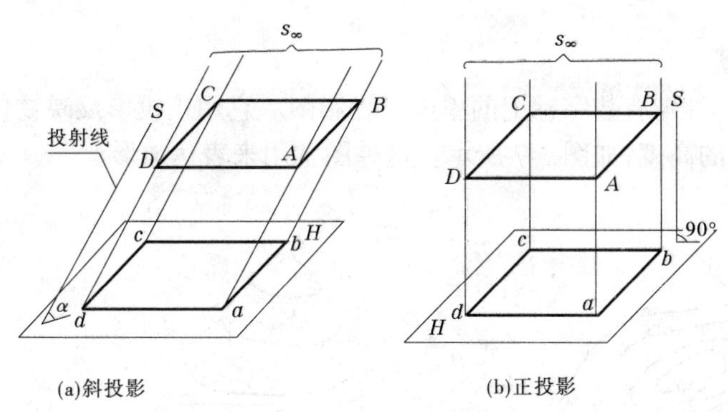

图 3-3　平行投影

二、工程上常用的投影图

工程上常用的投影图有：正投影图、轴测投影图、透视投影图、标高投影图。

（一）正投影图

用正投影法把物体向两个或两个以上互相垂直的投影面进行投影，再按一定的规则将投影展开到一个平面上，所得到的投影图称为正投影图，如图 3-4 所示。

这种图的优点是能准确地反映物体的形状和大小，绘图简便，度量性好，适于作为施工建造的依据，所以在工程上应用比较广泛；缺点是立体感差，直观性差，读图者需经过一定的训练才能看懂。

(二)轴测投影图

轴测投影图是物体在一个投影面上的平行投影,简称轴测图。将物体安置于投影面体系中合适的位置,选择适当的投射方向,投射到一个投影面上,即可得到这种富有立体感的轴测投影图,如图 3-5 所示,这种图能在一个投影面上反映物体的长、宽、高三个向度,立体感强,容易看懂,但度量性差,作图较麻烦,并且对复杂物体也难以表达清楚,因而工程中常用做辅助图样。

(三)透视投影图

透视投影图是物体在一个投影面上的中心投影,简称透视图。透视图与照相原理相似,这种图形象逼真,富有立体感和真实感,如同照片一样,但它度量性差,作图繁杂,如图 3-6 所示。它特别适合于作为表现建筑物外貌和内部陈设的直观效果图。

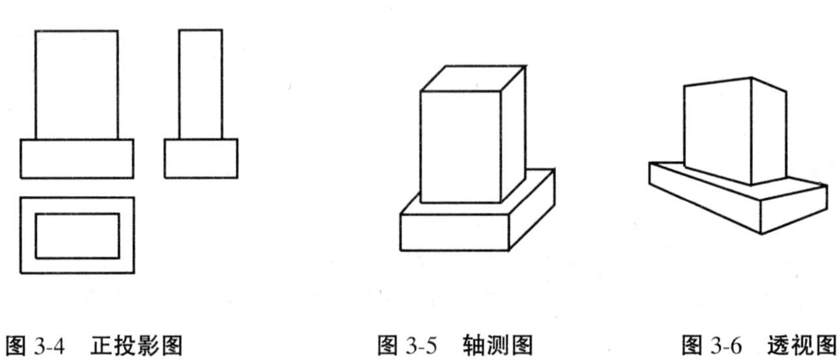

图 3-4　正投影图　　图 3-5　轴测图　　图 3-6　透视图

(四)标高投影图

标高投影图是一种带有数字标记的单面正投影图。它用正投影反映物体的长度和宽度,用数字标注物体的高度,如图 3-7 所示。这种图常用来表达地形。

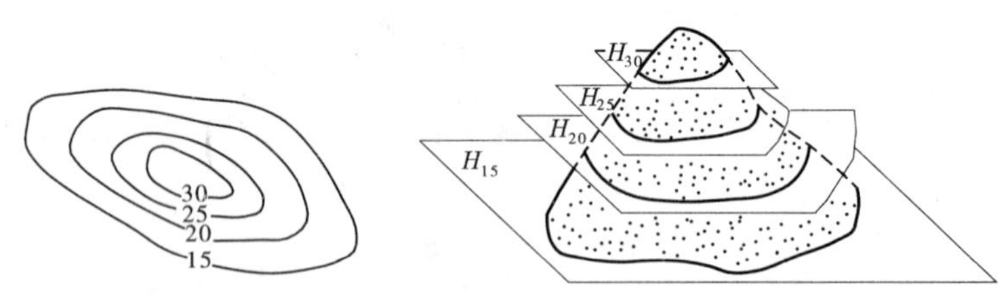

图 3-7　标高投影图

作图时假想用一组高差相等的水平面切割山头,将所得到的一系列交线(称为等高线)投影到水平投影面上,并用数字标注出各等高线的高程,即为标高投影图。这种图在土木工程中被广泛应用。

由于正投影法被广泛地用来绘制工程图样,所以正投影法是本书介绍的主要内容,以后所说的投影,如无特殊说明均指正投影。

第三节　平行投影的基本性质

一、同素性

点的投影仍是点，一般情况下，直线的投影仍是直线，曲线的投影仍是曲线。

二、从属性

点在直线上，则点的投影必定在直线的投影上。如图 3-8 所示，空间点 $C\in AB$，则投影 $c\in ab$，这一性质称为从属性。

三、定比性

两直线段长度的空间之比等于其投影之比，这一性质称为定比性。点分线段的比例等于点的投影分线段的投影所成的比例，如图 3-8 所示点 $C\in AB$，则 $AC:CB=ac:cb$。

四、显实性（或实形性）

当直线或平面平行于投影面时，它们的投影反映实长或实形。直线 AB 平行于 H 面，其投影 ab 反映 AB 的真实长度，即 $ab=AB$，如图 3-9(a)所示。平面 $ABCD$ 平行于 H 面，其投影反映实形，即$\square abcd\cong\square ABCD$，如图 3-9(b)所示。这一性质称为显实性。

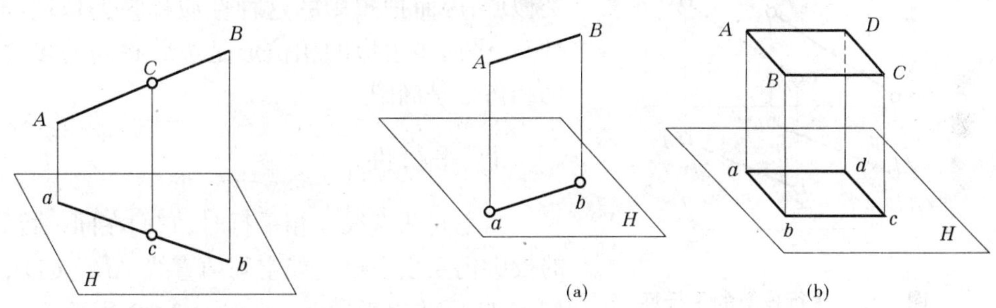

图 3-8　平行投影的从属性与定比性　　图 3-9　平行投影的显实形

五、积聚性

当直线或平面平行于投射线（在正投影中则垂直于投影面）时，其投影积聚于一点或一直线。这样的投影称为积聚投影。如图 3-10 所示，在正投影中，直线 AB 平行于投射线，其投影积聚为一点 $a(b)$，如图 3-10(a)所示；平面$\square ABCD$ 平行于投射线，其投影积聚为一直线 ad，见图 3-10(b)。投影的这种性质称为积聚性。

六、类似性（或相仿性）

当直线倾斜于投影面时，其在该投影面上的投影短于实长，见图 3-11(a)；当平面倾斜于投影面时，其在该投影面上的投影比实形小，见图 3-11(b)。这种情况下，直线和平面

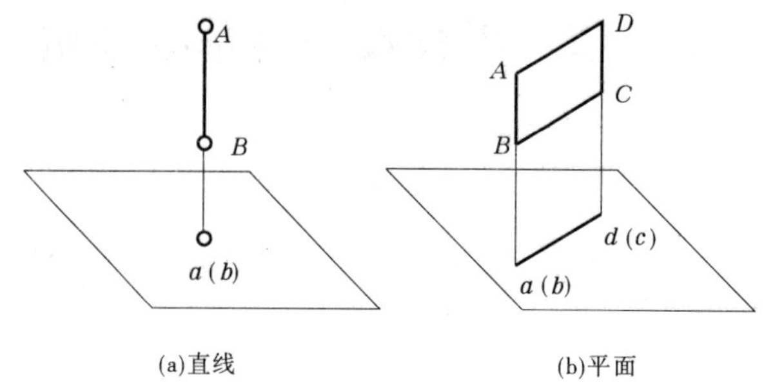

图 3-10　平行投影的积聚性

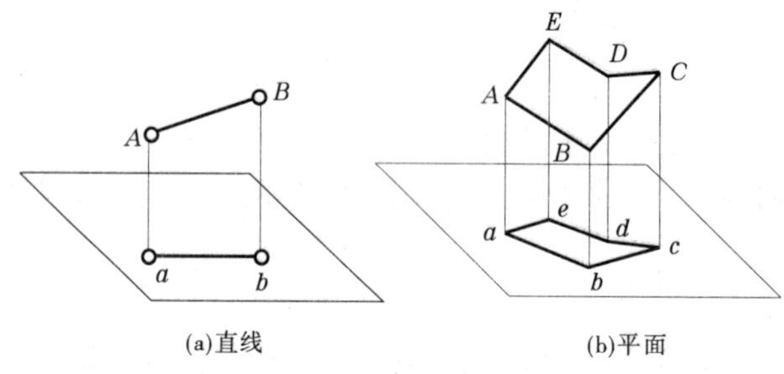

图 3-11　平行投影的相仿性

的投影不反映实长或实形，其投影形状是空间形状的类似形，因而把投影的这种性质称为类似性（或相仿性）。平面多边形的相仿形是边数相同的多边形，圆的相仿形是椭圆。

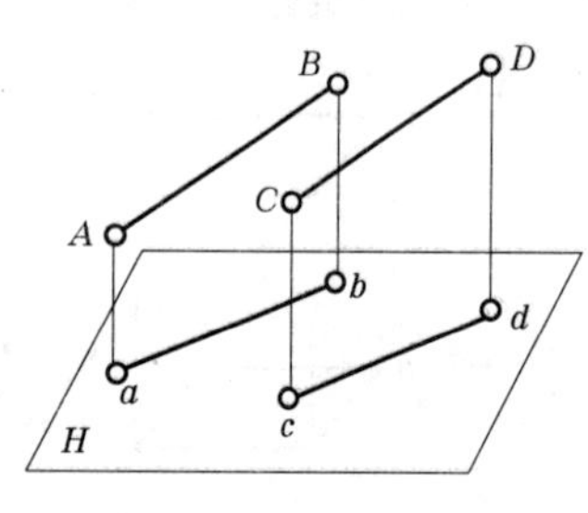

图 3-12　平行投影的平行性

七、平行性

当空间两直线互相平行时，它们在同一投影面上的投影仍互相平行。如空间两直线 $AB /\!/ CD$，则它们在 H 面的投影 $ab /\!/ cd$，如图 3-12 所示。

第四节　正投影法基本原理

工程上绘制图样的方法主要是正投影法。这种方法画图简单，画出的图形真实，度量方便，能够满足设计与施工的需要。

当物体与投影面的相对位置确定后，其投影即唯一地被确定，但仅用物体的一个投影图却不能反过来确定物体本身的形状和大小。如图 3-13 所示，四个形状不同的物体在投影面 H 上具有相同的正投影，即投影面 H 上的矩形可以是几种不同形状物体的投影，故单凭这个投影图来确定物体的唯一形状，是不可能的，即只有形体的一个投影是不能反过来说明它表示的是哪个形体。因此，工程上常采用两个或三个两两互相垂直的投影面，通过两个或三个投影结合起来表达形体。

一般形体,至少需要两个投影才能确切地表达出形体的形状和大小。如图 3-14 中设立了两个投影面,水平投影面 H(简称 H 面)和垂直于 H 面的正立投影面(简称 V 面)。相互垂直的 H 面和 V 面构成了一个两面投影体系。两投影面的交线称为投影轴 OX。

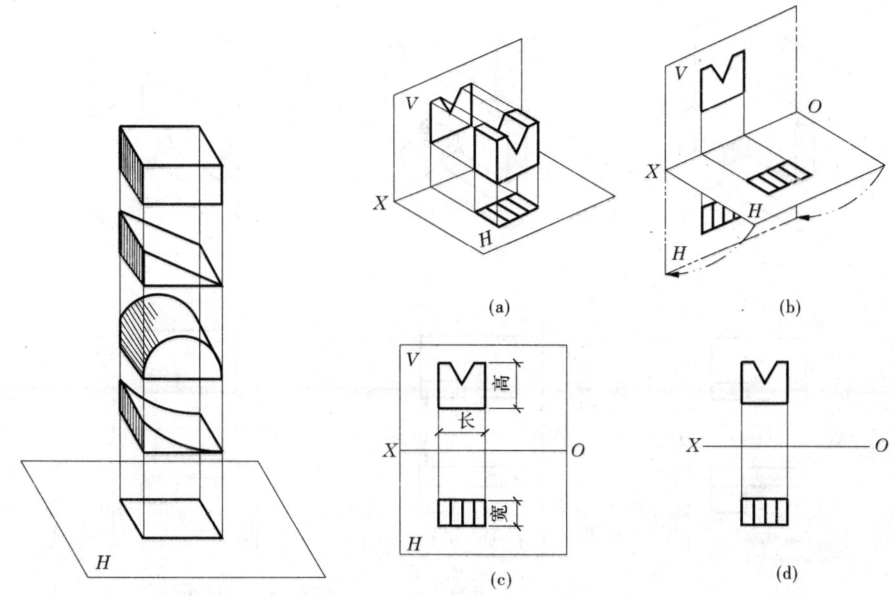

图 3-13　不同形体的单面投影　　　　图 3-14　形体的两面投影图

但是对于一些形状较为复杂的形体,或者形体的放置位置不合适,只向两个投影面作其投影时,其投影只能反映它两个面的形状和大小,亦不能确定物体的唯一形状。如图 3-15所示三个形体,它们的 H 面、V 面投影相同,要凭这两面的投影来区分它们的形状,是不可能的。解决的方法是设置第三个投影面,作出形体的第三面投影。为此,我们设立了三面投影体系。

一、三面投影体系的建立

为了使正投影图能唯一确定较复杂形体的形状,我们设立了三个两两互相垂直的平面作为投影面,组成一个三面投影体系,如图 3-16 所示,水平投影面用 H 标记,简称水平面或 H 面;正立投影面用 V 标记,简称正立面或 V 面;侧立投影面用 W 标记,简称侧面或 W 面。两投影面的交线称为投影轴。H 面与 V 面的交线为 OX 轴,H 面与 W 面的交线为 OY 轴, V 面与 W 面的交线为 OZ 轴,投影轴之间两两互相垂直,并交会于原点 O。$O-XYZ$ 可以构成一个空间直角坐标系。

二、三面投影图的形成

作形体的投影时,将形体放置于三面投影体系中,并尽可能使形体的主要表面平行于或垂直于相应的投影面,即通常使形体的长、宽、高三个向度平行于投影轴 OX、OY、OZ,以便使其投影尽可能多地反映形体表面的实形或外形轮廓,然后用三组分别垂直于 3 个投影面的平行投射线进行投影,即可得到三个方向的正投影图,如图 3-17 所示。从上向下，投射线垂直于 H 面进行投影，在 H 面上得到水平投影图，简称水平投影或 H 投影；从前向后，投射线垂直于 V 面投影，在 V 面得到正面投影图，简称正面投影或 V 投影；从左向右，投射线垂直于 W 面投影，在 W 面上得到侧面投影图，简称侧面投影或 W 投影。

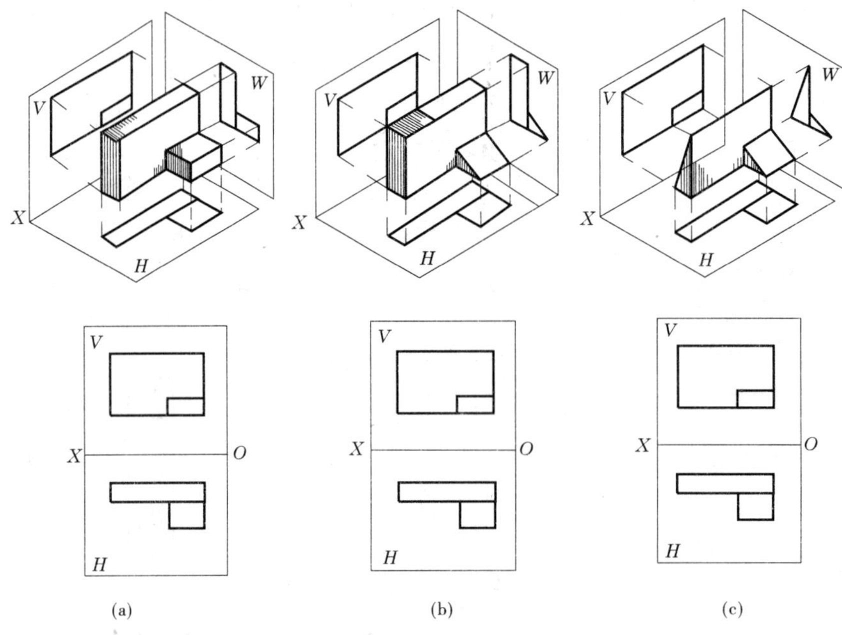

图 3-15　不同形体的两面投影

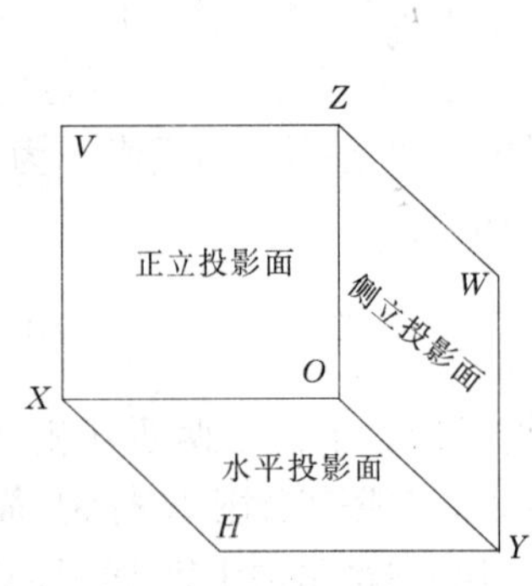

图 3-16　三面投影体系

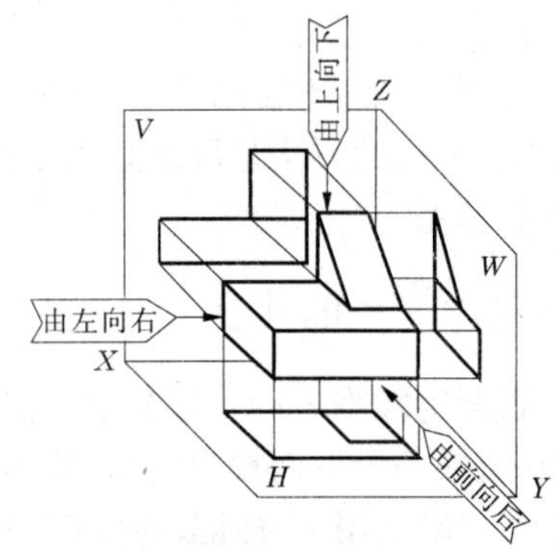

图 3-17　三面投影图的形成

为了把互相垂直的三个投影面上的投影画在一张图纸上，我们必须将三个投影面按一定规则展开到一个平面上。展开时，规定 V 面不动，将 H 面和 W 面沿 OY 轴分开，然后 H 面连同其上的水平投影绕 OX 轴向下旋转 90°，W 面连同其上的侧面投影绕 OZ 轴向后旋转 90°，直至与 V 面在同一个平面内，如图 3-18 所示。需要注意的是，这时 OY 轴分为两条，一条随 H 面旋转到 OZ 轴的正下方，用 OY_H 表示；一条随 W 面旋转到 OX 轴的正右方，用 OY_W 表示，如图 3-19(a)所示。展开后，物体的正面投影（V 投影）、水平投影（H 投影）和侧面投影（W 投影）组成的投影图称为三面正投影图，简称三面投影。

实际绘图时，由于投影面是无限大的，在投影图外不必画出投影面的边框，不需注写 H、V、W 字样，并且，在正投影中，由于物体与投影面的距离并不影响物体在该投影面上投影的形状，因此投影轴也可略去，但其方向是默认的，如图 3-19(b)，习惯上将这种不画投影面边框和投影轴的投影图称为"无轴投影"，工程中的图样均是按照"无轴投影"绘制的。

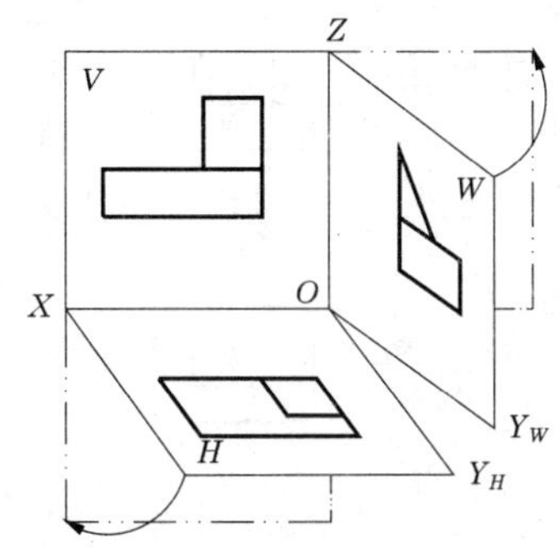

图 3-18　投影面的展开

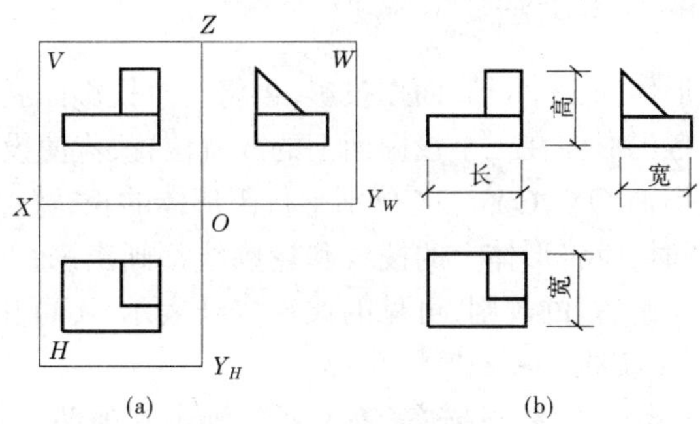

图 3-19　形体的三面投影

三、三面投影图的度量关系

在三面投影体系中，形体沿 OX 轴方向的尺寸称为长，沿 OY 轴方向的尺寸称为宽，沿 OZ 轴方向的尺寸称为高，如图 3-19 所示。在形体的三面投影中，水平投影反映形体的长和宽，正面投影反映形体的长和高，侧面投影反映形体的宽和高；水平投影和正面投影在 X 轴方向都反映形体的长度，它们的位置左右应对正，即"长对正"。正面投影和侧面投影在 Z 轴方向都反映形体的高度，它们的位置上下应对齐，即"高平齐"。水平投影和侧面投影在 Y 轴方向都反映形体的宽度，这两个宽度一定相等，即"宽相等"。

"长对正、高平齐、宽相等"称为"三等关系"，它是形体三面投影图之间最基本的投影关系，是画图和读图的基础。

四、三面投影图的方位关系

形体在三面投影体系中的位置确定后，相对于观察者，它在空间就有上、下、左、右、前、后六个方位，如图 3-20(a)所示。这六个方位关系也反映在形体的三面投影图中，每个投影图都可反映出其中四个方位。正面投影反映形体的上下、左右关系，水平投影反映形体的前后、左右关系，侧面投影反映形体的的前后、上下关系，在画正面投影时，相当于观察者面向 V 面，形体上靠近观察者的一面称为前面，靠近 V 面的一面称为后面，水平投影及侧面投影中靠近正面投影的一侧是后面，远离正面投影的一侧是前面，如图 3-20(b)所示。

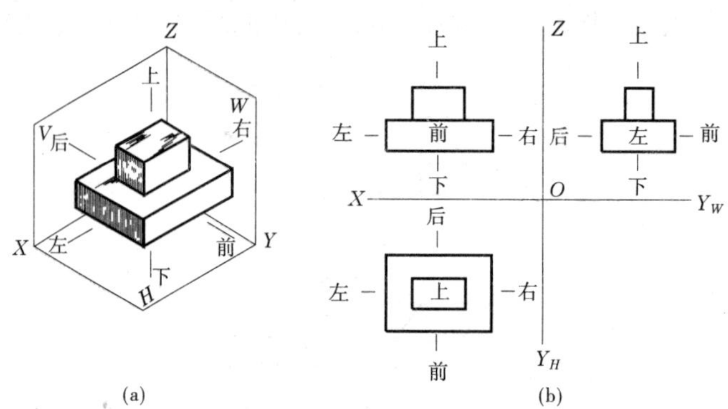

图 3-20　三面投影图的方位关系

五、三面投影图的基本画法

把图 3-21(a)中的形体向三个投影面作投影，再将三个投影面展开，形成三面投影图；对形体进行投影时，要考虑形体在三个投影面上的放置位置，应使投影图尽可能地反映形体的实形，即通常使投影轴 OX、OY、OZ 分别平行于形体的长、宽、高三个向度。

绘制形体的投影图时，应将形体上的棱线和轮廓线都画出来，并且按投影方向，按照“前遮后”、“上遮下”、“左遮右”的规则，可见的线用实线表示，不可见的线用虚线表示，当虚线和实线重合时只画出实线。

本例中已知正面投影图，然后根据“三等关系”，画出其他两面投影。作图时，“长对正”可用靠在丁字尺工作边上的三角板，将 V 投影和 H 投影对正。“高平齐”可以直接用丁字尺将 V 投影和 W 投影拉平。“宽相等”可以利用以原点 O 为圆心所作的圆弧将宽度在 H 投影与 W 投影之间相互转移；也可利用从原点 O 引出的 45°辅助线，利用丁字尺和三角板，将 H、W 面投影的宽度相互转移，如图 3-21(b)所示；没有投影轴时可直接利用直尺或分规量取宽度，保证 H 面和 W 面上投影宽度相等。

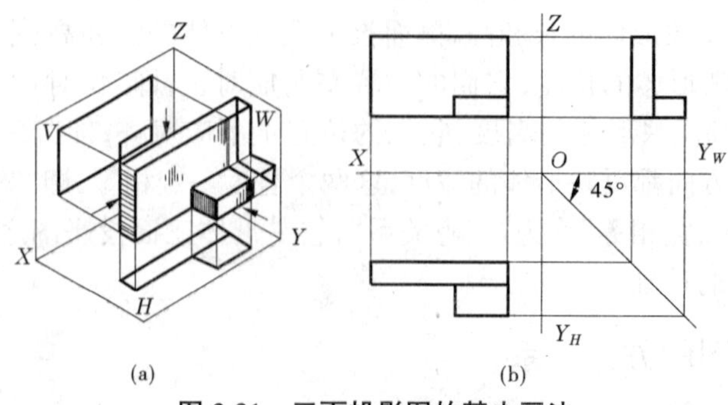

图 3-21　三面投影图的基本画法

三面投影图之间存在着必然的联系。只要给出形体的任何两面投影，就可求出第三个投影。

第四章　点、直线和平面的投影

第一节　点的投影

任何物体都是由点、直线、平面组成的，建筑形体也不例外。所以说点、直线、平面是构成物体的最基本的几何元素，而点的投影规律是线、面、体的投影的基础。

一、点的两面投影

如图 4-1 所示，相互垂直的水平投影面 H 和正立投影面 V 构成两投影面体系，V、H 面的交线为 OX 投影坐标轴。V、H 面将空间分成四个角。我国采用的投影是第Ⅰ角的投影。

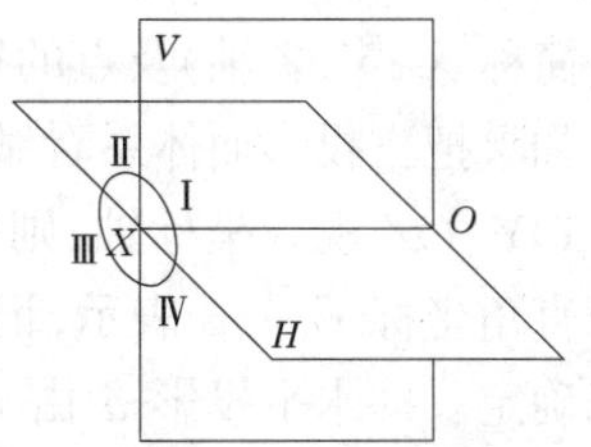

图 4-1　两投影面体系及四个分角

设有一空间点 A，由点 A 分别作 V、H 面的垂线（正投影），其垂足 a'、a 即是 A 的正面投影和水平投影（见图 4-2）。

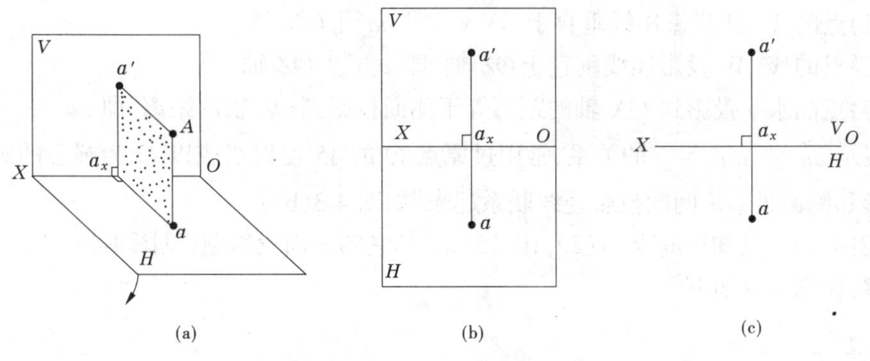

图 4-2　点的两面投影

在图 4-2 中，过 A 点的两条投射线 Aa'、Aa 组成的平面与 OX 轴交于点 a_x，与 V 面交于线 $a'a_x$，与 H 面交于线 a_xa。据初等几何知识易证：OX 轴垂直于四边形平面 $Aa'a_xa$，且该四边形为矩形；因此，$OX \perp a'a_x$，$OX \perp a_xa$，$\angle a'a_xa = 90°$。投影面展开时，V 面保持不动，将 H 面绕 OX 轴向下方旋转 90°，此时，V、H 共面，即得点 A 的两面投影图（见图 4-2(b)）。其中 $a'a_x$、a_xa 与 OX 轴的垂直关系不变，因而$\angle a'a_xa$ 变成 180°，故 $a'a \perp OX$ 轴。投影面的边框可省掉不画（见图 4-2(c)）。

在图 4-2 中，四边形 $Aa'a_xa$ 是矩形，$Aa = a'a_x$，即 $a'a_x$ 反映点 A 到 H 面的距离，$Aa' =$

a_xa，即 a_xa 反映点A 到 V 面的距离。

由以上分析可得出点的两面投影规律：

(1)点的 V、H 面投影连线垂直于OX 轴，即 $aa' \perp OX$ 轴；

(2)点的投影到投影轴的距离，反映点与投影面的距离，即 a_xa' 反映点到 H 面的距离，a_xa 反映点到 V 面的距离。

二、点的三面投影

在两投影面体系基础上，加设一侧立投影面 W，W 面要同时垂直于 V、H 面，这样就构成三投影面体系，它们两两相互垂直。

由点 A 向 W 面作垂线，垂足 a'' 即是A 的侧面投影，如图 4-3 所示。将各投影面展开可得点 A 的投影图，如图 4-3(b))所示。在点的投影图中一般不画出投影面的边界线，也不标出投影面的名称和投射线与投影轴的交点 a_x, a_y, a_z 等，而只画出坐标轴 OX，OY，OZ(简称 X，Y，Z 轴)及点的投影 a, a', a''。

如果把三投影面体系看做空间直角坐标系，把投影面 H、V、W 视为坐标面，投影轴 OX、OY、OZ 视为坐标轴，则空间点 A 到三个坐标面的距离 Aa''、Aa'、Aa 可用点A 的三个直角坐标 x、y、z 表示，记为 $A(x,y,z)$。同时点 A 的三个投影 a、a'、a'' 也可用坐标来确定。即水平投影 a 由 x 和 y 确定，反映了空间点 A 到 W 面和 V 面的距离 Aa'' 和 Aa'，正面投影 a' 由 x 和 z 确定，反映了空间点 A 到 W 面和 H 面的距离 Aa'' 和 Aa；侧面投影 a'' 由 y 和 z 确定，反映了空间点 A 到 V 面和 H 面的距离 Aa' 和 Aa。

根据上述分析，可以得到点在三面投影体系中的投影规律：

(1)点的 V、H 投影连线垂直于OX 轴，即 $aa' \perp OX$ 轴。

(2)点的 V、W 投影连线垂直于OZ 轴，即 $a'a'' \perp OZ$ 轴。

(3)点的水平投影到 OX 轴的距离等于侧面投影到OZ 轴的距离，即 $aa_x = a''a_z = y$。为了表示 $aa_x = a''a_z = y$ 的关系，常用过原点 O 的 45°度斜线或以 O 为圆心的圆弧把水平投影和侧面投影之间的投影连线联系起来(如图 4-3(b))。

【例 4-1】 已知空间点 A(20,10,15)，试作它的三面投影图(见图 4-4)。

解：作图步骤如下。

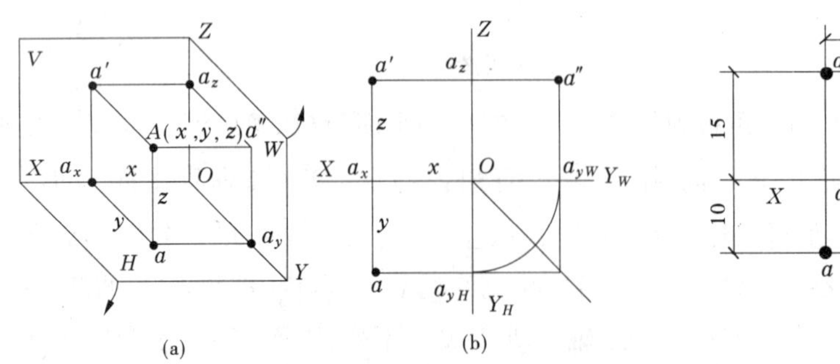

图 4-3 投影面及点的三面投影

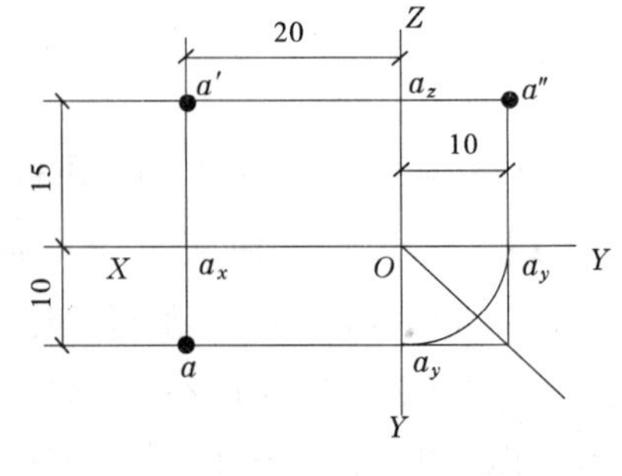

图 4-4 根据坐标作点的三面投影

(1)在展开的三面投影体系中，由原点 O 向左沿轴 OX 量取 20mm 得 a_x，过 a_x 作 OX 轴的垂线，在垂线上自 a_x 向下量取 10mm 得水平投影 a，向上量取 15mm 得正面投影 a'。

(2)过 a' 作 OZ 轴的垂线交 OZ 轴于 a_z，在垂线上自 a_z 向前量取 10mm 得 a''（a'' 也可由 a 通过作圆弧或 45°斜线求得）。

则 a、a'、a'' 即为点的三面投影，可记为 $A(a, a', a'')$，如图 4-4 所示。

【例 4-2】 如图 4-5 所示，已知点 B 的正面投影 b' 和水平投影 b，求该点的侧面投影 b''。

解：由点的投影规律可知：正面投影和侧面投影连线垂直于 Z 轴，即 $b'b'' \perp OZ$ 轴，所以 b'' 一定在过 b' 且垂直于 OZ 轴的直线上，又因为水平投影到 X 轴的距离等于侧面投影到 Z 轴的距离，便可以求得 b''。

作图步骤：如图 4-5，由 b' 作 OZ 轴的垂线与 OZ 轴相交于 b_Z，在此垂线上自 b_Z 向前量取 $b_Zb'' = bb_X$，即得点 B 的侧面投影 b''。

三、两点的相对位置及重影点

空间两点的相对位置可根据它们在投影图中各组同名投影的相对位置或比较同名坐标值来判断。

从三面投影图所反映的物体位置关系可知，X 轴方向是长度方向，由不同点 X 坐标的大小可知它们的左右相对位置；Y 轴方向是宽度方向，由 Y 坐标的大小可知它们的前后相对位置。Z 轴方向是高度方向，由 Z 坐标的大小可知它们的上下相对位置。对于两点的相对位置可由两点各方向的坐标值大小来确定。

【例 4-3】 如图 4-6 所示，已知空间点 $A(15,10,20)$，$B(15,10,10)$，点 C 在点 A 的左方 5，前方 5，下方 5，点 D 在点 B 的正右方 5，求作点 A、B、C、D 的三面投影。

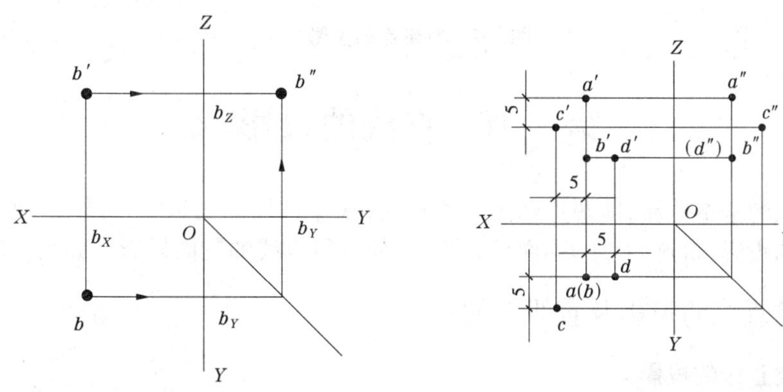

图 4-5 由点的两面投影作第三面投影　　**图 4-6 作点的三面投影**

解：点 A、B 的投影可根据投影与坐标间的关系及点的三面投影规律作出。

从三视图所反映的物体位置关系可知，X 轴方向是长度方向，由不同点 X 坐标的大小可知它们的左右相对位置；Y 轴方向是宽度方向，由 Y 坐标的大小可知它们的前后相对位置；Z 轴方向是高度方向，由 Z 坐标的大小可知它们的上下相对位置。对于两点的相对位置可由两点各方向的坐标值大小来确定。所以,点 C 的投影可根据相对坐标作出。

点 D 在点 B 的正右方 5,说明点 D 的 Y、Z 坐标值与点 B 相同,X 坐标值比 B 点的 X 坐标值小 5,则点 D 的投影可根据它们之间的关系作出。

由于 B、D 两点的 Y、Z 坐标值相同,则它们的侧面投影重合,因而此两点称为侧立投影面的重影点,此时,两点必位于该投影面的同一条投影线上。

重影点:当两点同时处于某一投影面的同一条投射线上时,这两点在该投影面上的投影重合,因而此两点称为该投影面的重影点。

重影点的可见性由两点不重合投影的相对位置来判断(或由第三坐标大小来判断,坐标值大者为可见投影,坐标值小者为不可见投影,不可见的投影用括号括起来)。

即对 H 面重影点可见性判断是上遮下(见图 4-7(a)),对 V 面重影点可见性判断是前遮后(见图 4-7(b)),对 W 面重影点可见性判断是左遮右(见图 4-7(c))。

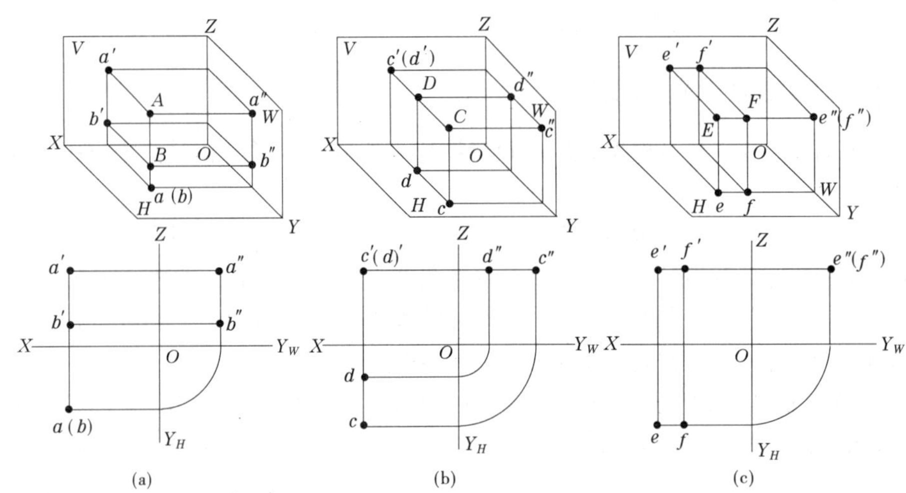

图 4-7　重影点的投影

第二节　直线的投影

根据直线的基本性质,即两点确定一条直线,在作直线的投影时,可作出确定该直线的任意两点的投影,将这两点的同面投影相连,便可得直线的三面投影。如图 4-8 所示。

一、各类直线的投影及直线上的点

(一)各类直线的投影

根据直线相对投影面的位置不同,直线可分为三类:一般位置直线;投影面平行线;投影面垂直线。后两类线统称为特殊位置直线。

空间直线与它的水平投影、正面投影、侧面投影的夹角,分别称为该直线对投影面 H、V、W 的倾角,本书中分别用 α、β、γ 表示。如图 4-8 所示。

1.一般位置直线

对三个投影面都倾斜的直线称为一般位置直线。如图 4-8 所示,AB 为一般位置直

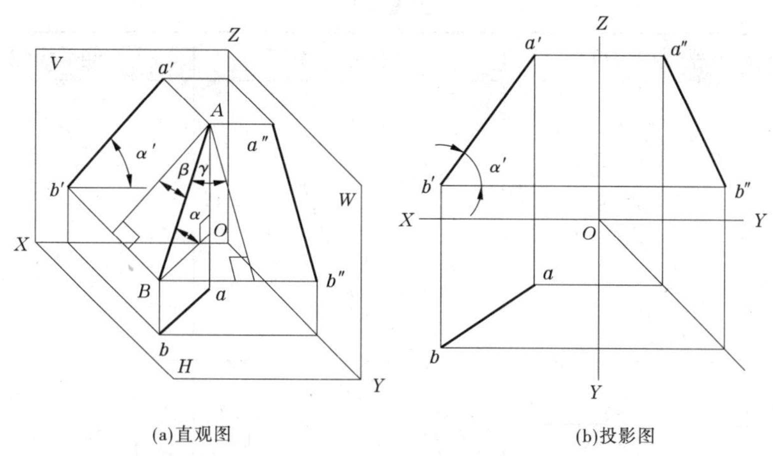

图 4-8　直线的投影

线，它与 H、V、W 的倾角分别用 α、β、γ 表示。则直线的投影与其实长有如下关系：

$$ab = AB\cos\alpha,\ a'b' = AB\cos\beta,\ a''b'' = AB\cos\gamma$$

由此可知，一般位置直线的投影特性是：

三个投影都倾斜于投影轴；三个投影长度均小于实长；三个投影与各投影轴的夹角不反映直线对投影面的真实倾角。

2. 投影面平行线

平行于一个投影面而与另外两个投影面倾斜的直线称为投影面平行线。投影面平行线有水平线、正平线和侧平线 3 种。表 4-1 列出了它们的直观图、投影图和投影特性。

表 4-1　投影面平行线的投影特性

种类	水平线（∥H）	正平线（∥V）	侧平线（∥W）
直观图	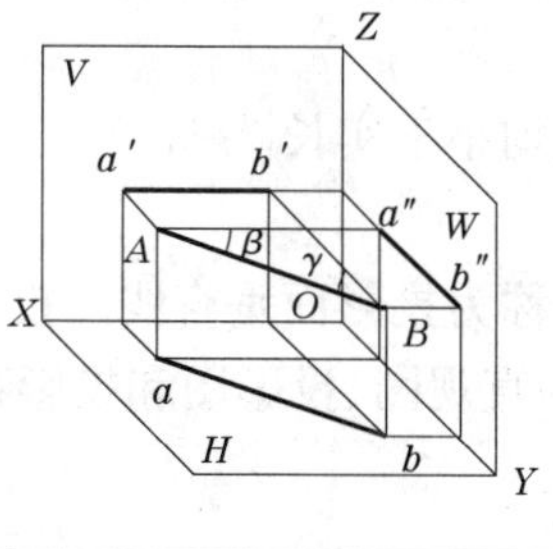	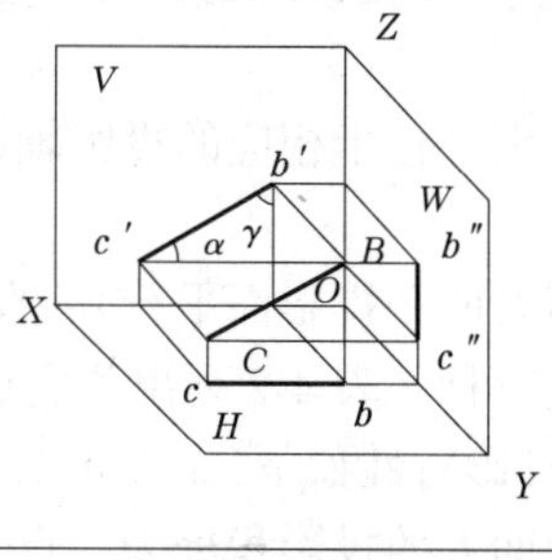	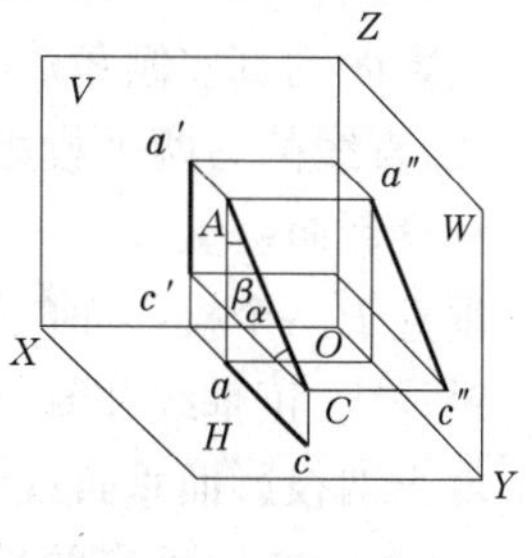
投影图	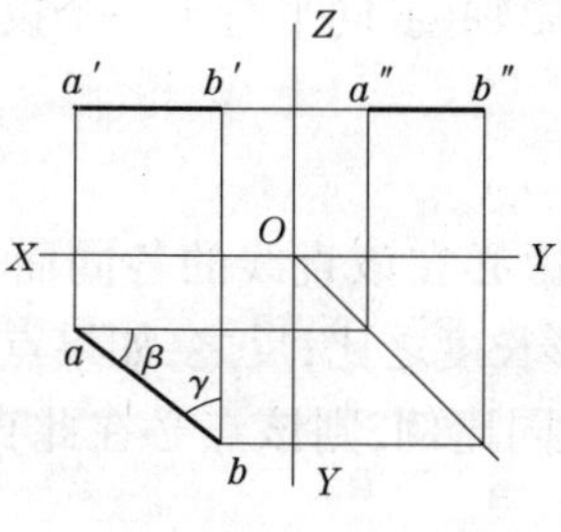	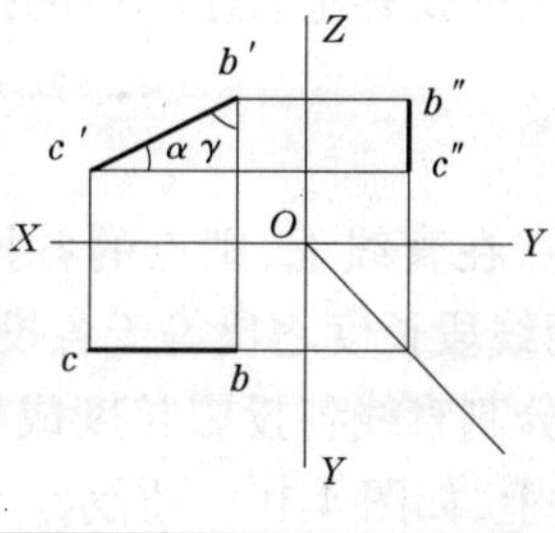	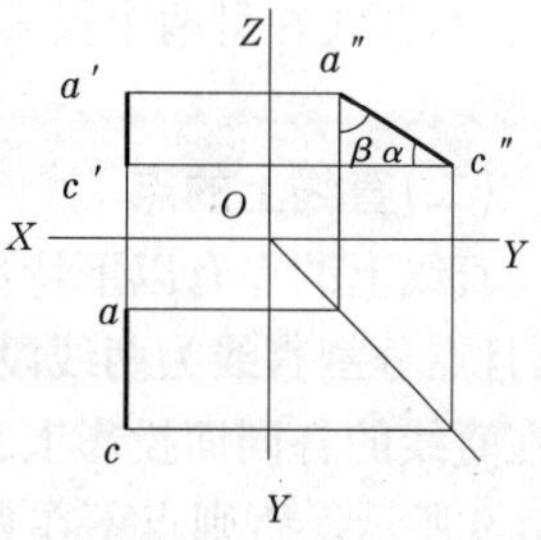

续表 4-1

种类	水平线(//H)	正平线(//V)	侧平线(//W)
实例	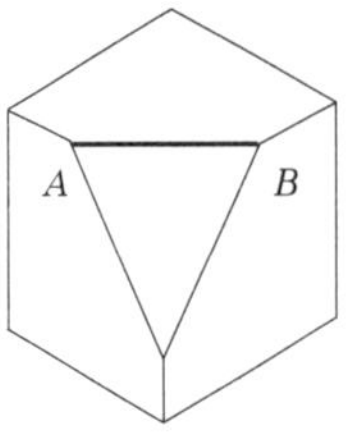 A B	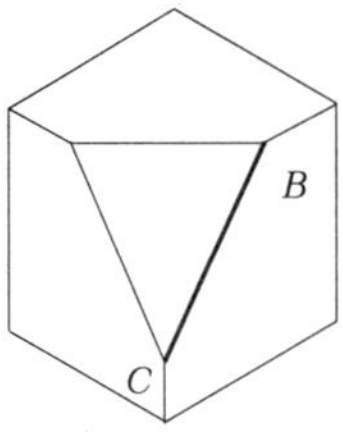 B C	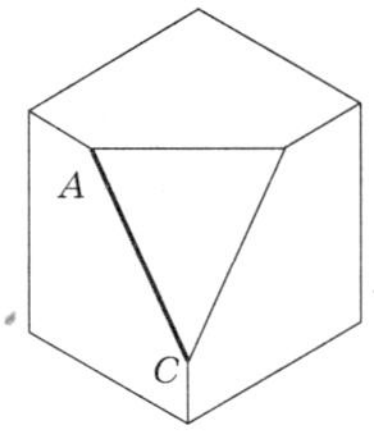 A C
	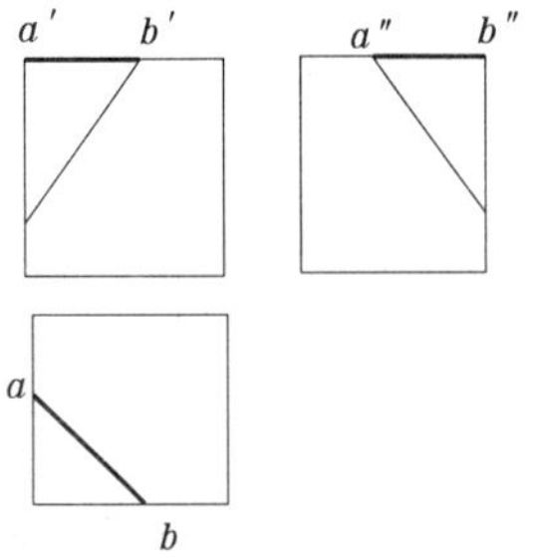 a' b' a'' b'' a b	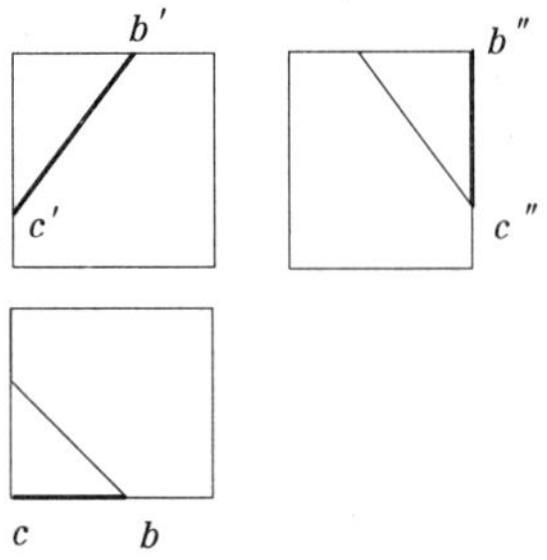 b' b'' c' c'' c b	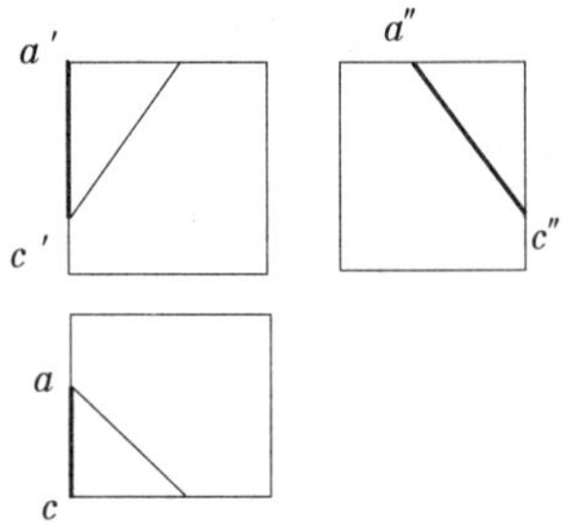 a' a'' c' c'' a c
投影特性	(1)$a'b'$ // OX;$a''b''$ // OY,且均不反映实长 (2)$ab = AB$ (3)β、γ 反映实角	(1)cb // OX;$c''b''$ // OZ,且均不反映实长 (2)$c'b' = CB$ (3)α、γ 反映实角	(1)ac // OY;$a'c'$ // OZ,且均不反映实长 (2)$a''c'' = AC$ (3)α、β 反映实角

现归纳投影面平行线的投影特性如下:

(1)直线在所平行的投影面上的投影反映实长,它和投影轴的夹角分别反映直线对另两个投影面的真实倾角。

(2)直线的另两个投影分别平行于相应的投影轴,且均小于实长。

3. 投影面垂直线

垂直于一个投影面(必与另两个投影面平行)的直线称为投影面垂直线。投影面垂直线有铅垂线、正垂线和侧垂线三种。表 4-2 列出了它们的直观图、投影图和投影特性。

现归纳投影面垂直线的投影特性如下(见表 4-2):

(1)直线在所垂直的投影面上的投影积聚为一点。

(2)直线在另两个投影面上的投影垂直于相应的投影轴(或同平行于一个投影轴),且反映实长。

(二)直线上的点

直线上的点有以下特性:点在直线上,则点的各投影必在该直线的各同面(名)投影上,且点分割直线为两线段,两线段长度之比等于各投影长度之比;反之,如果点的各投影均在直线的各同面投影上,且分割直线各投影长度成相同比例,则该点必在此直线上,如图 4-9 所示。否则点不在直线上,如图 4-10(c)所示。

表 4-2　投影面垂直线的投影特性

<table>
<tr><th>种类</th><th>铅垂线(⊥H)</th><th>正垂线(⊥V)</th><th>侧垂线(⊥W)</th></tr>
<tr><td>直观图</td>
<td>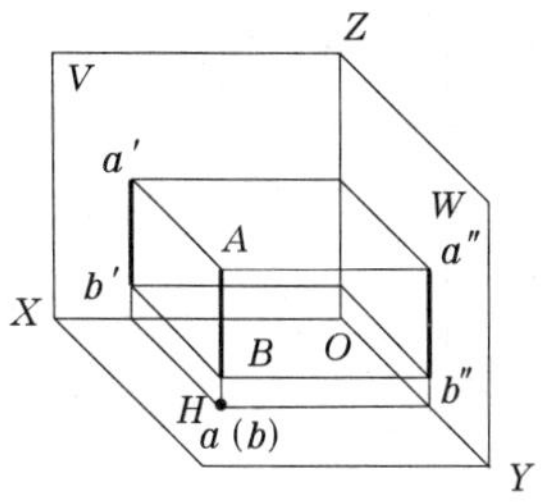
</td>
<td>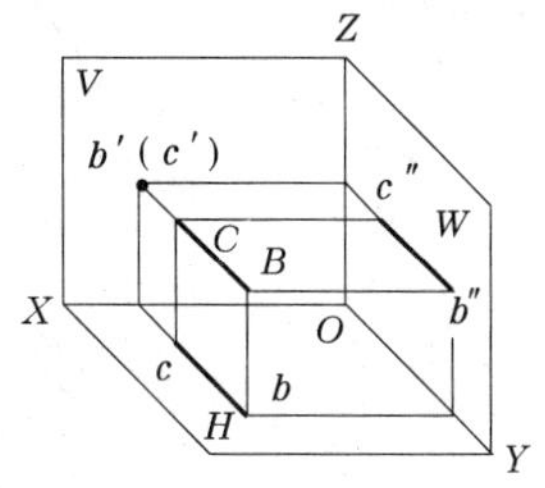
</td>
<td>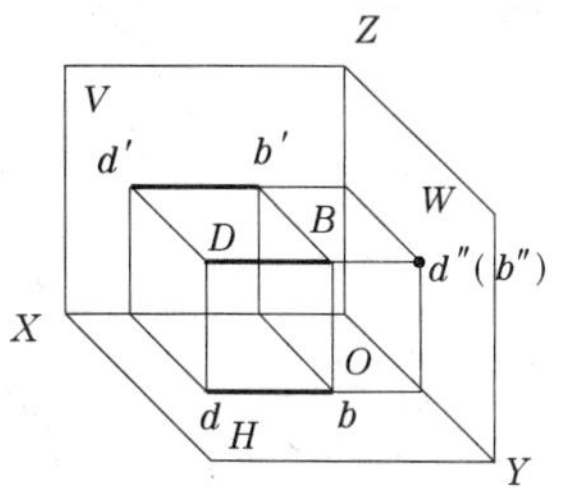
</td></tr>
<tr><td>投影图</td>
<td>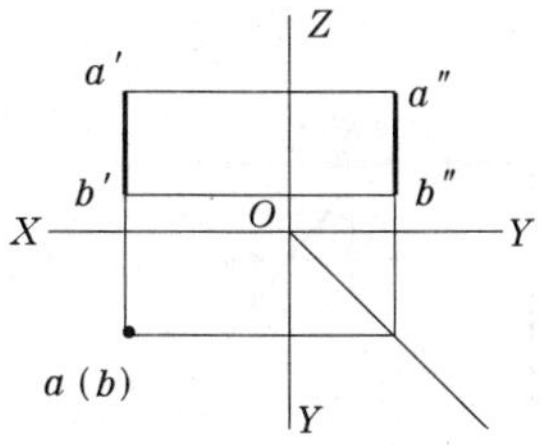
</td>
<td>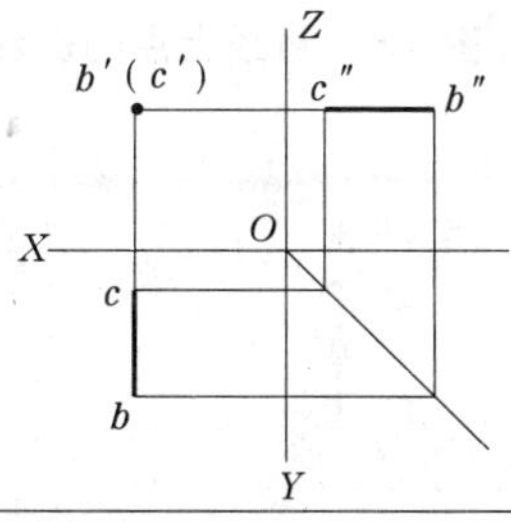
</td>
<td>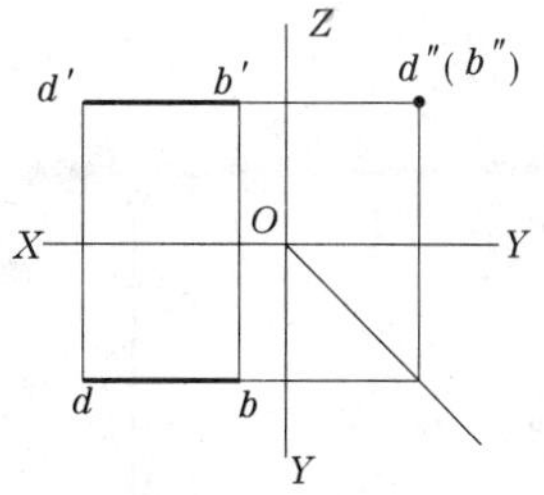
</td></tr>
<tr><td rowspan="2">实
例</td>
<td>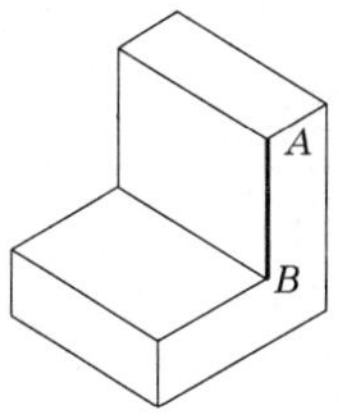
</td>
<td>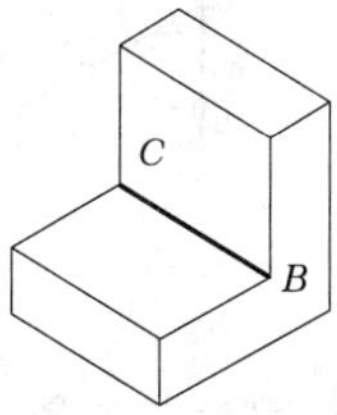
</td>
<td>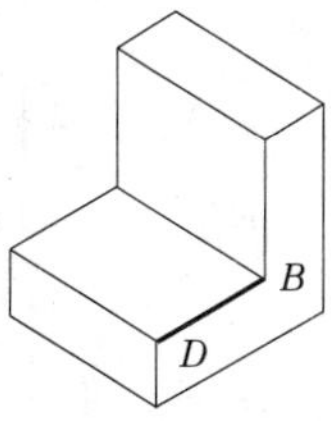
</td></tr>
<tr>
<td>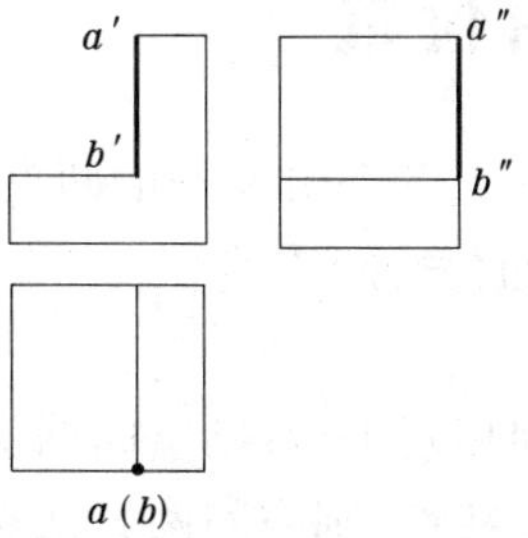
</td>
<td>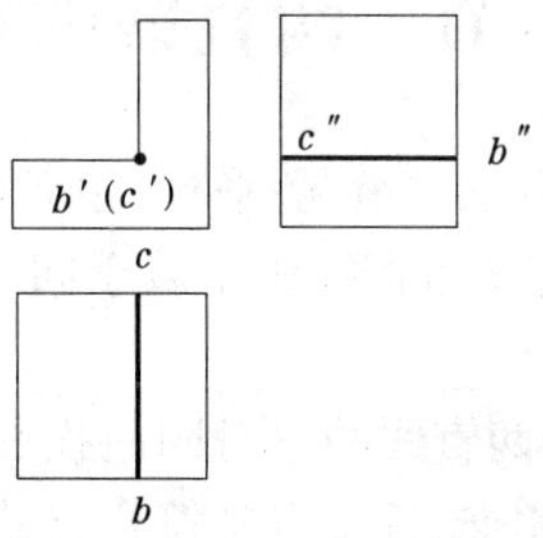
</td>
<td>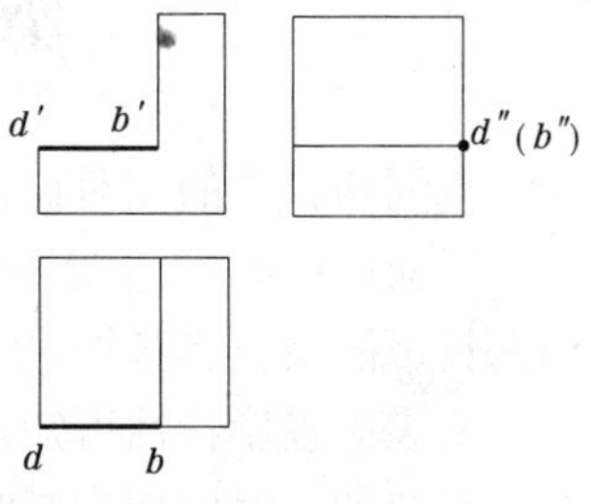
</td></tr>
<tr><td>投影特性</td>
<td>(1) $a(b)$积聚为一点
(2) $a'b' \perp OX$；$a''b'' \perp OY$
(3) $a'b' = a''b'' = AB$</td>
<td>(1) $b'(c')$积聚为一点
(2) $bc \perp OX$；$c''b'' \perp OZ$
(3) $bc = b''c'' = BC$</td>
<td>(1) $d''(b'')$积聚为一点
(2) $b'd' \perp OZ$；$bd \perp OY$
(3) $b'd' = bd = BD$</td></tr>
</table>

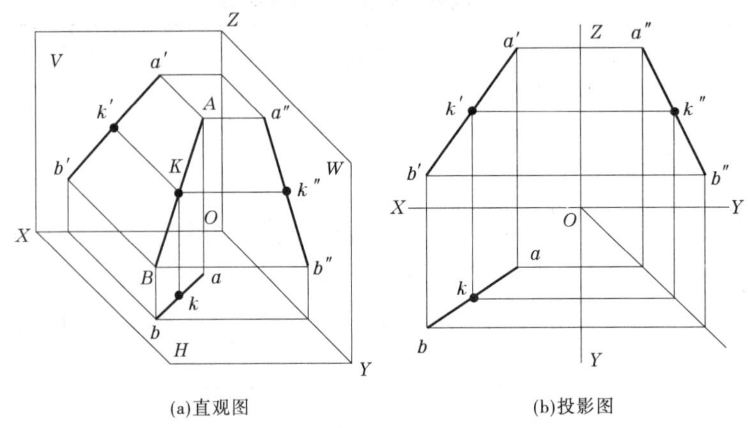

图 4-9　直线上点的投影

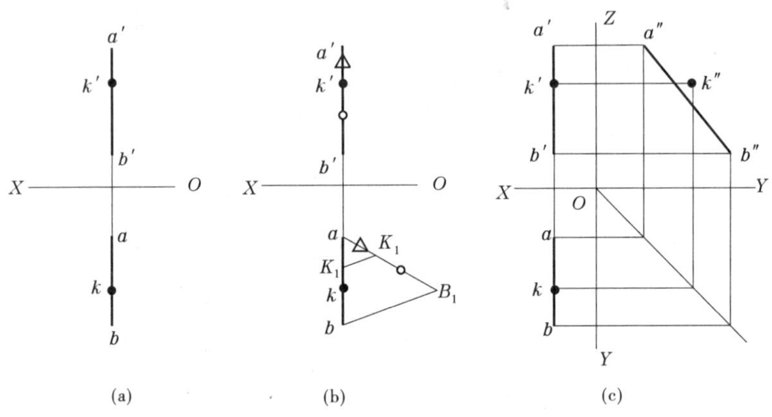

图 4-10　判断点 K 是否在直线 AB 上

第三节　两直线的相对位置

空间两直线的相对位置有三种情况：平行、相交和交叉。平行和相交的两直线均属于同一平面（共面）的直线，而交叉两直线则不属于同一平面（异面）直线。表 4-3 列出了它们的投影图及投影特性。

由表中投影特性可知：若两直线的三对同面投影分别相互平行，则空间两直线平行；若两直线的三对同面投影都相交，且交点又符合点的投影特性，则空间两直线相交；若两直线既不符合平行两直线的投影特性又不符合相交两直线的投影特性，则两直线交叉。

【例 4-4】 已知平面四边形 $ABCD$ 的 V 投影及不完整的 H 投影 abc，补全平面的 H 投影（见图 4-11）。

解：平面四边形 $ABCD$ 的对角线 AC、BD 必定是共面且相交的。$a'c'$、$b'd'$、ac 及 b 已知，利用两直线的交点的投影特性不难求出 D 点的 H 投影 d。

作图步骤：

表 4-3　两直线相对位置

种类	两直线平行	两直线相交	两直线交叉
直观图	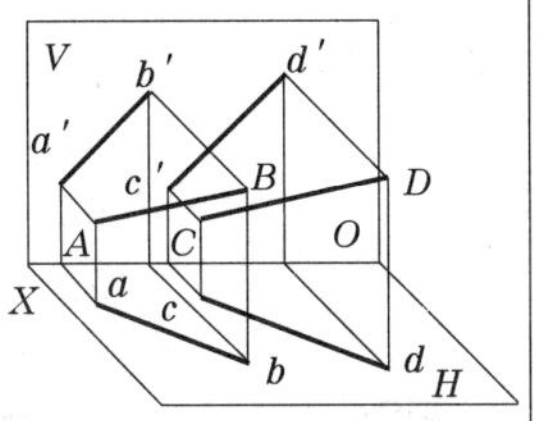	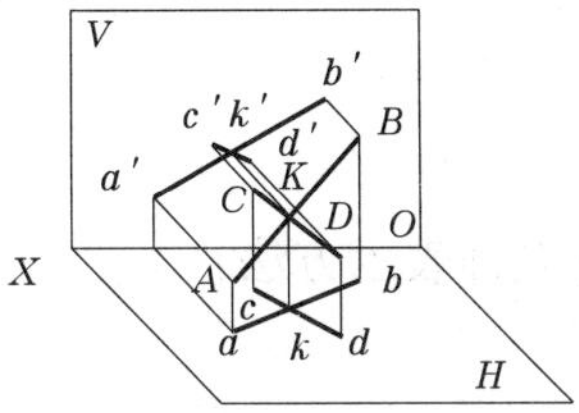	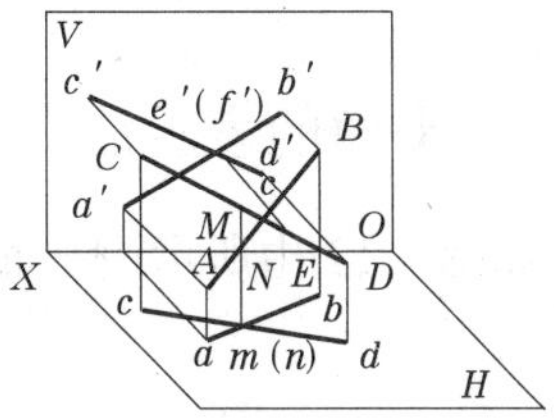
投影图	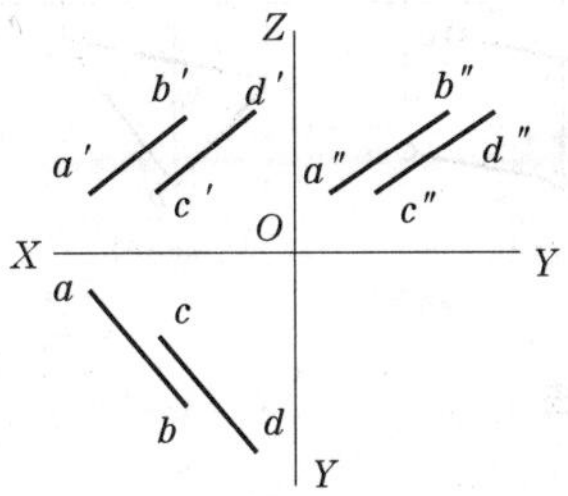	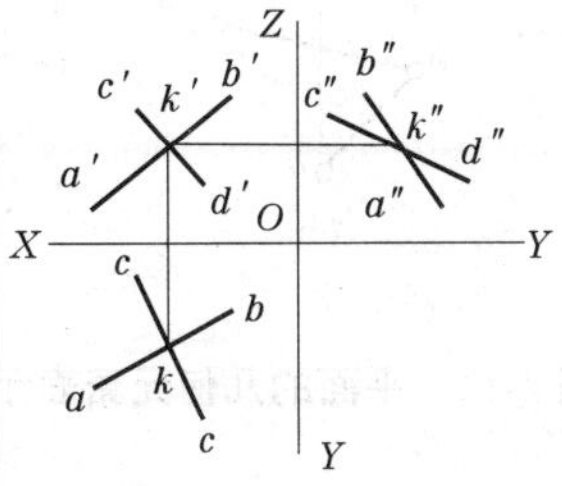	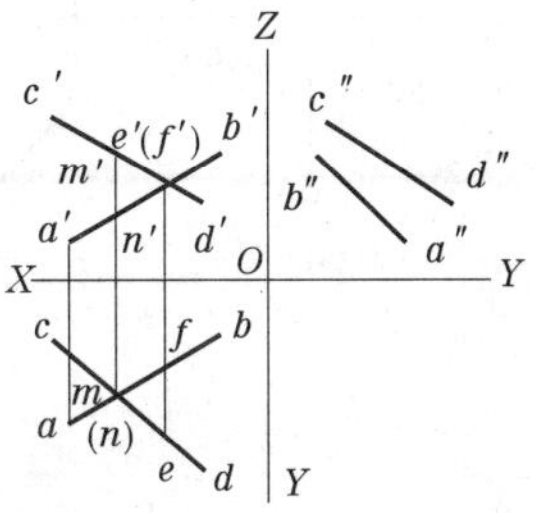
投影特性	若空间两直线平行，则它们的同面投影也互相平行	若两直线相交，则它们的同面投影也必相交，且交点的投影符合点的投影规律	两直线交叉，它们的三组同面投影不可能都平行，若它们的三组同面投影都相交，而交点不可能符合点的投影规律

(1)连 $a'c'$、$b'd'$(交点为 l')及 ac(见图 4-11(b))。

(2)过 l'作 OX 轴的垂线，交 ac 于一点 l，连接 bl 并延长，过 d'作 OX 轴垂线，交 bl 延长线于一点 d。

(3)连接 ad、cd 并加粗即为所求(见图 4-11(c))。

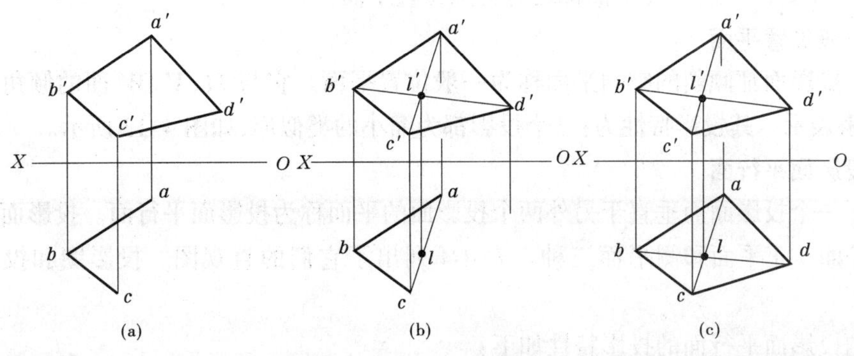

图 4-11　补全平面的投影

此题还可以用其他方法解答,请读者自行分析。

第四节　平面的投影

一、平面的表示法

如图 4-12 中所示。平面有五种表示方法:

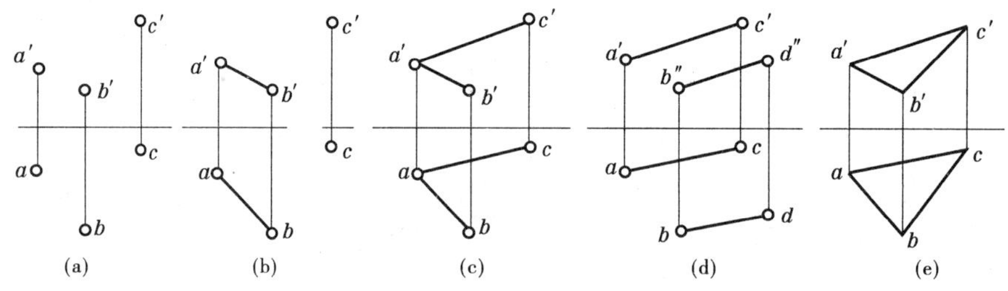

图 4-12　平面的几何元素表示法

(1)不在同一条直线上的三点确定一个平面(见图 4-12(a));

(2)一条直线与直线外一点确定一个平面(见图 4-12(b));

(3)相交两直线确定一个平面(见图 4-12(c));

(4)平行两直线确定一个平面(图 4-12(d));

(5)任意平面图形如三角形、四边形、圆形等确定一个平面(见图 4-12(e))。

以上五种表示方法可相互转化。通常用三角形、平行四边形、两相交直线、两平行直线表示平面。

二、各种位置平面的投影特性

根据空间平面对三个投影面的相对位置,平面可分为三类:一般位置平面、投影面平行面、投影面垂直面。后两类平面称之为特殊位置平面。

(一)一般位置平面

对三个投影面都倾斜的空间平面称为一般位置平面。它与 H、V、W 面的倾角分别用 α、β、γ 来表示。其投影特性为:三个投影都为缩小的类似形,如图 4-13 所示。

(二)投影面平行面

平行于一个投影面而垂直于另外两个投影面的平面称为投影面平行面。投影面平行面分为水平面、正平面和侧平面三种。表 4-4 列出了它们的直观图、投影图和投影特性。

现归纳投影面平行面的投影特性如下:

平面在所平行的投影面上的投影反映空间平面的实形;平面的另两个投影均积聚为

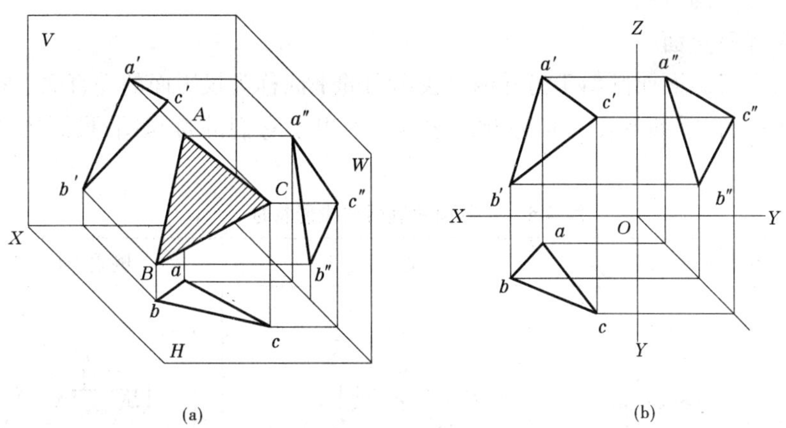

图 4-13　一般位置平面的投影

表 4-4　投影面平行面的投影特性

种类	水平面(∥*H*)	正平面(∥*V*)	侧平面(∥*W*)
直观图			
投影图			
实例			

平行于相应投影轴的直线。

(三)投影面垂直面

垂直于一个投影面而倾斜于另外两个投影面的平面称为投影面的垂直面。投影面垂直面分为铅垂面、正垂面和侧垂面三种。表 4-5 列出了它们的直观图、投影图和投影特性。

表 4-5　投影面垂直面的投影特性

	铅垂面(⊥H)	正垂图(⊥V)	侧垂面(⊥W)
直观图	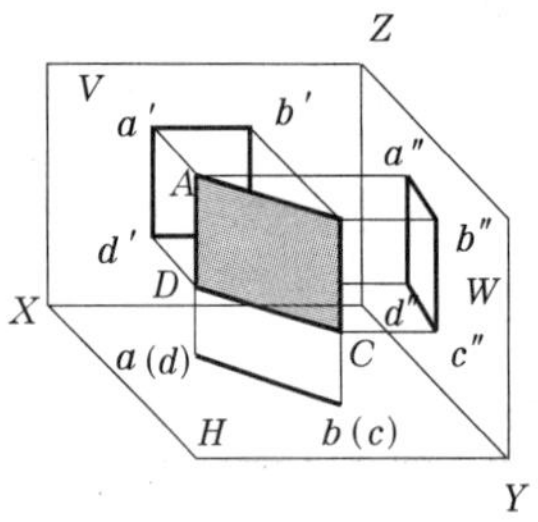	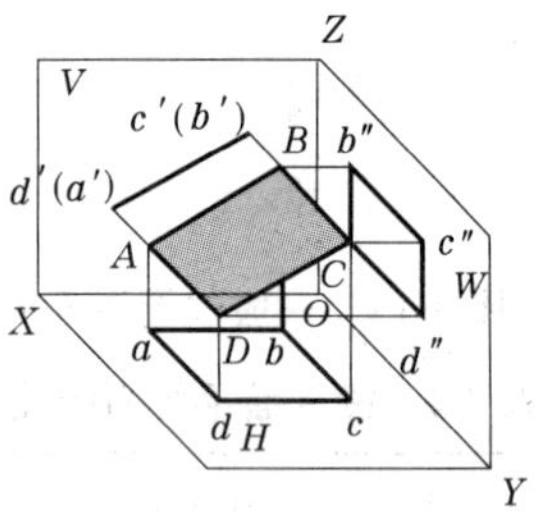	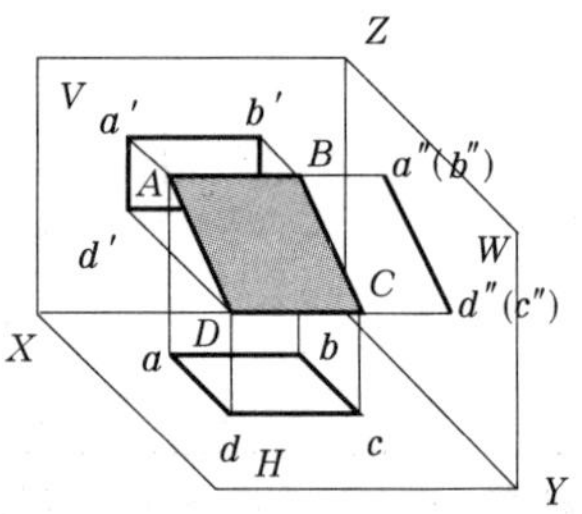
投影图	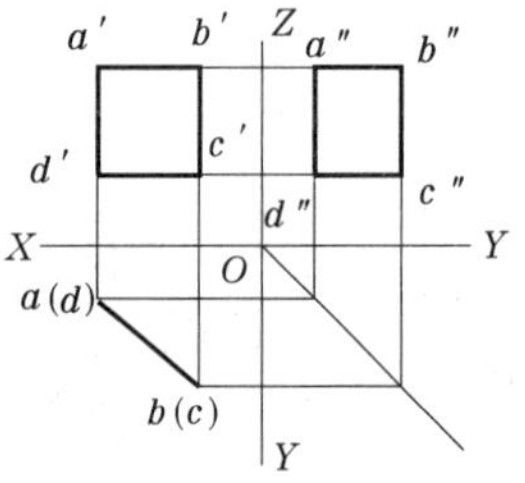	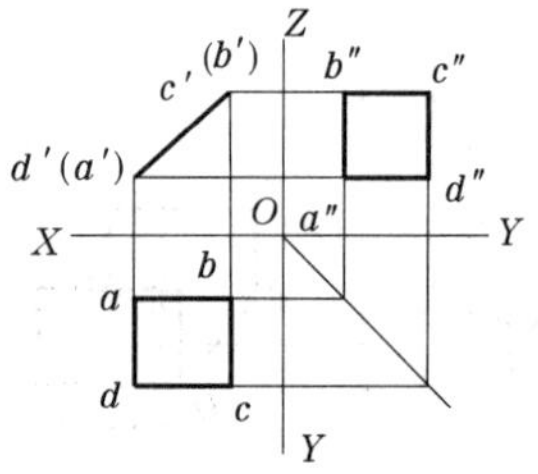	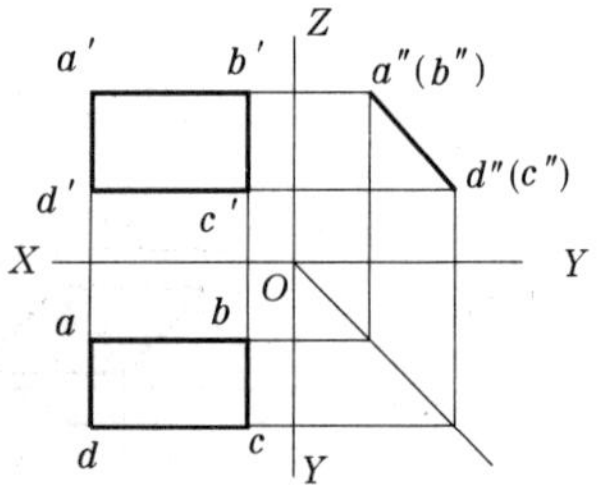
实例	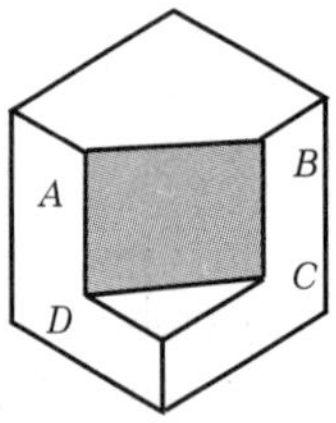	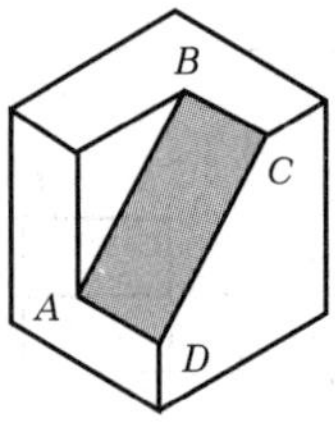	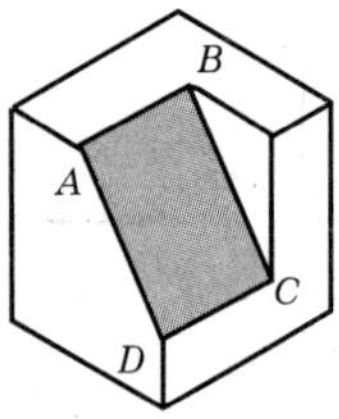

现归纳投影面垂直面的投影特性如下：

平面在所垂直的投影面上的投影积聚为一斜直线，该投影与投影轴的夹角分别反映平面与另两个投影面的真实倾角，平面的另两个投影均为类似形。

三、平面上的直线和点

(一)平面上的直线

具备下列条件之一的直线，必在给定平面内：

(1)直线上有两点在平面内；

(2)直线上有一点在平面内，且直线平行于平面内某一条直线。

若欲在平面上取直线，须通过该平面内的两点，过两点连一条直线，如图 4-14(a)所示;或通过该平面上的一点作直线平行于该平面内的任一直线,如图 4-14(b)所示。

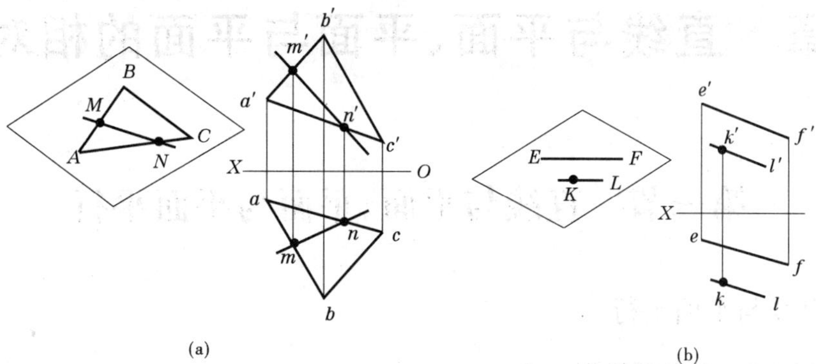

图 4-14 平面上的直线

(二)平面上的点

满足如下条件的点,必位于给定的平面内,即点在平面内的直线上。

若欲在平面上取点,须先在该平面内作直线,然后在直线上取点。如图 4-15(a)所示。投影图中辅助线的做法及在线上作点,如图 4-15(b)、图 4-15(c)所示。

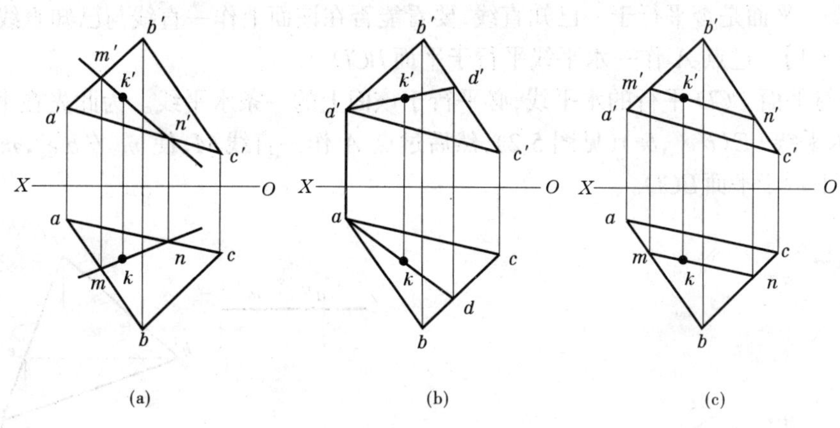

图 4-15 在平面上求点

第五章　直线与平面、平面与平面的相对位置

第一节　直线与平面、平面与平面平行

一、直线与平面平行

(一)直线与一般位置平面平行

直线与平面平行的几何条件是:当平面外一直线与平面内一直线平行时,则此直线与该平面平行。如图5-1所示,当平面外一直线与平面内一直线对应平行,则平面外直线必定平行这个平面。

如图5-1的直线AB平行于平面P的一边CD,直线EF平行于平面P上的直线GH,所以AB和EF都平行于平面P。

检查一平面是否平行于一已知直线,要看能否在该面上作一直线与已知直线平行。

【例5-1】 过点A作一水平线平行于平面BCD。

解:与平面BCD平行的水平线,必平行于该面上的一条水平线。为此先在平面BCD上作一水平线BE($b'e'$、be)(见图5-2),然后过点A作一直线M,使$m' /\!/ b'e'$,$m /\!/ be$,则直线M平行于平面BCD。

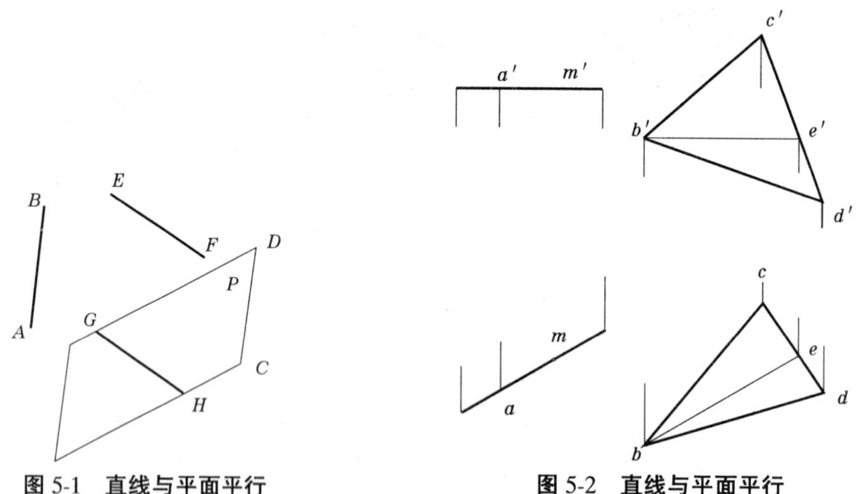

图5-1　直线与平面平行　　图5-2　直线与平面平行

(二)直线与投影面垂直面平行

投影面垂直面和直线相互平行,则该投影面垂直面的积聚投影与该直线的同名投影平行。如图5-3所示,当平面为投影面的垂直面时,只要直线的投影与平面的具有积聚性的投影平行时,或直线也为该投影面的垂直线,则直线与平面必定平行。

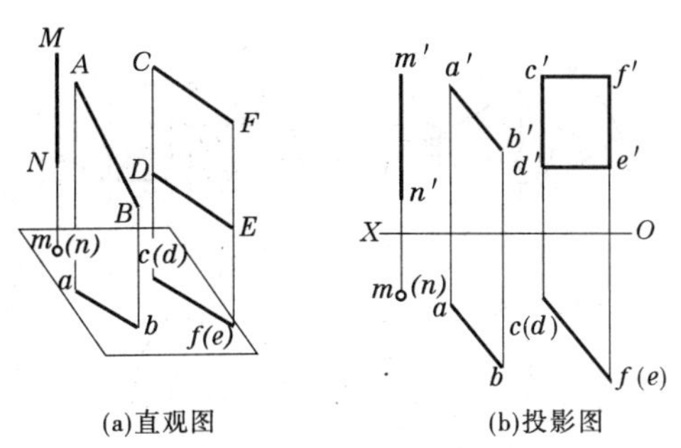

图 5-3　直线与投影面垂直面相平行

二、两平面平行

(一)两个一般位置平面平行

平面与平面平行的几何条件:一平面内的两相交直线分别平行于另一平面内的两相交直线,则两平面平行。如图 5-4,当一平面内有相交两直线,对应平行另一平面内的相交两直线,则这两个平面对应平行。

【例 5-2】　判断由四边形 *ABCD* 与 *EFGH* 所构成的两平面是否平行(见图 5-5)。

解:四边形 *ABCD* 和 *EFGH* 上分别有侧平线 *AD*、*BC* 和 *EH*、*FG*,它们之间是否对应平行,不能从已给的两投影来判别。为此,分别在这两个平面上引 *AC* 和 *EG*,由 *AB*、*AC* 和 *EF*、*EG* 这一对相交直线是否对应平行来判断四边形 *ABCD* 和 *EFGH* 是否平行。图中显示,*AC* 与 *EG* 不平行,因此两四边形平面不平行,如图 5-5 所示。

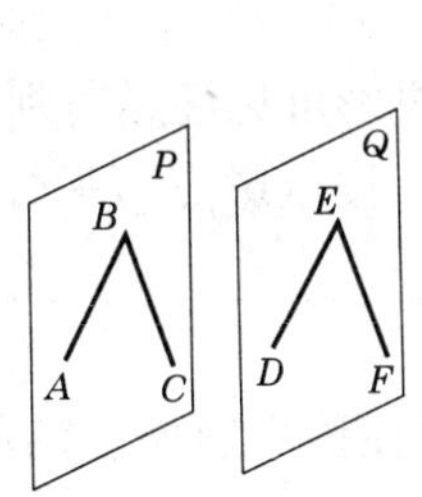

图 5-4　两平面平行

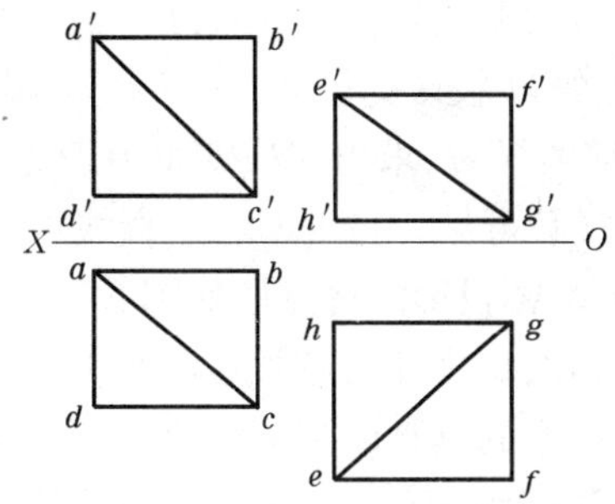

图 5-5　判断两平面是否平行

由于所给两平面上都有侧垂线,这两个平面均为侧垂面。只要作出侧面投影,就可由它们的积聚投影来判断这两平面是否平行。这是另一种解题方法,请读者自行练习。

(二)两投影面垂直面平行

如图 5-6 所示,当两平面同为某一投影面的垂直面,只要它们的积聚投影平行,则两平面必定平行。反之,若两平面的积聚性同面投影相互平行,则两平面平行。

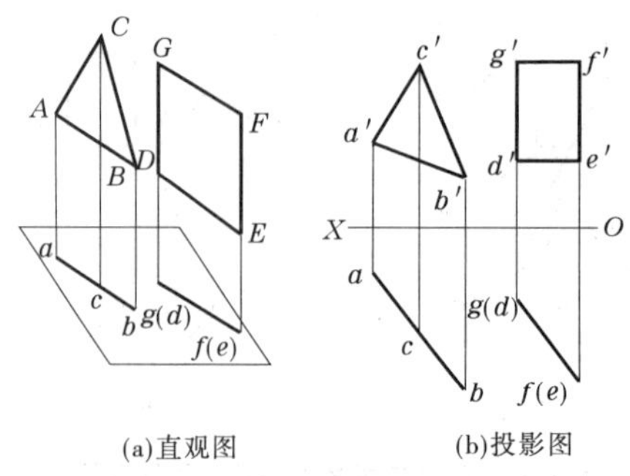

(a)直观图　(b)投影图

图 5-6　两投影面垂直面相平行

第二节　直线与平面、平面与平面相交

一、直线与平面相交

直线与平面不平行就必然相交，其交点是直线与平面的共有点，点既在直线上又在平面内。研究直线与平面相交的问题，就是研究如何确定直线与平面的交点问题。由于两个几何元素相交在空间位置上有上下、左右、前后的问题，所以在投影图中要确定投影的可见性。

（一）直线与平面中有一个处于特殊位置

1.投影面的垂直线与一般位置平面相交

如图 5-7 所示为铅垂线 AB 与一般位置平面△DEF 相交，求交点 K。根据交点的双重属性，K 属于 AB，K 点的 H 投影必积聚在铅垂线 AB 的 H 投影上，即为 $a(k)(b)$。因此 K 点的 H 投影为已知，交点 K 又属于平面△DEF 上一点 K，已知 H 投影 k，求 k'。过 (k) 作辅助线 el，求出 $e'l'$，k' 必在其上（见图 5-7(b)），H 投影可见性无需判别，在 V 投影上，以 k（必可见）为界，k' 之上直线可见，k' 之下为不可见，按重影点可见性的判别方法，判别线段 V 投影的可见性如图 5-7(c)所示。

2.一般位置直线与投影面的垂直面相交

投影面的垂直面与一般位置直线相交时，可利用平面在该投影面上的积聚性和交点的共有性直接求交点。如图 5-8(a)所示，铅垂面△ABC 与一般线 DE 相交，交点 K 的 H 投影 k 必在平面的 H 投影的积聚线段上，又必在直线 DE 的 H 投影 de 上，因此 k 水平投影必在此两线段的交点上，定出 H 投影 k 后，据交点共有性，k' 必在 $d'e'$ 上，即根据点的投影规律，求交点 k'，k、k' 即为 DE 与△ABC 交点的两投影（见图 5-8(b)）。

可见性判断。H 投影无需判断，在 V 面上，$d'e'$ 有一部分在△$a'b'c'$ 范围内，应区分 $d'e'$ 这部分的可见性（k' 为分界点，两边可见性不同，如图 5-8(c)所示）。在 V 投影上，几何元素的上下、左右关系很清楚，而前后关系需在 H 面（或 W 面）上判别。因此，要判断 V 投影上的可见性，即判断谁前谁后、谁遮住谁的问题，必须要结合 H 投影进行分析。基本方法是：在 V 投影上选一对分属直线和平面的重影点如Ⅰ、Ⅱ，令Ⅰ在 DE 上，Ⅱ在△ABC 的边 AC 上。根据点的投影规律，求出 $1'$、$2'$ 的水平投影，此时，1 在 2 前，所以 $1'$

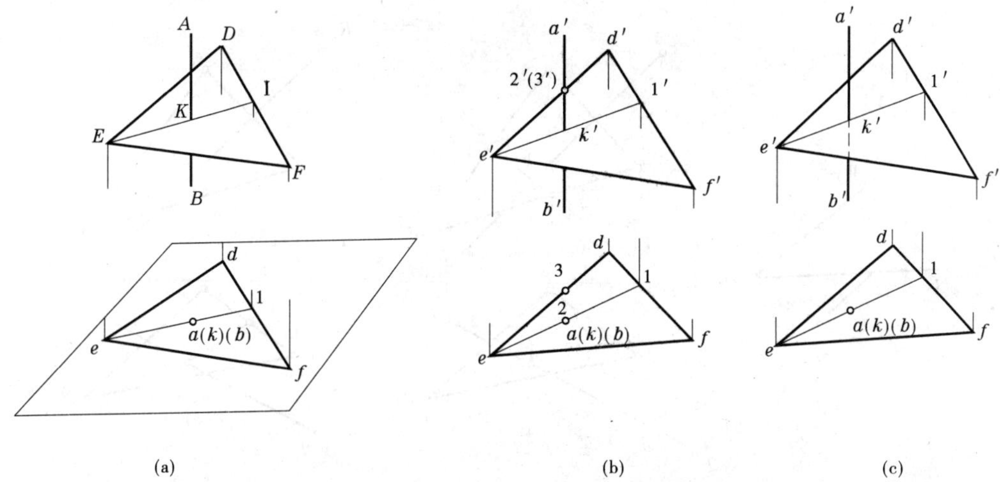

图 5-7　投影面的垂直线与一般位置平面相交

可见,2′不可见。即 $k'1'$可见,画成粗实线,相应地 k'以左部分不可见,画成虚线(k'是分界点,如图 5-8(c)所示)。

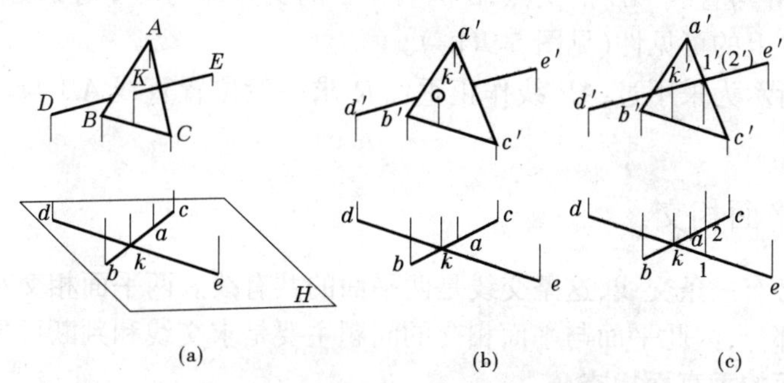

图 5-8　一般位置直线与投影面的垂直面相交

也可从直线与平面大致上的位置关系进行可见性的判断。从 H 投影可以看出,平面 abc 自左前伸向右后,直线 de 自左后伸向右前,从交点 k 到 e 段位于平面的前方,故可判断在 V 上,$k'e'$可见,k'以左部分(△$a'b'c'$以内)不可见。这种判断方法比较直观。

(二)一般位置直线与一般位置平面相交

在图 5-9(a)中,设直线 AB 与一般位置平面△DEF 相交的交点K 已求出,则过 K 点在△DEF 平面上可作无数条直线,每一条直线与 AB 组成一个平面,在这些平面中必有一个铅垂面或正垂面,如图 5-9(a)所示,△DEF 平面上的所作线段ⅠⅡ与线段 AB 组成一个铅垂面P,则线段ⅠⅡ也就是平面 P 与△DEF 平面的交线。由此可得到求一般位置直线 AB 与一般位置平面△DEF 交点K 的方法(辅助平面法)。

作图步骤与方法:

(1)过直线作辅助平面 P,包含直线 AB 的 H 投影ab 作铅垂面P^H(或包含 $a'b'$作 R^V),P 面 V 投影不必作;

(2)求辅助平面 P 与已知平面△DEF 的交线ⅠⅡ,求出 fd、ed 与P^H 的交点 1、2,1′

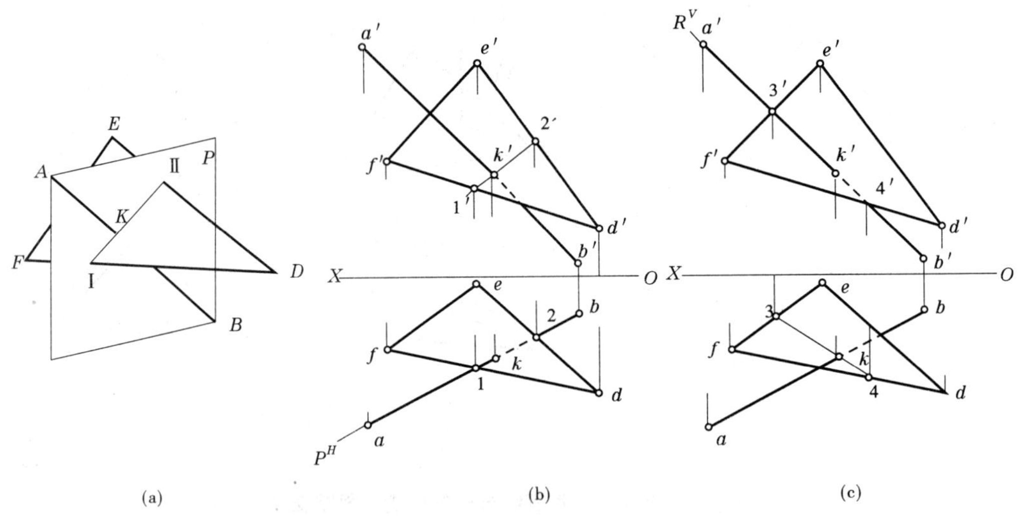

图 5-9　辅助平面法求一般位置线面交点

在 $f'd'$ 上，$2'$ 在 $e'd'$ 上，求出 $1'2'$ 线，Ⅰ Ⅱ 即是△*DEF* 与 *P* 面的交线(见图 5-9(b))。

(3)求交线Ⅰ Ⅱ与直线 *AB* 的交点，$a'b'$ 与 $1'2'$ 的交点即为 k'，则 k 必在 ab 上，求出 k，分别判断 *V*、*H* 上的可见性(见图 5-9(b))。

如图 5-9(c)所示为采用过 *AB* 线作正垂面 *R* 求一般位置直线 *AB* 与△*DEF* 交点 *K* 的作图方法。

二、平面与平面相交

两平面相交必有一条交线，这条交线是两平面的共有线。两平面相交对投影面而言，其投影会有重叠部分，因此平面与平面相交的问题主要是求交线和判断可见性问题。

(一)两投影面的垂直面相交

当两平面均为投影面的垂直面时，交线必为该投影面的垂直线，两平面具有积聚性的投影交于一点，该点即为交线的积聚投影，交线的另一投影可在两平面投影的重合部分作出，如图 5-10 所示。同样，交线作出以后，还需在两面投影的重叠部分判断它们的可见性。判断方法同线与面相交时可见性的判别方法。注意交线总是可见的，需用粗实线画出，具体作图如图 5-10(b)所示。

(二)投影面的垂直面与一般位置平面相交

两平面中有一个平面与投影面垂直，与上述方法类似，可利用积聚性投影，求出共有点，从而可得到另一投影面的投影，其连线即为交线的投影。在有积聚性的投影面上的投影可见性不用判断，在两平面都没有积聚性的同面投影重合处，可由投影图直接判断投影的可见性，而交线的投影就是可见与不可见的分界线。

如图 5-11(a)所示，△*ABC* 为铅垂面，△*DEF* 为一般位置平面，求两平面的交线 *KL* 时，可用求投影面的垂直面与一般位置直线相交求交点的方法，并要两次求得两交点 *K*、*L*，连接起来即得交线 *KL*。

求交线 *KL* 的方法：直接在 *H* 投影上求出 de 与平面△*ABC* 的积聚投影的交点 k，在

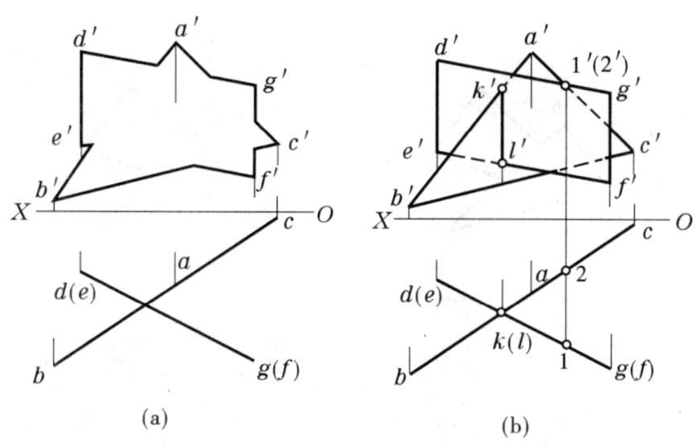

图 5-10　两铅垂面的交线

$d'e'$上求出k'；在 H 投影上求出 df 与平面△ABC 的积聚投影的交点 l，在 $d'f'$ 上求出 l'，连接 $k'l'$，即得交线 KL 的两面投影 kl、$k'l'$。

直观判断 V 投影上的可见性，从 H 投影上可知，△DEF 的 E 角自两面交线 KL 伸向铅垂面的前方，故 E 角的该部分的 V 投影可见。$k'l'$的左方△DEF 与△ABC 的重影部分为不可见，如图 5-11(c)所示。可见性是相对的，有遮住就有被遮住，两平面图形投影重叠部分的可见性判断应完整，不要顾此失彼，而两平面图形投影不重叠的部分不需判断，都是可见的。

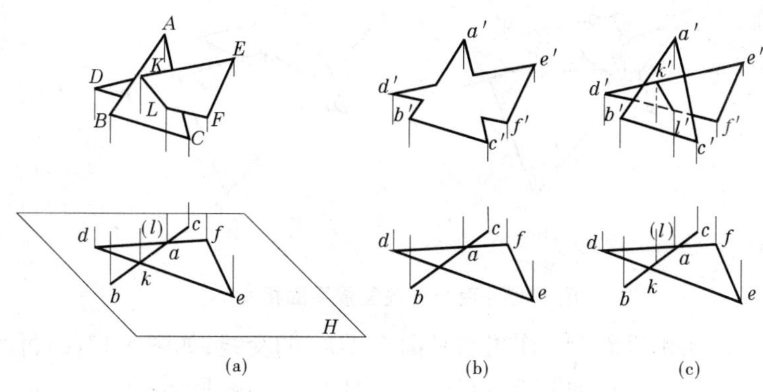

图 5-11　铅垂面与一般位置平面相交

(三)一般位置平面与一般位置平面相交

两个一般位置平面相交的交线为两个点的连线，而每一点就是其中一个平面上一条直线与另一平面的交点。所以面与面相交的问题，可归结为求一般位置直线与一般位置平面相交的问题。由于两平面均无积聚性投影，所以在解题时，那种在投影图中无重影的平面图形的边线，不可能与另一平面有交点，就不要考虑这样的边线对另一平面的交点。如图 5-12(a)所示边线 EF。

如图 5-12 所示，求作平面△ABC 与平面△DEF 的交线 MN，并判断可见性。利用辅助平面法，作图步骤如下：

(1)过直线 DE 作正垂面 R^V，作出与平面△ABC 的交线，如图 5-12(b)所示；

(2)求此交线与直线 DE 的交点 M(m、m')，如图 5-12(b)所示；

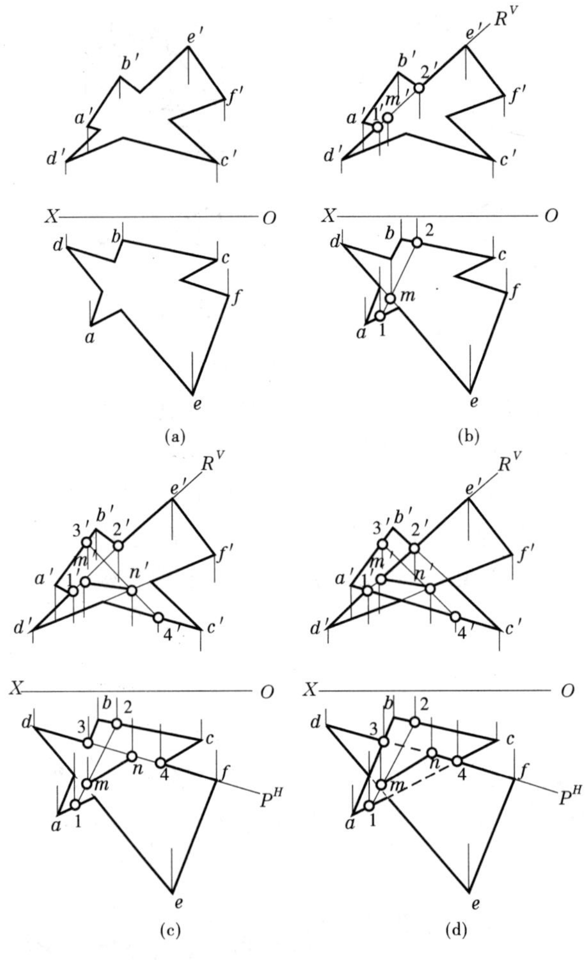

图 5-12　两个一般位置平面相交

(3)过直线 DF 作铅垂面 P^H,作出与平面△ABC 的交线,如图 5-12(c)所示;

(4)求此交线与直线 DF 的交点 $N(n、n')$,如图 5-12(c)所示;

(5)连接直线 $MN(mn、m'n')$即为所求,如图 5-12(c)、图 5-12(d)所示;

(6)判断可见性:同前所述,利用重影点判断两平面被遮住部分的可见性,如图 5-12(d)所示。

第六章　投影变换

第一节　概　述

一、投影变换的目的

在进行工程设计时，常遇到定形、定位的问题。例如，求物体上倾斜平面的真实形状、求两平面间夹角的真实大小、以最短距离连接空间两交叉管道等等。这些问题都可以用图解法解决——将物体抽象为点、线、面等几何元素的组合，图解出结果后，再回到实际物体和结构的设计中去。

如图 6-1 所示的情况：

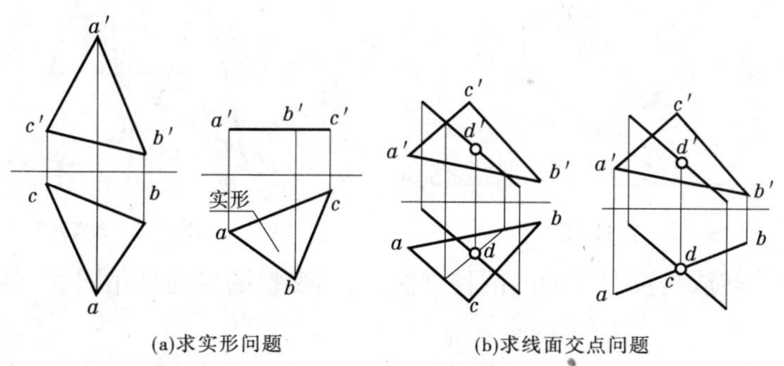

(a)求实形问题　　(b)求线面交点问题

图 6-1　投影变换

如图 6-1(a)所示，△*ABC* 对投影面处于一般位置(左图)，从投影图中不能直接反映出它的真实形状，需通过几何作图求出；若使△*ABC* 平行于某一投影面(如右图，△*ABC* //*H* 面)，则它在该投影面内的投影就直接反映实形了(即△*abc* 为其实形)。

如图 6-1(b)所示，△*ABC* 和已知直线均为一般位置(左图)，求线面交点 *D* 时需采用辅助平面法作图；若△*ABC* 垂直于某一投影面(如右图，△*ABC*⊥*H* 面)，那么△*ABC* 在该投影面上的投影为积聚直线，线面交点 *D* 的水平投影 *d* 为已知，正面投影可直接在直线上取点即得。

比较以上两个例子，可以发现：几何元素与投影面之间的相对位置关系影响求解的难易程度。在进行图示和图解时，我们如果能改变几何元素与投影面之间的相对位置关系，使原来对投影面处于一般位置的几何元素变换为对投影面处于某种特殊位置或其他有利于解题的位置，解题就变得很方便了。我们把这样的变换统称为投影变换。

投影变换目的：改变几何元素相对于投影面的位置，借助于改变以后所得的投影(辅助投影)，以达到简便地解决空间问题的目的。

二、投影变换的方法

本章主要介绍两种最常用的方法。

(一)换面法

几何元素的空间位置不变,用一新投影面更换原投影面体系中的某一投影面,使几何元素相对新投影面处于解题所需的有利位置,这种投影变换方法称为换面法。

如图 6-2 所示,用一新投影面 V_1 替换原投影面体系中的 V 投影面,使线段 AB 平行于新投影面 V_1,其新投影 $a_1'b_1'$ 即可反映线段 AB 的实长。

(二)旋转法

投影面体系保持不动,使空间几何元素绕某一轴线旋转到相对投影面处于有利解题的位置,这种投影变换方法称为旋转法。如图 6-3 所示,线段 AB 以过 A 点的铅垂线为轴旋转到平行于 V 面的位置,则此时的新投影 $a'b_1'$ 也可反映线段 AB 的实长。

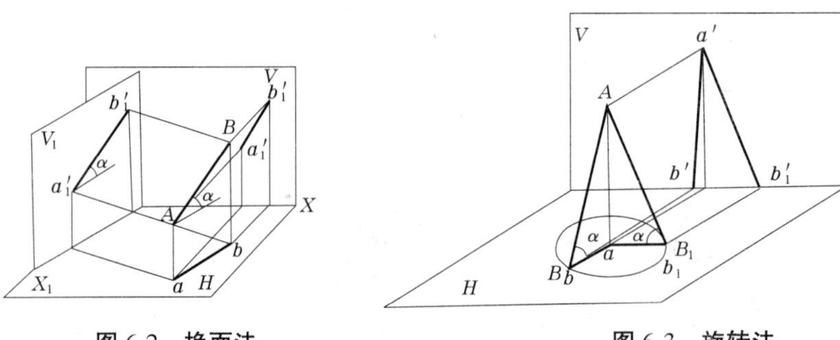

图 6-2　换面法　　　图 6-3　旋转法

换面法和旋转法是投影变换的两种方法,它们变换的目的是相同的,但变换的对象不同。

第二节　换面法

一、新投影面的设置

先看例子:如图 6-4 所示,直线 AB 在 V/H 投影面体系中为一般位置直线,求其实长和对 H 面的倾角 α。若设置一新的投影面 V_1 平行于 $ABba$,由于 $ABba \perp H$ 面,所以 $V_1 \perp H$面,于是新投影面 V_1 和 H 面形成新的两投影面体系(即用 V_1 面更换掉 V 面),那么在新投影面体系 V_1/H 中,AB 为投影面 V_1 的平行线,则其在 V_1 面上的投影 $a_1'b_1'$ 即可反映 AB 的实长和对 H 面的倾角 α。

所以,新投影面不是任意设置的,它的设置必须符合以下两个基本条件:

(1)新投影面必须和空间几何元素处于有利解题的位置,即平行或垂直关系(如 $V_1 // AB$)。

(2)新投影面必须垂直于一个不变投影面(如 $V_1 \perp H$)。

因为只有这样,我们前面所研究的点、线、面在两投影面体系中正投影的性质和投影

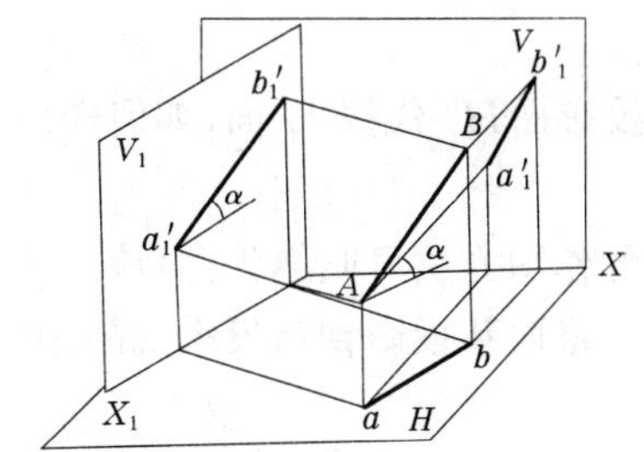

图 6-4　一般位置直线变换为投影面平行线

作图方法才可以适用于新的两面投影体系。

二、点的投影变换规律

点是最基本的几何元素,研究点的投影变换规律是学习换面法的基础。

(一)点的一次换面

如图 6-5(a)所示为点的一次换面。设两投影面 H/V 体系及空间一点 A。点 A 的 H、V 面投影分别为 a、a',则进行投影变换需做以下三项工作:

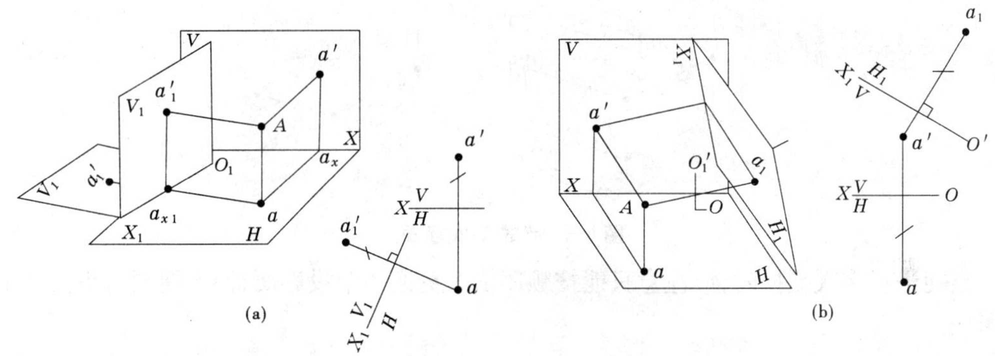

图 6-5　点的一次换面

1.建立新投影面体系

看立体图:假设根据某种解题需要,采用垂直于 H 面的辅助投影面 V_1 代替 V 面,而原投影面体系中的 H 面保持不变,于是建立了一个新投影面体系 V_1/H。V_1 与 H 面的交线 O_1X_1 为新投影轴,a_1'为点 A 在新投影面 V_1 内的投影。这里我们称 a_1'为新投影,a 为被保留的投影,a'为被替换的投影。

2.确定新旧投影之间的关系

观察立体图,分析点在新投影面体系和旧投影面体系中投影之间的关系。

从正投影理论出发不难证明:$aa'_1 \perp O_1X_1$,$a'_1a_{x_0} = a'a_x$。

由此归纳出点的投影变换规律:

(1)点在新投影面体系中的两投影连线垂直于新投影轴;

(2)点的新投影到新投影轴的距离等于被替换的投影到旧投影轴的距离。

3.求解新投影

利用上述规律,过点 a 向新投影轴 O_1X_1 作垂线,并在垂线上量取 $a'_1a_{x1} = a'a_x$,点

a'_1 即为点 A 的新投影。

若用垂直于 V 面的辅助投影面 H_1 代替 H 面，如何作出点 A 在新投影面体系 V/H_1 中的投影，如图 6-5(b)所示。

综上所述，点的一次换面的作图方法可归纳为：由该点的不变投影（被保留投影）向新投影轴作垂线，并在新投影面上量取新投影到新投影轴的距离，使之等于被替换的投影到旧投影轴的距离。

(二)点的二次换面

在解决实际问题时，有时需要连续地更换两次、甚至更多次的投影面。但当掌握了点的一次换面规律以后，就不难解决了。

如图 6-6 所示，第一次变换，用 V_1($V_1 \perp H$)代替 V，将 V/H 体系变换成 V_1/H 体系。第二次变换，用 H_2($H_2 \perp V_1$)代替 H，将 V_1/H 体系变换成 V_1/H_2 体系。在每一次更换投影面过程中，点的投影作图均与更换一次投影面相同。

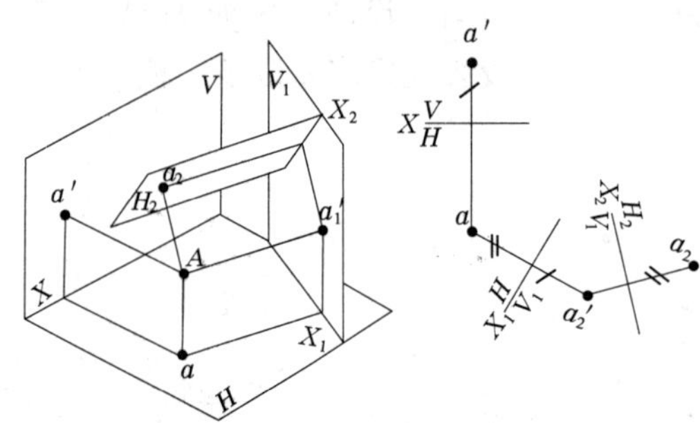

图 6-6　点的二次换面

点在进行多次变换时，应注意只能按顺序依次更换各个投影面，而不能同时更换两个投影面。

三、直线的投影变换规律

(一)将一般位置直线变换成投影面平行线

下面用一个实例来说明如何将一般位置直线变换成新投影面的平行线。

如图 6-7 所示，求线段 AB 的实长。

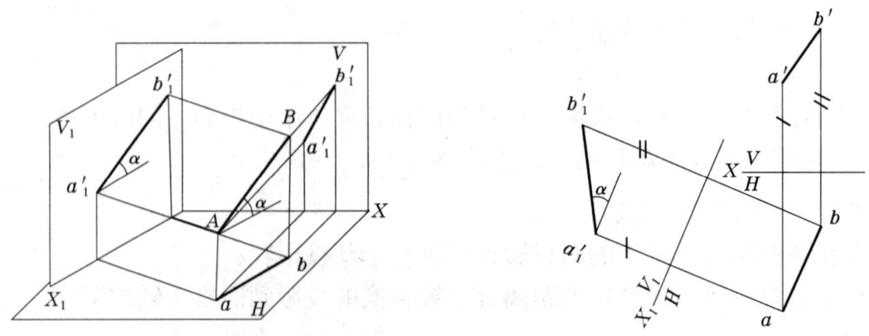

图 6-7　一般位置直线变换成投影面平行线

1. 空间分析

由前面直线的投影知识可知，当线段 AB 平行于某个投影面时，它在该投影面上的投影直接反映其实长。

因此，可取辅助投影面 V_1 代替 V 面，使 V_1 既平行于 AB，同时又垂直于 H 面。于是，在新投影面体系 V_1/H 中，AB 成为 V_1 面的平行线。

2. 投影作图

根据投影面平行线的投影特性，在 V_1/H 体系中，AB 是 V_1 面的平行线，新投影轴应平行于线段的 H 面投影，即 $O_1X_1//ab$。O_1X_1 轴位置确定后，按点的投影变换的作图方法求出 AB 两端点在 V_1 内的新投影 $a_1'b_1'$ 即为线段 AB 的实长投影。

3. 作图步骤

(1)作新投影轴 $O_1X_1//ab$；

(2)作 AB 在新投影面 V_1 内的投影 $a_1'b_1'$，$a_1'b_1'$ 即为线段 AB 的实长。见图 6-7 中的投影图。

同理，也可用 H_1 面代替 H 面，使 $H_1//AB$ 且垂直于 V 面，构成新投影面体系 V/H_1，投影作图如图 6-8 所示。

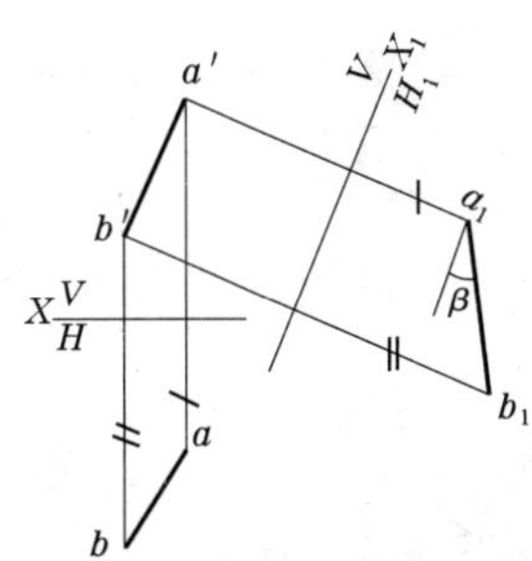

图 6-8　一般位置直线变换为 H_1 投影面平行线

将一般位置直线变换成新投影面平行线的作图要点：

将一般位置直线变换成新投影面的平行线只需进行一次变换；新投影轴应平行于直线的某一投影（$O_1X_1//ab$ 或 $O_1X_1//a'b'$）。

(二)将投影面平行线变换成投影面垂直线

1. 空间分析

投影面平行线经一次变换能否变为新投影面的垂直线呢？如图 6-9 所示。图 6-9 中 AB 为正平线，若设置辅助投影面 $H_1 \perp AB$，由两平面垂直的几何条件可得此时必定有 $H_1 \perp V$。那么在新投影面体系 H_1/V 中，AB 成为 H_1 面的垂直线。

根据投影面垂直线的投影特性，新投影轴 $O_1X_1 \perp a'b'$，AB 在 H_1 内的投影 a_1b_1 积聚成一点。

2. 作图步骤

(1)作新投影轴垂直于投影面平行线反映实长的投影（即 $O_1X_1 \perp a'b'$）；

(2)求出 AB 在新投影面 H_1 内的新投影 a_1b_1，此时 a_1b_1 积聚成一点。

同理，也可将水平线变为投影面垂直线，此时应用新投影面 V_1 替换 V，并使 $V_1 \perp$

AB,形成新投影面体系 V_1/H,具体作图读者可参考图 6-9 推得。

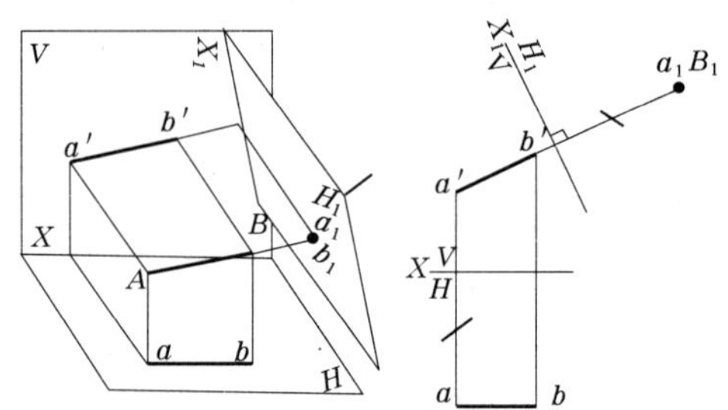

图 6-9　投影面平行线变为投影面垂直线

(三)将一般位置直线变换成投影面垂直线

1.空间分析

任何与一般位置直线垂直的平面,均为一般位置面,故该平面不能与原投影面体系中的任一投影面构成相互垂直的新投影面体系。因此,将一般位置直线变换成投影面的垂直线只经过一次换面是不能实现的,需要经过两次换面来实现,即先将一般位置直线变换成投影面平行线,再将投影面平行线变换成投影面垂直线。如图 6-10 所示。

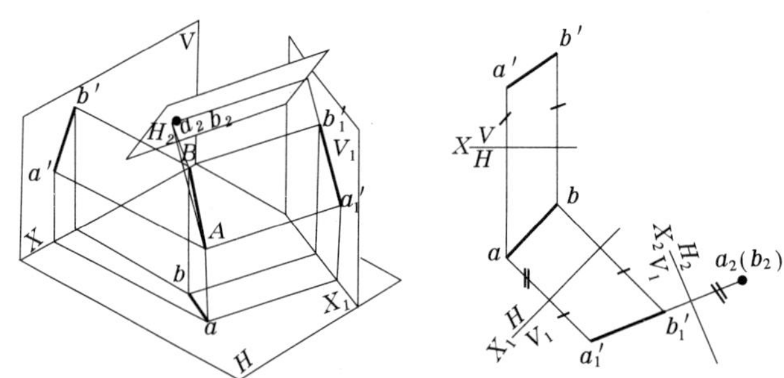

图 6-10　一般位置直线变换成投影面垂直线

2.作图步骤

1)先将一般位置直线变换成投影面平行线——作新投影面 V_1 //AB,且 $V_1 \perp H$

(1)作新投影轴 $O_1X_1//ab$;

(2)求出 AB 在 V_1 内的投影 a'_1b_1'。

2)再将投影面平行线变换成投影面垂直线——作新投影面 $H_2 \perp AB$,且 $H_2 \perp V_1$。

(1)作新投影轴 $O_2X_2 \perp a_1'b_1'$;

(2)求出 AB 在 H_2 内的投影 a_2b_2,a_2b_2 积聚成一点,如投影图所示。

同理,作图时也可先用 H_1 代替 H 面,使 $H_1//AB$ 且 $H_1 \perp V$,构成新投影面体系 V/H_1;再用 V_2 代替 V 面,使 $V_2 \perp AB$ 且 $V_2 \perp H_1$,构成新投影面体系 H_1/V_2 求解。

第三节　旋转法

旋转法刚好与换面法相反,它是投影面体系保持不动,使空间几何元素绕某一轴线旋转到相对投影面处于有利解题(平行或垂直)的位置。

一、旋转轴的选择

如图 6-11 点旋转示意图所示，空间一点 A 绕一直线 OO_1 旋转，点 A 称为旋转点，直线 OO_1 称为旋转轴。旋转过程中，点 A 的轨迹是一个圆周，称为旋转轨迹圆。旋转轨迹所围成的平面称为旋转平面，该平面垂直于旋转轴。

在空间体系中，旋转轴的选择可为任意位置：

(1)当旋转轴垂直于某个投影面时，则旋转平面必平行于该投影面，故旋转轨迹圆在该投影面上投影反映实形圆。

(2)当旋转轴平行于某个投影面时，则旋转平面必垂直于该投影面，故旋转轨迹圆在该投影面上投影积聚为一条直线，直线的长度为旋转直径的长度。

(3)当旋转轴倾斜于任一投影面时(即为一般位置直线时)，旋转平面也为一般位置平面，故旋转轨迹圆的投影为椭圆。

但在实际应用中，为了作图简便，我们通常选垂直或平行于投影面的直线作为旋转轴，分别称为以投影面垂直线为轴旋转法和以投影面平行线为轴旋转法。本节仅介绍常用的以投影面垂直线为轴旋转法(简称垂轴法)。

二、点的旋转

如图 6-12 所示，当空间点 A 绕垂直于 H 面的轴线 OO 旋转时，点 A 的运动轨迹是一个水平圆，圆的半径是点 A 的旋转半径，旋转平面是水平圆平面。该水平圆在 H 面上的投影反映实形，在 V 面上的投影是平行于 X 轴的直线段。若点 A 绕轴 OO 旋转 θ 角到 A_1 位置，则其水平投影 a 相应地绕 O 点旋转 θ 角到 a_1 位置，为圆周运动；其正面投影 a' 沿 X 轴的平行线方向移动到 a_1' 位置，为直线运动。

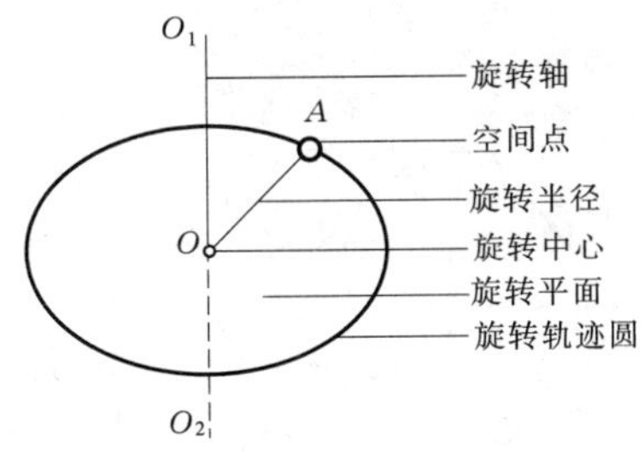

图 6-11 点旋转示意图

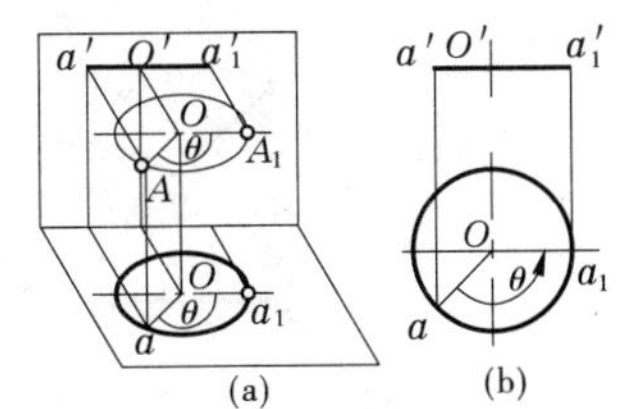

图 6-12 点绕铅垂轴旋转

综上，可得点的旋转规律：空间点绕垂直于某一投影面的轴线旋转时，则点在该投影面上的投影做圆周运动，而在另一投影面上的投影做平行于 X 轴的直线运动。

三、直线的旋转

(一)直线旋转的特性

直线的旋转可看做是直线两端点的旋转，在旋转时直线上各点都应绕同一轴线向同一方向旋转相同的角度，以保证直线形状和相对位置不变。

如图 6-13 所示，线段 AB 的两面投影为 ab 和 $a'b'$，若其以过 A 点的铅垂线为轴旋

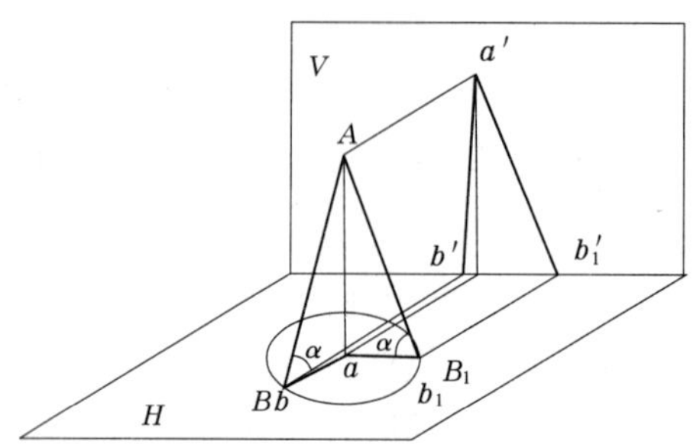

图 6-13　直线的旋转

转，A 点在旋转时位置不动，B 点旋转到 B_1 位置（新投影为 b_1 和 b'_1）。由图可知，线段 AB 在绕垂直于 H 面的直线旋转时，AB 对 H 面的倾角 α 保持不变，且在 H 面投影中 $ab=ab_1$；在正面投影中表现为 b'和 b'_1 高度平齐。

因此，可总结出直线旋转的特性：直线绕垂直于某一投影面的轴旋转时，直线在该投影面上的投影长度保持不变，且对该投影面的倾角也保持不变（也可看做在另一投影面上的投影对该投影面的距离差保持不变）。

（二）不指明轴旋转法

几何图形绕垂直于投影面的轴旋转时，常使新旧投影混杂在一起而使作图不够清晰。在实际应用中旋转轴是无需画出的。如图 6-14(a)所示为直线 AB 以过 A 点的铅垂线为轴旋转成正平线；如图 6-14(b)所示为直线 AB 绕不指明位置的铅垂线为轴旋转成正平线。根据直线旋转的特性可知，直线 AB 在绕铅垂线旋转时其水平投影 ab 的长度不变，且正面投影的高差不变，旋转后其水平投影 $a_1b_1//X$ 轴，且正面投影反映 AB 的实长和对 H 面的倾角 α。所以，当轴线为铅垂线不变时，轴线的位置改变对解题并无影响。故在实际作图中，常采用不指明轴旋转法。这时虽然没有指明旋转轴，但根据新旧投影可以通过几何作图来定出其位置，如图 6-14(c)所示。

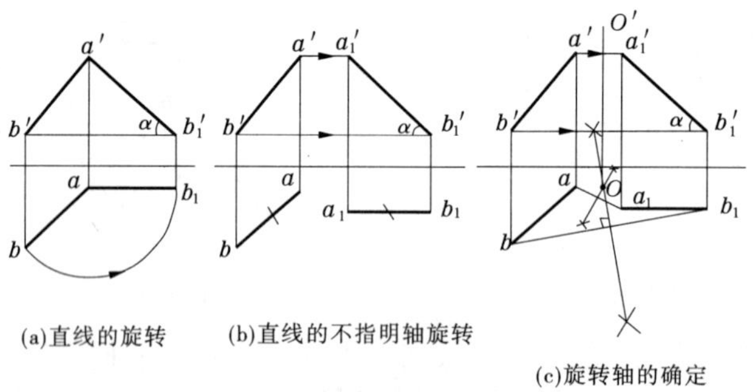

图 6-14　直线的不指明轴旋转

（三）直线的旋转

直线的旋转变换一般有三种情况：把一般位置直线旋转为投影面平行线、把投影面平行线旋转为投影面垂直线、把一般位置直线旋转为投影面垂直线。

1. 把一般位置直线旋转为投影面平行线

如图 6-15 所示，AB 为一般位置直线。若要将它变为正平线，可以使直线 AB 绕铅垂

轴旋转到与 V 面平行的位置。采用不指明轴旋转法,具体作图步骤为:

(1)旋转其水平投影 ab 为 a_1b_1,使 a_1b_1//X 轴,且 $a_1b_1=ab$。

(2)过 a_1b_1 做 X 轴的垂线,由于正面投影的高差不变,再分别过 a' 和 b' 做 X 轴的平行线,即得到 a'_1 和 b'_1。

(3)连接 $a'_1b'_1$,a_1b_1 和 $a'_1b'_1$ 即为所求新投影。

同理,若要将 AB 变为水平线,可以使直线 AB 绕正垂轴旋转到与 H 面平行的位置,作图与上述相反。此时其正面投影 $a'_1b'_1$//X 轴,且 $a'_1b'_1=a'b'$;水平投影的宽度差不变,且水平投影与正面投影长对正。

2.把投影面平行线旋转为投影面垂直线

如图 6-16 所示,AB 为正平线,欲将其变换成投影面垂直线。由于投影面垂直线的一个投影积聚为点,一个投影反映实长,而正平线的正面投影反映实长,所以只能绕正垂轴线将 AB 旋转成铅垂线。

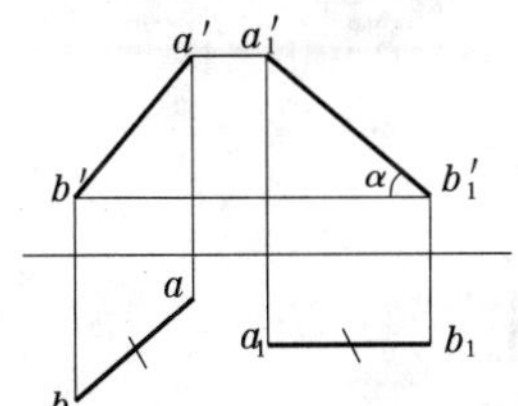

图 6-15　把一般位置直线旋转为投影面平行线

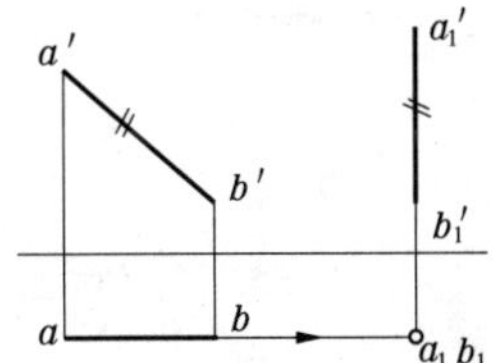

图 6-16　把投影面平行线旋转为投影面垂直线

具体作图步骤为:

(1)旋转其正面投影 $a'b'$ 为 $a'_1b'_1$,使 $a'_1b'_1 \perp X$ 轴,且 $a'_1b'_1=a'b'$。

(2)过 $a'_1b'_1$ 做 X 轴的垂线,水平投影的宽度差不变,再分别过 a 和 b 做 X 轴的平行线,即得到 a_1 和 b_1(此处由于 ab//X 轴,所以 A、B 两点的宽度差为零,即重合在一点)。

(3)a_1b_1 和 $a'_1b'_1$ 即为所求新投影。

同理,欲将水平线变换成投影面垂直线,可以使已知水平线绕铅垂轴旋转到与 V 面垂直的位置,作图与上述相反。

3.把一般位置直线旋转为投影面垂直线

如图 6-17 所示,为将一般位置直线 AB 旋转为投影面铅垂线的情况。由于铅垂线的正面投影垂直于 X 轴且反映实长,而一般位置直线若绕铅垂轴一次旋转时,因其与 H 面的倾角 α 保持不变,而无法一次旋转成铅垂线。所以必须先按 1 的方法将一般位置直线 AB 旋转为正平线,再按 2 的方法把正平线旋转为铅垂线。

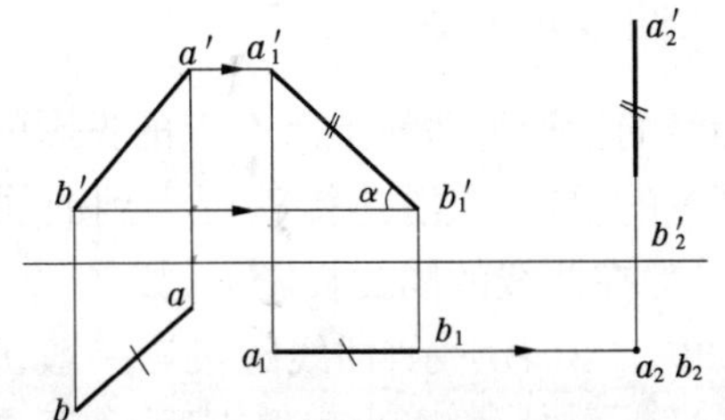

图 6-17　把一般位置直线旋转为投影面垂直线

同理,欲将一般位置直线变换成正垂线,作图与上述相反。

第七章　曲线与曲面

在土木工程中，经常会遇到各种复杂的曲面或曲面和平面组合而成的曲面体，如 7-1 中的闸墩、螺旋楼梯等。本章主要介绍土建中常用和常见的一些曲线和曲面。

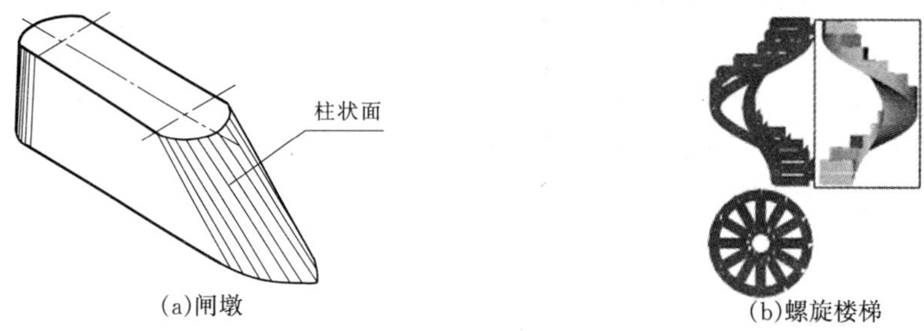

图 7-1　土建中曲面的应用示例

第一节　曲线概述

一、曲线的形成

曲线可以看做是不断改变运动方向的点连续运动的轨迹，如图 7-2 所示。

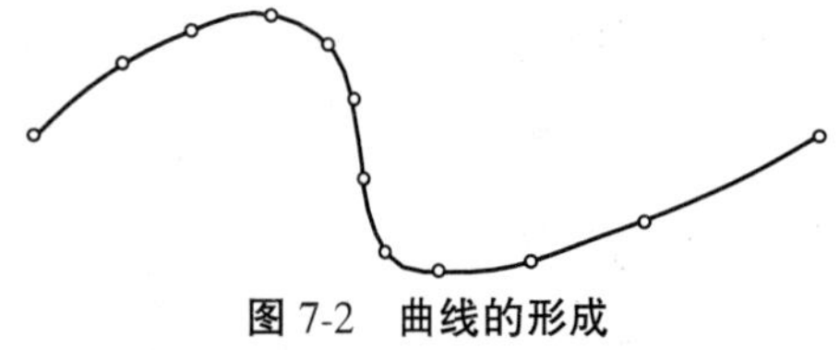

图 7-2　曲线的形成

曲线可以分为两大类：

(1)平面曲线。曲线上所有的点都位于同一个平面上，如圆、椭圆、抛物线、双曲线等。

(2)空间直线。曲线上的点不全位于同一个平面上，如圆柱螺旋线等。

曲线也可以分成规则曲线和不规则曲线两类。

二、曲线的投影

曲线的投影为曲线上所有点的投影的集合，所以绘制曲线的投影，只要绘制出曲线上一系列点的投影，光滑连接就可得到曲线的投影，如图 7-3 所示。而曲线上任一点的投影，也必然在曲线的同面投影上，如 A 点。

如图 7-3(a)所示，曲线的投影一般仍然是曲线。特殊情况下，平面曲线所在的平面垂直于投影面时，投影为积聚直线，如图 7-3(b)所示；平面曲线所在的平面平行于投影面时，投影为该平面曲线的实形，如图 7-3(c)所示。

三、圆的投影

圆是工程上常用的平面曲线。圆的投影根据其与投影面的位置不同可能是圆、直线

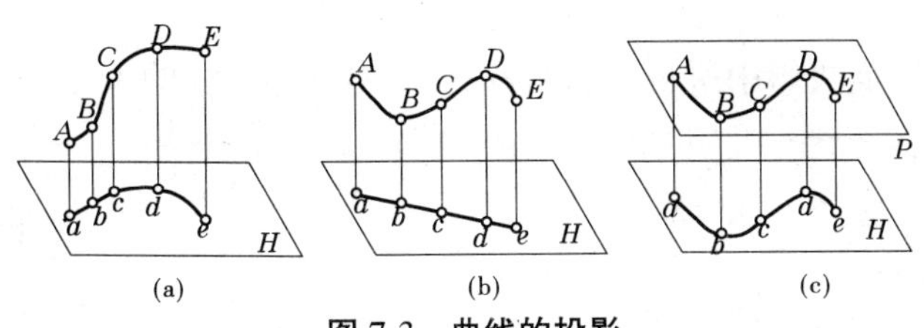

图 7-3 曲线的投影

段或椭圆。如图 7-4 所示为一铅垂圆，其水平投影积聚为一条直线，直线长度等于圆的直径 D。又由于铅垂圆倾斜于 V 面，所以其正面投影为圆的类似图形——椭圆，该椭圆的长轴 $c'd'$ 等于圆的直径 D，且垂直于 OX 轴；短轴 $a'b'$ 为长轴 $c'd'$ 的中垂线，其长度由水平投影的长度决定。

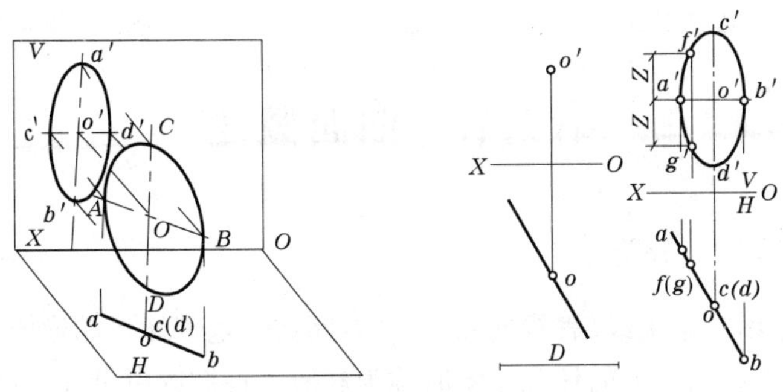
图 7-4 铅垂圆的投影

四、圆柱螺旋线

（一）圆柱螺旋线的形成

当一个动点 M 沿着一直线等速移动，而该直线同时绕与它平行的一轴线 OO_1 等速旋转时，动点的轨迹就是一根圆柱螺旋线，如图 7-5 所示。直线旋转时形成一圆柱面，其直径为 D，圆柱螺旋线是该圆柱面上的一根曲线，它是空间曲线。当直线绕轴线旋转一周，回到原来的位置时，动点 M 移动到 M_1 位置，点 M 在该直线上移动的距离为 S（$S=MM_1$），称为圆柱螺旋线的导程。

由于点在圆柱面上旋转方向的不同，形成两种方向的螺旋线。设以竖起的大拇指表示点沿直线移动的方向，其余握紧的四指表示直线的旋转方向，若符合右手规则旋转称为右螺旋线；若符合左手规则旋转称为左螺旋线。

（二）圆柱螺旋线的画法

如图 7-6 所示，若已知圆柱面的直径、导程和旋转方向为右向（或左向），即可定出螺旋线，因而也可作出螺旋线的投影图。作图步骤如下：

(1)先根据已知的圆柱面直径 D 和导程 S，作出圆柱的两面投影。

(2)将圆柱的 H 面投影圆周分为任意等份（如 12 等份），按旋转方向编号；将 V 面投影中的导程 S 分成相同数目的等份。

(3)由 H 面投影各等分点向上引竖直线，同时过 V 面投影的各等分点引水平直线，则竖直线和水平线相应的交于 1′、2′、…、12′、13′各点。

(4)光滑连接 V 面投影中所得相邻的各点,即得右螺旋线的 V 面投影。

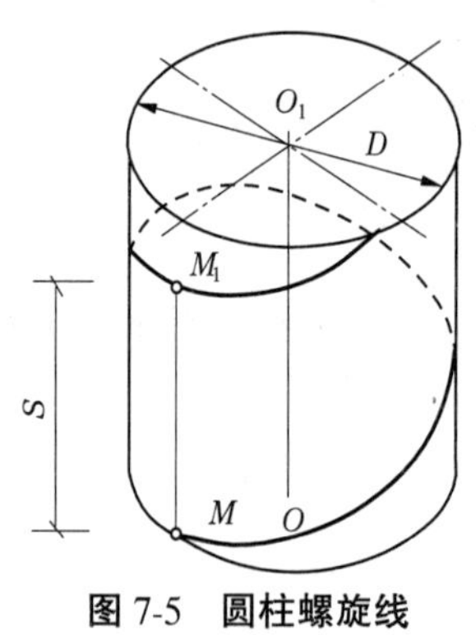

图 7-5　圆柱螺旋线

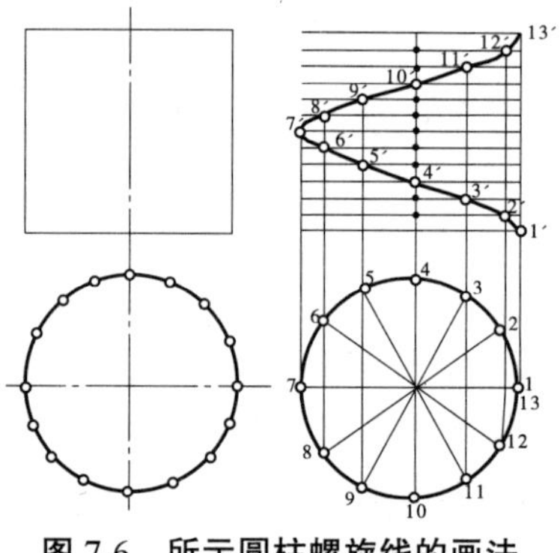

图 7-6　所示圆柱螺旋线的画法

第二节　曲面概述

一、曲面的形成和分类

曲面可看成是由一条动线(直线或曲线)在空间按一定规律运动形成的。形成曲面的动线称为母线,母线在曲面上的任意位置时称为素线。控制约束母线运动的点、线或平面称为定点、导线和导平面。如图 7-7(a)所示,曲面是由直母线 AA_1 沿曲导线 AB 滑动且始终平行于直导线 NM 而形成的。直母线 AA_1 运动到任意位置时的 BB_1 和 CC_1 为素线。

曲面通常根据母线的运动方式不同,分为回转曲面和非回转曲面两大类。母线绕一轴线旋转而形成的曲面称为回转曲面,简称回转面;母线根据其他规定条件非回转运动而形成的曲面称为非回转曲面,简称非回转面。

曲面也可按母线的形状分为直纹面及曲线面两大类。由直母线运动所形成的曲面称为直纹面。但直纹面有时也可由曲线运动而成,如图 7-7(a)所示的曲面是直纹面,它也可以看做是由曲线 AB 沿 MN 方向平行移动而形成的。只能由曲母线运动所形成的曲面称为曲线面。

根据曲面的形成可知:过直纹面上任一点 K 在该曲面上至少可以作出一条直线,而曲线面上则作不出任何直线,如图 7-7(b)所示。

二、曲面的投影

从几何观点来看,画出形成曲面的几何要素(如母线、定点、导线、导平面等)的投影,曲面的投影即可确定。但是为了曲面表示的更清晰、明显,通常还要画出:

(1)曲面边界线的投影,如图 7-7 中 AA_1、BB_1、ACB、$A_1C_1B_1$ 的两面投影。

(2)曲面外形轮廓线的投影。如图 7-7(a)所示,作 V 面投影时与曲面相切的投影线形成平面,该平面与曲面的切线就是曲面的外形轮廓线,这里素线 CC_1 即为柱面的正面

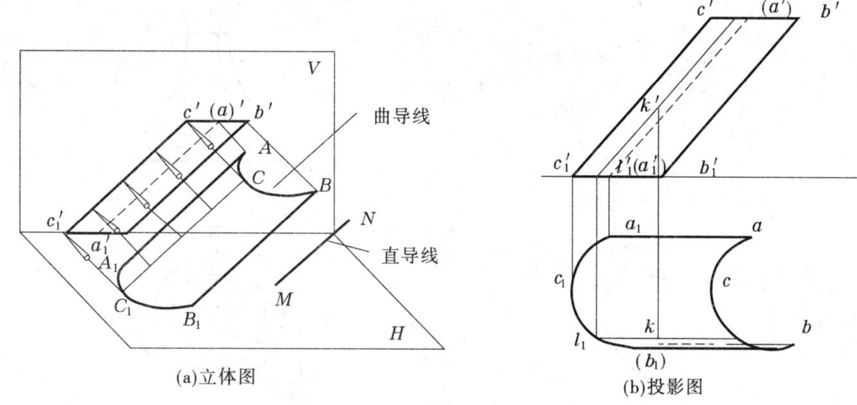

图 7-7　曲面的形成和投影

外形轮廓线。曲面的外形轮廓线是对某指定的投影面而言的,一般只画出它在该投影面上的投影。所以在图 7-7(b)中,只需画出素线 CC_1 的正面投影 $c'c'_1$ 即可,而 CC_1 的水平投影不需画出。

第三节　回转曲面

回转曲面是指由直母线或曲母线绕空间一直线作定轴旋转运动而形成的光滑曲面,如图 7-8(a)所示。

当曲母线 M 绕轴线 O 旋转时,其上任一点(如点 A)的运动轨迹圆称为曲面的纬圆。这些纬圆所在的平面垂直于回转曲面的轴线,当轴线垂直于某一投影面时,纬圆与该投影面平行,其在该投影面上的投影反映实形。如图 7-8(b)中的纬圆 N 的水平投影 n 反映其实形圆。

当曲母线是圆滑连续时,曲面上比它两侧的纬圆都大的纬圆称为曲面的赤道圆。最大赤道圆 P 的 H 面投影 p,是整个回转曲面的 H 面投影的最外轮廓线,如图 7-8(b)所示。

曲面上比它两侧的纬圆都小的纬圆称为曲面的颈圆。最小颈圆 Q 的 H 面投影 q,是回转面的 H 面投影的最内轮廓线,如图 7-8(b)所示。

过轴线的平面与回转曲面的交线称为子午线,它可以作为该回转曲面的母线,如图 7-8(a)所示的母线 M。图 7-8(b)中,V 面投影的轮廓线 l',是平行于 V 面的子午线 L 的 V 面投影,反映实形。

下面分别介绍几种常见的回转曲面:圆柱面、圆锥面、圆球面、圆环面和单叶双曲回转面等。

一、圆柱面

如图 7-9 所示,圆柱面是由直母线 AB 绕与其平行的轴线 O 旋转形成的回转曲面。因此,圆柱面的素线与轴线平行而且距离相等。

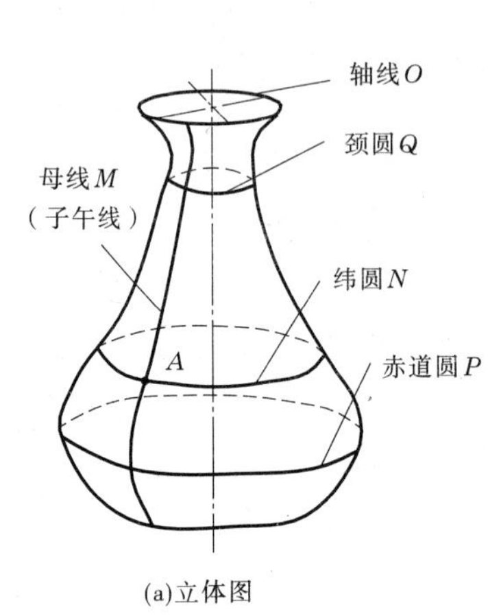

(a)立体图

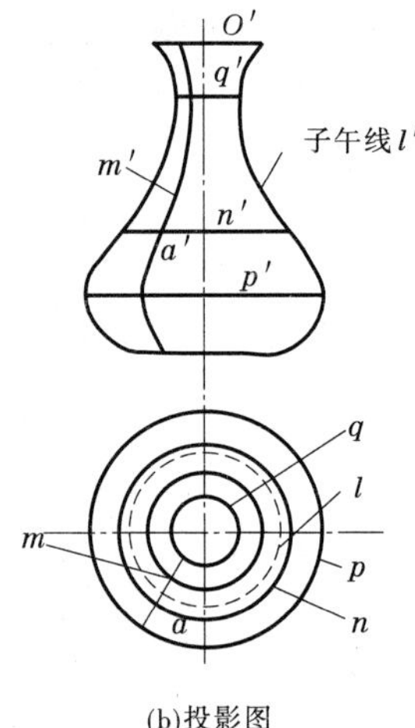

(b)投影图

图 7-8　回转曲面及其投影

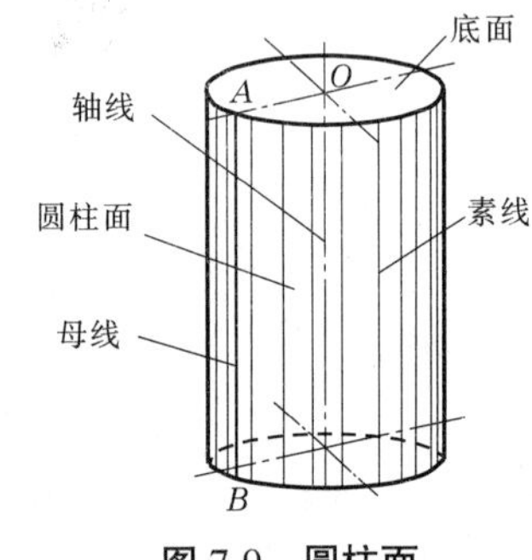

图 7-9　圆柱面

(一)圆柱面的投影

将圆柱面置于三投影面体系中,并使其轴线垂直于 H 面,如图 7-10(a)所示。

用正投影法将圆柱面分别向三个投影面投射,它的三面投影如图 7-10(b)所示。

圆柱面的 H 面投影是一圆周,是圆柱面的积聚性投影。凡是圆柱面上的点和直线,它的 H 面投影必落在该积聚投影上。

圆柱面的 V 面投影和 W 面投影均为矩形,由圆柱上下底面的积聚投影和圆柱面外形轮廓素线的投影围成 。

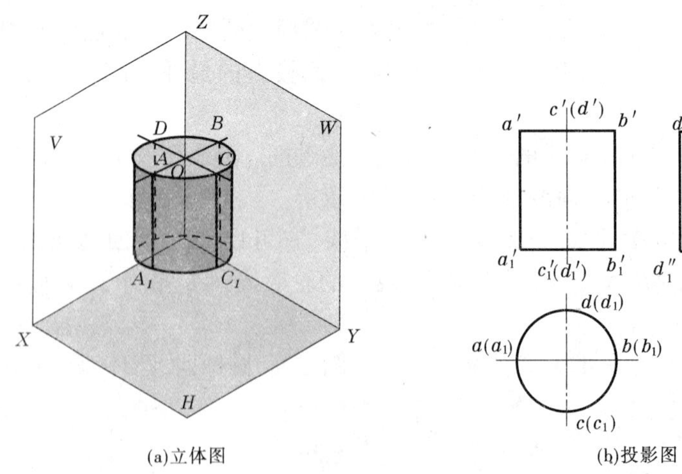

(a)立体图　　(b)投影图

图 7-10　圆柱面的投影

对于不同的投影面,圆柱的投影有不同的外形轮廓线:V 面投影的外形轮廓线是最左素线AA_1 和最右素线 BB_1 的 V 面投影，它们把圆柱面分为前半部分和后半部分，向 V 面投影时前半部分可见，后半部分不可见。W 面投影的外形轮廓线是最前素线 CC_1 和最后素线 DD_1 的 W 面投影，它们分圆柱面为左半部分和右半部分，向 W 面投影时左半部分可见，右半部分不可见。因此，外形轮廓素线是圆柱面对相应投影面的投影可见与不可见部分的分界线。

可见，曲面的外形轮廓素线是对某投影面而言。从不同方向投射，其外形轮廓素线不相同。

画圆柱的投影时，应先画圆的中心线和圆柱轴线，再画反映实形的底圆的投影，最后画其他两投影（见图 7-10(b)）。

（二）圆柱面上取点、线

【例 7-1】 已知圆柱面上一点 A 的正面投影 a'，求 A 点的其余两投影（如图 7-11(a)）。

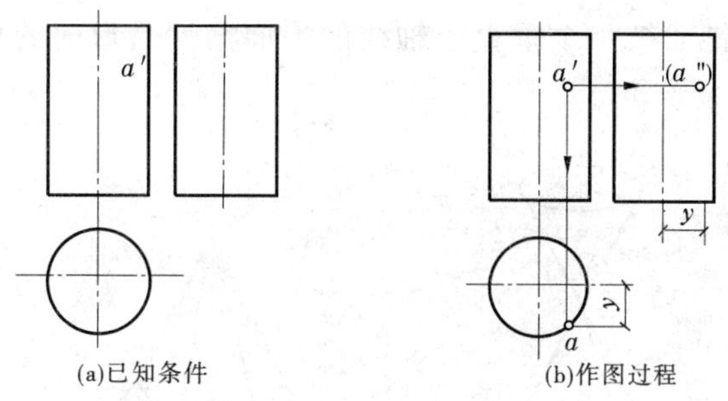

图 7-11 圆柱面上取点

解：作图步骤如图 7-11(b)所示：

(1)由于圆柱面的 H 面投影积聚为圆周，所以圆柱面上的点的 H 面投影也一定落在积聚圆周上。由 a'可知，A 点位于前半个圆柱面上，所以可直接过 a'引向下的竖直线与积聚圆周交于a 点即为A 的水平投影。

(2)根据点的投影规律，已知 a 和a'后，即可由“高平齐、宽相等”求出 a''。

【例 7-2】 MN 为圆柱面上的一线段，已知 $m'n'$，试完成其 H、W 面投影，如图 7-12(a)所示。

解：由于 $m'n'$不平行于圆柱面的轴线，故 MN 为曲线。圆柱面的轴线垂直于 H 面，其 H 面投影积聚为圆周，故曲线 MN 的H 面投影也应该积聚在积聚圆周上。

作图步骤如图 7-12(b)所示：

(1)标出曲线上的特殊点 A、B（A、B 分别为圆柱面对 W、V 面外形轮廓线上的点）的正面投影 a'、b'，并求出 A、B 的H、W 面投影a、a''和b、b''；

(2)求端点 M 的H、W 面投影。利用圆柱面 H 面投影的积聚性，先求出 m，再利用“三等”关系求出 m''；

(3)利用同样方法求出端点 N 的H、W 面投影n、n''；

(4)光滑连接曲线并判断可见性。MA 段在左半个圆柱面上，则 $m''a''$为可见；AN 段在右半个圆柱面上，则 $a''n''$为不可见；a''为曲线MN 的W 面投影的虚、实分界点。

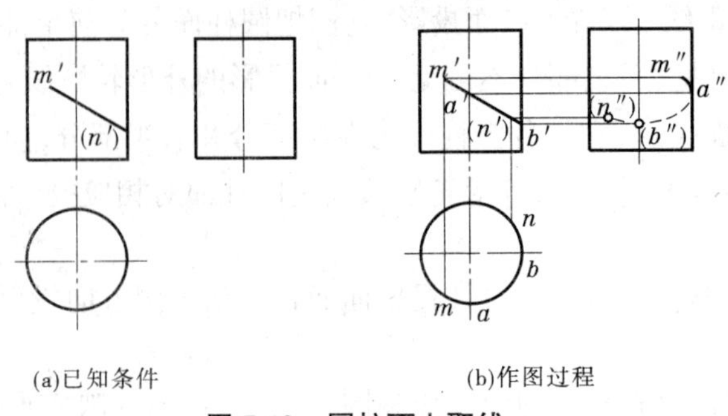

(a)已知条件　　(b)作图过程

图 7-12　圆柱面上取线

二、圆锥面

圆锥面是由直母线绕与其相交的轴线旋转而形成的回转曲面,如图 7-13(a)所示。通常有上下两支,形成倒圆锥面和正圆锥面两部分,交点 S 为锥顶。因此,圆锥面的所有素线都通过锥顶。正圆锥面被一个垂直于轴线的平面截切后形成的形体称为正圆锥(见图 7-13(b))。

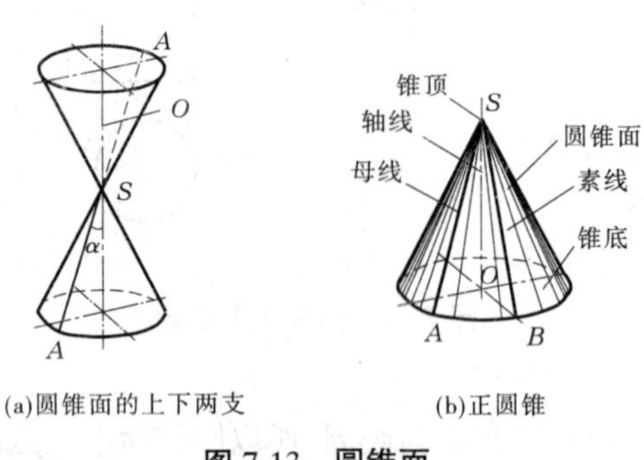

(a)圆锥面的上下两支　　(b)正圆锥

图 7-13　圆锥面

(一)正圆锥的投影

将正圆锥置于三投影面体系中,使轴线垂直于 H 面,如图 7-14(a)所示。

用正投影法将正圆锥分别向 H、V、W 面投射,它的三面投影如图 7-14(b)。

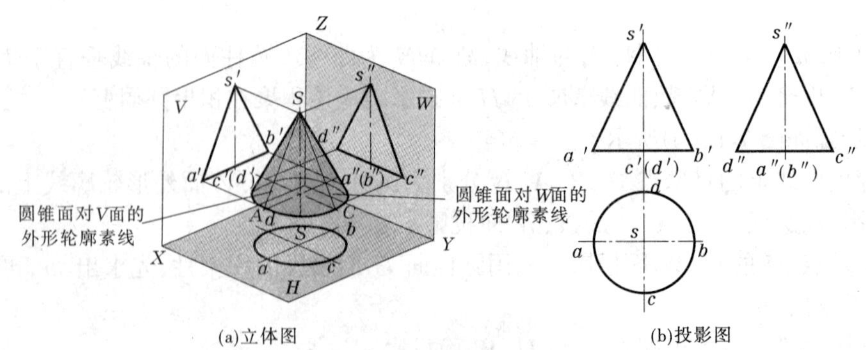

(a)立体图　　(b)投影图

图 7-14　正圆锥的投影

正圆锥的 H 面投影为圆,它既是底圆的投影(反映实形),也是圆锥面的投影(圆锥面的投影没有积聚性)。向 H 面投影时整个正圆锥面都可见。

正圆锥的 V、W 面投影均为等腰三角形。底边是圆锥底圆的积聚投影,两腰是圆锥外形轮廓线的投影。V 面投影是圆锥最左素线 SA 和最右素线 SB 的 V 面投影,SA 和 SB 把锥面分为前、后两半部分,向 V 面投影时前半部分可见,后半部分不可见。W 面投影是圆锥最前素线 SC 和最后素线 SD 的 W 面投影。SC 和 SD 把锥面分为左、右两半部分,向 W 面投影时左半部分可见,右半部分不可见。

画正圆锥的投影时,应先画底圆的中心线和圆锥轴线,再画反映实形的底圆的投影和锥顶的投影,最后完成其他两投影。

(二)圆锥面上取点、线

【例 7-3】 已知圆锥面上点 A 的 V 面投影(a'),求点 A 的其余两投影(如图 7-15(a))所示。

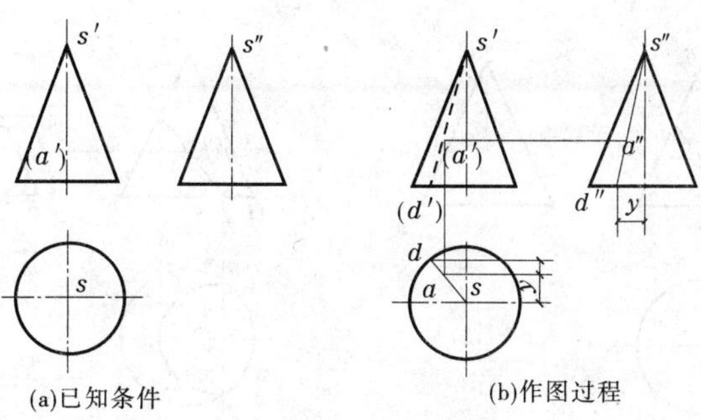

图 7-15 圆锥面上取点(素线法)

解:由于圆锥的 H 面投影没有积聚性,不能根据(a')直接确定点 a 的位置。可借助辅助线求解。

素线法:以过点 A 的素线 SD 作为辅助线,以确定点 A 的其余投影。

(1)连接 $s'a'$交于底边 d',由于 D 点位于底圆上,可直接求得 sd 和 $s''d''$。又由于给出的(a')是不可见点,可知 SD 应在圆锥的左后部分。故辅助线 SD 的 V 面投影 $s'(d')$应画成虚线,其余两投影 sd 和 $s''d''$为可见,应画成实线。

(2)分别在 sd 和 $s''d''$上定出点 a 和 a''。如图 7-15(b)所示。

【例 7-4】 已知圆锥面上点 B 的 H 面投影(b),求点 B 的其余两投影,如图 7-16(a)所示。

解:此题仍需要借助辅助线求解,可利用例 7-3 的素线法求解,也可利用以下的纬圆法进行求解。

纬圆法:以过点 B 的水平纬圆 C 作为辅助线,以确定点 B 的其余投影。

(1)作过点 B 的纬圆。该纬圆的 H 面投影是以 s 为圆心,sb 为半径的圆周。

(2)利用纬圆与轮廓线的交点 c,作出纬圆的 V、W 投影(应为积聚直线),然后求得 b'和 b''。由 b 可知,点 B 位于圆锥面的右前部分,所以 b'可见,b''不可见。如图 7-16(b)所示。

【例 7-5】 ACB 为正圆锥表面上的线段,已知其正面投影 $a'c'b'$,试完成其 H、W 投影,如图 7-17(a)所示。

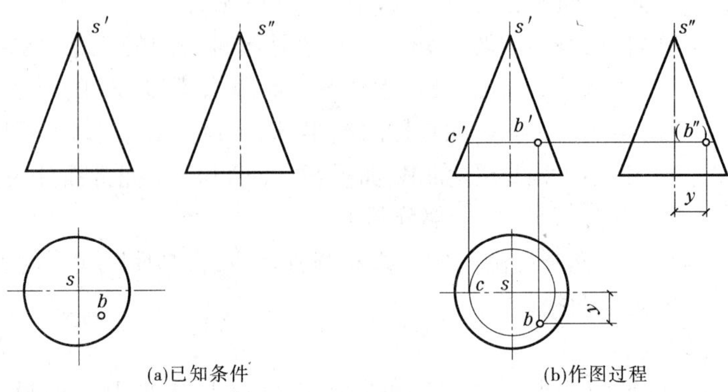

图 7-16　圆锥面上取点(纬圆法)

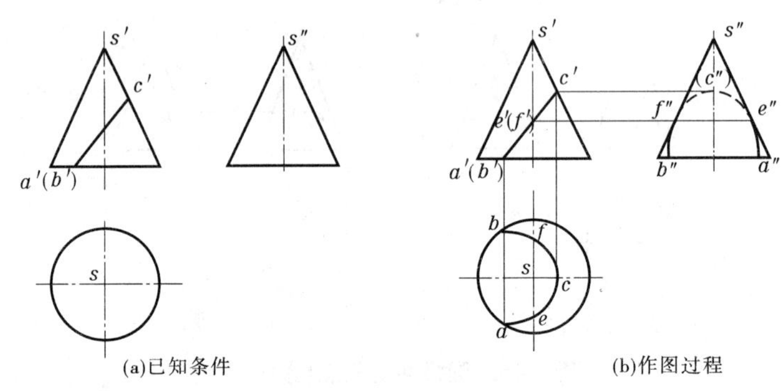

图 7-17　圆锥面上取线

解:由于 $a'c'b'$ 不通过锥顶,故 ACB 为曲线。首先让我们分析一下线段 ACB 上有哪些点的投影可以直接求出:

(1)线段的端点 A、B,它们在底圆的圆周上;

(2)点 C、E、F 分别为圆锥面对 V、W 面外形轮廓线上的点。

作图步骤:

(1)标出曲线上的特殊点 C、E、F 的正面投影 c' e' f',并求出其 H、W 面投影 c、e、f、和 c''、e''、f''。其中 c、c'' 可直接求出;点 E、F 的 H、W 面投影则可先求 e''、f'',再利用"三等"关系求出 e、f。

(2)求出点 A、B 的 H、W 面投影 a、b 和 $a''b''$。

(3)光滑连接曲线并判断可见性:曲线的 H 面投影可见;曲线的 W 面投影的虚、实分界点是 e''、f'',故 $a''e''$、$f''b''$ 段为可见,$f''c''e''$ 段为不可见。如图 7-16(a)所示。

三、圆球面

圆球面是由圆母线绕其直径旋转形成的,如图 7-18(a)所示。球面上没有直线。

(一)圆球面的投影

将圆球面置于三投影面体系中,如图 7-18(a)所示。

用正投影法将圆球面分别向 H、V、W 面投射:无论从哪一个方向作正投影,它的投

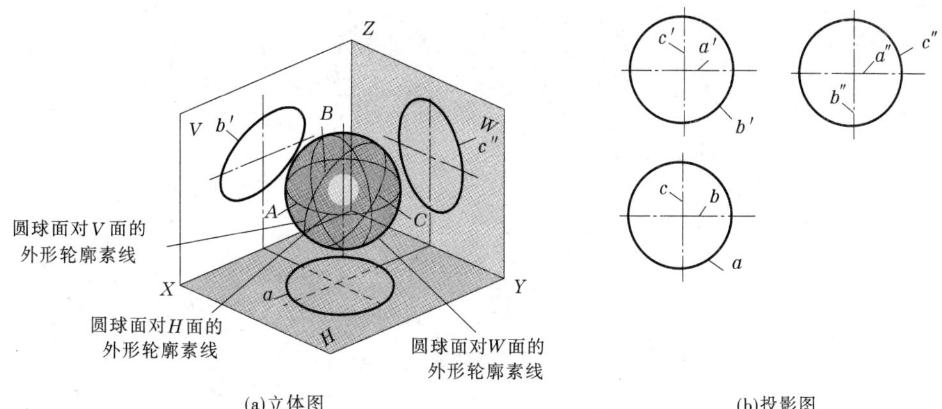

(a)立体图　　(b)投影图

图 7-18　圆球面的投影

影轮廓都是一个大小相同的圆,其直径等于球的直径,如图 7-18(b)所示。

这三个圆分别是圆球面对三个投影面的外形轮廓素线的投影,而不是一个圆的三个投影。这三个圆分别是:对 H 面的外形轮廓线 A 的水平投影;对 V 面的外形轮廓线 B 的正面投影;对 W 面的外形轮廓线 C 的侧面投影。

这三个轮廓圆周分别把球面分为上下、前后和左右半球。如图 7-18 所示,圆球面对 H、V、W 面的外形轮廓素线是圆球面对相应投影面投影的可见与不可见部分的分界线。圆球面的 H 面投影以其外形轮廓素线 A 为界,上半圆球面可见;球面的 V 面投影以其外形轮廓素线 B 为界,前半圆球面可见;球面的 W 面投影以其外形轮廓素线 C 为界,左半圆球面可见。

(二)圆球面上取点、线

在圆球面上定点,可用纬圆法。

【例 7-6】 A、B 为圆球表面的点,已知 a'、b',试完成其 H、W 面投影,如图 7-19(a)所示。

解:圆球表面没有直线,但从圆球面的形成得知,过圆球面上任一点均可作与轴线垂直的纬圆。若圆球轴线垂直于投影面,那么该纬圆即为这个投影面的平行纬圆。

点 A 位于圆球面的上、前、右半部,过 a'可作水平纬圆;点 B 位于圆球面的下、后、左半部 ,过 b'亦可作水平纬圆。

作图步骤:

(1)过 a'作水平纬圆的 V 面投影(应为平行于 X 轴的积聚直线),再根据该纬圆 V 面投影距离轴线的长度确定其半径,然后作出该水平纬圆的 H 投影和 W 投影。

(2)根据点的投影规律求得 a 和a''。由 a'可知,点 A 位于上半球面的右前部分,所以 a 为可见、a''不可见。

(3)同理,可通过过 B 点的辅助水平纬圆求得 b 和 b'',且 b 不可见、b''可见。如图 7-19(b)所示。

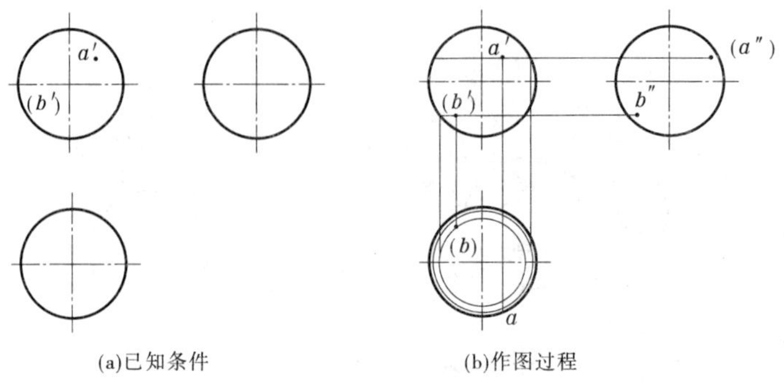

图 7-19　圆球面上取点

四、圆环面

圆环面是由圆母线绕与其共面，但不通过圆心的轴线旋转而形成的回转曲面。圆环面以上、下纬圆为界，外侧为外环面，内侧为内环面。圆环表面没有直线（见图 7-20）。

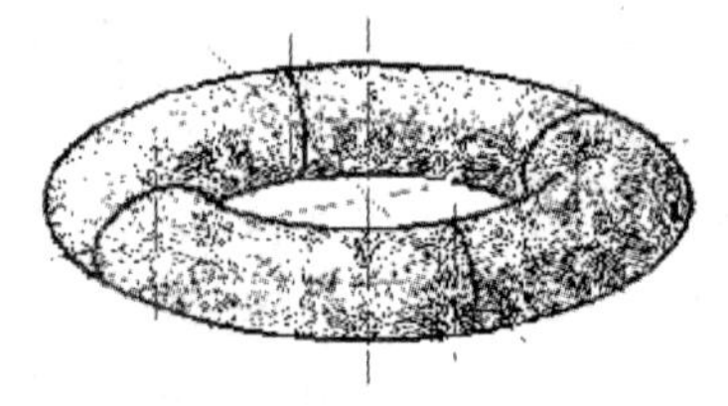

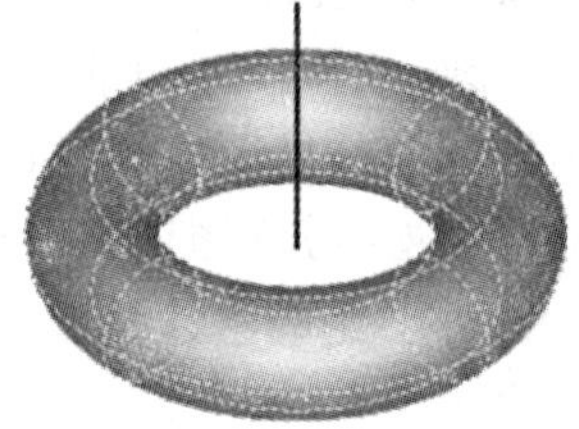

图 7-20　圆环面

（一）圆环面的投影

将圆环置于三投影面体系中，使轴线垂直于 H 面，用正投影法将圆环面分别向 H、V、W 面投射。

如图 7-21 所示，圆环面的 H 面投影由圆环面对 H 面的外形轮廓线——赤道圆（离轴线最远点形成的最大圆）和喉圆（离轴线最近点形成的最小圆），以及母线圆圆心的轨迹圆的 H 面投影组成。

圆环面的 V 面投影和 W 面投影，都是由两个圆和与它们上下相切的两段水平轮廓线组成。V 面投影的两个圆分别是圆环面最左素线圆和最右素线圆的 V 面投影；W 面投影的两个圆分别是最前素线圆和最后素线圆的 W 面投影；它们都反映素线圆的实形，都有半个圆因被环面挡住而画成虚线。

圆环面的 H 面投影以赤道圆和喉圆为界，其上半部可见；圆环面的 V 面投影以外环面对 V 面的外形轮廓素线为界，其前半部可见；圆环面的 W 面投影以外环面对 W 面的外形轮廓素线为界，其左半部可见。

（二）圆环面上取点

【例 7-7】　已知圆环面上的点 A、B 的水平投影 a、b，试完成两点的 V、W 面投影，如图 7-22(a)。

解：圆环表面没有直线，但从圆环面的形成得知，过圆环面上任一点都可以作与其轴

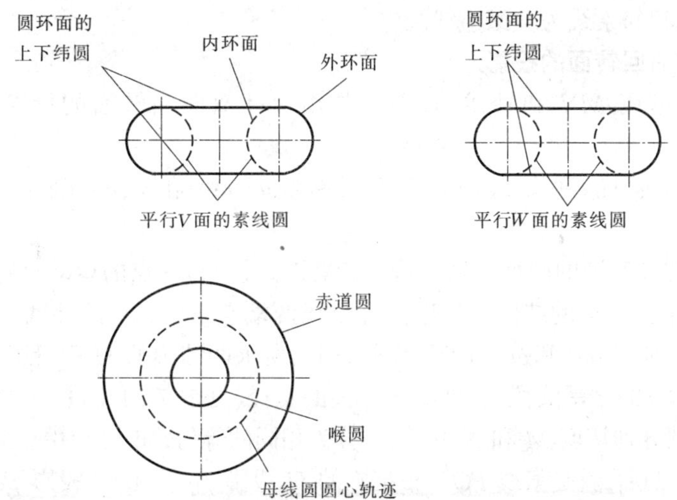

图 7-21　圆环面的投影

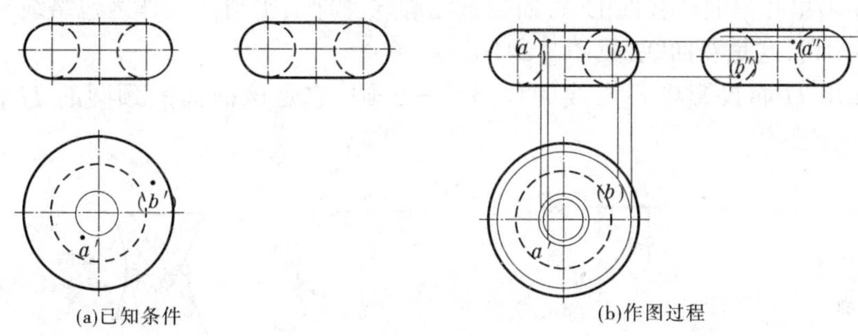

图 7-22　圆环面上取点

线垂直的圆。所以可以借助过已知点的辅助水平圆求解。

作图步骤如图 7-22(b)所示：

(1)过 a 作水平圆的 H 面投影(应为与赤道圆水平投影同心的圆)，再作出水平圆的 V 面和 W 面投影(应为平行于投影轴的积聚直线)。

(2)根据点的投影规律求得 a'和 a''。由 a 可知，点 A 位于内环面的上、前、左半部，故 a'、a''均不可见。

(3)同理，可通过过 B 点的辅助水平圆求得 b'和 b''。由 b 可知，点 B 位于外环面的下、后、右半部，故 b'、b''均不可见。

五、单叶双曲回转面

(一)单叶双曲回转面的形成

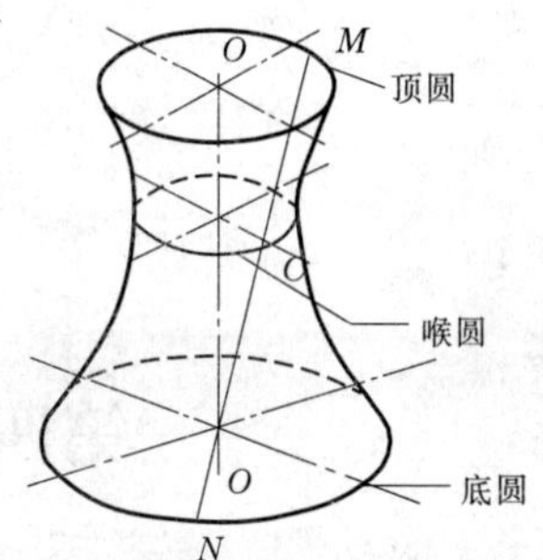

图 7-23　单叶双曲回转面

如图 7-23 所示，单叶双曲回转面是由直母线 MN 绕着与它交叉的轴 OO 旋转而形成的曲面。直母线的上下端点 M、N

的轨迹称为顶圆和底圆，直母线上距离旋转轴最近点 C 的轨迹为喉圆。从形成可知，单叶双曲回转面上相邻素线为交叉直线。

(二)单叶双曲回转面的投影

只要给出直母线 MN 和轴线 O，即可作出单叶双曲回转面的投影。作图步骤如图 7-24 所示：

(1)作出直母线 MN 和轴线 O 的两面投影 $m'n'$、mn 和 o'、o。轴线 O 垂直于 H 面(图 7-24(a))。

(2)作出顶圆和底圆的两面投影。母线旋转时，线上每一点的运动轨迹都是一个垂直于轴线 O 而平行于 H 面的纬圆。先作出过母线两端点 M 和 N 的纬圆，以轴线的 H 面投影 o 为圆心，分别以 om 和 on 为半径作圆，即为所求两纬圆的 H 面投影。它们的 V 投影分别是过 m' 和 n' 的水平线段，长度等于纬圆的直径(见图 7-24(b))。

(3)把两纬圆分别从点 M 和 N 开始，各分为相同的等份，如 12 等份。MN 顺时针旋转 30°(即圆周的 1/12)后，就是素线 PQ。根据它的 H 投影 pq 作出 V 投影 $p'q'$，如图 7-24(c)所示。

(4)顺次作出每旋转 30°后，各素线的 H 面投影和 V 面投影(见图 7-24(d))；

(5)作出单叶双曲回转面的 V 面投影轮廓线。即引平滑曲线作为包络线与各素线的 V 面投影相切，这是双曲线(见图 7-24(d))。

(6)作出 H 面投影中各素线的包络线——圆，它是该曲面的颈圆的 H 面投影(见图 7-24(d))。

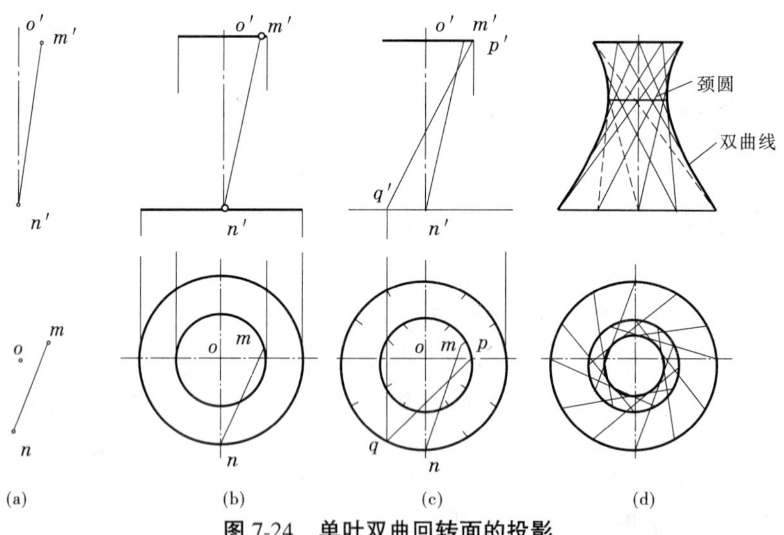

图 7-24　单叶双曲回转面的投影

第四节　几种常见的非回转曲面

工程中应用较广泛的非回转曲面是由直母线运动而形成的直纹曲面。直纹曲面又可分为可展直纹曲面和不可展直纹曲面两大类。

可展直纹曲面指的是曲面上相邻两素线是相交的或平行的共面直线的曲面，常见的可展直纹面有柱面和锥面。

不可展直纹曲面指的是曲面上相邻两素线是交叉直线的曲面，常见的不可展直纹面有双曲抛物面、柱状面和锥状面。

一、柱面

直母线 M 沿着曲导线 L 移动，并平行于一直导线 K 时，所形成的曲面称为柱面(见图 7-25(a))。画柱面的投影图时，也必须画出曲导线 L、直导线 K 和一系列素线的投影，如图 7-25(b)所示。通常当画出一系列素线的投影时，直导线 K 的投影可不画。柱面相邻两素线是平行直线。

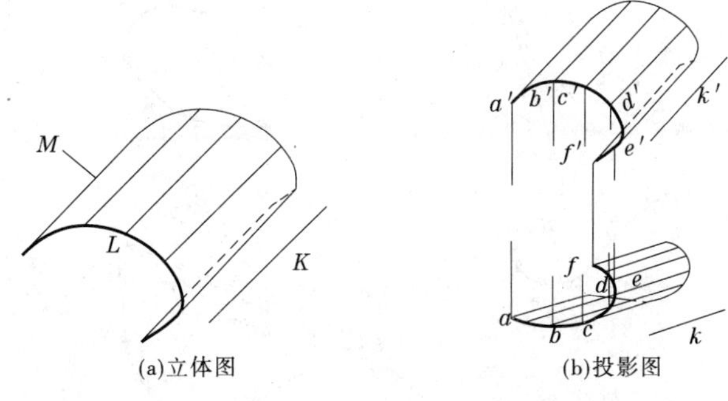

(a)立体图　　(b)投影图

图 7-25　柱面及其投影

当曲导线为封闭曲线，如圆或椭圆，且轴线垂直于导线平面时，会形成圆柱面或椭圆柱面。垂直于柱面素线的截面称正截面，正截面的形状反映柱面的特征。通常柱面也是以其正截面的形状来命名，当柱面的正截面为圆，称正圆柱面(见图 7-26(a))，正截面为椭圆时称正椭圆柱面(见图 7-26(b))。

如图 7-26(c)所示的柱面，其正截面为椭圆，所以也是一个椭圆柱面，由于其轴线倾斜于底面圆，称为斜椭圆柱面。但由于其曲导线为水平圆，水平截面均为直径相等的圆，所以通常又称为斜圆柱面。

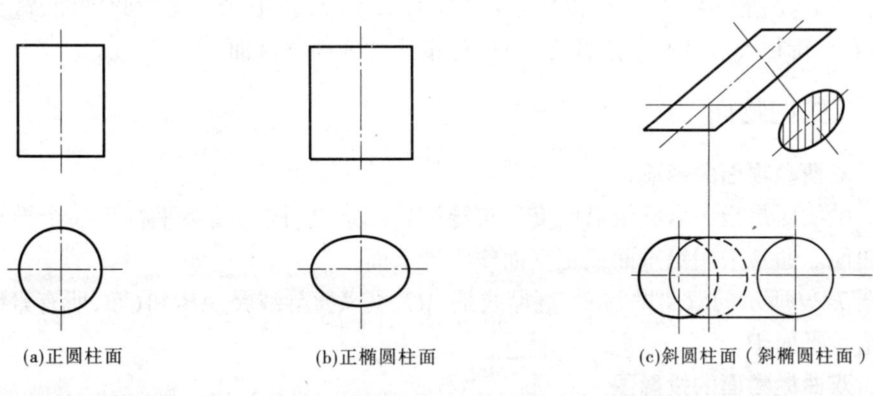

(a)正圆柱面　　(b)正椭圆柱面　　(c)斜圆柱面（斜椭圆柱面）

图 7-26　各种柱面

二、锥面

直母线 M 沿着一曲导线 L 移动，并始终通过一定点 S，所形成的曲面称为锥面（见图 7-27(a)）。定点 S 称为锥顶。曲导线 L 可以是平面曲线，也可以是空间曲线；可以是闭合的，也可以是不闭合的。锥面相邻两素线是相交直线。

画锥面的投影图时（见图 7-27(b)），必须画出锥顶 S 和曲导线 L 的投影，并画出一定数量的素线的投影（其中包括不闭合锥面的起点、终止素线（如 SA、SF）；各投影的最外轮廓素线，如 V 面投影最外轮廓素线 $s'e'$，H 面投影最外轮廓素线 sb、sd 等）。

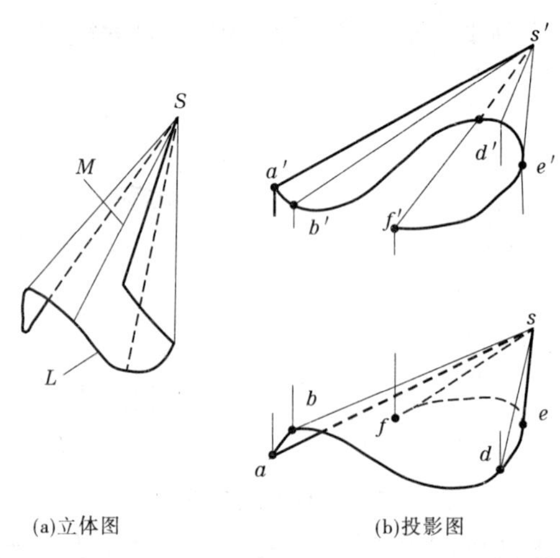

(a)立体图　　(b)投影图

图 7-27　锥面及其投影

各锥面是以垂直于轴线的截面（正截面）与锥面的交线（正截交线）形状来命名。当曲导线为圆，锥顶与底圆圆心的连线垂直于圆平面时，称为正圆锥面（见图 7-28(a)）；当曲导线为椭圆，锥顶与底椭圆圆心的连线垂直于椭圆平面时，称为正椭圆锥面（见图 7-28(b)）。

如图 7-28(c)所示的锥面，其正截面为椭圆，所以也是一个椭圆锥面，由于其轴线倾斜于导线圆，称为斜椭圆锥面。但由于其曲导线为水平圆，若用水平面截此锥面，截交线都是圆，圆心在锥顶与底圆心的连线上，所以通常又称为斜圆锥面。

三、双曲抛物面

（一）双曲抛物面的形成

双曲抛物面是指一直母线沿两交叉直导线连续运动，同时始终平行于一个导平面而形成的曲面。通常采用铅垂面或正垂面作为导平面。

如图 7-29 所示的双曲抛物面，直母线是 AC，交叉直导线是 AB 和 CD，所有素线都平行于铅垂导平面 P。

（二）双曲抛物面的投影图

如图 7-30(a)所示，如果给出了两交叉直导线 AB、CD 和导平面 P（为铅垂面），只要画出一系列素线的投影，便可完成该双曲抛物面的投影图。

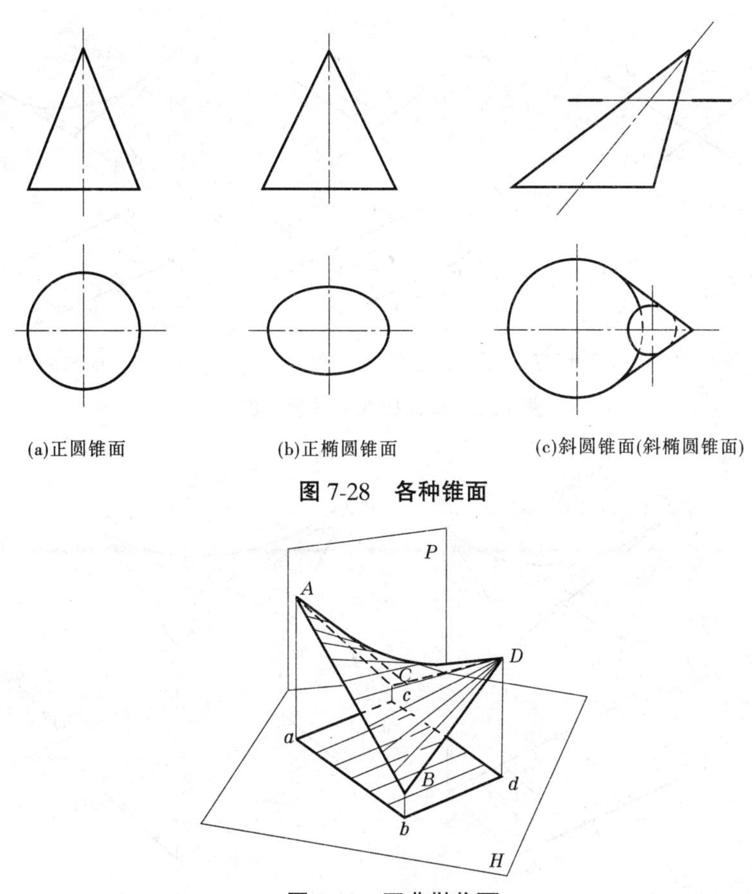

(a)正圆锥面　(b)正椭圆锥面　(c)斜圆锥面(斜椭圆锥面)

图 7-28　各种锥面

图 7-29　双曲抛物面

作图步骤如下：

(1)将直导线 AB 分为若干等份，例如六等份，得各等分点的 H 面投影 a、1、2、3、4、5、b 和 V 面投影 a'、$1'$、$2'$、$3'$、$4'$、$5'$、b'(见图 7-30(b))。

(2)由于各素线平行于导平面 P，因此素线的 H 面投影都平行于导平面的积聚投影 P^H。如作过分点Ⅰ的素线ⅠⅠ时先作 $11//P^H$，求出 $c'd'$ 上的对应点 $1'$ 后，即可画出该素线的 V 面投影 $11'$(见图 7-30(b))。

(3)同法作出其他各等分点的素线的两投影。

(4)作出与各素线 V 面投影相切的包络线。这是一根抛物线(见图 7-30(c))。

另外，在图 7-31(a)中，如果以原素线 AC 和 BD 作为导线，原导线 AB 和 CD 作为母线，以平行于 AB 和 CD 的平面 Q(也为铅垂面)作为导平面，也可形成同一个双曲抛物面，如图 7-31(b)所示。因此，同一个双曲抛物面可有两组素线，各有不同的导线和导平面。同组素线互不相交，但每一素线与另一组所有素线都相交。

当两方向的导平面都垂直于 H 面时，双曲抛物面的水平截交线是双曲线，正平面和侧平面截交线是抛物线。如图 7-32 所示，平面 P 和 Q 的截交线分别为双曲线 1 和双曲线 2，水平面 R 通过曲面的中心 O，它的截交线蜕变成相交二直线，为两组双曲线的渐近线。而过中心点 O 的正平面 S 和侧平面 T 的截交线，分别是 V 面投影和 W 面投影的抛

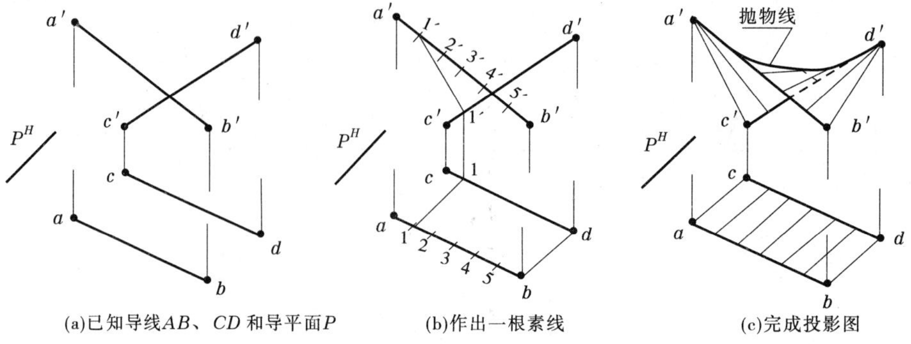

(a)已知导线AB、CD和导平面P　(b)作出一根素线　(c)完成投影图

图 7-30　双曲抛物面的投影图

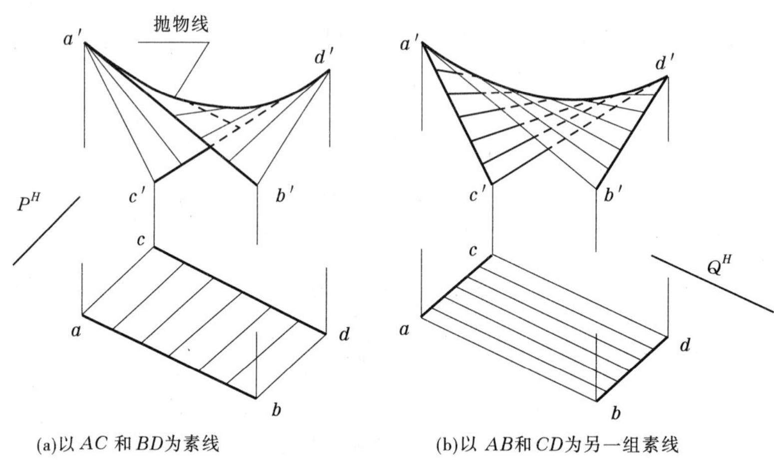

(a)以AC和BD为素线　(b)以AB和CD为另一组素线

图 7-31　双曲抛物面的投影图

物线轮廓线。

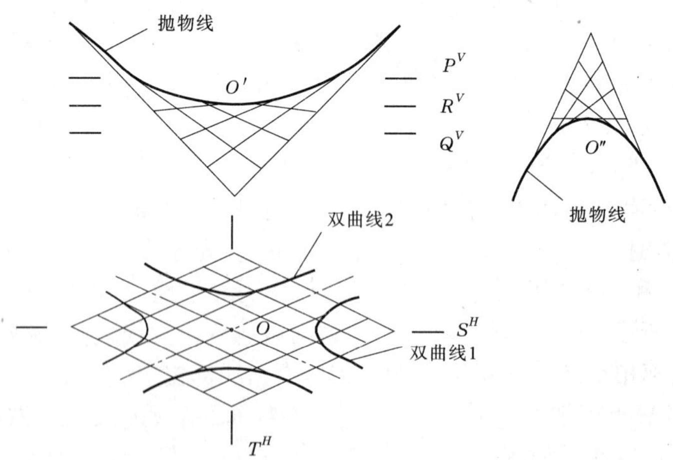

图 7-32　双曲抛物面的截交线

四、柱状面

柱状面是由一直母线沿两条曲导线连续运动，同时始终平行于一个导平面而形成的曲面。如图 7-33(a)所示的柱状面，直母线是 AC，沿着曲导线 AB 和 CD 移动，并始终平行于铅垂的导平面 P。当导平面 P 平行于 W 面时，该柱状面的投影如图 7-33(b)所示(图中没有画出导平面 P)。

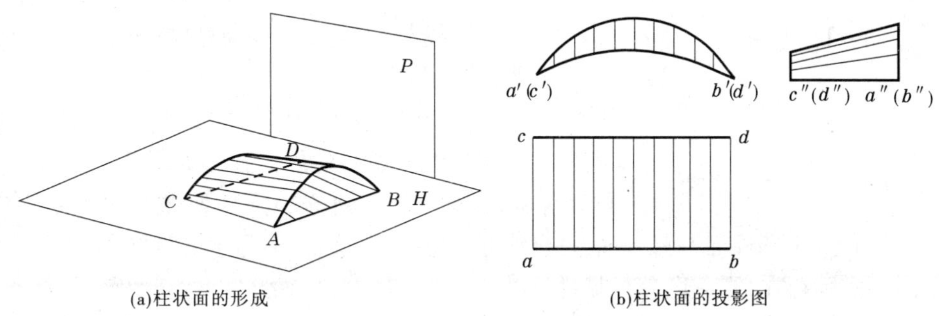

(a)柱状面的形成 (b)柱状面的投影图

图 7-33 柱状面及其投影

五、锥状面

锥状面是由一直母线沿一直导线和曲导线连续运动，同时始终平行于一个导平面而形成的曲面。如图 7-34(a)所示的锥状面，直母线为 AC，沿着直导线 CD 和曲导线 AB 移动，并始终平行于铅垂的导平面 P。当导平面 P 平行于 W 面时，该锥状面的投影图如图 7-34(b)所示(图中没有画出导平面 P)。

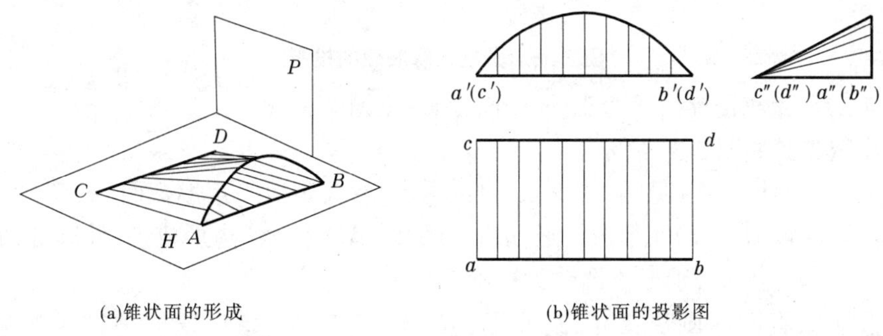

(a)锥状面的形成 (b)锥状面的投影图

图 7-34 锥状面及其投影

第五节 圆柱螺旋面

一、圆柱螺旋面的形成

分别以圆柱螺旋线及其轴线为两条导线，当直母线运动时，一端沿着曲导线运动，另一端沿着直导线移动，同时始终平行于与轴线垂直的导平面 P 面而形成的曲面，称为圆柱正螺旋面（或称平螺旋面），如图 7-35 所示。圆柱螺旋面是锥状面的一种特例。

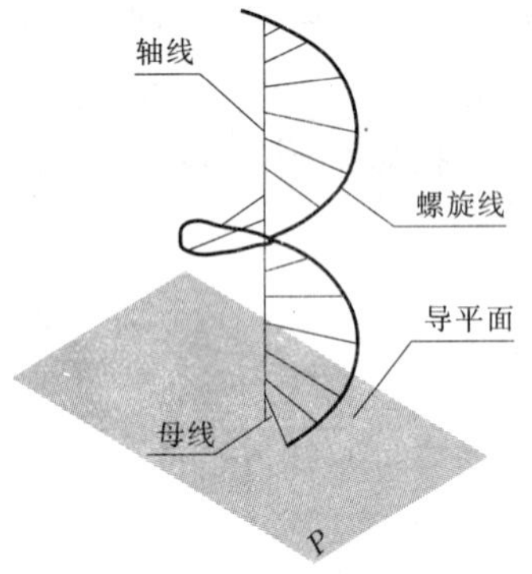

图 7-35　圆柱正螺旋面的形成

二、圆柱正螺旋面的投影图

画圆柱正螺旋面的投影图时，先画出曲导线圆柱螺旋线及其轴线（直导线）的两投影，并把圆柱螺旋线分成若干等份。当轴线垂直于 H 面时，可从螺旋线的 H 面投影（积聚圆周）上各分点，引直线与轴线的 H 面积聚投影相连，就是螺旋面相应素线的 H 面投影。

素线的 V 面投影是过螺旋线 V 面投影上各分点引到轴线 V 面投影的水平线。所得螺旋面投影如图 7-36(a)所示。

如果螺旋面被一个同轴的小圆柱所截，它的投影图如图 7-36(b)所示。小圆柱面与螺旋面的交线是一根与螺旋曲导线有相等导程的螺旋线。如果小圆柱实际存在，则应区分可见性。

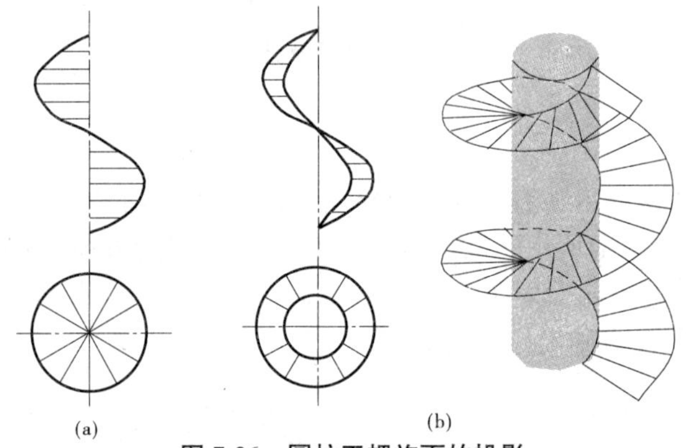

图 7-36　圆柱正螺旋面的投影

【例 7-8】　完成楼梯扶手弯头的 V 面投影（见图 7-37(a)）。

解：作图步骤如图 7-37 所示：

(1)从给出的投影图（见图 7-37(a)）可以看出，弯头是由一矩形截面 $ABCD$ 绕轴线 O 作螺旋运动（旋转和上升）而形成。运动后，截面的 AD 和 BC 边形成内、外圆柱面的一部分，而 AB 和 CD 边则分别形成圆柱正螺旋面。

(2)根据螺旋面的画法把半圆分成六等份，作出 AB 线形成的圆柱正螺旋面（见图 7-37(b)）。

(3)同法作出 CD 线形成的圆柱正螺旋面，判别可见性，完成 V 投影（见图 7-37(c)）。

三、螺旋楼梯投影图的画法

在实际工程中，螺旋楼梯的承重方式一般有两种：一种是有中间实际存在的圆柱承重，一种是由一定厚度的楼梯板承重。而楼梯板的下表面就是圆柱正螺旋面。下面介绍螺旋楼梯的作图步骤（见图 7-38）：

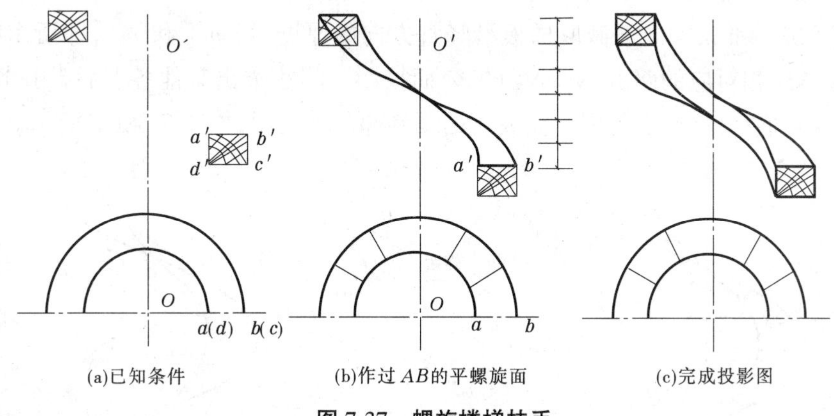

(a)已知条件　(b)作过 AB 的平螺旋面　(c)完成投影图

图 7-37　螺旋楼梯扶手

(1)确定螺旋面的导程及其所在圆柱面直径。为简化作图,假设沿螺旋梯走一圈有12级,一圈高度就是该螺旋面的导程,螺旋梯内外侧到轴线的距离,分别是内外圆柱的直径。

(2)根据内、外圆柱的半径,导程的大小以及梯级数,画出螺旋面的两投影图(见图7-38(a)):把螺旋面的 H 面投影分为12等份,每一等份就是螺旋梯上一个踏面的 H 面投影。螺旋梯踢面的 H 面投影积聚在两踏面的分界线上,如图中$(1_1)2_1$、$2_2(1_2)$和$(3_1)4_1$、$4_2(3_2)$等。

(3)画第一步级的 V 面投影(见图7-38(b))。第一步级踢面 $Ⅰ_1Ⅱ_1Ⅱ_2Ⅰ_2$ 的 H 面投影积聚成一水平线段$(1_1)2_12_2(1_2)$,踢面的底线 $Ⅰ_1Ⅰ_2$ 是螺旋面的一根素线,求出它的 V 面投影 $1'_12'_2$ 后,过两端点分别画一竖直线,截取一步级的高度,得点 $2'_1$ 和 $2'_2$。连 $2'_12'_2$,矩形 $1'_12'_12'_21'_2$ 就是第一步级踢面的 V 面投影,它反映踢面的实形。

第一步级踏面的 H 面投影 $2_12_23_23_1$ 是螺旋面 H 面投影的第一等份。第一步级踏面的 V 面投影积聚成一水平线段 $2'_12'_23'_2(3'_1)$,其中$(3'_1)3'_2$ 是第二步级踢面底线(螺旋面的另一根素线)的 V 面投影(见图7-38(b))。

(4)画第二步级的 V 投影(见图7-38(c))。过点 $3'_1$ 和 $3'_2$ 分别画一竖直线,截取一步级的高度,得点 $4'_1$ 和 $4'_2$。矩形 $3'_13'_24'_24'_1$ 就是第二步级踢面的 V 面投影。第二步级踏面的 V 面投影积聚成一水平线段 $4'_14'_25'_2(5'_1)$,它与该踏面的 H 面投影 $4_14_25_25_1$ 相对应。其中线段$(5'_1)5'_2$ 也是第三步级踢面底线的 V 面投影。依次类推,画出其余各步级的踏面和踢面的 V 面投影。

这里必须注意的是,第4级和第10级踢面平行于 W 面,它的 V 面投影积聚成一竖直线段。第5～9级的踢面,由于被螺旋梯本身挡住,它们的 V 面投影是不可见的。各级的投影如图7-38(c)所示。

(5)最后画出螺旋梯板底面的投影。梯板底面的 H 面投影与各梯级的 H 面投影重合。

画梯板底面的 V 面投影,可对应于梯级螺旋面上的各点,向下截取相同的高度,求出底板螺旋面相应各点的 V 面投影。比如第 7 级踢面底线的两端点是 M_1 和 M_2。从它们的 V 面投影 m'_1 和 m'_2 向下截取梯板沿竖直方向的厚度，得 n'_1 和 n'_2，即所求梯板底面上与 M_1、M_2 相对应的两点 N_1、N_2 的 V 面投影。同法求出其他各点后，用圆滑曲线连接，即为梯板底面的 V 面投影。完成后的螺旋梯两面投影，如图 7-38(d)所示。

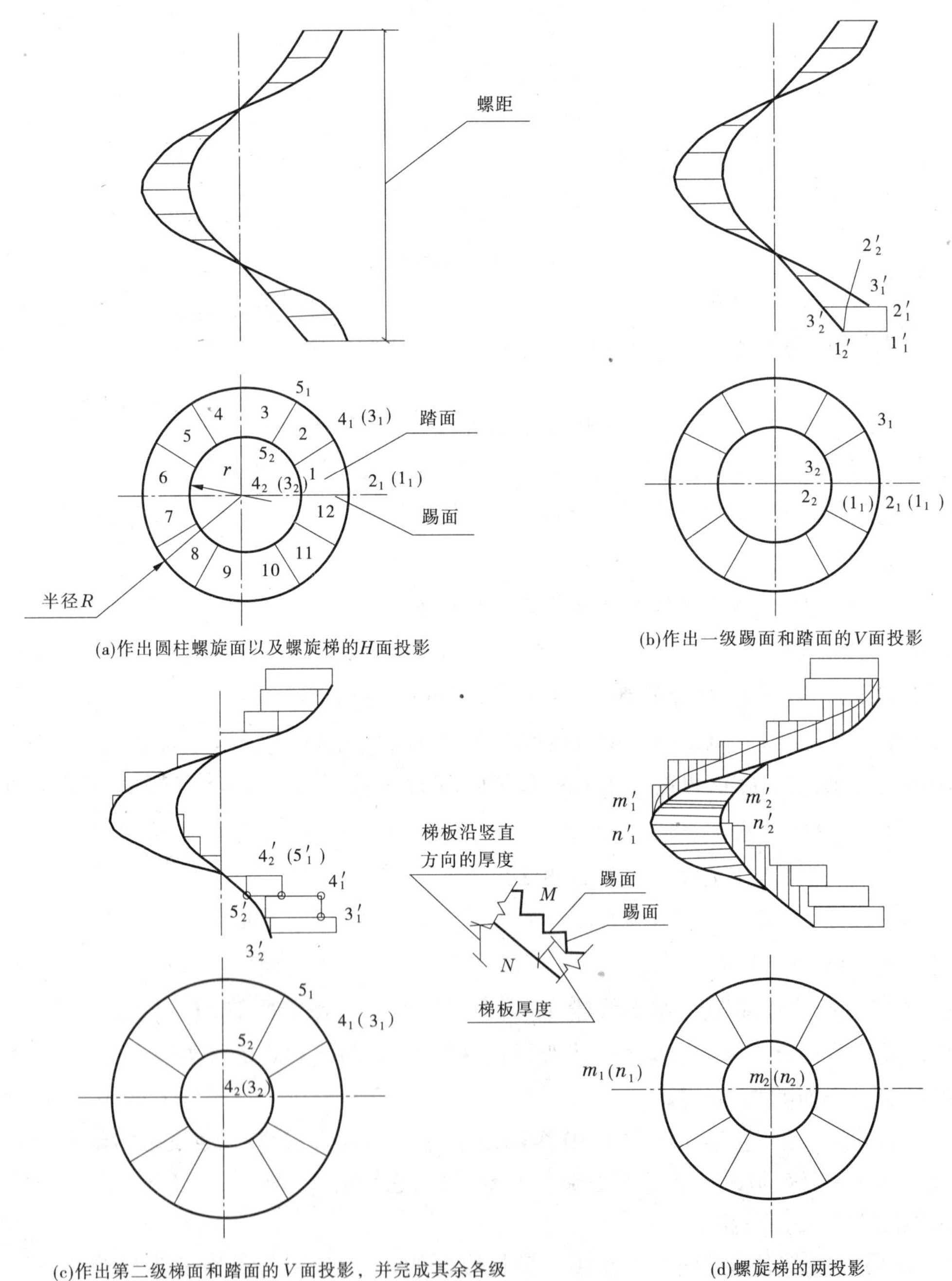

图 7-38　螺旋楼梯投影图的画法

第八章　平面与立体相交

在工程上常常会遇到平面与立体相交或直线与立体相交的问题。

平面与立体相交，可设想为立体被平面所截。此平面被称为截平面。截平面与立体表面的交线称为截交线，截交线所围成的平面称为截断面。研究平面与立体相交的目的是求截交线的投影。

如图 8-1 所示，挡土墙的斜面称为截平面，斜面与圆形管道表面的交线称为截交线。

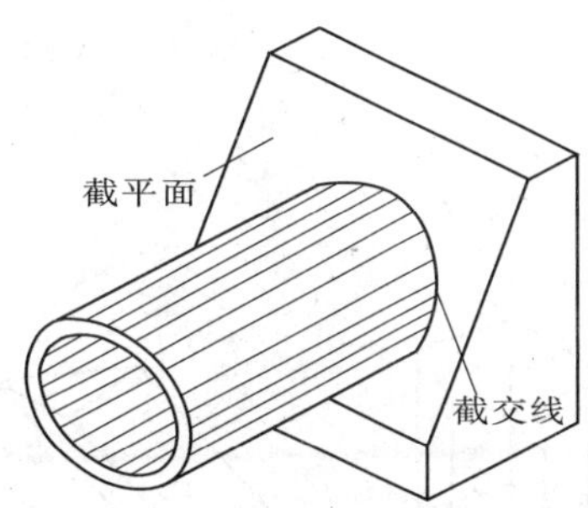

图 8-1　挡土墙与圆形管道相交

截交线的一般性质如下：

(1)截交线既在截平面上，又在立体表面上，因此截交线是截平面与立体表面的共有线。截交线上的点为截平面与立体表面的共有点。

(2)截交线的形状决定于立体表面的形状和截平面与立体的相对位置。

(3)由于立体表面是封闭的，因此截交线必定是一个或若干个封闭的平面图形。

综上所述，求截交线的问题实质上是求平面与立体的共有点的作图问题。

第一节　平面立体的投影

建筑形体可以看成是由若干基本形体按照一定的方式组合而成。基本形体可分为平面立体和曲面立体两大类。平面立体是由多个多边形平面围成的立体，如棱柱体、棱锥(台)体等。由于平面立体是由平面围成，而平面是由直线围成，直线是由点连成，所以求平面立体的投影实际上就是求点、线、面的投影。在投影图中，不可见的棱线投影用虚线表示。本节主要介绍最常见的棱柱和棱锥(台)的投影特点及在其表面定点的方法。

一、棱柱

在一个平面立体中，如果有两个表面相互平行，而其余的表面中每相邻两个表面的交线都相互平行，这样的平面立体称为棱柱。如图 8-2 所示。

棱柱上平行的两个表面称为棱柱的底面，其余的表面称为棱柱的侧面或棱面。相邻两棱面的交线称为棱柱的棱线。棱线垂直于底面的棱柱称为直棱柱，棱线与底面斜交的棱柱则称为斜棱柱。底面是正多边形的直棱柱称为正棱柱。

如图 8-3 所示为一个正五棱柱的三面投影。

该五棱柱的上、下底面平行于 H 面，为水平面；后棱面平行于 V 面，是正平面；其余的四个棱面是铅垂面。正五棱柱的五条棱线为铅垂线。

五棱柱的水平投影是一个正五边形，它既是上底的投影，也是下底的投影，同时反映上、下底面的实形。五边形的五条边是垂直于底面的五个棱面的具有积聚性的投影。在五棱柱的正面投影中，五棱柱的上、下底面积聚为上、下两条水平直线段。前面的两个棱面 ABⅡⅠ和 BCⅢⅡ倾斜于 V 面，投射成两个可见的变窄了的矩形 $a'b'2'1'$ 和 $b'c'3'2'$；后面的三个棱面 CDⅣⅢ、DEⅤⅣ和 EAⅠⅤ投射成三个矩形 $c'd'4'3'$、$d'e'5'4'$ 和 $e'a'1'5'$。其中矩形 $d'e'5'4'$ 反映了棱面 DEⅤⅣ的实形。棱线 DⅣ和 EⅤ在正面投影中不可见，用虚线表示。

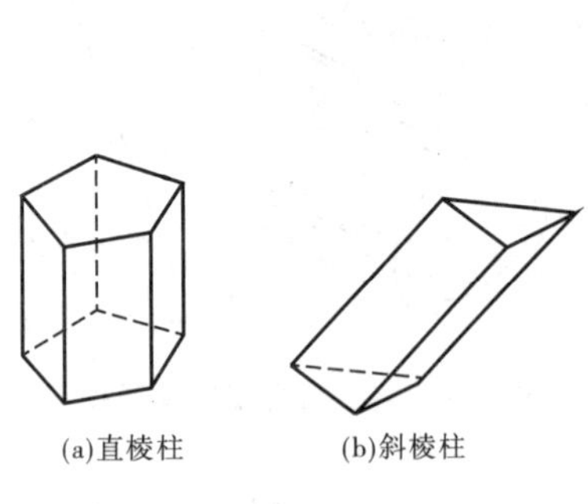

图 8-2　直棱柱与斜棱柱

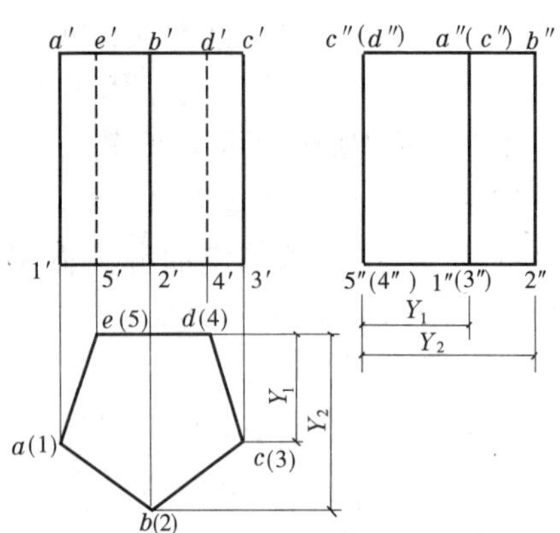

图 8-3　正五棱柱的投影

在五棱柱的侧面投影中，五棱柱上、下底面的投影也是两条水平直线段。后棱面 DEⅤⅣ是正平面，所以侧面投影积聚为直线段 $d'e'5'4'$。左边两个棱面 EAⅠⅤ和 ABⅡⅠ投射成两个可见的矩形 $E'a'1'5'$ 和 $a'b'2'1'$。右边两个棱面 BCⅢⅡ和 CDⅣⅢ的投影不可见，它们分别与棱面 ABⅡⅠ和 EAⅠⅤ投影重合。

由以上分析可得直棱柱投影特性如下：直棱柱在与底面平行的投影面上的投影反映底面实形（多边形），直棱柱的另两个投影均为矩形的组合。

应该注意的是，在平面立体的三个投影中，立体上每一个表面、每一条边、每一个顶点都应得到反映。

【例 8-1】 如图 8-4(a)所示，已知五棱柱的三面投影及其表面上的 M 和 N 点的 V 投影 m' 和 (n')，求作该两点的另外两面投影。

解：由题目所给两点的 V 投影来看，由于 M 点可见，所以它必位于五棱柱左前面的侧面（ABB_1A_1）上；N 点 V 投影不可见，必位于后面的侧面（EDD_1E_1）上。由此，可根据该两个侧面的积聚投影求出 M 和 N 两点的 H 投影。

作图步骤：

(1)作 $m'(n')$ 的铅直投影连线，与 $a(a_1)b(b_1)$ 交于 m，与 $e(e_1)d(d_1)$ 交于 n。如图 8-5(b)所示。

(2)作 (n') 的水平投影连线，交 $e''(d'')e_1''(d_1'')$ 于 n''。

(3)作 m' 的水平投影连线，并由坐标 Y_M 确定 m''。如图 8-5(b)所示，点 $M(m,m',m'')$ 和 $N(n,n',n'')$ 即为所求。

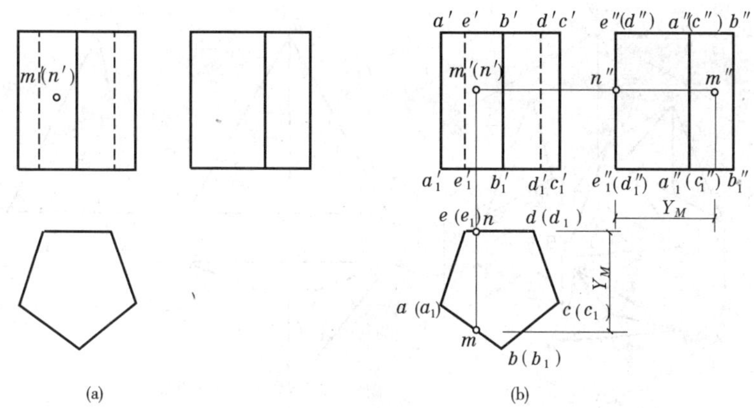

图 8-4　五棱柱表面定点

二、棱锥

在一个平面立体中，如果有一个表面是多边形，其余各表面是具有公共顶点的三角形，这样的平面立体称为棱锥。棱锥上多边形表面是棱锥的底面、三角形表面是棱锥的侧面或棱面。如果棱锥的底面是一个正多边形，且顶点与正多边形底面中心的连线垂直于该底面，这样的棱锥就称正棱锥。

如图 8-5 所示为三棱锥的三面投影。该三棱锥底面△*ABC* 平行于 *H* 面（水平面），它的水平投影△*abc* 反映了底面的实形；它的正面投影和侧面投影积聚为水平直线段。

三棱锥后棱面△*SAC* 垂直于 *W* 面、倾斜于 *H* 和 *V* 面，为侧垂面，其侧面投影，*s″a″c″* 积聚成倾斜的直线段；水平投影△*sac* 和正面投影△*s″a″c″* 为△*SAC* 类似形。三棱锥的其余两个棱面△*SAB* 和△*SBC* 为一般位置平面。它们的三个投影仍是三角形，不反映实形。其中，侧面投影△*s″a″b″* 与△*s″c″b″* 重合。

需要注意的是，三棱锥的侧面投影不是一个等腰三角形。宽度 Y_1 和 Y_2 应与水平投影中相应的宽度相等，如图 8-5(b) 所示。

由以上分析可知，棱锥投影特性如下：棱锥在底面所平行的投影面上的投影为底面的实形（多边形），且多边形内部有若干条交于一点的直线段（即各棱线的投影）；棱锥的其余两个投影均为三角形的组合。

【例 8-2】　如图 8-6 所示，已知三棱锥表面上两点 *M* 和 *N* 的投影 *m′* 和 *n′*，求该两点的另外两面投影。

解：由于点 *N* 的 *V* 投影（*n′*）不可见，*N* 必在后面的侧面△*SAC* 上。又△*SAC* 为侧垂面，可利用其积聚投影 *s″a″*（*c″*）直接求出（*n″*）。点 *M* 位于侧面△*SAB* 上，△*SAB* 属一般位置平面，可通过点 *M* 在△*SAB* 上作辅助线，求其水平投影。

作图步骤：

(1) 过（*n′*）作水平投影连线，交 *s″a″*（*c″*）于点 *n″*；

(2) 过（*n′*）作铅直投影连线，并根据坐标 Y_N 确定 *n*；

(3) 过 *m′* 且平行 *a′b′* 作辅助线，并交 *s′a′* 于 1′，交 *s′b′* 于 2′，求出辅助线 Ⅰ Ⅱ 的 *H* 投

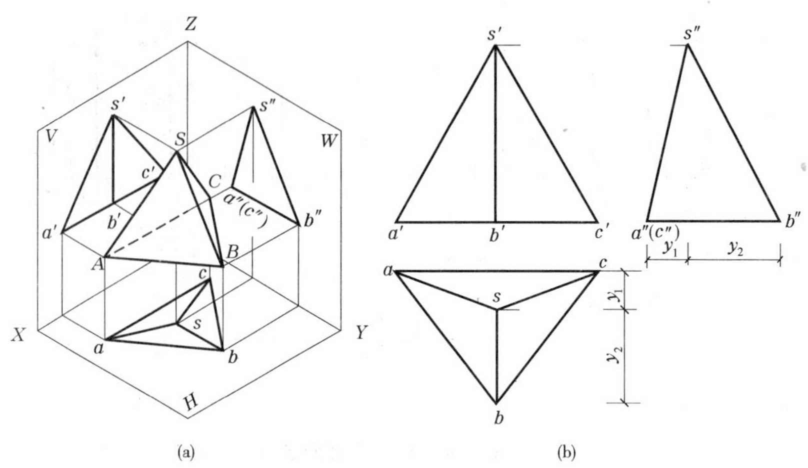

图 8-5 三棱锥及其投影

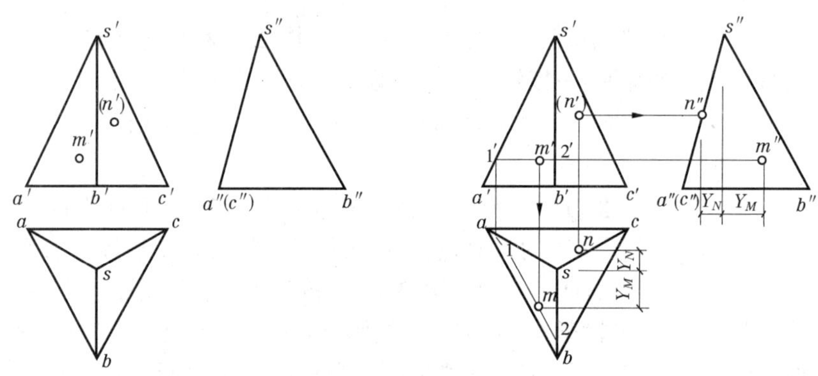

图 8-6 三棱锥表面定点

影 $12//ab$;

(4)过 m' 作铅直投影连线交 12 于 m;

(5)根据 m'、m 求出 m''(注意坐标“Y_M”)。则点 $M(m,m',m'')$及点 $N(n,n',n'')$即为所求,如图 8-6 所示。

第二节 平面与平面立体相交

在工程中,常会遇到平面与立体相交的问题。平面与立体相交,可看做是由平面截切立体,如图 8-7 所示,其中与立体相交的平面称为截平面,截平面与立体表面的交线称为截交线。由截交线围成的图形称为截断面。研究平面与立体相交的目的是要正确地求出截交线,截交线由既属于截平面又属于立体的共有点集合而成。

截交线的性质:

(1)截交线是闭合的平面折线。

(2)截交线是截平面与立体表面的共有线。

上述截交线的性质是求解截交线问题的根据。

平面立体的截断面是一平面多边形，这个多边形的各边就是立体的各棱面与截平面的交线（即截交线），截交线是截平面上的平面折线，折线的各折点（即截断面的各顶点）就是立体的棱线与截平面的交点。因此，求平面立体的截交线可归结为下述方法：先求出立体上各棱线与截平面的交点，然后把各点依次相连接，即得截交线。连接时，在同一棱面上的两点才能相连。截交线的不可见部分，用虚线表示。

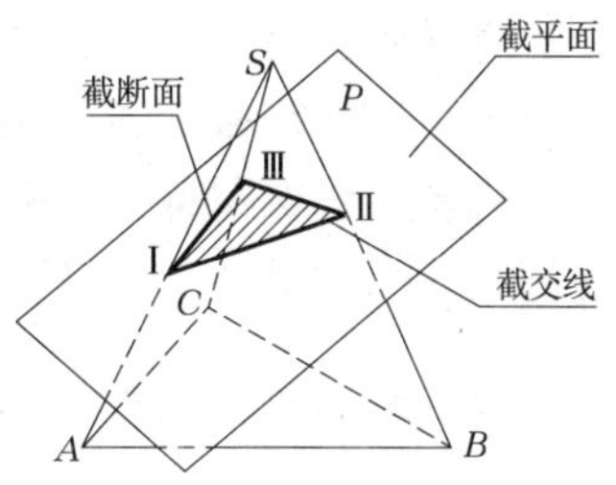

图 8-7　平面与三棱锥截交

求平面与平面立体的截交线的一般步骤为：

(1)分析截平面的位置。通常可以把截平面放置（或利用投影变换转换）成为特殊位置的平面，使得截平面的投影有积聚性，以利于解决问题。当截平面处于特殊位置时，截平面的具有积聚性的投影必与截交线在该投影面上的投影重合。这时，截交线的一个投影为已知，利用这个已知的投影便可以作出截交线的其他投影。

(2)分析截交线的形状。根据截平面与立体的相对位置分析截平面与立体的几个表面相交，进而可确定截交线的边数，也可以根据截平面与立体相交的棱、边总数来判断截平面是几边形。

(3)投影作图。利用平面与平面、平面与直线求交的作图方法分别作出截交线上每条边和每个顶点的投影。

【例 8-3】　如图 8-8(a)所示，已知正三棱锥被正垂面 P 所截，求截交线与截平面实形。

解：如图 8-8(a)所示，P 面与三棱锥的三个侧面都截交，截交线为一个三角形。可求出三条侧棱与 P 平面的交点 D、E、F 后，连接成截交线。P 面为正垂面，截交线 V 投影与 P^V 重合。只需求出截交线的 H 投影即可。

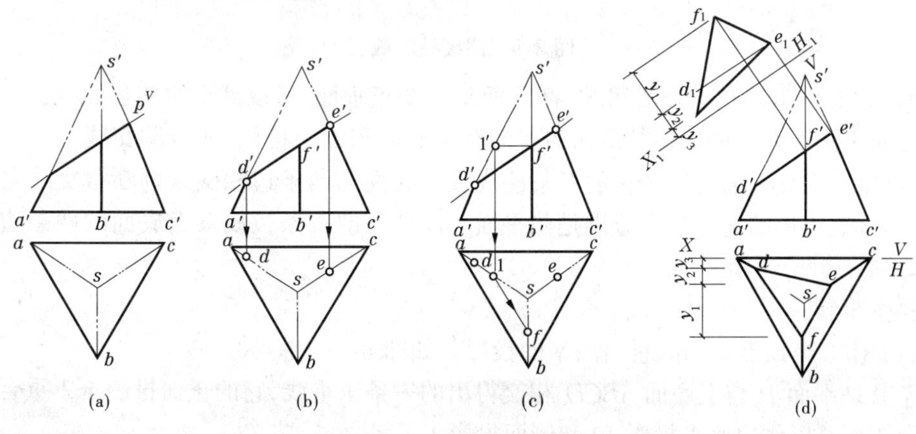

图 8-8　正三棱锥的截切

作图步骤：

(1)利用 P^V 的积聚性求出 $d'e'f'$，并求出 d、e，如图 8-8(b)所示；

(2)通过侧面 SAB 上的辅助线 F Ⅰ(//AB)求出 f,如图 8-8(c)所示;

(3)依次连接得截交线 H 投影△def;

(4)将各棱线保留部分补齐,并用换面法求截断面实形,如图 8-8(d)所示。

【例 8-4】 如图 8-9(a)所示,求作被截断四棱柱的三面投影及断面的实形。

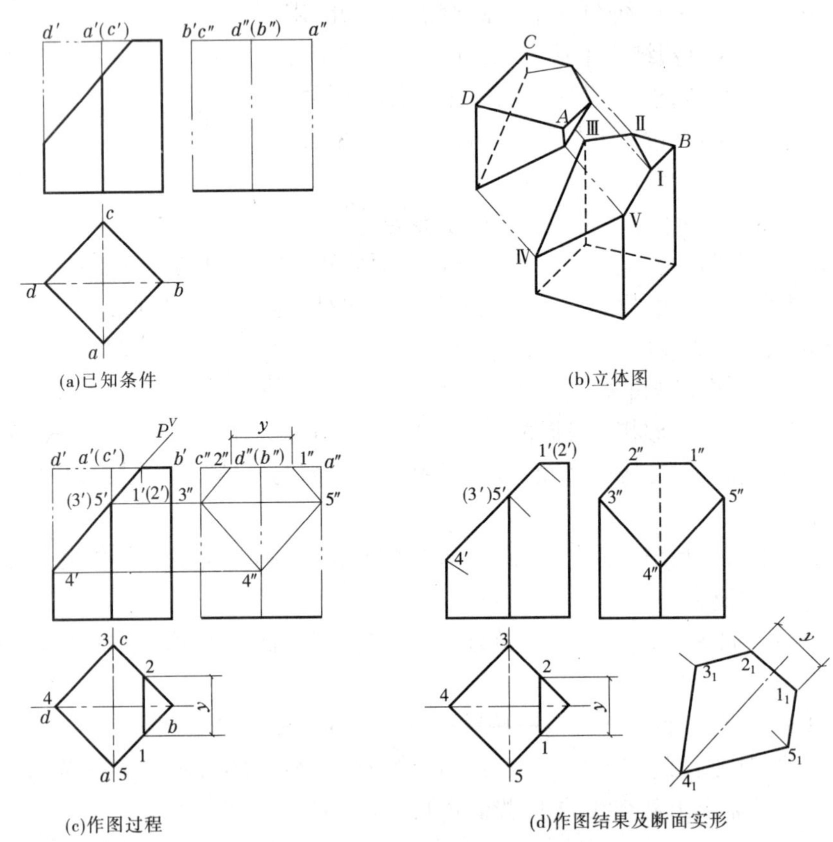

图 8-9 四棱柱的截切

解:由图 8-9(a)正面投影可知,截平面是一个正垂面,所以截交线的正面投影与截平面的正面投影重合。四棱柱被截切的表面有上底面和四个棱面,所以截交线是一个五边形(也可以根据截平面与四棱柱的三条棱线及上底面的两条边相交来判断截交线是一个五边形)。五边形的五个顶点分别是截平面与四棱柱的三条棱线及上底面的两条边的交点。如图 8-9(b)所示。

作图步骤:

(1) 作五个顶点Ⅰ、Ⅱ、Ⅲ、Ⅳ、Ⅴ的投影。如图 8-9(c)所示。

ⅠⅡ是平面 P 与上底面 $ABCD$ 相交得出的一条正垂线,它的正面投影 1′2′重合为一点。由 1′2′可以作出水平投影 12 和侧面投影 1″2″。

Ⅲ、Ⅳ、Ⅴ三点分别是截平面与四棱柱上 C、D、A 三条棱的交点,它们的正面投影为 3′、4′、5′。它们的水平投影 3、4、5 与 c、d、a 重合;它们的侧面投影 3″、4″、5″分别在各棱线的侧面投影上。

(2)依次连接截交线的五个顶点的同面投影,并区分可见性,即得截交线的各投影。

(3)处理立体的投影,如图 8-9(d)所示。

这里应该特别注意的是,四棱柱被截后,侧面投影中 $a''1''$ 和 $a''5''$、$c''2''$ 和 $c''3''$ 这四条线段因立体被截而应除去;侧棱投影 $d''4''$ 也因被截而不存在,但棱 B 的侧面投影应画成虚线。

(4)求截面实形。用投影变换的方法把断面换成新投影面的平行面,即可得到断面实形。建立 H_1 投影面使其平行于 P 面,作截交线在 H_1 投影面上的投影 1_1、2_1、3_1、4_1、5_1,即得到截断面的实形。在图中没有画出新旧投影轴,而是以截断面的投影 $1'4'$ 作为基准线进行作图的。例如,新投影的中心线平行于 $1'4'$,直线 $4'4_1 \perp 1'4'$,4_1 在中心线上;$1_12_1 \perp 1'4'$,且 $1_12_1 = 12$;同理,$3_15_1 \perp 1'4'$,且 $3_15_1 = 35$,如图 8-9(d)所示。

第三节　平面与曲面立体相交

平面与曲面立体相交所得截交线的形状可以是曲线围成的平面图形或者曲线和直线围成的平面图形,也可以是平面多边形,如图 8-10 所示。截交线的形状由截平面与曲面立体的相对位置来决定。

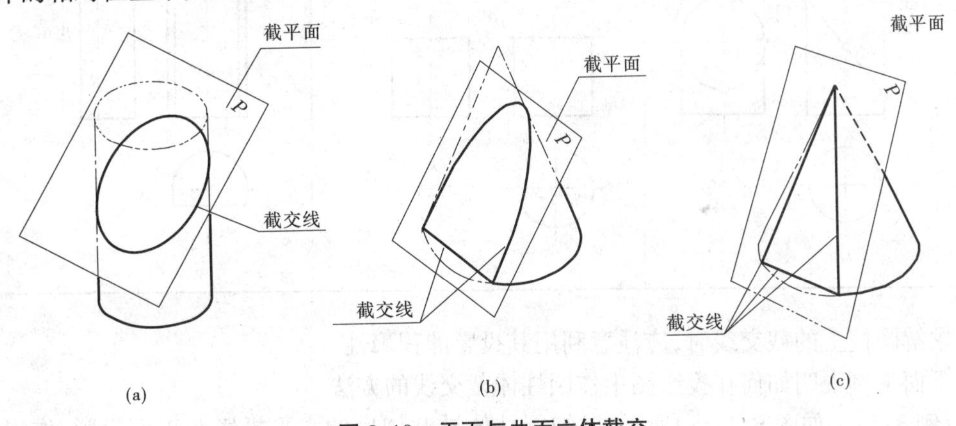

图 8-10　平面与曲面立体截交

截交线是截平面和曲面立体表面的共有线,截交线上的点也都是它们的共有点。因此,在求截交线的投影时,先在截平面有积聚性的投影上,确定截交线的一个投影,并在这个投影上选取若干个点;然后把这些点看做曲面立体表面上的点,利用曲面立体表面定点的方法,求出它们的另外两个投影;最后,把这些点的同名(同面)投影光滑连接,并表明投影的可见性。

求作曲面立体截交线的投影时,通常是先选取一些能确定截交线形状和范围的特殊点,这些特殊点包括投影轮廓线上的点、椭圆长短轴端点、抛物线和双曲线的顶点等,然后按需要再选取一些一般点,依次连接成光滑的曲线(或直线段)。

求截交线上点的基本方法有:素线法、纬圆法和辅助平面法。另外,也应注意利用形体各部分的投影特性,如对称性、某个曲面或平面的积聚性等。

一、平面与圆柱截交

根据截平面与圆柱轴线不同的相对位置，圆柱上的截交线有椭圆、圆、一对平行直线（或矩形）三种形状，如表8-1所示。

表8-1 平面与圆柱的截交线

图形	截平面位置 （截交线形状）		
	倾斜于圆柱轴线 （椭圆）	垂直于圆柱轴线 （圆）	平行于圆柱轴线 （两条素线）
立体图	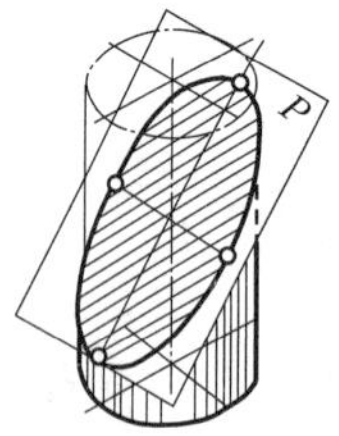 P	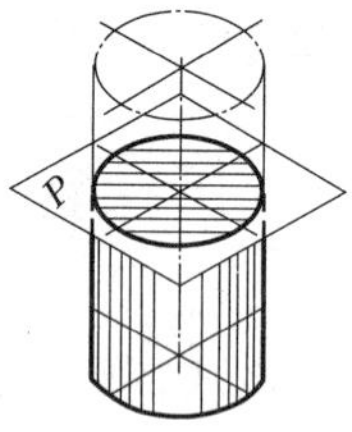 P	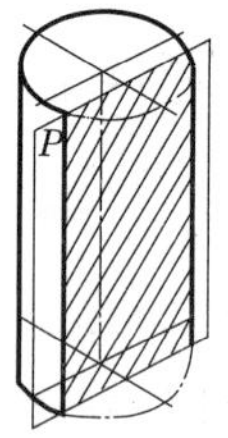 P
投影图	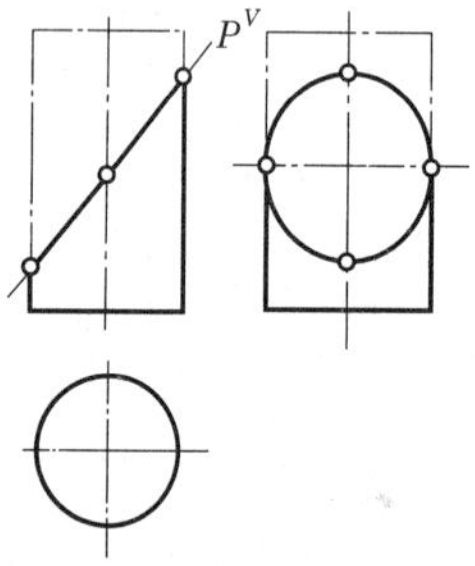 P^V	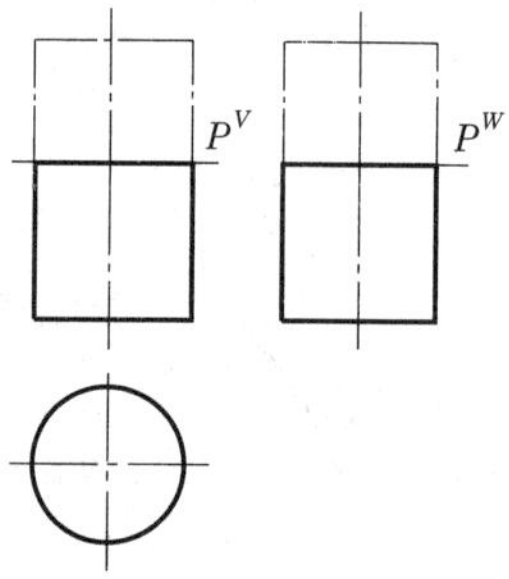 P^V P^W	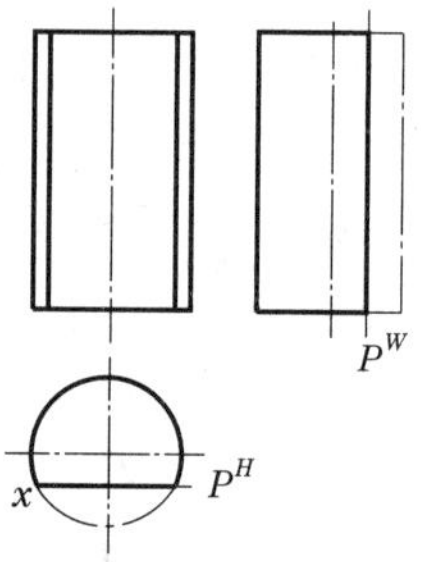 P^W x P^H

求解圆柱上的截交线时，应注意利用其投影的积聚性。

下面举例说明如何在投影图中作圆柱体截交线的方法。

【例8-5】 如图8-11(a)所示，已知圆柱体被截切后的水平投影和正面投影，作出侧面投影以及断面的实形。

解：因圆柱体轴线垂直于水平投影面，截平面 P 是一个正垂面，与圆柱体轴线斜交，所以截交线应为椭圆。截交线的正面投影与截平面 P 的正面投影 P^V 重合，是一段直线。截交线的水平投影与圆柱面的具有积聚性的水平投影重合，是一个圆。截交线的侧面投影仍是椭圆（但不反映实形），需作图。可利用截交线的两个已知投影，作出截交线上一系列点的侧面投影，然后依次用光滑曲线相连即可。

作图步骤：

(1)作特殊位置点Ⅰ，Ⅲ，Ⅴ，Ⅶ的投影。点Ⅰ，Ⅲ，Ⅴ，Ⅶ分别为截交线的最低点、最前点、最高点、最后点，也是截交线椭圆的长短轴的端点。

截交线的水平投影重合在圆柱面的水平投影圆上，故投影1、3、7、5可得。截交线的正面投影重合在 P^V 上，故投影1′、3′、7′、5′可得。根据它们可作出侧面投影1″、3″、5″、7″，如图 8-11(b)所示。

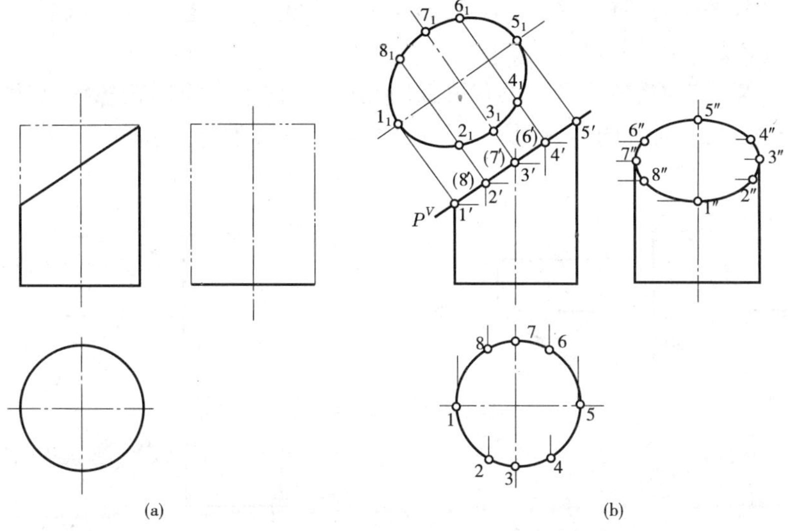

图 8-11　圆柱体被正垂面截切后的侧面投影

(2)作一般位置点的投影。为了作图准确,需要再作出椭圆上若干个一般点。为此,可先在正面投影中取点,如 2′、4′、6′、8′,找出对应的水平投影 2、4、6、8,然后确定侧面投影 2″、4″、6″、8″,如图 8-11(b)所示。

(3)连线并完成投影图。在侧面投影上。用光滑曲线依次连接 1″-2″-3″-4″-5″-6″-7″-8″-1″各点,即得截交线的侧面投影。被截切后的圆柱体的侧面投影如图 8-11(b)所示。

(4)求截面实形。建立辅助投影面使其平行于 P 面,利用投影变换作出截断面(椭圆)的实形。其中椭圆的长轴 $1_1 5_1 // 1'5'$;椭圆的短轴 $3_1 7_1 \perp 1'5'$,其长度等于水平投影中的 37,即 $3_1 7_1 = 37$。断面实形中的其余点,都可以根据换面法作得,例如 $2_1 8_1 = 28$。

当截切平面与圆柱体轴线斜交且夹角为 45°时,截断面仍为椭圆,但水平投影中的长轴和短轴相等,投影为圆。如图 8-12 所示。

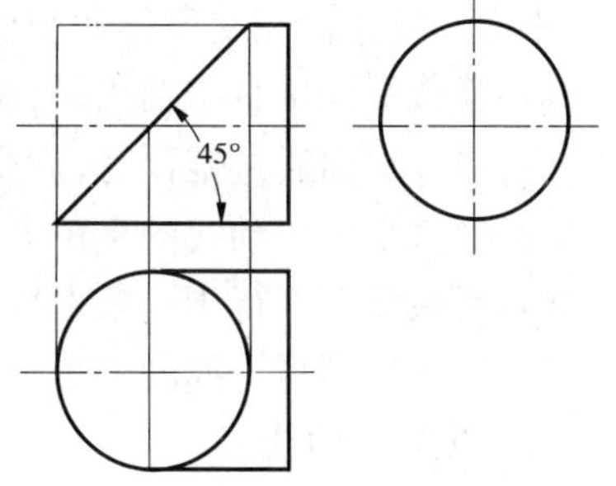

图 8-12　圆柱体被夹角为 45°正垂面截切后的投影

【例 8-6】　如图 8-13(a)所示,补全圆柱被三个平面截切后的水平投影。

解:圆柱的左端被两个与轴线上、下对称的水平面,及一个侧平面切去两部分。前者与圆柱表面的交线是直线,后者与圆柱表面的交线是圆弧。两截平面的交线为正垂线。如图 8-13(b)所示。

作图步骤:

(1)作水平截平面与圆柱表面的截交线;首先确定交线的 V 投影 $a'b'(c'd')$,W 投影 $a''(b'')$、$c''(d'')$,然后根据 V、W 投影作出 H 投影 ab、cd。

(2)两个截平面的交线为 $BD(bd、b'(d')、(b'')(d''))$。

(3)侧平截平面与圆柱交线的 W 投影反映圆弧实形，V 投影为一线段，而 H 投影与“交线”bd 重合。

(4)由于圆柱最前、最后素线没有被截切，所以圆柱水平投影轮廓线仍然完整。另应注意到形体为上、下对称图形，故其上、下截面的 H 投影重合。求解结果如图 8-13(c)所示。

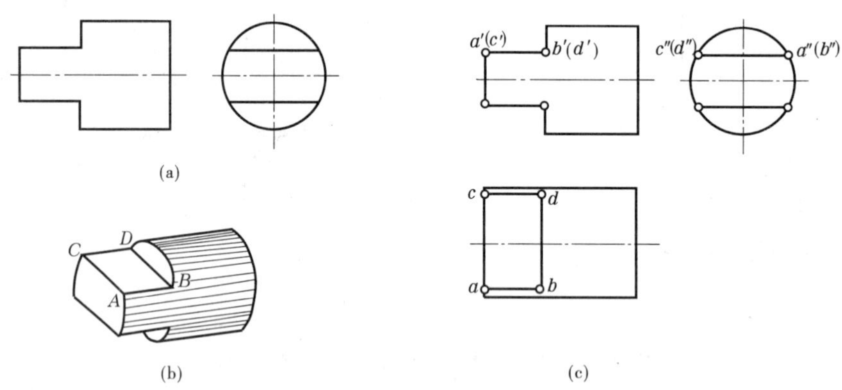

图 8-13　圆柱被三个平面截切

二、平面与圆锥截交

用平面截切圆锥时，截平面与圆锥的相对位置不同所产生的截交线的形状亦不同。圆锥被平面截切共有五种情况，如表 8-2 所示。

平面于圆锥面相交所得截交线的形状有 5 种(见表 8-2)：

(1)当截平面垂直于轴线时，截交线为一圆。

(2)当截平面通过锥顶时，截交线为两条素线。

(3)当截平面与轴线的夹角大于母线与轴线夹角 α 时($\varphi>\alpha$)，截交线为一椭圆。

(4)当截平面平行于一条素线时(即 $\varphi=\alpha$ 时)，截交线为抛物线。

(5)当截平面与轴线的夹角 φ 小于母线与轴线夹角 α 或平行于轴线时($\varphi<\alpha$ 或 $\varphi=0$)，截交线为双曲线。

下面举例说明如何在投影图中作截平面与圆锥体的切割。

【例 8-7】　如图 8-14(a)所示，求圆锥被正垂面 P 所截的截交线及截断面的实形。

解：截平面 P 与圆锥的所有素线相交，截交线为椭圆，如图 8-14(b)所示。P 面与圆锥最左、最右两条素线的交点的连线 AB 为椭圆的长轴；短轴 CD 必过 AB 的中点，且垂直于 V 面。该椭圆的 V 投影积聚在 P 上，其 H、W 投影一般情况下仍为椭圆，但不反映实形。

作图步骤：

(1)因椭圆长轴端点 A、B 分别位于最左、最右素线上，可直接确定 a'、b'，再由此确定 a、b 及 a''、b''。

(2)作椭圆短轴端点 C、D 投影；过 $a'b'$ 的中点 $c'(d')$ 作辅助水平圆，求出 c、d；再由坐标“Y”求出 W 投影 c''、d''。如图 8-14(c)所示。

(3)求最前、最后素线(侧面投影轮廓线)上点 E、F。先由 e'、f' 求 e''、f''，再求出 e、f，如图 8-14(d)所示。

表 8-2　平面与圆锥面的截交线

截平面位置	垂直于圆锥轴线	与锥面上所有素线相交 $\alpha<\varphi<90°$	平行于圆锥面上一条素线 $\varphi=\alpha$	平行于圆锥面上两条素线 $0\leqslant\varphi<\alpha$	通过锥顶
截交线形状	圆	椭圆	抛物线	双曲线	两条素线
立体图	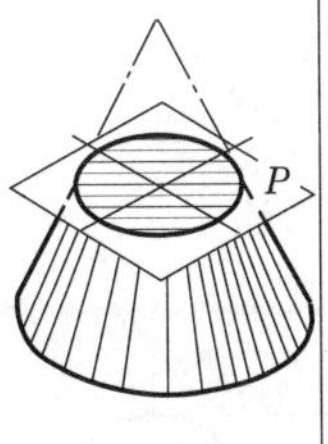	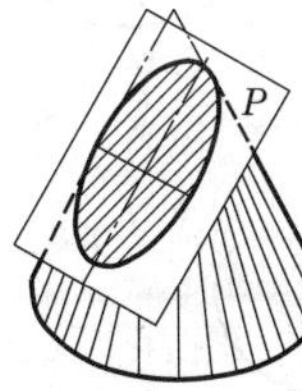	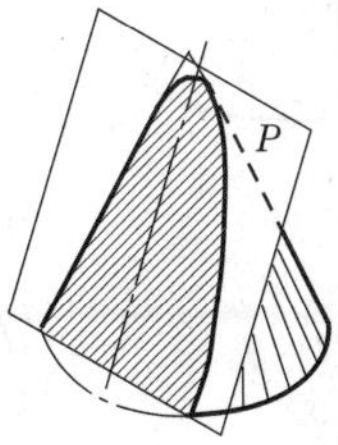	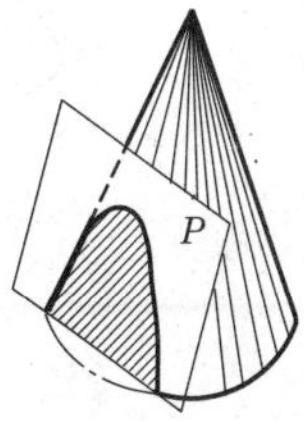	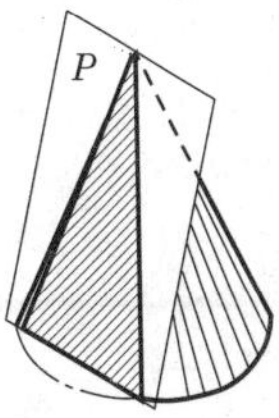
投影图	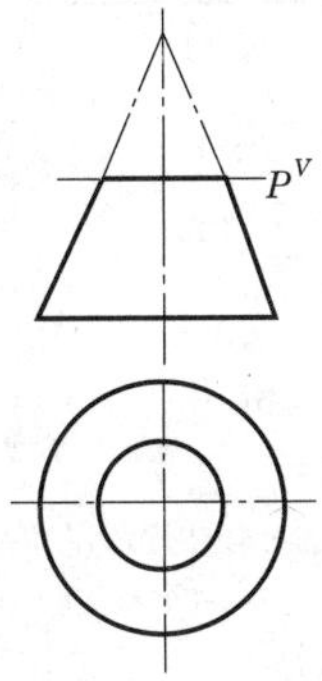	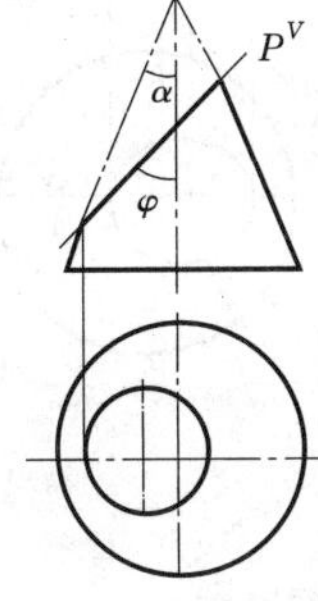	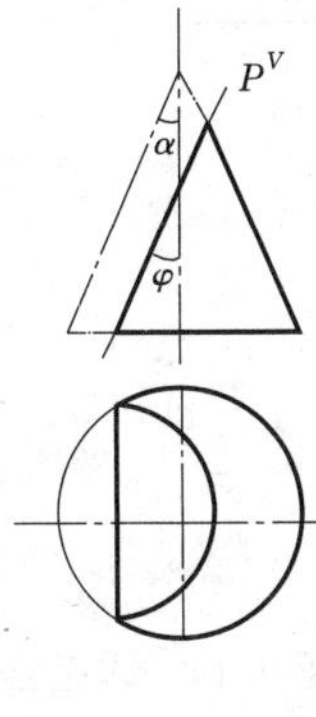	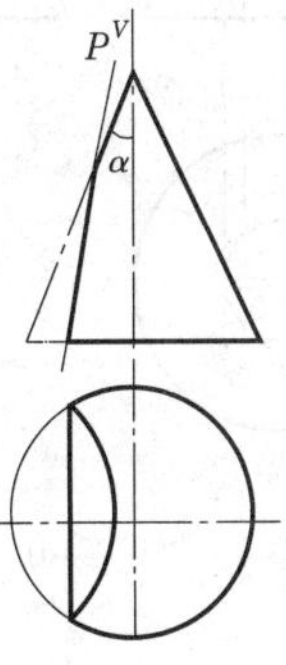	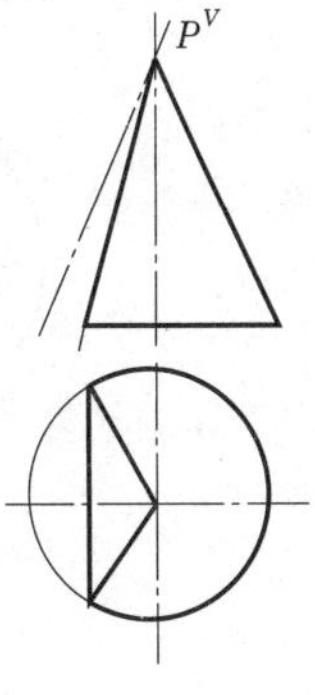

(4)求出上述六个特殊点后，应再求两个一般点。

(5)所求各点依次光滑连接，得截交线椭圆的三面投影；用换面法求实形，得结果如图 8-14(e)所示。

三、平面与球截交

平面截切球时，不管截平面与球的位置如何，其截交线都是圆，如图 8-15 所示。

当截平面为投影面平行面时，截交线在截平面所平行的投影面上的投影为圆(反映实形)，其他两投影为线段(长度等于截圆直径)；当截平面为投影面垂直面时，截交线在截平面所垂直的投影面上的投影是一段直线(长度等于截圆直径)，其他两投影为椭圆。

在图 8-15 中，球被水平面 R 截割，所得截交线为水平圆。H 投影反映该圆实形，圆的直径可在 V 投影或 W 投影中量得，为 $a'b'$ 或 $c''d''$。圆的 V 投影与 R^V 重合，W 投影与

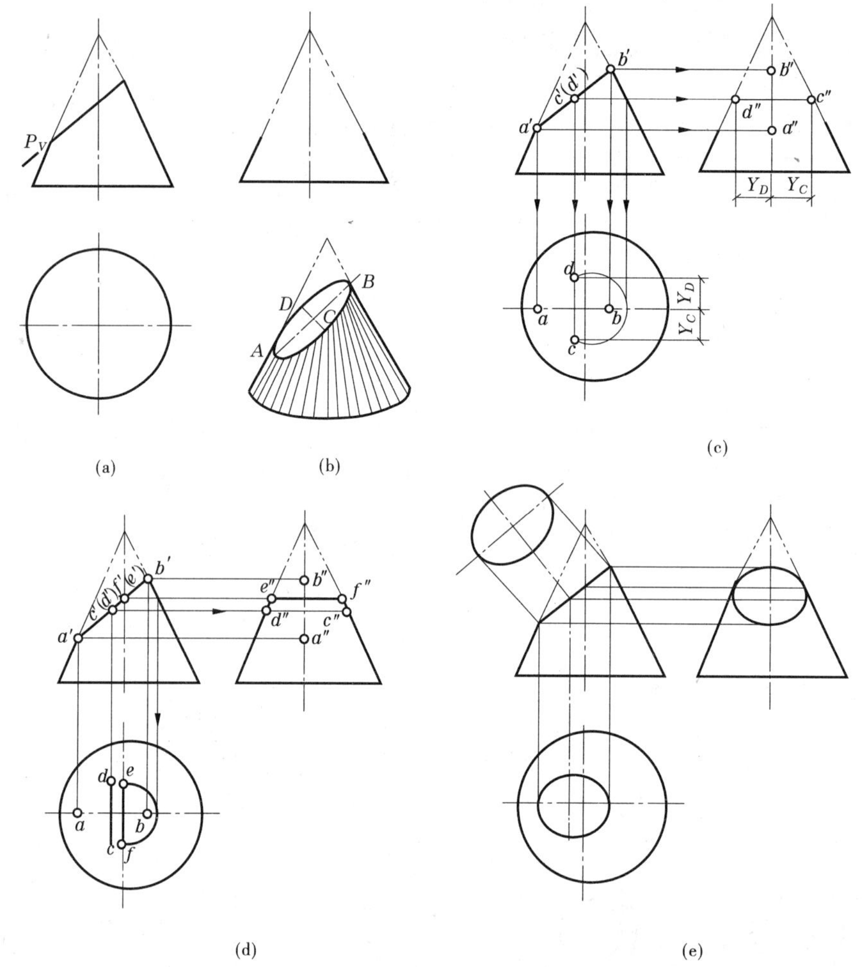

图 8-14　求圆锥的截交线

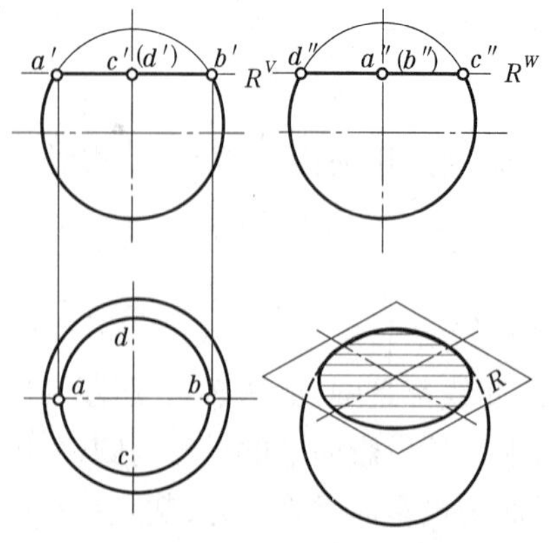

图 8-15　水平面截切球

R^W 重合。

下面举例说明如何在投影图中作圆球体截交线的方法。

【例 8-8】 如图 8-16(a)所示,已知一建筑物球壳屋面的跨度 L 和球的直径ϕ,求球壳屋面的三面投影。

解:给出的球壳屋面是一个直径为ϕ 的半球,被两对对称的、相距为 L 的投影面平行面所截,其中一对为正平面 P_1、P_2,另一对为侧平面 Q_1、Q_2。由 P_1、P_2 截得的截交线的 V 投影反映半圆实形,W 投影成为两条铅直线。由 Q_1、Q_2 截得的截交线的 W 投影反映半圆实形,V 投影为两条铅垂线。

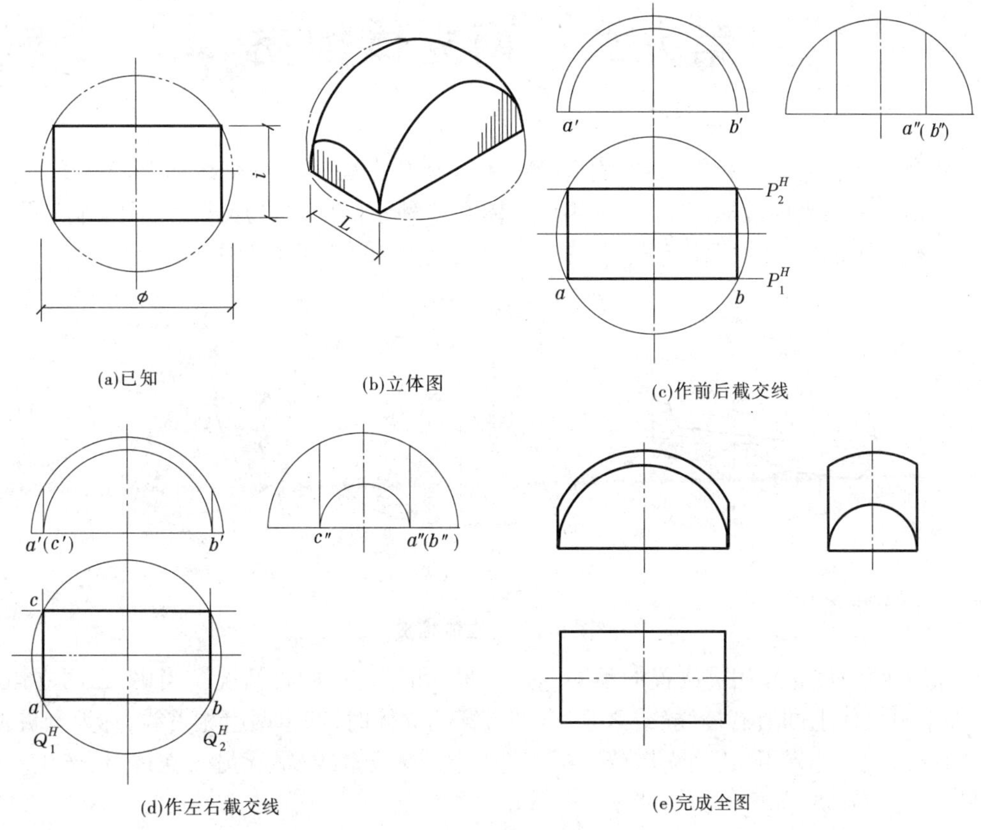

图 8-16　球壳屋面投影图作法

作图步骤:

(1)根据球的直径ϕ,作出半球的 V、W 投影,如图 8-16(c)所示;

(2)P_1^H 与球 H 投影轮廓线相交,得 P_1、P_2 面截交线半圆的直径 ab,据此作出截交线半圆的 V、W 投影,如图 8-16(c)所示;

(3)Q_1^H 与球 H 投影轮廓线相交,再得 Q_1、Q_2 面截交线半圆的直径 ac,据此作出截交线半圆的 W、V 投影,如图 8-16(d)所示。

(4)擦去作图线,完成全图,如图 8-16(e)所示。

第九章　两立体相交

两个立体相交称为相贯,参加相贯的立体称为相贯体,其表面交线称为相贯线。

根据相贯体表面性质的不同,两相贯立体有三种不同的组合形式:两平面体相贯(见图 9-1(a))、平面体与曲面体相贯(见图 9-1(b))、两曲面体相贯(见图 9-1(c))。

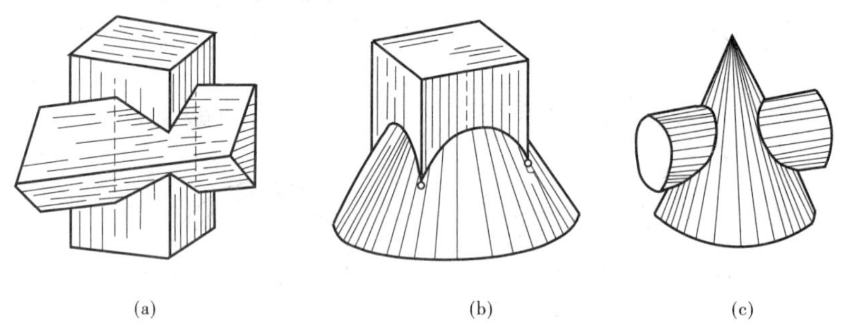

(a)　(b)　(c)

图 9-1　两立体相贯

根据两相贯立体相贯位置的不同,有“全贯”和“互贯”两种情况。当甲、乙两立体相贯,如果甲立体上的所有棱线(或素线)全部贯穿乙立体时,产生两组相贯线,称为全贯,如图 9-1(c)所示;如果甲、乙两立体分别都有部分棱线(或素线)贯穿另一立体时,产生一组相贯线,称为互贯,如图 9-1(a)所示。

由于相贯体的组合和相对位置不同,相贯线表现为不同的形状和数目,但任何两立体的相贯线都具有下列两个基本性质:

(1)相贯线上的点是两立体表面的共有点,相贯线也就是两立体表面的共有线,具有共有性。

(2)由于立体有一定的范围,所以相贯线一般是闭合的空间折线或空间曲线(特殊情况下也可能是平面曲线或直线),具有封闭性。

第一节　两平面立体相交

两平面立体相交所得相贯线,一般情况是封闭的空间折线,如图 9-1(a)所示。相贯线上每一段直线都是一立体棱面与另一立体棱面的交线,而每一个折点都是一立体棱线与另一立体棱面的交点。因此,求两个平面立体相贯线的步骤是:

(1)确定两立体参与相交的棱线和表面。

(2)求参与相交的棱线与另一立体表面的交点,或求一立体表面与另一立体表面的交线。

(3)依次连接各交点的同面投影。连接各点时应遵循:只有当两个点对于两个立体而言都位于同一个棱面上才能连接,否则不能连接。

(4)判断相贯线的可见性。判断的方法是：只有当两个相交棱面同时可见时，它们的交线才可见；否则不可见。

相贯的两个立体是一个整体，可称相贯体。所以一个立体穿入另一个立体内部的“棱线”实际上是不存在的，因此不必画出。

【例 9-1】 如图 9-2 所示，求直立三棱柱与水平三棱柱的相贯线。

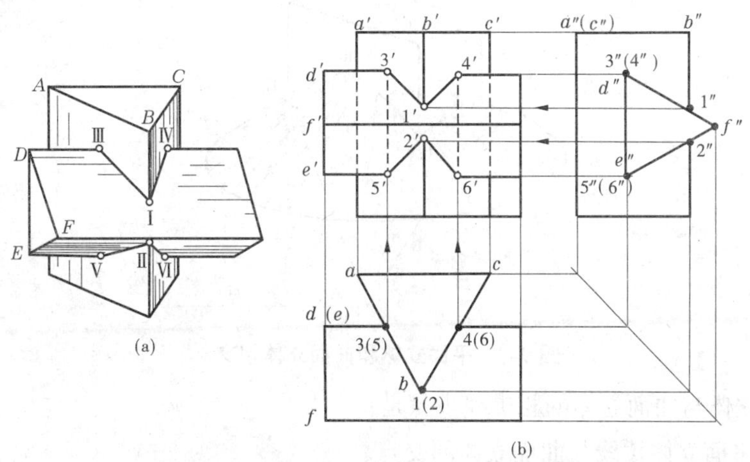

图 9-2 两三棱柱相贯

解：从水平投影和侧面投影可以看出，两三棱柱相互部分贯穿，相贯线应是一组空间折线。因为直立三棱柱的水平投影有积聚性，所以相贯线的水平投影必然积聚在直立三棱柱的水平投影轮廓线上；同样，水平三棱柱的侧面投影有积聚性，因此相贯线的侧面投影必然积聚在水平三棱柱的侧面投影轮廓线上。于是，相贯线的三个投影，只须求出正面投影。从直观图中可以看出，水平三棱柱的 D 棱、E 棱和直立三棱柱的 B 棱参与相交(其余棱线未参与相交)，每条棱线有两个交点，可见相贯线上总共应有六个折点，求出这些折点便可连成相贯线。

作图步骤：

(1)在水平投影和侧面投影上，确定六个折点的投影 1(2)、3(5)、4(6)和 1″、2″、3″(4″)、5″(6″)。

(2)由 3(5)、4(6)向上引联系线与 d'棱和 e'棱相交于 3′、4′和 5′、6′，再由 1″、2″向左引联系线与 b'棱相交于 1′、2′。

(3)连点并判别可见性(图中 3′5′和 4′6′两段线是不可见的，应连虚线)。

第二节 平面立体与曲面立体相交

平面立体与曲面立体相交时，所得的相贯线一般情况下是：

(1)由若干段平面曲线组成的空间封闭线。

(2)由若干段平面曲线和直线组成的空间封闭线，如图 9-3 所示相贯线由四段双曲线组成。

相贯线上每段平面曲线(或直线),就是平面立体的一个棱面与曲面立体表面的交线(截交线);相邻两段平面曲线(或直线)的交点是平面立体的一条棱线与曲面立体表面相交的贯穿点(如图 9-3 中的点Ⅰ、Ⅲ、Ⅶ)。因此,求作平面立体与曲面立体的相贯线,可以归结为求平面与曲面立体截交线和求直线与曲面立体贯穿点的合成。

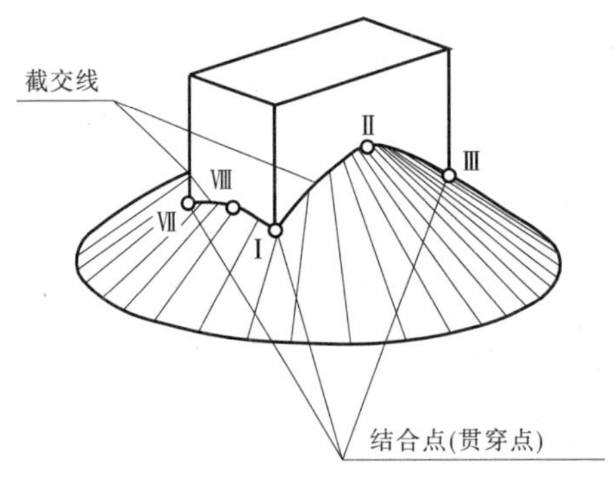

图 9-3　平面立体和曲面立体相交

求平面立体与曲面立体的相贯线步骤是:

(1)求出平面立体棱线与曲面立体的交点。

(2)求出平面立体的棱面与曲面立体的截交线。

(3)判别相贯线的可见性,判别方法与两平面立体相交时相贯线的可见性判别方法相同。

【例 9-2】 如图 9-4 所示,求圆锥薄壳基础中四棱柱与圆锥面的相贯线。

解:参与相贯的四棱柱的棱线和圆锥的轴线都处于铅垂位置。由于四棱柱的四个侧面都平行圆锥的轴线,所以相贯线是由四段双曲线组成的空间闭合折线。四段双曲线的连接点是四棱柱四条侧棱与圆锥面的交点。相贯线的 H 投影与四棱柱的 H 投影重合为已知,如图 9-4 所示。

作图步骤:

(1)求特殊点。先求四段双曲线的连接点,即四条棱线与圆锥面的交点 A、B、M、G。由于棱线的积聚性,该四点的 H 投影为已知,即 a、b、m、g;再用素线法求出该四点的另外两面投影;再求出前侧面和左侧面双曲线最高点 C、D,如图 9-4(a)所示。

(2)用素线法求出对称的一般点 E、F 的 V 投影 e'、f'。

(3)依次连点。由于形体的对称性,相贯线的前后两段的 V 投影重合,并反映双曲线实形;左右两段的 W 投影重合,也反映双曲线实形,另外,还应注意其最高点,如图 9-4(b)所示。

(4)判别可见性。由于前侧和左侧的双曲线位于圆锥面的前面和左面上,因此 V、W 投影均为可见;由于棱柱侧面的积聚性,H 投影可见,问题无需判别。

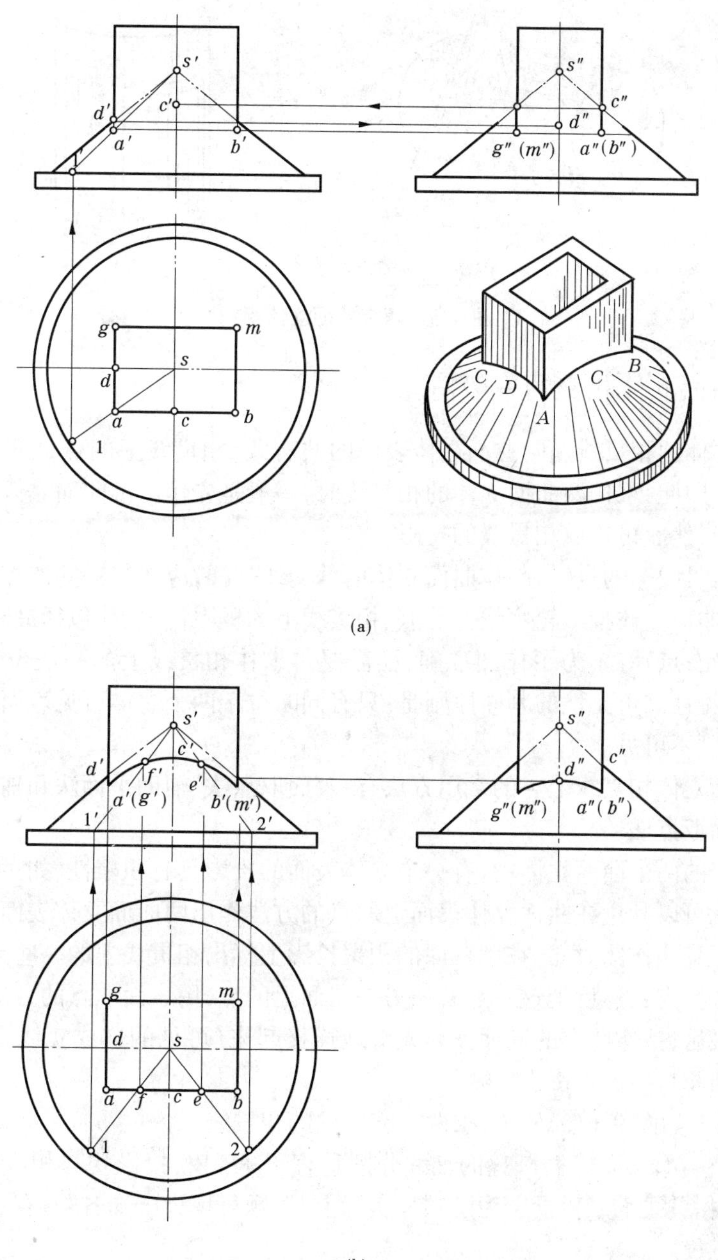

(a)

(b)

图 9-4　求圆锥薄壳基础的相贯线

第三节　两曲面立体相交

两曲面立体相交，其相贯线一般情况下是封闭的空间曲线，如图 9-5(a)所示；在特殊情况下，相贯线可能是平面曲线或直线，如图 9-5(b)所示。

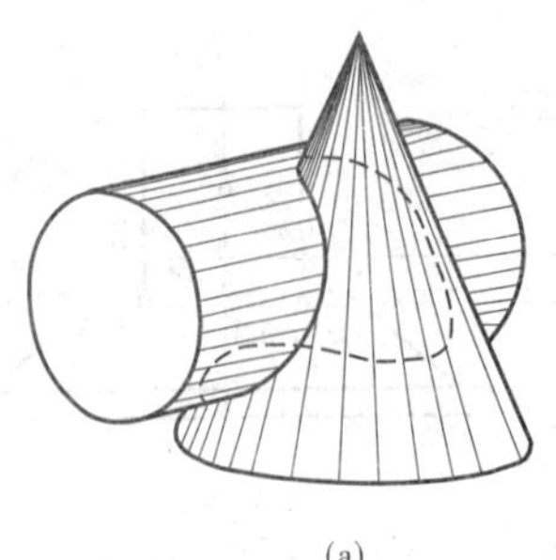

(a)

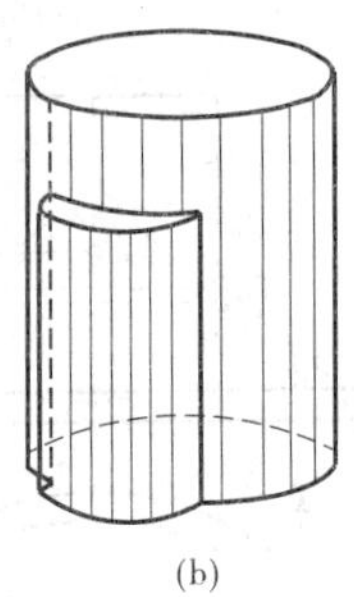

(b)

图 9-5　两个曲面立体相交

一、两曲面立体相交的一般情况

两曲面立体的相贯线是两曲面立体表面的共有线，相贯线上的点是两个相交曲面立体的共有点。因此，求作两曲面立体的相贯线时，一般是先作出两曲面立体表面上一系列共有点的投影，然后再连成相贯线的投影。

在求作相贯线上的点时，与作曲面立体的截交线一样，应作出一些能控制相贯线范围的特殊点，如曲面立体投影轮廓线上的点、相贯线上的极限位置点(包括最高、最低、最前、最后、最左、最右点)等。为了作图准确，还需要再求作相贯线上的一般位置点。在连线时，应表明可见性。可见性的判断原则是：只有同时位于两个立体可见表面上的相贯线才是可见的，否则不可见。

求两曲面立体相贯线上点的常用方法有：表面取点法、辅助平面法和辅助球面法。

(一)表面取点法

如果相交的两个曲面立体中，有一个立体表面的投影具有积聚性(如垂直于投影面的圆柱体)时，就可以利用在曲面立体表面上取点的方法作出两曲面立体表面上的一系列共有点的投影。具体作图时，先在圆柱面的积聚投影上标出相贯线上的一些点(包括特殊位置点和一般位置点)，然后把这些点看做另一曲面上的点，用表面取点的方法，求出它们的其他投影。最后，把这些点的同面投影光滑地连接起来(可见的连成实线，不可见的连成虚线)，即得出相贯线的投影。

【例 9-3】　如图 9-6(a)所示，求两正交圆柱的相贯线。

解：由图 9-6(a)可知，两圆柱的轴线分别垂直于 H、W，投影均与相应圆柱面的积聚投影重合，即相贯线 H、W 投影为已知。实际上，该题可视为已知各“共有点”的 H、W 投影来求其第三投影。

作图步骤：

(1)求最高点。两轴线正交并平行于 V 面，所以两圆柱 V 投影轮廓的交点 $1'$、$2'$ 是相贯线的最高点 V 投影，同时又是最左、最右点的 V 投影。

(2)求最低点。相贯线的 W 投影积聚为一段圆弧。圆弧的最低点 $3''$、$4''$ 为相贯线的最低点的 W 投影，同时又是最前和最后点的 W 投影。其 V 投影 $3'$、$(4')$ 重合。

(3)求一般点。按照坐标 Y 对应关系，在 H、W 投影上，取左右两点对称点 5、6 和 $5''$、$6''$，并由此求出该两点的 V 投影 56。

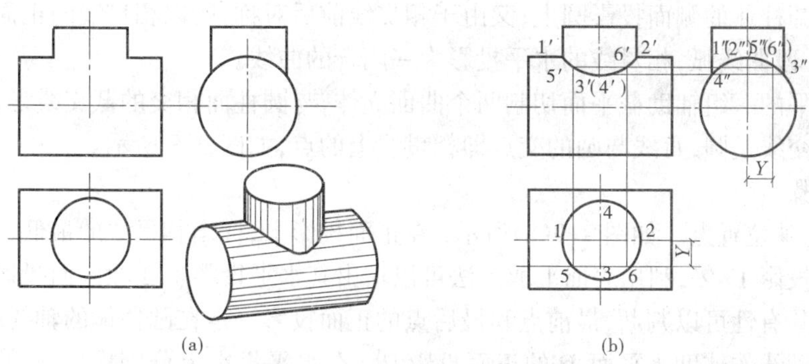

图 9-6　两正交圆柱相贯

(4)依次光滑连接。由于形体前后对称,不可见的后半部分恰与可见的前半部分重合,投影上均为实线,如图 9-6(b)所求。

(二)辅助平面法

为求两个曲面立体的相贯线,可以用辅助截平面切割这两个立体,得到的两组截交线必然相交,根据“三面共点”(两个曲面和辅助截平面的公共点)原理可知,该交点就是相贯线上的点。用辅助截平面求相贯线上点的方法称为辅助平面法。在作图时,首先要选取合适的辅助截平面,然后分别作出辅助截平面与两个曲面立体的截交线,得到截交线的交点,依次连接这些点并判别可见性,即得这两个曲面立体的相贯线。辅助平面的选择原则:所选用的辅助平面应使它切割曲面体所得的截交线的投影形状作图最为简单容易,如圆、矩形、三角形等。如图 9-7 所示,圆柱与圆锥相贯。用垂直于圆锥轴线的辅助平面去截切两相贯体,与圆锥得截交线圆,与圆柱得截交线矩形。截交线圆与矩形得四个交点,即为两曲面体表面的共有点,也即相贯线上的点。

【例 9-4】　如图 9-8、图 9-9(a)所示,求圆柱体和半圆球体的相贯线。

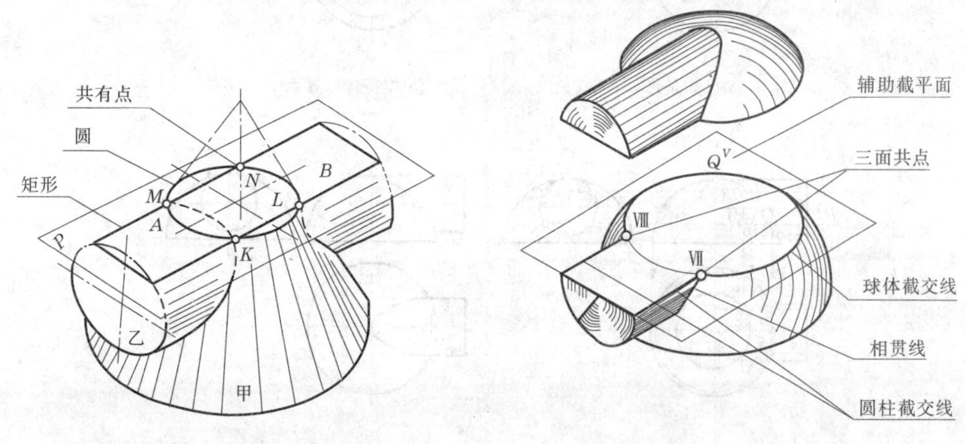

图 9-7　辅助平面法求“共有点”　　图 9-8　辅助平面法图

解:从图中可以看出,圆柱体与半圆球体前后对称,整个圆柱体与半圆球体的左侧相交,相贯线是一条闭合的空间曲线。由于圆柱体的侧面投影有积聚性,所以相贯线的侧面投影积聚在圆柱体的侧面投影圆上;又由于相贯线前后对称,所以相贯线的正面投影前后重影,即为一段曲线弧;相贯线的水平投影为一闭合的曲线。

选取水平的一组辅助截平面切割两个曲面立体,与圆柱面相交的截交线是直线,与半圆球面的截交线是圆,直线与圆的交点即相贯线上的点,如图 9-8 所示。

作图步骤:

(1)求特殊位置点。如图 9-9(b)所示,在正面投影上,标出相贯线的最低(左)点和最高(右)点的投影 1′、2′,利用表面上取点法可以求出其水平投影 1、2 和侧面投影 1″、2″,根据相贯线的共有性可以判断,最前点和最后点的正面投影一定在圆柱体的轴线的投影上。过正面投影轴线作辅助水平面 P 的正面投影 P^V,在水平投影上分别作出 P 平面与圆柱体和半圆球体的截交线,两个交点 3、4 就是所求的最前点和最后点的水平投影,由此可以得出其正面投影 3′、4′和侧面投影 3″、4″。

(2)求一般位置点。如图 9-9(c)所示,在正面投影上,在点 1′、3′和点 2′、3′之间合适位置分别作辅助平面(水平面)Q 和 R 的正面投影,作出它们的截交线的水平投影,交点 5、6 和 8、9 是相贯线上的点;由水平投影可以求出它们的正面投影 5′、6′、8′、9′和侧面投影 5″、6″、8″、9″。

(3)依次连接各点的同面投影。正面投影中,曲线段 1′5′3′7′2′和 1′6′4′8′2′重合(连实线);水平投影中,处于圆柱体上半部的曲线段 48273 可见,处于圆柱体下半部的曲线段 35164 不可见。作图结果如图 9-9(d)所示。

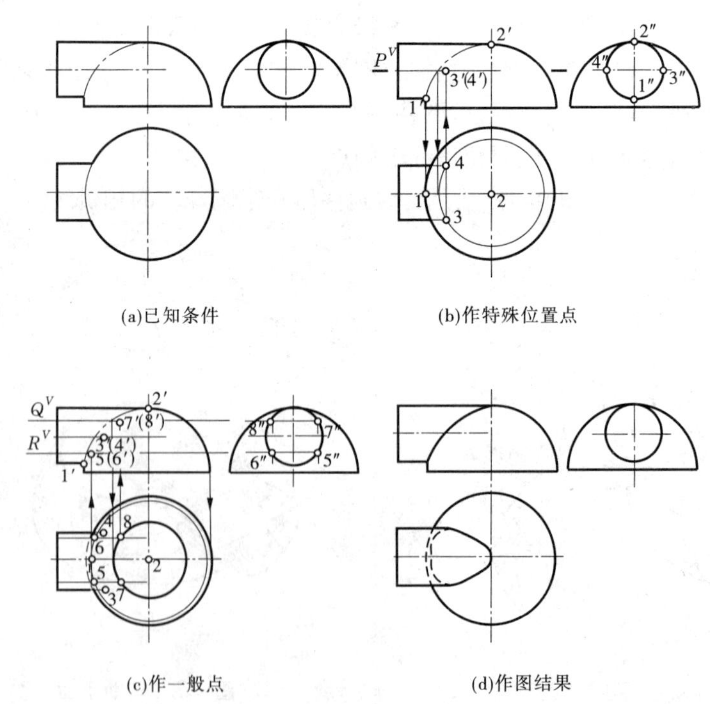

图 9-9 圆柱体与半球体相交

二、两曲面立体相交的特殊情况

(一)两个二次曲面相交且同时外切于一个球

两个二次曲面相交,只要它们都同时外切于一个球,它们的相贯线为两相交的平面曲线。例如当两直径相等的圆柱轴线正交时,如图 9-10(a),相贯线为两大小相等的椭圆;当两等径圆柱轴线斜交时,如图 9-10(b)所示,相贯线为两长轴不等,但短轴相等的椭圆。

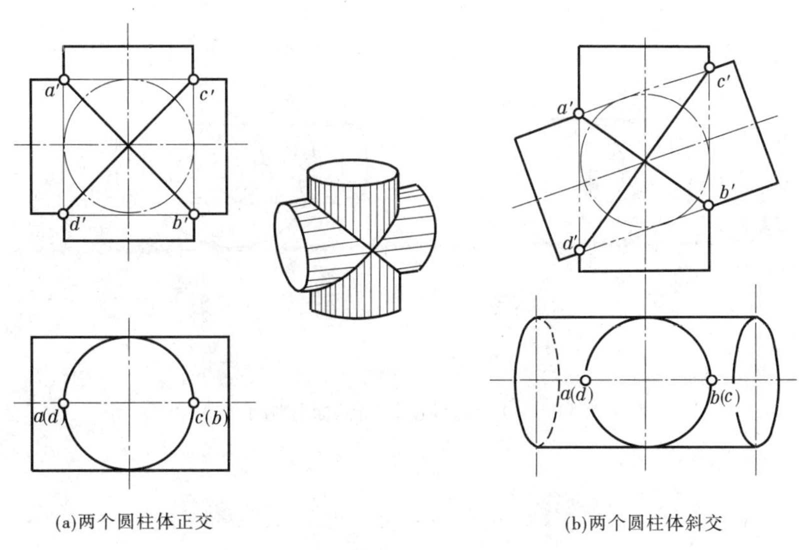

(a)两个圆柱体正交

(b)两个圆柱体斜交

图 9-10　两圆柱面共切于球

当圆柱与圆锥同时外切于一球,它们的相贯线也是椭圆。如图 9-11(a)表示同时外切于一个圆球面的轴线正交的圆柱面和圆锥面,它们的交线是两个大小相同的椭圆。椭圆的正面投影为直线 $a'b'$、$c'd'$,水平投影为两个大小相等的椭圆。图 9-11(b)表示同时外切于一个圆球面的轴线斜交的圆柱面和圆锥面,它们的交线是两个大小不相同的椭圆,椭圆的正面投影为直线 $a'b'$、$c'd'$,水平投影为两个大小不同的椭圆。

这种具有公共内切球的两圆柱、圆锥的相贯,还常应用于管道的连接。如图 9-12 所示等径 90°弯管,每两段圆柱轴线的交点,即为公共内切球心,球径等于圆柱直径。对于这类形体通常只画出它在轴线所平行的那个投影面上的投影即可。

(二)具有同一轴线的两回转体相交

具有同一轴线的两回转体相交时,相贯线为垂直于该轴线的圆。如图 9-13 所示的水塔,它由同轴的圆柱、圆锥(台)和球相交形成。由于轴线平行于 V 面,所以每一圆相贯线的 V 投影都是一段连接相邻形体 V 投影轮廓线交点的直线段(H 投影为圆),如图 9-14 所示。

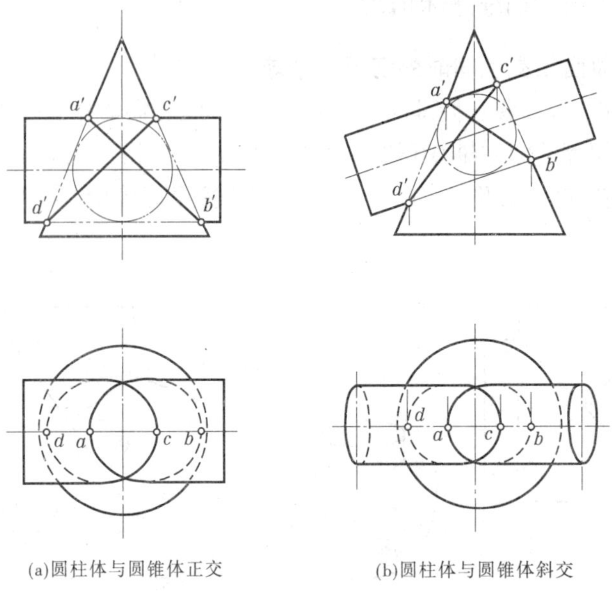

图 9-11　圆柱面和圆锥面共切于球

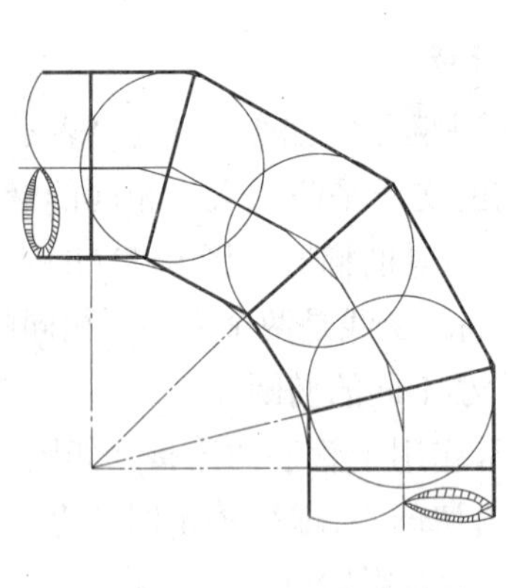

图 9-12　等径 90°弯管

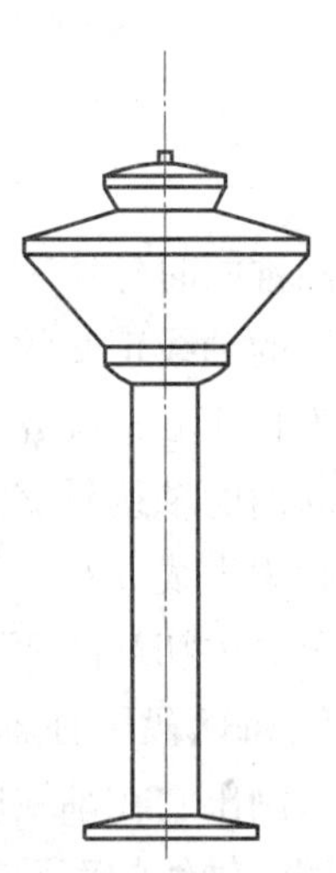

图 9-13　水塔的 V 投影

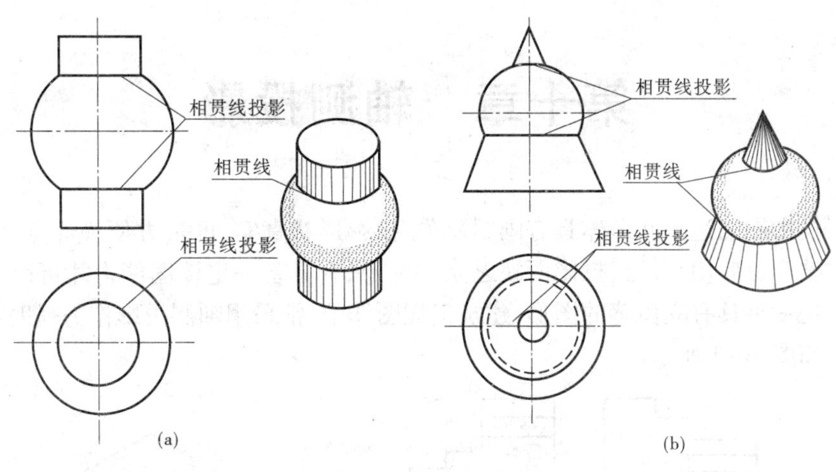

图 9-14　两个回转体共轴

第十章　轴测投影

用正投影图表达空间形体具有画图简单、投影形状真实、度量方便等优点，因此在工程实际中被广泛应用。但正投影图缺乏立体感，只有具备一定读图能力才可以读懂。而轴测投影是一种具有立体感的图形，建筑工程图样中，常采用轴测投影作为辅助图样来表示物体。如图 10-1 所示。

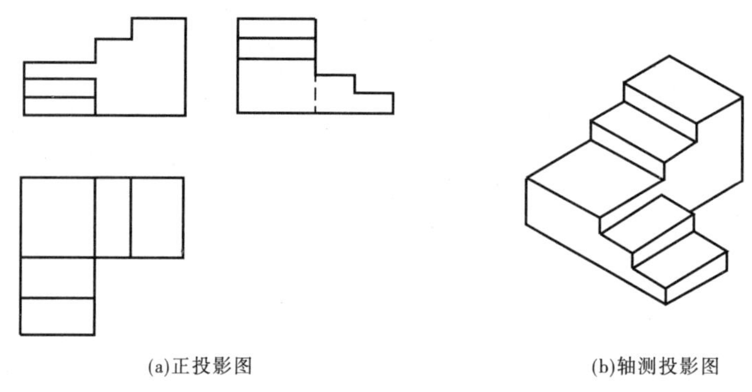

图 10-1　正投影图与轴测投影图比较

第一节　轴测投影的基本知识

一、轴测投影的形成

轴测投影是将物体连同其参考直角坐标系，沿不平行于任一坐标面的方向，用平行投影法将其投射在单一投影面上所得到的具有立体感的图形，如图 10-2 所示。其中，P 平面称为轴测投影面，O_1X_1、O_1Y_1、O_1Z_1 分别为直角坐标轴 OX、OY、OZ 的轴测投影，称为轴测投影轴(简称轴测轴)。

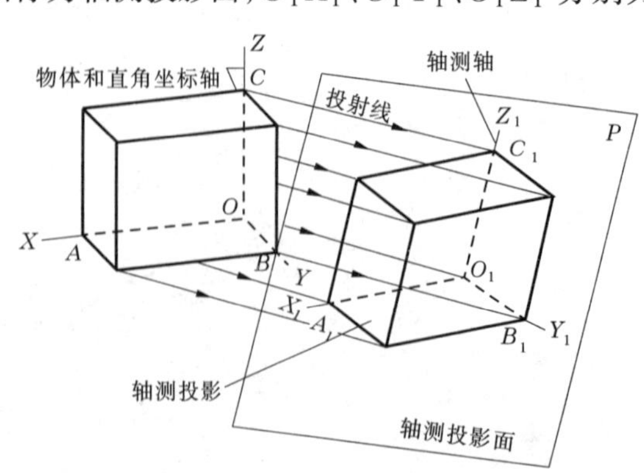

图 10-2　轴测投影图的形成

轴测投影是单面投影。“轴测”是沿轴向测量的意思。为使物体的投影具有立体感，应避免物体长、宽、高的任何一个方向的投影积聚，所以直角坐标轴 OX、OY、OZ 的投影应具有一定的长度。这只要选投射方向不与任何坐标轴或坐标面平行即可。轴测投影图的优点是立体感好，直观性强，但与多面正投影相比，其度量性较差，绘图较繁，因此它是工程上的一种辅助图样。

二、术语及轴测投影特性

(一)术语

(1)轴测投影面 P:被选定的投影面。

(2)轴测投射方向 S:被选定的投射方向。

(3)轴测投影坐标系 $O_1-X_1Y_1Z_1$:空间物体参考坐标系 $O-XYZ$ 在轴测投影面 P 上的投影,也称轴测投影轴。

(4)轴间角:轴测投影轴之间的夹角,如图 10-2 中的 $\angle X_1O_1Y_1$、$\angle Y_1O_1Z_1$、$\angle X_1O_1Z_1$。

(5)轴向变形系数:轴测投影轴上的线段与空间参考坐标系上对应线段的长度之比。它分为:

X 轴向变形系数 $P=\dfrac{O_1A_1}{OA}$;Y 轴向变形系数 $q=\dfrac{O_1B_1}{OB}$;Z 轴向变形系数 $r=\dfrac{O_1C_1}{OC}$。

轴间角和轴向变形系数是作轴测图的两个基本参数。随着形体与轴测投影面相对位置的不同以及投射方向的改变,轴间角和轴向变形系数也随之而改变,从而得到各种不同的轴测图。

(二)轴测投影特性

由于轴测投影仍是平行投影,所以前面讲过的平行投影法的基本特性对它也是适用的。

(1)空间各平行直线的轴测投影仍相互平行,这是轴测投影最主要的特性。

(2)空间各平行线段的轴测投影的变化率相等。

三、轴测投影的种类

(一)按投射方向是否垂直于投影面分

按投射方向是否垂直于投影面可分为以下两种:

(1)正轴测投影——投射方向垂直于轴测投影面。

(2)斜轴测投影——投射方向倾斜于轴测投影面。

(二)按轴向变形系数相等与否分

按轴向变动系数相等与否可分为以下三种:

(1)等测——三轴向变形系数都相等,即 $p=q=r$。

(2)二等测——只有两轴向变形系数相等,如 $p=r\neq q$。

(3)三测——三轴向变形系数各不相等,如 $p\neq q,p\neq r,q\neq r$。

总的来说,轴测投影可有三种正轴测投影、三种斜轴测投影。工程中多采用正等测、正二测、斜二测和水平斜轴测(三测)等形式。

第二节　正轴测投影

将形体的三个坐标轴均倾斜于轴测投影面放置，用正投影法得到的轴测投影图，称为正轴测投影图。

一、正等轴测投影图(简称正等测图)

(一)轴间角及轴向变形系数

正等测图的轴间角均为120°。一般将 O_1Z_1 轴铅垂放置，O_1X_1 和 O_1Y_1 轴分别与水平线成30°角。如图10-3所示。

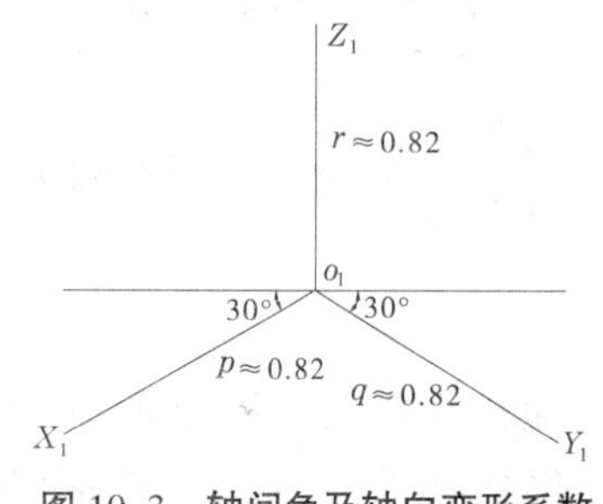

图10-3　轴间角及轴向变形系数

正等测投影图中各轴向变形系数的平方和等于2，由此可得 $p=q=r\approx0.82$，为了作图方便，常把轴向变形系数取为1，这样画出的正等测图各轴向尺寸将比实际情况大1.22倍。

(二)正等测的画法

根据物体的正投影画轴测投影的基本步骤为：

(1)读正投影图，进行形体分析，并确定直角坐标轴的位置。坐标原点一般设在形体的角点或对称中心线上。

(2)根据轴间角作轴测轴，一般将 O_1Z_1 画成铅垂位置。

(3)按各轴向伸缩系数确定物体上平行坐标轴的线段的投影长度。

(4)用坐标法、切割法或叠加法等方法逐步完成形体的轴测投影。

【例10-1】　根据图10-4所示的投影图，求作基础的正等测图。

解：作图步骤如下：

(1)形体分析。基础由四棱柱及四棱台组成。

(2)选择坐标系 $O-XYZ$，并确定棱柱及棱台上各角点的相对坐标值，如图10-4(a)所示。

(3)画轴测轴，然后沿 O_1X_1 方向截取棱柱上顶面长度 X_1，过其端点作 Y_1 轴平行线，沿 O_1Y_1 方向截取顶面宽度 Y_1，过其端点作 X_1 轴平行线，完成棱柱顶面，如图10-4(b)所示。

(4)从顶面各角点向下作 Z_1 轴平行线，并截取棱柱高度 Z_1，连接各端点，即得四棱柱的正等测图，如图10-4(c)所示。

注意：画轴测图时不可见的线条不表示。

(5)在棱柱顶面上确定棱台上顶面的四个角点的次投影，分别沿 O_1X_1 方向截取 X_2、X_3，沿 O_1Y_1 方向截取 Y_2、Y_3，并分别作 Y_1 轴及 X_1 轴的平行线，得四个交点，如图10-4(d)所示。

(6)由四个交点向上作 Z_1 轴的平行线，并截取棱台的高度 Z_2，即得棱台顶面的四个

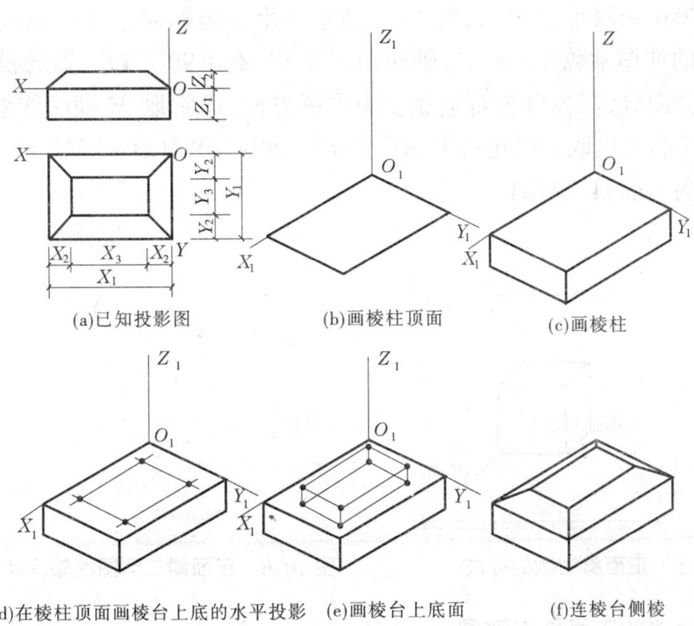

图 10-4　基础正等测图的画法

角点,如图 10-4(e)所示。

(7)棱台底面与棱柱顶面重合,所以将棱台顶面与底面上的四个角点对应连线,就可完成基础的正等测图,如图 10-4(f)所示。

注意:棱台的侧棱是一般位置直线,其投影方向和伸缩率都未知,所以只能先画它们的端点,然后再连成直线。

二、正二测投影图

正二测投影图,轴间角$\angle X_1O_1Z_1 = 97°10'$、$\angle Z_1O_1Y_1 = \angle X_1O_1Y_1 = 131°25'$,轴向变形系数 $p = r \approx 0.94$、$q = 0.47$,画图时常取 $p = r = 1$、$q = 1/2$,画出的正二测投影图比实际情况大 1.06 倍。

第三节　斜轴测投影

将形体的某一侧面平行于轴测投影面放置,用斜投影法得到的轴测投影图,称为斜轴测投影图。

轴测投影面平行于 V 投影面时,得到的斜轴测为正面斜轴测图。

轴测投影面平行于 H 投影面时,得到的斜轴测为水平斜轴测图。

一、正面斜二测图

(一)轴向伸缩系数和轴间角

以正投影面为轴测投影面,使空间形体的 XOZ 坐标面平行于轴测投影面,所得到的斜轴测投影称为正面斜轴测图,如图 10-5 所示。由于坐标面 XOZ 平行轴测投影面,所以 OX、OZ 轴的伸缩系数 $p=r=1$,轴间角 $\angle X_1O_1Z_1=90°$。OY 轴的投影与伸缩系数由光线的投射方向确定,各自相对独立。为作图方便,通常取 Y 轴的伸缩系数 $q=0.5$;O_1Y_1 与水平线的夹角取 45°(也可取 30°或 60°),如图 10-6(a)、(b)所示。这样得到的正面斜轴测图称为正面斜二测图。

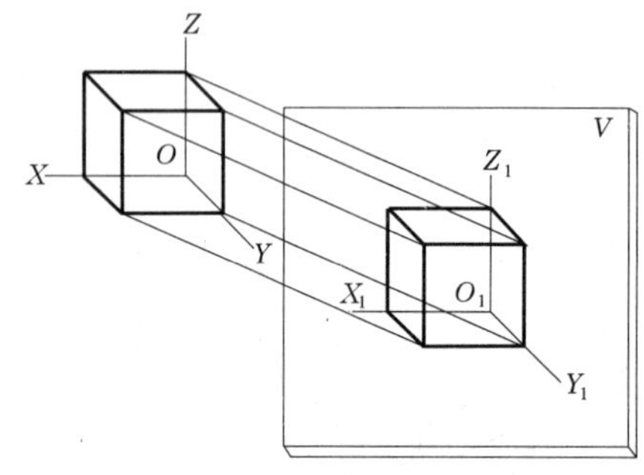

图 10-5　正面斜轴测的形成

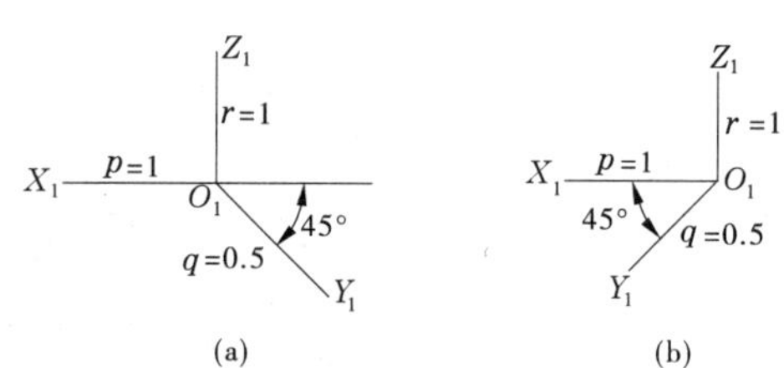

图 10-6　正面斜二测图的轴间角和轴向伸缩系数

(二)平面立体的正面斜二测图

【例 10-2】 根据图 10-7(a)所示的投影图,求作台阶的斜二测投影图。

解:作图步骤如下:

(1)根据形体的特点选择坐标系 $O-XYZ$,如图 10-7(a)所示。

(2)画轴测轴,X_1 轴向右,Y_1 轴向后,如图 10-7(b)所示。

(3)画台阶正面实形,并过实形各转折点作 O_1Y_1 轴平行线,如图 10-7(c)所示。

(4)在各平行线上截取 1/2 Y 值,将各端点顺次连接,完成台阶的斜二测图(不可见的线不画),如图 10-7(d)所示。

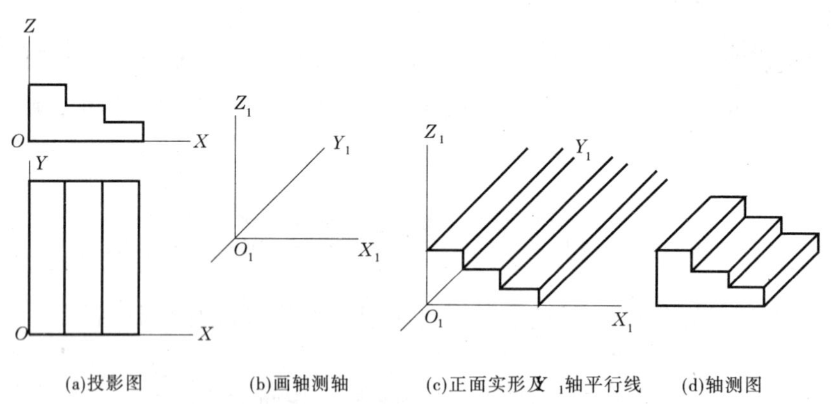

图 10-7　台阶的正面斜二测图

二、水平斜等测

以水平投影面为轴测投影面,空间形体的 XOY 坐标面平行于该投影面,所得到的斜轴测投影称为水平斜轴测图。

水平斜等测图,轴间角$\angle X_1O_1Y_1 = 90°$,形体上水平面的轴测投影反映实形,即 $p = q = 1$,习惯上,仍将 O_1Z_1 轴铅垂放置,取 $\angle Z_1O_1X_1 = 120°$,$\angle Z_1O_1Y_1 = 150°$,沿 Z_1 轴的轴向变形系数 r 仍取 1,如图 10-8 所示。

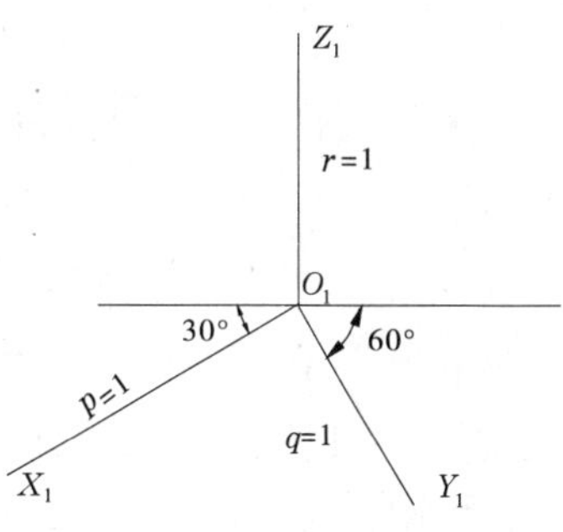

图 10-8 水平斜二测图的轴间角和轴间变形系数

水平斜等测,适宜绘制建筑物的水平剖面图或总平面图。它可以反映建筑物的内部布置、总体布局及各部位的实际高度。

图 10-9 为水平斜轴测图的作图过程。先将图 10-9(a)中的水平投影逆时针旋转 30°,得到图 10-9(b),再在各转角处画出高线,量取高度,即可画出水平斜轴测投影,如图 10-9(c)所示。

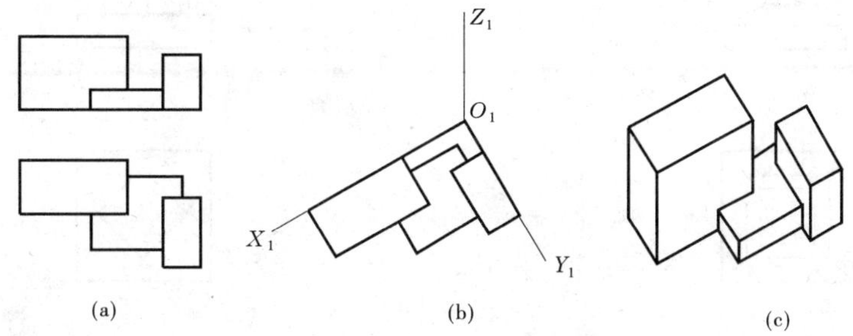

图 10-9 建筑形体的水平斜轴测图

水平斜轴测适合于表达建筑小区的平面布置和一幢房屋的水平剖视。如图 10-10 所示为某小区的平面布置图。

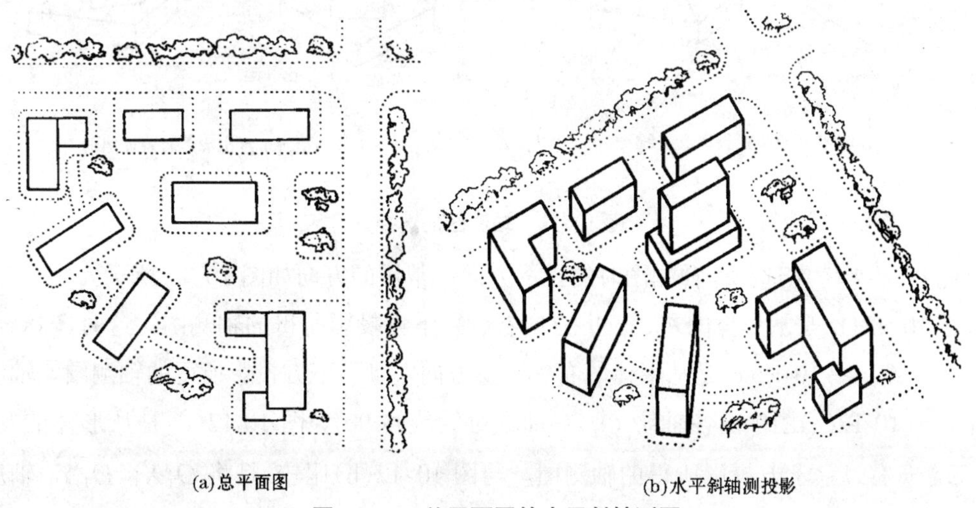

图 10-10 总平面图的水平斜轴测图

第四节　轴测投影的选择

轴测图类型的选择直接影响到轴测图的直观效果。所以一般首选作图简便的正等测图，如果效果不好，再考虑正二测图及斜二测图。

在选择轴测图类型时，应注意形体上的侧面和棱线应尽量避免被遮挡、重合、积聚以及对称，否则轴测图将失去丰富的立体效果，如图 10-11 所示。

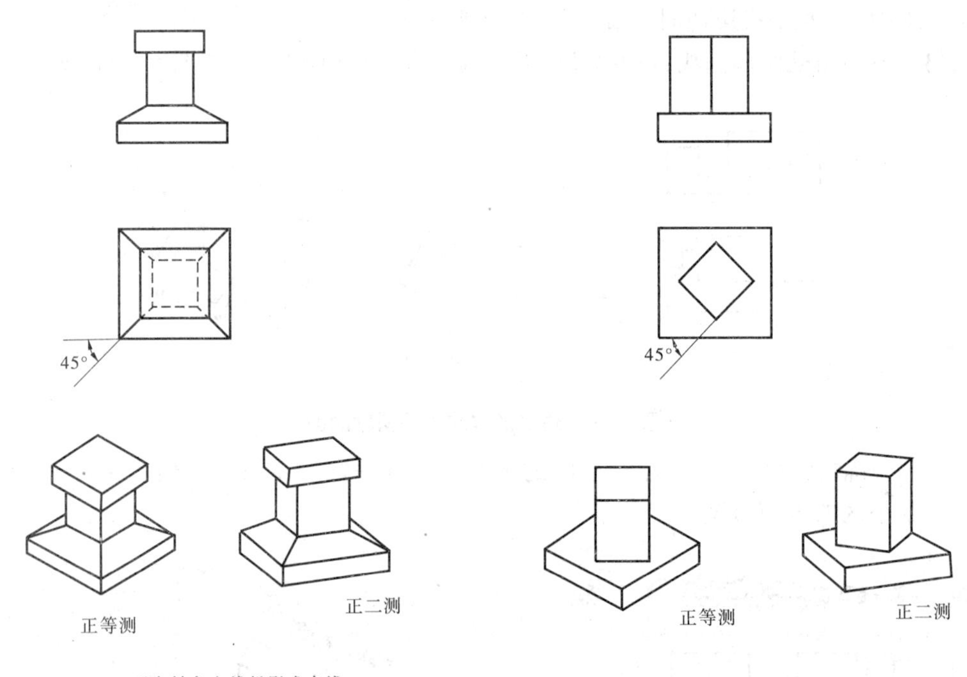

图 10-11　轴测图的选择

此外，还要考虑选择作轴测图时的投影方向。常用的方向如图 10-11 所示。

图 10-12(b)是从形体的左、前、上方向右、后、下方投影所得的轴测图。这时，轴测轴按常规设置。图 10-12(c)是从形体的右、前、上方向左、后、下方投影所得的轴测图。轴测轴相当于 10-12(b)图中的各轴绕 O_1Z_1 轴顺时针旋转 90°。图 10-12(d)是从形体的左、前、下方向右、后、上方投影所得的轴测图。与图 10-12(b)比较，是将 O_1X_1、O_1Y_1 轴反方向画出。图 10-12(e)是从形体右、前、下方向左、后、上方投影所得的轴测图，与图 10-12(d)比较，相当于各轴绕 O_1Z_1 轴逆时针旋转了 90°。

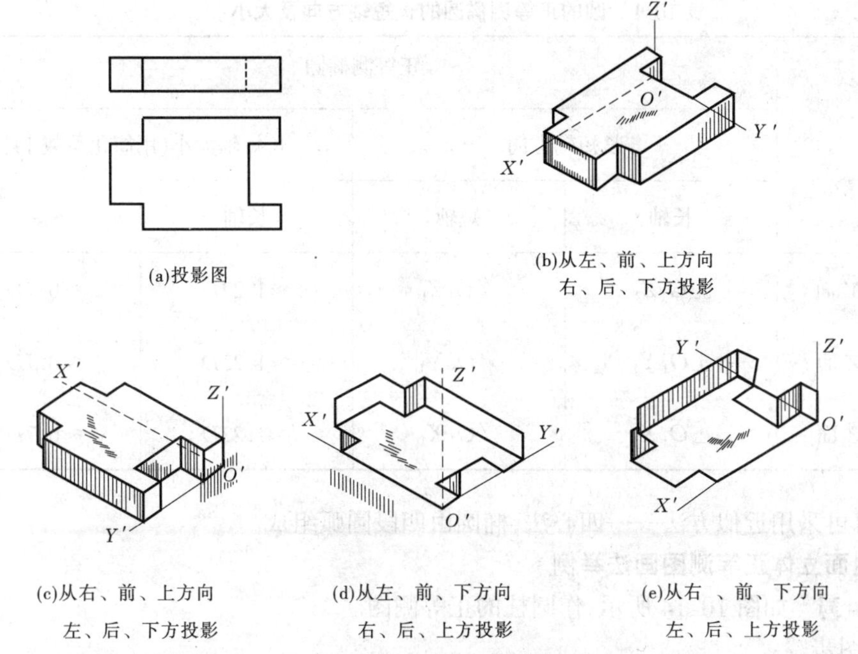

图 10-12　形体的四种投影方向

第五节　圆的轴测投影

一、曲面立体的正等轴测投影

(一)平行于坐标面的圆的正等测图的画法

在轴测投影图中,由于各坐标平面均倾斜于轴测投影面,所以平行于坐标平面圆的正等测图都是椭圆。如图 10-13 所示为立方体三个面上的圆的正等测图,这三个椭圆的形状和大小相同,但长轴的方向各不相同,表 10-1 列出了这三个椭圆的长短轴方向及大小(表中 D 为圆的直径)。

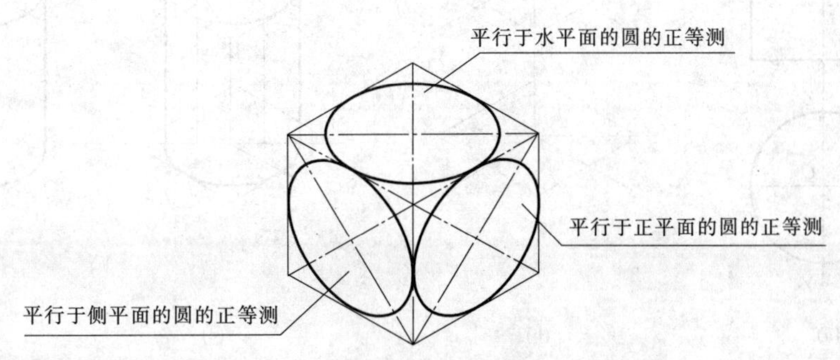

图 10-13　平行于坐标面的圆的正等测图

表 10-1　圆的正等测椭圆的长短轴方向及大小

圆	正等测椭圆			
	长短轴方向		长短轴大小(用简化系数 1)	
	长轴	短轴	长轴	短轴
平行 XOY 面	$\perp O_1Z_1$	$/\!/ O_1Z_1$	$\approx 1.22D$	$\approx 0.7D$
平行 XOZ 面	$\perp O_1Y_1$	$/\!/ O_1Y_1$	$\approx 1.22D$	$\approx 0.7D$
平行 YOZ 面	$\perp O_1X_1$	$/\!/ O_1X_1$	$\approx 1.22D$	$\approx 0.7D$

作图时可采用近似方法——四心法，椭圆由四段圆弧组成。

(二)曲面立体正等测图画法举例

【例 10-3】 如图 10-14 所示，作圆柱的正等测图。

解：作图步骤：

(1)确定坐标轴，并在正投影图上表示出来。为便于画图，将坐标原点取在上底圆的中心，如图 10-14(a)所示。

(2)作轴测轴，根据圆柱的直径和高，作上下底圆外切正方形的轴测投影，如图 10-14(b)所示。

(3)用四心法作出上底的近似椭圆以及下底面近似椭圆的可见部分，并作出两椭圆的公切线，如图 10-14(c)所示。

(4)擦去作图线，加深可见轮廓线，完成全图，如图 10-14(d)所示。

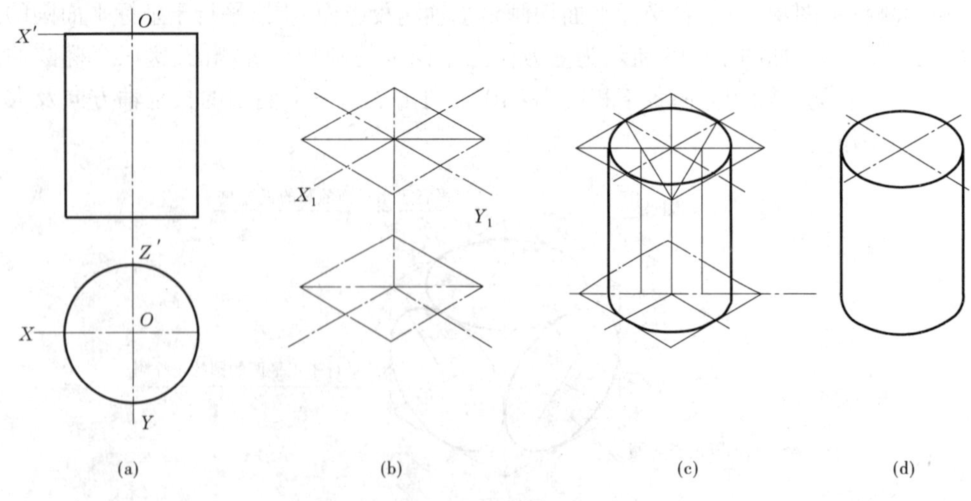

图 10-14　圆柱体的正等测图画法

平面图中圆角的正轴测图画法如图 10-15 所示。

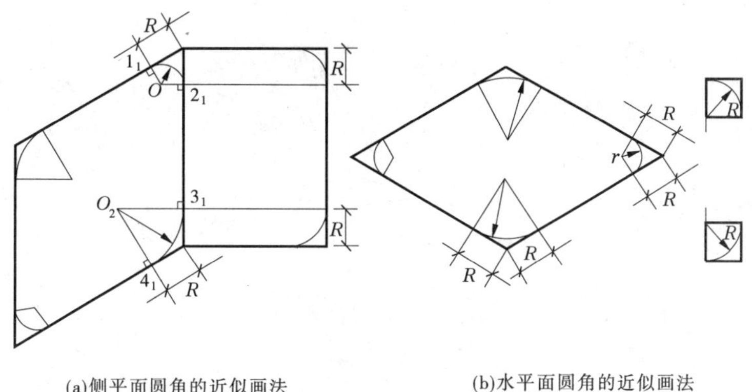

图 10-15 圆角轴测图的近似画法

二、曲面立体的正面斜二测图

(一)平行于坐标面的圆的正面斜二测图画法

图 10-16 表示了正立方体表面上三个内切圆的正面斜二测图。由于坐标面 XOZ 平行于轴测投影面,所以平行坐标面 XOZ 的圆的正面斜二测图仍是圆(实形)。而平行于坐标面 XOY 和 YOZ 的圆的正面斜二测图是椭圆。

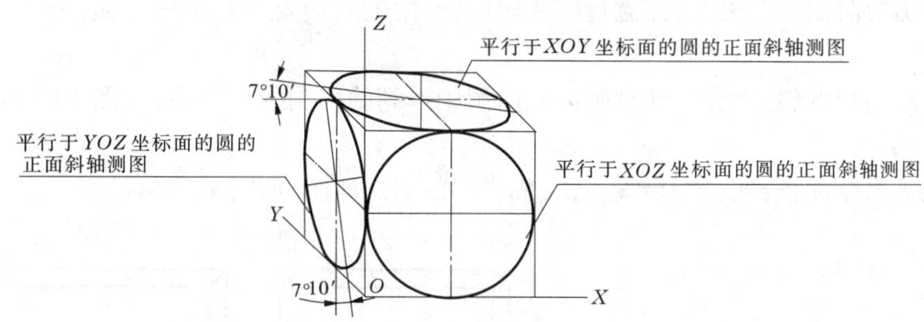

图 10-16 平行于坐标面的圆的正面斜二测图

椭圆常用四心圆法或坐标法来画。已知圆平行于 XOY 坐标面,其椭圆作图步骤如下(如图 10-17 所示):

(1)作圆外切正方形的斜二测图,四边中点为 $1_1,2_1,3_1,4_1$。再作 A_1B_1 与 O_1X_1 轴成 7°10′,A_1B_1 为长轴方向。作 C_1D_1 垂直 A_1B_1,C_1D_1 为短轴方向,如图 10-17(a)所示。

(2)在 C_1D_1 上分别取 $O_15_1=O_16_1=d$(圆的直径),分别连线 5_12_1、6_11_1,并交长轴于 7_1、8_1。5_1、6_1、7_1、8_1 即为四段圆弧的圆心,如图 10-17(b)所示。

(3)以 5_1 为圆心,5_12_1 为半径画弧交 5_17_1 于 9_1;以 6_1 为圆心,6_11_1 为半径画弧交 6_18_1 于 10_1。再分别以 7_1、8_1 为圆心,7_11_1、8_12_1 为半径画弧 1_19_1 和弧 2_110_1。由此连成近似椭圆,如图 10-17(c)所示。

(二)曲面体的正面斜二测图画法举例

【例 10-4】 根据图 10-18(a)所示的投影图,作拱门的正面斜二测图。

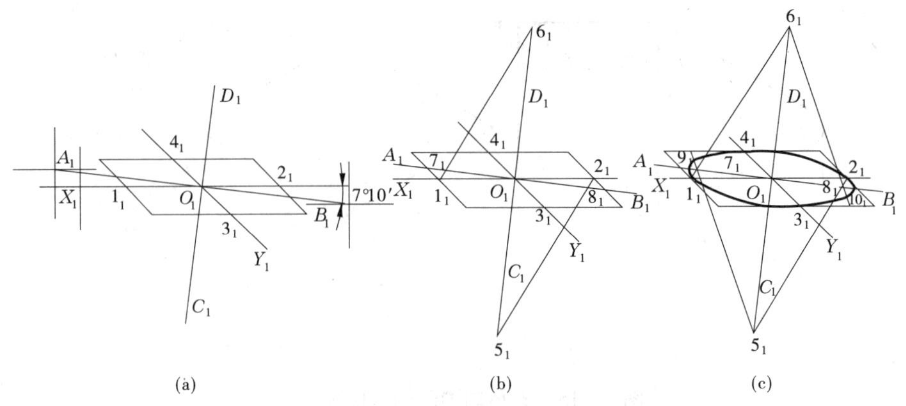

图 10-17　四心圆法画椭圆(二)

解: 图 10-18(a)所示的拱门由墙体、台阶、门洞等多个形体组成,画图时应一个一个地去画,逐步完成整体图形。图中表明了它的画法:

(1)把 *XOY* 坐标面选在地上,*XOZ* 坐标面选在墙体的前面,*OZ* 轴在拱门的中心线上,如图 10-18(a)所示。

(2)画出墙体的斜二测图,如图 10-18(b)所示。

(3)画出台阶的斜二测图,注意台阶要居中,台阶的后面要靠在墙的前面,如图 10-18(c)所示。

(4)画出门洞的斜二测图,注意画出从门洞中看到的门洞的后边缘,如图 10-18(d)所示。

(5)擦去多余线条,加深剩余线条,完成拱门的斜二测图,如图 10-18(e)所示。

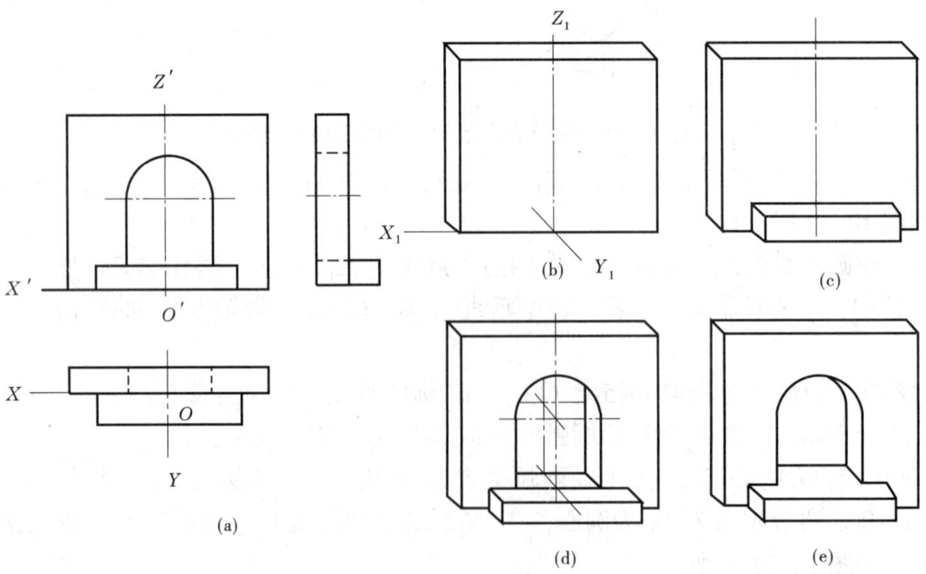

图 10-18　拱门的斜二测图

第十一章　组合体

由基本形体按照一定方式形成的较复杂形体称为组合体。建筑物一般都较为复杂，可以抽象为组合体，所以研究组合体是研究建筑物的基础。

第一节　组合体的构成

为了画图和读图的方便，通常把组合体按照构成方式分为叠加式、挖切式和综合型式三种类型。

一、叠加式组合体

叠加式组合体是由基本体或简单形体(由基本体稍加变形的立体)按照一定方式叠加在一起形成的组合体。如图 11-1(a)所示的台阶可以看做是由(b)、(c)、(d)三部分叠加在一起形成的。

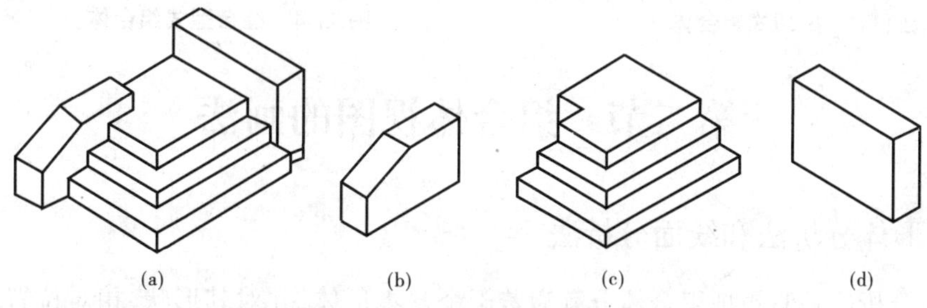

图 11-1　叠加式组合体

叠加式组合体根据叠合体表面间的连接关系可分为如图 11-2 所示的三种基本形式。

(1)平齐。两个立体叠合在一起，如果立体表面共面时，在两体表面的交界处不应画线。

(2)相切。当两立体表面相切时，由于在相切处是光滑过渡，所以不应画线。

(3)相交。当两立体表面相交时，必须画出交线。

二、挖切式组合体

挖切式组合体是由基本形体经过截切、挖切和穿孔所形成的组合体。如图 11-3(a)所示是挖切式组合体，可以看做是由一个长方体挖切了(b)、(c)、(d)后所形成的。

三、综合型式组合体

由于组合体比较复杂，综合型式组合体经常是叠加和挖切两种方式综合起来构成的，如图 11-4 所示的组合体可以看做是由叠加和挖切两种方式综合所形成的组合体。

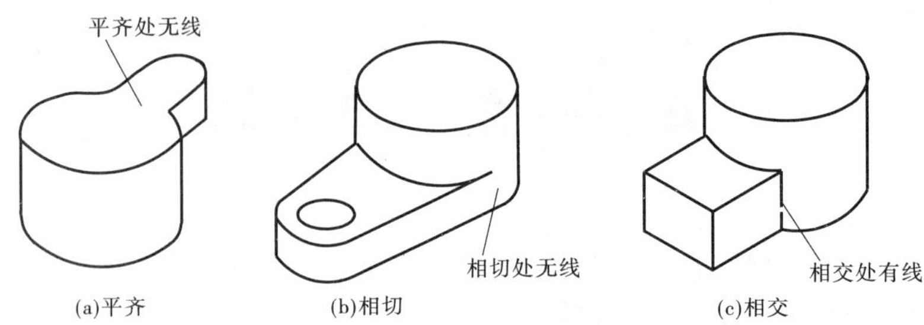

图 11-2　叠加的基本形式

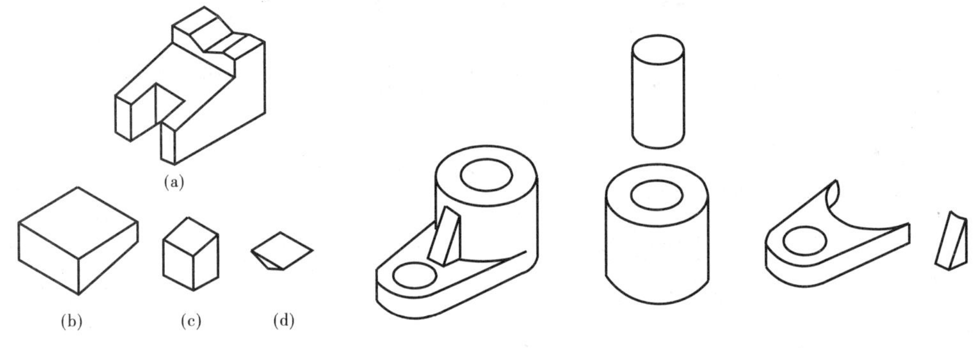

图 11-3　挖切式组合体　　　　**图 11-4　综合型式组合体**

第二节　组合体视图的画法

一、形体分析法和线面分析法

形体分析法是假想把组合体分解为若干个基本形体，并对其形状、相对位置、组合方式等进行分析，然后构成组合体整体形状的方法。

线面分析法是在形体分析的基础上，分析立体表面的面和线的投影特性（即积聚性、实形性、类似性）、面的形状、面与面的相对位置及面与面的交线等，从而进行画图和读图的方法。

二、组合体视图的画法与步骤

（一）以叠加方式为主的组合体画图方法和步骤

1. 形体分析

如图 11-5 所示是支座体的立体图，从图中可以看出，它是由下边中间的半圆筒，左、右两侧的耳板，中间后方的支承板，肋板和上边的圆筒叠合在一起构成的。

2. 视图选择

首先把组合体安放成稳定状态。视图的选择应进行方案比较，一般应遵循的基本原则是：首先选择主视图，主视图要能反映组合体的主要形状特征；其次要使投影图中不可见的线面尽可能少；其三，要使尽可能多的直线和面相对投影面处于特殊位置，如图 11-5

所示的支座体选择了箭头所示的方向作为主视投影方向。

3. 布置视图

画图前一般要根据立体的形状、结构和大小，确定其比例和图幅大小，然后根据各视图的最大轮廓和尺寸标注位置，作出各视图的作图基准线，如图 11-6(a)所示。

4. 画三视图底图

根据形体分析逐个画出各简单形体。作图的一般顺序是：先画主要形体，后画次要形体；先画特征视图，后画一般视图；先画外形轮廓，后画局部细节。要根据投影规律，三个视图同时画，这样既能提高作图速度，又能保证作图的正确性。

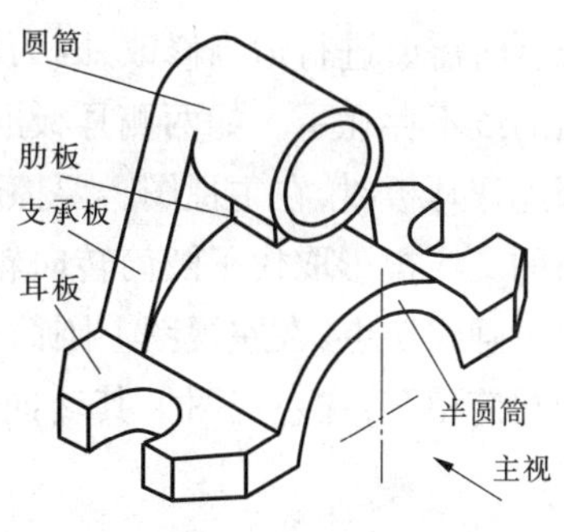

图 11-5　支座体

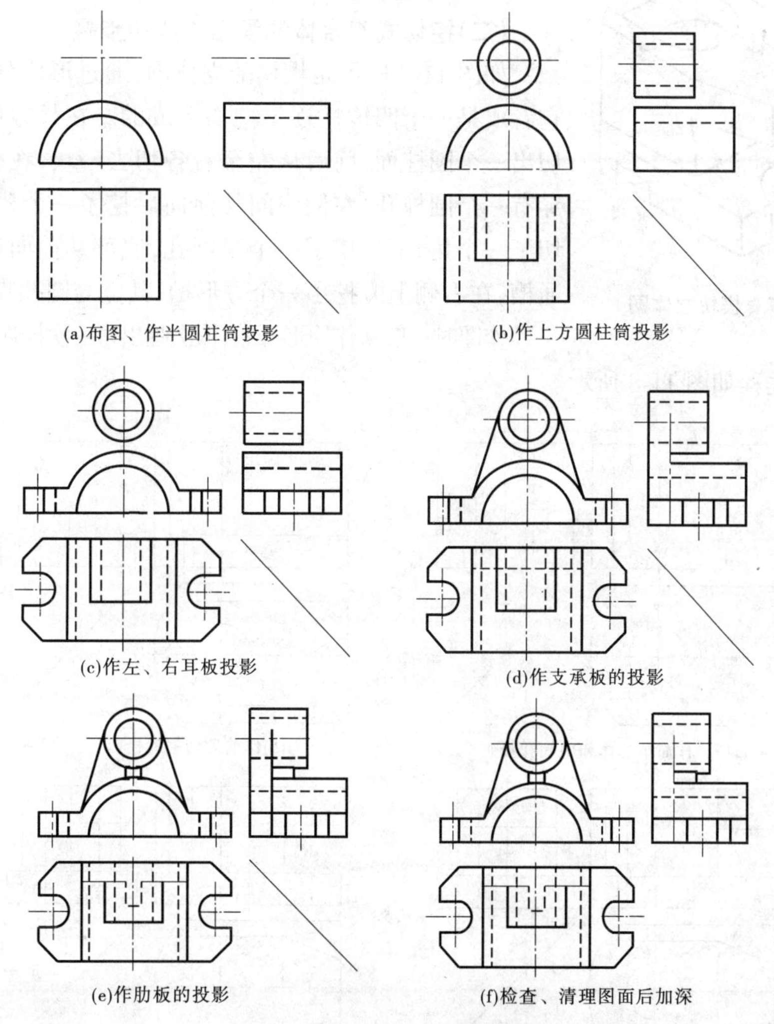

图 11-6　支座体的作图步骤

由于在作图时是先后依次画出各简单形体，所以在作图过程中，对前面已经作出的图线有时需要进行适当修改,因为简单形体之间在叠加时会形成交线,或平齐时有些已经作出的线不存在了。如两侧耳板的上表面与半圆筒的外表面相交,前后与半圆筒端面平齐,因此作耳板时,在主视图上要擦除半圆筒外表面圆的一部分,在俯视图上耳板与圆筒外表面的交线投影取代了圆筒转向轮廓线的投影。支承板与上边的圆筒相切,其投影可见部分只画到切点,在左视图上圆筒转向轮廓线的部分应去掉。肋板与下边的半圆筒和上边的圆筒相交,在左视图上其转向轮廓线部分不存在,应画出它们交线代替它们原来的投影。

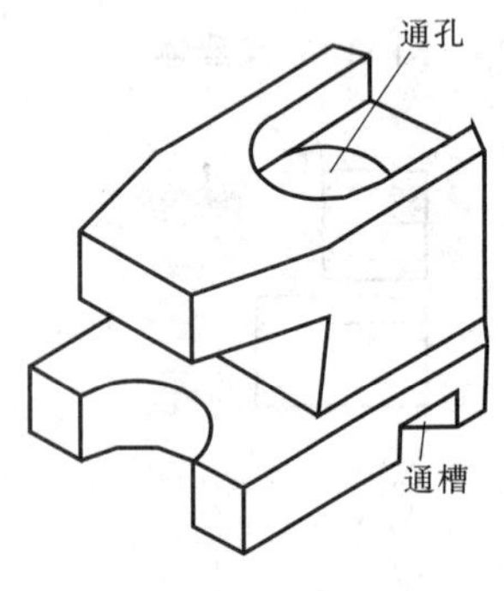

图 11-7 楔块立体图

5.检查、校核全图,加深并清理图面

图 11-6 是以叠加为主的支座体的作图步骤。

(二)挖切式组合体的画图方法和步骤

如图 11-7 所示是楔块的立体图,通过形体分析,可以把它看成是一个四棱柱逐步挖切形成的。在长方体的右侧斜切出一个圆柱面,前后从左至右各切去一块,在立体的中间穿有一个圆柱孔,左侧中间从前向后挖了一个槽,上方前后切了一个角,下方挖了一个半圆孔,底部从前向后挖了一个通槽,在右侧上方挖了一个方形槽,其宽与圆孔直径相等。

作图时一般从作原形开始,依次画出每一次挖切后的投影。作图过程如图 11-8 所示。

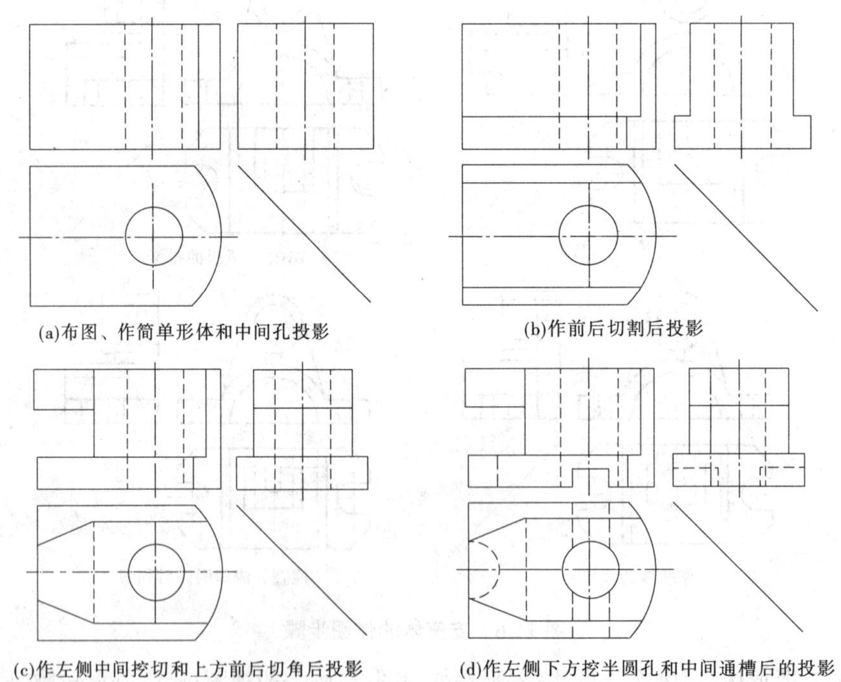

图 11-8 楔块的三视图作图过程

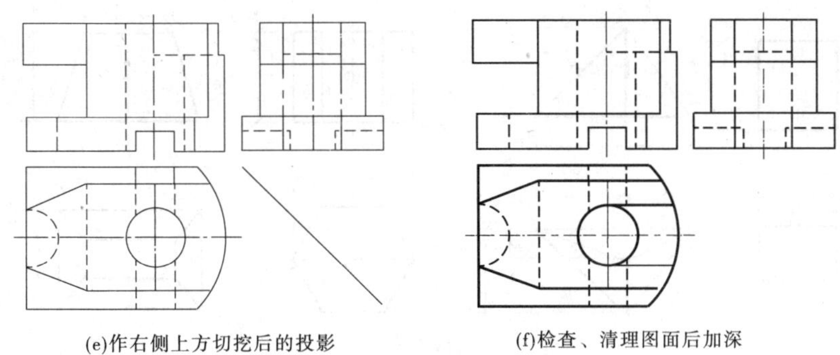

(e)作右侧上方切挖后的投影　　(f)检查、清理图面后加深

续图 11-8

第三节　组合体视图的尺寸标注

投影视图只能表示组合体的形状结构,组合体各部分的真实大小和它们之间的准确位置必须由标注的尺寸确定。尺寸标注要达到正确、完整、清晰、合理的基本要求。

(1)正确。尺寸标注要遵循有关国家标准的规定,所注尺寸应准确,不能出现错误。

(2)完整。图中所标注的尺寸能完全确定物体的形状和大小,不能遗漏。

(3)清晰。尺寸注写清晰,不至于发生误解,为了便于查找和看图,一般把尺寸标注在图形外,整齐排列。

(4)合理。要选定好尺寸基准。同时,尺寸标注应合理布局,一个形体的大小尺寸尽量标注在有投影特征的视图上。

要标注好组合体尺寸,仍要使用形体分析的方法,标注出组成组合体的各基本形体的大小和它们之间的相对位置,所以基本体尺寸的标注是组合体尺寸标注的基础。

一、基本体的尺寸标注

常见基本体和有斜切面或缺口的基本体的尺寸标注已形成固定形式,如图 11-9 和图 11-10 所示。

二、组合体的尺寸标注

(一)组合体的尺寸分析

组合体上所标注的尺寸可分为定形尺寸、定位尺寸、总体尺寸三种。图 11-11 是一个简单组合体的标注示例。

(1)定形尺寸。确定组合体中各基本形体大小的尺寸,如图 11-11 所示,尺寸 24、ϕ8、6、8 等。

(2)定位尺寸。确定组合体中各基本形体相对位置的尺寸,如图 11-11 主视图中的尺寸 20,俯视图中的尺寸 6。

(3)总体尺寸。确定组合体外形轮廓总长、总宽、总高的尺寸,如图 11-11 中组合体的

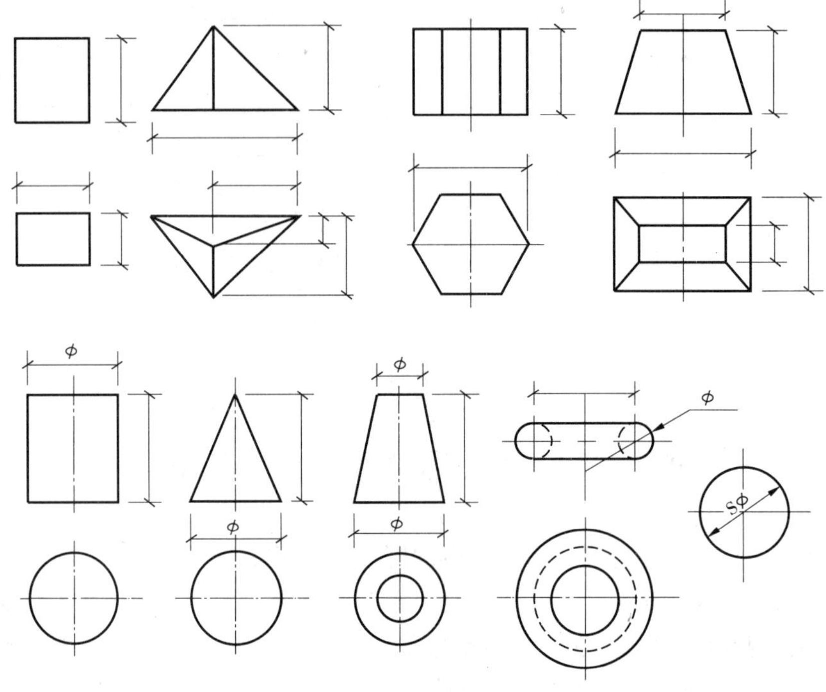

图 11-9　基本体的尺寸标注

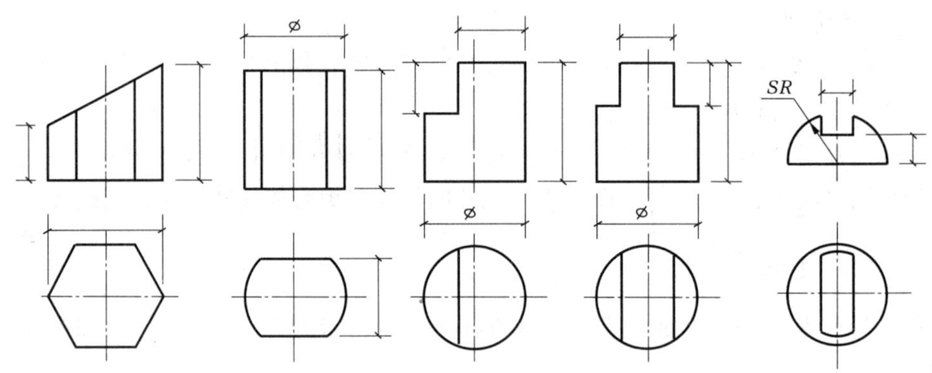

图 11-10　有斜切面或缺口的基本体的尺寸标注

总长为 40(这也是一个确定底板的长度尺寸)、总宽为 26、总高为 28。

(二)尺寸基准

组合体的尺寸基准是基本体定位尺寸标注的起始位置。为了完整地标注组合体尺寸,要选定长、宽、高三个方向的尺寸基准。通常可以作为尺寸基准的是对称面、底面、大的端面、主要回转体的轴线等。图 11-11 中选择了立体的对称面、底板的后面、底板的底面分别作为长、宽、高三个方向的基准。

(三)组合体尺寸标注的方法和步骤

以图 11-12 为例,说明组合体尺寸标注的一般方法和步骤。

(1)形体分析。正确运用形体分析法是标注好组合体尺寸的保证,在形体分析的基础

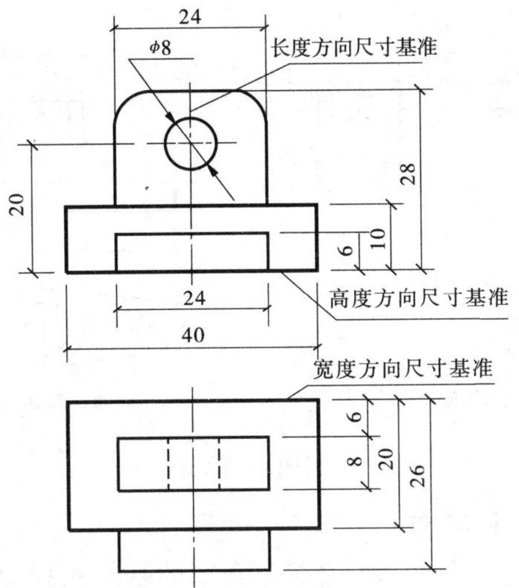

图 11-11　组合体尺寸分析

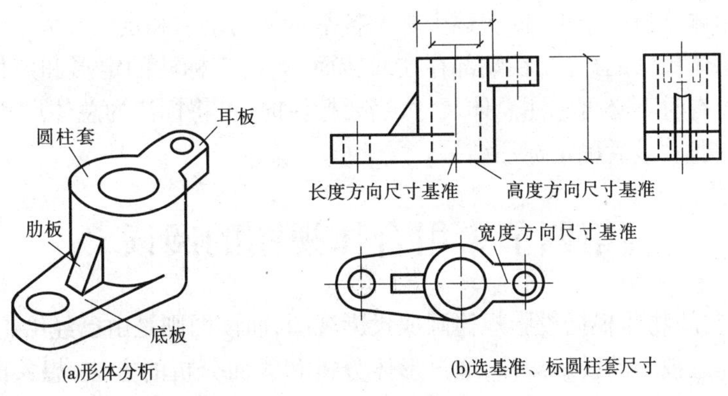

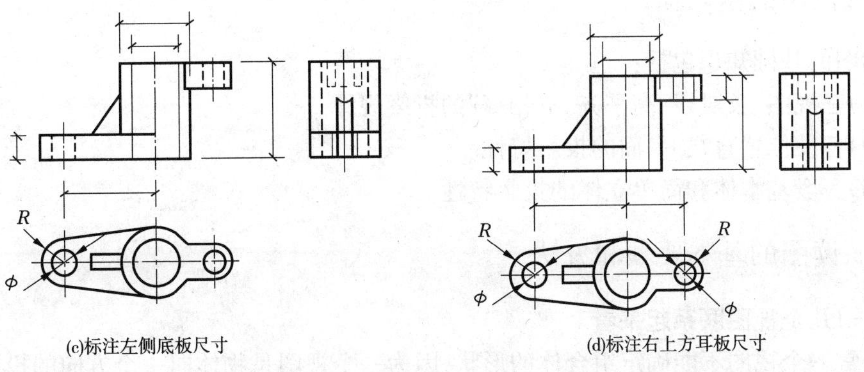

图 11-12　组合体的尺寸标注步骤

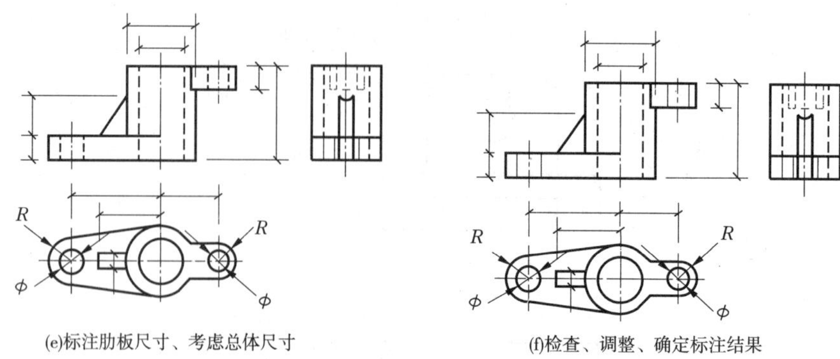

续图 11-12

上，再考虑各基本体的定形和定位尺寸。

(2)选定三个方向的尺寸基准。按照前面介绍的基准选择原则，如图 11-12(b)所示，选定圆柱套的轴线为长度方向的基准，立体的前后对称面为宽度方向的基准，底面为高度方向的基准。

(3)按照形体分析的结果，依次逐个标注各基本体的定形和定位尺寸。

(4)考虑总体尺寸的标注，在端部存在回转面时，由于标注的定形和定位尺寸包含了总体尺寸，所以有时不必再标注总体尺寸，当要标注时，可将标注的总体尺寸加上括号。

(5)检查、调整，最后确定标注结果。

第四节　组合体视图的阅读

画图是把空间物体根据投影规律画成投影视图，而读图则是由已经给出的视图，根据线、面的特性和三视图的投影规律，通过形体分析和线面分析的方法，想象出物体的空间形状和结构。读图是一个培养空间思维和想象能力的过程，要能正确、快速地读图，除了要有良好的基础外，还应掌握读图的要领，运用正确的阅读方法。

一、读图的基础知识

读图的基础知识包括：

(1)三视图“长对正、高平齐、宽相等”的投影规律。

(2)各种位置直线、平面的投影特性。

(3)一般基本体和简单立体的投影特性。

二、读图的基本要领和方法

(一)几个视图联系起来看

通常一个视图不能确定组合体的形状，因为一个视图是物体向一个方向的投影，要将几个视图联系起来进行阅读和分析，构想出物体的立体形状。

如图 11-13 所示，是根据一个俯视图构想出的多个立体形状。

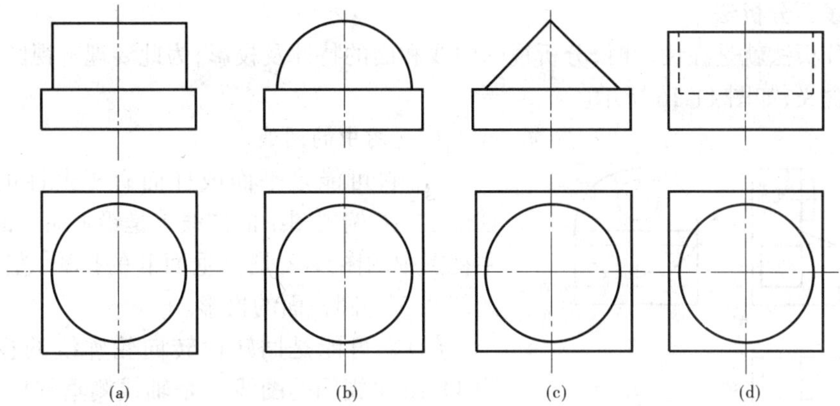

图 11-13　根据一个视图构思的多个立体形状

对于有些组合体仅由两个视图也不能完全确定其空间形状,必须要有第三个视图。如图 11-14 所示的组合体,虽然主视图和俯视图都一样,但从左视图可以看出,它们可能是多个不相同形状立体的投影。

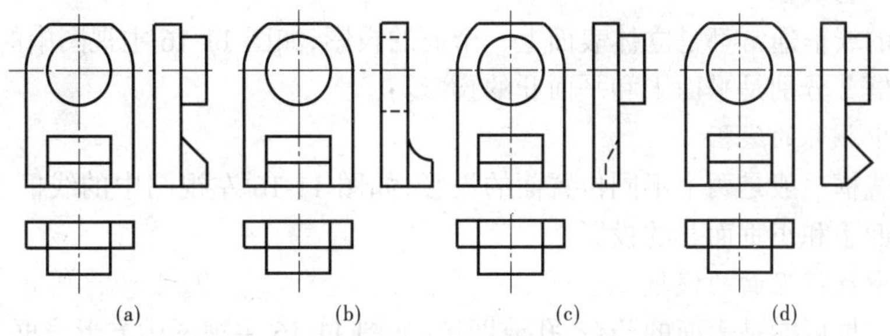

图 11-14　根据两个视图构思的多个立体形状

(二)形体分析法

形体分析法同样是阅读组合体的基本方法,读图时一般先从主视图入手,要根据组合体的形成特点划分线框,假想把它分解为若干部分,然后对照投影,读懂每部分的形状,并确定每部分间的相对位置,最后构思出物体的整体形状。

如图 11-15 所示的组合体,分析主视图可划分为三个线框,对照俯视图和左视图,可以看出,这个立体是由三个基本体组成的。

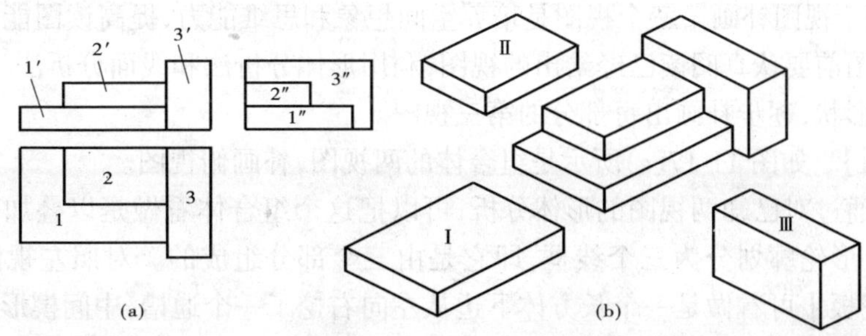

图 11-15　形体分析法读图

(三)线面分析法

线面分析法就是在读图时,分析视图中线和面的特性及投影,为此要理解视图中图线和线框的含义,如图 11-16 所示。

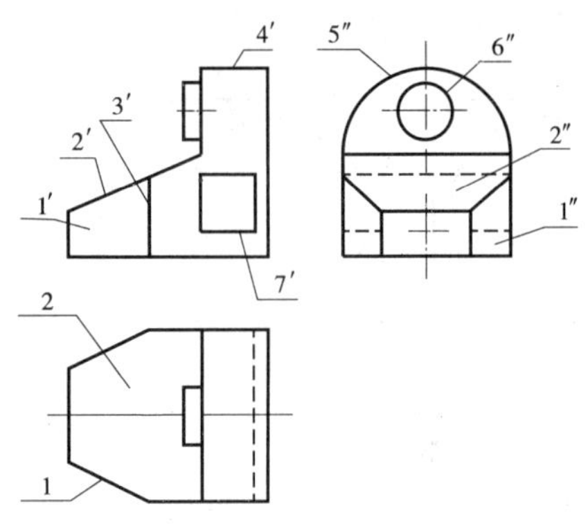

图 11-16　图线和线框的含义

1.视图中的图线

(1)它可能是平面或柱面有积聚性的投影。如图 11-16 俯视图中的图线 1 是铅垂面Ⅰ的投影,主视图中的图线 2′是正垂面Ⅱ的投影,左视图中的图线 5″是圆柱面的投影。

(2)它可能是回转面转向轮廓线的投影,如图 11-16 主视图的图线 4′是轴线侧垂圆柱面转向轮廓线的投影。

(3)它可能是两个面交线的投影,如图 11-16 主视图中图线 3′是铅垂面Ⅰ和一个正平面的交线的投影。

2.视图中的线框

视图中的线框通常都是立体表面上一个面的投影,如图 11-16 主视图中的线框 1′和俯视中的线框 2 分别是平面Ⅰ和平面Ⅱ的投影。

3.视图中相邻的线框

相邻的线框一般是两个不同位置面的投影,如图 11-16 左视图中的线框 1″和线框 2″分别是铅垂面Ⅰ和正垂面Ⅱ的投影。

4.视图中线框里面的线框

里层的线框可能是表面的凸台、孔或凹坑,如图 11-16 主视图中方形线框 7′是一个方形通孔的投影,左视图中的 6″圆形线框是一个圆柱形凸台的投影。

(四)抓住特征视图

在三视图中有的视图反映的立体的形状和它们之间的相互位置关系不清楚,这时要找出能反映形状和特征的视图,如图 11-14 中的左视图是物体局部形状和位置的特征视图。

三、根据组合体的两个视图补画第三视图

根据两个视图补画第三个视图是培养空间想象和思维能力,提高读图能力的一种重要方法。补图前要认真阅读已经给出的视图,利用形体分析法和线面分析法,读懂并想象出组合体的形状,逐步补画出每部分的第三视图。

【例 11-1】　如图 11-17(a)所示是组合体的两视图,补画俯视图。

解:(1)通过对已知两视图的形体分析,可以把这个组合体看做是以叠加为主的组合体,主视图外形轮廓划分为三个线框,即它是由三个部分组成的。对照左视图后可以确定,下边的底板Ⅰ可看做是一个长方体下边从左向右挖了一个通槽,中间楔形板Ⅱ从前向后穿一个圆柱形孔,上边的顶板Ⅲ上方挖了一个 V 形槽。

(2)进行补图:补图实际也是一个画图的过程,可以根据画组合体的方法,从主要形体

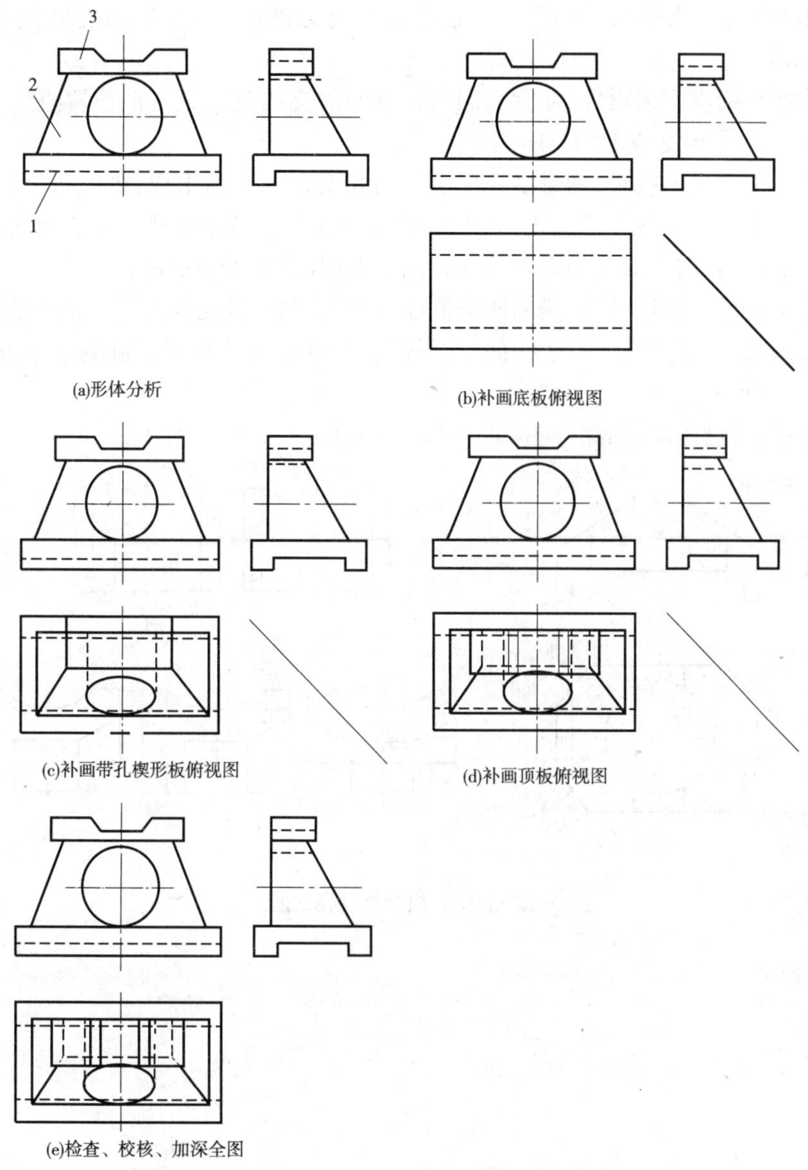

图 11-17　组合体的补画图过程

开始,逐步补画各部分的左视图,图 11-17 图示了补画图过程。

【例 11-2】　如图 11-18 所示是组合体的两视图,补画左视图。

解:(1)通过对已知主、俯视图的分析可以看出,这是一个挖切式的组合体,其左右、前后对称,可以看做是一个中间穿一个圆柱孔的长方体由左右两个正垂面切割,四角由四个铅垂面切割,上下在中间分别从前向后挖了两个通槽形成的。

(2)补画左视图。由于形体左右完全对称,所以右边的投影被左边的投影所覆盖,补图时只需作左半部分的投影就可以了,补图过程如图 11-18 所示。

作图步骤:

(1)先画长方体和中间圆孔的投影,然后作正垂面切割后的投影,注意正垂面截交内孔圆柱面的交线为椭圆线,在左视图上的投影仍为椭圆线,作出该椭圆线的投影(见图 11-18(a))。

(2)作前后铅垂面的投影,注意它们与正垂面的交线是一条一般位置直线,找出交线的两个端点,然后连线(见图 11-18(b))。

(3)作下面通槽的投影,槽是由一个水平面和两个侧平面组成,槽的两个侧面分别与四个铅垂面相交,其交线为铅垂线;立体的前后下边有一部分被槽的水平面切去了,所以前后面和内孔的转向轮廓线的投影只画到该水平面(见图 11-18(c))。

(4)作上面槽的投影,注意槽的两个侧面与内孔相交,其交线是平行轴线的直线,向侧面投影的转向轮廓线被挖切掉了一部分,所以转向轮廓线的投影只画到这个槽的底面为止(见图 11-18(d))。

(5)校核、清理图面,加深全图(见图 11-18(e))。

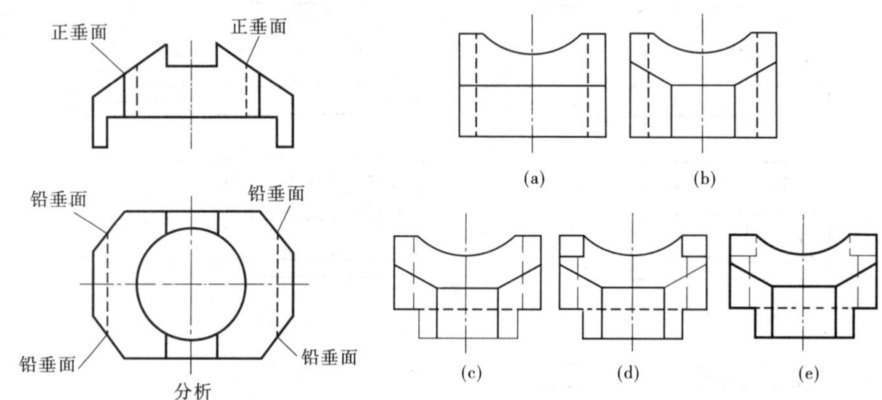

图 11-18　组合体补图过程

第十二章　建筑形体的表达方法

第一节　基本视图及镜像投影

在平面上表达一个建筑形体，通常采用直角投影的方法，设立 3 个投影面，通过建筑形体上各顶点，引垂直于投影面的投影线，作出其正投影图。在建筑制图中，上述图形也就相当于人们站在投影面无限远处，正对投影面观看建筑形体的结果。即通过建筑形体各顶点的相互平行且垂直投影面的视线，与投影面相交得到的图形，因此将其称为视图。

建筑形体的图样，都是按正投影法绘制。将工程形体向 H 面作正投影所得的图样称平面图，向 V 面作正投影得到的图样称正立面图，向 W 面作正投影所得的图样称左侧立面图。平面图着重反映工程形体的平面形状，立面图表达它的立面外形。

一、基本投影图

当工程形体的形状比较复杂时，我们设想在已有三个投影面的基础上再增加三个投影面，每个投影面与四个相邻的投影面都垂直，在这些投影面上就能得到从建筑形体的上方、前方、左方、右方、后方、下方投影的正投影图。把这六个投影面围成的盒子用如图 12-1 所示的展开方法，展开在一个平面上，六面视图在原有的三面视图上，又由右向左投影所得右侧立面图，由后向前投影所得背立面图，由下向上投影所得底面图。展开后的投影图的配置如图 12-2(a)所示，这六个投影面和六个视图称为基本投影图。三面投影和六面投影也可称为三面视图和六面视图。同三面投影一样，六面投影之间仍然保持着一定的投影联系和“长对正、宽相等、高平齐”的三等规律。考虑到几个投影图布置在同一张图纸内时的幅面限制，图样可不按图 12-2(a)布置，此时图样的顺序宜按主次关系从左到右依次排列，如图 12-2(b)所示。每个图样，一般均应标注图名，图名宜标注在图样的下方或一侧，并在图名下绘一粗线，其长度应以图名所占长度为准。基本投影图按图 12-2(a)所示的规定配置时，也可省略标注图名。

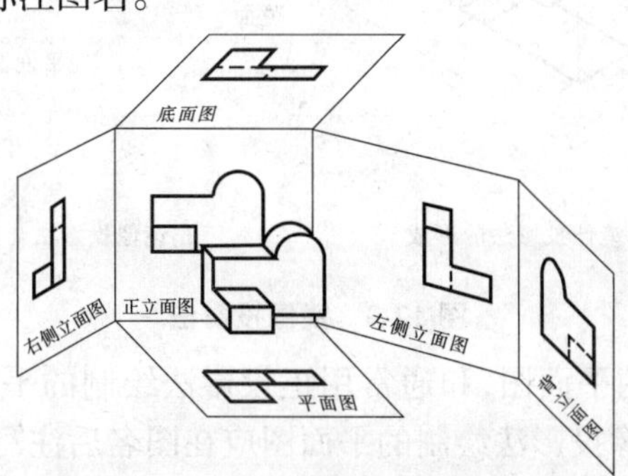

图 12-1　六个基本投影面的展开

用基本投影图表达建筑形体时，正立面图应尽可能反映工程形体的主要特征，其他投影面的选用可在保证表达完整、清晰的前提下，使投影图数量最少，力求制图简便。

二、镜像投影图

镜像投影法属于正投影法，镜像投影是物体在镜面中的反射图形的正投影，该镜面应平行于相应的投影面，如图 12-3 所示。

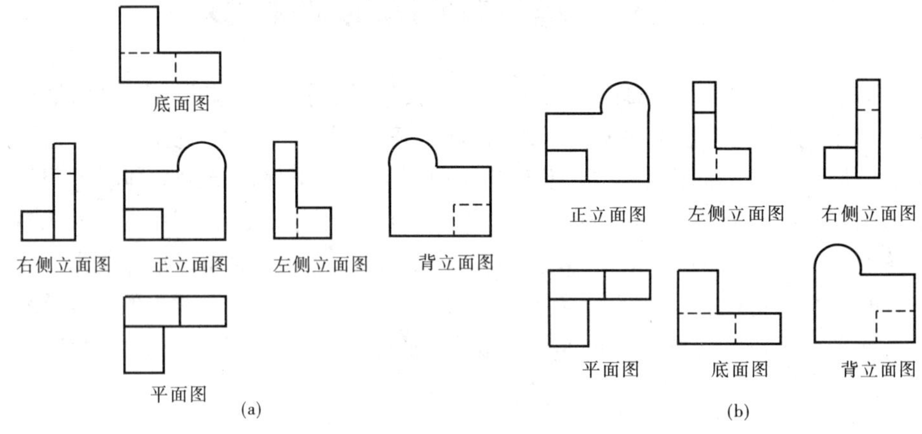

图 12-2　投影图的布置

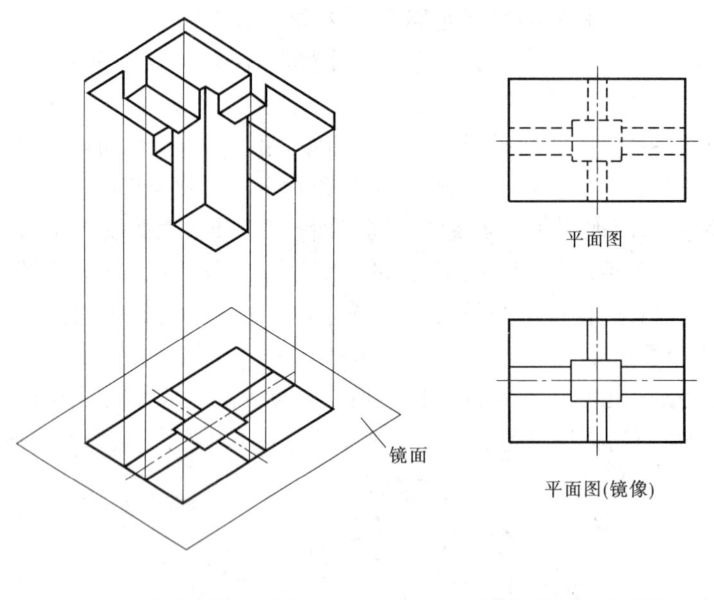

(a)镜像投影法的形成　　(b)镜像投影法与正投影的区别

图 12-3　镜像投影法

用镜像投影法绘制的平面图，和通常用正投影法绘制的平面图是不相同的，为了在识图时不造成误会，用镜像投影法绘制的平面图应在图名后注写“镜像”二字。

镜像投影图一般用于房屋顶棚的平面图，在结构、装饰工程中应用较多。例如，梁板的节点图，无论用一般正投影还是用仰视法绘制的底面图，都不利于看图施工。图 12-3 所示是一个梁、板、柱的构造节点图，上部为楼板。如按正投影法直接画出其平面图，则下部的梁、柱均为不可见，只能用虚线画出，这样对于看图就不方便。如果作出该构造节点的反方向的 H 投影，便可使不可见部分变为可见。如果我们采用镜像投影法，把地面看做是一面镜子，得到底面图（镜像）就能真实反映节点的实际情况，有利于施工人员看图施工。

第二节　剖面图与断面图的绘法

一、剖面图的绘法

在绘制建筑形体的投影图时，建筑形体内部结构形状的投影用虚线表示。但是当形体复杂时，投影图中出现较多的虚线。例如一幢房屋，内部有各种房间、走廊、楼梯、门窗等，如果都用虚线来表示这些看不见的地方，必然形成投影图虚实线交错，混淆不清，给绘图、读图带来困难，因此在绘图时采用“剖切”的办法来解决形体内部结构形状的表达问题。

（一）剖面图的形成

设想用截平面切开形体，让它的内部构造显现，然后再用正投影法画出它的投影，使不可见部分变为可见，这种用假想剖切面剖开形体，移去处于观察者和截平面之间的部分，对留下部分按正投影法投影所得的图样，称为剖面图。如图 12-4 所示是杯形基础的投影图，基础内槽投影是虚线，使图面不清楚。假想用一个通过基础前后对称面的平面 P 将基础剖开，移去观察者与平面之间的部分，将其余部分向 V 面进行投影，得到剖面图 12-5。剖开基础的平面 P 称为剖切平面。杯形基础被剖开后，其内槽可见，图 12-6 中用实线表示，避免了画虚线，这样能使杯形基础内部形状的表达更清楚。

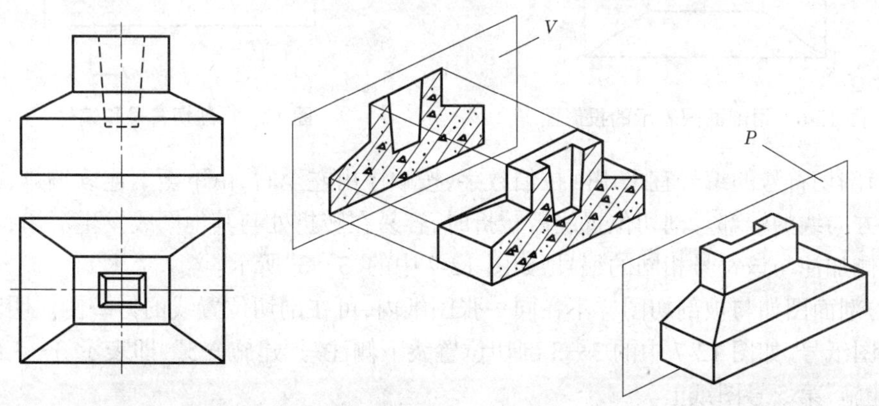

图 12-4　基础的平面图　　　**图 12-5　假想用剖切面 P 剖开基础并向 V 面进行投影**

画剖面图时应注意以下几点：

(1)剖切是一个假想的作图过程，因此一个投影图画成剖面图，其他投影图仍应完整画出。

(2)剖切平面一般选在对称面上或通过孔洞的中心线,并平行于某一基本投影面,这样能使剖切后的图形完整,并反映实形。

(3)剖切面与形体的接触部分为剖切区域(断面)。为了区分物体的主要轮廓与剖切区域,规定剖切区域的轮廓用粗实线表示,并在剖切区域内画出建筑材料图例。在不指明材料时,可以用等间距、同方向的45°细斜线来表示断面。

(二)剖面图的标注

为了读图方便,需要在投影图上把所画剖面图的剖切位置和投射方向表示出来,同时还要给每一个剖面图加上编号,以免产生混乱。对剖面图的标注方法有如下规定:

(1)用剖切位置线表示剖切平面的位置。剖切位置线实质上就是剖切平面的积聚投影,不过规定只用两小段粗实线(长度为6~10mm)表示,并且不宜与图面上的图线相接触(见图12-7)。

(2)剖切后的投射方向用垂直于剖切位置线的短粗线(长度为4~6mm)来表示,如画在剖切位置线的左边表示向左边投影(见图12-7)。

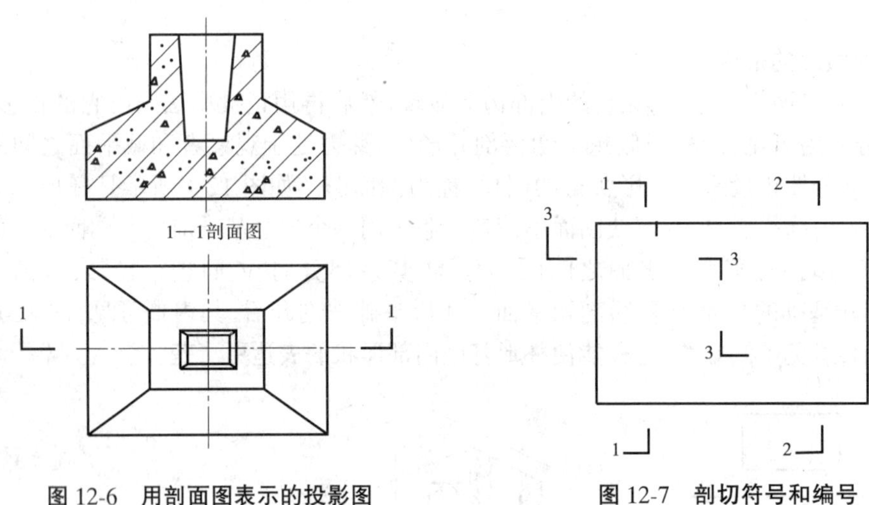

图12-6 用剖面图表示的投影图　　**图12-7 剖切符号和编号**

(3)剖切符号的编号宜采用阿拉伯数字,按顺序由左至右,由下至上连续编排,并注写在投射方向线的端部。剖切位置线需转折时,容易在转折处与其他图线发生混淆,应在转角的外侧加注与该符号相同的编号,如图12-7中的“3-3”所示。

(4)剖面图如与被剖切图样不在同一张图纸内,可在剖切位置线的另一侧注明其所在图纸的图纸号,如图12-7中的3—3剖切位置线下侧注写“建施-5”,即表示3—3剖面图画在“建施”第5号图纸上。

(5)对习惯使用的剖切符号(如画房屋平面图时通过门、窗洞的剖切位置),以及通过构件对称平面的剖切符号,可以不在图上作任何标注。

(6)在剖面图的下方或一侧,写上与该图相对应的剖切符号编号,作为该图的图名,如“1—1”、“2—2”、…并在图名下方画上一等长的粗实线。

(三)剖面图的分类

1. 全剖面图

不对称的建筑形体,或虽然对称但外形比较简单,内形比较复杂,或在另一个投影中已将它的外形表达清楚时,可假想用一个剖切平面将形体全部剖开,然后画出形体的剖面图。这种剖面图称为全剖面。如图 12-6 所示,基础的正立剖面图就是全剖图。

2. 阶梯剖面图

一个剖切平面,若不能将形体上需要表达的内部构造一齐剖开时,可用两个(或两个以上)相互平行的剖切面,将形体沿着需要表达的地方剖开,然后画出剖面图。如图 12-8 所示的房屋,如果只用一个平行于 W 面的剖切平面,就不能同时剖开前墙的窗和后墙的窗,这时可将剖切平面转折一次,即其中一个平面剖开前墙的窗,另一个与其平行的平面剖开后墙的窗,这样就满足了要求。所得的剖面图,称为阶梯剖面图。阶梯形剖切平面的转折处,在剖面图上规定不画分界线。

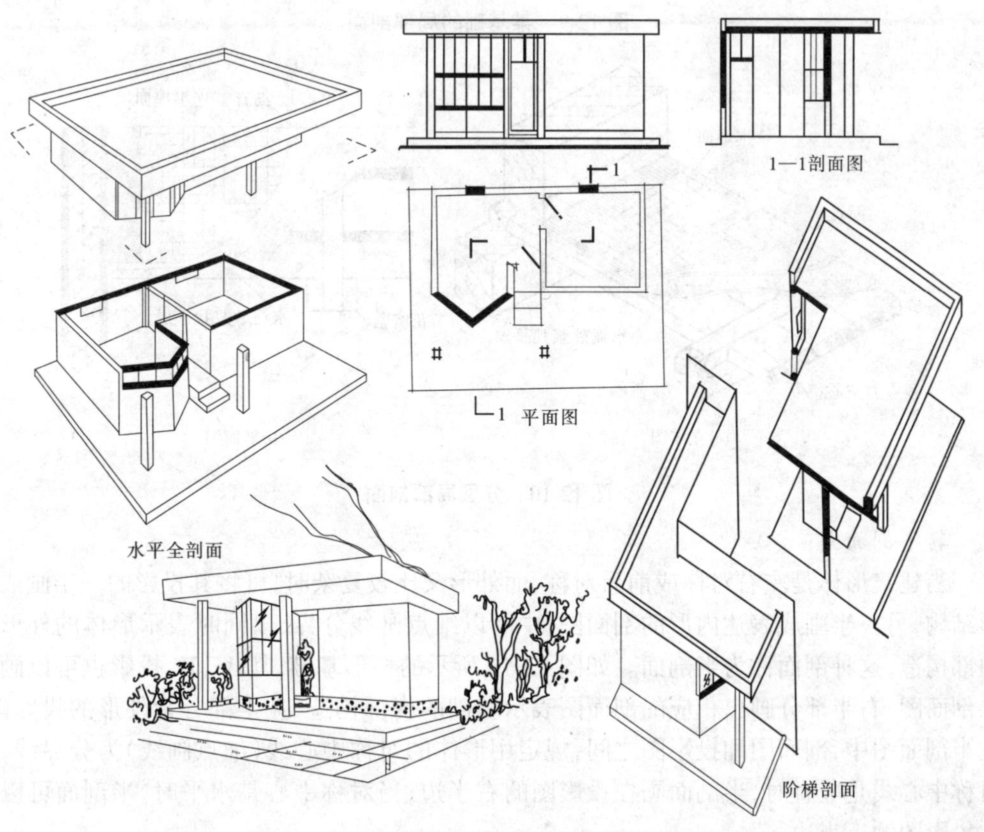

图 12-8 阶梯剖面图

3. 局部剖面图

当建筑形体的外形比较复杂,完全剖开后就无法表示清楚它的外形时,可以保留投影图的大部分,而只将局部地方画成剖面图。如果钢筋混凝土构件的钢筋配置比较简单,如图 12-9 所示的杯形基础,可在其投影图的一角"剖开",绘出钢筋配置情况。这种剖面图,称为局部剖面。按国标规定，投影图与局部剖面之间，要用徒手画的波浪线（断开界线）分界。

如图 12-10 所示为分层局部剖面，用来反映楼面各层所用的材料和构造的做法。这种剖面多用于表达楼面、地面和屋面的构造，画图时应以波浪线将各层分开。

注意：波浪线不得与轮廓线重合，也不得超出轮廓线。

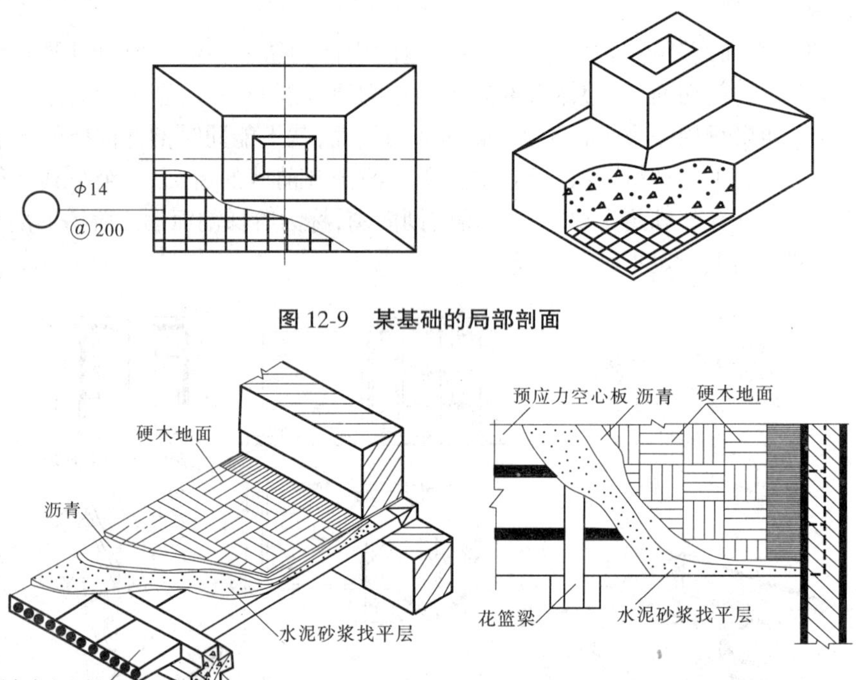

图 12-9　某基础的局部剖面

(a)立体图　(b)平面图

图 12-10　分层局部剖面

4.半剖面图

当建筑形体是左右对称或前后对称，而外形又比较复杂时，可将其投影的一半画成外形结构，另一半画成表达内形的剖面图，中间以细点画线分界，以同时表示形体的外形和内部构造，这种剖面称为半剖面。如图 12-11 所示的杯形基础，其 V、W 投影也可以画成半剖面图，右半部分画出相应的剖面图表示基础的内部构造，左半部分为外形的投影图。在半剖面图中，剖面图和投影图之间，规定用形体的对称中心线（细点画线）为分界线，当对称中心线是竖直时，半剖面画在投影图的右半边；当对称中心是水平时，半剖面可以画在投影图的下半边。

5.旋转剖面图

如图 12-12 所示，某建筑物的 V 投影，是用两个相交的铅垂剖切平面，沿 1—1 位置将池壁上不同形状的孔洞剖开，将倾斜于基本投影面的剖切平面绕其交线旋转到与基本投影面平行的位置后，再一齐向所平行的基本投影面投射，所得的投影称为旋转剖面。国标规定，所画剖面图应在图名后加注“展开”二字，如图 12-12 的 V 投影。

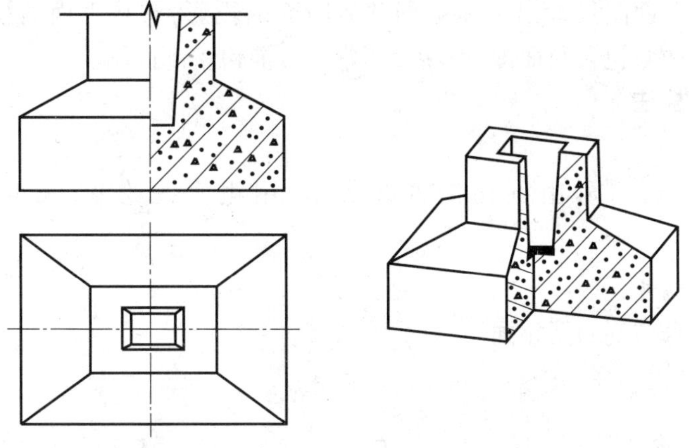

图 12-11　某基础的半剖面图

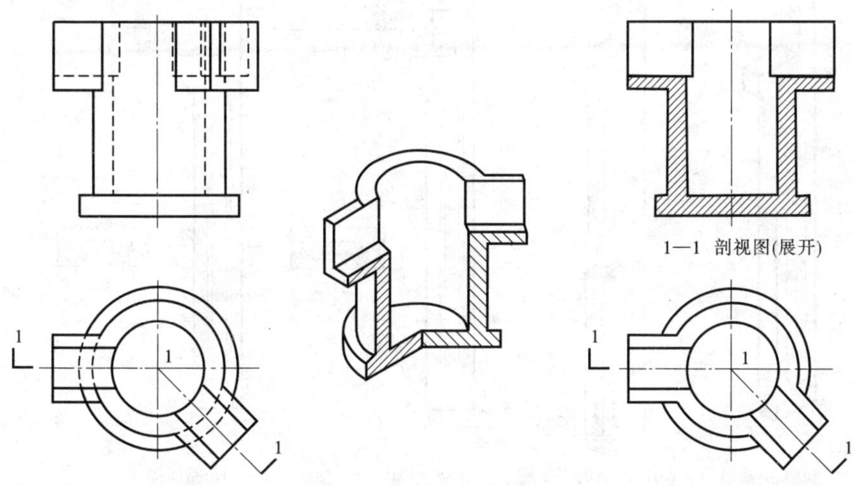

图 12-12　某构筑物的旋转剖面图

(四)剖面图的绘法

(1)确定剖切面的位置。画剖面图时,应将剖切面设在形体需要剖切的部位,使剖切后作出的剖面图能清楚地反映所要表达部分的真实形状。形体在构造上有对称面的,剖切面一般应通过对称面或孔的轴线,并和投影面平行。

(2)画剖面图。按剖切面的剖切位置,假想移去形体在剖切面和观察者之间的部分,根据留下的部分形体作出投影图。因为剖切是假想的,因此画其他投影时,不应受到剖切的影响,仍然按完整的形体投影图画出。

(3)画材料图例。

二、断面图的绘法

断面图是假想用剖切平面将物体剖开后,仅将剖切平面与形体相交的部分向与剖切平面平行的投影面投影,所得到的图形称为断面图,也称为截面图(见图 12-13(b)、(d))。从图中可见,剖面图要画出物体被剖开后整个余下部分的投影,它是形体的投影(见

图 12-13(c)),而断面图只画出形体被剖开后断面的投影,它是平面的投影(见图 12-13(d))。在剖面图中必包含断面图,而断面图中不可能包含剖面图。

(一)断面图标注

1.剖切符号

断面图中剖切符号由剖切位置线表示,用粗实线绘制,长度 6 ~ 10mm(见图 12-13(d))。

2.剖切符号编号

剖切符号编号与剖面图相同。

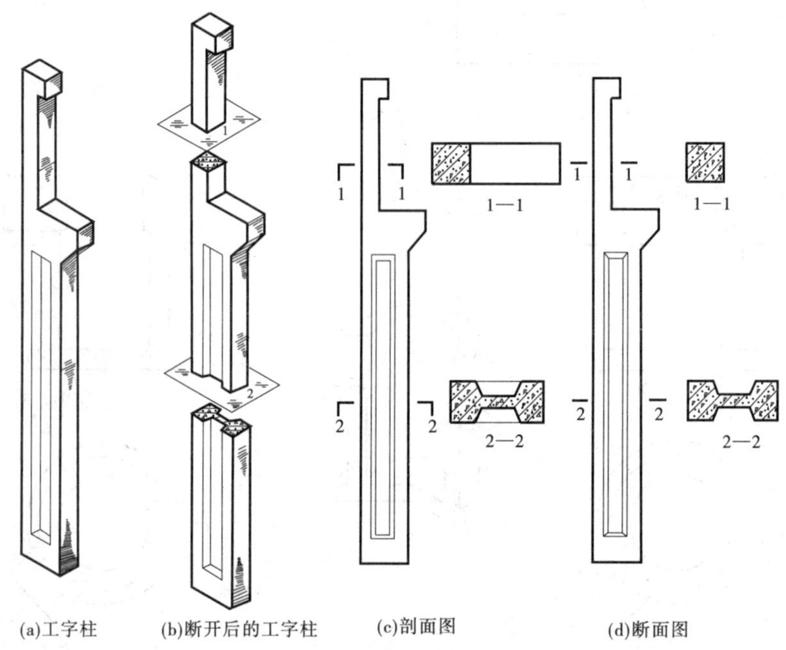

图 12-13 剖面图与断面图区别

3.断面图的标注(见图 12-13)

(1)在剖切平面的迹线上标注剖切位置线。

(2)在剖切位置线一侧注写剖切符号编号,编号所在一侧表示该断面剖切后的投影方向。

(3)在断面图下方标注断面图名称,如"× - ×";并在图名下绘一粗实横线,其长度以图名所占长度为准。

4.断面图与剖面图的区别

(1)在画法上,断面图只画出物体被剖开后截面的投影,而剖面图除了要画出截面的投影,还要画出剖切面后物体剩余部分的投影(见图 12-13(c)、(d))。

(2)在不省略标注的情况下,断面图只需标注剖切位置线,用编号所在一侧表示投影方向,而剖切图用投影方向线表示投影方向。

(二)断面图的分类

断面图分为移出断面和重合断面。

1. 移出断面

画在物体投影轮廓线之外的断面图称为移出断面。为了便于看图,移出断面应尽量画在剖切平面的迹线延长线上。断面轮廓线用粗实线表示,如图 12-14 所示。

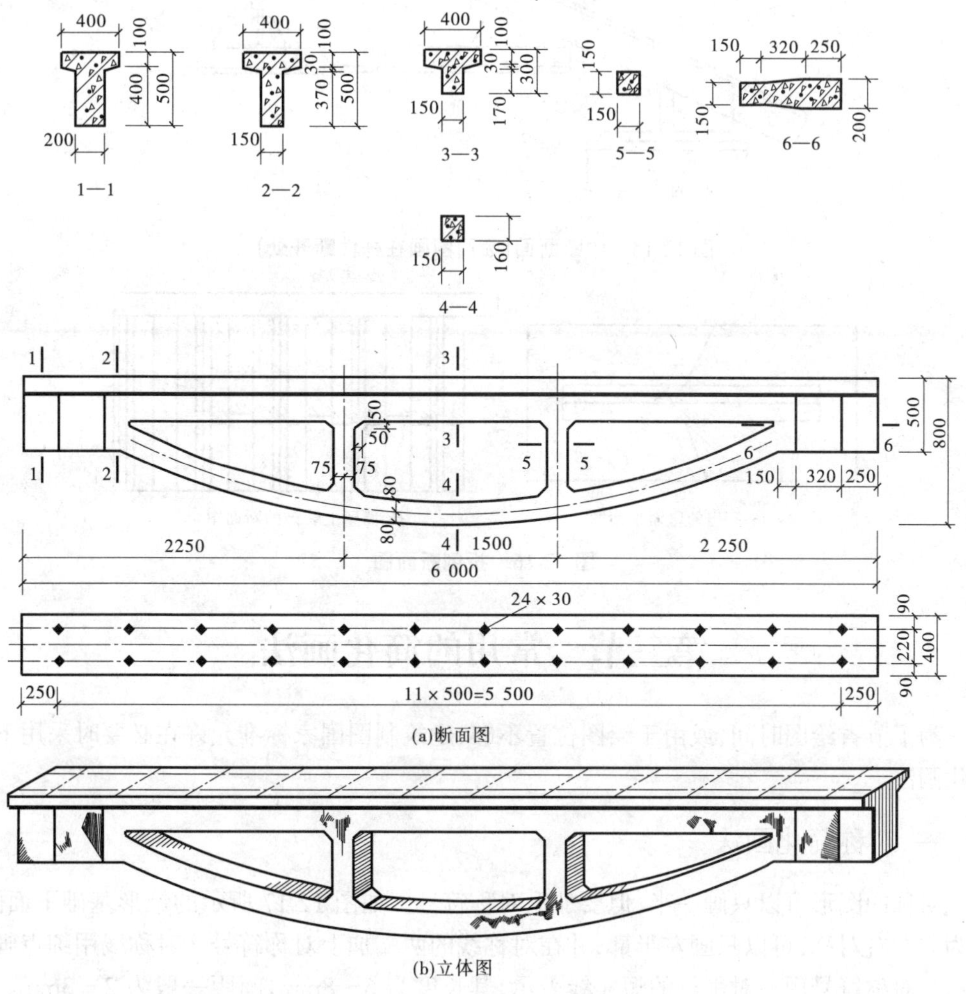

图 12-14 移出断面

细长杆件的断面图也可画在杆件的中断处,这种断面图也称为中断断面。中断断面不需要标注,见图 12-15。

2. 重合断面

画在剖切位置迹线上,并与投影图重合的断面图称为重合断面,见图 12-16。重合断面一般不需要标注。

重合断面轮廓线用细实线表示,当投影图中的轮廓线与重合断面轮廓线重合时,投影图的轮廓线仍应连续画出,不可间断。这种断面图常用来表示墙立面装饰折倒后的形状、屋面形状、坡度等,也称为折倒断面,见图 12-16。

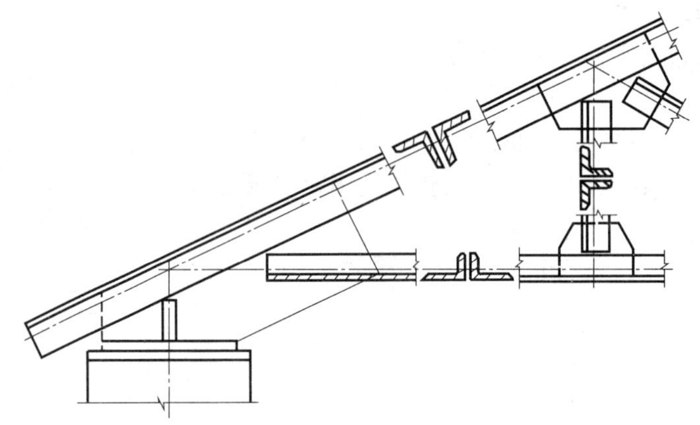

图 12-15　中断断面(断面图画在杆件断开处)

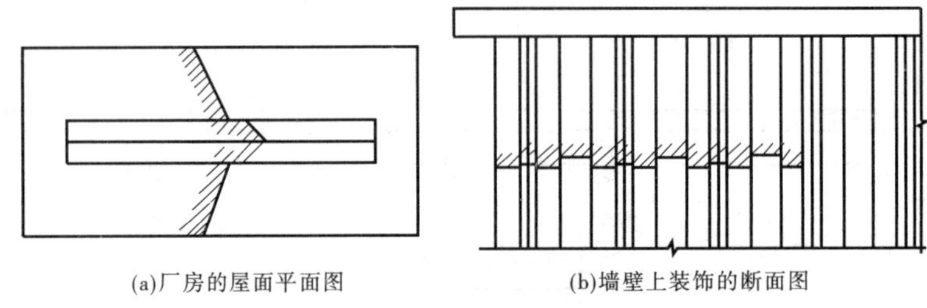

(a)厂房的屋面平面图　　(b)墙壁上装饰的断面图

图 12-16　折倒断面图

第三节　常用的简化画法

为了节省绘图时间，或由于绘图位置不够，建筑制图国家标准允许在必要时采用下列简化画法。

一、对称简化画法

对称的图形可以只画一半，但要加上对称符号。如图 12-17 所示的锥形基础平面图，因为它左右对称，可以只画左半部，并在对称线的两端加上对称符号。对称线用细点画线表示。对称符号用一对平行的短实线表示，其长度为 6～8mm，间距一般为 2～3mm。两端的对称符号到图形的距离应相等。

由于锥形基础不仅左右对称，而且前后对称，因此它的平面图还可以进一步简化，只画出其四分之一，但同时要增加一条水平的对称线和对称符号(见图 12-17(a))。

对称的图形画一半时，可以稍稍超出对称线，然后加上用细实线画出的折断线或波浪线，此时无需加上对称符号(见图 12-17(b))。

二、相同要素简化画法

建筑物或构配件的图形，如果图上有多个相同而连续排列的构造要素，可以仅在排列的两端或适当位置画出其中一两个要素的完整形状，然后画出其余要素的中心线或中心

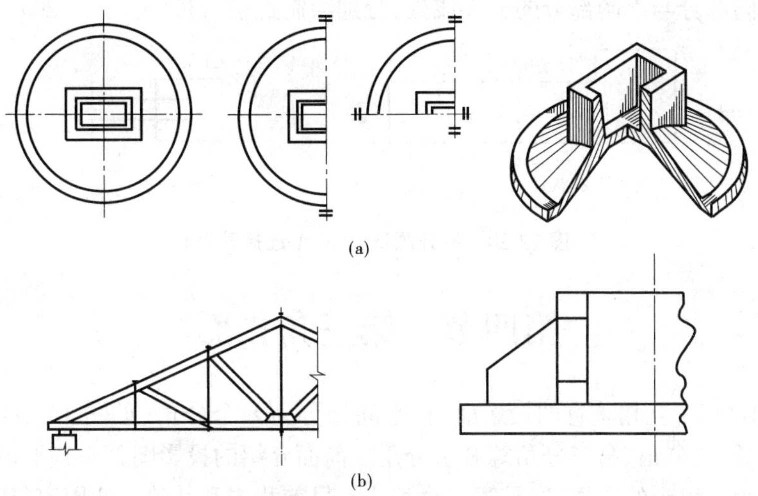

(a)

(b)

图 12-17 对称图形的简化画法

线交点以确定他们的位置，如图 12-18 所示。

三、折断画法

较长的构件，如沿长度方向的形状相同或按一定规律变化，可断开省略绘制，断开处两侧以折断线表示(见图 12-19)。

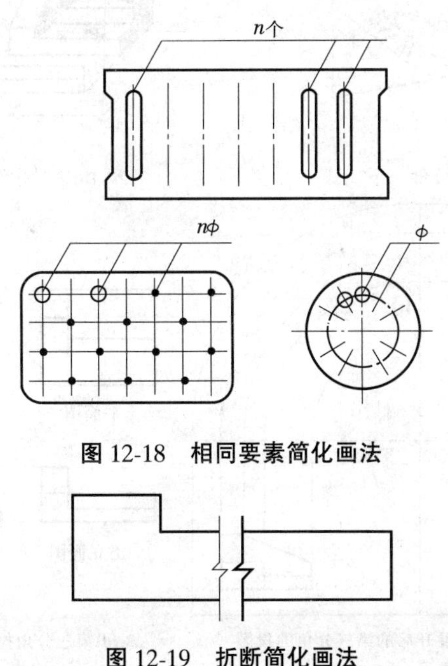

图 12-18 相同要素简化画法

图 12-19 折断简化画法

四、断开画法

一个构配件如与另一个构配件仅部分不相同，该构配件可只画不同部分，但应在两个构配件的相同部分与不同部分的分界线处，分别绘制连接符号（见图 12-20）。

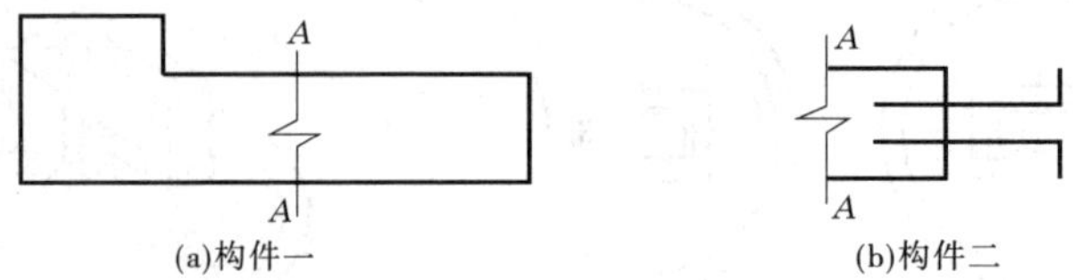

图 12-20　断开画法（$A—A$ 连接符号）

第四节　第三角投影

H、V、W 三个互相垂直的投影面，将空间划分为 8 个分角（见图 12-21(a)），依次称为第一分角、第二分角、第三分角等 8 个分角。前面介绍的投影图都是将形体放在第一分角进行正投影所得到的图样，这是第一分角法。目前我国和其他一些国家（如俄罗斯），都采用第一分角法。但另外有些国家（如美国），则采用第三分角法。

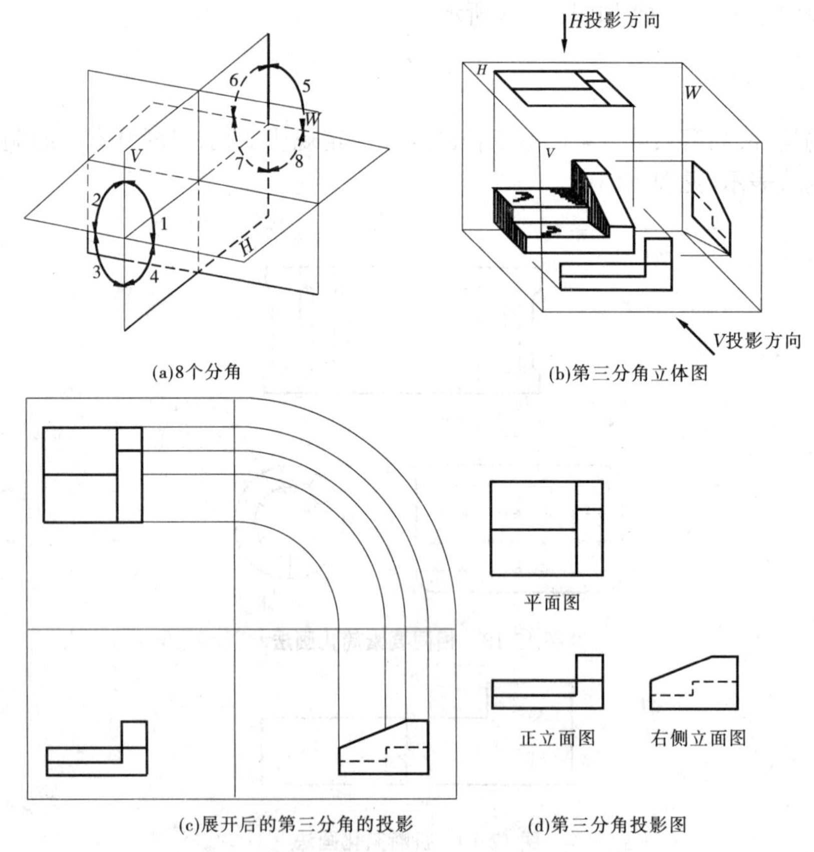

图 12-21　第三分角投影

第三分角投影法是将形体置于第三分角，并假定投影面是透明的，人们透过投影面观看形体，将观看所得图形投影到投影面上所得。然后展开投影面，展开时 V 面仍然不动，将 H、W 面分别向上、向右旋转至与 V 面处于同一平面上（见图 12-21(b)、(c)、(d)）。

第一分角法与第三分角法，均采用正投影法，两者所得投影图，均保持“长对正、高平齐、宽相等”的关系。但两种投影法也存在不同之处。

(1)投影面与形体的相对位置不同。第一分角法中，H、V、W 面分别置于形体的下方、后方和右方，而第三分角法中，H、V、W 面分别置于形体的上方、前方和右方。

(2)投影过程不同。第一分角法是人—形体—投影面，即通过形体上各点的投影线延长后与投影面相交得各点投影；第三分角法是人—投影面—形体，即通过形体上各点的投影线，先与投影面相交，延长后到达形体上各点。

(3)投影面展开摊平之后，投影的排列位置不同。第一分角法，平面图在正立面图下方，左侧立面在正立面右方；第三分角法，平面图在正立面图上方，右立面图在正立面图右侧。

第十三章　建筑施工图

建筑施工图是根据正投影原理及有关专业知识绘制的一种工程图样，主要用于表示房屋的总体布局、内外形状、平面布置、建筑构造及装修做法等，是指导房屋建筑工程施工的主要技术依据之一。本章重点介绍建筑平面图、立面图、剖面图、建筑详图的图示内容以及阅读建筑施工图的基本方法。

第一节　建筑施工图概述

一、房屋的组成及作用

房屋的分类有多种方法，按使用功能可分为民用建筑（如住宅、学校、宾馆、车站、体育馆、影剧院、医院等）、工业建筑（如工厂、电站等）和农业建筑（如饲养场、粮仓等）；按结构形式可分为砖混结构、框架结构、排架结构等；按建筑层数可分为单层建筑、多层建筑和高层建筑。

虽然房屋的使用功能、结构形式、空间组合及规模大小等各有不同，但构成房屋的基本部分是相同或相似的。如图 13-1 是一幢砖混结构的办公楼，其主要部分包括基础、墙体、楼板、楼梯、屋顶和门、窗等。

房屋的每个部分都具有一定的功能，如基础、楼板、墙体等用于支承和传递荷载；屋顶、外墙、内墙等可以防风、挡雨、挡雪、保温、隔热和隔音；门、走廊、楼梯起着沟通房屋内外或上下交通的作用；窗则具有通风和采光的作用；屋面、雨水管、散水等起排水的作用；勒脚、踢脚等起着保护墙身的作用。

二、房屋施工图的分类

房屋的建造一般需经过设计和施工两个过程。即首先按房屋的使用要求进行设计，绘出房屋工程图样，作为建造房屋的技术依据。

通常，设计过程可分为初步设计和施工图设计两个阶段。

（一）初步设计阶段

设计人员根据使用部门提出的任务，通过调查研究、收集资料、整理分析、综合构思后做出几种设计方案，以供比较、选用、审批。在这一过程形成的图样称为房屋初步设计图。

（二）施工图设计阶段

当确定了设计方案后，根据初步设计，综合考虑建筑、结构、设备等专业之间的配合、协调和统一，提供出一套完整的资料和图样，以满足施工的具体要求，这类图样称为房屋施工图。房屋施工图是编制预算、安排材料和设备、指导现场施工的重要技术资料。

一套完整的房屋施工图包括：

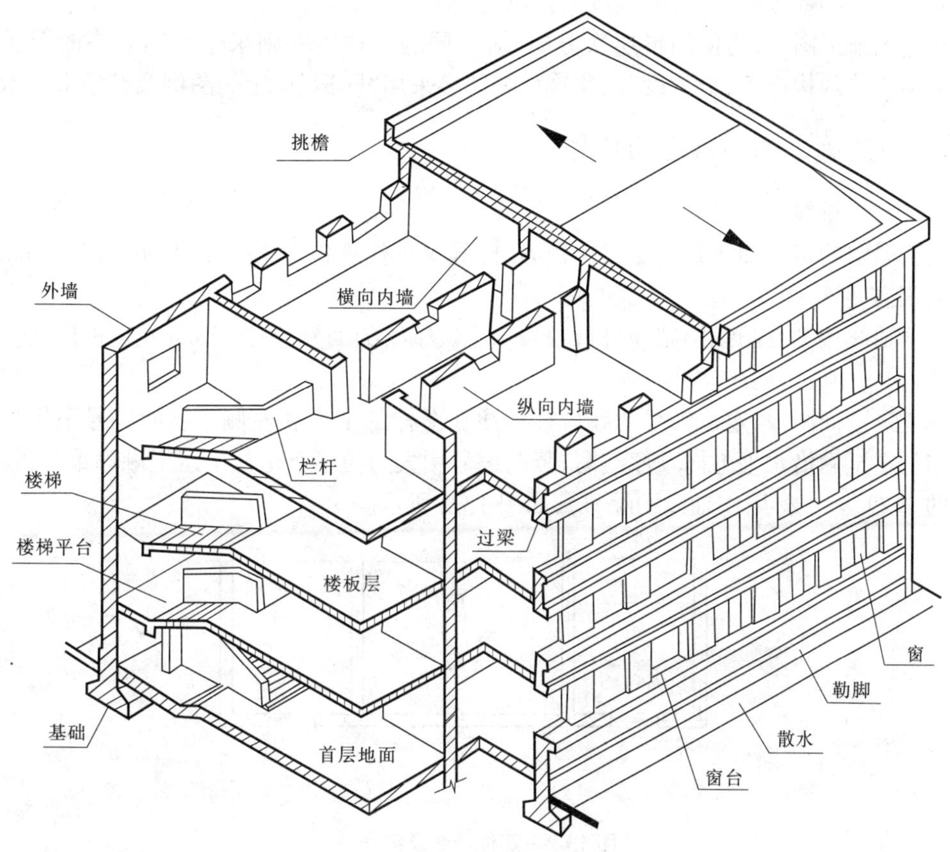

图 13-1　房屋的组成

(1)首页图。首页图的内容主要有图纸目录、设计说明、门窗表。图纸目录列出了全部图纸的名称、张数、编号,其目的是为了便于查阅。设计说明主要用于说明拟建工程的概况和设计依据,包括建筑面积、工程造价;有关的地质、水文、气象资料;采暖通风及照明要求;建筑标准、荷载等级、抗震要求;主要施工技术、有关结构的材料使用及做法等。门窗表则列出该建筑所用门、窗的编号、规格和数量等。

(2)建筑施工图。主要表示房屋的建筑设计内容,包括总平面图、平面图、立面图、剖面图和详图。

(3)结构施工图。主要表示房屋的结构设计内容,包括结构平面布置图和构件详图。

(4)设备施工图。主要表示给排水、采暖通风、电气照明等设备的布置及安装要求,包括平面布置图、系统图和安装详图。

三、建筑施工图的作用与图示特点

建筑施工图是采用正投影的原理绘制的。它用于表示房屋的总体布局、外部造型、内部布置、内外装修等情况,是房屋施工放线、砌筑、安装门窗、室内外装修、编制施工概预算及施工组织计划的主要技术依据。

由于房屋形体较大,所以建筑施工图一般都用较小的比例绘制。在平、立、剖面图中无法表达清楚的部分构造,可配以较大比例的详图来表示。

在建筑施工图中,为使图形层次分明,对不同的表达内容则采用不同规格的图线绘制。房屋建筑的构配件、卫生设备、建筑材料等多采用“国标”规定的图例及符号来表示。

四、建筑施工图中常用的符号

(一)定位轴线及编号

施工图中的定位轴线是确定建筑物墙、柱等承重构件位置的基准线,也是施工放线、定位的依据。

定位轴线用细点画线绘制并进行编号。定位轴线的编号注写在轴线端部的圆内。圆用直径为 8~10mm 的细实线绘制。

在建筑平面图中,定位轴线的编号宜标注在图样的下方和左侧。横向编号采用阿拉伯数字从左至右沿水平方向顺序编写;竖向编号用大写拉丁字母从下至上顺序编写(拉丁字母的 *I*、*O*、*Z* 不得用作轴线的编号),如图 13-2 所示。

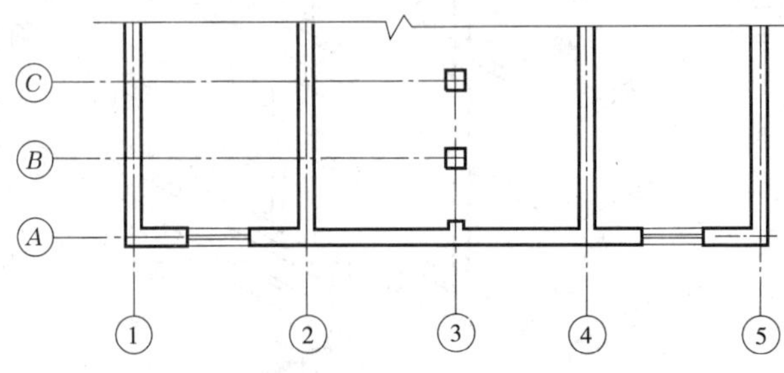

图 13-2 定位轴线及编号

对于一些与主要承重构件相联系的次要构件,可用附加轴线表示其位置。附加轴线的编号用分数表示,分母表示前一轴线的编号,分子表示附加轴线的编号。

在详图中,若一个详图适用于几根定位轴线时,应同时注明各有关轴线的编号。附加轴线和详图中的轴线编写方法如表 13-1 所示。

(二)标高

标高用于表示建筑物某一部位的高度,高程数值以 m 为单位。一般注至小数点后三位(总平面图为小数点后两位)。

标高有绝对标高和相对标高之分。我国把青岛附近的黄海海平面定为测量零点,以此为基准的标高称为绝对标高;将建筑工程的某一部位定为测量零点,以此为基准的标高称为相对标高。为便于施工,常以拟建房屋底屋地面为相对标高的零点。

图样上的标高符号用直角等腰三角形表示,用细实线绘制。标高的标注形式及画法如表 13-2 所示。

(三)索引符号与详图符号

在建筑平、立、剖面图中,由于绘图比例较小,建筑物的一些节点及局部构造无法表达清楚,因此需采用较大的比例画出建筑详图。

为便于施工时查阅各种图样,常采用索引符号和详图符号来建立各种图样间的关系。索引符号和详图符号的标注方法如表 13-3 所示。

表 13-1　附加轴线和详图的轴线编写

项目	轴线编号	说明
附加轴线编号	2/4 1/A	表示 4 号轴线后附加的第二根轴线 表示 *A* 号轴线后附加的第一根轴线
详图的轴线编号	1 3	用于两根轴线
	1 ~ 10	用于三根以上连续编号的轴线
	1 3、6…	用于三根或三根以上的轴线
		用于通用详图

表 13-2　标高符号及标注

序号	标高符号的标注	说明
1	*L*　*h*　45° *h* 约等于3mm *L* 约等于注写标高数字的长度	标高符号的基本画法
2	-0.450	平面图上的标注
3	(9.000) (6.000) 3.000	平面图上的多层标注
4	3.300　3.300 3.300　3.300	立面图、剖面图上的标注
5	(9.000) (6.000) 3.000	立面图、剖面图上的多层标注
6	7.200	标高位置不够时的标注
7	143.00	总平面图上的标注

表 13-3　索引符号的标注

名称		符号	说明
索引符号	局部放大详图的索引符号	5 详图的编号 2 详图所在的图纸编号	索引出的详图与被索引的图不在同一张图纸内
		5 详图的编号 — 详图在本张图纸内	索引出的详图与被索引的图在同一张图纸内
		J103 5 详图的编号 2 详图所在的图纸编号	索引出的详图采用建筑标准图集 103 册
	剖视详图的索引符号	5 剖视详图的编号 2 详图所在的图纸编号	从下向上投射得到剖视详图
		5 剖视详图的编号 — 详图在本张图纸内	从左向右上投射得到的剖视详图

1. 索引符号

索引符号用以说明详图所在的图纸编号及详图编号，索引符号标注在被索引的图样上。

索引符号用直径为 10mm 的细实线圆画出，圆内画一水平线，上半圆用阿拉伯数字注明详图的编号，下半圆中填写详图所在的图纸编号。如详图与被索引的图样在同一张图纸内，则在下半圆中画一水平细实线。索引出的详图如采用标准图，应在索引符号水平直径的延长线上加注标准图册的编号。

当索引符号用于索引剖视详图时，应在被剖切的部位绘制剖切位置线，并以引出线引出索引符号。引出线所在的一侧为投射方向，如引出线在剖切位置线的右侧，则表示投射方向是从左向右投射。

2. 详图符号

详图符号用以表明详图的编号及被索引图样的位置，详图符号标注在详图上。

详图符号的圆应用直径为 14mm 的粗实线绘制。详图与被索引的图样同在一张图纸内时，直接在圆内用阿拉伯数字注明详图的编号；如不在同一张图纸内时，可用细实线在详图符号内画一水平直径，在上半圆中注明详图编号，在下半圆中注明被索引图样的图纸编号，如表 13-4 所示。

表 13-4　详图符号的标注

名　称	符　号	说　明
详图详号	(5) 详图的编号 (5/1) 详图的编号；被索引图所在的图纸编号	详图与被索引的图在同一张图纸内 详图与被索引的图不在同一张图纸内

(四)引出线

施工图中标注各种符号、编号、尺寸及文字说明时，常需用到引出线。引出线应以细实线绘制。引出线可以是水平线，也可以是经过 30°、45°、60°、90°等方向再折为水平线。文字说明注写在水平线的上方，也可以注写在水平线的端部。索引符号的引出线，应与水平直径线相连接，如图 13-3(a)所示。

同时引出几个相同部分的引出线可按图 13-3(b)的形式画出。

多层构造共用的引出线，应通过被引出的各层。文字说明的顺序应由上至下，并与说明的层次相一致。若层次为横向排列，则由上至下的说明顺序应与由左至右的层次相一致，如图 13-3(c)所示。文字说明注写在水平线的上方或水平线的端部。

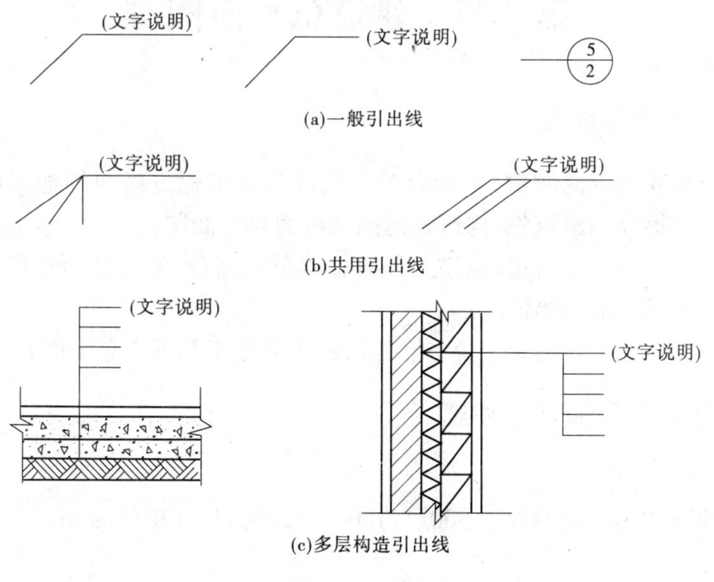

图 13-3　引出线

(五)其他符号

1. 对称符号

在施工图中，凡左右对称的图形，画图时可以画一半，并画出对称符号。对称符号由对称线和两端的两对平行线组成。对称线用细点画线绘制；平行线用细实线绘制，长度为 6～10mm，每对的间距为 2～3mm，如图 13-4 所示。

2. 连接符号

连接符号以折断线表示需连接的部位。两部位相距过远时，折断线两端靠图样一侧应标注大写拉丁字母表示连接编号。两个被连接的图样，必须用相同的字母编号，如图 13-4 所示。

3. 指北针

指北针是建筑施工图中表明建筑物朝向的符号。常画在建筑总平面图和建筑底层平面图的适当位置。指北针的形状见图 13-5。圆的直径宜用 24mm 的细实线绘制，指针尾部宽为 3mm，指针头部应注“北”或“N”字。

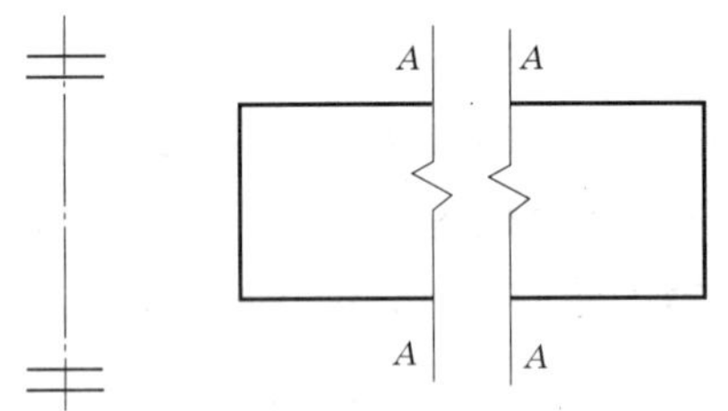

图 13-4 对称符号和连接符号

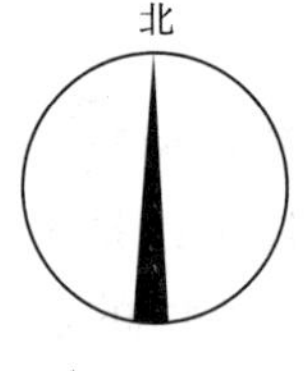

图 13-5 指北针

第二节 建筑总平面图

一、总平面图的形成及作用

用水平投影法和相应的图例，在画有等高线或加上坐标方格网的地形图上，画出新建、拟建、原有和要拆除的建筑物、构筑物的图样称为总平面图。

建筑总平面图反映一个新建、拟建工程的总体布局，表示原有和新建房屋的位置、标高、道路、构筑物、地形、地貌等情况。

根据总平面图可以进行房屋定位、施工放线、土方施工和施工总平面布置。

二、总平面图的图示方法和规定

(一)比例

绘制总平面图常用的比例为 1:500、1:1000、1:2000，尺寸单位为 m。

(二)图线

新建房屋的轮廓用粗实线，其余如原有房屋轮廓、道路等均用细实线(有些图例上有粗实线的除外)。

(三)指北针和风向频率玫瑰图

指北针的绘制与上述方法一致，如图 13-5 所示。风向频率玫瑰图，简称风玫瑰图。风玫瑰图是根据当地的风向资料将全年中各不同风向的天数用同一比例绘制在东、南、西、北、东南、东北、西北、西南等十六个方位线上，然后用粗实线连接成多边形。在风玫瑰

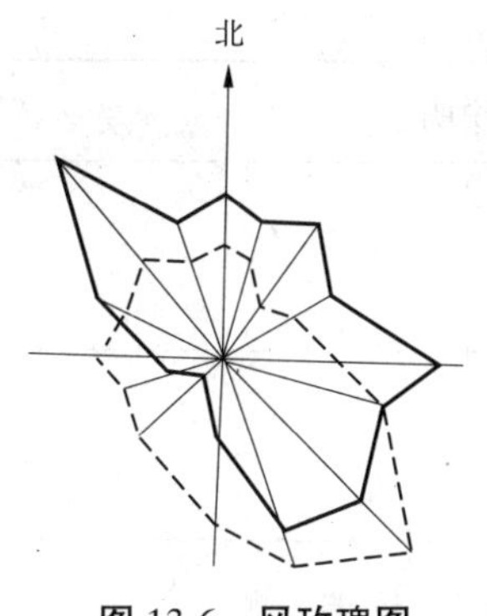

图 13-6 风玫瑰图

图中粗实线围成的折线图表示全年的风向频率，离中心点最远的风向表示常年中该风向的刮风天数最多，称为当地的常年主导风向。用细虚线绘制成的封闭折线表示当地夏季六、七、八月的风向频率，如图 13-6 所示，各地有各地的风玫瑰图。

（四）图例

总平面图上用到各种图例。国标中所规定的几种常用图例，如表 13-5 所示，必须熟悉了解其意义。在复杂的总平面图中，若用到国标中没有规定的图例，须在图中另加说明。

表 13-5 总平面图中常用的图例

名称	图例	说明
新建的建筑物		
原有的建筑物		
计划扩建的顶留地或建筑物		
拆除的建筑物		
围墙和大门		砖石、混凝土或金属材料的围墙
		镀锌铁丝网、篱笆等围墙
坐标	X105.00 Y425.00	表示测量坐标
	A131.51 B278.25	表示建筑坐标
护坡		边坡较长时，可在一端或两端局部表示
原有的道路		
计划扩建的道路		

续表 13-5

名称	图例	说明
建筑物下的通道		
新建的地下建筑物或构筑物		
挡土墙		被挡的土在“突出”的一侧

三、总平面图的基本内容

总平面图表明新建区的总体布局情况。如占地面积、新建的建筑物及构筑物的位置、道路、原有的房屋及道路的位置、相邻有关建筑，或拆除建筑物的位置以及计划再建工程的位置，绿化规划、管网布置等。若新建区地形复杂则应绘制出新建区附近的地形、地物。如等高线、河流、池塘、土坡等。

总平面图中尺寸标注比较简单。要注出新建建筑物室内一层地面，室外地坪、道路及等高线的标高，均为绝对标高。由这些标高可以说明该地的地势高低、土方填方挖方的工程量及地面坡度和雨水排除方向，还要注出新建建筑物的总长、总宽和平面位置的定位尺寸。在较简单的总平面图中，一般根据原有房屋或道路中心线来定位。当地形复杂或是远郊区工厂、较大的公共建筑物等，要做到放线准确，总平面图中常用坐标来表示建筑物、道路、管线的位置。坐标有测量坐标和施工坐标。

在总平面图中，一般用风玫瑰图表示常年的主导风向频率和风速及新建建筑物的朝向。有时也用指北针表明房屋的朝向。

四、总平面图的阅读

如图 13-7 所示，该总平面图是采用 1:500 比例绘制的。由风玫瑰图可知该地区常年的主导风向为北风，夏季的主导风向为北风和西北风。房屋的朝向是偏东南方向。

由等高线可以看出该地区东北方向高，因此在新建房屋东边，由东南向北方向修筑了一段边坡。在新建房屋南边偏东还修筑了一段挡土墙，新建房屋北边有池塘。新建的房屋为长 30m、宽 13.7m 的四层楼房。一层室内地面标高为 261.500m，室外整平地面标高为 260.600m，室内外地面高差为 0.9m。

新建房屋由原有 E 字形房屋向东 15m，由道路中心线向北 7.5m 定位。该小区的大门开在西南角。入口处南边有一幢南北向房屋，北边有一幢东西向的 E 字形房屋，东南角有一幢南北向房屋。为了新建房屋，要拆除在北边的一幢小房屋。计划在新建房屋东边，在边坡的东边高地上再建一幢房屋。在房屋周围、道路两旁、东北高地上栽树绿化。小区西侧、南侧、两幢房屋之间、东侧均修筑有砖石的围墙。

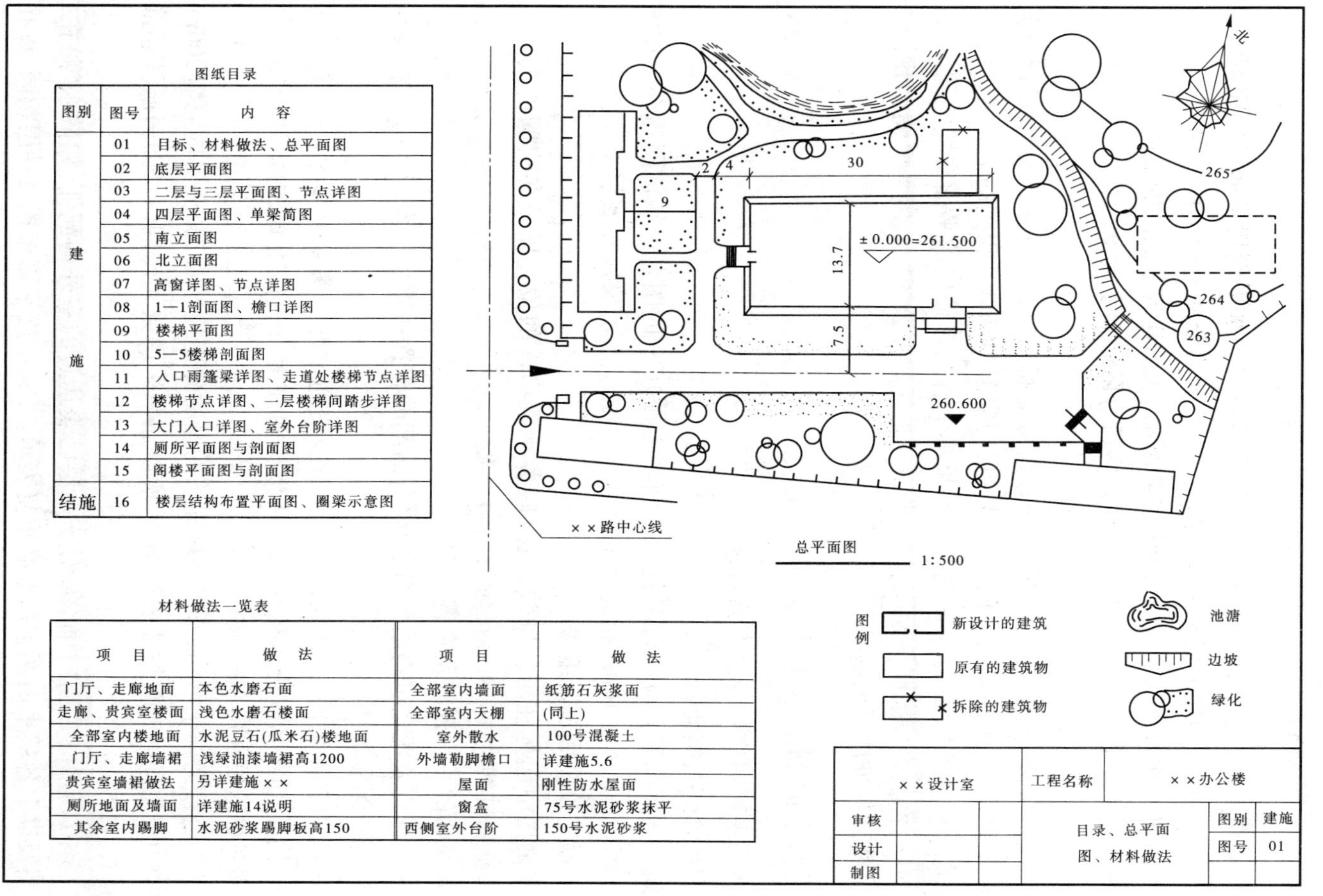

图纸目录

图别	图号	内容
建施	01	目标、材料做法、总平面图
	02	底层平面图
	03	二层与三层平面图、节点详图
	04	四层平面图、单梁简图
	05	南立面图
	06	北立面图
	07	高窗详图、节点详图
	08	1—1剖面图、檐口详图
	09	楼梯平面图
	10	5—5楼梯剖面图
	11	入口雨篷梁详图、走道处楼梯节点详图
	12	楼梯节点详图、一层楼梯间踏步详图
	13	大门入口详图、室外台阶详图
	14	厕所平面图与剖面图
	15	阁楼平面图与剖面图
结施	16	楼层结构布置平面图、圈梁示意图

材料做法一览表

项目	做法	项目	做法
门厅、走廊地面	本色水磨石面	全部室内墙面	纸筋石灰浆面
走廊、贵宾室楼面	浅色水磨石楼面	全部室内天棚	(同上)
全部室内楼地面	水泥豆石(瓜米石)楼地面	室外散水	100号混凝土
门厅、走廊墙裙	浅绿油漆墙裙高1200	外墙勒脚檐口	详建施5.6
贵宾室墙裙做法	另详建施××	屋面	刚性防水屋面
厕所地面及墙面	详建施14说明	窗盒	75号水泥砂浆抹平
其余室内踢脚	水泥砂浆踢脚板高150	西侧室外台阶	150号水泥砂浆

××设计室		工程名称	××办公楼	
审核		目录、总平面图、材料做法	图别	建施
设计			图号	01
制图				

图13-7 总平面图

第三节　建筑平面图

一、建筑平面图的形成及作用

建筑平面图就是一幢房屋的水平剖视图，即假想用一水平剖切平面沿门窗洞的位置将房屋剖开，然后移去剖切平面和它以上部分，将剩余部分从上向下做投射，在水平投影面上所得到的图样称为建筑平面图，如图 13-8 所示，表示建筑平面图的形成。

建筑平面图主要表示建筑物的平面形状、内部分隔、房间、走廊、楼梯、台阶、门窗、阳台的水平布置和大小等。

如果一幢多层楼房的每层布置不相同时，则每层都应画出平面图。沿底层门窗洞口切开后得到的平面图，称为底层平面图。沿二层门窗洞口切开后得到的平面图，称为二层平面图，依次可得到三层、四层平面图等。如果其中有几个楼层的平面布置相同，可以只画一个平面图，称其为标准层平面图。如图 13-9 是新建办公楼的底层平面图；如图 13-10 是新建办公楼的标准层平面图。

二、建筑平面图的基本内容

一般建筑平面图应具有以下的内容

（一）图名、比例、指北针

在建筑平面图的下方应注写图名和比例。从图 13-9 的图名可知该图为办公楼的底层平面图，绘图比例为 1∶100。指北针表示了办公楼的朝向，常画在底层平面图上。

（二）纵横定位轴线及其编号

建筑平面图中应标注定位轴线，以反映各承重构件的位置以及各房间的大小。在图 13-9 中，横向轴线为 1～9；纵向轴线为 A～E。

（三）建筑物的平面形状及布置

建筑平面图应表明建筑物的平面形状，各房间的布置和相互关系，入口、走廊、楼梯的位置，墙、柱的断面形状、位置及大小等。

图 13-9 反映出办公楼各房间的分布、位置及交通情况。房屋中部的 4～6 轴线间为楼房的入口，上台阶经 M6 进入楼梯间。从楼梯间往南有一内走廊，内走廊两侧是办公室。卫生间对称地设在房屋的两边。

由于该办公楼为框架结构，所以各填充墙的厚度分别为外墙 250mm，内隔墙 200mm。

平面图中卫生间的布置往往表达不清，所以通常采用放大比例（1∶50）另画其局部平面图，如图 13-11 所示。

如图 13-10 所示二、三层平面图，对于一层已表达过的室外构配件（如散水等）在二、三层平面图及以上各层平面图中都不必重复表示。二、三层平面布置与一层相同，仅在楼梯间外侧增加了仅用于二层平面的外挑雨篷。从平面图标注的标高可知，每层的层高为 3.4m。

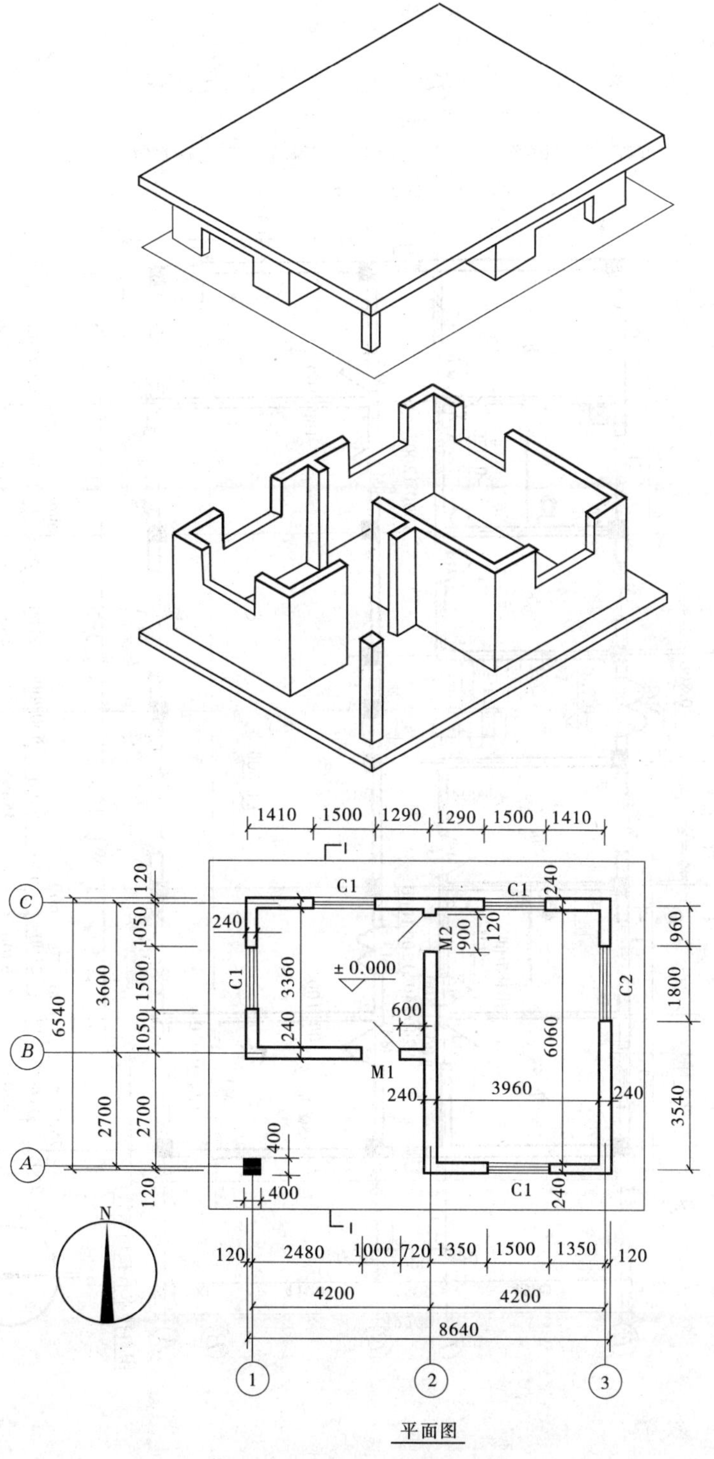

图 13-8　建筑平面图的形成

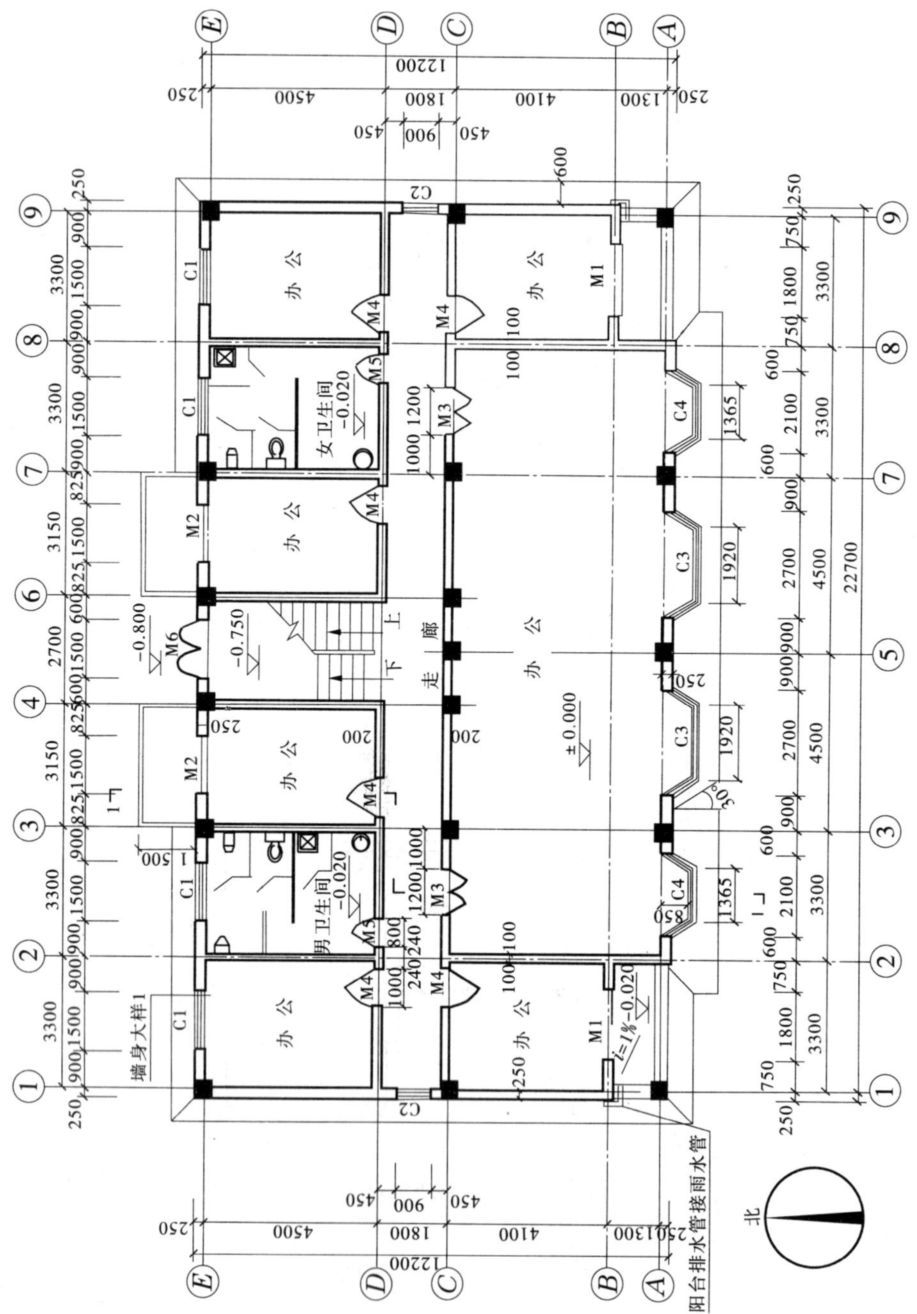

图 13-9 底层平面图 （总建筑面积 889.45m²）

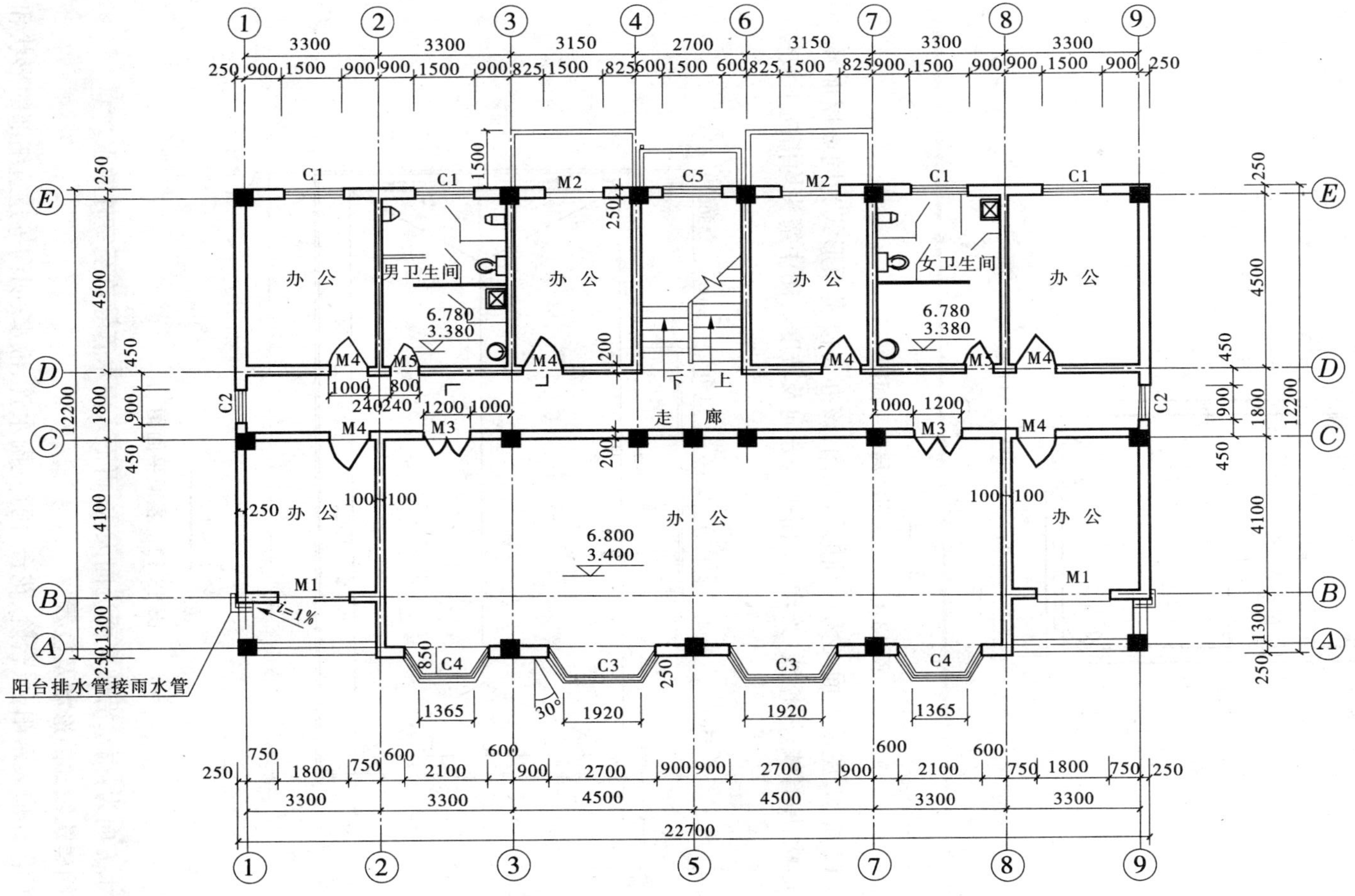

二、三层平面图1:100

图13-10　标准层平面图

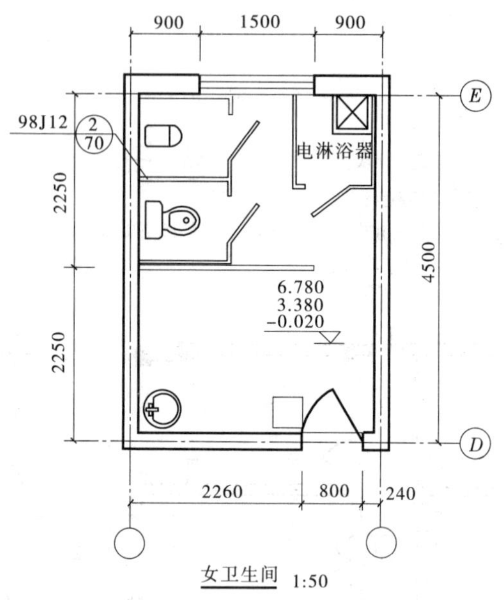

女卫生间 1:50

图 13-11　卫生间的局部平面图

如图 13-12 所示,屋顶平面图为屋顶的俯视图,该办公楼屋顶形式为同坡屋面,图中标注了屋顶形状、屋脊线、屋檐线、天沟、屋面排水方向及坡度。图中箭头均指向下坡位。

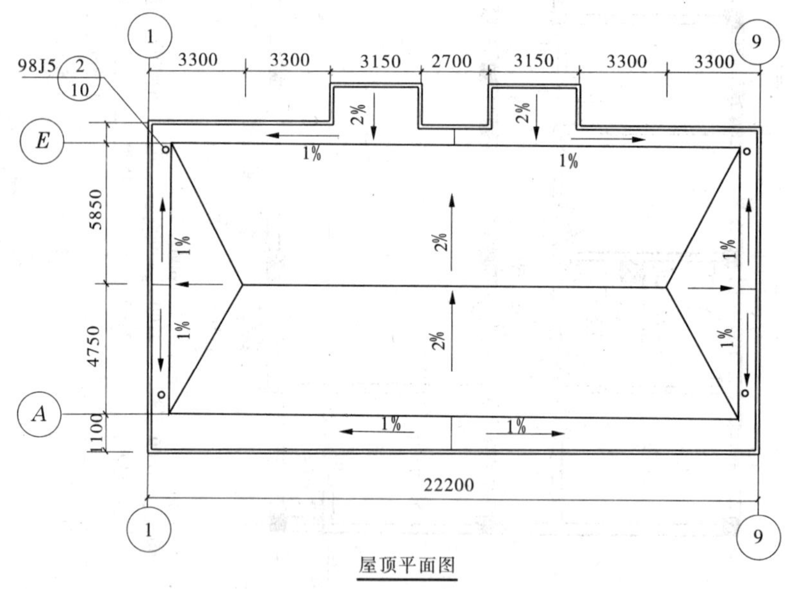

屋顶平面图

图 13-12　屋顶平面图

屋面排水方向为:雨水沿坡屋面流向天沟,再汇入雨水管导流至室外散水。

(四)表明建筑细部的形状及位置

建筑平面图还应表示阳台、台阶、花台、雨篷、雨水管、散水、明沟等建筑细部的形状和位置以及卫生间、厨房内固定设备的布置情况等。

通常入口踏步、花台、雨水管、散水、明沟等只在底层平面图上表示,入口处的雨篷等只在二层平面图上表示，二层以上的平面图就不再表示踏步、入口处的雨篷等。

在建筑平面图中，某些建筑构造、配件常采用图例来表示。常用图例如表13-6所示。

表13-6 建筑平面图常用图例

名称	图例	名称	图例
入口坡道	下	墙预留洞	宽×高或ϕ
	下	墙预留槽	宽×高×深或ϕ
底层楼梯	上	烟道	
中间层楼梯	下 上	通风道	
顶层楼梯	下	淋浴小间	
厕所间			

（五）门、窗布置和编号

由于建筑平面图一般采用较小的比例绘制，所以国标规定门、窗均用图例来表示。常用门窗的图例如表13-7所示。

门窗图例中，一般窗的平面图和剖面图用两条平行细实线表示窗框及窗扇；门的平面图例中45°倾斜的中实线表示门及其开启方向。在门窗立面图例中，平开门窗的开启方向用斜线表示，实线为外开，虚线为内开，开启方向交角的一侧为安装合页的一侧。推拉门窗用箭头表示推拉方向。

在建筑平面图中，门窗图例旁应标出它们的名称代号。门用字母M表示，窗用字母C表示。为区别门窗类型和便于统计，规定在代号之后写上编号如M1、C2等，并列出门窗表，表示出各类门窗的规格、数量等，如表13-8所示。

表 13-7 常用门窗图例

名 称	图 例	名 称	图 例
空门洞	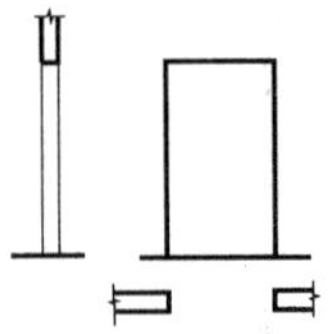	单层外开平开窗	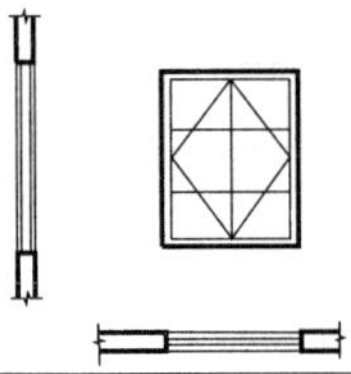
单扇门 (包括平开门和弹簧门)	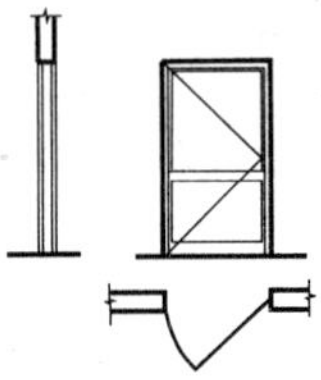	双层内外开平开窗	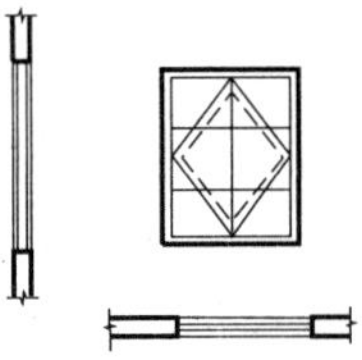
单扇双面弹簧门	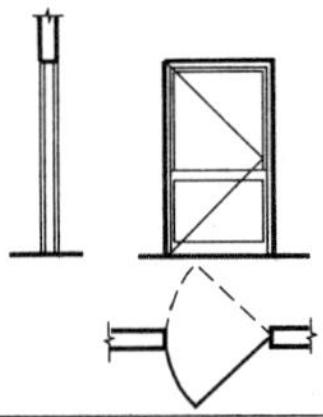	固定窗	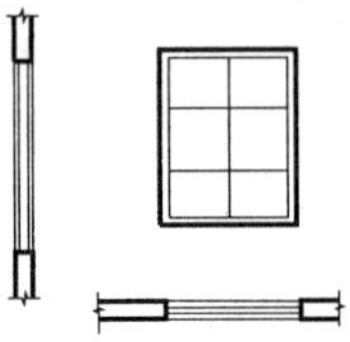
双扇门 (包括平开门和弹簧门)	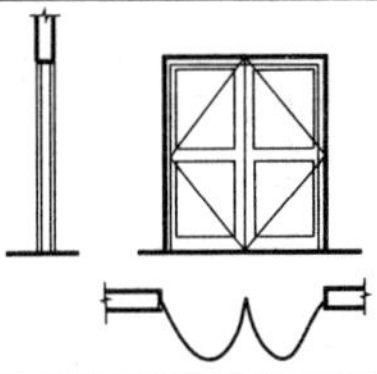	单层外开上悬窗	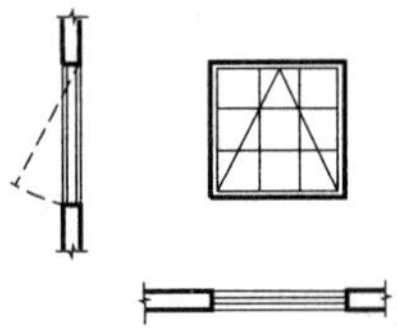
双扇双面弹簧门	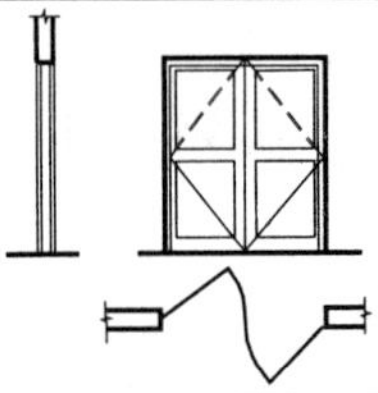	单层中悬窗	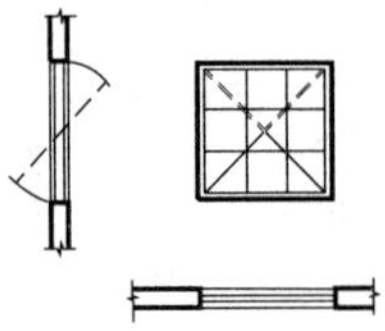
推拉门	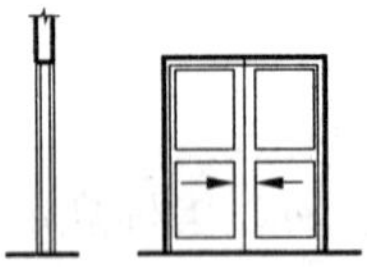	推拉窗	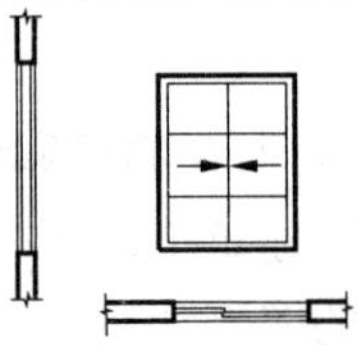
竖向卷帘门	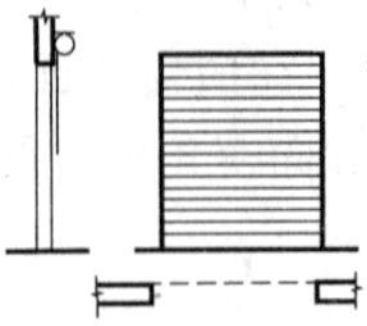	百叶窗	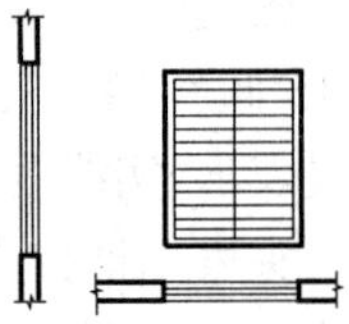

表 13-8 门窗表

类别	设计编号	洞口尺寸(mm)		数量	采用标准图集及编号		备注
		宽	高		图集代号	编号	
门	M1	1800	2750	6			银灰色铝合金推拉门
	M2	1500	2100	6			银灰色铝合金推拉门
	M3	1200	2100	12	98J4(二)	参 17－4M47	木门
	M4	1000	2100	12	98J4(二)	参 16－4M17	木门
	M5	800	2100	12	98J4(二)	参 16－4M37	木门
	M6	1500	2100	1			防盗门(成品)
窗	C1	1500	1850	12	98J4(一)		银灰色铝合金(有纱窗)
	C2	900	1850	6	98J4(一)		银灰色铝合金(有纱窗)
	C3	2700	1850	6	98J4(一)		银灰色铝合金(有纱窗)
	C4	2100	1850	6	98J4(一)		银灰色铝合金(有纱窗)
	C5	1500	1200	2	98J4(一)		银灰色铝合金(有纱窗)

门窗表的编制,是为了计算出每幢房屋不同类型的门窗数量,以供定货加工之用。房屋的门窗表一般放在建筑施工图的首页图内。

(六)室内外各部分的平面尺寸

在建筑平面图中,必须详细标注尺寸,以表示房屋内外各结构的平面大小及位置。平面图中的尺寸分为两种:外部尺寸和内部尺寸。

1.外部尺寸

外部尺寸有三道,沿横向、竖向分别标注在平面图图形的外部。

第一道尺寸称为细部尺寸。这道尺寸离外墙线最近,是表示外墙上门窗洞的位置和大小的尺寸,它以定位轴线为基准进行标注,如图 13-9 中靠近外墙的 900、2700 等尺寸。

第二道尺寸称为定位尺寸,表示轴线之间的距离。它标注在各轴线之间,说明房间的开间及进深的尺寸。例如图中的 3300、4500 是开间尺寸;4100、1800 则是进深尺寸。

第三道尺寸称为总尺寸,它是从建筑物一端外墙皮到另一端外墙皮的总长和总宽尺寸。本例总长为 22.70m ,总宽为 12.20m 。

外墙以外的台阶(或坡道)、雨篷、阳台、散水等细部结构的尺寸可分别单独标出。

2. 内部尺寸

标注在图形内部的尺寸称为内部尺寸。内部尺寸主要用于表示内墙上的门、窗的宽度和位置、墙体厚度、房间大小、室内固定设备的大小和位置、预留洞的位置等。

(七)室内、外地面和楼面的标高

建筑平面图中应标注楼面、地面、阳台、台阶、楼梯休息平台等处的相对标高(底层室内地面定为±0.000)。

本例底层室内地面为±0.000,卫生间地面标高为-0.020,这表示该处比室内地面低20mm。

(八)有关的符号及文字

在平面图中应注写各房间的名称,表明房间的功能。在需画详图的部位还应注出详图索引符号。建筑剖面图的剖切符号也应标注在底层平面图中。用图形表示不清楚的内容,可以用文字加以说明。

三、建筑平面图的图示方法

绘制建筑平面图必须依照国标的相关规定,总的原则是由整体到局部,逐渐深化细化,其步骤一般如下,如图 13-13 所示:

(1)绘制图幅线、图框线和标题栏。

(2)合理布置图面,然后绘制纵、横双向定位轴线。轴线是绘图时确定构件位置的基准线,也是建筑物施工放线的控制线。

(3)在轴线两侧绘制被剖到的墙身和柱断面轮廓线,画出门窗洞口位置线、图例线以及窗台、楼梯踏步台阶、散水等细部构造。

(4)标注指北针、尺寸线、轴线圆圈、索引符号及剖切符号等。

(5)稿线是用铅笔画出的轻细实线,校对无误后,再按不同的线型、线宽区别加深,被剖到的主要建筑构件的轮廓线,用线宽为 b 的粗实线(如墙身轮廓线);被剖到的次要建筑构配件的图例,用线宽为 $0.5b$ 的中实线(如门)。对未被剖到的楼梯、梯段等构配件的可见轮廓线,用线宽为 $0.5b$ 的中实线,构配件中细小的可见轮廓线,用线宽为 $0.25b$ 的细实线(如栏杆等)。

(6)对不同的材料图例,进行区别对待。如对砖墙断面涂红表示(或不表示),对钢筋混凝土柱断面则涂黑表示(因为平面图比例小)。

(7)最后填写房间名称、尺寸数字、图名等标注。

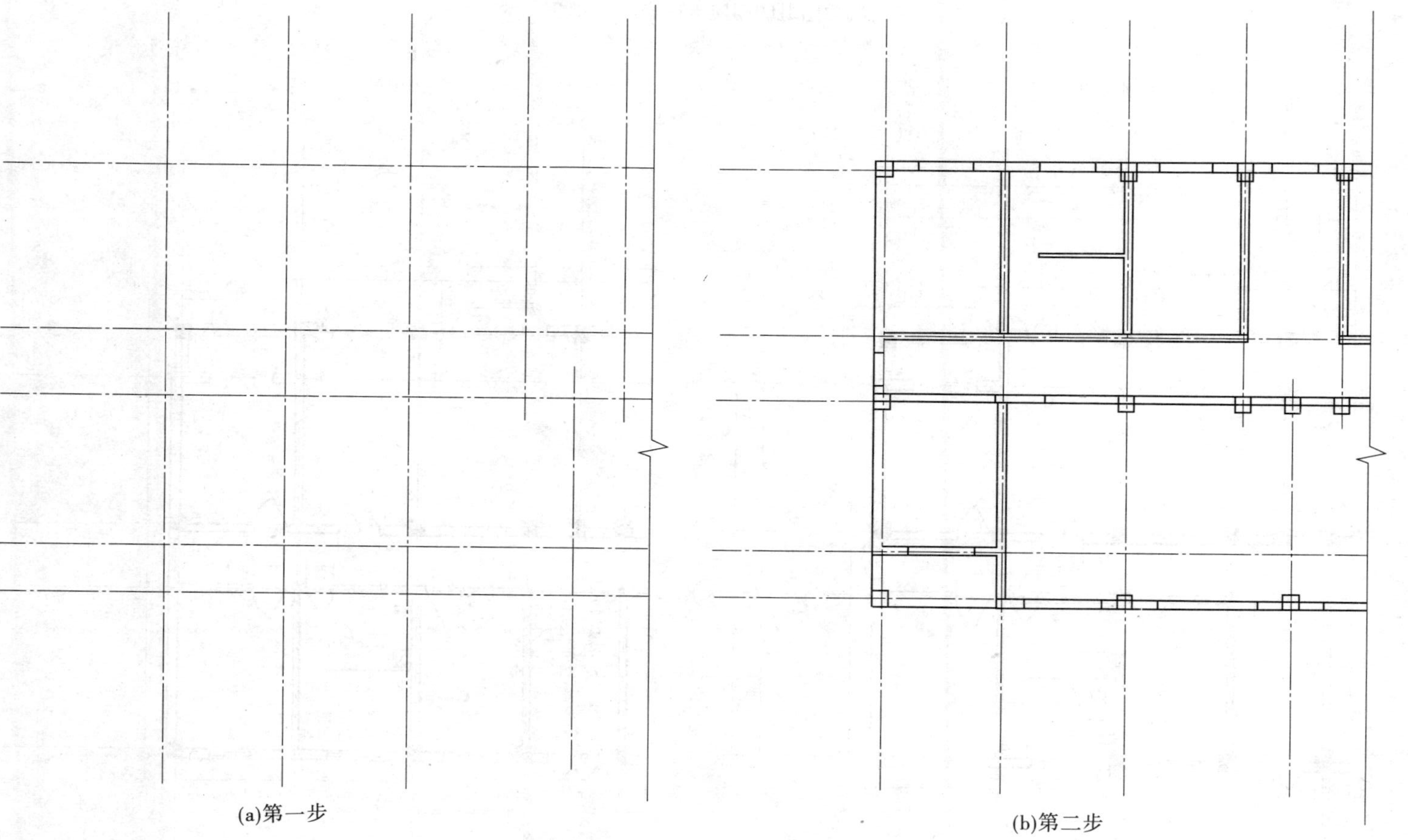

(a)第一步

(b)第二步

图13-13 建筑平面图的作图步骤(一)

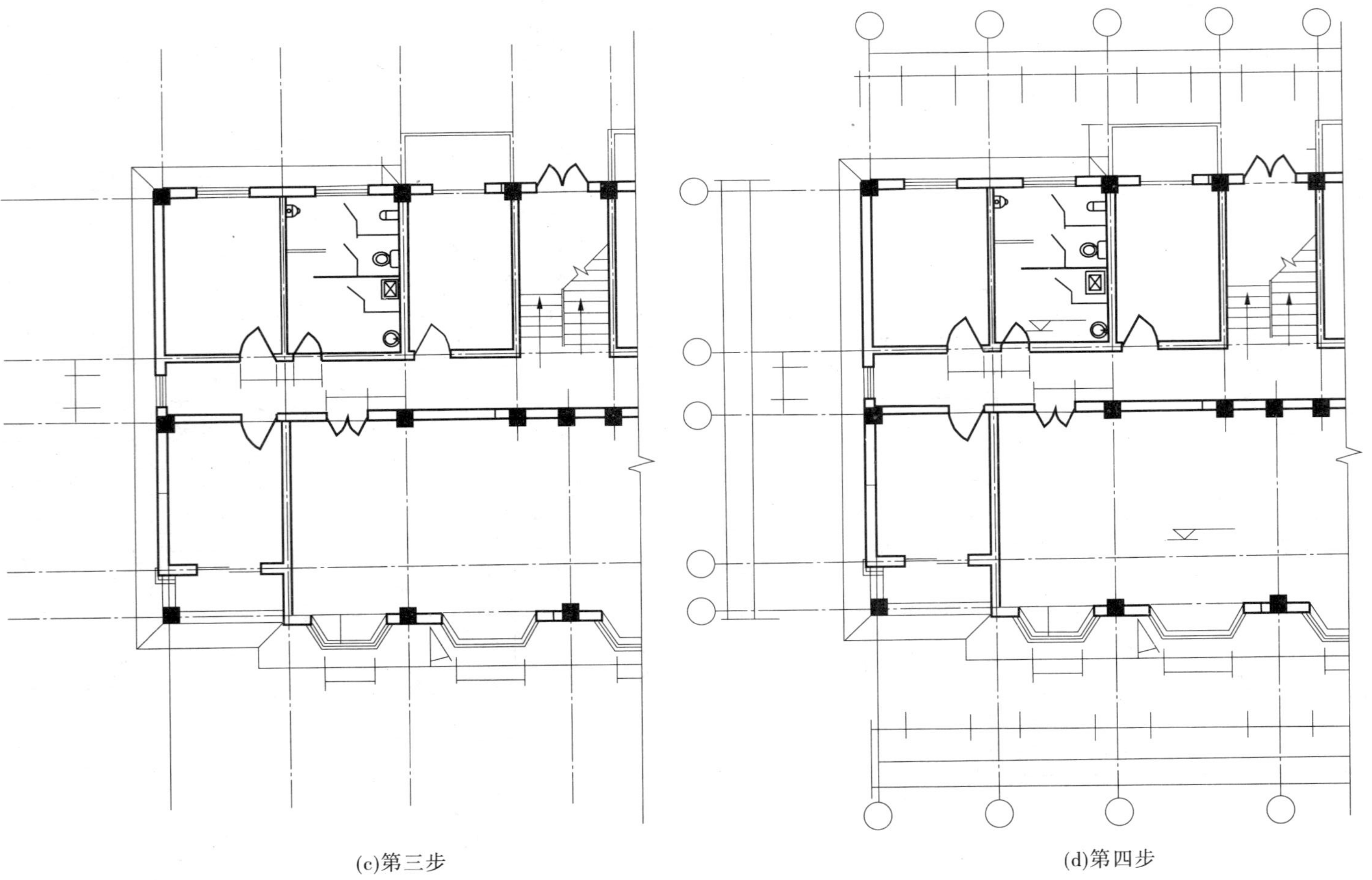

(c)第三步

(d)第四步

图13-13　建筑平面图的作图步骤(二)

第四节　建筑立面图

一、建筑立面图的形成及作用

将房屋的各个立面按直接正投影法投影到与之平行的投影面上，得到的投影图称为建筑立面图，简称立面图。立面图的数量视房屋各立面复杂程度而定，复杂的立面均需要立面图。有定位轴线的房屋，宜根据两端定位轴线号编注立面图名称，如①～⑩立面图、$A \sim D$ 立面图。无定位轴线的房屋，可按平面图各面的朝向确定名称，如南立面图、北立面图、东立面图及西立面图。也可以将反映出房屋外貌特征或有主要出入口的一面称为正立面图，与之对应的为背立面图、侧立面图等。

平面形状曲折的房屋，可绘制展开立面图。即把曲折的部分先展开，使之与投影面平行，再进行投影绘出立面图。圆形或多边形平面的房屋，可分段展开绘制立面图，但均应在图名后加注“展开”二字。

若房屋的南立面与北立面左、右对称时，可以由对称线作为分界线，各绘出一半。

建筑立面图主要表示房屋的外貌特征和立面上的艺术处理，所以建筑立面图主要为室外装修所用。

二、建筑立面图的基本内容和规定

(一)基本规定

1.图线

建筑立面图表示房屋在立面上的整体效果，使之层次清楚、富于立体感，故立面图上一般用四种图线。

房屋下面的室外地坪线用加粗线 $1.4b \sim 2b$，外包轮廓线用粗实线 b，外包轮廓线之内的主要轮廓线用中实线 $0.5b$，细部图形线用细实线 $0.35b$。具体绘制时可灵活运用，如外轮廓线之内突出的墙角、阳台、雨罩等比门窗洞口线、勒脚线等应宽一些。

2.图例、建筑材料与作法

因为立面图比例较小，不可能按投影原理将立面上所有的细部都表示出来，所以门、窗扇、阳台等一般用图例来表示。还可以对这些细部分别绘出一两个为代表，其他可以简化，绘出轮廓线即可。

图形上表明了材料图例后，还可用文字进行较详细的说明。

3.建筑立面图中的定位轴线

习惯上建筑立面图中只标注出两端的定位轴线，如图 13-14 所示。

(二)基本内容

1.房屋外形上可见部分的全部内容

从室外地坪线、房屋的勒脚、台阶、栏板、花池、门、窗、雨罩、阳台、墙面分格线、挑檐、女儿墙、雨水斗、雨水管、到屋顶上可见的烟囱、水箱间、通风道及室外楼梯等全部内容及其位置。

2.标高

建筑立面图上一般不注写高度方向的尺寸，而是要标注出外墙上各部位的相对标高。标高要注写出室外地面、入口处地面、勒脚、各层的窗台、门窗顶、阳台、檐口、女儿墙等完成面的标高。注写时标高符号应大小一致，排列整齐、数字清晰。一般注写在立面图的左侧，必要时左右两侧均可注写，个别的情况可注写在图内。

在立面图上个别的细部或者墙上的预留洞需注出定形、定位尺寸。

3.索引及文字说明

立面图上要标注出局部详图的索引，或个别外墙详图的索引及文字说明。

4.外墙面的建筑材料及作法

立面图上要用图例或文字说明外墙面的建筑材料、装修做法等。

三、建筑立面图的阅读

建筑立面图的阅读如图 13-14 所示。

（一）看图名、比例

从图中可看出是①～⑨轴立面图，即南立面图，比例为 1∶100。

（二）与平面图对照读立面图

了解房屋的外形、屋顶形式以及窗户、阳台、檐口和勒脚等的形状、位置等。

（三）了解立面各部位的装修做法

该办公楼立面装修较简单。外墙装修以米黄色面砖为主，在一层台阶以下采用的是仿蘑菇石砖墙，坡屋顶采用了彩色压型钢板，竖直方向上窗户为铝合金材质。

（四）标高（由标高了解建筑物的总高和各部位高度）

该办公楼的总体高度为 13.88（地面以上标高 13.08m），二、三层楼面的标高分别为 3.4m 和 6.8m，还可以了解各窗洞口、窗台顶面和过梁底面的标高。

四、建筑立面图的图示方法

绘制建筑立面图可按如下步骤，如图 13-15 所示。

（1）绘制立面图两端的定位轴线、轮廓线。

（2）绘制门窗洞口。根据门窗洞口的上、下口标高绘制洞口定位线，并确定洞口宽度。

（3）绘制门窗分格线。

（4）绘制雨篷、雨水管、台阶、墙面装饰线等细部构造。

（5）绘制标高符号、轴线圆圈、索引符号。

（6）加深图线。校对无误后，对各个图线按相应层次加深，室外地坪线用 1.4b 加粗实线，轮廓线用线宽为 b 的粗实线，门窗洞口用 0.5b 的中实线，分格线及其他构造线用 0.25b 细实线。

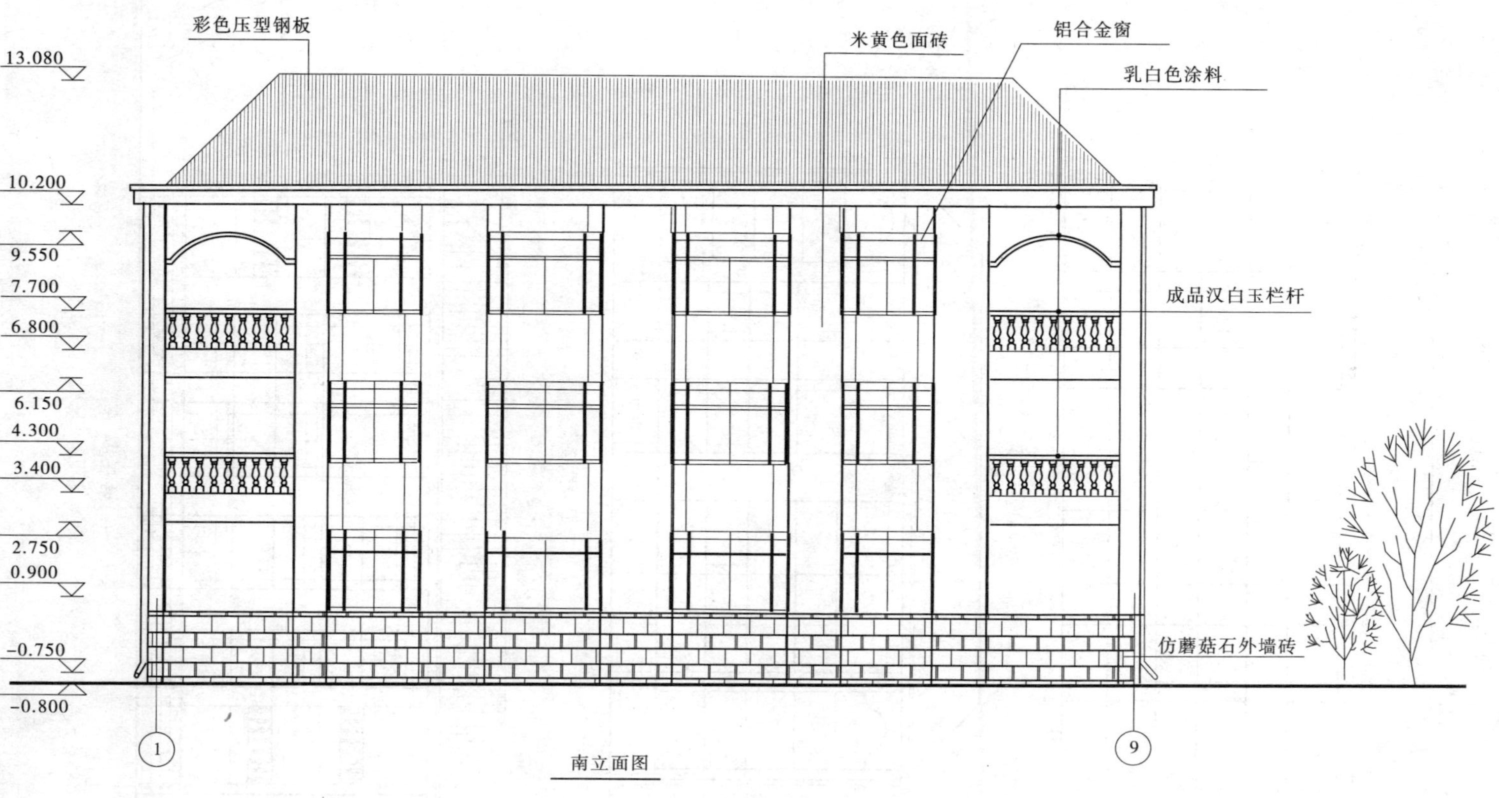

图13-14 ①~⑨轴立面图

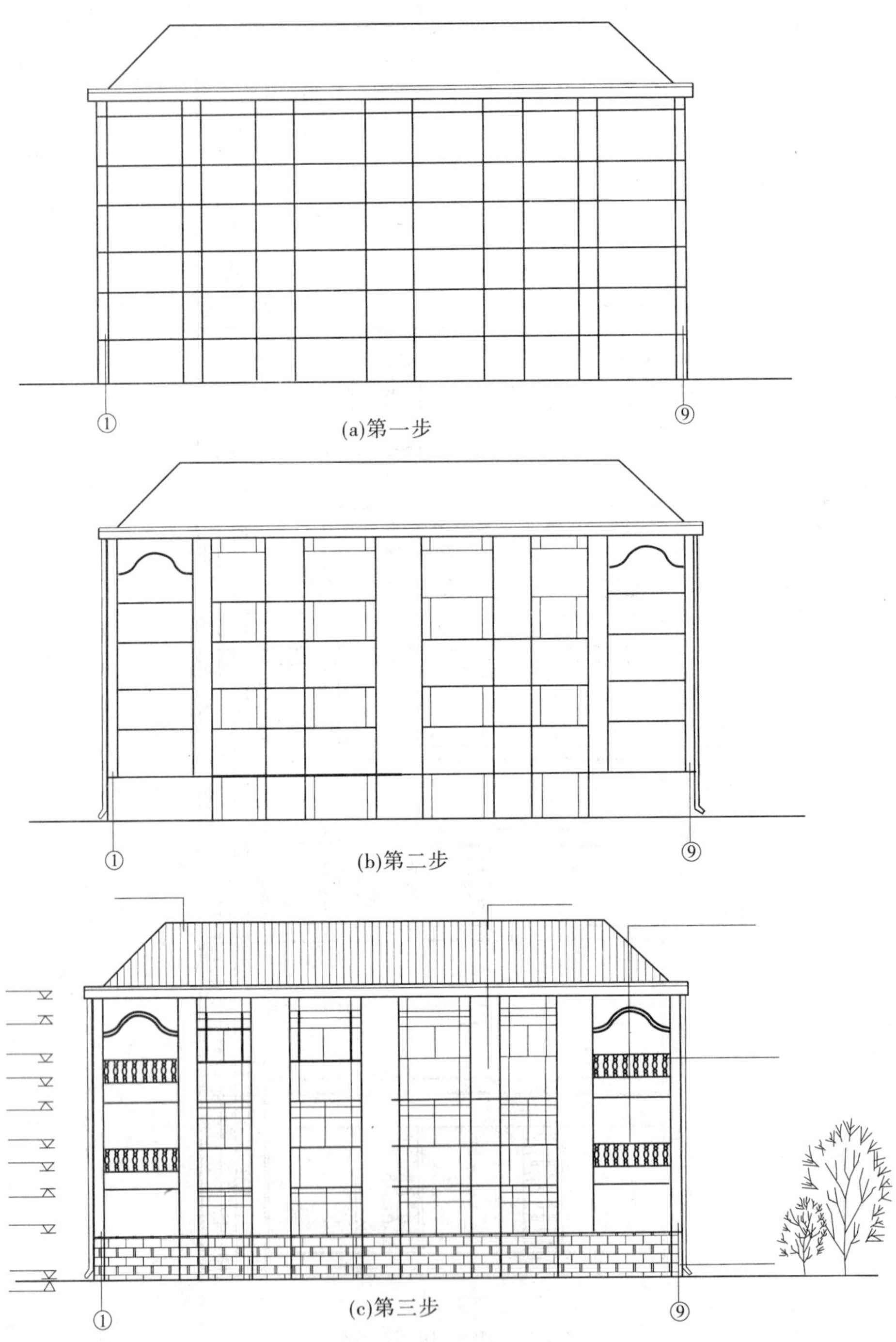

图 13-15　建筑立面图的作图步骤

第五节　建筑剖面图

一、建筑剖面图的形成及作用

假想用一个或两个(必要时多个)平行于 W 投影面的剖切平面沿着房屋的横向,将房屋垂直剖切后所得到的剖面图,称为建筑剖面图,简称剖面图。如图 13-16 所示,表示建筑剖面图的形成。需要时也可以将平行于 V 投影面的剖切平面做纵向剖面图。剖切的位置要选在室内复杂的部位,通过门、窗洞口及主要入口处、楼梯间或高度有变化的部位。剖面图的数量视具体情况而定。剖面图所表达的内容及投影方向与平面图上标注的要一致。

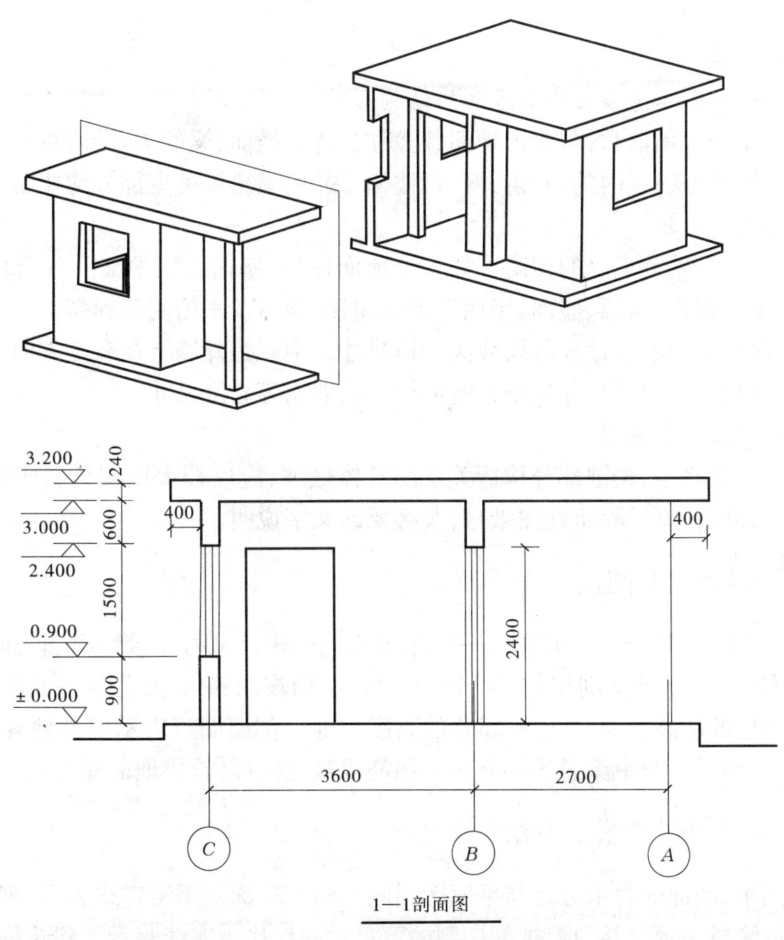

图 13-16　建筑剖面图的形成

建筑剖面图简要地表示建筑内部在高度方向的结构形式、高度尺寸、内部分层情况和各部位的联系,是与平面、立面配套的三大图样之一。

二、建筑剖面图的基本内容和规定

(一)基本规定

1. 比例图线

剖面图的比例、图线与平面图相同。

2. 图例与材料做法

国标中规定剖面图中比例大于 1:50 时绘出抹灰层,比例等于 1:50 时可不绘出,比例小于 1:50 时不绘出抹灰层。但不论多大比例,1:50、1:100 还是 1:200 均要绘出楼地面的面层线。材料图例表示方法与平面图相同。

3. 定位轴线

剖面图中剖到的墙体在地面以下用折断法绘出。不画出基础部分,然后注出墙的定位轴线并标注轴间距。

(二)基本内容

1. 剖面图一般表示房屋在高度方向的结构形式

如墙身与室外地面散水,与室内地面、防潮层、各层楼面、梁的关系;墙身上的门、窗洞口的位置;屋顶的形式;室内的门、窗、洞口、楼梯、踢脚、墙裙等可见部分均要表示出来。

2. 标高和尺寸标注

(1)标注出各部位完成面的标高。如室外地面标高、室内一层地面及各层楼面标高、楼梯平台,各层的窗台、窗顶、屋面、屋面以上的阁楼、烟囱及水箱间等标高。

(2)标注高度方向的尺寸外部尺寸为一道尺寸。主要是外墙上在高度方向上门、窗洞口的定形、定位尺寸。内部尺寸主要是室内门、窗、墙裙等高度尺寸。

3. 索引符号及文字说明

剖面图由于比例小,关键部分构造关系的具体做法,应以较大比例绘制成详图,要用索引符号表明详图的编号和所在图纸号,及必要的文字说明。

三、建筑剖面图的阅读

如图 13-17 是图 13-9 办公楼的 1—1 剖面图。由图 13-9 可知该剖面图为阶梯剖面,视图方向由右向左,A 轴被剖切的是凸窗,C、D、E 轴被剖到的是门,从剖面图中可以很直观地读出每层的层高(3.4m)及各部分的高度尺寸。剖面图只表示室外地坪以上的部分,地下部分不表示。图中涂黑的部分表示钢筋混凝土构件(首层地面除外)。

四、建筑剖面图的图示方法

在剖面图中,断面的表示方法与平面图相同。断面轮廓线用粗实线表示,钢筋混凝土构件的断面可涂黑表示。其他没被剖切到的可见轮廓线用中实线表示。建筑剖面图的绘图步骤如下,如图 13-18 所示。

(1)绘制被剖切墙体及构件的定位轴线、室外地坪线、楼地面线、屋面线、楼梯各平台线。

(2)绘制被剖到的构配件、墙身、梁、板、台阶、楼梯的轮廓线,并画出各材料的图例。

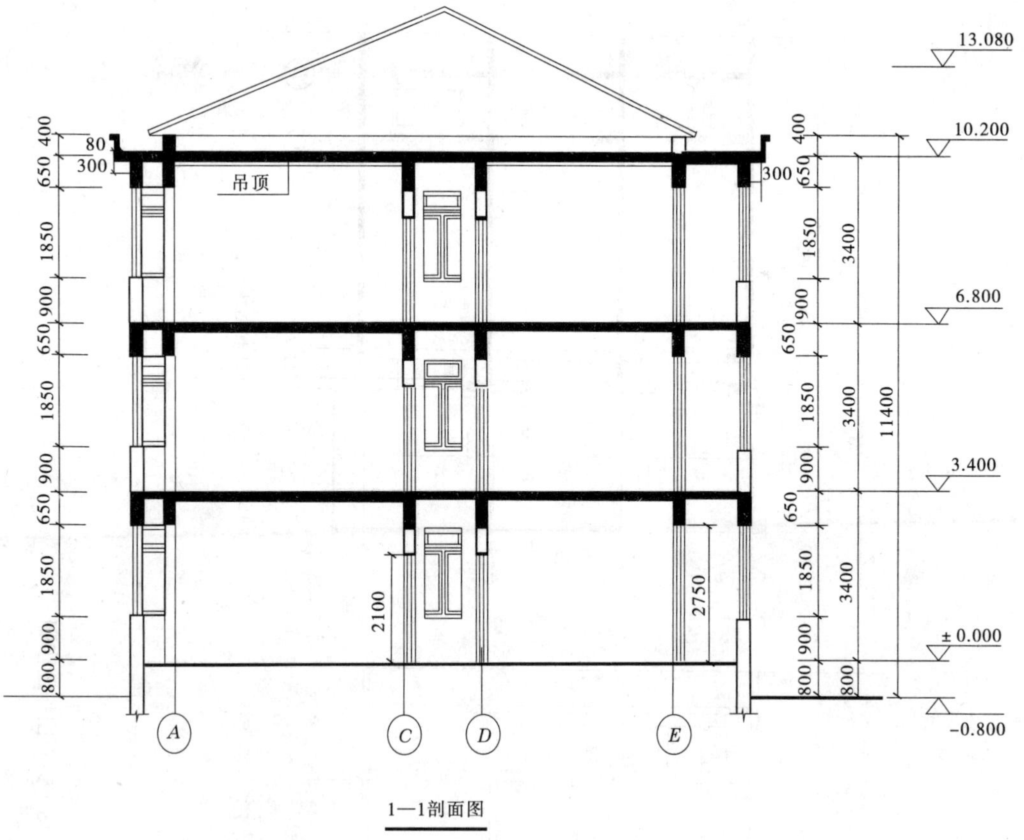

图 13-17　剖面图

图例画法应符合下列规定：

①比例大于 1∶50 的平面图、剖面图，应画出抹灰层与楼地面、屋面的面层线，并宜画出材料图例。

②比例等于 1∶50 的平面图、剖面图，宜画出楼地面、屋面的面层线，抹灰层的面层线应根据需要而定。

③比例小于 1∶50 的平面图、剖面图，可不画出抹灰层，但宜画出楼地面、屋面的面层线。

④比例为 1∶100～1∶200 的平面图、剖面图，可画简化的材料图例（如砌体墙涂红、钢筋混凝土涂黑等），但宜画出楼地面、屋面的面层线。

⑤比例小于 1∶200 的平面图、剖面图，可不画材料图例，剖面图的楼地面、屋面的面层线可不画出。

(3)未被剖到的构配件。剖面图可见的构配件，门窗洞口、楼梯、栏杆等。

(4)标高及尺寸。标注室内外地坪、楼地面、楼梯平台的建筑标高；雨篷、门窗洞口、屋顶板的结构标高及相应高度方向的尺寸。

(5)加深图线。室外地坪线用 1.4b 加粗实线加深，被剖切构配件的轮廓用线宽为 b 的粗实线，可见的门窗洞线用 0.5b 的中实线，其余配件用 0.25b 的细实线。

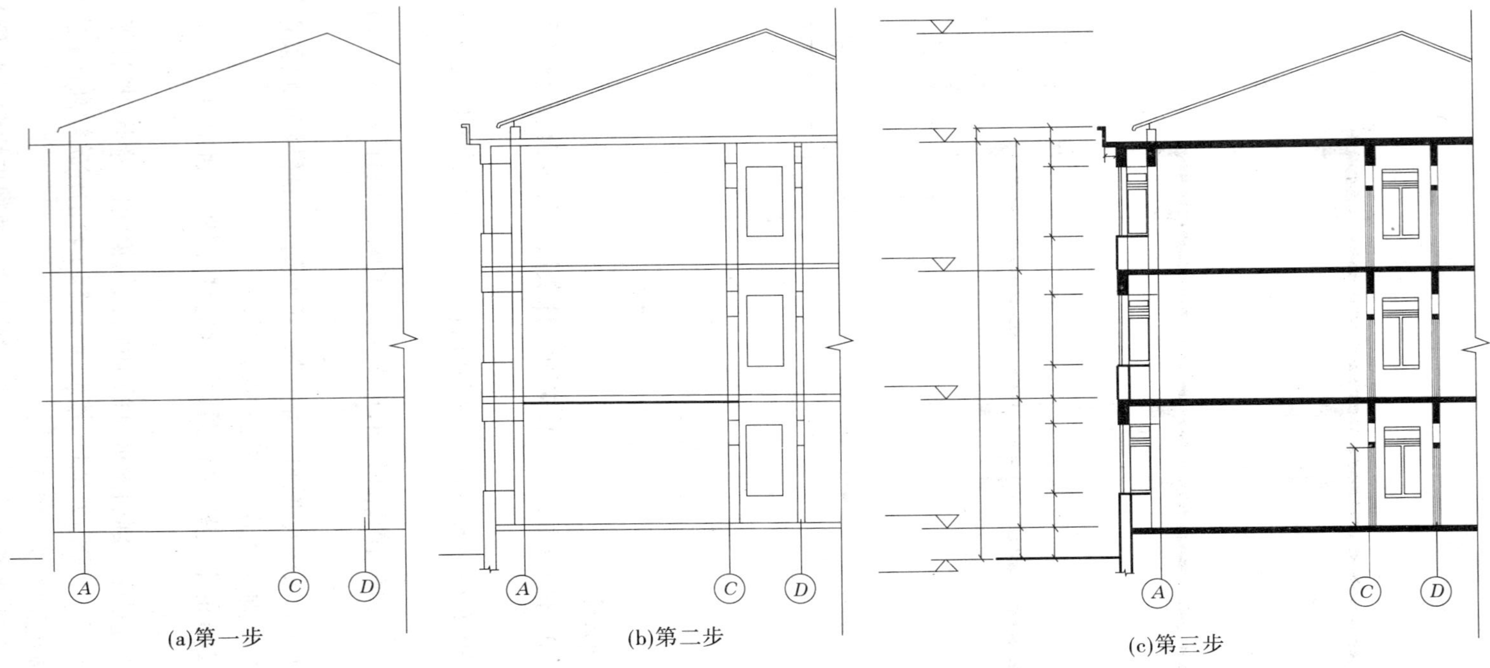

图13-18 剖面图作图步骤

第六节 建筑详图

一、建筑详图的作用和特点

由于建筑平、立、剖面图所用的比例较小，房屋上许多局部构造无法表示清楚。为了满足施工的需要，必须分别将这些局部构造的形式、大小、材料及做法用较大的比例详细地绘制出来，所得到的图样称为建筑施工详图，也称为大样图。

建筑详图可以是建筑平、立、剖面图中某一局部的放大图或剖视放大图，也可以是某一构造节点或某一构件的放大图。

建筑详图可分为局部构造详图和构配件详图。常用的详图有墙身详图、楼梯详图、卫生间详图、门窗详图、雨篷详图等。

建筑详图具有以下特点：

(1)图形详细。图形采用较大比例绘制，各部分结构表达详细，层次清楚。

(2)数据详细。各结构的尺寸标注完整齐全。

(3)文字详细。无法用图形表达的内容采用文字说明，详尽清楚。

二、常用详图介绍

详图的表达方法和数量可根据房屋构造的复杂程度而定。本节仅介绍外墙身详图和楼梯详图。

(一)墙身详图

墙身详图主要表示房屋的屋面、檐口、楼地面、窗台、门窗顶、勒脚、散水的构造、形式和做法以及楼板与墙的连接关系等。

如图 13-19 就是 *E* 轴墙身详图，它表明了檐口部分的构造、屋面防水及排水构造；各层梁、楼板的位置及与墙身的关系；窗台、窗过梁(或圈梁)的构造情况；勒脚部分如房屋外墙的防潮、防水和排水的做法等。

图 13-19 表明在室内底层地面下设有防潮层，起防潮作用。墙面下部墙根处有坡度 4%的散水。室内地面标高 ±0.000，楼面、屋面采用 110 厚现浇混凝土模板，屋面有 60 厚聚苯板保温层。窗顶部设置有圈梁，并起到窗过梁的作用。

墙身详图要标注出各部位的标高及高度方向和墙身细部的大小尺寸、墙身轴线编号和详图符号等。如图 13-19 所示，墙身轴线编号 *E* 与平面图对照可知墙身位置。详图中还采用分层文字说明的方法表示屋面、楼面、地面的构造。

(二)楼梯详图

楼梯是房屋中比较复杂的构造。目前多采用预制或现浇钢筋混凝土结构。楼梯由楼梯段、休息平台和栏板(或栏杆)等组成。

楼梯详图包括楼梯平面图、楼梯剖面图及踏步栏杆节点详图等。它们表示出楼梯的形式；踏步、平台、栏杆的构造；尺寸、材料和做法。楼梯详图分为建筑详图与结构详图，并分别绘制。

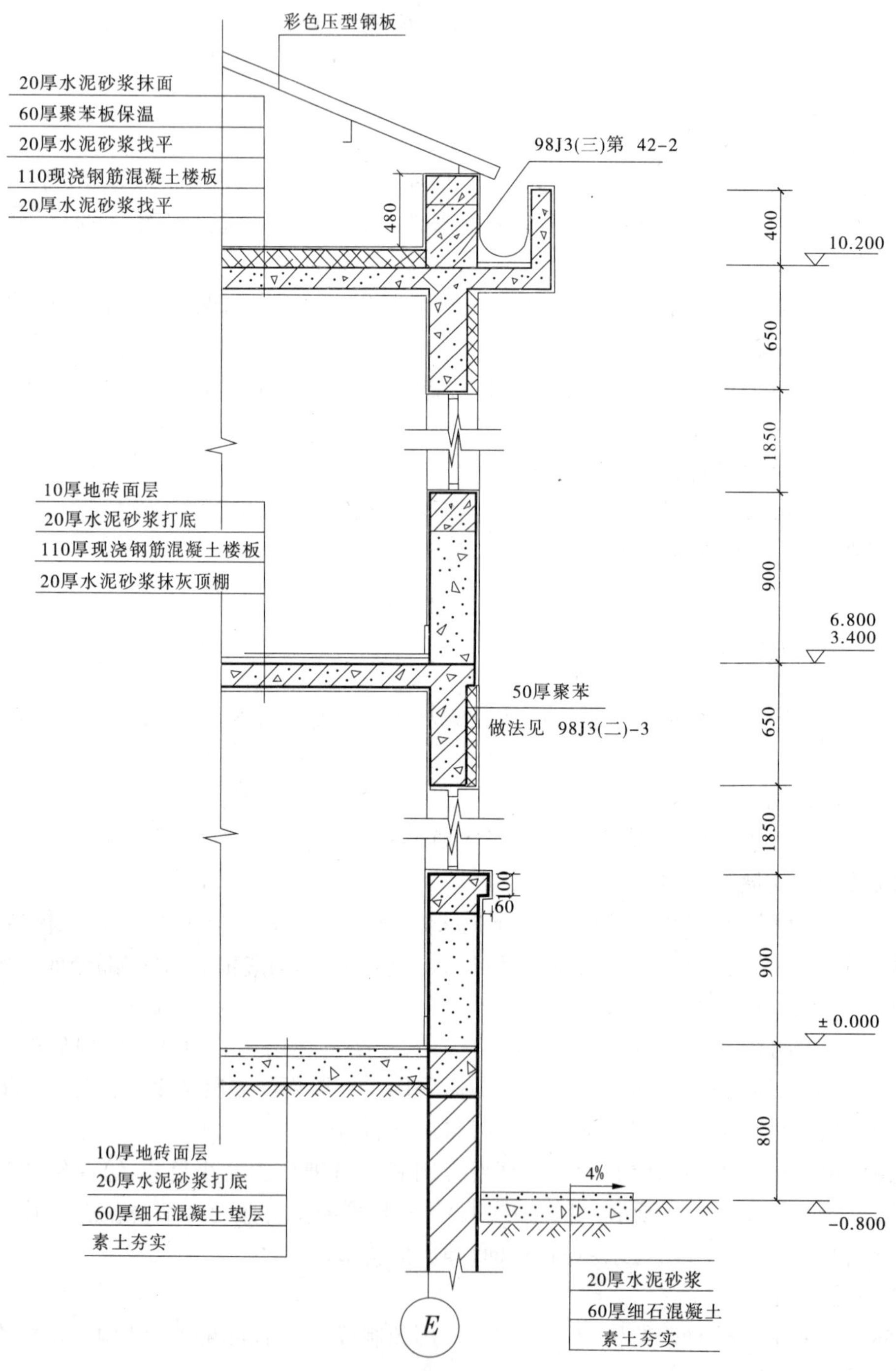

图 13-19　墙身剖面详图

绘制楼梯详图的比例多采用 1:50、1:20。线型的要求与建筑平、立、剖面图相同。

1. 楼梯平面图

一般情况下，每一层都要画楼梯平面图。三层以上的房屋，若中间各层的楼梯位置及其梯段数、踏步数和大小相同时，通常只画底层、中间层和顶层三个平面图。

楼梯平面图实际是各层楼梯间的水平剖视图，水平剖切位置应在每层上行第一梯段及门窗洞口的任一位置处。楼梯平面图表明楼梯梯段的水平长度和宽度、各级踏步的宽度、平台的宽度和栏杆扶手的位置等。各层(除顶层外)被剖到的梯段，应按国标的规定，在平面图中用倾斜折断线表示，如图 13-20 所示。

在各层楼梯平面图中应标注该楼梯间的轴线及编号，以确定其在建筑平面图中的位置。底层楼梯平面图还应注明楼梯剖面图的剖切符号。

楼梯平面图应用箭头表明梯段向上或向下的走向。从图中可以看出，中间层楼梯段经剖切后向下投射时，不但看到本层上行梯段的部分踏步，也看到下行梯段的部分踏步，故用箭头分别标出“上”和“下”。顶层楼梯剖面图中，能看到下行梯段的全部梯级以及顶层楼面上的楼梯栏杆(或栏板)、扶手等，因此图中仅画下行箭头方向。

楼梯平面图中要注出楼梯间的开间和进深尺寸、楼地面和平台面的标高及各细部的详细尺寸。通常把梯段长度尺寸与踏步数、踏步宽的尺寸合写在一起。如二层平面图中的 300×10=3000，表示该梯段每一踏步的宽为 300mm，梯段水平长为 3000mm。

2. 楼梯剖面图

假想用一铅垂平面通过各层的一个梯段和门窗洞将楼梯剖开，向另一未剖到的梯段方向投射，所得到的剖视图，即为楼梯剖面图，如图 13-21 所示。

楼梯剖面图表达楼梯的形式和构造、楼梯梯段数、步级数、各层平台面及楼面的高度以及它们之间的相互关系。如图 13-21 是按图 3-20 中一层楼梯平面图中 1—1 剖切线的位置及其剖视方向画出的，由图可知该楼梯是现浇钢筋混凝土板式楼梯、每层有两个梯段。若楼梯间的屋面没有特殊之处，一般可不画。

楼梯剖面图中还应标注地面、平台面、楼面等处的标高和梯段、楼层、门窗洞口的高度尺寸。楼梯高度尺寸注法与平面图梯段长度注法相同，如 154.5×11=1700，表示该梯段每一踏面的高为 154.5mm，该梯段的高为 1700mm。

楼梯剖面图中也应标注承重结构的定位轴线及编号。对需画详图的部位注出详图索引符号。

3. 楼梯节点详图

楼梯、踏步、栏杆、扶手的形式及其连接构造，可用 1:5 或 1:10 比例另做详图，或用详图索引符号引至标准(或通用)图集。

4. 楼梯详图的图示方法

绘制楼梯详图的比例多采用 1:50、1:20。线型的要求与建筑平、立、剖面图相同。

1)楼梯平面图的画法

各层楼梯平面图可采用画平行格线的方法绘制，所画的每一分格表示梯段的一级踏面。由于梯段端头一级的踏面与平台面或楼面重合，所以平面图中每一梯段画出的踏面格数比该梯段的级数少 1，即楼梯梯段水平长度 = 每一级踏面宽×(梯段级数 - 1)。如

150
300 × 10=3000
1350
4
100
1200
100
1200
100
6.800
下
5.100
600
1500
2700
600
6
150
300 × 10=3000
1350
4500
D
E
三层平面图 1 : 50
150
300 × 10=3000
1350
4
100
1200
100
1200
100
3.400
下
上
1.700
600
1500
2700
600
6
150
300 × 10=3000
1350
4500
D
E
二层平面图 1 : 50
1050
300 × 4=1200
4
100
1300
1200
100
± 0.000
下
上
-0.750
1
1
600
1500
2700
600
6
150
300 × 10=3000
1350
4500
D
E
一层平面图 1 : 50

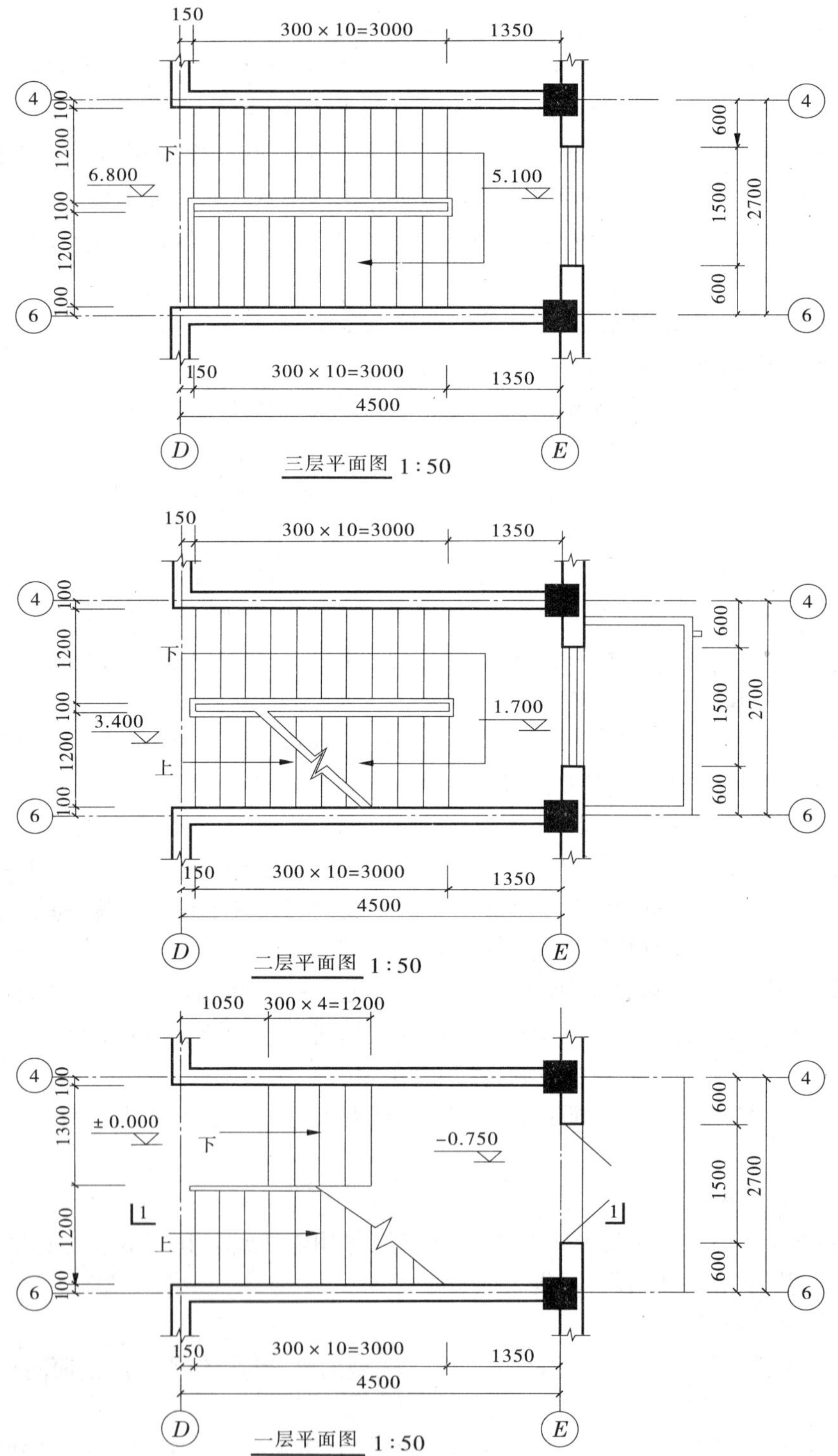

图 13-20　楼梯平面图

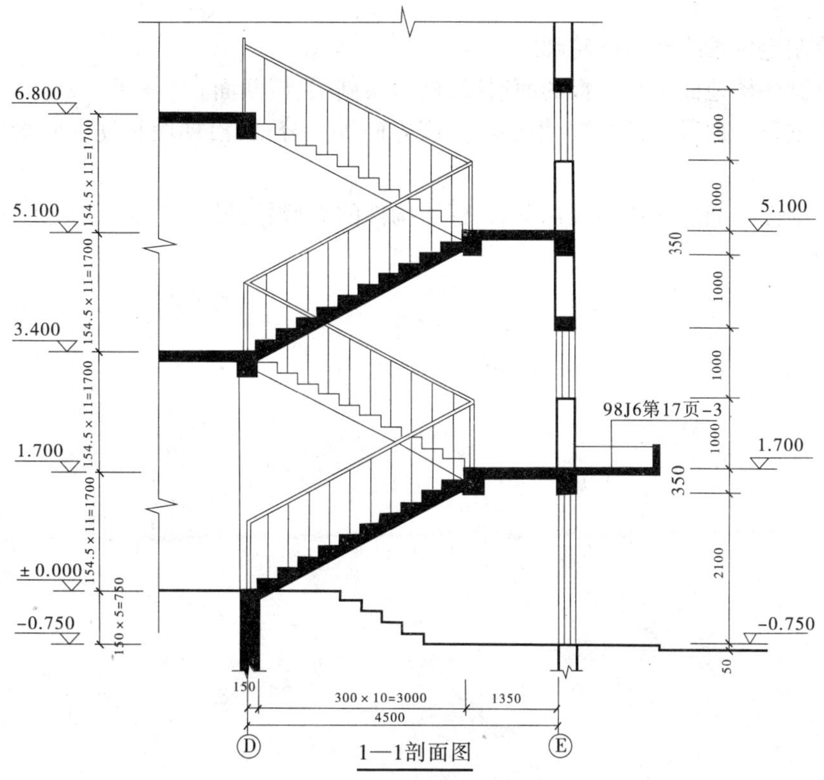

图 13-21　楼梯剖面图

图 13-22 所示，具体作图步骤如下：

(1)绘制定位轴线，画出各轴线两侧墙体的轮廓线。

(2)确定平台宽度、梯段的水平投影长度及宽度，然后按梯段内的踏步数对其进行平行等分(几何做图法)。

(3)按平面图的层次将图线加深后，标注各构件的类型号、尺寸及各平台板的标高。

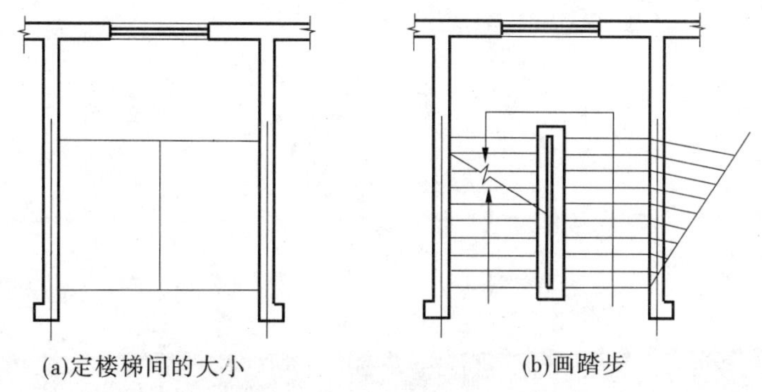

图 13-22　楼梯平面图的画法

2)楼梯剖面图的画法

各层楼梯剖面图也是利用画平行格线的方法来绘制的，所画的水平方向的每一分格表示梯段的一级踏面宽度；竖向的每一分格表示一个踏步的高度，竖向格数与梯段级数相同。具体作图步骤为：

(1)绘制定位轴线及墙体轮廓线。

(2)绘制各楼地面及平台板的面层线,然后绘制梁、板断面。

(3)根据每一梯段的梯级数,沿梯段高度方向等量分格,沿梯段长度方向做梯级数减一的分格。

(4)按剖面图的层次将图线加深后,标注构件的类型号、尺寸及各平台板的标高。

第十四章　结构施工图

第一节　概　述

一、建筑物的结构体系

建筑物的诸多构件如楼屋面板、梁、柱、承重墙和基础等均为主要的受力构件,它们之间相互支承,连成整体,形成了建筑物的受力与传力体系,这种体系就称为建筑结构或结构。组成这个体系的各个构件称为结构构件。各结构构件都必须经过设计荷载作用下的刚度和强度计算,才能保证建筑物在使用阶段的安全性及可靠性,如图 14-1 所示。

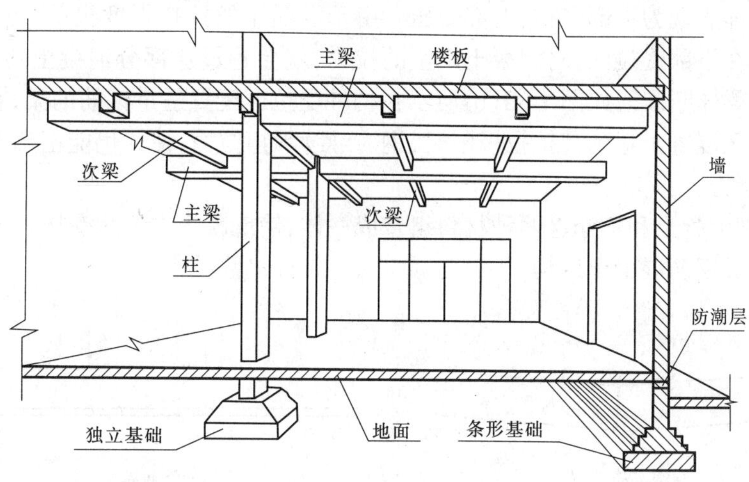

图 14-1　砖混结构示意图

建筑物结构的分类可以从以下两方面进行:

(1)按构件使用的材料不同,分为钢筋混凝土结构、钢结构、木结构、砖石结构及组合结构等。

(2)按结构形式的不同,分为砌体结构、排架结构、网架结构、框架结构、框架剪力墙结构等。

二、结构施工图的基本内容

根据建筑结构类型的不同,结构施工图的具体内容及编排方式也各有不同,但一般都包括如下三部分。

(一)结构设计说明

结构设计说明主要包括三个方面,即工程概述、地基及基础说明和其他说明。结构设计说明以文字说明为主，一般将上述内容详列在一张“结构说明”图纸上。如果工程较小，结构不太复杂，可在基础平面图中加上结构设计说明即可。

（二）结构平面图

结构平面图主要包括基础平面图、楼层结构平面图、屋面结构平面图、圈梁布置平面图等。

（三）构件详图

构件详图主要包括梁、板、柱等构件详图和楼梯、雨篷、阳台、屋架等结构节点详图。

三、钢筋混凝土结构简介

混凝土是将水泥、砂子、石子和水按一定比例配合，浇筑入模，经养护硬化后得到的一种与天然石料有相同性质的材料，俗称人造石材。混凝土的抗压强度很高，而抗拉强度却很低。钢筋的抗压和抗拉强度都很高。把钢材扎制成钢筋，放在构件的受拉区使其承担拉力，混凝土则承担压力，就将大大提高构件的承载能力，并降低成本，减少构件的截面尺寸。

如图 14-2(a)所示为素混凝土梁（全部由混凝土制成），梁在荷载 P 的作用下成为一个受弯构件，即表现为下部受拉，上部受压。由于混凝土的抗拉强度很低，当外部荷载 P 还不太大时，在下部受拉区，对混凝土产生的拉力，就会超过这部分混凝土的抗拉强度极限，从而导致梁体断裂。如图 14-2(b)所示在构件受拉区配置适量钢筋的梁，在荷载 P 的作用下，受拉区混凝土达到其抗拉极限时，钢筋继续承担拉力，使梁仍能正常工作，提高了构件的承载能力。

像这样把混凝土和钢筋这两种材料组合成一体，使混凝土主要承受压力，钢筋主要承受拉力，就形成钢筋混凝土结构。

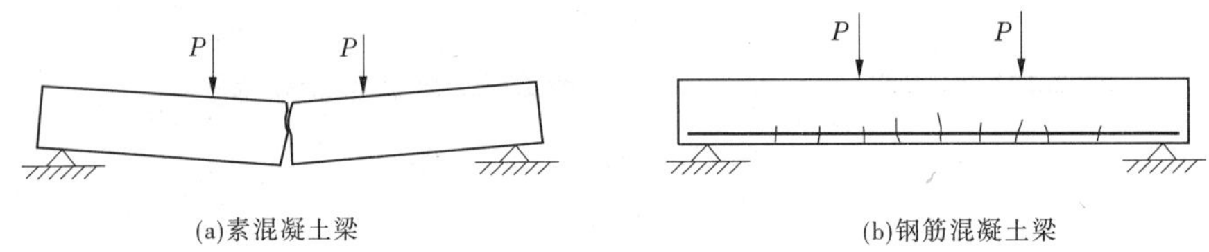

(a)素混凝土梁　　(b)钢筋混凝土梁

图 14-2　梁的示意图

用钢筋混凝土制成的梁、板、柱、基础等构件，称为钢筋混凝土构件。钢筋混凝土构件，有在工地现场浇制的，称为现浇钢筋混凝土构件。也有在工厂或工地以外预先把构件制作好，然后运到工地安装的，称为预制钢筋混凝土构件。有的构件在制作时对混凝土预加一定的压力以提高构件的强度和抗裂性能，称为预应力钢筋混凝土构件。

全部用钢筋混凝土构件承重的结构物称为框架结构。建筑物用砖墙承重，屋面、楼层、楼梯用钢筋混凝土板和梁构成，这种结构称为混合结构。目前，我国一般中小型民用建筑，如住宅、宿舍、办公楼等多采用混合结构。这种房屋能充分利用地方材料，造价较低，且施工方便，所以被广泛采用。

四、结构施工图的基本规定

(一)比例

根据施工图所表达的内容及深度的不同,其绘图比例可有所选择,如表 14-1 所示。

表 14-1　比例

图名	常用比例	可用比例
结构平面图、基础平面图	1:50,1:100,1:150,1:200	1:60
圈梁平面图,总图中管沟、地下设施等	1:200,1:500	1:300
详　图	1:10,1:20	1:5,1:25,1:4

(二)图线

结构施工图的图线选择要与《建筑制图统一标准》的相应线宽组相适应。各图线的线型、线宽应符合表 14-2 的规定。

表 14-2　图线

名称		线型	线宽	一般用途
实线	粗		b	螺栓、主钢筋线、结构平面图中的单线结构构件线、钢木支撑及系杆线,图名下横线、剖切线
	中		$0.5b$	结构平面图及详图中剖到或可见的墙身轮廓线,基础轮廓线,钢、木结构轮廓线,箍筋线,板钢筋线
	细		$0.25b$	可见的钢筋混凝土构件的轮廓线、尺寸线,标注引出线,标高符号,索引符号
虚线	粗		b	不可见的钢筋、螺栓线,结构平面图中的不可见的单线结构构线及钢、木支撑线
	中		$0.5b$	结构平面图中的不可见构件,墙身轮廓线及钢、木构件轮廓线
	细		$0.25b$	基础平面图中的管沟轮廓线、不可见的钢筋混凝土构件廓线
单点长画线	粗		b	柱间支撑、垂直支撑、设备基础轴线图中的中心线
			$0.25b$	定位轴线、对称线、中心线
双点长画线	粗		b	预应力钢筋线
	细		$0.25b$	原有结构轮廓线
折断线			$0.25b$	断开界线
波浪线			$0.25b$	断开界线

(三)常用构件代号

建筑结构构件种类繁多,为了使图面布置简明、清晰,便于阅读,国标规定了常用构件代号,如表 14-3 所示,构件代号使用的是构件名称汉语拼音第一个字母及其组合。预应力钢筋混凝土构件的代号应在相应构件代号前加注“Y—”,如 Y—WB 表示预应力钢筋混凝土屋面板。

在具体工程中,各构件代号后标注阿拉伯数字,用以表示构件的尺寸大小、荷载类型或构件的顺序号。

表 14-3　常用构件代号

序号	名称	代号	序号	名称	代号
1	板	B	22	檩条	LT
2	屋面板	WB	23	屋架	WJ
3	空心板	KB	24	托架	TJ
4	槽形板	CB	25	天窗架	CJ
5	折板	ZB	26	框架	KJ
6	密肋板	MB	27	刚架	GJ
7	楼梯板	TB	28	支架	ZJ
8	盖板或沟盖板	GB	29	柱	Z
9	挡雨板或檐口板	YB	30	构造柱	GZ
10	吊车安全走道板	DB	31	承台	CT
11	墙板	QB	32	桩	ZH
12	天沟板	TGB	33	挡土墙	DQ
13	梁	L	34	地沟	DG
14	屋面梁	WL	35	柱间支撑	ZC
15	吊车梁	DL	36	梯	T
16	圈梁	QL	37	雨篷	YP
17	过梁	GL	38	阳台	YT
18	连系梁	LL	39	梁垫	LD
19	基础梁	JL	40	预埋件	M-
20	楼梯梁	TL	41	钢筋网	W
21	框架梁	KL	42	基础	J

注:预制钢筋混凝土构件、现浇钢筋混凝土构件、钢构件和木构件,一般可直接采用本附录中的构件代号。在绘图中,当需要区别上述构件的材料种类时,可在构件代号前加注材料代号,并在图纸中加以说明。

五、结构施工图的图示特点

(一)图示方法

与建筑施工图相同,结构施工图也采用正投影多面视图来表达结构平面布置图、立面图、剖面图及断面图等。

(二)表达方式

结构施工图的表达方式可概括为从整体到局部,从小比例到大比例的表达过程,比如,首先用1:100的比例绘制结构平面布置图,用以表达平面内各梁、板、柱、楼梯的布置及定位。再用1:50的比例绘制梁的详图,用以表达梁长度、高度方向的尺寸及配筋构造,最后用1:20的比例绘制梁的断面图,以表达其断面尺寸及具体配筋情况。

不同比例的施工图,对材料图例的表达可以不同,如在结构平面中钢筋混凝土材料图例可以涂黑,而在详图中则必须用相应符号及图例表达。

(三)尺寸标注

结构平面图中主要标注各构件定位轴线的尺寸及其顶面或底面的结构标高。而构件的定形尺寸及细部构造尺寸则由构件详图表示。其中结构标高尺寸以m为单位,小数点后取三位(不足三位以零补齐),其余尺寸均以mm为单位。

结构施工图中的轴线编号、尺寸必须与相应的建筑施工图对应统一,同时结构施工图之间的构件代号、轴线编号及定位尺寸也必须统一。

第二节　钢筋混凝土结构图

一、钢筋混凝土的基本知识

钢筋混凝土结构构件是由混凝土和钢筋两种材料组成,既抗压又抗拉的构件。

(一)混凝土

混凝土是由水泥、砂、石子和水按一定配比拌和而成。混凝土是一种抗压强度高、抗拉强度低的脆性材料,它可按抗压强度的大小分为14个等级,C15、C20、C25、C30、C35、C40、C45、C50、C55、C60、C65、C70、C75、C80,其标号越大,抗压强度越高。

(二)钢筋

钢筋的抗拉强度很高,如果在混凝土构件的受拉区配置足够的钢筋,两者结合可形成既抵抗压力又抵抗拉力的钢筋混凝土构件,这种构件在土木工程领域被广泛应用。

1.钢筋的分类和作用

配置在混凝土结构中的钢筋,按其作用可分为下列几种,如图14-3所示。

(1)受力筋。构件中承受拉、压应力的钢筋,用于梁、板、柱等各种钢筋混凝土构件。受力筋根据其形状不同分为直筋和弯筋两种。

(2)钢箍(箍筋)。承受剪力或扭力的钢筋,并固定受力筋和架立筋位置,用于梁或柱内。

(3)架立筋。用以固定梁内受力筋和箍筋的位置,构成梁内骨架的钢筋。

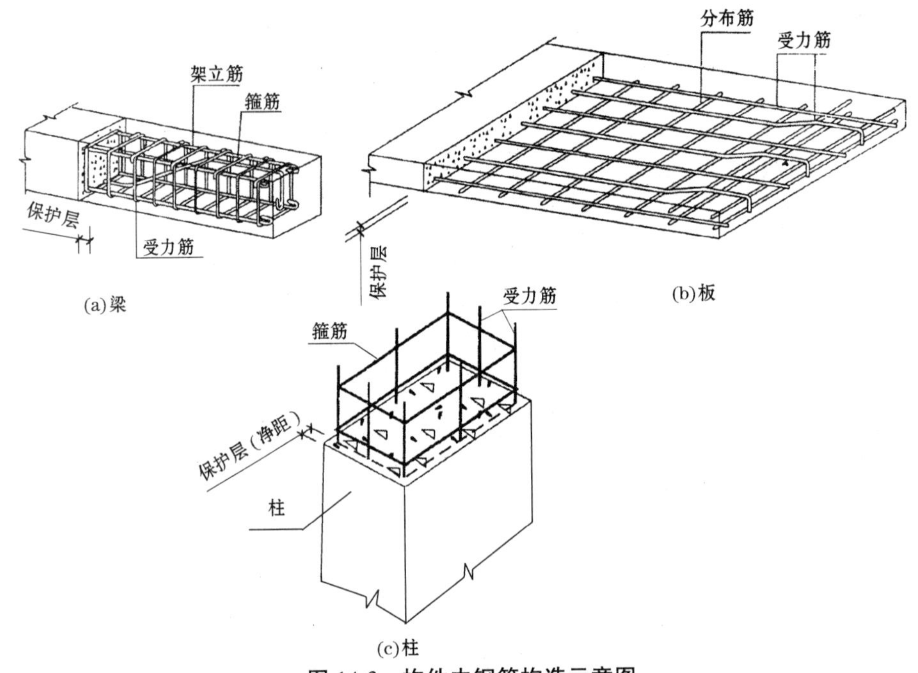

图 14-3　构件中钢筋构造示意图

(4)分布筋。指板内固定受力筋位置的钢筋,与受力筋方向垂直,可抵抗热胀冷缩引起的温度变形。

(5)其他钢筋。指因构造要求或施工安装需要而配置的构造筋,如腰筋、预埋锚固筋、吊环等。

2. 钢筋的品种

钢筋混凝土构件所使用的钢筋品种繁多,根据其强度不同,分为不同等级、不同种类和级别的钢筋,在结构施工图中用不同的代号表示,常用钢筋品种及代号如表 14-4 所示。

14-4　常用钢筋符号

钢筋级别	钢材品种和外型	符号
Ⅰ级钢筋	HPB235 光圆钢筋	Φ
Ⅱ级钢筋	HRB335 热扎带肋	Φ
Ⅲ级钢筋	HRB400 热扎带肋	Φ
RRB400 余热处理钢筋		$Φ^{R}$

与钢筋代号写在一起的还有该号钢筋的直径,根数或间距,如②3 Φ 20 表示②号钢筋是三根直径为 20mm 的Ⅱ级钢筋,又如④6 Φ@200 表示④号钢筋是Ⅰ级钢筋,直径为 6mm,每 200mm 放置一根。@为等间距符号。

3. 钢筋的保护层

为了防止钢筋锈蚀,钢筋在构件中不能裸露,要有一定厚度的混凝土作为保护层。保护层厚度指钢筋外边缘距构件外表面的距离。它可起到保护钢筋、防腐蚀、防火及增加混凝土与钢筋黏结力的作用。钢筋混凝土结构设计规范规定,各种构件混凝土保护层的厚度如表 14-5 所示。

表 14-5 混凝土保护层的最小厚度 (单位:mm)

钢筋	构件类别		保护层最小厚度
纵向受力筋	板		15
	梁		25
	柱		30
	基础	有垫层	40
		无垫层	70
箍筋	梁和柱		15

4.钢筋的弯钩

如果受力筋为光圆钢筋,为了增强钢筋与混凝土之间的黏结力,避免钢筋在受力时滑动,应将钢筋两端做成弯钩。表面带纹钢筋与混凝土之间的黏结力强,两端不必做成弯钩。钢筋端部弯钩的形式一般有三种:(a)半圆弯钩;(b)直角弯钩;(c)斜弯钩。如图 14-4 所示。

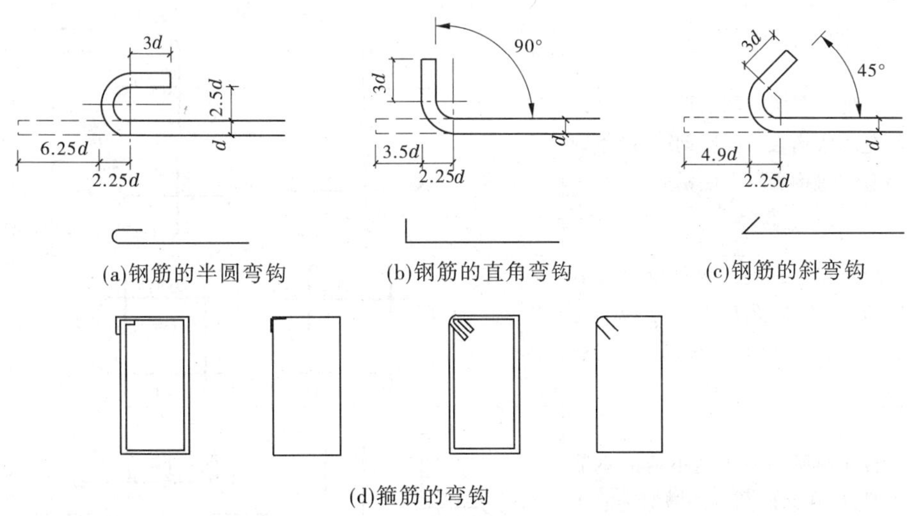

(a)钢筋的半圆弯钩 (b)钢筋的直角弯钩 (c)钢筋的斜弯钩

(d)箍筋的弯钩

图 14-4 钢筋和箍筋的弯钩形式及简化画法

5.钢筋的一般表示方法

构件中的钢筋,有直的、弯的、带钩的、不带钩的等,这些都需要在图中表达清楚。

1)钢筋的一般表示方法

钢筋的一般表示方法应符合表 14-6 的规定。

2)钢筋的画法

钢筋的画法应符合表 14-7 的规定。

表 14-6　钢筋的一般表示方法

序号	名称	图例	说明
1	钢筋横断面	•	
2	无弯钩的钢筋端部		下图表示长、短钢筋投影重叠时，短钢筋的端部用 45°斜画线表示
3	带半圆形弯钩的钢筋端部		
4	带直钩的钢筋端部		
5	带丝扣的钢筋端部		
6	无弯钩的钢筋搭接		
7	带半圆弯钩的钢筋搭接		
8	带直钩的钢筋搭接		
9	花篮螺丝钢筋接头		

表 14-7　钢筋画法图例

序号	说明	图例
1	在配置双层钢筋的板中，向上或向左的弯钩表示底层钢筋，向下或向右的弯钩表示上层钢筋	(底层)　(顶层)
2	配置双层钢筋的钢筋混凝土墙体，其立面配筋图中，向上或向左的弯钩表示远面钢筋，向下或向右的弯钩表示近面钢筋	近面　远面　近面　远面
3	若在断面图中表达不清的钢筋布置，应在断面图以外增加钢筋大样图	或
4	每组相同的钢筋（包括受力筋、分布筋、箍筋或环筋），可用一根粗实线表示，并用横穿钢筋的尺寸线，两端的尺寸界线及起止符，表示该组钢筋的起止范围	

3)钢筋在平面、立面、剖(断)面中的表示方法

钢筋在平面、立面、剖(断)面中的表示方法应符合下列规定:

钢筋在平面图中的配置应按图 14-5 所示的方法表示。当钢筋标注的位置不够时,可采用引出线标注。引出线标注钢筋的斜短画线应为中实线或细实线。

(1)当构件布置较简单时,结构平面布置图可与板配筋平面图合并绘制。

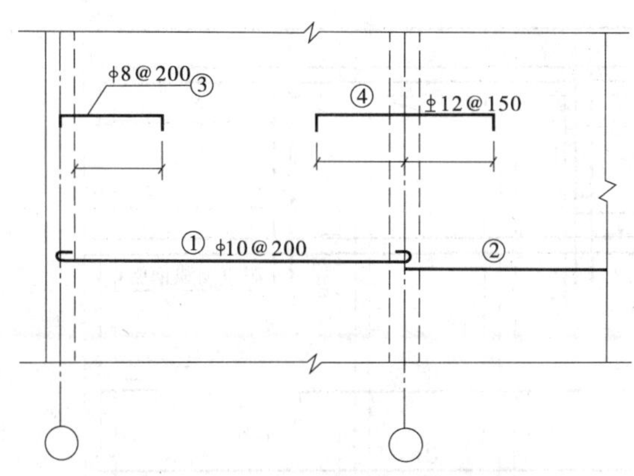

图 14-5　钢筋在平面图中的表示方法

(2)平面图中的钢筋配置较复杂时,可按表 14-7 的方法绘制,如图 14-6 所示。

(3)钢筋在立面、断面图中的配置,应按图 14-7 所示的方法表示。

6.钢筋的简化表示方法

(1)当构件对称时,钢筋网片可用一半或 1/4 表示,如图 14-8 所示。

(2)钢筋混凝土构件配筋较简单时,可按下列规定绘制配筋平面图。

独立基础在平面模板图左下角绘出波浪线及钢筋,并标注钢筋的直径、间距等。如图 14-9(a)所示。

其他构件可在某一部位绘出波浪线及钢筋,并标注钢筋的直径、间距等。如图 14-9(b)所示。

(3)对称的钢筋混凝土构件可在同一图样中一半表示模板,另一半表示配筋。如图 14-10所示。

7.预埋件、预留孔洞的表示方法

(1)在混凝土构件上设置预埋件时,可在平面图或立面图上表示。引出线指向预埋件,并标注预埋件的代号。如图 14-11 所示。

(2)在混凝土构件的正、反面同一位置均设置相同的预埋件时,引出线为一条实线和一条虚线并指向预埋件,同时在引出横线上标注预埋件的数量及代号。如图 14-12 所示。

(3)在混凝土构件的正、反面同一位置设置编号不同的预埋件时,引出线为一条实线和一条虚线并指向预埋件。引出横线上标注正面预埋件代号,引出横线下标注反面预埋件代号。如图 14-13 所示。

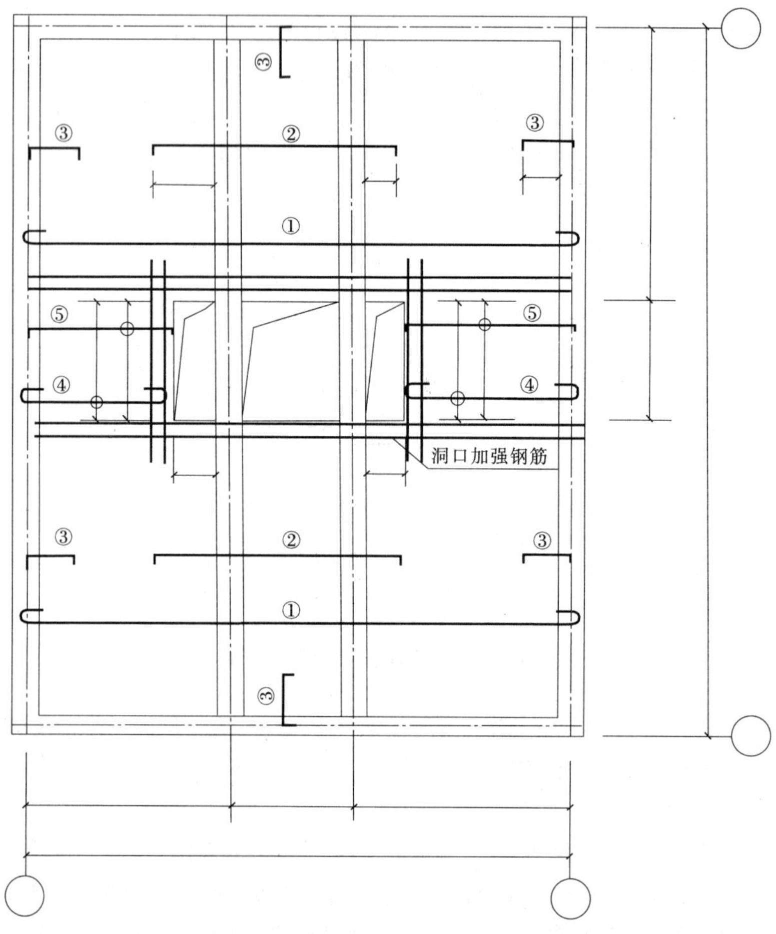

图 14-6　楼板配筋较复杂的结构平面图

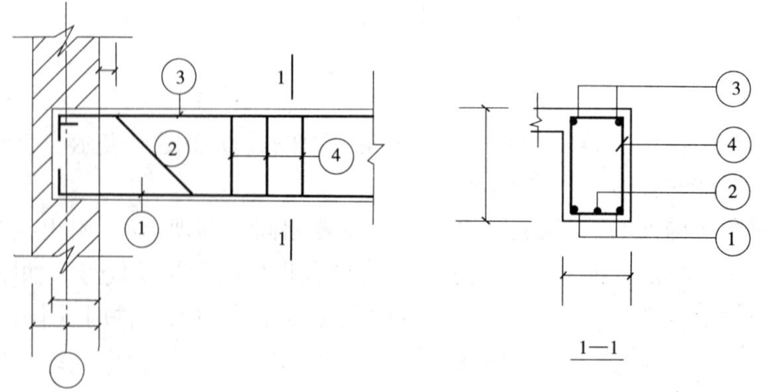

图 14-7　梁的配筋图

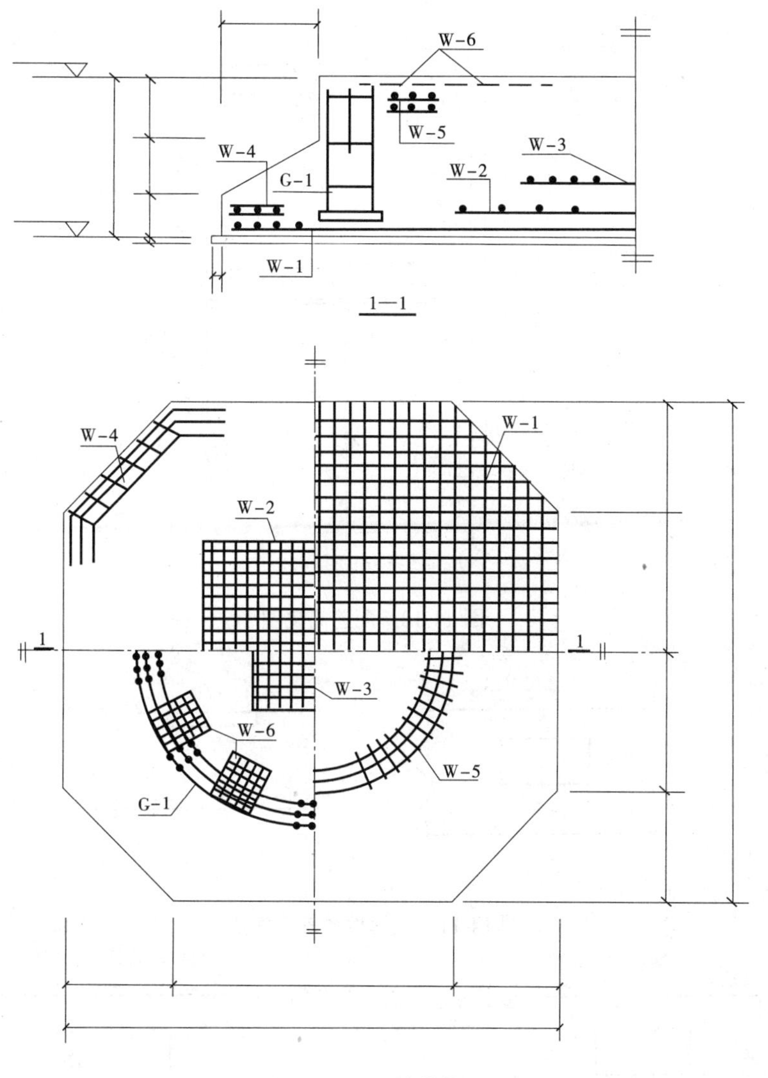

图 14-8　配筋简化图

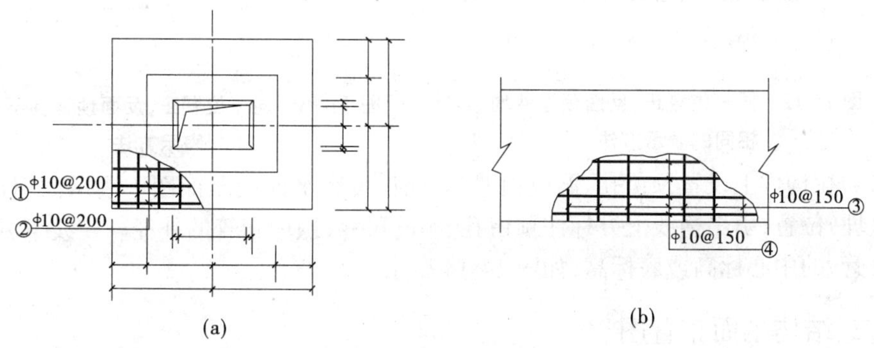

图 14-9　配筋简化图

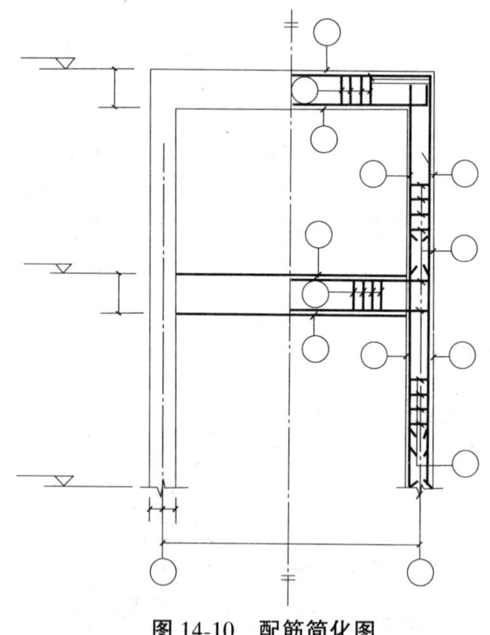

图 14-10　配筋简化图

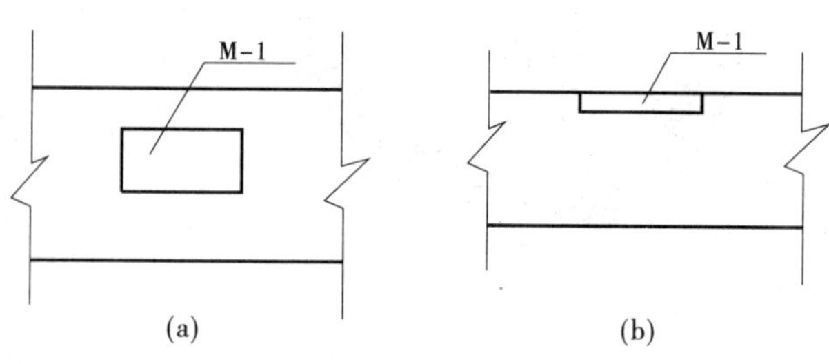

图 14-11　预埋件的表示方法

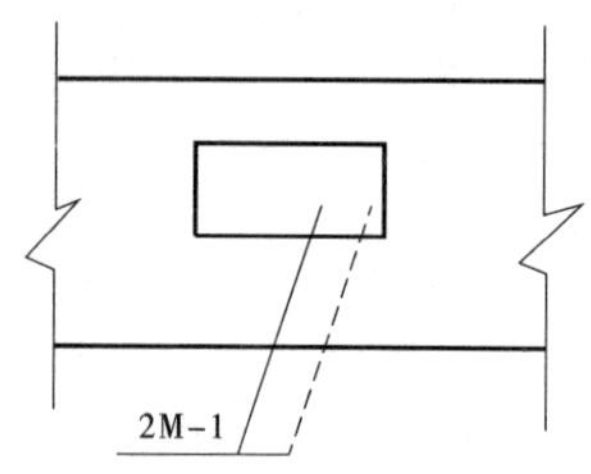

图 14-12　同一位置正、反面预埋件均相同的表示方法

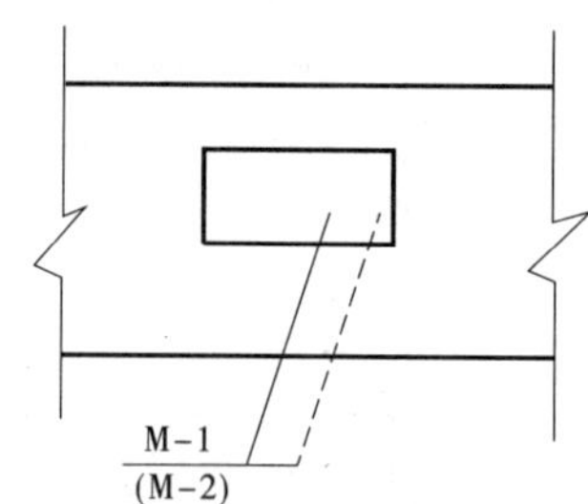

图 14-13　同一位置正、反面预埋件不相同的表示方法

(4)在构件上设置预留孔、洞或预埋套管时，可在平面或断面图中表示。引出线指向预留(埋)位置，引出横线上方标注预留孔、洞的尺寸，预埋套管的外径。横线下方标注孔、洞(套管)的中心标高或底标高，如图 14-14 所示。

二、结构平面布置图

结构平面布置图主要有楼层结构平面布置图和屋面结构平面布置图。由于楼层和屋

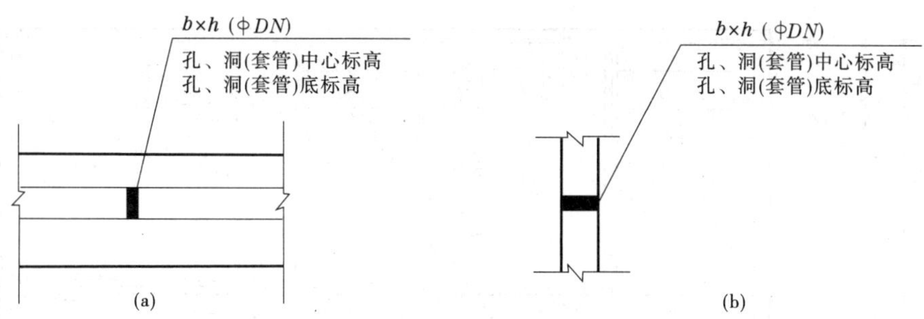

图 14-14 预留孔、洞及预埋套管的表示方法

面的结构布置和图示方法基本相同,因此仅以楼层为例加以说明。

楼层结构平面布置图主要表示每层楼面梁、板、柱、墙及楼面下层的门窗过梁、大梁、圈梁的布置,以及现浇板的构造与配筋等情况。它是安装各层楼面的承重构件、制作圈梁和局部现浇板的施工依据。

(一)楼层结构平面布置图的图示内容

(1)各定位轴线及墙、柱、梁等构件的定位尺寸和编号。

(2)预制板的代号、跨度、型号、数量等。

(3)现浇板的位置及编号(或配筋)。

(4)梁、柱、圈梁、门窗过梁的代号及编号。

(5)用重合断面示意梁板的断面及连接构造并标注板顶及梁底的结构标高。

(6)详图索引符号及其相关剖切符号。

(7)预制构件的标准图集编号及特殊说明等。

(二)楼层结构平面布置图的阅读

1.预制装配式楼盖

如图 14-15 为某外廊式单面办公楼的一层顶板结构平面图,板顶标高为 3.270,楼板采用了预应力空心板。

根据每个房间开间的不同,将楼板的布置做了分类编号 A、B、C,对于每类编号的板选择一个房间为代表,分别用细实线画出预制板的轮廓线、房间对角线,并注写出板的代号,如图 14-16 所示,其余相同房间只标注分类号即可。

在铺板时,板与板之间要预留 30mm 的板缝,如果板缝无法调整或局部铺板有困难时,可采用现浇板带处理。

板墙及梁板节点可采用重合断面法的形式在图中示出。

2.现浇整体式楼盖

如图 14-17 所示是办公楼一、二层顶板结构平面图,它主要表达了各层梁板的平面布置、梁板与柱墙之间的关系,以及板的配筋情况。

图中可见板、墙的可见轮廓线用中实线表示,而中虚线则表示了板下的梁和墙体的轮廓线。

板中配筋的表达方式按表 14-6 执行,即将水平方向的钢筋按其正立面形状表示。板的配筋可归类表达,比如:④号板的配筋可见③④轴之间的图示,该板为双向板,板厚为

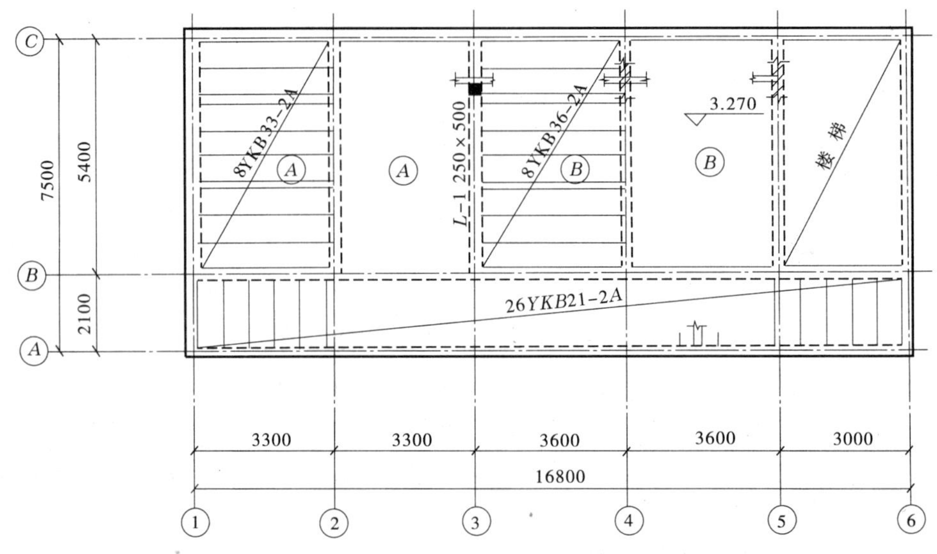

图 14-15 预制板结构平面图

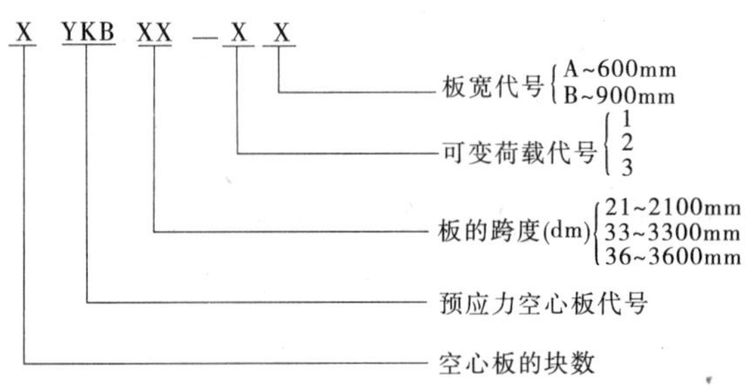

图 14-16 空心板代号的含义

110mm,板跨中受力钢筋置于板下皮,短向受力筋为Φ 8@130,长向受力筋为Φ 8@150;支座处受力钢筋置于板上皮,比如:$\frac{\Phi\ 10@150}{1040}$数值 1040 为Φ 10@150钢筋的水平直线长度,弯折段长度为板厚减掉钢筋保护层厚度。其余编号为④的房间板的配筋均与之相同,可不做重复表示。

3.单层厂房柱网及屋顶结构平面图

单层厂房柱网布置图,也是结构平面图的一部分,它主要表达各定位轴线网格上柱子、柱间支撑、吊车梁及连系梁的布置。如图 14-18 采用了半剖面图的画法,对称符号左侧是机修车间柱网布置图,图中有 4 种类型柱(Z－1、ZA－1～ZA－3),2 种类型吊车梁(DLZ－4Z、DLZ－4B)。在车间两端开间,设置了上柱柱间支撑(ZC－1A),车间中部设置了上柱及下柱柱间支撑(ZC－1、ZC－9),用于承受并传递吊车产生的水平制动力及风荷载。

如图 14-18 所示,对称符号右侧是机修车间屋顶结构布置图,该车间采用的是 15m 钢筋混凝土屋面梁(SL15)及预应力大型屋面板(Y－WB－2Ⅱ),为了屋顶排水的需要,在前后檐处分别设置了一块 680mm 宽的天沟板(TGB68—1)。

(三)楼层结构平面布置图的作图步骤

(1)在选定的图幅内按一定比例画定位轴线。

(2)绘制各构件的轮廓线。

(3)画门窗洞口位置。

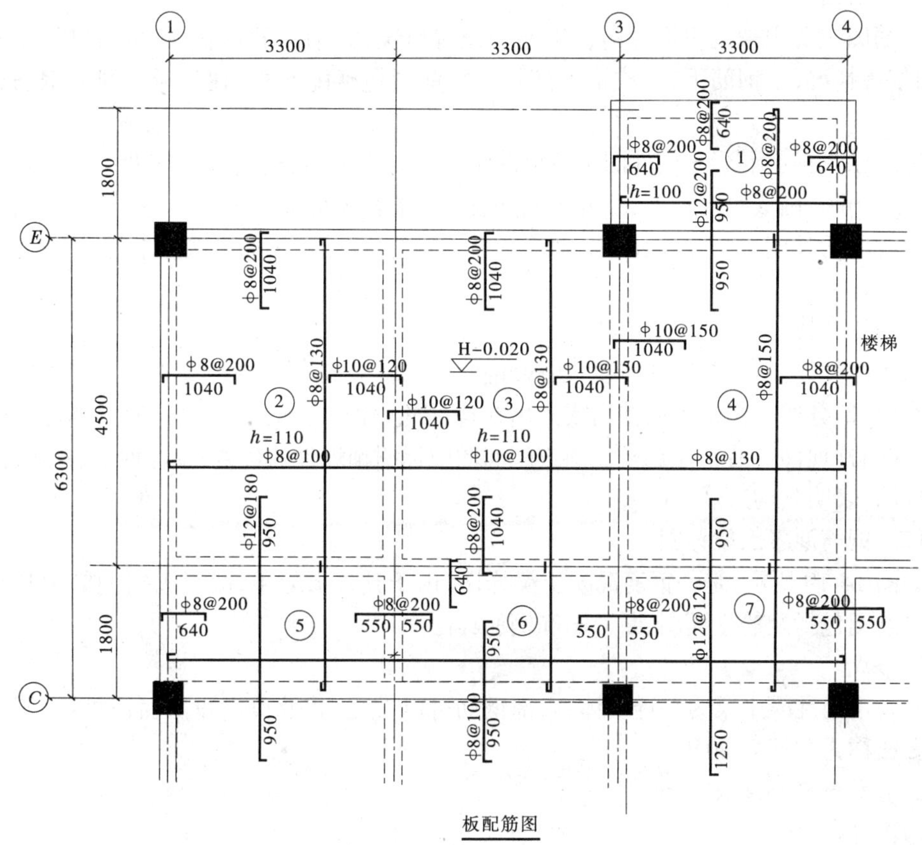

图 14-17　现浇板配筋图

(4)校对并按层次要求加深图线,图线要求如表 14-2 所示。

(5)标注尺寸、标高、编号、图名和比例。

三、钢筋混凝土结构详图

结构平面图只表示建筑物各承重构件的平面布置,至于它们的形状、大小、材料、构造和连接情况等需要画出详图来表达。钢筋混凝土构件详图是加工钢筋、浇筑构件的设计依据,详图内容包括:构件模板图、配筋图、预埋件图、钢筋表及必要的文字说明。

(一)钢筋混凝土结构详图的内容

1.模板图

构件的制作,是把铆筋按设计要求置入一个由模板组成的模型中,然后把调制好的混凝土浇筑其中,待混凝土凝固后拆去模板,模板是用木材或钢材根据模板图制造的。模板图就是构件的外形图,主要表达构件的形状、大小、孔洞及预埋件的位置,是架设和制作构件模板的依据。其画法与建筑施工图类似,应标注各部分的详细尺寸。在实际工程中,当构件外形复杂或预埋件较多时,才需画出模板图。模板图包括模板立面图和断面图。形状简单的构件,则不必单独画模板图。

2. 配筋图

配筋图主要用来说明构件内部钢筋的设置情况,如钢筋的形状、数量、材质、排放位置、粗细等情况,是钢筋下料、成形的依据。配筋图包括配筋立面图、断面图和钢筋详图等。

配筋图是钢筋混凝土构件图中不可缺少的图。必要时,还要把配筋图中的各号钢筋分别"抽"出来,画成钢筋详图,并列出钢筋表。钢筋详图应标明每种钢筋的编号,根数、直径以及各段的长度,这样的图也称"抽筋图"。当构件配筋及钢筋形状复杂时,才画出钢筋详图。

3. 预埋件图

由于构件连接、吊装等的需要,在构件制作时,需要将一些铁件预先固定在钢筋骨架上,使其一部分或一两个表面伸出或露出在构件的表面,浇筑混凝土后,便将其埋在构件之中,这叫预埋件。通常要在模板图或配筋图中标明预埋件的位置,预埋件本身应另画出预埋件图,表明其构造。

(二)钢筋混凝土梁详图

如图 14-19 所示,是一钢筋混凝土梁详图,由于其外形简单,故只画出配筋图和钢筋表。配筋图包括配筋立面图、断面图和钢筋详图。

1. 形成

假设钢筋混凝土梁为一透明体,内部钢筋可以看见,将此梁向投影面作投射,所得到的投影图称为配筋立面图。

2. 基本内容和画法

1)图名、比例、图线

如图 14-19 所示,L-1 为构件的名称代号及编号。由于梁的长度远大于其断面高度和宽度,故立面图与断面图采用不同比例绘制。梁的可见轮廓用细实线表示,不可见轮廓用细虚线表示,断面图不画材料符号。

2)钢筋图示方法及标注

如图 14-19 所示,钢筋的立面图用粗实线表示,钢筋的断面图用小黑点表示。所有钢筋都应编号,并注写根数、等级、直径和间距。如①号筋是两根Ⅰ级直筋,两端带有半圆弯钩,放在梁底部两侧,②号筋是弯起筋,只有一根,位于梁下部的中间,其中间段位于梁下部,接近两端时斜向 45°弯起至上部,到两端又垂直向下弯 200mm;③号钢筋也有两根,分置在梁上部的两角,是根据构造要求配置的,不带弯钩,在梁上部全长设置;④号钢筋如Φ 6@150为箍筋,表示Ⅰ级钢筋,直径为 6mm,钢筋间距为 150mm,沿梁长均匀排放。

3)断面图

立面图应注明断面图的剖切位置,断面图数量的多少以能将钢筋走向表达清楚为宜。从图 14-19 中可以看出梁为矩形梁,1—1、2—2 是梁的两个断面图,1—1 表达中间情况,2—2表达两端情况,钢筋的弯起部分不必画断面。1—1 断面②号筋在底部,2—2 断面②号筋弯至上部,两断面其余钢筋相同。

4)钢筋详图(抽筋图)

抽筋图一般都画在与立面图相对应的位置,从构件最上或最左的钢筋开始依次排列,

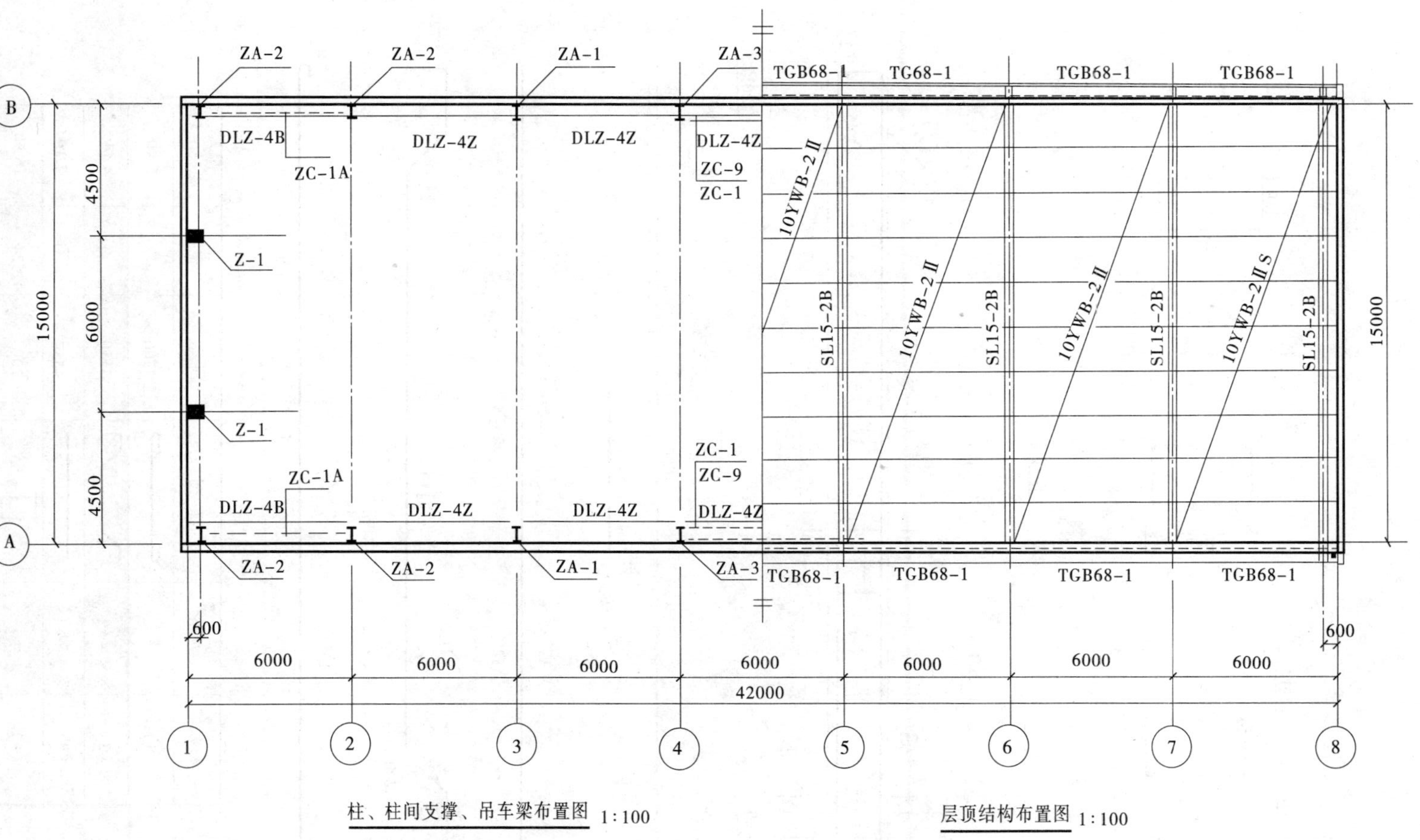

图14-18　机修车间结构平面图

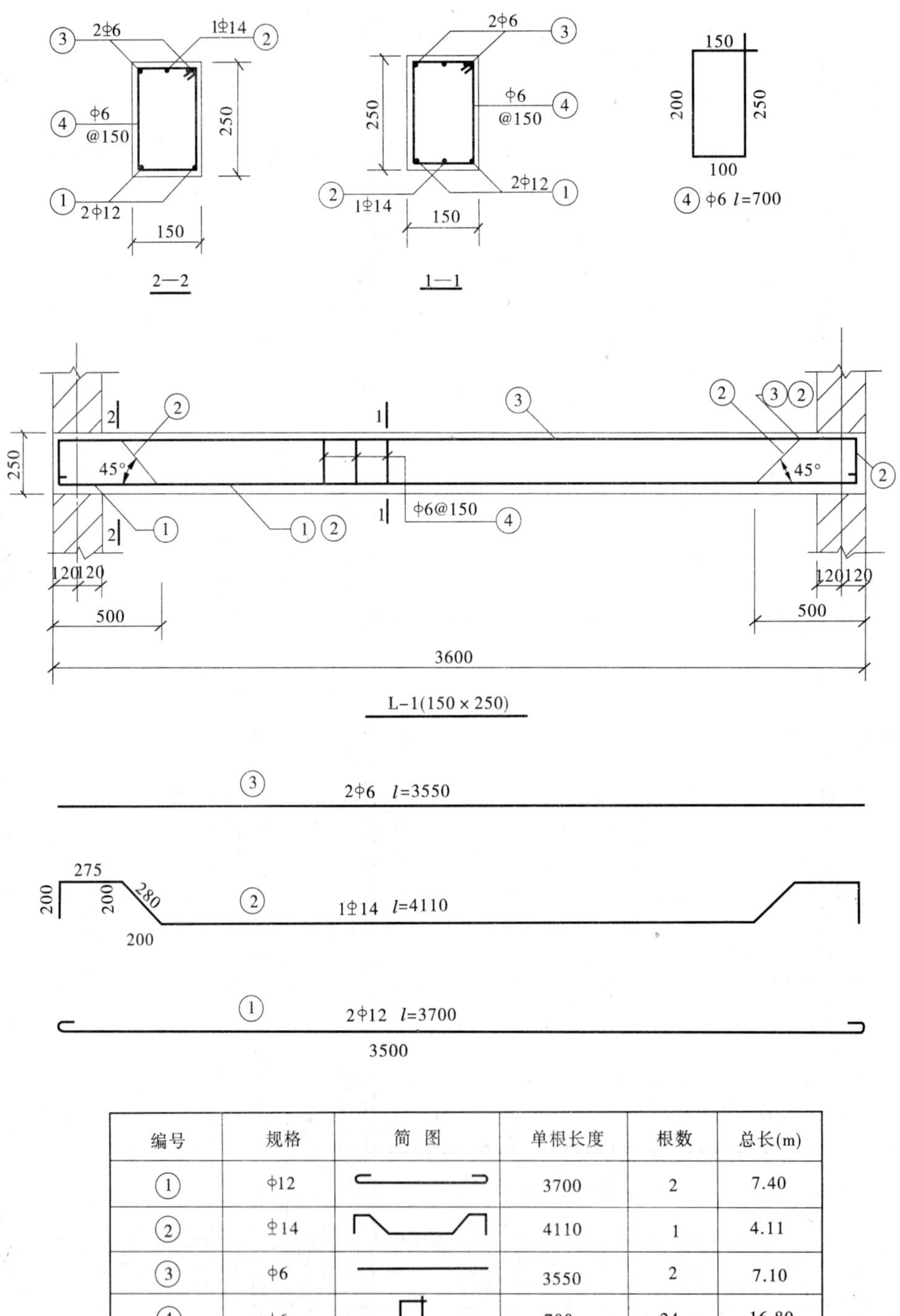

编号	规格	简 图	单根长度	根数	总长(m)
①	ф12		3700	2	7.40
②	ф14		4110	1	4.11
③	ф6		3550	2	7.10
④	ф6		700	24	16.80

图 14-19 梁的配筋图

并与立面图中的同号钢筋对齐。同一编号钢筋只画一根，在钢筋上标注编号、根数、品种、直径及下料长度。

5)尺寸标注

立面图应标注梁的长度，弯起筋的弯起位置，梁底标高；断面图上应标注断面的宽度和高度。

6)钢筋表

钢筋表中包括的项目有构件名称、构件数量、钢筋编号、规格、简图、长度、根数、总长等。钢筋表必须与配筋图完全相同，才能保证施工的准确性。

(三)钢筋混凝土柱详图

民用建筑柱的形状比较简单，通过配筋图就能将形状和配筋表达清楚，故不必画出模板图，工业厂房的钢筋混凝土柱外形比较复杂，预埋件数量较多，要想表达清楚工业厂房的柱，就必须画出模板图和配筋图。如图 14-20 所示是一单层工业厂房单跨车间的预制钢筋混凝土柱详图，它是一个较完整的钢筋混凝土构件详图。

1. 形成

将柱向投影面作正投影，所得的投影图称为柱的模板图；假设柱为透明体，内部钢筋可见，将其向投影面作正投影，所得的投影图称为柱的配筋图。

2. 基本内容和画法

1)模板图

模板图主要表达柱的外形、尺寸、标高、预埋件的位置等，作为构件制作、安装模板和预埋件的依据。如图 14-20 中最左侧为柱的模板图，其顶部有一预埋件 M－1，它是用来焊接屋架的；在牛腿顶面和距牛腿顶面 830mm 处分别又有两个预埋件 M－1，这两个预埋件是用来焊接吊车梁的。预埋件 M－1 另有详图。柱分上柱、牛腿和下柱三部分。模板图未画出断面图，与配筋断面图结合，可知上柱为方形实心柱，断面大小为 400mm×400mm，下柱为工字形柱，断面大小为 400mm×600mm，牛腿处为变截面柱，其 2—2 断面大小为 400mm×950mm。柱总高为 10.85m。

柱面有两个翻身点，一个吊装点标记。这是因为该柱是预制柱，在制作运输安装过程中需要将构件翻身和吊起，这对构件的受力状态会产生很大的影响。若翻身与起吊的位置不对，可能导致构件破坏，因此需要根据力学分析找出起吊与翻身的合理位置，并做标记。

2)配筋图

如图 14-20 所示，柱配筋图用一个立面图、三个断面图和钢筋表三部分来表达。其中立面图本示了十种钢筋的编号，纵向位置及形状，箍筋的间距。1—1 断面表示上柱钢筋情况；2—2 断面表示柱牛腿处钢筋情况；3—3 断面表示下柱钢筋情况。图中钢筋共有十一种，只有⑨、⑩号筋比较复杂，且在立画图中不易标注各段尺寸，需单独绘制详图。同时由于钢筋排列较密，钢筋品种、直径等在引出线上不便注写，所以在钢筋表中加以注明，看图时应对照立面图、断面图、钢筋表仔细阅读。除了图样和钢筋表以外，图中还有文字说明，主要说明不能用图表达的内容。

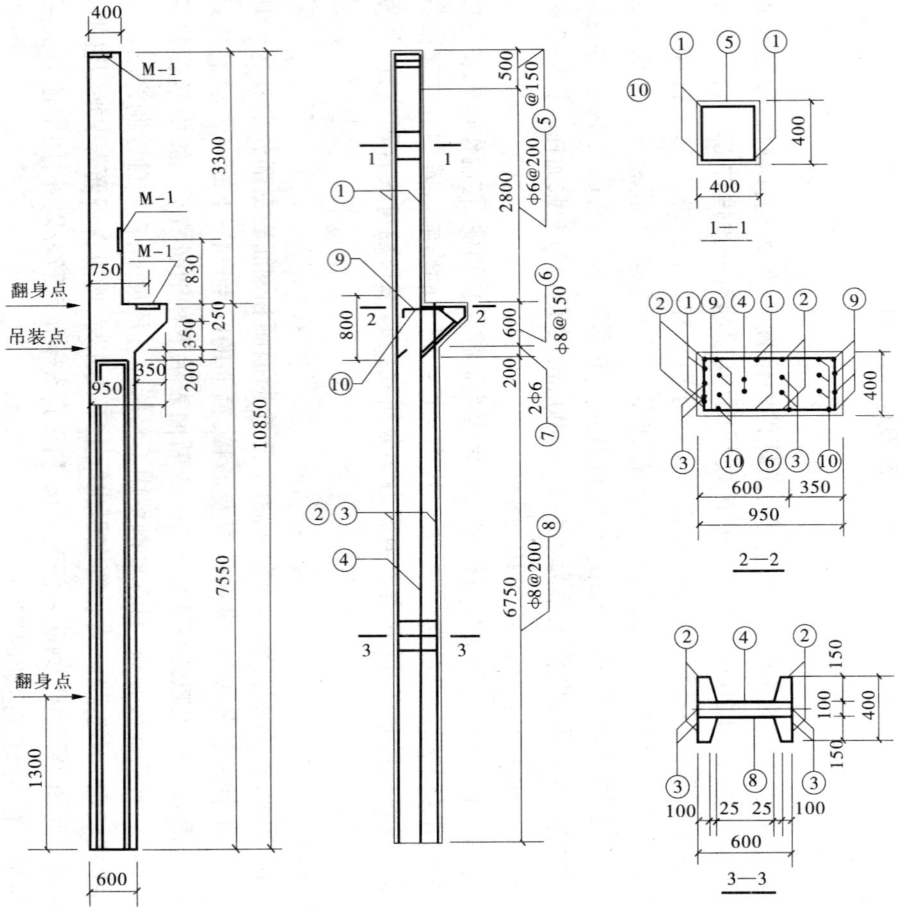

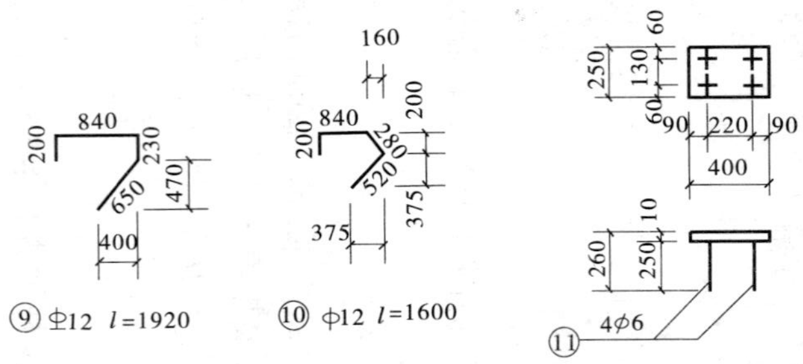

钢 筋 表

编号	简 图	规格	长度	根数
①		Φ22	4075	4
②		Φ18	7500	4
③		Φ16	7500	4
④		ϕ10	7500	2
⑤		ϕ6	1500	14
⑥		ϕ8	放样确定	5
⑦		ϕ6	1900	2
⑧		ϕ6	2700	26
⑨		Φ12	1920	4
⑩		Φ12	1600	4
⑪		ϕ6	250	12

说明

1.混凝土采用C20　2.预埋件用 I 级钢板

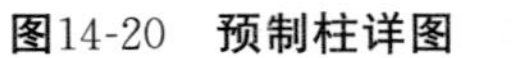

图14-20　预制柱详图

3)预埋件图

从图 14-20 中预埋件 M－1 详图可以看出其形状及大小，M－1 的上部是一块钢板，钢板长 400mm、宽 250mm、厚 10mm，下部是 4 根 11 号钢筋。

(四)钢筋混凝土楼梯详图

钢筋混凝土楼梯，按形式有单跑楼梯和双跑楼梯之分；按受力有梁式楼梯和板式楼梯之分。楼梯详图一般由楼梯结构平面图和构件详图组成。

楼梯结构平面图，是假想从每层向上的休息平台梁顶处作水平剖切，向下作正投影形成的。每层楼梯均需作相应的结构平面图，如梁中间各层结构布置相同，可用一个标准层代替。所以每步楼梯至少要有首层、中间层(或标准层)、顶层三个结构平面图。

在各层结构平面图中应表达各梯板、梯梁等构件的布置及平面尺寸，并对其编号。如图 14-21所示。

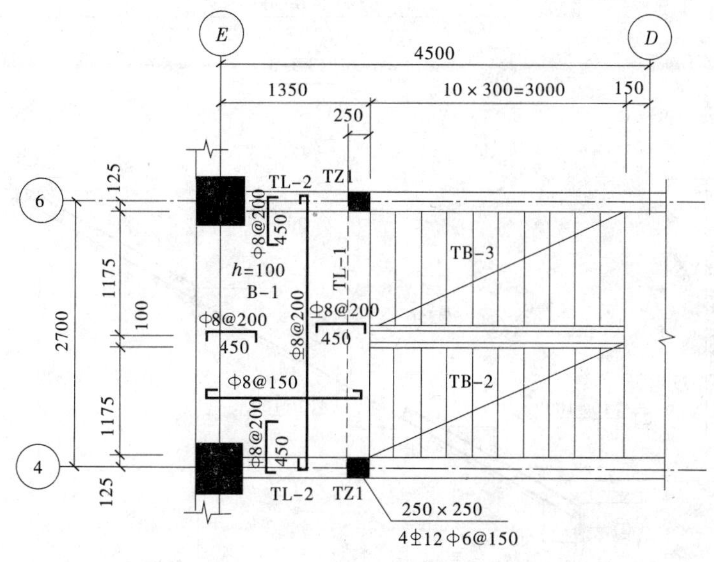

图 14-21 楼梯结构平面图

构件详图则应对各梯板、梯梁等构件的配筋布置、断面尺寸给以明确表达。如图 14-22 所示。

图 14-21 是办公楼的二层楼梯结构平面图，该楼梯为平行双跑式，即每层有两个梯段板，编号为 TB－2、TB－3 连接了首层地面和标高为 1.670m 的休息平台板，TB－2 连接了休息平台及标高为 3.370m 的楼面，TB－3 则为连接一层顶板及标高为 5.070mm 休息平台板的梯板。

平台梁 TL－1 作为梯板(TB－2、TB－3)和平台板(B－1)的支承，将荷载传递到其两端的支承 TZ1 上。平台板的配筋可从楼梯结构平面图中读取。

梯板及梯梁的配筋及尺寸可见图 14-22。如 TB－3，板厚为 110mm，受力筋为 11 号筋中Φ 12@100，分布筋为②号筋中Φ 6@250，12、13 号筋分别为 TB－3 的支座构造辅

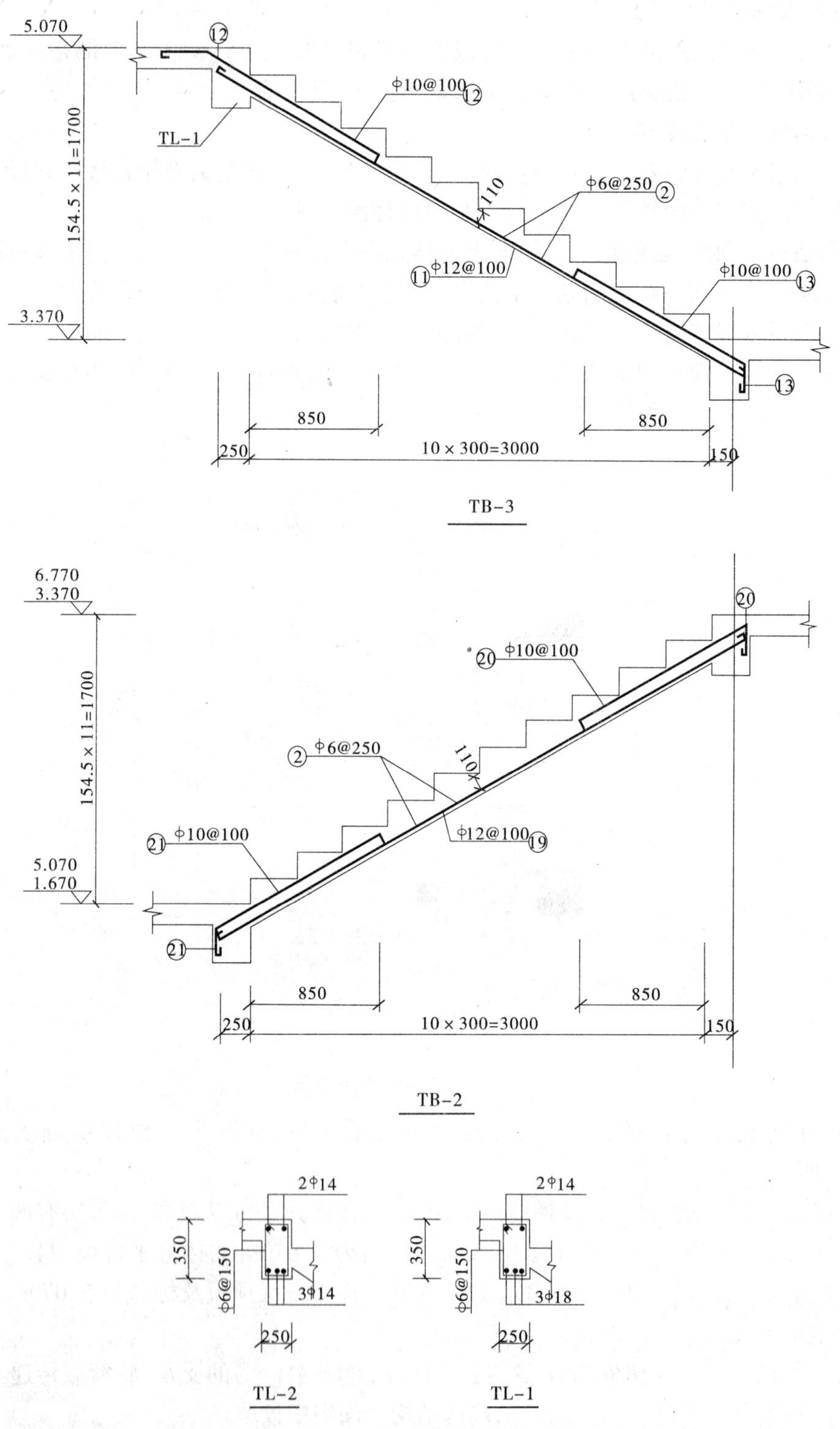

图 14-22　楼梯板配筋图

筋,每一根钢筋的筋型及长度可见钢筋的材料表。TL－1 断面为 250×350,梁下皮受力筋为 3 Φ 18,梁上皮架立筋为 2 Φ 14, 箍筋为中 Φ 6@150,纵筋两端分别锚人 TZ1 内。TL－2 断面为 250×350,梁下皮纵筋为 3 Φ 14,上皮纵筋为 2 Φ 14、箍筋为中 Φ 6@150,纵筋两端分别锚人框架柱和 TZ1 内。

四、钢筋混凝土结构平法施工图

钢筋混凝土结构施工图平面整体表示方法简称平法。

平法施工图主要用于现浇框架(梁、柱)、剪力墙的整体平面布置及配筋。

(一)柱平法施工图

柱平法施工图是在柱平面布置图上采用列表注写或截面注写方式直观地表达柱的配筋。

两种方式均应标注柱编号及各楼层的结构标高和结构层高,其中柱编号由类型代号和序号组成,如表 14-8 所示。

表 14-8 柱编号

柱类型	代号	序号
框架柱	KZ	XX
框支柱	KZZ	XX
芯柱	XZ	XX
梁上柱	LZ	XX
剪力墙柱	QZ	XX

1.列表注写方式

列表注写方式是在柱平面布置图上将柱子的类型编号、柱段的起止标高、柱截面定形尺寸和定位尺寸及配筋制成柱表;并将结构标高及层高制成表,如图 14-23 所示。

图 14-23 是某高层建筑 1～16 层之间柱的平法施工图,图中包括框架柱(KZ1)、梁上柱(LZ1)和芯柱(XZ1),有关柱的内容均可见柱表,比如 KZ1 截面定形尺寸($b \times h$) 1～6 层是 750×700;7～11 层是 650×600;12 层至屋顶是 550×500,定位尺寸柱宽方向 $b_1 + b_2 = b$,柱高方向 $h_1 + h_2 = h$,均可从不同层次中读出对应的数值。对圆截面,定形尺寸是直径 d, 定位尺寸也用 b_1、b_2、h_1、h_2 表示,但是 $b_1 + b_2 = h_1 + h_2 = d$。

柱纵筋采用一种时,列表用全部纵筋表示,采用两种纵筋时则用角筋和各边中部筋表示。

箍筋的中心距沿柱高不一致时用斜线“/”区分每层柱端部加密区与柱中部非加密区,如 KZ1 在 1～6 层箍筋为Φ 10@100/200,表示箍筋在加密区间距为 100,非加密间距为 200。

柱纵筋数量及截面形状直接影响着箍筋的形状,所以柱平法施工图中,常用较大比例显示柱断面及箍筋类型,如图 14-23 所示,其中类型 1 用($m \times n$),说明沿 b 向箍筋肢数为

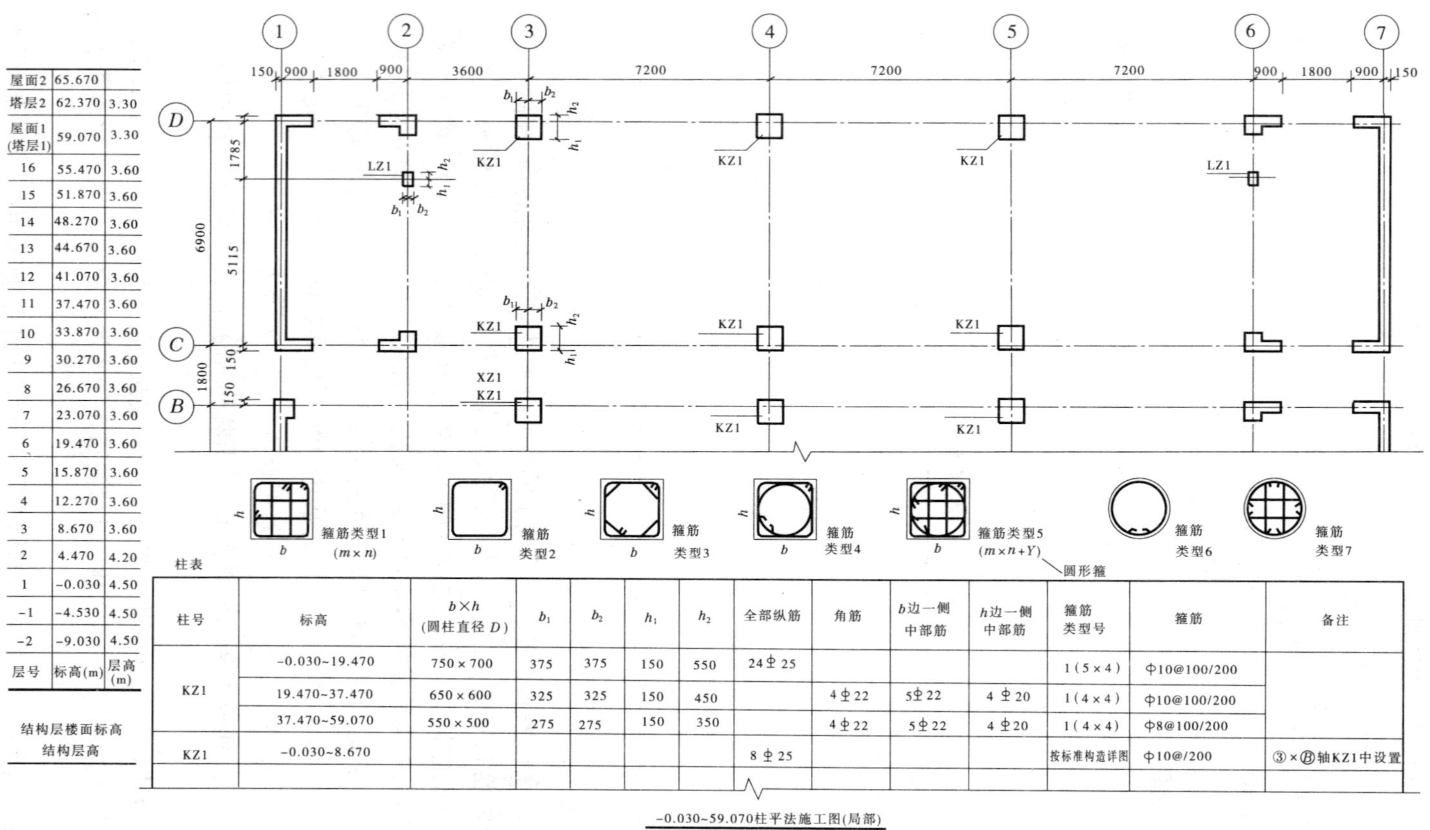

层号	标高(m)	层高(m)
屋面2	65.670	
塔层2	62.370	3.30
屋面1(塔层1)	59.070	3.30
16	55.470	3.60
15	51.870	3.60
14	48.270	3.60
13	44.670	3.60
12	41.070	3.60
11	37.470	3.60
10	33.870	3.60
9	30.270	3.60
8	26.670	3.60
7	23.070	3.60
6	19.470	3.60
5	15.870	3.60
4	12.270	3.60
3	8.670	3.60
2	4.470	4.20
1	-0.030	4.50
-1	-4.530	4.50
-2	-9.030	4.50

结构层楼面标高
结构层高

柱表

柱号	标高	$b\times h$（圆柱直径 D）	b_1	b_2	h_1	h_2	全部纵筋	角筋	b边一侧中部筋	h边一侧中部筋	箍筋类型号	箍筋	备注
KZ1	-0.030~19.470	750×700	375	375	150	550	24⏀25				1(5×4)	ϕ10@100/200	
	19.470~37.470	650×600	325	325	150	450		4⏀22	5⏀22	4⏀20	1(4×4)	ϕ10@100/200	
	37.470~59.070	550×500	275	275	150	350		4⏀22	5⏀22	4⏀20	1(4×4)	ϕ8@100/200	
KZ1	-0.030~8.670						8⏀25				按标准构造详图	ϕ10@/200	③×Ⓑ轴KZ1中设置

注:1.如采用非对称配筋,需在柱表中增加相应栏目分别表示各边的中部筋。
2.抗震设计箍筋对纵筋至少隔一拉一。
3.类型1的箍筋肢数可有多种组合,右图为5×4的组合,其余类型为固定形式,在表中只注类型号即可。

图14-23 柱平法施工图列表注写方式示例

m，沿 h 方向箍筋肢数为 n，如 KZ11 层至屋顶箍筋类型均为 1，但箍筋肢数在 1～6 层为 5×4，其余层为 4×4。

圆柱箍筋采用螺旋箍，其标注方式为 Lϕ10@200。

2. 截面注写方式

截面注写方式是在柱平面布置图上省去柱表，用两种比例图分别表示柱的定形、定位尺寸及配筋，如图 14-24 所示。

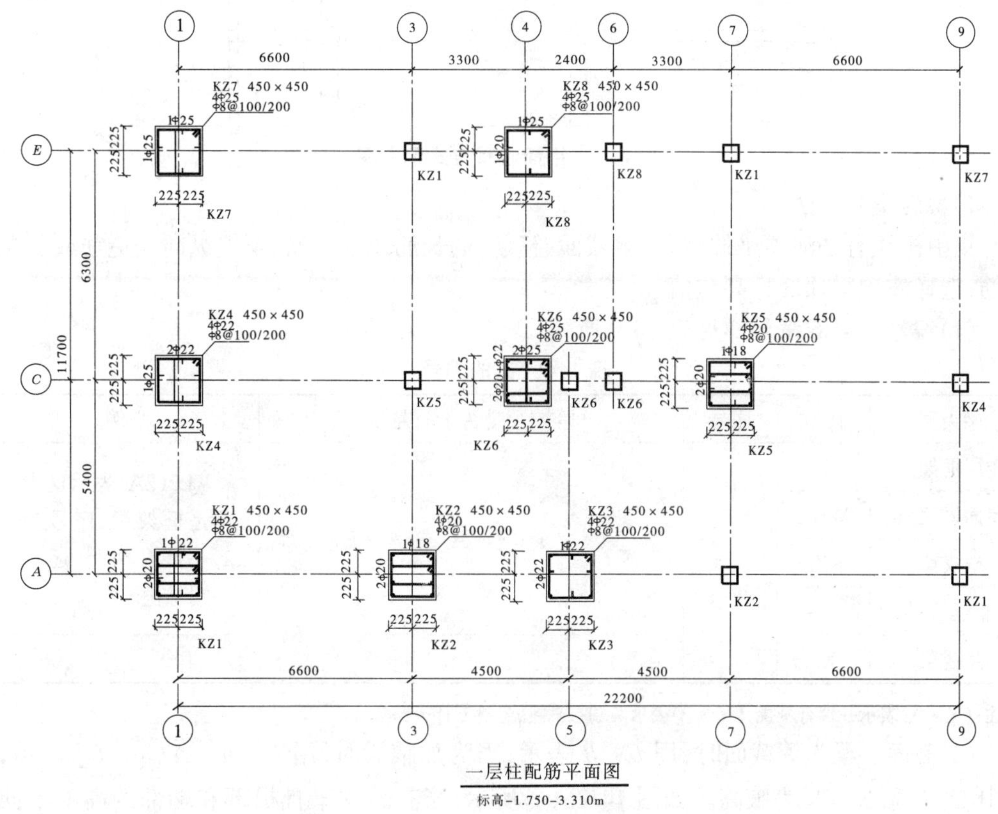

图 14-24　办公楼柱平法施工图载面注写方式

如图 14-24 所示为办公楼一层柱的平面布置及配筋图，由图可知柱子类型均为框架柱（KZ1－KZ8），不同编号柱的定形、定位尺寸及配筋均采用原位放大的比例绘制及标注，如 KZ1 截面尺寸为 $b \times h = 450 \times 450$，纵筋有两种规格，每种钢筋均采用了引出标注的方式，这样读图更为直观。箍筋的含义与列表注写相同，只不过直接标注在了截面配筋图上。

（二）梁平法施工图

梁平法施工图是采用平面注写方式或截面注写方式从不同编号梁中各选一条梁，将其编号、定位尺寸、配筋的规格、数量直接标注在梁平面布置图上。平面图中轴线居中的梁及贴柱边的梁定位尺寸不标注，只标注梁的偏心定位尺寸。

1. 平面注写方式

平面注写方式如图 14-25 包括集中标注与原位标注。集中标注表达梁的通用数值，原位标注表达梁的特殊数值。集中标注中的个别数值不适于梁的某部位时，则将该数值原位标注，原位标注取值优先。

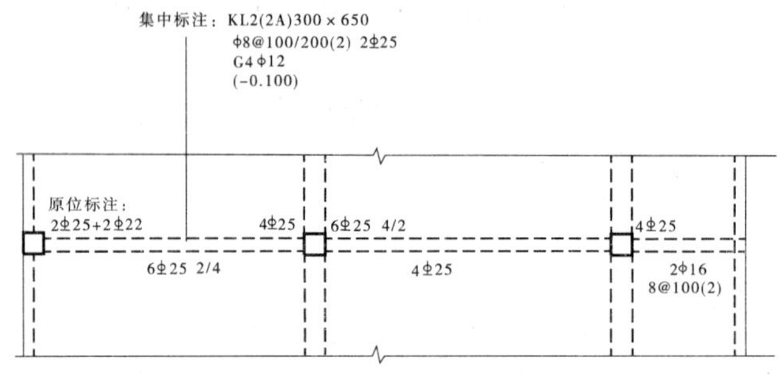

图 14-25　平面注写方式示意图

1)梁的集中标注

集中标注有必注项梁的编号、梁截面、箍筋、通长筋或架立筋、梁侧纵向构造筋或受扭钢筋；选择注项梁顶面标高差值。

(1)编号。梁的编号详见表 14-9 所列。

表 14-9　梁的编号

梁类型	代号	序号	跨数及是否带有悬挑	举例
楼层框架梁	KL	* *	(* *)、(* * A)或(* * B)	KL2(2A)表示这根梁是框架梁，序号为2，一共有两跨，还有一端悬挑
屋面框架梁	WKL			
框支梁	KZL			
非框架梁	L			
悬挑梁	XL			

注：(* * A)表示一端有悬挑，(* * B)表示两端有悬挑，悬挑不计入跨数。

(2)截面。梁为等截面时，用 $b \times h$ 表示；当为加腋梁时，用 $b \times h \quad YC_1 \times C_2$ 表示，其中 C_1 为腋长，C_2 为腋高。如图 14-26(a)所示；当有悬挑梁且根部和端部的高度不同时，用斜线分隔根部与端部的高度值，即为 $b \times h_1/h_2$。如图 14-26(b)所示。

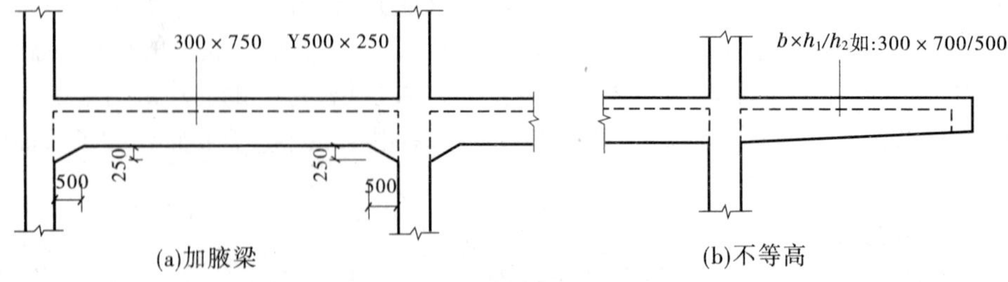

图 14-26　截面尺寸注写示意

(3)箍筋。包括钢筋级别、直径、加密区与非加密区间距及肢数。箍筋加密区与非加密区的不同间距及肢数用斜线“/”分隔；若梁全长范围内箍筋间距及肢数相同，则没有斜线，且箍筋肢数只注写一次，写在括号内。

例如Φ 10@100(4)/200(2)，表示箍筋为Ⅰ级，直径10mm，加密区间距100mm，四肢箍；非加密区间距200mm，两肢箍。13 Φ 10@150/200(4)，表示箍筋为Ⅰ级，直径10mm，梁两端各有13根四肢箍，间距150mm；梁跨中部分间距为200mm，四肢箍。

(4)梁上部通长筋或架立筋。

例如集中标注中2 Φ 22，表示梁上部有2根直径为22mm的Ⅱ级通长筋。Φ 25 +(2 Φ 12)，则表示梁上部既有通长筋又有架立筋，架立筋注写在括号内，其中2 Φ 25为通长筋，2 Φ 12为架立筋。

当梁上部及下部纵筋均为通长筋，且多跨数配筋相同时，可将上部和下部纵筋同时集中标注，中间用"；"分隔。例如Φ 22；2 Φ 25，分号前表示梁上部通长筋，分号后表示梁下部通长筋。

(5)梁侧面纵向构造钢筋或受扭钢筋。

如图14-25所示，G4 Φ 12表示梁的两侧各配置2 Φ 12的纵向构造筋，如图14-27所示N4 Φ 18表示梁的两侧各配置2 Φ 18的受扭纵筋。

(6)梁顶标高差值。

梁顶标高差值指梁顶面相对于结构层楼层标高的高差值，写在括号内。如(-0.100)表示某梁顶面比楼板面标高低0.1m，如果两者没有高差，则不注写此项。

2)梁原位标注的内容

(1)梁支座上部纵筋(含通长筋)。

①当上部纵筋多于一排时，用斜线"/"将各排纵筋自上而下分开。如6 Φ 25 4/2，表示上一排纵筋为4 Φ 25，下一排纵筋为2 Φ 25。

②当同排纵筋有两种直径时，用加号"+"将两种直径的纵筋相连，并将角部纵筋注写在前。如2 Φ 22 +2 Φ 20表示梁支座上部有四根纵筋，2 Φ 22放在角部，2 Φ 20放在中部。

③当梁中间支座两边的上部纵筋不同时，需在支座两边分别标注；当梁中间支座两边的上部纵筋相同时，可仅在支座的一边标注配筋值，另一边不注，如图14-27所示。

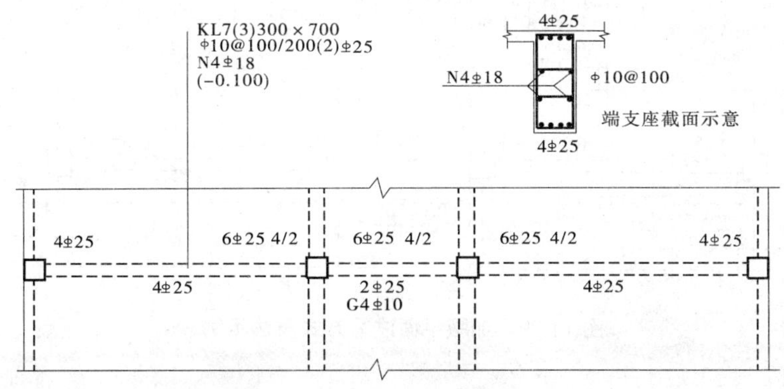

图14-27 大小跨度的注写示意

(2)梁下部纵筋。

①当下部纵筋多于一排时，用斜线"/"将各排纵筋自上而下分开。如6 Φ 25 2/4，表示上一排纵筋为2 Φ 25，下一排纵筋为4 Φ 25，全部伸入支座。

②当同排纵筋有两种直径时,用加号“+”将两种直径的纵筋相连,注写时角筋写在前面。

③当梁下部纵筋不全部伸入支座时,将梁支座下部纵筋减少的数量写在括号内。如 2 Φ 22+2 Φ 20(−2)/4 Φ 25,表示上排纵筋为 2 Φ 22 和 2 Φ 20,其中,中部两根 20 的纵筋不伸入支座,下排四根 25 的纵筋则全部伸入支座。

④如果梁的集中标注注写了梁上部和下部均为贯通的纵筋时,则不在梁下部做重复原位标注。

(3)附加箍筋或吊筋。

在主、次梁相接的地方,要附加箍筋或吊筋,将其直接画在平面图的主梁上,并注明配筋值,如图 14-28 所示。

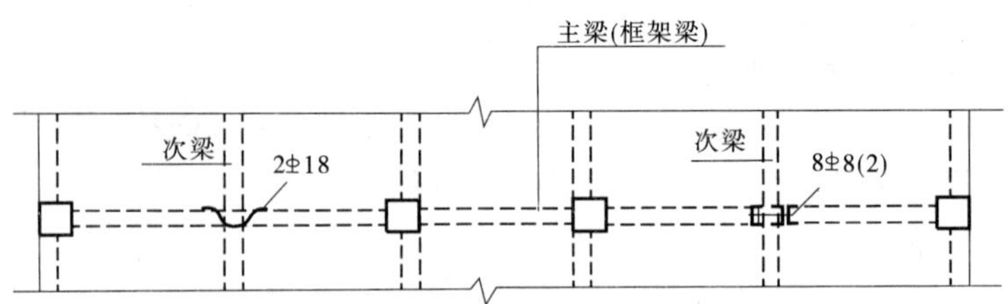

图 14-28　附加箍筋和吊筋的画法示例

(4)如果梁上集中标注的内容不适用某跨或悬挑部分时,则将其不同数值原位标注在该跨或悬挑部位,取值时以原位标注为准。

当多跨梁的集中标注中已注明加腋,而该梁某跨根部不需要加腋时,则在该跨原位标注等截面的 $b \times h$,如图 14-29 所示。

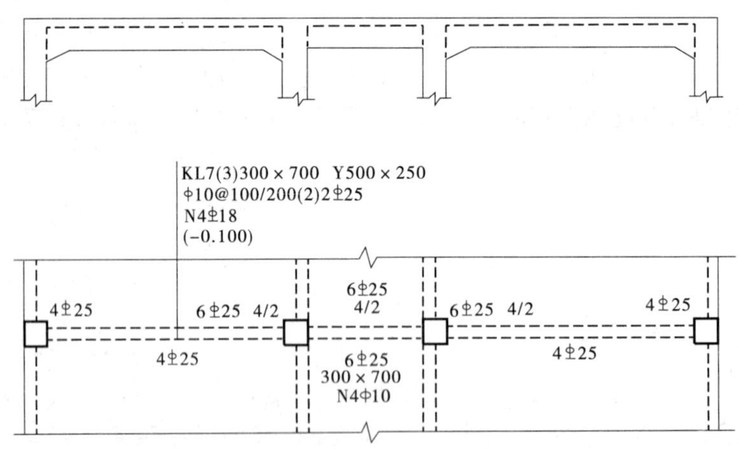

图 14-29　加腋平面注写方式表达示例

3)实例

如图 14-30 所示为办公楼二层梁平法施工图平面注写方式的示例,学生可对照前述说明,读该图了解各类梁的断面及配筋。

2. 截面注写方式

如图14-31所示是梁平法施工图的截面注写方式,在梁平面布置图中分别从不同编

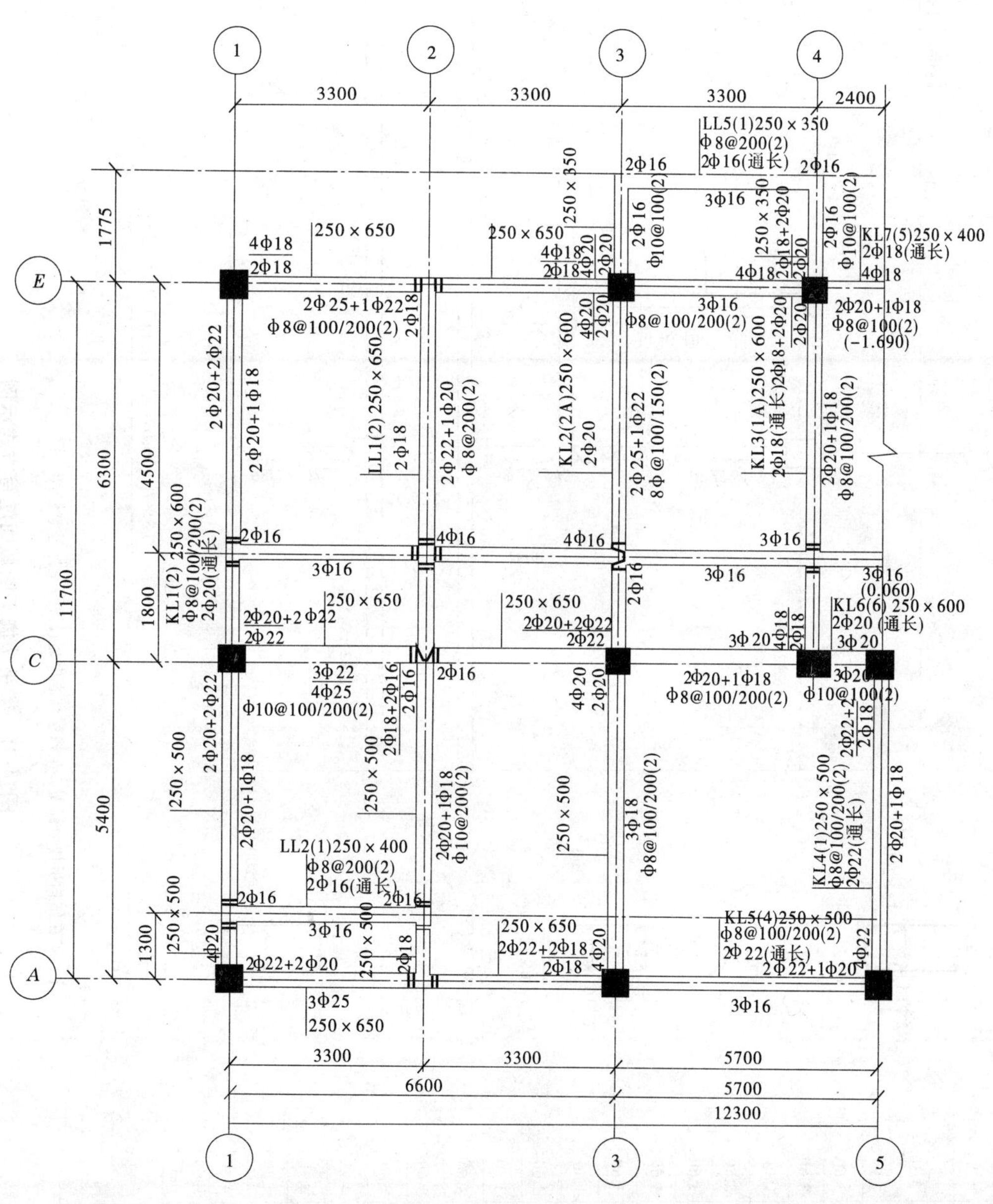

图 14-30　办公楼梁平法施工图平面注写方式

层面2	65.670	
塔层2	62.370	3.30
层面1 (塔层1)	59.070	3.30
16	55.470	3.60
15	51.870	3.60
14	48.270	3.60
13	44.670	3.60
12	41.070	3.60
11	37.470	3.60
10	33.870	3.60
9	30.270	3.60
8	26.670	3.60
7	23.070	3.60
6	19.470	3.60
5	15.870	3.60
4	12.270	3.60
3	8.670	3.60
2	4.470	4.20
1	-0.030	4.50
-1	-4.530	4.50
-2	-9.030	4.50
层高	标高(m)	层高 (m)

结构层楼面标高
结构层高

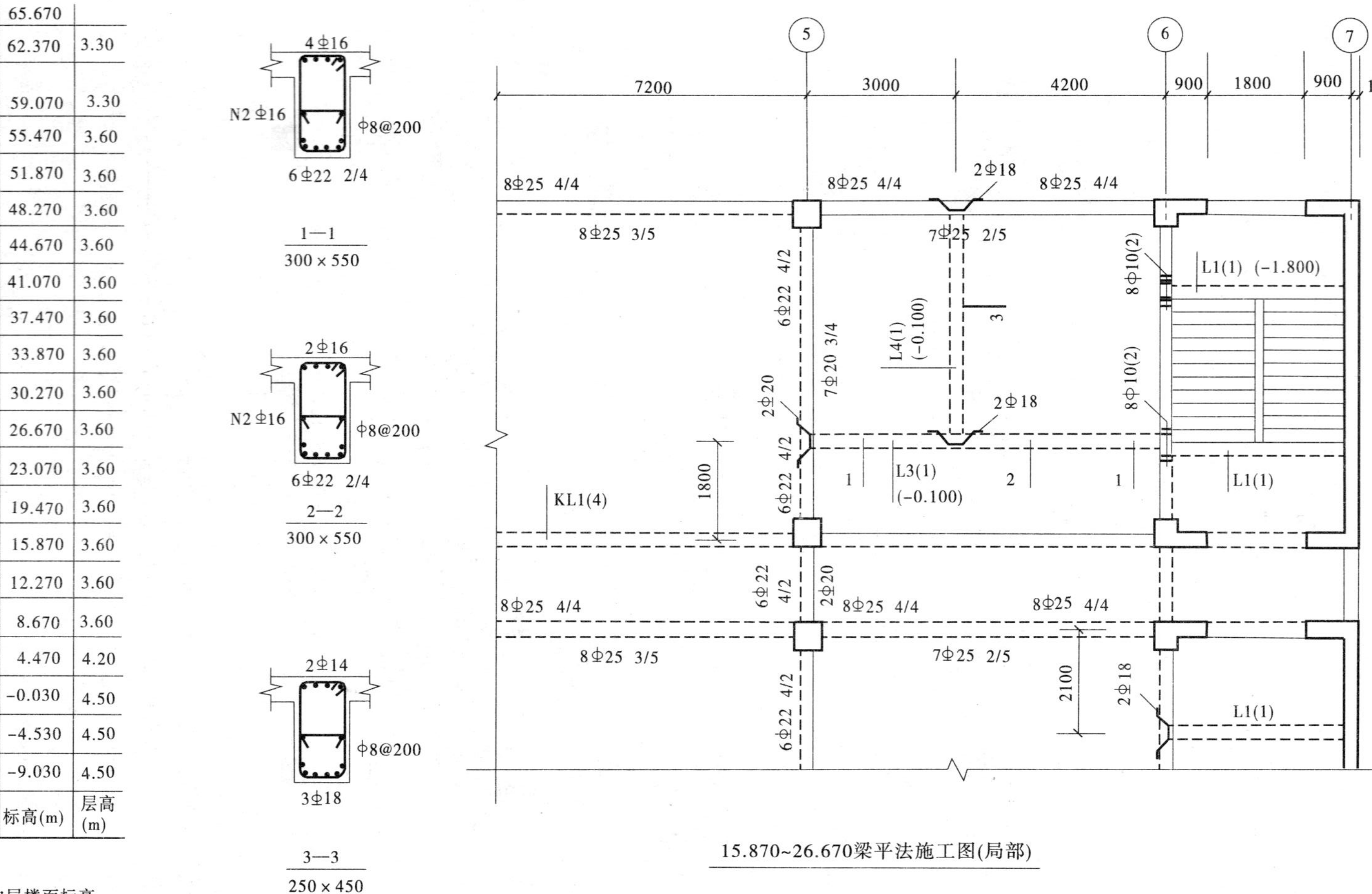

15.870~26.670梁平法施工图(局部)

注：可在结构层楼面标高、结构层高表中加设混凝土标号等栏目。

图14-31　梁平法施工图截面注写方式示例

号梁中各选一条梁画出“单边截面号”,截面配筋详图另画。梁顶标高高差值与平面注写方式相同。

截面配筋详图中应标注截面尺寸、上部筋、下部筋、侧面构造筋或受扭筋以及箍筋的具体数值,其表达方法与平面注写方式相同。

截面注写方式既可单独使用,又可与平面注写方式结合使用。

第三节　基础结构图

一、基础的组成和分类

基础是建筑物地面以下承受建筑物全部荷载的构件。基础底下天然的或经过加工的岩土层称为地基。基础的组成如图 14-32 所示。

为进行基础施工而开挖的土坑称为基坑,坑底就是基础的底面。基础的埋置深度是指房屋首层室内地面 ±0.000 到基础底面的深度。埋入地下的墙称为基础墙。基础墙下做成阶梯形的砌体称为大放脚。大放脚以下最宽部分的一层称为垫层。室内地面下一皮砖处墙体上的防潮材料称为防潮层(此处若有地圈梁则不做防潮层,因地圈梁已起到防潮作用),它能阻止地下水因毛细作用而侵蚀地面以上的砌体。

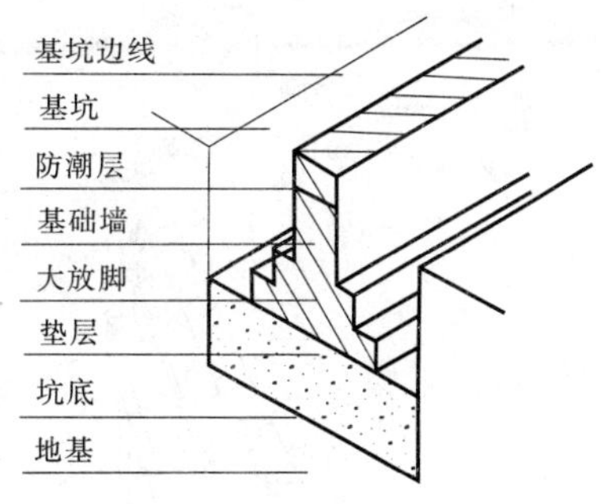

图 14-32　基础的组成

基础可采用不同的构造形式,选用不同的材料。基础的形式主要取决于上部结构的形式,如果按形式分主要有墙下条形基础和柱下独立基础、柱下条形基础、筏板基础及桩基等,如图 14-33 所示;如果按其材料的不同分主要有砖基础、毛石基础和钢筋混凝土基础等。

基础图一般包括基础平面图、基础断面图和说明三部分。基础图是施工放线、开挖基槽、砌筑基础等的依据。

现以墙下条形基础为例,说明基础图的内容和特点。

二、基础平面图

(一)基础平面图的形成

假想用一个水平剖切平面,沿建筑物底层室内设计地面(即 ±0.000)把整幢建筑屋切开,移去剖切平面以上的房屋和基础回填土,得到的水平剖视图称为基础平面图。如图 14-34 所示。

(二)基础平面图的内容

(1)为了便于施工对照,基础平面图的比例、定位轴线编号必须与建筑施工图的底层平面图完全相同。如图 14-34 所示。

(2)图中画出了断面图的剖切位置及编号。同一幢房屋,由于各处有不同的荷载和不

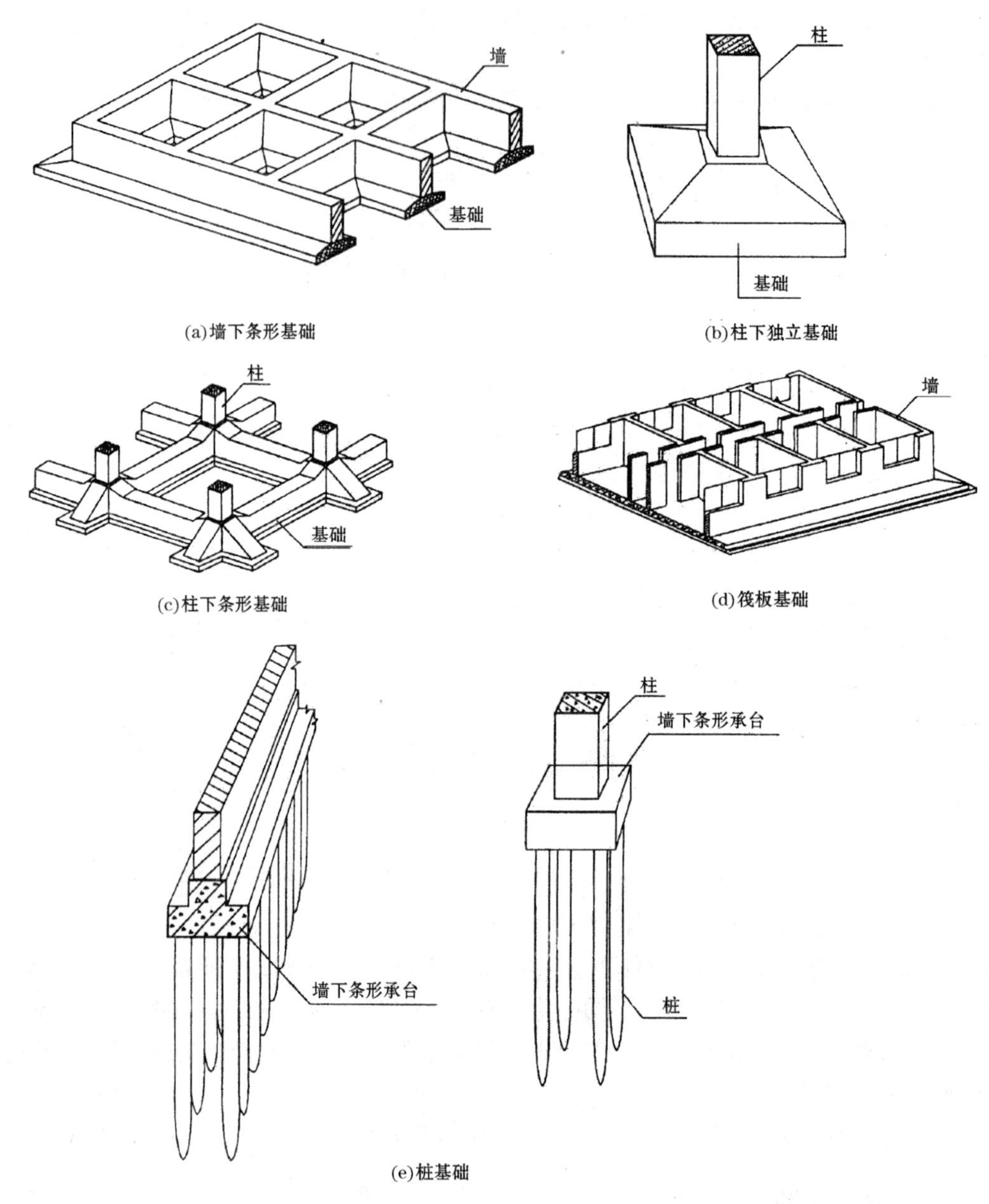

(a)墙下条形基础 (b)柱下独立基础

(c)柱下条形基础 (d)筏板基础

(e)桩基础

图 14-33 常见基础的形式

同的地基承载力,其下所设基础的大小也不尽相同。对于每一种不同的基础,应采用不同的编号加以区分,并画出断面图的剖切位置及其编号。

(3)基础平面图中还画出了地沟、过墙管洞的设置情况。由于基础不得留孔洞,构造上要把该段墙基础砌深成阶梯形,称为阶梯基础。坑底也挖成阶梯形。在基础平面图上用虚线表示出它的位置,其做法及尺寸可用移出断面表示。如图 14-34 所示,①×D 屋角处有管洞通过基础,洞口尺寸为 300(b)×400(h)(b 为洞口宽度,h 为洞口高度),洞底标高为 -1.250,洞中心与①轴线相距 1200mm。

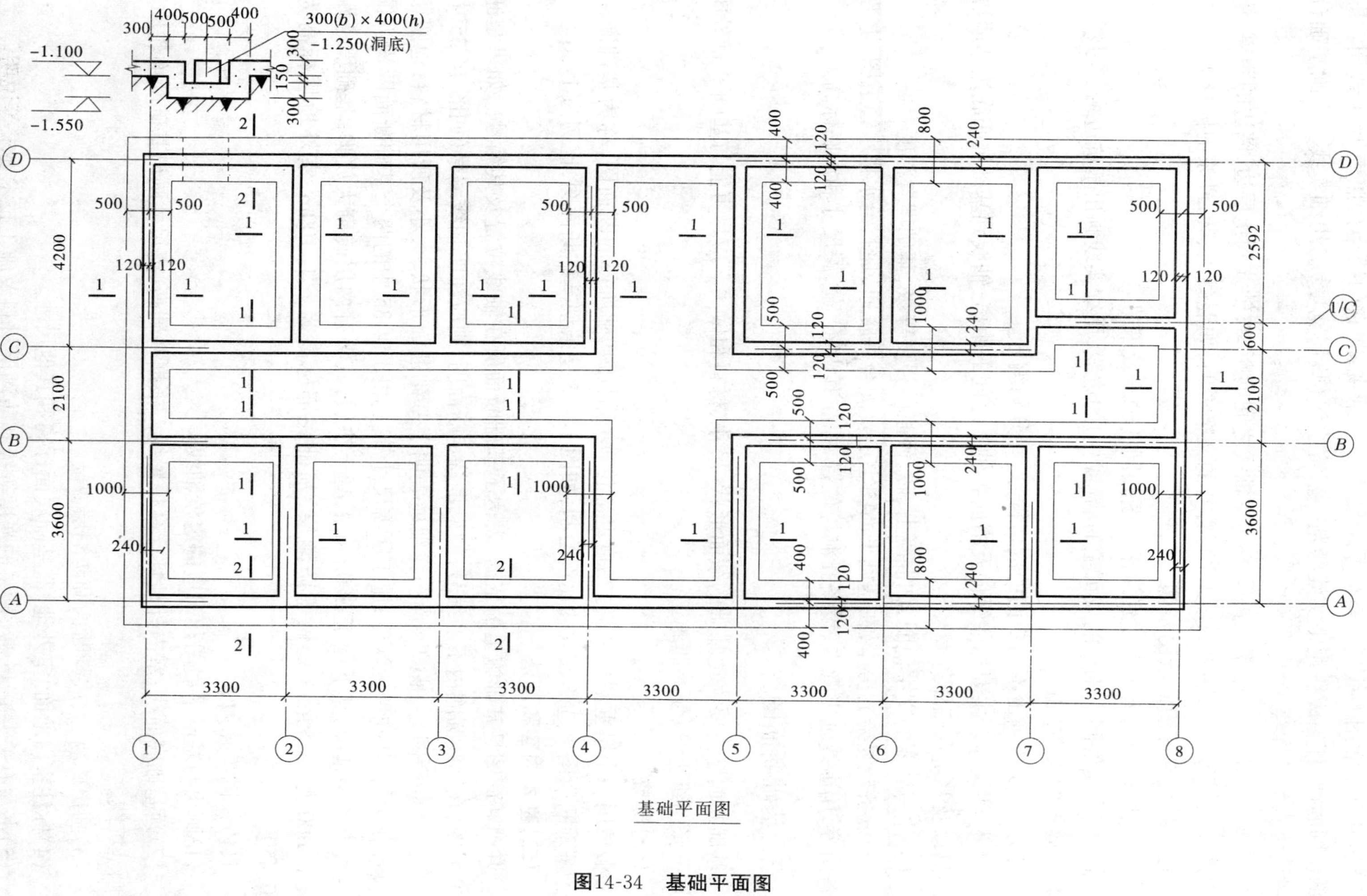

图14-34 基础平面图

(4)基础平面图的线型。基础平面图是一个剖视图,它的线型按照表 14-1 选用。即被剖切到的墙、柱轮廓线用中实线绘制。基坑边线(垫层宽度线)用细实线。不画基础台阶或大放脚的轮廓线。

(5)尺寸标注。基础平面图主要标注轴线之间的距离;轴线到垫层边、墙边的距离;垫层宽度和墙厚等尺寸;另外,还要注写必要的文字说明,如混凝土、砖、砂浆的标号等。

(三)基础平面图的绘图步骤

(1)先按比例画出与房屋建筑平面图相同的轴线及编号。

(2)用中实线画出剖到的或可见的墙(或柱)的边线,用细实线画出基坑边线。习惯上不画大放脚的水平投影。

(3)用粗实线画出不同断面的剖切符号,并分别编号。

(4)标注尺寸。主要标注纵向及横向各轴线之间的距离,轴线到基础坑底底边和墙边的距离以及基坑和墙厚等。

(5)注写必要的文字说明,如混凝土、砖、砂浆的强度等级,基础埋置深度等。

(6)设备较复杂的房屋,在基础平面图上还要配合采暖通风图、给水排水管道图、电源设备图等,用虚线画出管沟、设备孔洞等位置,标注其内径、宽、深尺寸和洞底标高。

三、基础断面图

基础断面图主要表达基础的截面形状、尺寸、材料和做法。应尽可能与基础平面图画在同一张图纸上,以便对照施工。

(一)形成

假想用一个铅垂剖切平面,在指定部位垂直剖切基础所得的断面图,称为基础断面图。基础断面图可选用较大的比例绘制,如图 14-35 是条型基础断面图,比例为 1:20。

(二)基本内容和画法

基础断面图是基础施工的依据,表达了基础断面所在轴线位置及其编号。如果是通用断面图,在轴线圆圈内不加编号;如果是特定断面图,则应注明轴线编号(如图 14-35 中 1—1、2—2 断面图)。基础断面图详细地表明了基础断面形状、大小及所用材料;地圈梁的位置和做法;基础埋置深度;施工所需尺寸等。如图 14-35 中的两个基础断面图均为钢筋混凝土条型基础,其下做了 300mm 混凝土垫层,其上有两层砖砌大放脚,基础墙上距离±0.000 标高 60mm 处做了防潮层,基础底部标高为 -1.100m,室外地坪标高为 -0.450m。

具体作图步骤为:

(1)画出与基础平面图相对应的定位轴线。

(2)画基础底面线、室内外地坪标高位置线。根据基础高、宽尺寸画出基础断面轮廓,不画基坑线。

(3)画出砖墙、大放脚断面和防潮层。

(4)标注室内地面、室外地坪、基础底面标高和其他尺寸。

(5)书写有关混凝土、砖、砂浆的强度等级和防潮层材料及施工技术要求等说明。

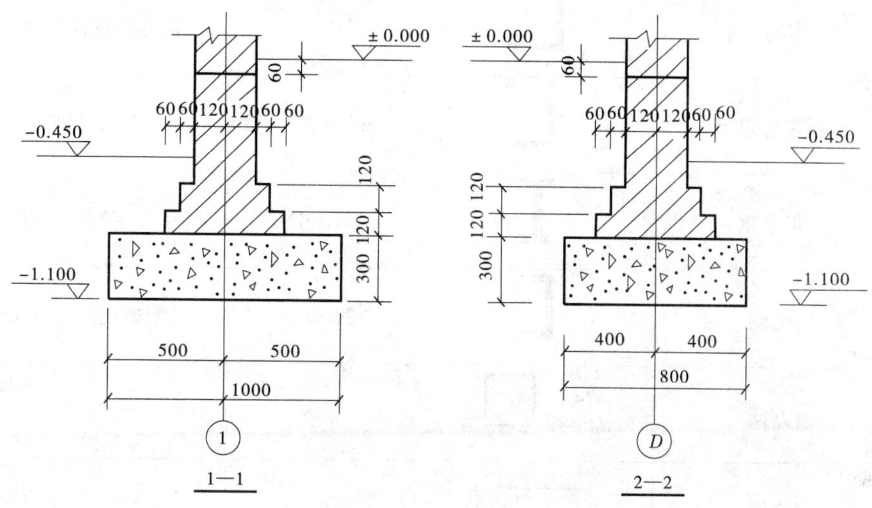

图 14-35　条形基础断面图

第四节　钢结构图

钢结构以其轻型、高强、制作方便的优点越来越多地被应用于土木工程建筑中。建筑工程中常用的钢材有 Q_{235}、Q_{345}、Q_{390}、Q_{420}。Q_{235} 为碳素钢，其余三种为低合金高强钢材，四种钢材的抗拉强度是递增的。

一、型钢的类型及标注法

常用型钢的类型不同，其标注方法各异，如表 14-10 所示。

二、钢材的连接方式

钢材的连接常采用焊接、螺栓连接和铆接，其中螺栓连接又分为普通螺栓和高强螺栓连接。

(一)焊接代号及标注

在焊接的钢结构图中，常采用焊缝代号表示焊缝的位置、形式和尺寸，焊缝代号应符合《建筑结构制图标准》(GB/T50105—2001)的规定，它主要由引出线、图形符号和补充符号组成，如图 14-36 所示。

现将常用的焊缝代号摘录如下，如表 14-11 所示。

标注构件中较长的角焊缝时，可不用指引线标注，而直接将焊缝尺寸 K 标注在焊缝旁，如图 14-37 所示。

表 14-10 型钢标注方法

序号	名称	符号	标注	说明
1	等边角钢		└$b\times d$	b 为肢宽，d 为肢厚
2	不等边角钢		└$B\times b\times d$	b 为长肢宽
3	工字钢		IN，QIN	轻型工字钢时加注 Q 字
4	槽钢		[N，Q[N	轻型槽钢时加注 Q 字
5	方钢	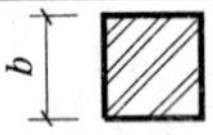 b	□b	
6	扁钢	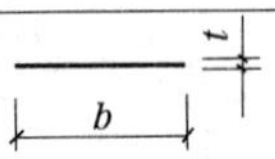 t b	$-b\times t$	
7	钢板		$-t$	
8	圆钢		ϕd	
9	钢管		ϕ$d\times$t	t 为管壁厚
10	薄壁方钢管	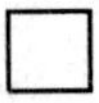	B□$h\times t$	薄壁型钢时加注 B 字
11	薄壁等肢角钢		B └$b\times t$	
12	薄壁等肢边角钢	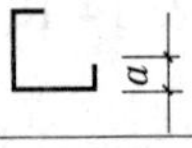 a	B└$b\times a\times t$	
13	薄壁槽钢	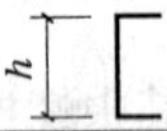 h	B[$h\times b\times t$	
14	薄壁卷边槽钢	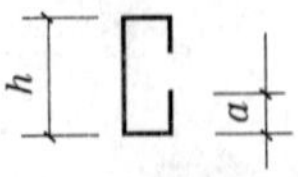 h a	B[$h\times b\times a\times t$	
15	薄壁卷边 Z 型钢	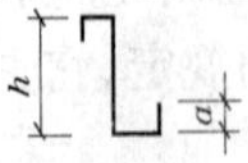 h a	B⅂$h\times b\times a\times t$	
16	起重机钢轨	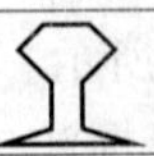	QU××	××为起重机钢轨型号
17	轻轨和钢轨		××kg/m 钢轨	××为轻轨和钢轨型号

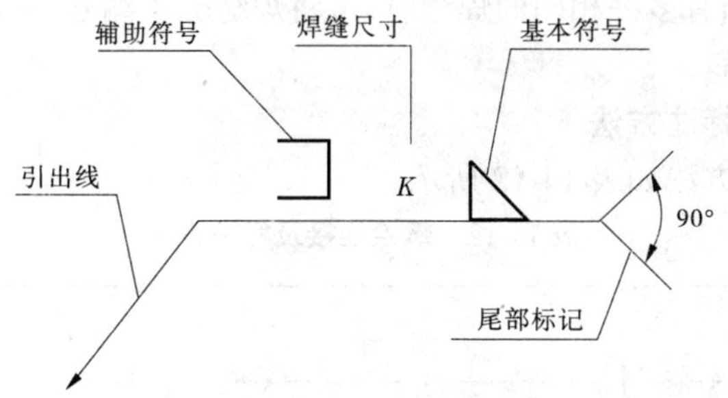

图 14-36　焊缝代号

表 14-11　焊缝形式和标注方法

	角焊缝			对接焊缝		塞焊缝	围焊	
	双面焊缝	安装焊缝	相同焊缝	单面焊缝	双面焊缝		三面围焊	环绕焊缝
型式	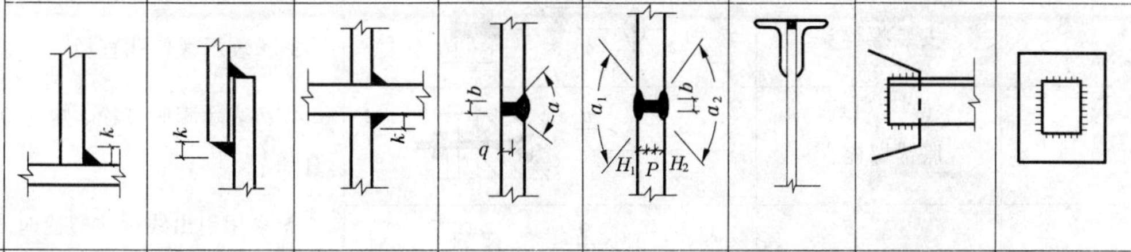							
标注方法	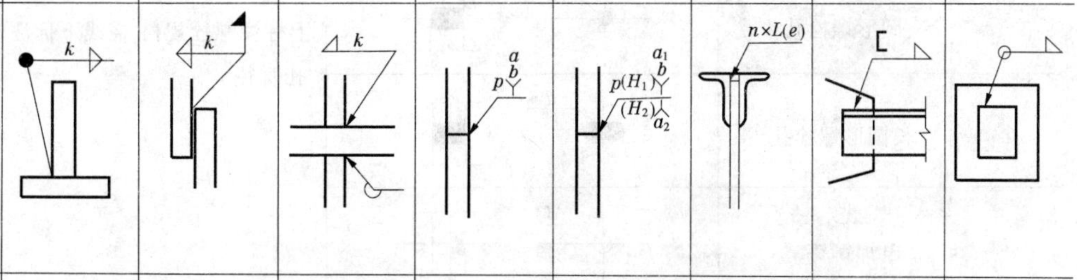							
说明	● 表示熔透角焊缝	▶ 表示现场施焊	◡ 表示两个焊缝的各参数相同。3个和3个以上焊件互焊不得注双面焊缝	对接焊件中只有一个带坡口时，引线箭头指向带坡口的焊件	$H_1=H_2$、$a_1=a_2$时，只需在横线上方标注焊缝符号和尺寸	n为焊缝段 L为焊缝长度 e为焊缝间距	[开口指向未施焊一面	环绕构件周围施焊

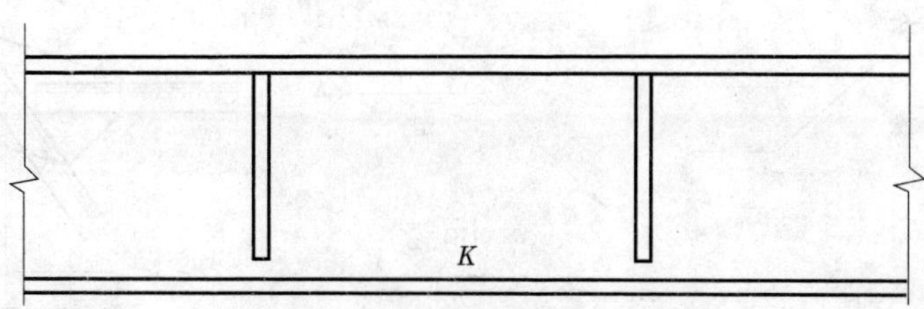

图 14-37　较长焊缝的标注方法

在同一图形上，当有多种相同的焊缝时，可将焊缝分类编号，采用大写拉丁字母 A、B、C、…，如图 14-38 所示。

（二）螺栓连接及标注方法

螺栓连接及标注方法如表 14-12 所示。

表 14-12　螺栓连接及标注方法

序　号	名　　称	图　　例	说　　明
1	永久螺栓	M　φ	1.细“+”线表示定位线 2. M 表示螺栓型号 3. φ 表示螺栓孔直径 4. d 表示膨胀螺栓、电焊铆钉直径 5.采用引出线标注螺栓时，横线上标注螺栓规格，横线下标注螺栓孔直径
2	高强螺栓	M　φ	
3	安装螺栓	M　φ	
4	胀锚螺栓	d	
5	圆形螺栓孔	φ	
6	长圆形螺栓孔	d	
7	电焊铆钉	d	

三、尺寸标注

钢结构构件尺寸标注过程中需注意：

(1)标明节点板的定形尺寸及定位尺寸，如图 14-39 所示。

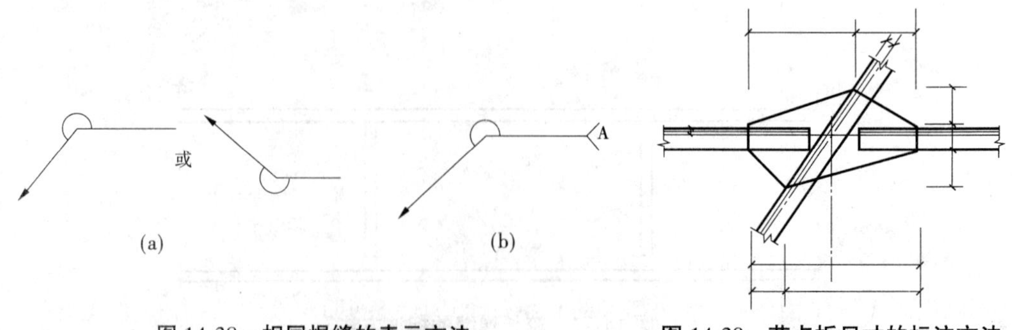

图 14-38　相同焊缝的表示方法　　**图 14-39　节点板尺寸的标注方法**

(2)标明杆件端部至几何中心线交点的距离及各杆件螺栓孔中心距,如图 14-40 所示。

(3)标明双型钢组合截面中缀板的数量及尺寸,如图 14-40 所示。

(4)标明不等边角钢一肢的尺寸,如图 14-41 所示。

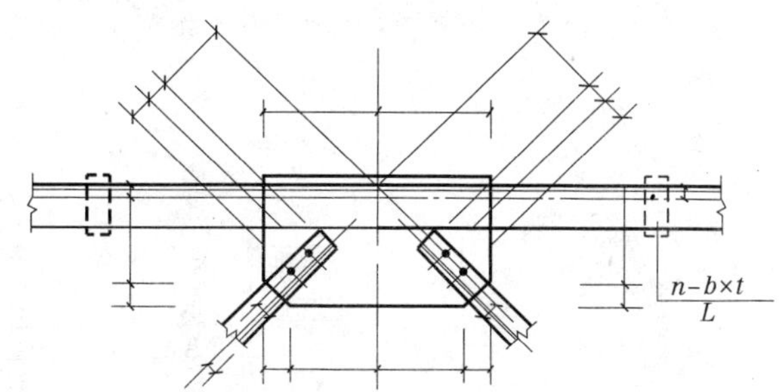

图 14-40 节点板尺寸标注及缀板的标注方法

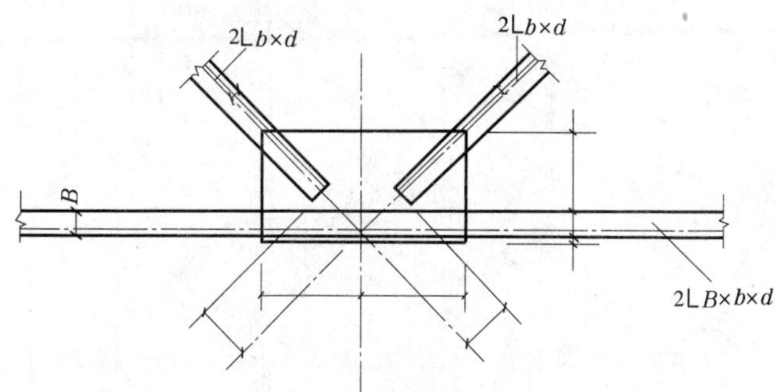

图 14-41 节点尺寸及不等边角钢的标注方法

四、钢屋架结构施工图实例

如图 14-42 是跨度为 12m 的三角形钢屋架详图,它由屋架几何尺寸及内力图、屋架详图、节点详图及材料表组成。

(一)屋架几何尺寸及内力图

由图 14-42 可见,屋架是用单粗实线表示的几何图形,图中标注了屋架的跨度、高度、各杆件的轴线几何长度及结构形式。左半部沿着杆件方向直接注出了杆件轴线的几何尺寸(单位 mm);右半部分标注了各杆件的内力(单位为 kN),并以前面的正负号区别杆件受拉或受压,其中正号可省略。

(二)屋架详图

屋架详图主要表明各杆件的规格、组成、连接方式、节点构造及详细尺寸等。由于杆件长细比较大,为了将细部表达清楚,常采用两种比例,轴线长度采用较小的比例(如 1:20),杆件断面则采用较大的比例(如 1:10)。

如图 14-42 所示,钢屋架详图以立面为主,由于该屋架对称,故采用了对称画法,图中分别画出了上弦平面图,屋架端节点剖面图及跨中腹杆侧面图,并对各杆件进行编号,以便编制材料表。材料表是制作钢屋架时备料的依据。

几何尺寸及内力(kN)
上弦侧向支撑点之间的距离为2个檩距
上弦塞焊示意
连拉条用
连支撑用
1—1
2—2
3—3
说明：1.钢材为Q235F，焊条为E43××型；
2.未注明的板厚为6；
3.未注明的焊缝厚度为4，满焊；
4.未注明的螺栓孔为ϕ17。
12米三角形角钢屋架
工程实例
GWJ-12

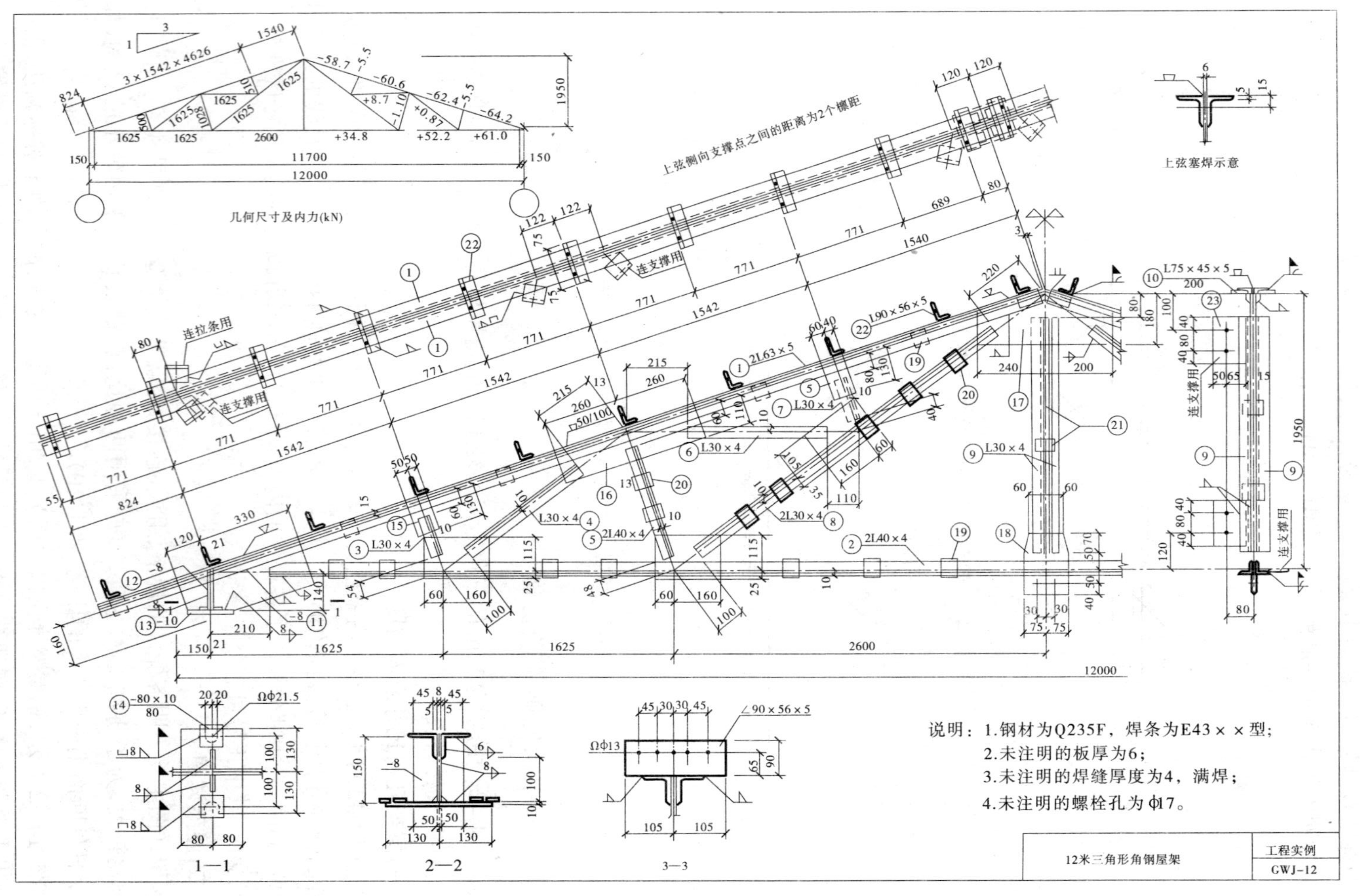

图14-42　轻型钢屋架

由图 14-42 可知，1 号杆件为上弦杆，是由两根等肢角钢(2L63×5)组成的 T 型截面；2 号杆件为下弦杆，由两根等肢角钢(2L40×4)组成的倒 T 形截面。3～8 号杆均为腹杆，分别由一根或两根等肢角钢，组成 L 形或 T 形断面，9 号杆也是腹杆，其截面形式为十字形，由两根等肢角钢(2L30×4)组成。10 号杆件为屋脊连接件采用不等肢角钢 L75×45×5，长度 200mm，22 号杆件为檩扒子，其长度为 210mm，由 3—3 断面图可读出。11～21 号分别为节点板及缀板，23 号为屋架垂直支承连接件。

所有构件的长度、定形尺寸、规格及数量均可由材料表查出，本图材料表略。

第十五章　给排水工程图

第一节　概　述

给水排水工程是城市建设的基础设施之一，它分为给水工程和排水工程两部分。给水工程是指水源取水、水质净化、净水输送、配水使用等工程；排水工程指污水（生活、粪便、生产等污水）排除、污水处理、处理后污水的排放等工程。给水排水工程都由各种管道及其配件和水的处理、存储设备等组成，与房屋建筑、水力机械、水工结构等工程有着密切关系。因此，在学习给排水工程图之前，对房屋建筑图、钢筋混凝土结构施工图等都应有所认识。同时也要掌握轴测图的画法。

一、给排水工程图的分类

给排水工程图按其作用和内容来分，有以下几种。

（一）室内给排水工程图

室内给排水工程图是表示建筑物内部的工程设施情况，它包括管道平面布置图、系统图、屋面雨水平面图、剖面图、详图等。

（二）室外给排水工程图

室外给排水工程图表示的范围较广，它可表示一幢建筑物外部的给排水工程设施情况，也可表示一个建筑小区（厂区）或一个城市的给排水工程设施情况。室外给排水工程图的内容包括平面图、高程图、纵断面图和详图等。

（三）水处理工艺设备图

水处理工艺设备图是指自来水厂和污水处理厂等的设计图样，包括工艺流程图、水处理构筑物工艺图等。

二、给排水工程图的图示特点

由于室内给排水、室外给排水和水处理工程系统的组成各有特点，所以它们的工程图样也要针对其各自的特点采用适当的图示方法。

(1)给排水工程图中的平面图、剖面图、高程图、详图以及水处理工艺图等都是用正投影法绘制。系统图采用轴测投影绘制；纵断面图是用正投影法取不同比例绘制；工艺流程图则是用示意法绘制。

(2)对于图中的管道部分，由于管道长度大而直径小，且横断面形状变化不多，所以常采用不同线型的单线或附加字母的单线来表示。对于管道上的附件、配件、一些小型构筑物及室内卫生器具等一般采用统一的图例符号表示，而不画出其真实投影图。

(3)靠墙敷设的管道不必按比例准确表示出管线与墙面的微小距离，只需在图中略有距离即可。

三、给排水工程图的一般规定

给排水专业图的绘制应按《给水排水制图标准》(GB/T50106—2001)的规定执行,以下将简单介绍给排水制图的图线、比例等国家标准的一般规定。

(一)图线

1. 线宽

图线的宽度 b,应根据图纸的类别、比例和复杂程度,按《房屋建筑制图统一标准》中的规定选用。线宽 b 宜为 0.7mm 或 1.0mm。

2. 常用的线型

给排水专业制图,常用的各种线型宜符合表 15-1 的规定。

表 15-1　线型

名称	线型	线宽	用途
粗实线	——————	b	新设计的各种排水和其他重力流管线
粗虚线	— —— —	b	新设计的各种排水和其他重力流管线的不可见轮廓线
中粗实线	——————	$0.75b$	新设计的各种给水和其他压力流管线;原有的各种排水和其他重力流管线
中粗虚线	— —— —	$0.75b$	新设计的各种给水和其他压力流管线及原有的各种排水和其他重力流管线的不可见轮廓线
中实线	————	$0.50b$	给水排水设备、零(附)件的可见轮廓线;总图中新建的建筑物和构筑物的可见轮廓线;原有的各种给水和其他压力流管线
中虚线	— —— —	$0.50b$	给水排水设备、零(附)件的不可见轮廓线;总图中新建的建筑物和构筑物的不可见轮廓线;原有的各种给水和其他压力流管线的不可见轮廓线
细实线	——————	0.25b	建筑的可见轮廓线;总图中原有的建筑物和构筑物的可见轮廓线;制图中的各种标注线
细虚线	— —— —	$0.25b$	建筑的不可见轮廓线;总图中原有的建筑物和构筑物的不可见轮廓线
单点长画线	———— · ————	$0.25b$	中心线、定位线
折断线	——/\/——	$0.25b$	断开界线
波浪线	～～～	$0.25b$	平面图中水面线;局部构造层次范围线;保温范围示意线等

(二)比例

给排水专业制图常用的比例,宜符合表 15-2 的规定。

表 15-2 常用比例

名称	比例	备注
区域规划图 区域位置图	1:50000、1:250000、1:10000 1:5000、1:2000	宜与总图专业一致
总平面图	1:1000、1:500、1:300	宜与总图专业一致
管道纵断面图	纵向:1:200、1:100、1:50 横向:1:1000、1:500、1:300	
水处理厂(站)平面图	1:500、1:200、1:100	
水处理构筑物,设备间, 卫生间,泵房平、剖面图	1:100、1:50、1:40、1:30	
建筑给排水平面图	1:200、1:150、1:100	宜与建筑专业一致
建筑给排水轴测图	1:150、1:100、1:50	宜与相应图纸一致
详图	1:50、1:30、1:20、1:10、1:5、 1:2、1:1、2:1	

(1)在管道纵断面图中,可根据需要对纵向和横向采用不同的组合比例。

(2)在建筑给排水轴测图中,如局部表达有困难时,该处可不按比例绘制。

(3)水处理流程图、水处理高程图和建筑给排水系统原理图均不按比例绘制。

(三)标高

(1)标高符号及一般标注方法应符合《房屋建筑制图统一标准》中的规定。

(2)室内工程应标注相对标高;室外工程宜标注绝对标高,当无绝对标高资料时,可标注相对标高,但应与总图专业一致。

(3)压力管道应标注管中心标高;沟渠和重力流管道宜标注沟(管)内底标高。

(4)在下列部位也应标注标高:沟渠和重力流管道的起止点、转角点、连接点、变坡点、变尺寸(管径)点及交叉点;压力流管道中的标高控制点;管道穿外墙、剪力墙和构筑物的壁及底板等处;不同水位线处;构筑物和土建部分的相关标高。

(5)标高的标注方法。平面图中管道标高应按图 15-1 的方式标注,平面图中沟渠标高应按图 15-2 的方式标注,剖面图应按图 15-3 的方式标注,轴测图应按图 15-4 的方式标注。

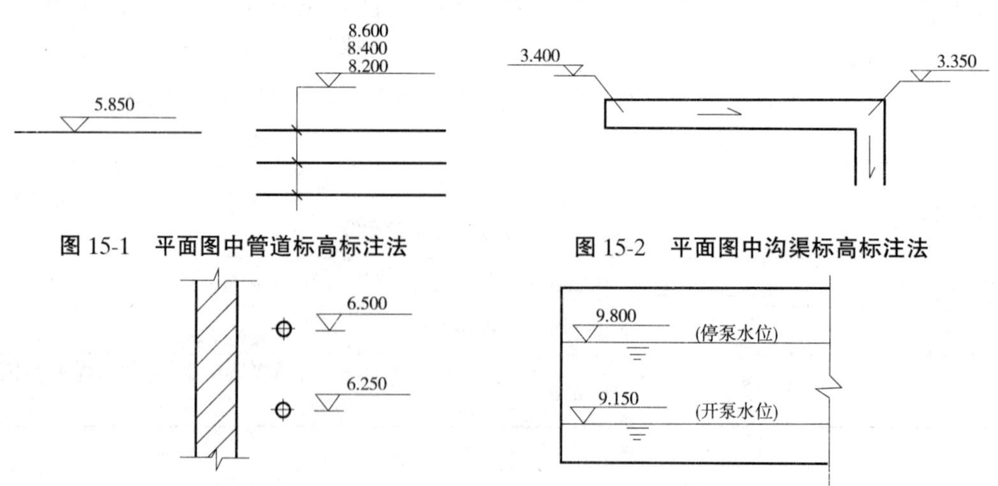

图 15-1 平面图中管道标高标注法

图 15-2 平面图中沟渠标高标注法

图 15-3 剖面图中管道及水位标高标注法

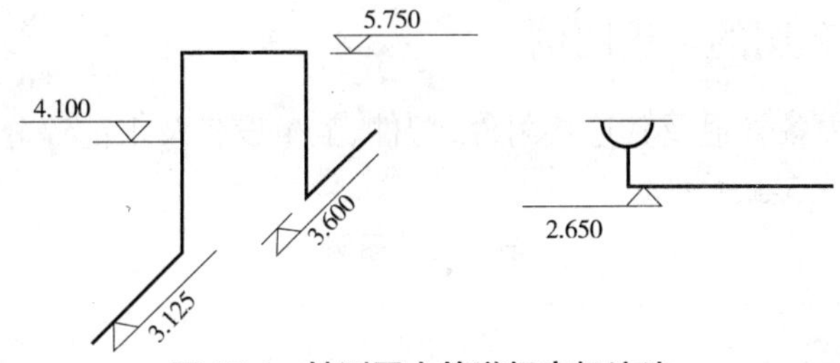

图 15-4　轴测图中管道标高标注法

(四)管径

(1)管径应以 mm 为单位。

(2)管径的表达方法应符合下列规定:水煤气输送钢管(镀锌或非镀锌)、铸铁管等管材,管径宜以公称直径 DN 表示(如 DN15、DN50 等);无缝钢管、焊接钢管(直缝或螺旋缝)、铜管、不锈钢管等管材,管径宜以外径 $D\times$壁厚表示(如 $D108\times4$、$D159\times4.5$ 等);钢筋混凝土(或混凝土)管、陶土管、耐酸陶瓷管、缸瓦管等管材,管径宜以内径 d 表示(如 $d230$、$d380$ 等);塑料管材,管径宜按产品标准的方法表示。

(3)管径的标注方法。单根管道时应按图 15-5 的方式标注,多根管道时应按图 15-6 的方式标注。

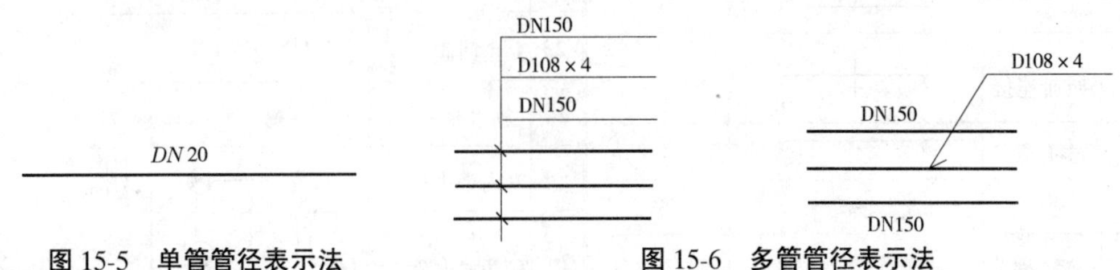

图 15-5　单管管径表示法　　图 15-6　多管管径表示法

(五)编号

(1)当建筑物的给水引入管或排水排出管的数量超过 1 根时,宜进行编号,编号宜按图 15-7 的方法表示。

(2)建筑物内穿越楼层的立管,其数量超过 1 根时宜进行编号,编号宜按图 15-8 的方法表示。

(3)在总平面图中,当给排水附属构筑物的数量超过 1 个时,宜进行编号。编号的方法为:构筑物代号－编号;给水构筑物的编号顺序宜为:从水源到干管,再从干管到支管,最后到用户;排水构筑物的编号顺序宜为:从水上游到下游,先干管后支管。

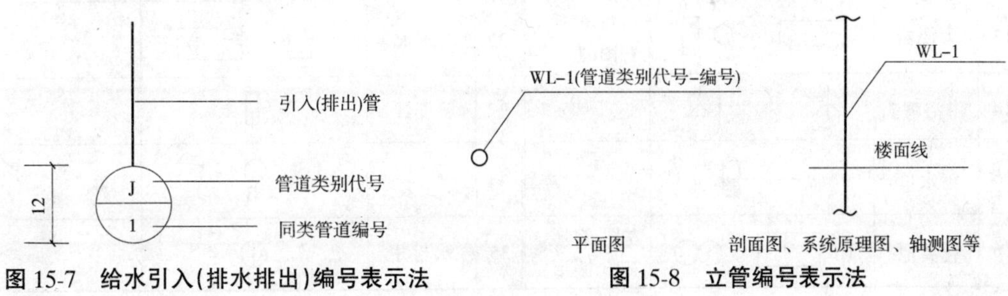

图 15-7　给水引入(排水排出)编号表示法　　图 15-8　立管编号表示法

四、给排水工程图的常用图例

给排水工程图中各管道及其连接附件、配件、卫生设备及水池等分别用不同的图例表示，常见的图例见表 15-3 所列。

表 15-3 图例

序号	名称	图例	说明	序号	名称	图例	说明
1	管道	J P F Y	用汉语拼音字头表示管道类别	17	检查口		
				18	清扫口		
2	管道立管	XL XL	X为管道类别代号	19	通气帽		
3	交叉管		在下方和后面的管道应断开	20	雨水斗	YD	
				21	地漏		
4	三通连接			22	截止阀		
5	四通连接			23	止回阀		
				24	放水龙头		
6	多孔管			25	室内消火栓		左图:单口 右图:双口
7	流向			26	室外消火栓		
8	坡向						
9	弯折管		表示管道向后弯90° 表示管道向前弯90°	27	洗脸盆		
				28	浴盆		
10	存水弯			29	化验盆 洗涤盆		
11	河水池			30	阀门井 检查井		
12	小便器		左图:排式 右图:立式	31	水表井		
13	大便器		左图:蹲式 右图:坐式	32	离心水泵		
14	淋浴喷头			33	温度计		
15	雨水口			34	压力表		
16	化粪池	HC	左图:矩形 右图:圆形	35	水封井		

第二节　室内给排水工程图

一、室内给水工程图

(一)室内给水系统的分类与组成

建筑室内给水工程的任务是根据用户对水量和水压的要求,将水由城市管网输送至装置在室内的各种配水龙头、生产机组和消防设备等用水点。

1. 室内给水系统的分类

室内给水系统通常按用途可分为三大类。

(1)生活给水系统:又可以细分为生活饮用水系统、杂用水系统等。生活饮用水系统指与人体直接接触的、饮用、烹饪、盥洗、洗浴等生活用水,要求必须达到国家饮用水标准。杂用水系统指冲洗便器、浇地面、冲洗汽车等非饮用生活水。

(2)生产给水系统:生产给水系统由于各种生产工艺不同,系统的种类繁多,如直流给水系统、循环给水系统、纯水系统等。生产给水系统对水量、水质、水压及完全供水的要求因工艺不同而不同,需要详尽了解生产工艺对水质的要求。

(3)消防给水系统:又可以细分为消火栓给水系统、自动喷水灭火系统、水幕灭火系统等。上述三个系统不一定独立设置,应根据各种用水对水质、水温、水压等具体要求,考虑技术上可行、经济上合理、安全可靠等因素,将其中两种或三种系统合并形成生活－消防给水系统、生产－消防给水系统、生活－生产给水系统、生活－生产－消防给水系统等。

2. 室内给水系统的组成

室内给水管道由如下内容组成(见图 15-9):

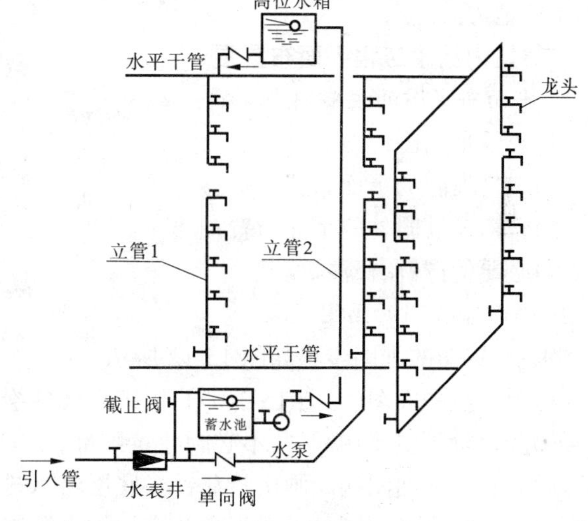

图 15-9　室内给水系统的组成

(1)引入管。是室外给水管网与室内给水管网之间的联络管,也称进户管。图 15-9 中的引入管为自室外管网引入房屋内部的一段水平管。引入管应有不小于 0.003 的坡度,斜向室外给水管网,并应安装阀门。

(2)水表节点。水表节点是指引入管上装设的水表及其前后设置的闸门、泄水装置的总称。

(3)室内配水管网。将从引水管送来的水输送到室内各用水点的若干管道,包括水平干管、立管和支管等。

(4)配水器具与附件。包括给水管道上的各种配水龙头、闸阀等。

(5)升压和贮水设备。在外部给水管网的水压或流量经常或间断不足,不能满足室内给水要求时应设置贮水池、高位水箱、水泵等装置。

3. 室内给水系统的布置方式

1)供水方式

室内给水系统的供水方式主要根据建筑物的性质、高度、配水点的布置情况、室内用水所需要的水压和室外供水管网的供水情况确定,一般可分为直接供水方式、单设水箱供水方式、水泵供水方式、水泵水箱联合供水方式和分区供水方式等几种方式(如图 15-10 所示)。

2)配水管网布置方式

上述各种供水方式按其水平干管在建筑内敷设的位置不同通常可分为下行上给式和上行下给式两种。

(1)下行上给式(见图 15-11(a)):水平干管敷设在地下室天花板下或第一层地面下专门的地沟内或在底层直接埋地敷设,自下向上供水。一般用于住宅、公共建筑以及水压能满足要求的建筑物。

(2)上行下给式(见图 15-11(b)):水平干管敷设于顶层的顶棚上或阁楼中,自上向下供水。由于有时室外管网给水压力不足,建筑物上需要设置水箱和水泵,一般用于多层民用建筑、公共建筑或生产流程不允许在底层地面敷设管道,以及地下水位高、敷设管道有困难的地方。

(二)室内给水工程平面布置图

1. 平面布置图的主要内容

(1)建筑平面图;

(2)卫生设施的平面布置;

(3)管道及其附件的平面布置;

(4)必要的图例、标注等。

2. 平面布置图的画图步骤

平面布置图的画图步骤如图 15-12 所示。

(1)画建筑平面图(见图 15-3(a)):用细实线抄绘建筑平面图,应抄绘出墙身、柱、门窗洞、楼梯及台阶等主要构配件,不必画建筑细部,不需标注门窗代号、编号等,但要画出相应的轴线,底层平面图还应画出指北针。底层给水排水平面图一般应画出整幢建筑物的底层平面图,其余各层则可以只画出装有给排水管道及其设备的局部平面图,以便更好地与整幢建筑物及其室外给排水平面图对照阅读。标准层给排水平面图通常也画标准层的全部。

(2)画卫生设施平面布置(见图 15-12(b)):卫生设施如大便器、小便器、洗脸盆等皆为定型工业产品,而大便槽、小便槽、污水池等虽非工业产品,但其详图由建筑设计提供,所以卫生设施均不必详细绘制。定型工业产品的卫生设施用细实线画出其图例;需现场砌筑的卫生设施,按其尺寸比例画出图例,若无标准图例,一般只绘其主要轮廓,然后用文字加以说明。

(3)画给水管道平面布置(见图 15-12(c)):给排水管道无论在地面上或地面下,在图

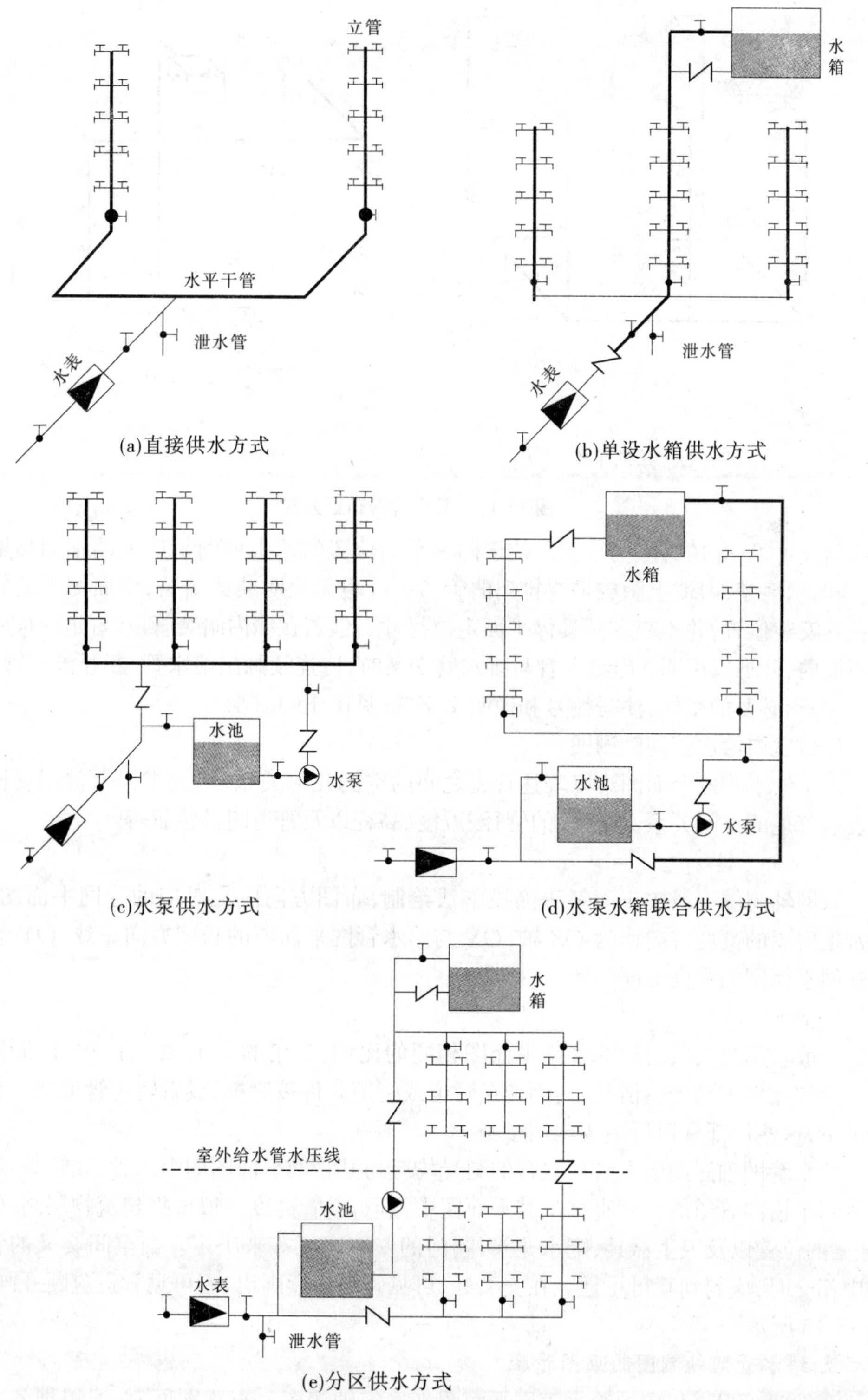

图 15-10　室内给水系统的供水方式

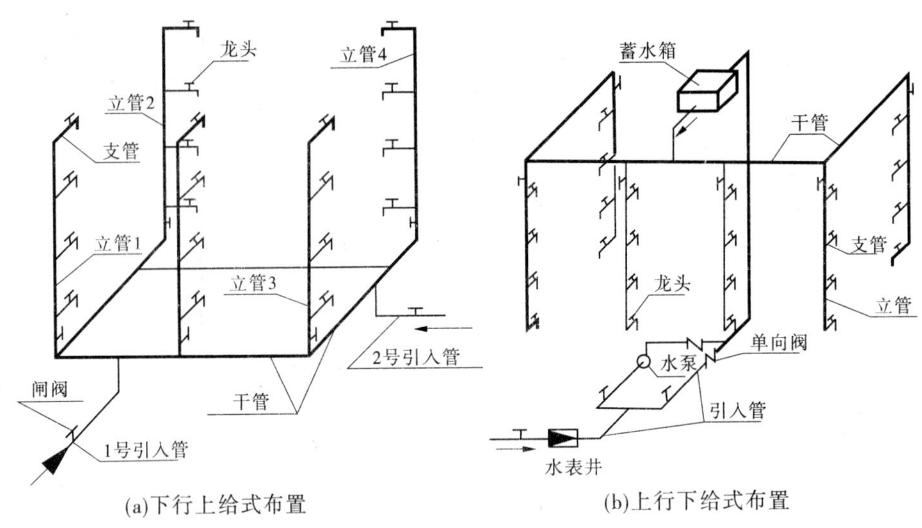

图 15-11　配水管网布置方式

上均画成可见，并按其图例绘制。位于同一平面位置的两根或两根以上的不同高度的管道，为图示清楚，习惯上画成平行排列的管道。管道无论明装或暗装，平面图中的管线仅示意其安装位置，并不表示其具体平面定位尺寸。但若在墙内暗装管道，管道线应画在墙身断面内，并加以说明。当给水管与排水管交叉时，应连续画出给水管，断开排水管。

(4)画必要的图例、注写编号和说明文字等(见图 15-12(d))。

(三)室内给水管网轴测图

由于给水管网平面图难以表达管道之间的空间几何关系，因此工程上常用管网轴测图表达管道的空间关系，各管段的管径、坡度、高程以及管道附件位置等。

1. 轴向选择

管网轴测图一般按正面斜等测投影法绘制，布图方向应与对应的管网平面图相同。通常把房屋的高度方向作为 OZ 轴，OX 与给水管网平面图的长度方向一致，OY 轴与给水管网平面图的宽度方向一致。

2. 比例

一般采用与其共对应的管网平面图相同的比例，常用的有 1∶200、1∶80、1∶50。当局部管道按比例不易表达清楚时，例如在管道或管道附件被遮挡，或者转弯管道变成直线等情况下，这些局部管道可不按比例绘制。

给水管网轴测图引入管和立管的编号均应与其管网平面图的引入管、立管编号对应。轴测图中横向管道的长度直接从其平面图中量取，立管高度一般根据建筑物层高、门窗高度、梁的位置以及卫生器具、配水龙头、阀门的安装高度等来决定。当空间交叉的管道在图中相交时，应判别其可见性。在交叉处，可见管道连续画出，不可见管道应断开画出(如图 15-13 所示)。

3. 给水管网轴测图的画图步骤

画图时可根据相应的给水管网平面图来确定轴测图。布置图面时，习惯把各立管所穿过的地面、楼面相应地画在同一水平线上，以利图面整齐，便于画图和读图。轴测图的

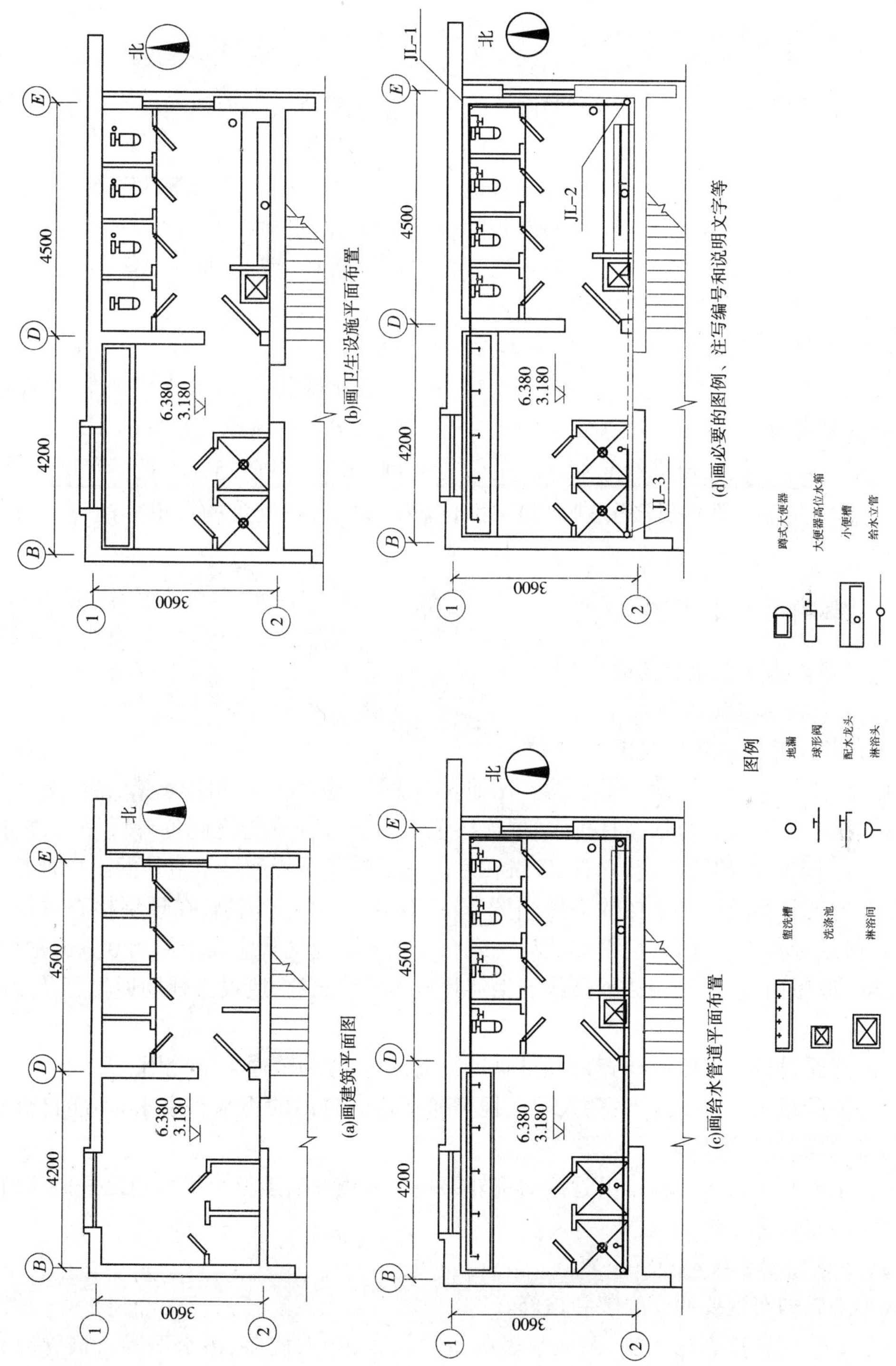

图 15-12　室内给水工程平面图

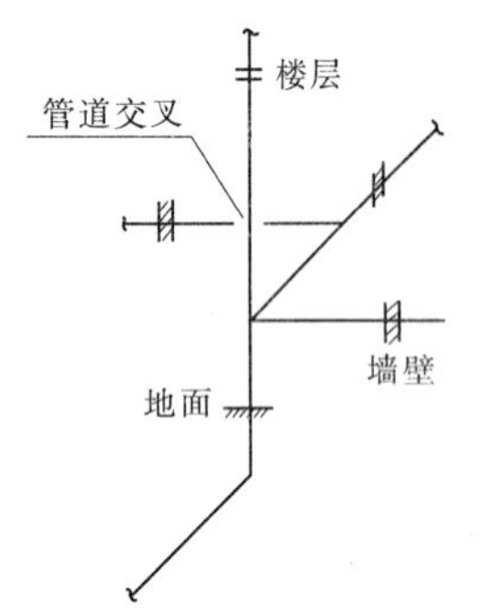

图 15-13 空间交叉管道的绘制

画图步骤如下：

(1)确定轴测轴；

(2)画立管或引入管；

(3)画立管上的地面、楼面或屋面图例；

(4)画各层平面上的横管；

(5)画管道系统上相应的附件、器具等的图例；

(6)画各管道所穿墙、梁的断面图例；

(7)在适当位置注写管径、坡度、标高、编号以及必要的文字说明等。

4. 给水管网轴测图的识读

由图 15-14 可知，该建筑物男厕给水引入管的管径为 DN40，从标高为 -1.700m 处水平穿墙进入室内，之后分别由两条变径立管 JL_1、JL_2 穿越首层地面及一、二层楼板进行配水，JL_1 的管径由 DN20 变为 DN15，JL_2 的管径则由 DN32 变为 DN25，其余支管的管径分别为 DN15、DN20、DN25，各支管的管道标高可由图中直接读取。

二、室内排水工程图

(一)室内排水系统的组成

1. 室内排水系统的组成

室内排水系统的组成见图 15-15。

(1)卫生器具或生产设备受水器。比如大小便器、洗脸池、厨房用水槽、浴缸等。

(2)排水管系统。包括器具排水管(连接卫生器具和横支管之间的一段短管，包括存水弯)，有一定坡度的横支管、立管，埋设在室内地下的总干管和排至室外的出户管等。

(3)通气管系统。对于层数不高、卫生器具不多的一般建筑物，在顶层检查口以上延伸的一段立管称为通气管，用以排除臭气或有害气体。通气管应高于屋面 0.3m(平屋面)至 0.7m(坡屋面)。对于层数较高或卫生器具较多的建筑物，应设置辅助通气管及专用通气管。

(4)清通设备。一般有检查口、清扫口、检查井等，作为疏通管道之用。

(5)抽升系统。对于地下室、人防工程等地下建筑物内的污水和废水，不能自流至室外时，必须设置抽升设备。

(6)室外排水管道。自排出管接出室外第一个检查井后至城市下水道之间的管道。

(7)污水局部处理构筑物。

2. 室内排水系统的布置要求

(1)立管的布置要便于安装和检修。

(2)立管应尽量靠近污物、杂质最多的卫生设备(如大便器、污水池等)，横管应有坡度，斜向立管。

(3)排出管应选择最短路径与室外管道相连，连接处应设置检查井。

(4)排水管道选用较粗的管径，应尽量减少转弯以免阻塞，且不加阀门等配件。

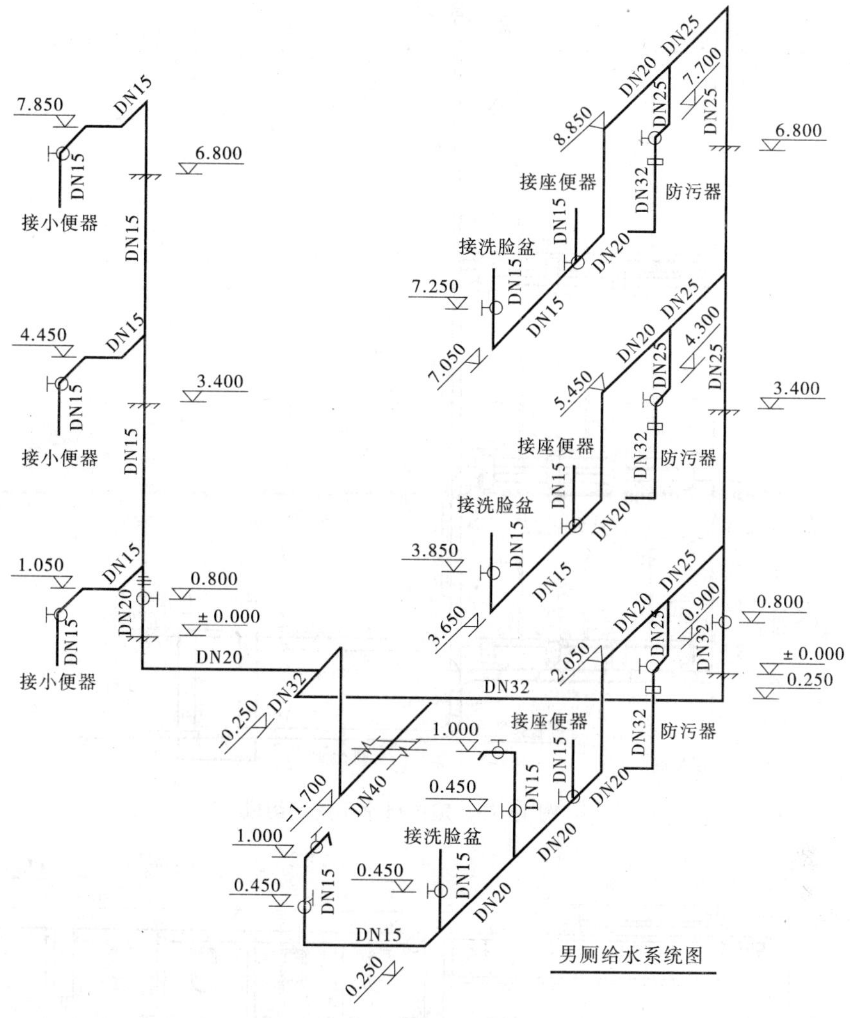

图 15-14 室内给水管网轴测图

(二)室内排水管网平面布置图

室内排水管网平面图是室内排水施工图中的基本图样,用以表示排水管网、附件以及卫生设施的平面布置情况。图 15-16 为某学生宿舍卫生间的排水管网平面布置图。

为了靠近室外排水管道,将排出管布置在西北角(即图 15-16 右上角),与给水引入管成 90°。同时,为了便于粪便的处理,将粪便排出管与淋浴、盥洗排出管分开,把后者的排出管布置在房屋的前墙面(南面),直接排到室外排水管道。也可排到室外雨水沟,再由雨水沟排入室外排水管道。排水管道均用粗虚线画出。

(三)室内排水管网轴测图

排水管道同样需要用轴测图表示其空间连接和布置情况。排水管网轴测图仍选用正面斜等测图。在同一幢房屋中,排水管的轴向选择应与给水管的轴测图一致。

如图 15-17 是一办公楼男厕排水管网轴测图。污水及生活废水由用水设备流经水平

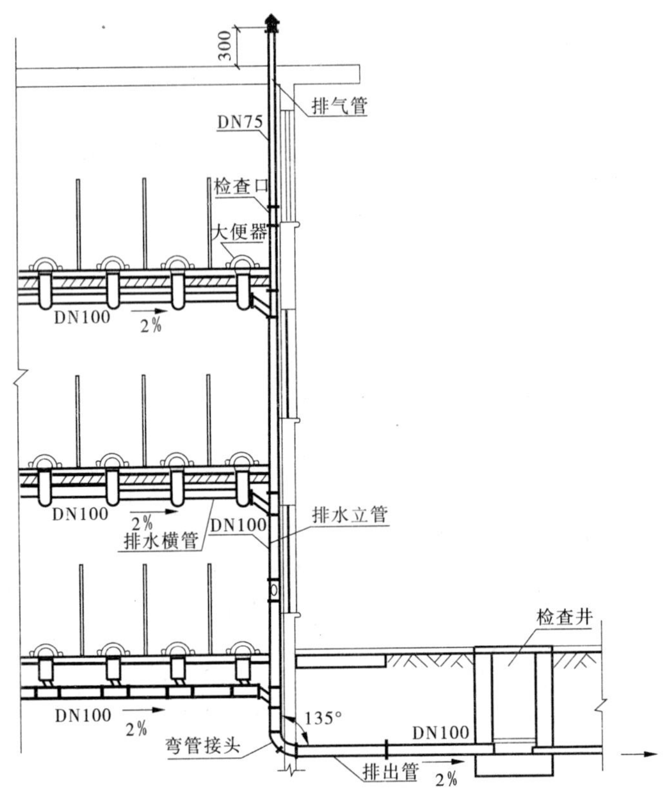

图 15-15 室内排水系统的组成

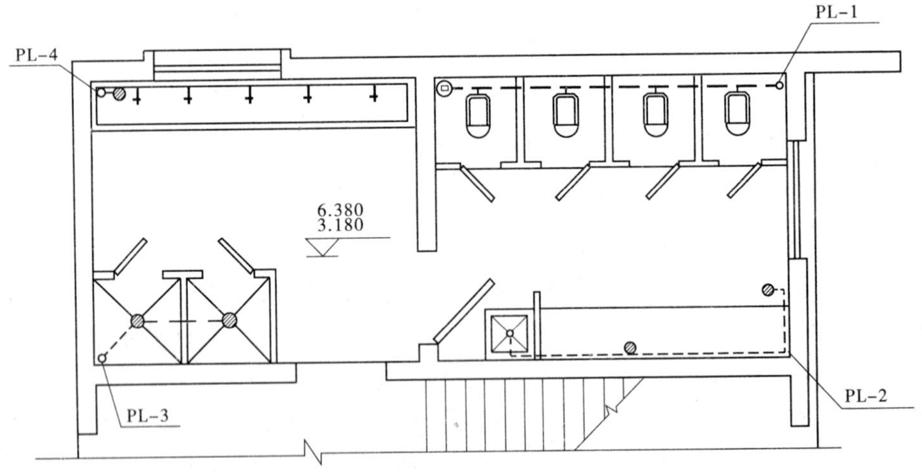

图 15-16 某学生宿舍卫生间的排水管网平面布置图

管到污水立管及废水立管,最后集中到总管排出室外至污水井或废水井。由图 15-17 可知,排水管管径比较大,比如接座便器的管径为 DN100,与污水立管 WL_1 相连的各水平支管均向立管找坡,坡度均为 0.020,各总管的管径分别为 DN75、DN150。

在支管上与卫生器具或大便器相接处，应画上存水弯(水封)。水封的作用是使U形管内保持一定高度(50～100mm)的水层，以阻止室外下水道中的臭气和有害气体污染室内空气，影响卫生。画图时，应注意在室内排水横管上标注管内底标高。

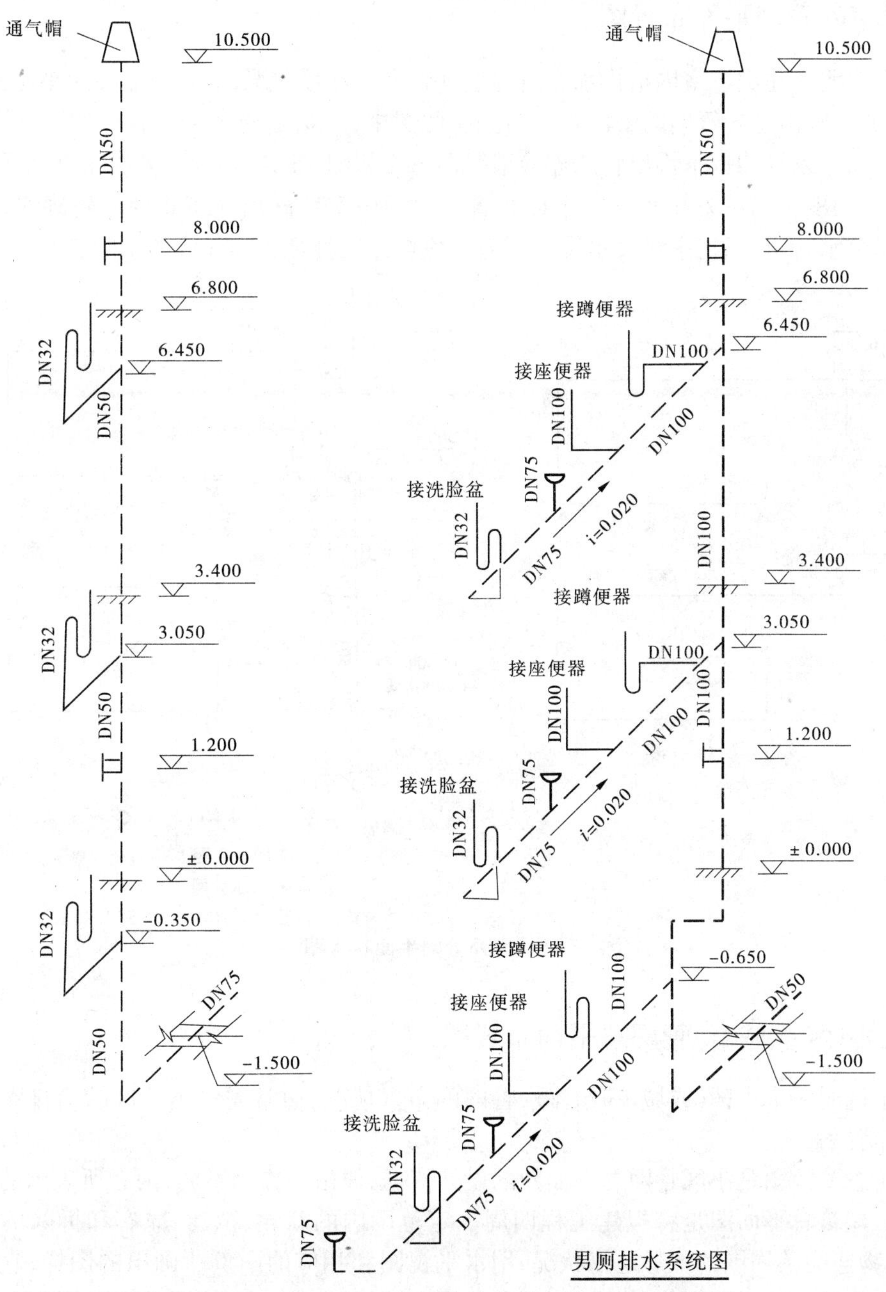

图 15-17 室内排水管网轴测图

第三节　室外管网平面布置图

一、室外管网平面布置图

为了说明新建房屋室内给排水管道与室外管网的连接情况，通常还需要用小比例(1∶500，1∶1000)画出室外管网的平面布置图。在此图中，只画出局部室外管网的干管，以能说明与给水引入管和排水排出管的连接情况即可。如图 15-18(a)为室外给水管网平面布置图，图 15-18(b)为室外排水管网平面布置图。用中实线画出建筑物外墙轮廓线，用粗实线表示给水管道，用粗虚线表示排水管道。检查井用直径 2～3mm 的小圆表示。

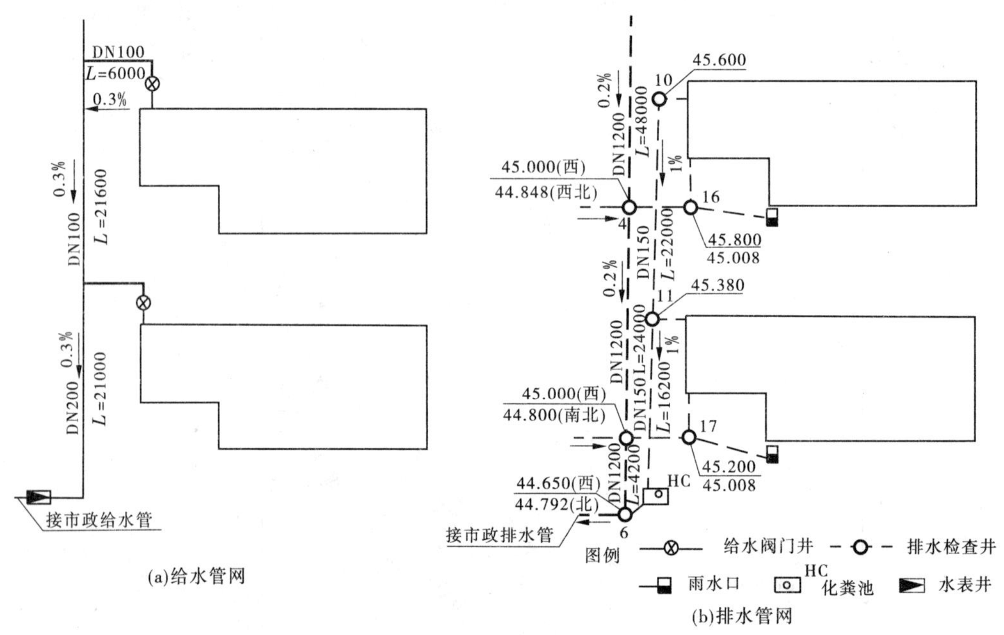

图 15-18　室外管网平面布置图

二、小区(或城市)管网总平面布置图

为了说明一个小区(或城市)给排水管网的布置情况，通常需画出该区的给排水管网总平面布置图。

建筑总平面图是小区管网总平面图的设计依据，但由于作用不同，两者所表示的内容也不同。建筑总平面图是将拟建工程四周一定范围内的新建、拟建、原有和拆除的建筑物、构筑物连同其周围的地形地物状况，用水平视图和相应的图例所画出的图样，它能反映出上述建筑物的平面形状、位置、朝向和与周围环境的关系；而管网总平面图则以管网的布置为重点。

现以图 15-19 为例说明画图时应注意的事项。

(1)给水管道用粗实线表示，房屋引入管处均应画出阀门井。一个居住区应有消火栓

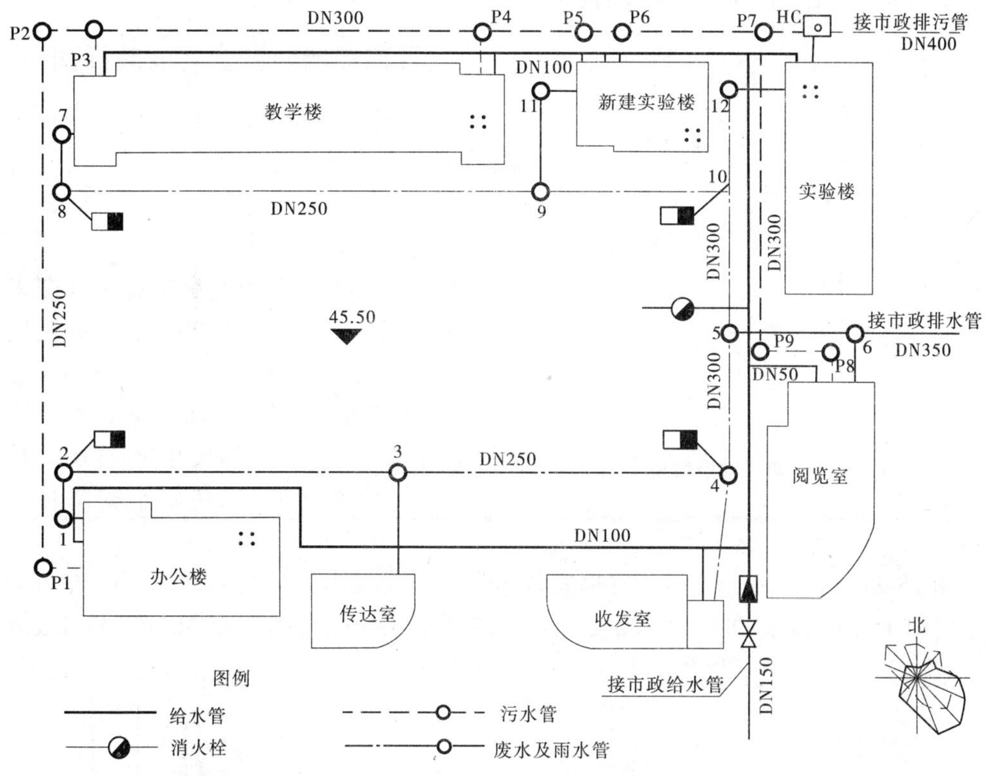

图 15-19　某校园室外给排水总平面图

和水井表。如为城市管网布置图，还应画上水厂、抽水机站和水塔等的位置。

(2)由于排水管道经常要疏通，所以在排水管的起端、两管相交点和转折点均要设置检查井，在图中用直径 2～3mm 的小圆圈表示，两检查井之间的管线应为直线。从上面开始，按主次对检查井顺序编号，在图中用箭头表示流水方向。图中排水干管、污水管等用粗虚线表示，废水及雨水管用粗点画线表示。本例是把雨水管、污水管合一排放，即通常称为合流制的排放方式。

(3)为了说明管道、检查井的埋设深度、管道坡度、管径大小等情况，对较简单的排水管网布置可直接在布置图中注上管径、坡度、流向、每一管段检查井处的各向管段的管底标高。室外管道宜标注绝对标高。给水管道一般只需标注直径和长度。

第四节　管道上的构配件详图

在前面所介绍的给排水施工图中，平面图、轴测图都只是表示了管道系统的布置情况，至于卫生器具、设备的安装，管道的连接、敷设，均采用图例表示，因此为了便于施工，还需绘制能供具体施工的构配件和安装详图。

详图要求详尽、具体、明确，视图完整，尺寸齐全，材料规格注写清楚，并附必要的说明。详图采用的比例尺较大,可按前述第一节表15-2中规定选用。

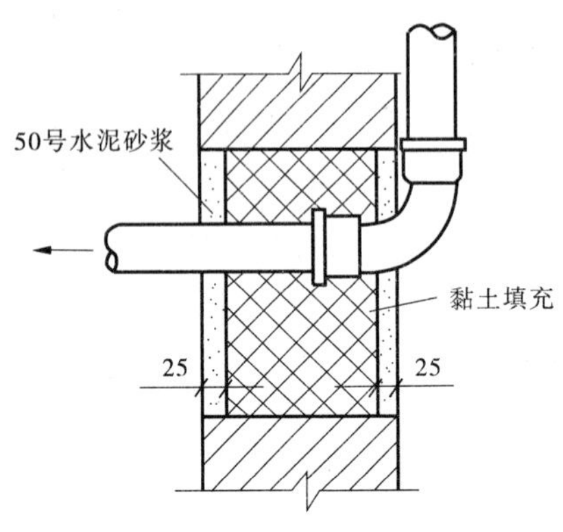

图15-20　管道穿墙做法

一、管道穿墙防漏套管安装详图

当各种管道穿越基础、楼地面、梁和墙等建筑构件时,所需的预留空洞和预埋件的位置及尺寸,均应以安装详图表示,如图15-20即为管道穿墙的一种做法。

至于管道的镶接,也需画出施工详图来指导安装。详图一般采用1:25～1:5的比例画出,应做到投影关系清楚、尺寸注写充分、材料和规格说明清楚;并应使平面布置图和管网轴测图上的有关安装位置和尺寸,与详图上相应位置和尺寸完全相同,以免施工安装时出现差错。

图15-21(a)为水平给水管道穿墙安装详图,由于管道都是回转体,可采用一个剖面图表示。图15-21(b)为90°弯管穿墙安装详图,两投影均采用全剖视,剖切位置都通过进水

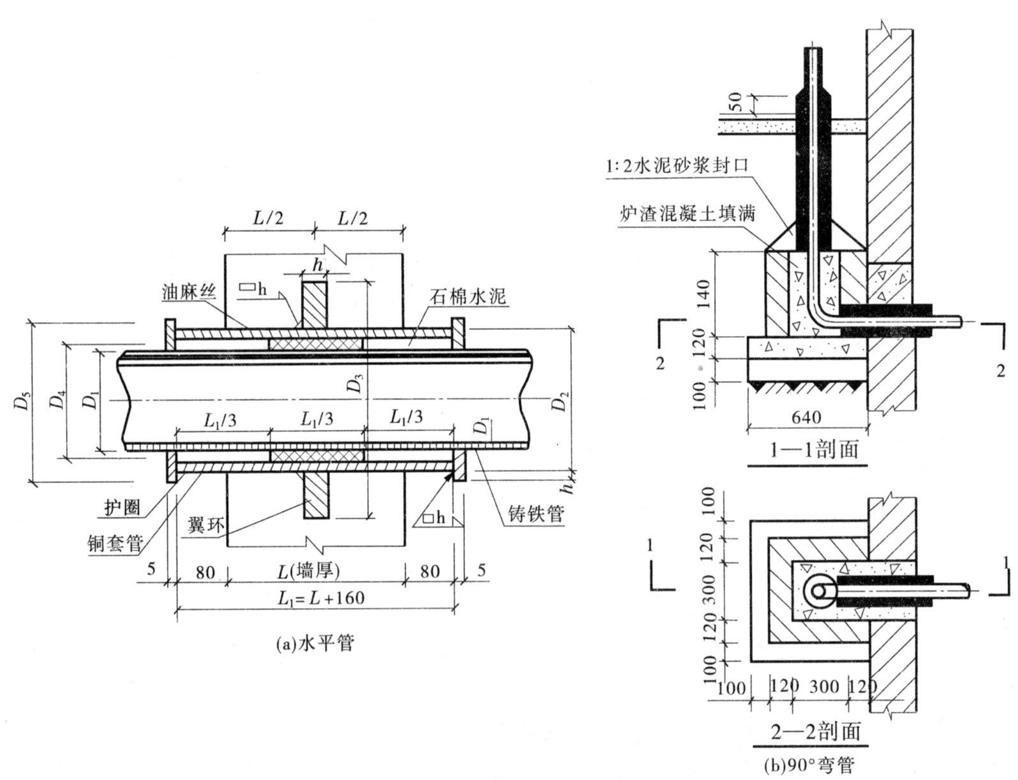

图15-21　给水管道穿墙防漏套管安装详图

管的轴线。

二、检查井详图

图 15-22 所示为一砖砌检查井的详图，由于检查井外形简单，需要表达清楚的是内部的管子连接和检查井、管沟的构造情况，所以两个投影均画成剖面图。其中，上部采用混凝土井圈和铸铁井盖，如比较复杂，还需绘出混凝土井圈和铸铁井盖的详图。

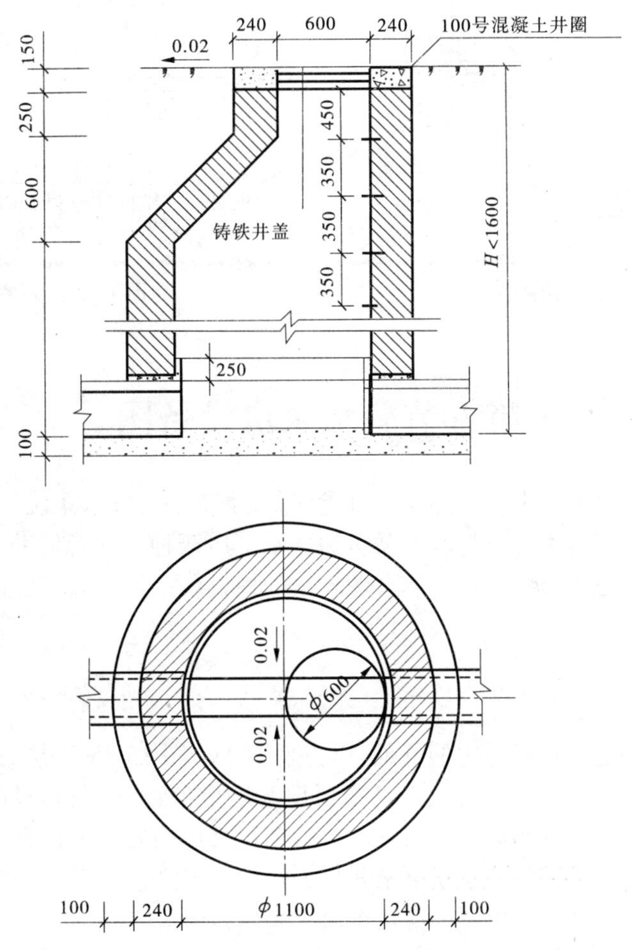

图 15-22　检查井详图

三、卫生器具安装详图

一般常用的卫生器具及有关附件安装详图可以套用给水排水标准图集或有关的详图图集，而不再单独绘制，只需在施工说明中写明所套用的标准图图号或用详图索引符号标注(索引符号画法同建筑施工图)。

对不能套用图集的则需另行绘制，如图 15-23 所示洗脸池的安装详图，图 15-24 所示污水池的安装详图。给水排水系统图中卫生器具的进、出水管的设计安装高度，如图 15-24中污水池上方水管安装高度 0.95m 等均由安装详图查出。所以给水排水平面图、轴测图中各卫生器具、有关附件的平面位置、安装高度必须与相应标准图一致。

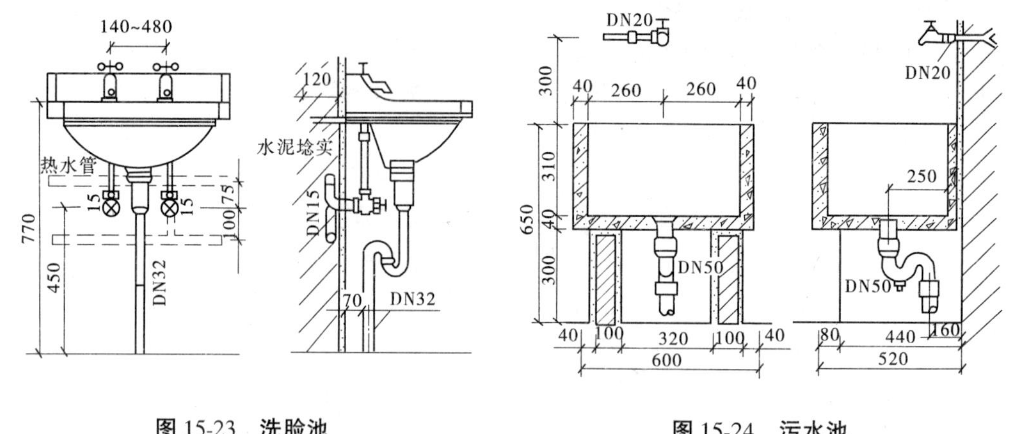

图 15-23 洗脸池　　图 15-24 污水池

第五节　水泵房设备图

水泵房是给排水工程中一个必要的组成部分，是整个给排水系统赖以正常运转的枢纽。给水系统的水泵房主要分为取水泵房和送水泵房两种。前者借助水泵和管道设备，从水源(江河、湖泊、地下水等)将天然水送入水处理设备；后者则将处理后的清水通过配水管网输送给用户。

一、取水泵房平面布置图

取水泵房一般建在水源旁边的低处，以方便取水。图 15-25 为某厂生产和消防合用取水泵房的平面布置图。由图 15-25 可知泵房为矩形，装有一条直径为 DN250 的进水管，直通水源，让天然水自然流入吸水井。然后利用泵房内安装的四台水泵(其中两台为消防水泵，两台为生产水泵)分别从吸水井将天然水抽到接近地面的消防水管和生产水管中，一起送到贮水池，再通过配置的送水泵房输送到各用水管网。

所有闸阀的作用都是防止天然水的倒流。

二、取水泵房剖面图

图15-26 为取水泵房剖面图。从 1—1 剖面图可以看到水泵房的底面高程为 －3.65m，地面高程为 0.00m。泵房内吸水管轴线高程为－0.80m，低于历年最低水位 0.425m。吸水井内的最低水面经常保持在－0.375m 高程，水位高 3.275m，从而保证井中终年都有水可吸。图中画出从进水口到总压水管之间的整个取水管系和设备。

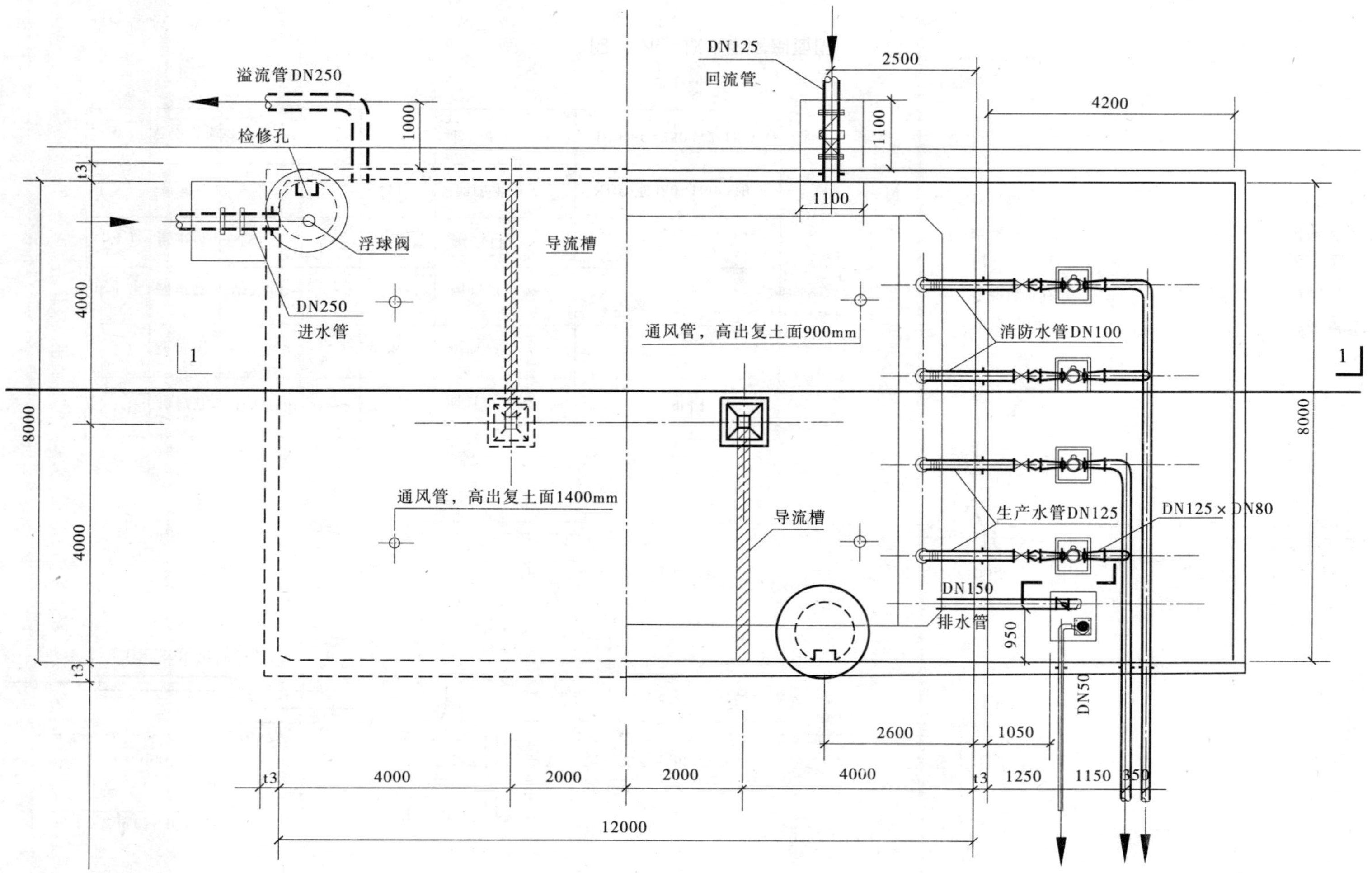

溢流管DN250
检修孔
浮球阀
DN250
进水管
DN125
回流管
导流槽
通风管，高出复土面900mm
通风管，高出复土面1400mm
导流槽
消防水管DN100
生产水管DN125
DN125×DN80
DN150
排水管
DN50

图15-25　取水泵房平面布置图

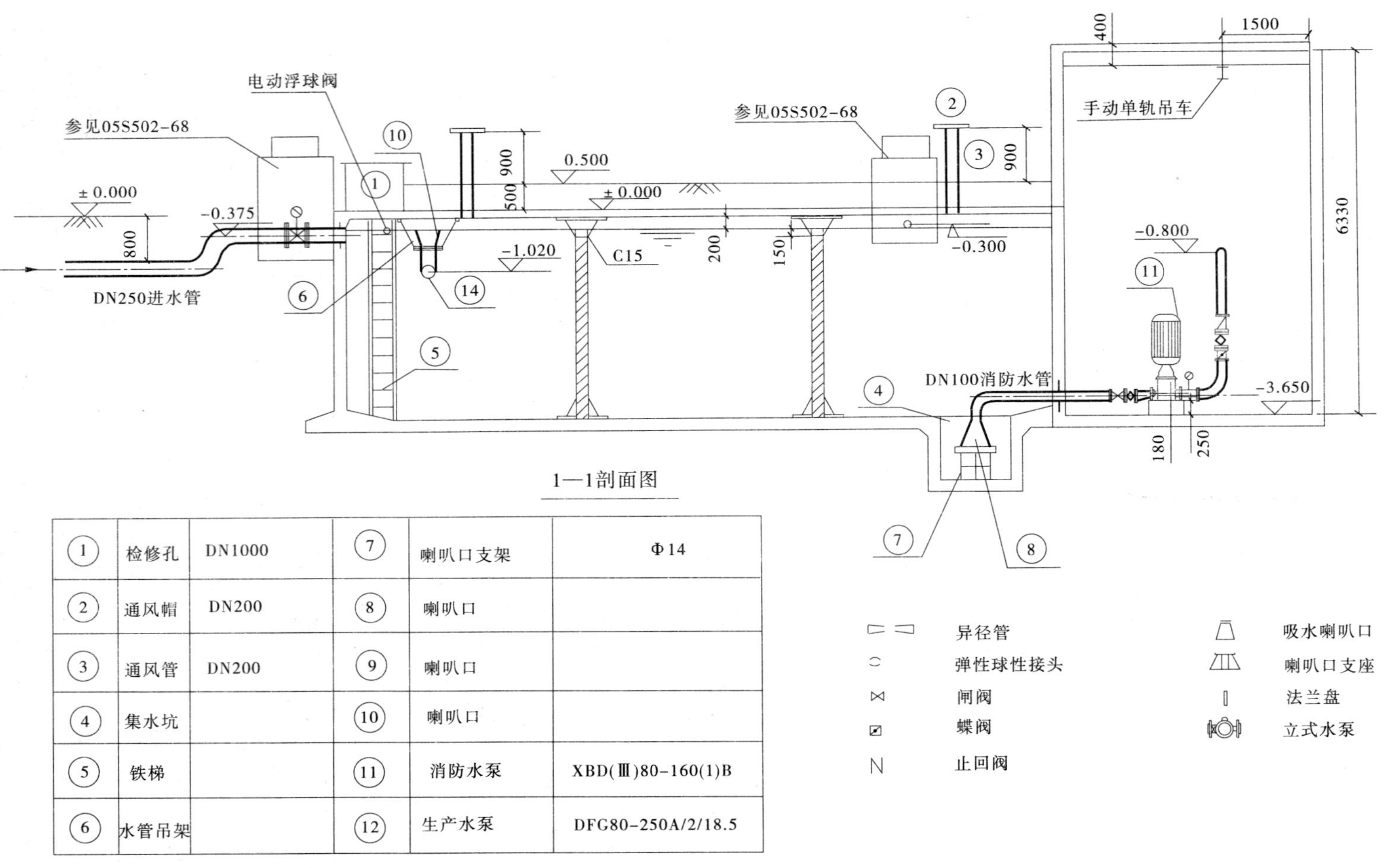

①	检修孔	DN1000	⑦	喇叭口支架	Φ14
②	通风帽	DN200	⑧	喇叭口	
③	通风管	DN200	⑨	喇叭口	
④	集水坑		⑩	喇叭口	
⑤	铁梯		⑪	消防水泵	XBD(Ⅲ)80-160(1)B
⑥	水管吊架		⑫	生产水泵	DFG80-250A/2/18.5

异径管
弹性球性接头
闸阀
蝶阀
止回阀
吸水喇叭口
喇叭口支座
法兰盘
立式水泵

图15-26 取水泵房剖面图

第十六章　阴　影

第一节　阴影的基本知识

一、阴影的形成

物体在阳光的照射下，要产生阴和影，阴影的形成是自然属性。物体被光线照射到的表面显得明亮，称为阳面；光线照不到的表面显得阴暗，称为阴面；阳面和阴面的分界线称为阴线。由于物体通常是不透明的，所以照射在阳面上的光线受阻，因而在其后方的其他阳面上出现了落影，我们把落影的轮廓线称为影线；落影所在的面称为承影面。从图16-1可看出，阴和影是相互对应的，即物体上的影线正是该物体的阴线在承影面上的落影。阴影的三要素是光线、物体和承影面，三者缺一不可。承影面可以是平面也可以是曲面，本章主要研究的承影面为平面。

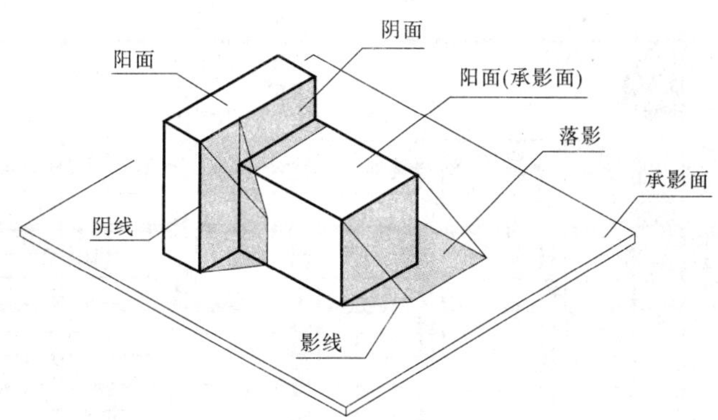

图 16-1　阴影的形成

求作物体的阴影，主要是确定阴线和影线，即画出阴和影的正投影。我们把由光线所组成的面称为光面，则物体表面的阴线，实际上是光面与物体表面的切线，其影线为通过阴线的光面与承影面的交线。

二、阴影的作用

建筑物的正立面图只表达了建筑物高度和长度两个向度的尺寸，缺乏立体感，在立面图中加绘阴影后，如图 16-2 所示，由于阴影区的形状、大小、位置与建筑物的体量有着对应的关系，在一定程度上表现了建筑物前后之间的尺度关系，即把建筑物立面的凹凸、曲折、空间层次反映了出来，给人以特有的空间感，从而使建筑物变得形象、生动、逼真，增强了艺术表现力。

建筑阴影主要用在建筑立面渲染或透视等建筑表现图中，丰富图形的表现力，增加真实感和美感，反映建筑物的体型组合，并以此权衡空间造型的处理和评价立面装修的艺术效果。

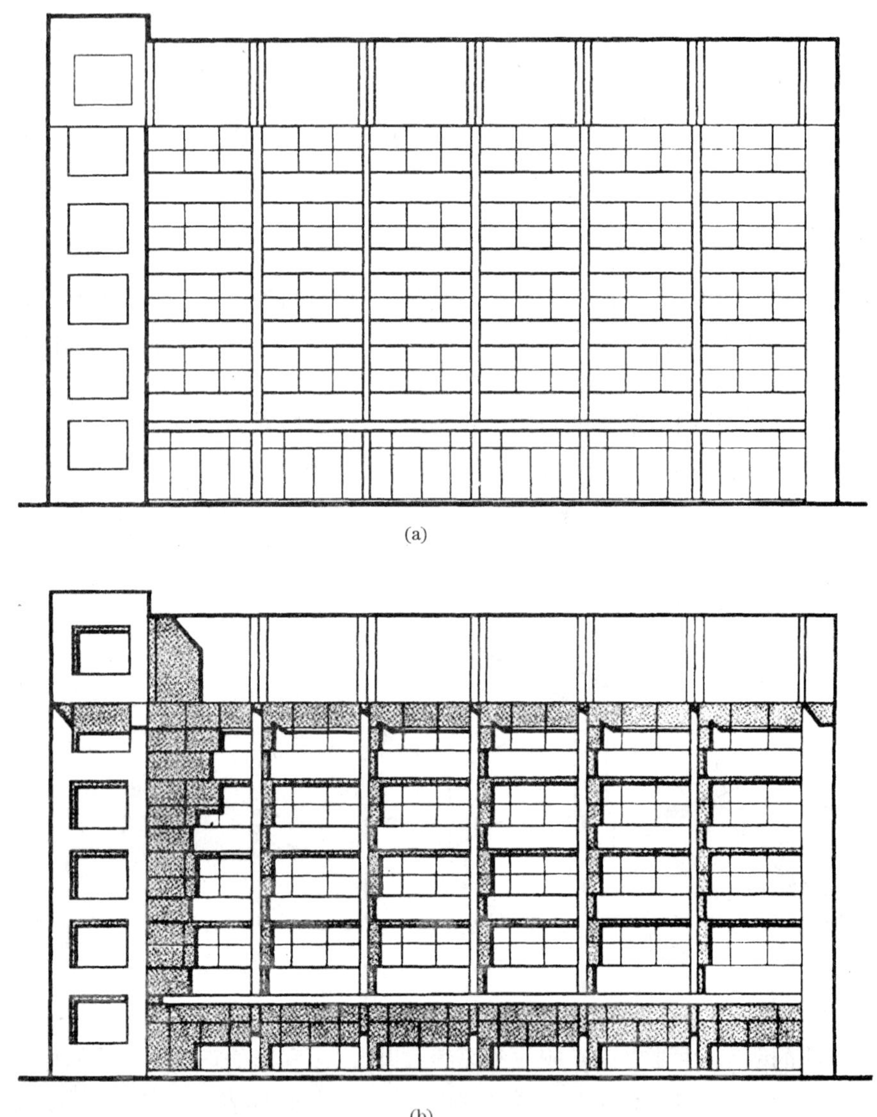

(a)

(b)

图 16-2 阴影的效果

三、常用光线

产生建筑阴影的光线主要为阳光，由于太阳距离地球非常遥远，其光线可视为平行光线。因此，在建筑物的正投影图上求作阴影时，为了作图及度量上的方便，通常采用一种特定方向的平行光线 L，如图 16-3 所示，设一正方体置于三面投影体系中，其侧面分别平行于相应的投影面，光线 L 平行于该正方体的前方左上角至后方右下角的斜对角线，我们把这种光线称为常用光线，常用光线 L 的三面正投影 l、l'、l'' 与相应投影轴的夹角均为 45°，并且常用光线 L 与三个投影面的真实倾角为 $\alpha=\beta=\gamma\approx35°$。在建筑物正投影中作阴影，一般都采用常用光线。

在正投影图中选择常用光线求作阴影时，便于充分发挥 45°的三角板的作用，使作图方便快捷；同时，在立面图上画出来的影线，还可以直接反映阴线到承影面的距离和建筑物某些部位的深度，例如檐口线在墙面落影，反映出檐口线距墙面的深度。

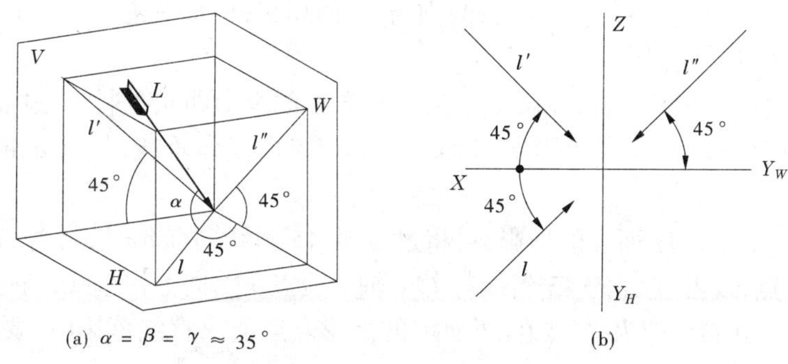

图 16-3　常用光线

第二节　基本几何体的阴影(落影)

一、点的落影

空间一点在任何承影面上的落影仍是一个点。空间点在某个承影面上的落影，实际上就是通过该点的光线与该承影面的交点。过空间点的光线可看做一条直线，而承影面可以是处于特殊位置或一般位置的平面。因此，求空间一点的落影，实质上就是求过空间点的直线与平面相交的问题，其交点即为该空间点在承影面上的落影点。

规定空间点用大写字母表示，如 A、B、C…，点的落影用其相同的大写字母于右下角加脚注来表示，脚注为承影面的大写字母，如 A_V、A_H、A_X 分别表示落影在 V 面、H 面、OX 轴上，同时为了有利于解题，在必要时可假定承影面是透明的，这样可以在后方的承影面上获得落影，这时将落影加括号表示，称为虚影。

如图 16-4 所示，空间点 A 在承影面 H 上的落影为过 A 的光线 L 与 H 面的交点 A_H，l 为光线 L 在 H 面上的正投影，L 与 l 交于落影点 A_H，点 a 是空间点 A 在 H 面的正投影。

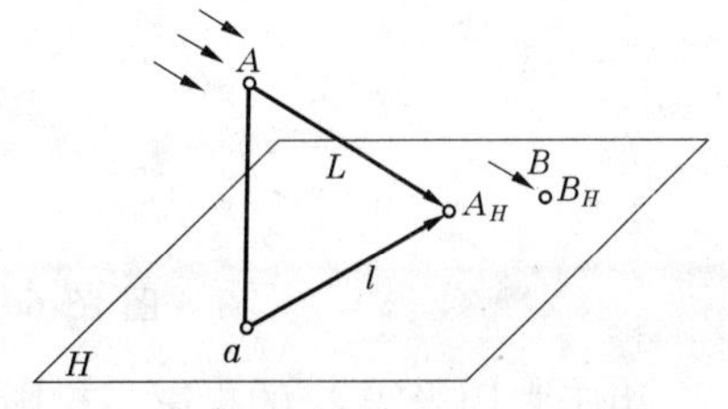

图 16-4　点的落影

(1)空间点位于承影面上时，其落影与自身重合，如图 16-4 中的 B 点。

(2)当承影面为投影面时，点的落影就是过该点的光线与投影面的交点(迹点)。

图 16-5 分别表示了三种情况下点 A、B 在投影面上的落影：①坐标值 $y_A<z_A$，②坐

标值 $y_A=z_A$，③坐标值 $y_B=0, z_B\neq0$。图 16-6 分别是上述三种情况时点 A 在投影面上落影的投影图。

在两面投影体系中，由于存在两个投影面，因此有两个迹点，但究竟哪一个迹点是空间点 A 的落影？过空间点 A 的光线 L 首先与哪个投影面相交，则该交点即为空间点 A 的落影。如图 16-5 所示，过点 A 的光线首先与 V 面相交得正面迹点（直线与投影面的交点）A_V，此即为 A 点在 V 面上的落影点，用 A_V 表示，即 A 点落影于承影面 V 上，后亦同。如将此过 A 的光线继续向前延伸，则与 H 面相交，得水平迹点 A_H，此点为虚影。

如图 16-6 所示，作图步骤如下：

(1)过点 A 的两面投影 a 和 a'，分别作光线 L 的投影即 45°斜线。过 a 的 45°斜线首先与 OX 轴相交，表明 A 点落影于 V 面。由此交点向上作垂线，与过 a' 的 45°斜线交于落影点 A_V。

(2)如求 A 点在 H 面上的虚影，可将过 a 的 45°斜线向前延长，与由 A_V 引出的水平线交于 (A_H) 点，或由过 a' 的 45°斜线与 OX 轴的交点 a'_h，向上作垂线，与过 a 的 45°斜线交于点 (A_H)，(A_H) 点即为 A 点在 H 面上的虚影。后面求直线落影时，要用到虚影。如果空间点落影于 H 面，情况亦然。

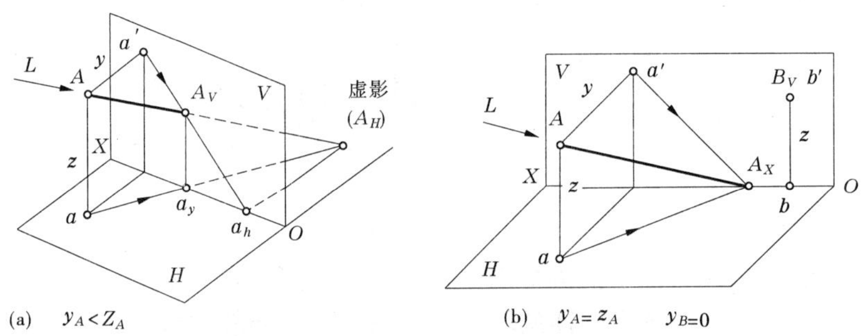

图 16-5　点在投影面上落影的三种情况

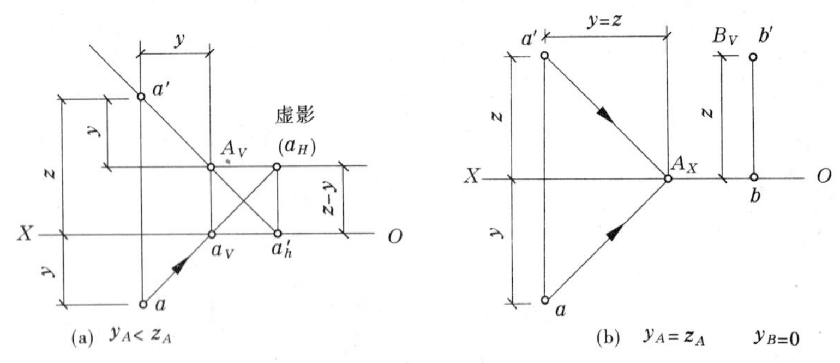

图 16-6　点在投影面上落影的投影图

由于常用光线 L 的投影与投影轴的夹角为 45°，45°直角三角形的两直角边相等，因此在投影图中空间点在某投影面上的落影与其同面投影之间的水平距离或垂直距离，都必等于该空间点到该投影面的距离。

(3)当承影面为投影面平行面或垂直面时，点在该承影面上的落影，可利用该承影面的投影积聚性求出(如图 16-7 所示)。

(4)当承影面为一般位置平面时,点在该承影面上的落影,可按画法几何中学过的利用辅助平面求一般位置直线与一般位置平面交点的方法求得,此处的辅助平面是包含光线的特殊位置平面。

如图 16-8 所示,求作空间点 $A(a,a')$ 在一般位置平面 BCD 上的落影。首先过点 A 引光线 $L(l、l')$,然后包含光线 L 作一铅垂辅助平面 R。辅助平面 R 的 H 面投影具有积聚性,求得 R 面与承影面 BCD 的交线 ⅠⅡ(12、1′2′),此交线 ⅠⅡ 与光线 L 的交点 $A_P(a_P、a'_P)$ 就是 A 点在承影面 BCD 上的落影。

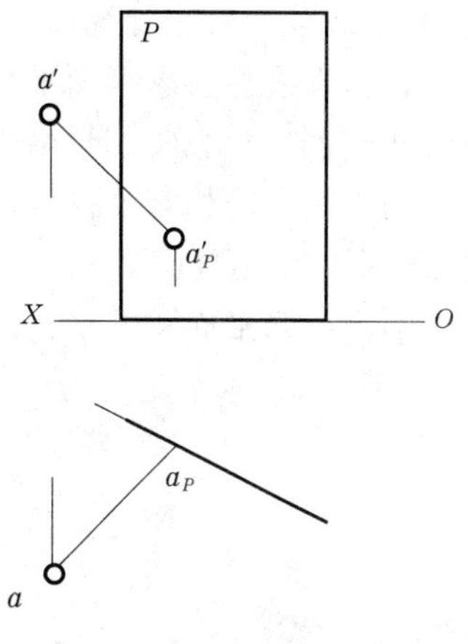

图 16-7　点在投影面垂直面上的落影

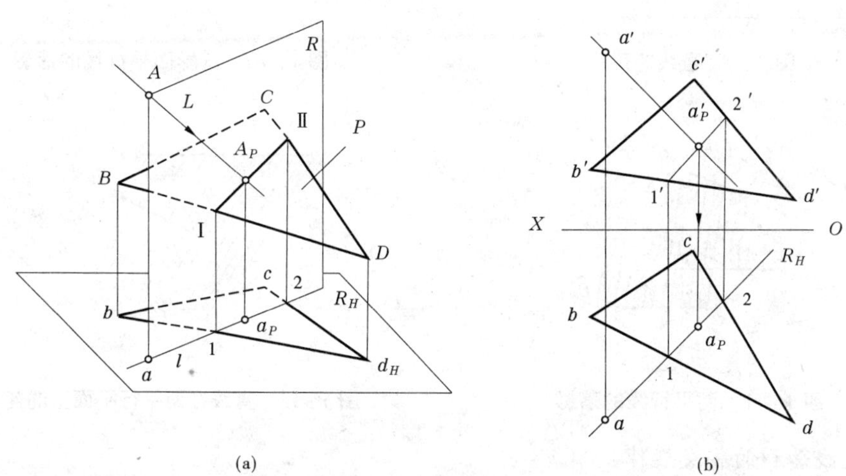

图 16-8　点在一般位置承影面上的落影

二、直线的落影

(一)直线落影的一般规律

空间直线在某承影面上的落影,是该直线上一系列点的落影的集合,可以看做过空间直线的所有光线组成的光平面与承影面的交线。这样,求空间直线在承影面上的落影,可归结为面与面相交问题,如图 16-9 所示。承影面为平面时,空间直线的落影仍为直线。空间直线落影于两相交平面时,其落影在平面交线处发生转折,出现折影点。

求空间直线在承影平面上的落影,可先作出该直线上任意两点在同一承影平面上的落影(一般取直线段两端点),然后将两落影点相连即可。

(二)直线的落影特性

当承影面为平面时,直线在其上的落影一般仍为直线;若直线平行于光线的方向,则其落影积聚为一点。如图 16-9 所示。

1. 直线落影的平行规律

(1)当直线与承影平面平行时,其落影与该直线平行且等长。如图 16-10 所示,$AB /\!/$ 平面 P,则 $AB /\!/ A_PB_P$,且 $AB = A_PB_P$。

(2)当两直线相互平行时,在同一承影平面上其落影仍相互平行,且落影比例等于空间比例。如图 16-11 所示,$AB /\!/ CD$,则 $A_PB_P /\!/ C_PD_P$ 且 $AB : CD = A_PB_P : C_PD_P$。

(3)当承影平面相互平行时,同一直线在其上的落影相互平行。如图 16-12 所示,平面 $P /\!/$ 平面 Q,则 $B_PC_P /\!/ B_QC_Q$。

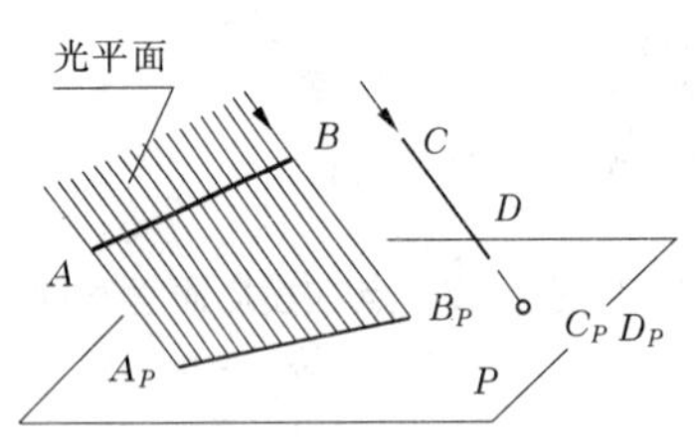

图 16-9 直线的落影

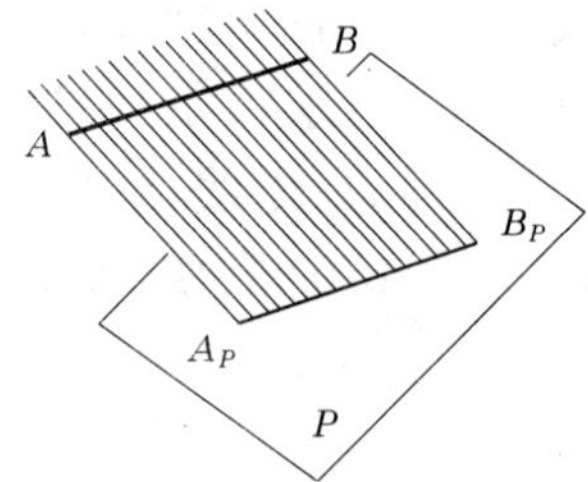

图 16-10 承影面平行线的落影

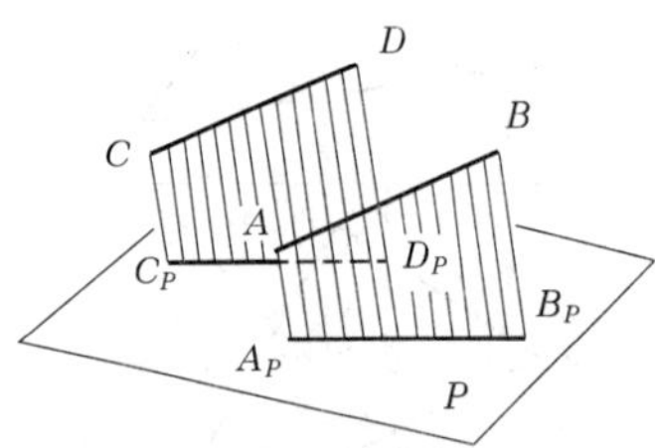

图 16-11 两平行线的落影

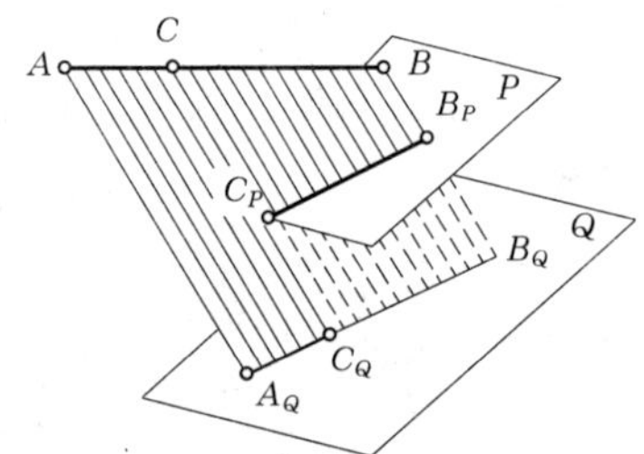

图 16-12 直线在两平行平面上的落影

2. 直线落影的相交规律

(1)当直线与承影平面相交时,直线的落影(或延长后)必然通过该交点。如图 16-13 所示。

(2)两相交直线在同一承影面上的落影必然相交,落影的交点就是两直线交点的落影。

(3)一直线在两个相交的承影面上的两段落影必然相交,落影的交点(即折影点)必然位于两承影面的交线上。

如图 16-14 所示,三棱柱的两个前表面 P、Q 为铅垂面,直线 AB 在这两个相交平面 P、Q 上的落影,实际上是过直线 AB 的光平面与平面 P、Q 的交线。直线 AB 的两端点的落影 $A_P(a_P$、$a'_P)$、$B_Q(b_Q$、$b'_Q)$ 可利用铅垂面水平投影的积聚性求出。求折影点 $K_0(k_0$、$k'_0)$ 有三种常用方法:

(1)返回光线法:已知直线上一点的落影,反求该点在直线上的位置,这时可过该点的落影作返回光线,它与直线的交点就是所求点。在水平投影中,过 k_0 作返回光线与 ab 相交于 k,再找出 k' 进而求出 k'_0。

(2)线面相交法:延长 ab 与扩大后的 P 面相交于 c_P,求出 c'_P 后,连接 $a'_Pc'_P$ 同样可得到k'_0。

(3)端点虚影法：过 b 作光线与扩大后的 P 面相交于 b_P，找出虚影(b'_P)，连接 a'_P (b'_P)同样可得到 k'_0。

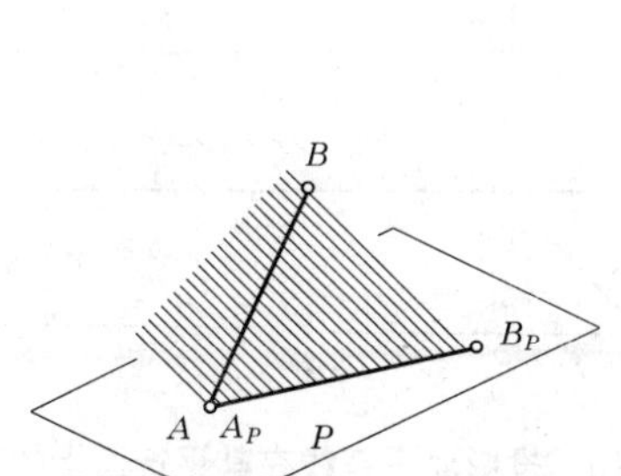

图 16-13 直线与承影面相交时的落影

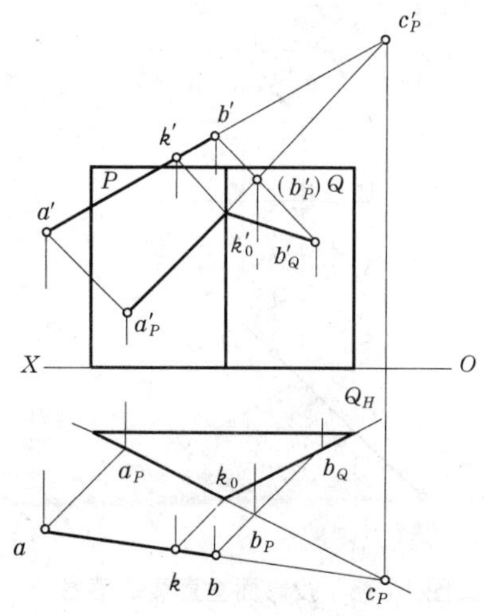

图 16-14 直线在两相交承影面上的落影

3.投影面垂直线的落影规律

(1)某投影面垂直线在任何承影面上的落影，在该投影面上的投影是与光线投影方向一致的 45°直线。

如图 16-15 所示，铅垂线 AB 在地面 H 和房屋面上的落影，实际上就是通过 AB 直线的光平面与 H 面和房屋表面的交线，由于直线 AB 垂直于 H 面，所以该光平面也垂直于 H 面，因此光平面在 H 面的投影具有积聚性，且与光线的 H 面投影方向一致，为 45°直线。所以光平面与 H 面和房屋表面相交所得到的落影，其 H 面投影均积聚在光平面的 H 面投影上，即为 45°直线。

(2)某投影面垂直线在所平行的投影面(或该投影面的平行面)上的落影，不仅与该直线的同面投影相平行，而且它们之间的距离等于该直线到承影面的距离。

如图 16-16 所示为铅垂线 AB 在正平面 P 上的落影为 A_PB_P，正平线 BC 在正平面 P 上的落影为 B_PC_P，侧垂线 CD 在正平面 P 上的落影为 C_PD_P。在 V 面投影中，$a'_Pb'_P /\!/ a'b'$，$c'_Pd'_P /\!/ c'd'$，而且它们之间的距离等于这两条直线到正平面 P 的实际距离 l；$b'_Pc'_P /\!/ b'c'$，但是不反映 BC 到正平面 P 的实际距离。

(3)某投影面垂直线在任何承影面上的落影，其在另外两个投影面上的投影，其形状总是对称的。

如图 16-17 所示，直线 AB 为铅垂线，承影面是由一组垂直于 W 面的平面和柱面的组合，由于通过铅垂线 AB 的光平面是铅垂面，它对 W 面和 V 面的倾角均为 45°，因此直线 AB 落影的 W 面投影与承影面的具有积聚性的 W 面投影重合，直线 AB 落影的 H 面投影积聚成一条与水平线成 45°角的直线段 B_Ha_V，根据正投影的“三等关系”可得出直线 AB 落影的 V 面投影必然与 W 面投影的形状相同，方向相反，即是成形状相对称的图形。

图 16-17(a)是铅垂线的落影,图 16-17(b)是铅垂线落影的三面投影。

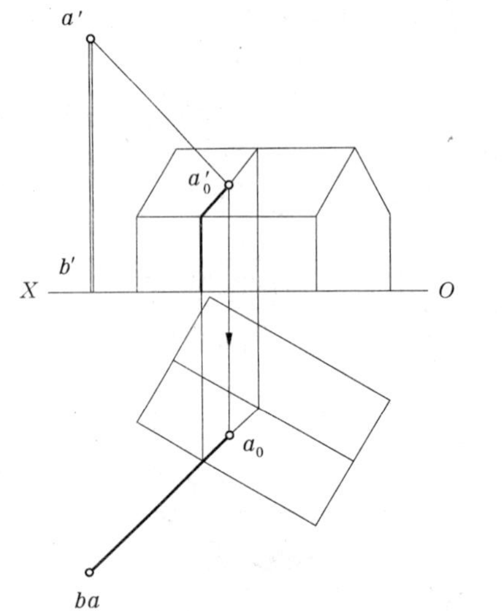

图 16-15　投影面垂直线的落影

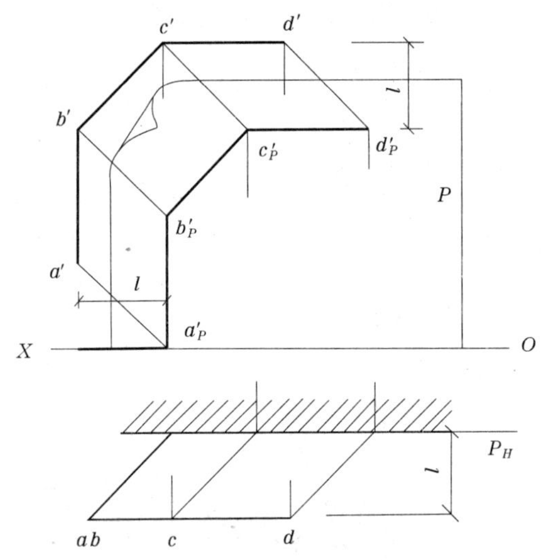

图 16-16　投影面垂直线在其平行面上的落影

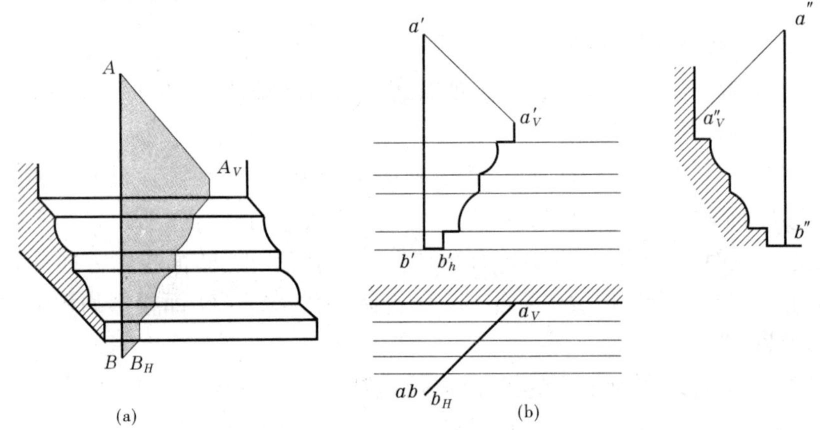

图 16-17　铅垂线在侧垂面上的落影

三、平面的落影

平面图形的落影实质上是组成该平面图形的点与线落影的集合。

(一)平面多边形的落影

平面多边形的落影的轮廓线(影线)就是多边形各条边落影的集合。作图时首先作出多边形各顶点在同一承影面上的落影,然后用直线顺次连接起来即可。如果各顶点的落影不在同一承影面上,则要视实际情况找出折影点。

【例 16-1】　如图 16-18 所示,作出△*ABC* 在两投影面上的落影。

解:依题意可分别求出△*ABC* 三个顶点 *A*、*B*、*C* 的落影,依次相连即可。

注意:*AB* 和 *BC* 在两投影面上的落影发生转折,可利用顶点 *B* 的虚影来求出 *AB*、

BC 边落影的折影点。

作图步骤：

(1)先求出△ABC 三个顶点 A 在 H 面上的落影 A_H 的投影 a_h、B 在 V 面上的落影 B_V 的投影 b'_V、C 在 H 面上的落影 C_H 的投影 c_h，连接 a_hc_h。

(2)求出 B 点在 H 面上的虚影(B_H)的投影(b'_h)，连接 $a_hb'_h$、b'_hc_h，得到两个转折点 e 和 f，连接 $a_heb'_V$ 和 $c_hfb'_V$，则五边形 $a_heb'_Vfc_h$ 即为落影区。

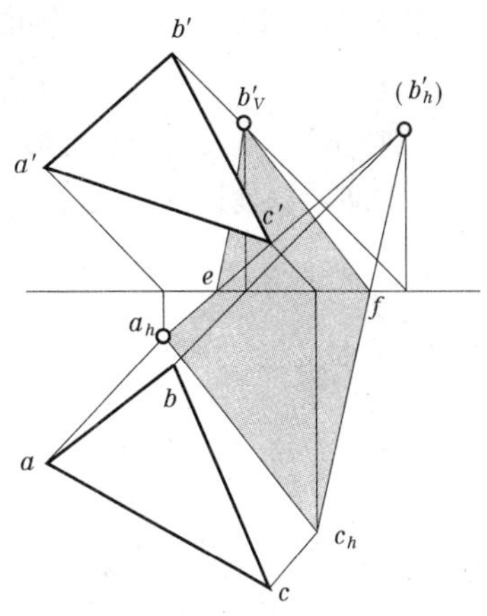

图 16-18　多边形的落影

(二)平面图形的阴面和阳面的判别

在光线的照射下，平面图形的一侧迎光，则另一侧必然背光，因而有阴面和阳面的区分。如果平面平行于光线，则平面的两侧面均为阴面。

(1)当平面图形为投影面垂直面时，可在有积聚性的投影中，直接利用光线的同面投影来加以判别。如图 16-19 所示，为三种 H 面垂直面的情况。①当平面与 V 面的倾角 $0<\beta<45°$时，则前方一侧受光面为阳面，另一侧为阴面。于是 V 面投影和 W 面投影分别为阳面和阴面的投影；②当 $45°<\beta<90°$时，则阴阳面的方向相反，V 面投影和 W 面投影分别为阴面和阳面的投影；③当 $90°<\beta<180°$时，左前方一侧受光为阳面，因而 V 面投影和 W 面投影均为阳面的投影。

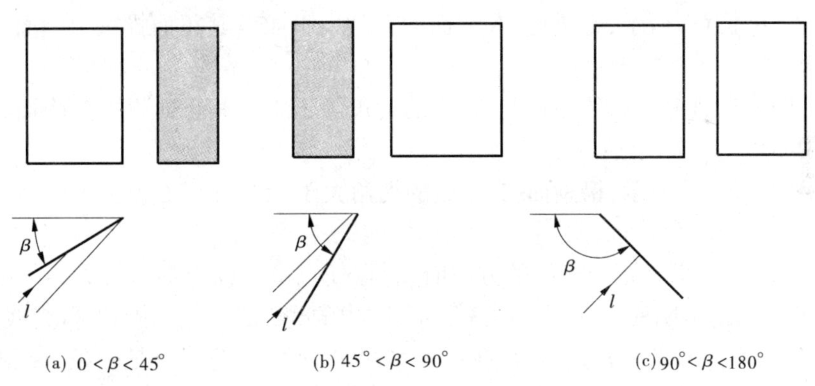

图 16-19　H 面垂直面的阴面和阳面判别

(2)当平面图形处于一般位置时，可先求出平面图形的落影，当某一投影的各顶点与落影的各顶点的旋转顺序相同时，则该投影为阳面的投影；若旋转顺序相反时，则该投影为阴面的投影。因为承影面总是阳面，所以，平面图形在其上落影的各顶点顺序，只能与平面图形的阳面顺序一致，而与平面图形的阴面顺序相反。

如图 16-20 所示，△ABC 的 H 面投影△abc 的顺序，与落影△$A_HB_HC_H$ 的顺序相同均为顺时针，可知△abc 是△ABC 的阳面的投影；而△ABC 的 V 面投影△a'b'c'的顺序(逆时针)，与落影△$A_HB_HC_H$ 的顺序相反，可知△a'b'c'是△ABC 的阴面投影。

(三)平面多边形的落影规律

(1)当多边形平面平行于投影面或某承影面时，其落影与同面投影平行，均反映实形。

如图 16-21(a)所示，平面五边形 $ABCDE$ 平行于 V 面，它在 V 面上的落影 $A_VB_VC_VD_VE_V$ 与投影 $a'b'c'd'e'$ 平行且形状大小相同，均反映五边形 $ABCDE$ 的实形。如图 16-21(b)所示，平面五边形 $ABCDE$ 平行于承影面 P 面，它在 P 面上的落影 $A_PB_PC_PD_PE_P$ 与投影 $a'b'c'd'e'$ 平行且形状大小相同，均反映五边形 $ABCDE$ 的实形。

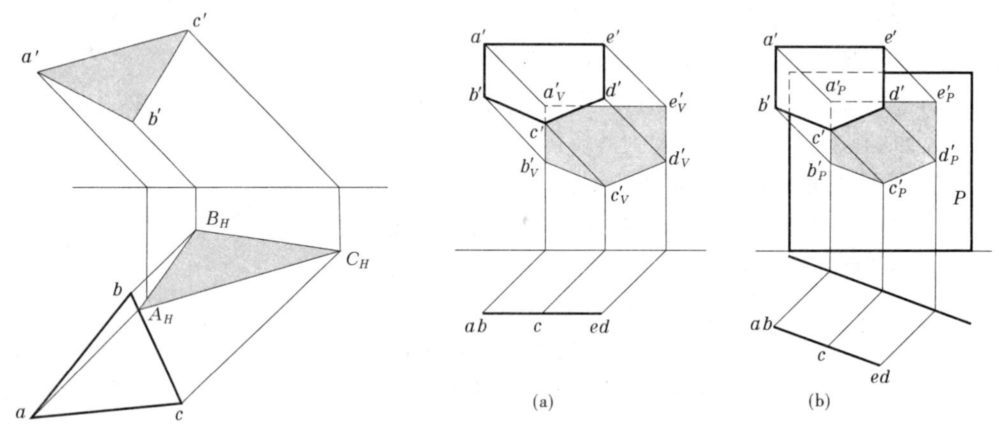

图 16-20　根据落影判别三角形的阴阳面　　**图 16-21　平行于承影面的平面的落影**

(2)当多边形平面垂直于投影面时，例如垂直于 H 面时，有如图 16-22 所示的三种情况：

①如图 16-22(a)所示，铅垂面与 V 面的夹角小于 45°，其正面投影为阳面，落影与投影的形状不同。

②如图 16-22(b)所示，铅垂面与 V 面的夹角等于 45°，其正面投影为阴面，落影重影为一直线。

③如图 16-22(c)所示，铅垂面与 V 面的夹角大于 45°，其正面投影为阴面，落影与投影的形状不同。

(3)当多边形平面平行于光线的方向时，它在任意承影面上的落影为一直线，并且平行多边形的两面均呈阴面。如图 16-23 所示(图中的光线为非常用的平行光线)，平面五边形 $ABCDE$，平行于光线的方向，它在铅垂承影平面 P 上的落影是一条直线 E_PB_P。这时，平面图形上只有迎光的两条边线 AB 和 AE 被照亮，而其他部分均不受光，所以两侧表面均为阴面。

(四)圆的落影

当圆平行于投影面时，它在该投影面上的落影仍为圆形。

【例 16-2】 如图 16-24 所示，作出一个正平圆在 V 面上的落影。

解：此圆与承影面 V 面平行，其在 V 面上的落影反映实形，为一同等大小的圆。

作图步骤：

①可先求出其圆心 O 在 V 面上的落影 O_V，即过 o'、o 分别作 45°斜线，求出 o_v。

②然后以 o'_v 为圆心，已知正平圆的半径为半径画圆，此圆即为正平圆在 V 面上的落影。

当圆形不平行于投影面时，其落影一般为椭圆形。

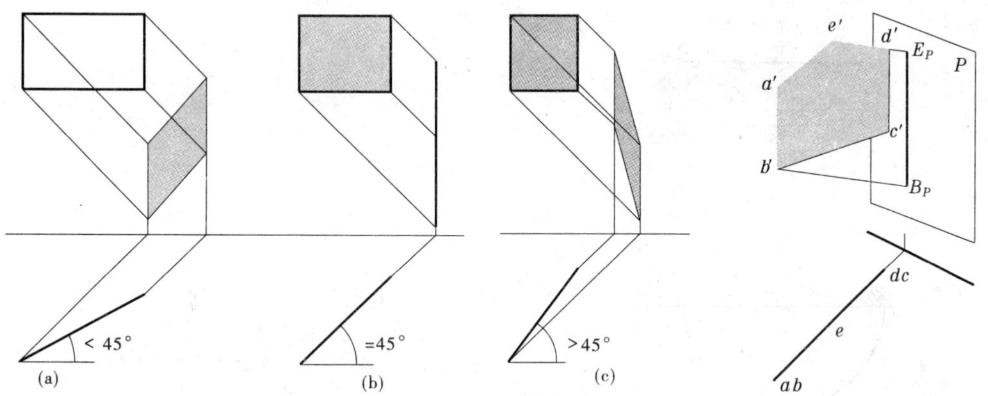

图 16-22　铅垂面在 V 面上的落影及阴阳区划分

图 16-23　多边形平面平行于光线时的落影

【例 16-3】　如图 16-25 所示，作出一个水平圆在 V 面上的落影。

解：此水平圆与承影面 V 面垂直，且不与光线平行，故其在 V 面上的落影为一椭圆。

作图步骤：

①先作此圆 H 面投影的外切正方形 $abcd$，并使其一边平行于 OX 轴；

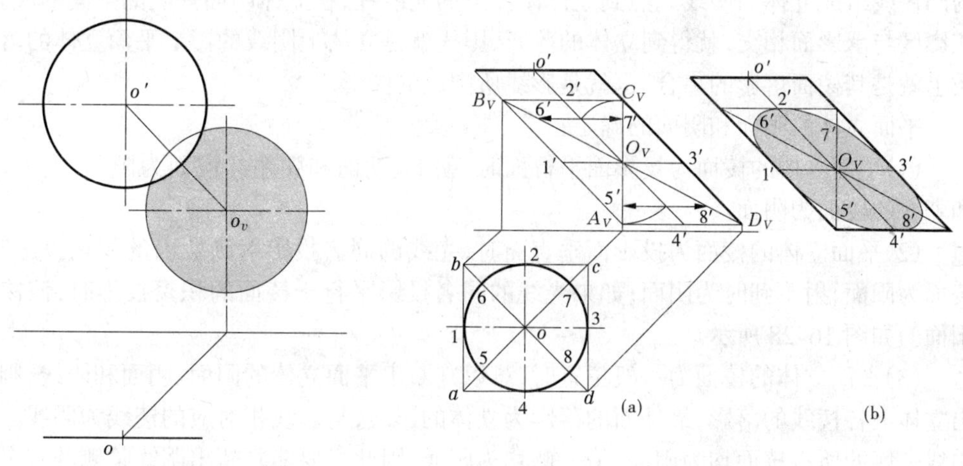

图 16-24　正平圆的落影

图 16-25　水平圆在 V 面上的落影

②然后求出此外切正方形在 V 面上的落影（为一平行四边形 $A_VB_VC_VD_V$）；

③求出四个切点 1、2、3、4 及对角线上四个交点 5、6、7、8 的落影；

④然后把它们光滑连接即可。

在作建筑阴影时，往往遇到要求作半个水平圆在正立面墙上落影的情况，此时可按图 16-26所示的方法画出（其中 d 为圆弧半径的 0.7 倍）。从该图可看出，由于半圆上五个点及其落影均处于某种特殊的位置，故此例还可以进一步按图 16-27 所示的方法进行单面作图（如果此图中的点 4′利用左图所示的尺寸 d 来定位，还可将辅助作图用的半圆省去）。

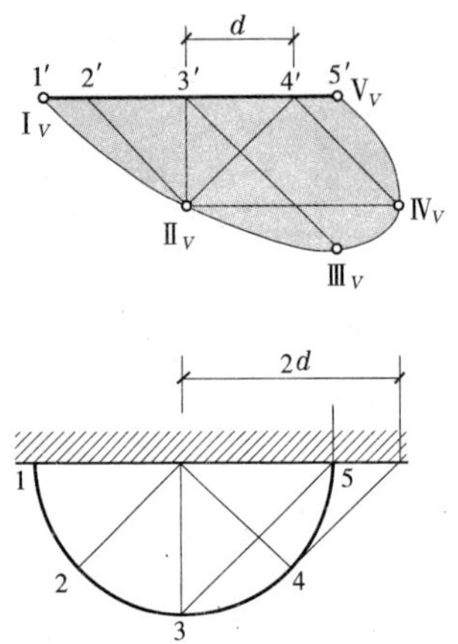

图 16-26　半圆的落影

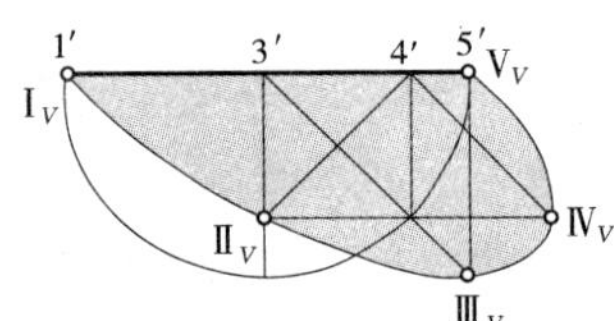

图 16-27　半圆落影的单面作图

四、平面立体的阴影

平面立体受光的棱面组成立体的阳面，背光的棱面组成立体的阴面，阳面与阴面相交的凸棱线组成立体的阴线。照到立体阳面上的光线柱，在立体阴面一侧的空间形成影区，该影区与承影面相交，就得到立体的落影，影线就是立体上阴线的影。平面立体的落影实质上就是其棱面落影的集合，也就是影线所围成的图形。

平面立体的阳面和阴面的确定：

(1)平面立体的棱面为投影面平行面时，朝上、朝前和朝左的棱面为阳面，朝下、朝后和朝右的棱面为阴面。

(2)平面立体的棱面为投影面垂直面时，光线的同名投影射到棱面的积聚投影时，该棱面为阳面，射不到时为阴面；如果光线的同名投影平行于棱面的积聚投影时，该棱面为阳面。如图 16-28 所示。

(3)平面立体的棱面为一般位置时，难以判断出平面立体的阳面、阴面和阴线，则先作出立体上各棱线的落影，最外面的落影为立体的影线，与影线相对应的棱线为阴线。由于阴线一侧的所有棱面均为阳面，另一侧均为阴面，因此只要能判断出阴线某侧的一个棱面是阳面或阴面，则可确定所有棱面的阴阳。

求作平面立体的阴影，一般分为两个步骤：

(1)确定平面立体的阳面、阴面和阴线。

对于平面立体积聚性表面，可在 V、H、W 投影图上，通过作 45°投影线(常用光线的投影)的方法来判定其阴面和阳面。如图 16-29所示，对六棱柱各积聚性表面作 45°投影线，由此判定 H 面投影中，侧面 b、a、f 为阳面，c、d、e 为阴面。V 面投影中，g'为阳面，h'为阴面。从而确定平面立体的阴线。

(2)作出平面立体的阴线在承影面上的落影。

此落影所围成的面积即为平面立体的影区范围。如果立体局部阴线起止较难确定，可先把此局部所有可能成为阴线的落影全部作出，所有影线相交而成的外轮廓线即为立体局部阴影的落影，影线所围成的面积为影区范围。

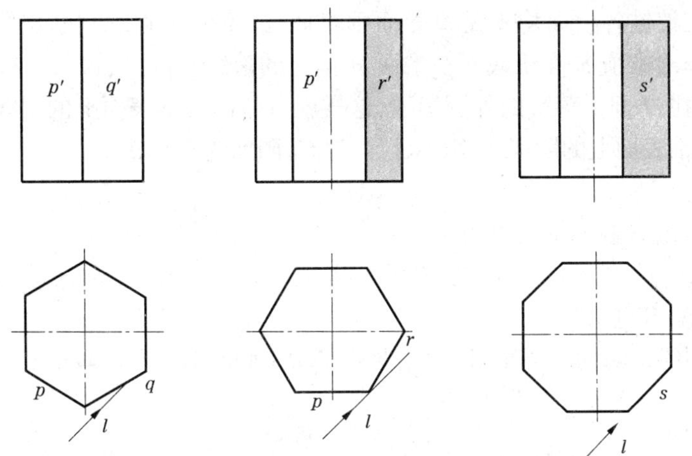

(a)可见棱面均为阳面(b)可见棱面有阴面(c)可见棱面平行于光线

图 16-28 根据棱面的积聚投影判别阴阳面

对于平面立体积聚性表面,可在 V、H、W 投影图上,通过作 45°投影线(常用光线的投影)与相应轮廓线相切,过切点的积聚投影,必为平面立体阴线的积聚投影,然后求出阴线的落影即可。或者先求出平面立体上各顶点的落影,连接各顶点的落影即得到平面立体的影区范围,影区的最外轮廓线即为平面立体上阴线的落影。

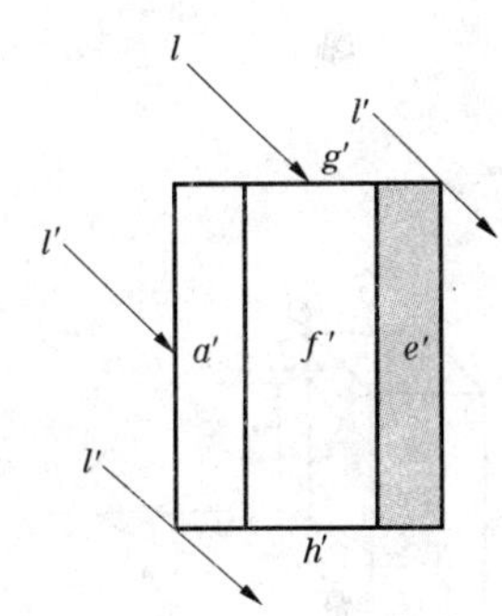

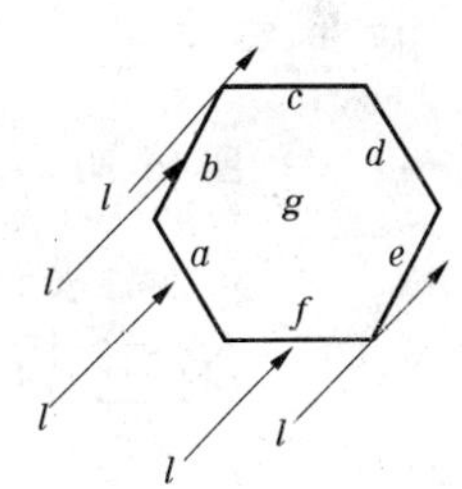

图 16-29 六棱柱阴阳面判别

(一)棱柱的阴影

【例 16-4】 如图 16-30 所示,在 H 面上有一四棱柱,作出其在两投影面上的落影。

解:由图 16-30(a)可知,四棱柱在常用光线下,上底 $ABCD$、前表面 $ABFE$ 和左侧面 $ADNE$ 为阳面,其余为阴面;阴线为 FB、BC、CD、DN、NE、EF。由于四棱柱的下底属于 H 面,即 NE、EF 属于 H 面,故实际上只需求出两条铅垂线 FB 和 DN、一条正垂线 BC 和一条侧垂线 CD 的落影即可。该四棱柱的落影一部分在 H 面上,一部分在 V 面上。

作图步骤:

(1)先求阴线 FB 的落影。由于 FB 为铅垂线,故其落影分为两段,H 面上的落影为一段 45°斜线,V 面上的落影则是与自身平行的竖直线。阴线 DN 也是铅垂线,其在两投影面上的落影与 FB 的落影相似。

(2)阴线 BC 为正垂线,其在 V 面上的落影为 45°斜线。

(3)阴线 CD 为侧垂线,其在 V 面上的落影为与自身平行的一段水平线。

此落影所围成的面积就是四棱柱的阴影,在该图中棱柱的阴面为不可见。

(二)棱锥的阴影

【例 16-5】 如图 16-31 所示,求一底面与 H 面重合的三棱锥在两投影面上的落影。

解:由于三棱锥各棱面均不是投影面垂直面,故不便于直观判断出阴面和阳面。为此,通常是先作出锥顶 S 在锥底所在平面 H 面上的落影 S_H 之后,再过锥顶的落影 S_H 返回来作出棱锥在 H 面上落影的外围影线,这样就可得出棱锥表面上的阴线 S_A、S_B。于是就可判别出棱锥表面上的阴面为△SAC、△SBC,阳面为△SAB。

作图步骤:

(1)作出锥顶 S 在 H 面上的虚影(S_H)和 V 面上的落影 S_V;

(2)连接(S_H)与锥底△ABC 的 H 面落影△abc,其外围影线为 S_Ha 和 S_Hb,故棱锥表面的阴线为 SA、SB。

(3)由于阴线是阴面与阳面相交的凸棱线,故判断出阴面为△SAC、△SBC,阳面为△SAB。

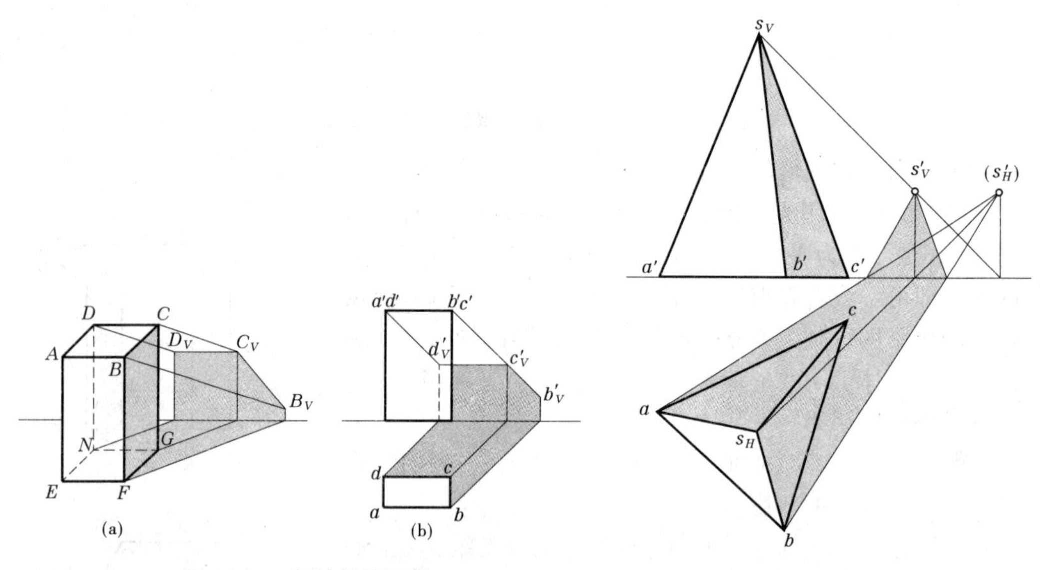

图 16-30 四棱柱的阴影

图 16-31 三棱锥的阴影

第三节 平面体组成的建筑形体的阴影

建筑形体由平面体组成时,作建筑形体的阴影,实质上就是确定阳面、阴面和阴线,以及求作点和各种位置直线在各种位置承影面上的落影。此外,一个建筑形体除了本身产生阴影外,还要承受其他建筑形体的落影。

作建筑形体阴影的步骤如下:

(1)进行形体分析:明确组成建筑形体的基本几何体,以及它们的形状、大小和相互位置关系等。

(2)判别阴面、阳面、阴线及承影面。

(3)根据阴线与承影面及投影面的相互位置关系,作出阴线的落影及影线,影线所围成的图形就是平面立体的落影。作图时应严格区分阴影的空间特性和投影特性。

(4)在形体的阴面和落影上涂淡色。

一、窗口的阴影

作图时，首先要弄清楚立面上哪儿是凸起的，凸起的距离是多少，哪儿是凹入的，凹入的深度如何；然后根据光线的方向，判别出阴阳面和阴线。在一般情况下，分别以外墙面及位于内墙面的窗平面作为承影面，作出那些与承影面平行或垂直的阴线的落影。

如图16-32所示是几种不同形式的窗口。从图中可看出，其阴面多属投影面的平行

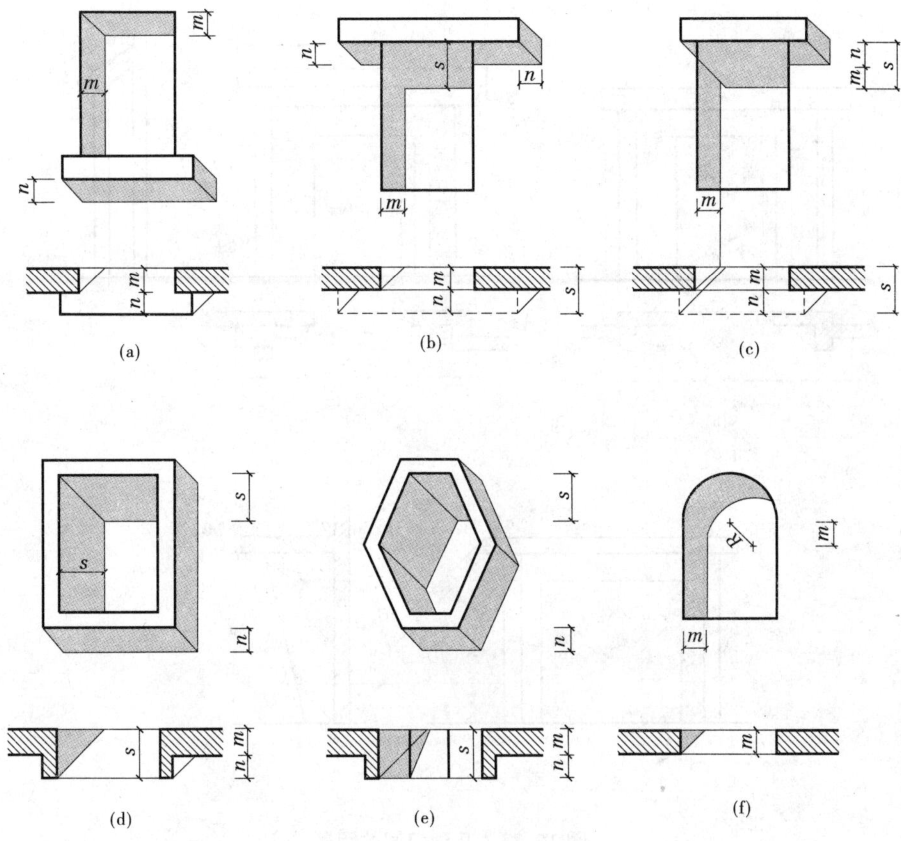

图 16-32　几种窗口的阴影

面或垂直面，因而在投影图中不可见或积聚为直线而显示不出来；窗口的阴线均平行于窗扇平面，因此窗口阴线在窗扇平面上的落影均与相应的阴线平行，如果阴线是投影面的垂直线，则它在窗扇平面或窗外墙面上的落影不仅与相应的阴线平行，而且其 V 面投影还能反映该阴线对承影平面的距离；落影宽度 m 反映了以内墙面为承影面时窗口的深度，即窗扇平面凹入墙面的深度；落影宽度 n 反映了窗台、窗套或雨篷凸出墙面的距离；落影宽度 s 则是 m 与 n 的总和，反映窗口套或雨篷凸出内墙面的距离。因此，只要知道这些距离的大小，即使没有 H 面投影，也能在 V 面投影中直接加绘阴影。此外，有些阴线的影可能落于几个不同的承影面上。

二、门洞的阴影

作图时，如同求窗口的阴影一样，首先要弄清楚哪里是凸起的，凸起的距离是多少，哪里是凹入的，凹入的深度如何；然后根据光线的方向，判别出阴阳面和阴线；最后逐一求出落影。由于门洞的构造相对窗口来说较复杂，故有些地方需要利用返回光线法才能求解。

如图 16-33 所示是几种不同形式门洞的阴影，其中一种门洞的雨篷是倾斜的。

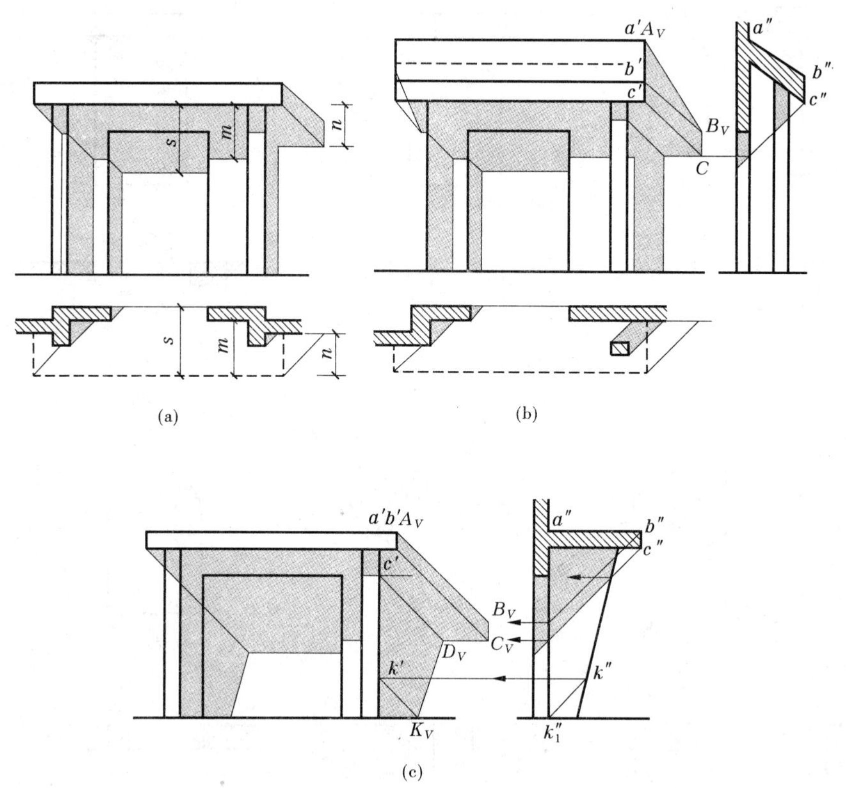

图 16-33　几种门洞的阴影

三、台阶的阴影

如图 16-34 所示为两侧有矩形栏板的台阶。台阶由左、右栏板和踏步组成，梯级的踏面和踢面为阳面，可以承影，左栏板的阴线是铅垂线 BA 和正垂线 BC。作图步骤如下：

(1)求右栏板阴线的落影。

(2)求左栏板的落影，正垂线 BC 的 V 面落影为 45°线，BC 在台阶踏步上落影的 H 投影发生转折，转折形状与台阶的 W 面投影成对称形状。

可利用台阶的踏面、踢面的 W 投影具有积聚性的特性求作。即过踏步棱线的 W 面上的积聚投影作 45°反射光线与 $b''a''$ 交于点 1″、与 $b''c''$ 交于点 2″、3″、4″。根据宽相等，在 H 投影 bc 上求得 1、2、3、4。再过 1、2、3、4 作 45°线与相应棱线交于 1_0、2_0、3_0、4_0。过 b 作 45°线与第二踢面的 H 面投影交于点 b_t，过此点作铅垂线与过 b' 点的 45°线交于点 b'_t。

铅垂线 BA 的 H 面落影为 45°斜线，落影的 V 面投影由 $a'n'_0m'_01'_0b'_t$ 组成，过 H 投影图中的 $n_0(m_0)$ 作铅垂线交于 V 投影图中的第一踢面于 $n'_0m'_0$。$n'_0m'_0$ 即为 BA 在第一踢面上的落影的 V 面投影。

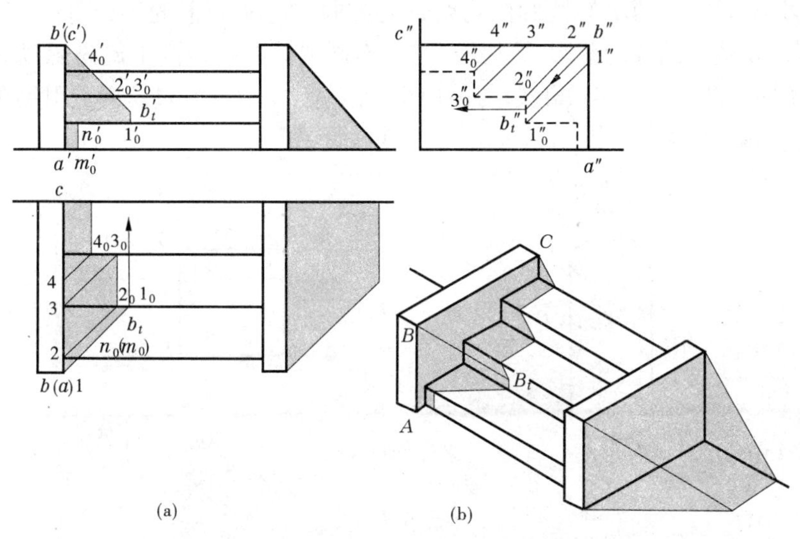

图 16-34 台阶的阴影

第四节 曲面立体的阴影

对于曲面立体积聚性表面，可在 V、H、W 投影图上，通过作 45°投影线（常用光线的投影）与相应轮廓线相切，过切点的积聚投影，必为曲面立体阴线的积聚投影，然后求出阴线的落影即可。或者先求出曲面立体上各顶点的落影，连接各顶点的落影即得到曲面立体的影区范围，影区的最外轮廓线即为曲面立体上阴线的落影。

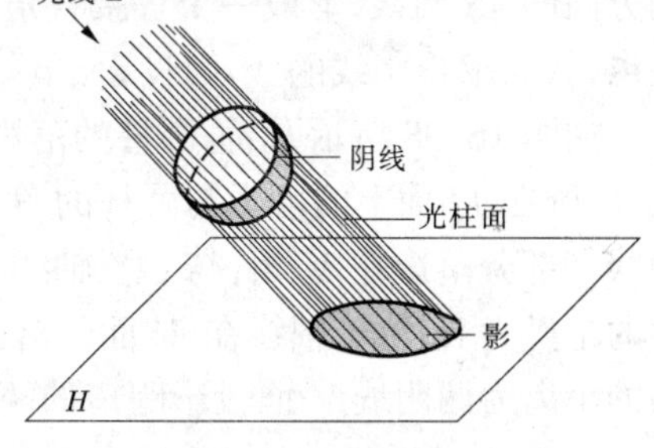

图 16-35 曲面阴影的形成

曲面立体一般由曲面和平面或全部由曲面组成，曲面的阴线为与曲面相切的光平面在曲面上所形成的切线，其落影为此光平面与承影面的交线。

如图 16-35 所示，空间有一球体，其表面阴线为与此球体相切的光柱面与球面的切线（为一大圆），其在 H 面的落影为此光柱面与 H 面的交线（为一椭圆）。

一、圆柱的阴影

如图 16-36 所示，在常用光线照射下，光平面与圆柱侧面相切，切线即为阴线。切于圆柱面的光平面有两个，故圆柱面上有两条阴线，以两条阴线为界，圆柱侧面的左前方为阳面，右后方为阴面，圆柱顶面为阳面，底面为阴面，故顶圆的右后半圆 BD 和底圆的左前半圆AC为阴线。这样圆柱的阴线为两条直素线AB、CD和两个半圆周BD、AC组成的封闭线$ABDCA$。

如图16-36所示为铅垂圆柱在H面上的阴影。作图时，先分别求出顶圆、底圆在H面上的落影圆，再作这两个影线圆的切线，即为圆柱在H面上的落影，由于阴线为铅垂线，落影圆的切线是阴线的落影，故切线必为45°斜线。在投影圆上确定阴线AB、CD的方法：过H面上圆心O作45°斜线，与圆周交于点$b(a)$、$d(c)$，过这两点引铅垂线与圆柱的V面投影相交得素线$a'b'$、$c'd'$，由此得到阴线AB、CD的V面投影，其中$a'b'$为可见，$c'd'$为不可见。

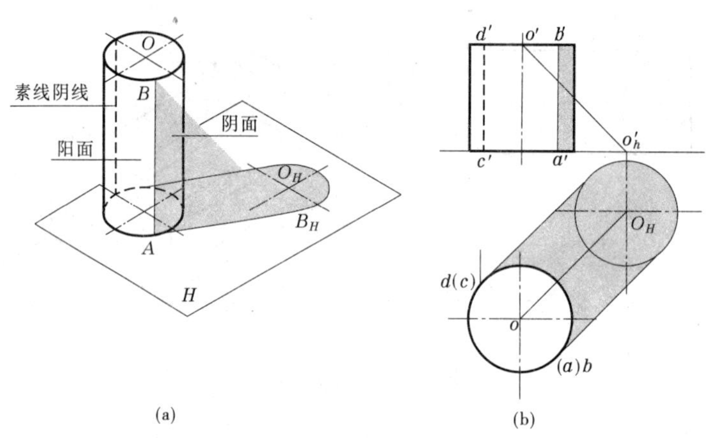

图16-36　铅垂圆柱在H面上的阴影

如图16-37所示为在V面投影中直接求阴线的两种方法。其一是在圆柱的上方（或下方）作半圆，过圆心引两条不同方向的45°斜线，与半圆交于两点，由此引到圆柱的V面投影中，即得到所求阴线；另一方法是在圆柱的上方（或下方）自底圆半径的两端，各作不同方向的45°斜线，形成一个等腰直角三角形，其腰长就是V面投影中阴线对圆柱轴线的距离，从而求得阴线的V面投影$a'b'$、$c'd'$。

如图16-38所示，铅垂圆柱的落影分别落在H、V面上的情况。该圆柱底面在H面上，底圆在H面上的落影与圆柱的H投影圆重合，顶圆的落影在V面上为一椭圆，侧面阴线一部分落影在V面，与OX轴线垂直，另一部分落影在H面，为45°斜线。轴线到V面的距离为d，等于轴线在V面的落影到圆柱轴线V面投影的距离，V面上两阴线落影间的距离为两阴线V面投影距离的两倍。

二、圆锥的阴影

圆锥面上的阴线是光平面与圆锥面相切的素线，由于圆锥面的素线是过锥顶的，所有与圆锥面相切的光平面必然包含过锥顶的光线。由此可见，光平面与锥底平面的交线，一定通过引自锥顶的光线对锥底平面的交点，即通过锥顶S在锥底平面上的落影S_H，并与底圆相切。将此切点与锥顶相连所得的素线，即为锥面的阴线。

如图16-39所示为锥底置于H面上的正圆锥体，作图时，首先作出锥顶S在锥底平面（H面）上的落影S_H，即过锥顶S引光线与H面的交点即为落影S_H；然后在H面上过

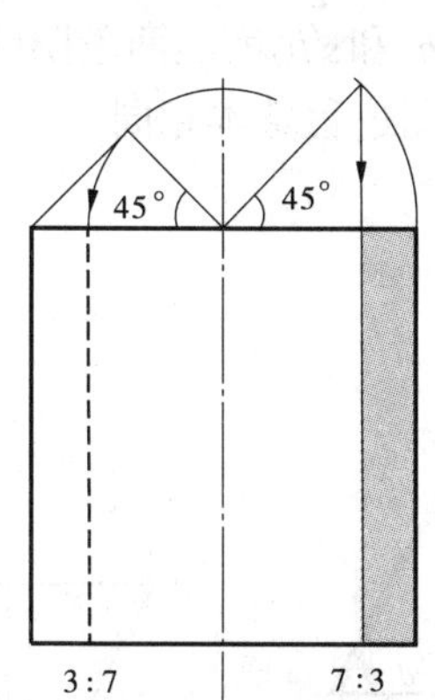

图 16-37　单面作图时圆柱阴线的定位

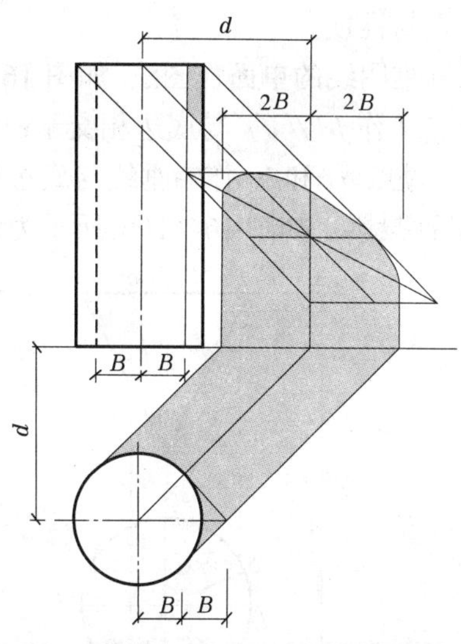

图 16-38　圆柱在 H、V 面上的落影特征

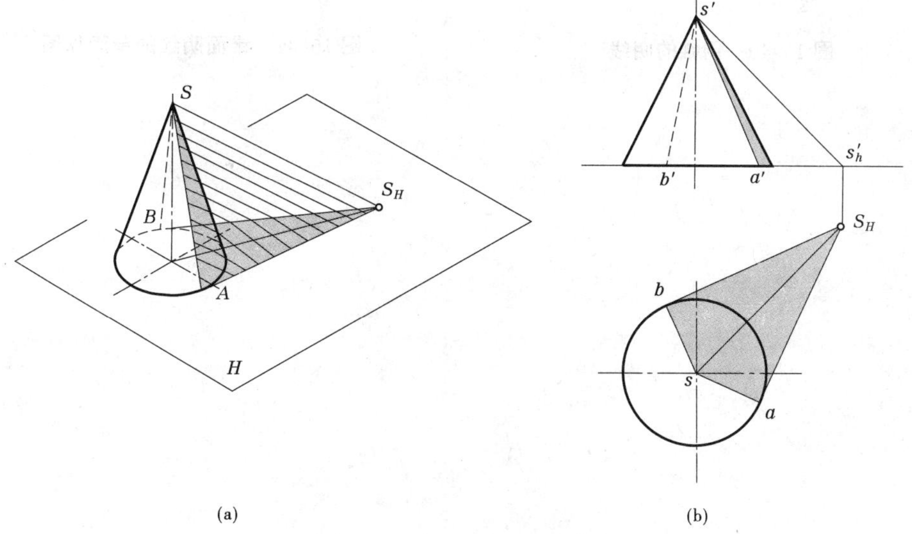

图 16-39　直立圆锥的阴影

点 S_H 作底圆的切线，得到切点 a、b，分别连接切点 a、b 和锥顶 s 得到直线 sa、sb，这就是锥面阴线 SA、SB 的 H 面投影，S_Ha 和 S_Hb 为圆锥在 H 面上的影线；由切点 a、b 向上作铅垂线得到 V 面投影中的切点 a'、b'，连线 $s'a'$、$s'b'$，即得锥面阴线 SA、SB 的 V 面投影。由图中可看出，正圆锥面上的阴面占锥面的一小半。

如图 16-40 所示为求作倒立圆锥面上的阴线。过锥顶 S(s、s')作光线，使光线与锥底平面相交于 S_0(s_0、s'_0)，这就是锥顶在锥底平面上的虚影。由 s_0 向底圆作切线，得到切点 a 和 b，再在 V 面投影中求得 a' 和 b'。则连线 SA(sa、$s'a'$)和 SB(sb、$s'b'$)，即为所求的阴线，从而也确定了阴面。从图中可看出，倒立圆锥的阴面占锥面的一大半。与直立圆锥阴影作法的不同之处在于倒锥的阴线是由影的切点引返回光线到倒锥底圆上，再连接交点与锥顶。

圆锥阴线的单面作图法，如图 16-41(a)所示，在底边的下方作半圆，自半圆与中心线的交点 f 作 $fd /\!/ c's'$ 与底边相交于 d 点，再过 d 点作不同方向的 45°斜线交半圆于点 a_1 和 b_1，过点 a_1 和 b_1 作铅垂线与底边交于点 a' 和 b'，则 $s'a'$ 和 $s'b'$ 就是两条阴线 SA 和 SB 的 V 面投影。如图 16-41(b)所示为倒锥阴线的求法，作图过程基本相同。

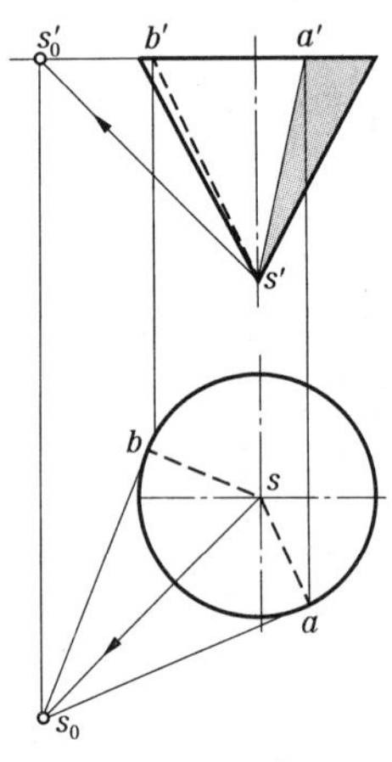

图 16-40　倒锥的阴线

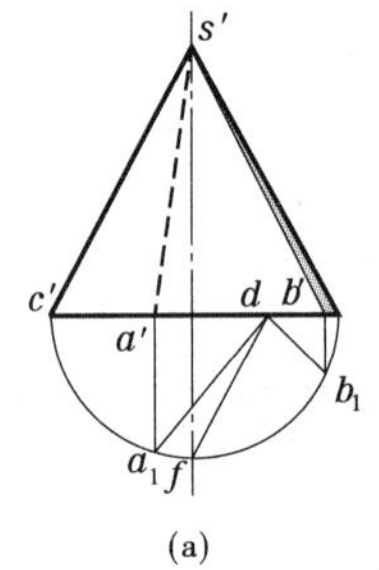

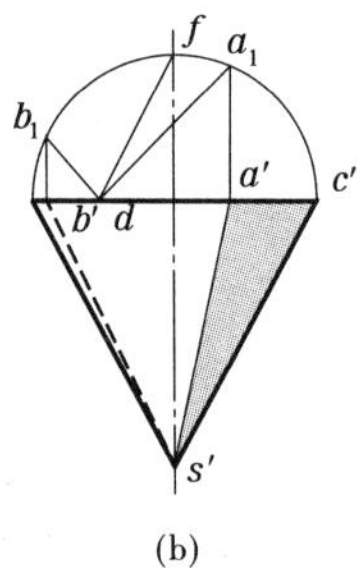

图 16-41　锥面阴线的单面作图

第十七章　透视投影

第一节　透视图的基本知识

一、透视图的形成

当人们站在公路上观察两旁的建筑物，就会发现两旁建筑物上原本等宽的墙面、公路上原本等宽的路面，向远处去会变得越来越小，几乎集中于一点，如图 17-1 所示。透视投影就是以人眼为投影中心的中心投影，它相当于人们透过一个透明的画面来观察物体时，观察者的视线与画面相交而成透视投影，透视投影所得到的投影图称为透视图，如图 17-2 所示。

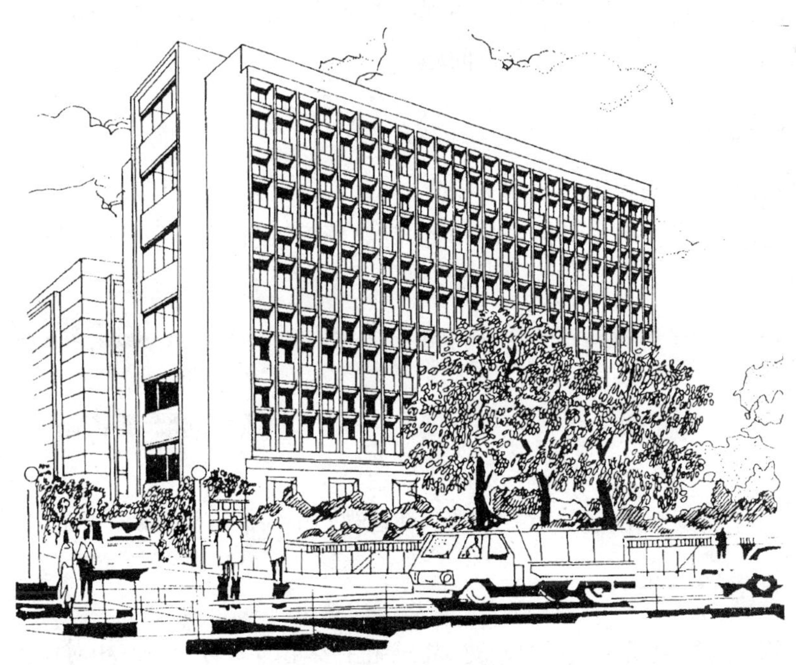

图 17-1　某管理大楼的透视图

由此可看出，视点、画面、物体是形成透视图的三个要素，视点→画面→物体按这样的顺序排列所得到的透视图为缩小透视，视点→物体→画面按这样的顺序排列所得到的透视图为放大透视，人们常用的是缩小透视。画面可以是平面、曲面和球面，本书只讨论平面上的透视图。

透视图和轴测图一样，都是单面投影图，不同之处在于，轴测图是用平行投影法绘制

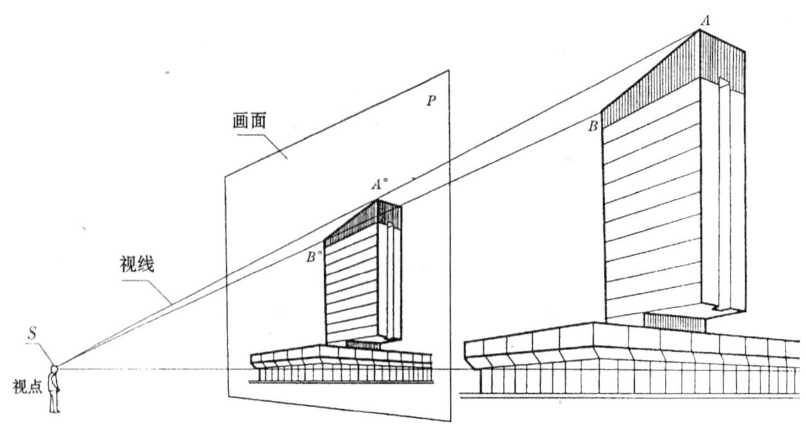

图 17-2 透视投影的形成

的图形,虽具有较强的立体感,但不够真实,不太符合人们的视觉印象。而透视图是用以人眼为投影中心的中心投影法绘制的,符合人们的视觉印象,具有明显的空间感和真实的立体感,如同目睹实物一样。

一般来说,形体各个表面的形状在透视图中都发生了变形,因此作图时关键是要遵守透视投影作图的基本规律,解决好度量问题。

二、透视图的特点

与正投影图相比,透视图具有如下特点:

(1)近大远小。建筑物上等体量的构件,距离画面(或视点)近的透视投影大,远的透视投影小。

(2)近高远低。建筑物上等高的墙或柱子,距离画面(或视点)近的透视投影高,远的透视投影低。

(3)近疏远密。建筑物上等间距等宽度的柱子、窗户或窗间墙,距离画面(或视点)近的透视投影疏、宽,远的透视投影密、窄。

(4)建筑物上与画面相交的一组平行线,在透视图中延长后相交于一点,该点称为灭点。

三、透视图的分类

在绘制物体的透视图时,它的长、宽、高三组主要轮廓线与画面的相对位置可能平行,也可能不平行。与画面不平行的轮廓线,在透视图中就会有灭点,而与画面平行的轮廓线,其透视图与本身平行,在透视图中就没有灭点。因此,按照建筑物与画面的相对位置不同,以及画面上灭点的多少,透视图一般分为以下三种。

(一)一点透视

建筑物的一个主立面与画面平行,即 X、Y、Z 三条直角坐标轴有两轴与画面平行,因此这两组轮廓线的透视就没有灭点,而第三个轴必然垂直于画面,则第三组的轮廓线有灭点，其灭点为 F，这样画出的透视图称为一点透视图，又叫平行透视，如图 17-3(a)所示。

一点透视的特点是建筑形体主立面不变形，作图相对简便。这种透视图在室内设计中得到广泛应用，也适用于表现只有一个主立面形状较复杂的建筑形体。

(二)两点透视

建筑物的主要表面与画面倾斜，X、Y、Z 三条直角坐标轴任意两轴(通常为 X、Y 轴)与画面倾斜相交，即两组水平轮廓线(长与宽)均与画面水平斜交，仅有建筑物铅垂轮廓线(Z 轴)与画面平行，所作透视图在 X、Y 轴方向上各有一个灭点 F_x、F_y，这样画出的透视图称为两点透视，见图 17-3(b)。这种透视中，由于建筑物的两个立面均与画面成一定倾角，所以又称为成角透视。

两点透视的特点是建筑形体的两个主立面都得到表现，作图相对复杂。但由于表现效果好，故在建筑设计中应用十分广泛，常用来绘制建筑物外形、室内等，这种透视图在高度方向上的轮廓线始终是竖直的。

(三)三点透视

当画面倾斜于基面时，建筑物三组主向轮廓线(X、Y、Z 三条直角坐标轴)均与画面相交，所以画面上在 X、Y、Z 三个轴向各有一个灭点 F_x、F_y、F_z，这样画出的透视图称为三点透视，因为画面是倾斜的，又称为斜透视，如图 17-3(c)所示。

三点透视主要用于绘制高耸的建筑物。

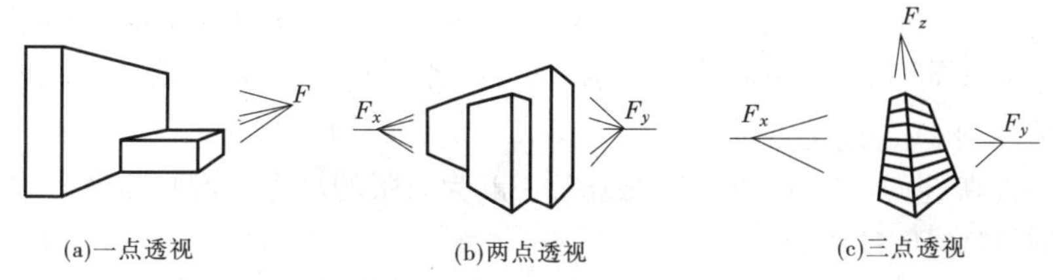

图 17-3　透视图的分类

此外，无论上述哪种透视图，当所选取视点的高度远远高于建筑形体时，画面上的图像就会显示出俯视的效果，通常称为“鸟瞰图”。在建筑群的规划设计中常采用鸟瞰图。

在这三种透视图中，两点透视应用最多，三点透视因作图复杂而很少采用。本书只讨论一点透视和两点透视作图的基本知识。

四、透视图的用途

由于透视图富有立体感和真实感，因而在建筑设计过程中，特别是在初步设计阶段，为了表现建筑物的造型，直观地表达设计意图，往往需要根据建筑物的平、立、剖面图，画出建筑物的透视图，以供讨论、评判、比较、审批之用。在道路工程中，常利用透视图进行选线规划。由于透视图符合人们的视觉形象，故在科学、工程技术、艺术造型、广告设计、展览画中被广泛地应用。

第二节　透视图的基本画法

一、基本术语和符号

在绘制透视图时，常用到一些专门的术语和符号，弄清楚它们的含义，有助于理解透视图的形成和掌握透视图的作图方法，如图 17-4 所示。

G——基面：放置物体的水平面，当绘制建筑物时，即为地平面，相当于水平（H）投影面。

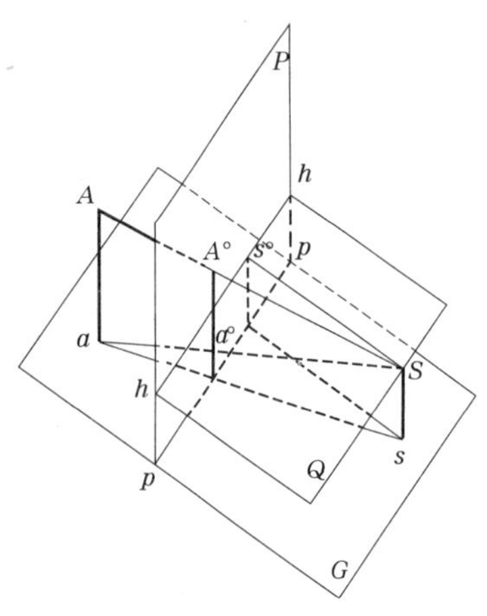

图 17-4　透视图形成的立体图

P——画面：透视图所在的平面，一般以垂直于基面的铅垂面作为画面，相当于正（V）投影面。

$p-p$——基线：画面与基面的交线，也称地平线，在画面上用 $g-g$ 表示，在基面上用 $p-p$ 表示，相当于 OX 投影轴。

S——视点：人眼所在的位置，即投影中心。

s——站点：视点 S 在基面 G 上的正投影，相当于人站立的地点。

s°——主点：视点 S 在画面 P 上的正投影，也称心点。即 Ss° 垂直于画面，所以将 Ss° 称为中心视线。

Q——视平面：过视点 S 所作的水平面。

$h-h$——视平线：视平面与画面的交线。当画面为铅垂面时，视平线通过主点 s°。

Ss——视高：视点 S 到基面 G 的距离，一般为人眼的高度。当画面为铅垂面时，视高就是视平线与基线间的距离。

Ss°——视距：视点 S 到画面 P 的距离，即中心视线的长度。当画面为铅垂面时，视距即站点与基线间的距离。

视线——自视点与形体上任意一点的连线，如 SA 等。

基点——空间点在基面上的正投影，如 a。

点的透视——过空间点 A 的视线 SA 与画面 P 的交点，用 A° 表示。

点的基透视——基点的透视。即过基点 a 的视线 Sa 与画面 P 的交点，用 a° 表示。

基透视——形体的基面投影的透视，即建筑物的水平投影的透视。

二、点的透视

（一）点透视特点

点的透视即为通过该点的视线与画面的交点，点的基透视是通过该点的基点所引的视线与画面的交点。

（1）点的透视或基透视仍然为一点。

（2）视点 S 确定后，空间点 A 的透视 A° 是唯一确定的。但是反过来只有透视点 A°

并不能确定 A 点的空间位置，因为所有位于视线 SA 上的点，其透视均重合于 A°，但当给定 A 点的基透视 a° 后，A 点的空间位置就唯一确定了。

(3)点的透视 A° 与基透视 a° 位于同一铅垂线上，$A^{\circ}a^{\circ}$ 垂直于基线 $p-p$ 和视平线 $h-h$。

(4)位于画面 P 上的点，如图 17-5(a)中的 B 点，它的透视 B° 与本身重合；它的基透视 b° 也与基面投影 b 重合，并且落在基线 $p-p$ 上。

如图 17-5(a)所示，空间点 A 的透视就是从视点 S 向 A 引一条视线 SA 与画面 P 的交点 A°。A° 就是点 A 的透视投影，但为确定 A 点的空间位置，图中又作出了 A 点的基透视 a°。由于 Aa 垂直于基面 G，所以视线平面 SAa 垂直于基面 G，它与画面 P 的交线 $A^{\circ}a^{\circ}$ 必然垂直于基面 G，所以说点的透视与基透视位于同一铅垂线上，$A^{\circ}a^{\circ}$ 垂直于基线 $p-p$ 和视平线 $h-h$。

A° 与 a° 的连线称为透视高度，Aa 的透视 $A^{\circ}a^{\circ}$ 一般不等于实际高度。

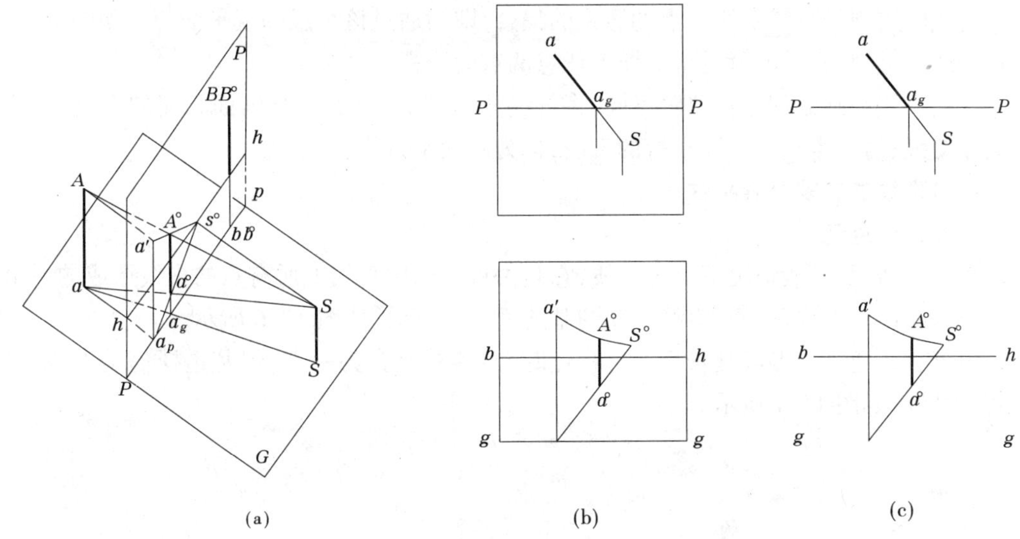

图 17-5　点的透视

(二)点透视的作图方法

点透视的作图采用的是视线迹点法，视线迹点法是透视图的基本做法。过空间物体上各点作视线，求出视线与画面的交点(迹点)，然后连接这些交点即可得到物体的透视。关键是求出各视线与画面的交点，即作出点的透视。

在投影图中，应用视线迹点法求作空间点 A 的透视，首要问题是如何表达已知条件点 A、视点 S、画面 P 和基面 G。在绘制透视图时，通常采用两面投影法，将画面 P 和基面 G 沿着基线 $p-p$ 分开后画在一张图纸上，如图 17-5(b)所示，不论画面位于基面的上方或下方，都可以并且结果是相同的，设画面 P 重合于正立投影面 V，则基面 G 相当于水平投影面 H。此时画面上的主点 s° 相当于视点 S 的正面投影，基面上的站点 s 相当于视点 S 的水平投影。由于画面和基面可无限扩大，所以在作透视图时，将画面和基面的边框省略不画，如图 17-5(c)所示。

图 17-5(b)为在画面上(展开后的平面图)求点 A 透视的方法。已知空间点 A 的正投影(a',a),视点 S 的正投影(s°,s),画面 P 和基面 G,求 A 点的透视 A° 和基透视 a°,作图步骤如下:

(1)作视线 SA,即在画面上连接 $s^\circ a'$(视线 SA 在画面上的投影)和 $s^\circ a_p$(视线 Sa 在画面上的投影,a_p 为点 a 对 P 面的正投影),在基面上连接 sa,sa 与基线 $p-p$ 的交点为 a_g;

(2)过点 a_g 引铅垂线,与 $s^\circ a'$ 的交点为 A°,与 $s^\circ a_p$ 的交点为 a°,A° 和 a° 即为 A 点的透视和基透视。

从图 17-5(a)、(b)不难看出,若点位于画面后方,则该点的基透视在 $g-g$ 的上方,$h-h$ 的下方;若点位于画面上,则其透视就是本身;若点位于基面上,则其透视与基透视重合。

三、直线的透视

直线的透视是直线上所有点的透视的集合,即为通过该直线的视平面与画面的交线。求作直线的透视,实质上就是求直线上任意两点的透视。

根据直线与画面的相对位置不同,将直线分为两类:一类是与画面相交的直线,称为画面相交线;另一类是与画面平行的直线,称为画面平行线。

(一)直线的透视及其特性

1. 直线的透视

直线的透视,一般情况下仍为直线,它是由视点引向直线上所有点的视线形成的一个视平面与画面的交线,同样,直线 AB 的基透视也是直线,如图 17-6 所示。

但当直线通过视点或延长后通过视点时,其透视重合为一点,但基透视仍是直线,且垂直于基线,如图 17-7 所示。

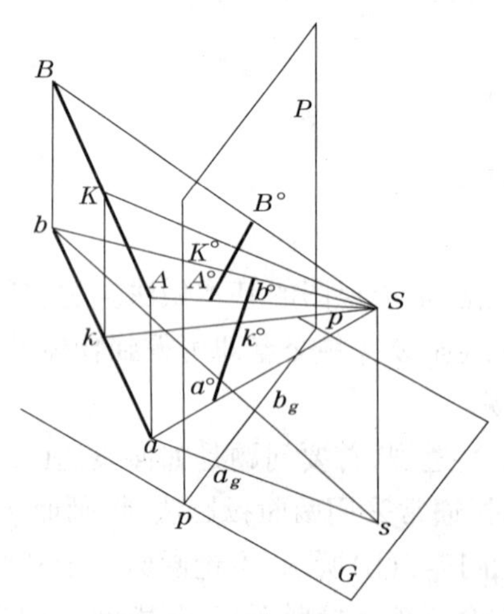

图 17-6 一般位置直线及其上点的透视

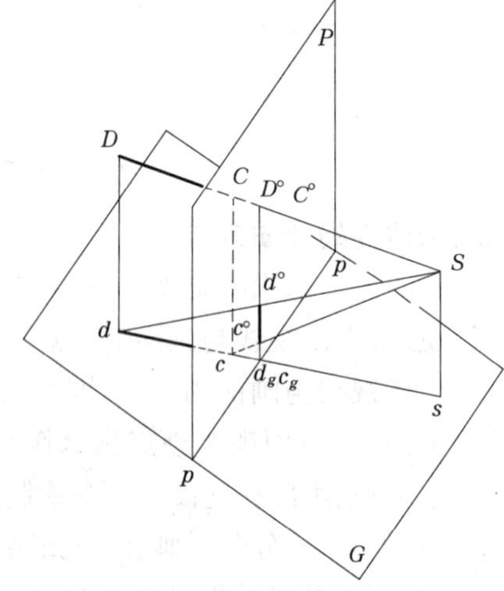

图 17-7 通过视点的直线透视

如果直线 AB 垂直于基面(即铅垂线),如图 17-8 所示,由于它在基面上的正投影积聚成一点,故该直线的基透视也是一个点,但直线本身的透视仍是一条铅垂线。

当直线位于基面上时，直线与其基面投影重合，则直线的透视与其基透视也重合成一条直线，如图 17-9 中的直线 AB。

当直线在画面上时，其透视为自身。即画面上直线的透视反映其实长，直线的基面投影与基透视均重合在基线 $p-p$ 上，如图 17-9 中的直线 CD。

2. 直线上点的透视

直线上点的透视，必在直线的透视上；该点的基透视必在直线的基透视上。如图 17-6 所示。K 点在直线 AB 上，K°在 $A^\circ B^\circ$上，k°在 $a^\circ b^\circ$上。

但点分直线的透视比不一定等于空间比，即 $AK:KB \neq A^\circ K^\circ:K^\circ B^\circ$。

3. 迹点

直线与画面的交点称为直线的迹点。由于迹点在画面上，故其透视就是本身，其基透视则在基线上；如图 17-10 所示，直线 AB 延长后与画面 P 相交于点 T，T 点即为 AB 线的迹点，迹点 T 的透视就是它本身 T，基透视就是 t。与画面相交的直线其透视必通过该直线的迹点，直线的基透视必通过该迹点在基面上的正投影。

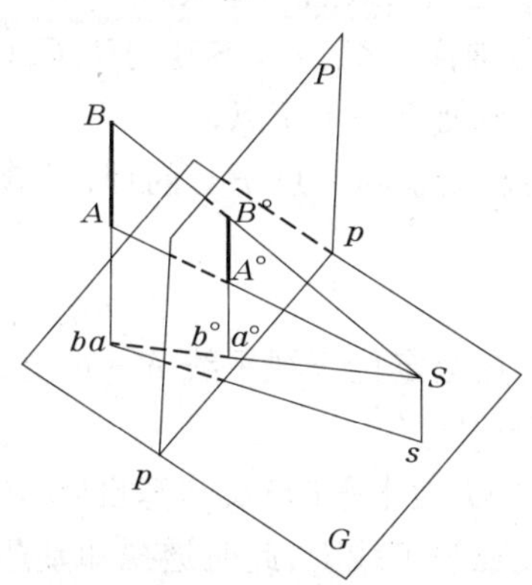

图 17-8　垂直于基面的直线的透视

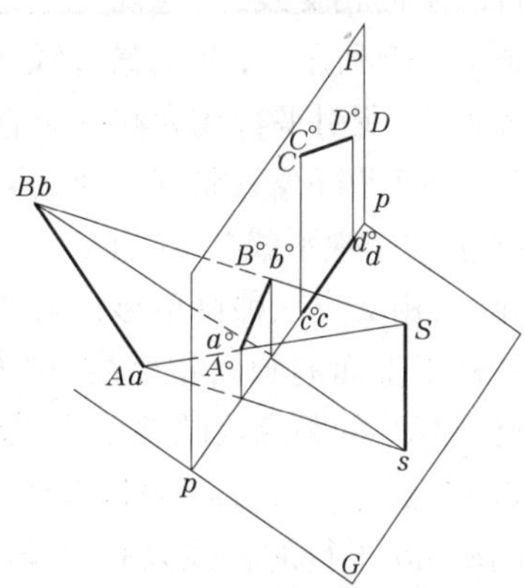

图 17-9　画面或基面上的直线的透视

4. 灭点

直线上距画面无穷远点的透视称为直线的灭点，记为 F。

如图 17-11 所示，直线 AB 为画面相交线，欲求直线 AB 上无穷远点 F_∞的透视，即要求出 SF_∞与画面的交点 F，由于两条互相平行的直线在无限远处交于一点，故可作 $SF /\!/ AB$，它们在无限远处交于一点 F_∞，则视线 SF 与画面 P 的交点 F 就是直线 AB 上无穷远点 F_∞的透视，即为直线 AB 的灭点，直线 AB 的透视 $A^\circ B^\circ$延长后一定通过灭点 F。同理，可求得直线 AB 在基面的正投影 ab 上无穷远点的透视 f，称为基灭点。由于 ab 在基面上，所以平行于 ab 的视线只能是水平线，基灭点 f 一定位于视平线 $h-h$ 上，直线 AB 的基透视 $a^\circ b^\circ$延长后必然通过基灭点 f，基灭点 f 与灭点 F 处于同一条铅垂线上，即 $Ff \perp h-h$。

直线的灭点是平行于该直线的视线与画面的交点，画面相交线（或延长线）的透视必通过该直线的灭点。

直线的迹点和灭点的连线称为直线的全长透视，如图 17-11 中的 $A^\circ F$ 或 AF。直线的透视必在直线的全长透视上。

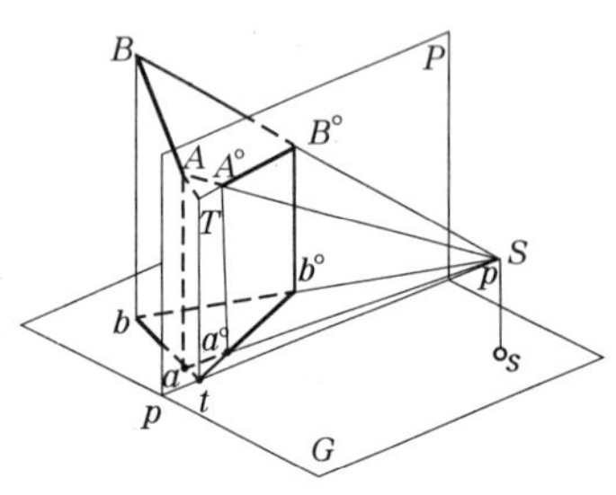

图 17-10　直线迹点的透视

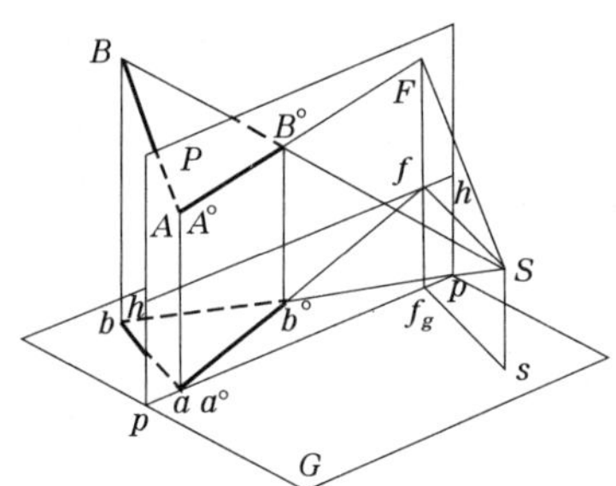

图 17-11　直线灭点的透视

5.画面相交线的透视

(1)画面相交线的透视必有迹点和灭点。

(2)点分直线的透视比不等于空间比。

(3)互相平行的画面相交线,有一个共同的灭点,其基透视也有一个共同的基灭点,故互相平行的画面相交线,其透视与基透视分别相交于它们的灭点和基灭点。

如图 17-12 所示,一般位置直线 $AB /\!/ CD$,且与画面相交。由 S 引 AB、CD 的平行线来求其灭点,所引平行线为同一条直线,与画面 P 只能有一个交点,

因此,一组平行线只能有一个共同灭点,其透视相交于同一点 F。同理,基透视有共同灭点 f,f 位于视平线 $h-h$ 上。

(4)画面相交线三种典型形式的透视特征。

①平行于基面的画面相交线,称为水平线,其灭点必定位于视平线 $h-h$ 上,它与画面的交点到基线的距离反映该水平线到基面的距离。

如图 17-13 所示,已知直线 AB(AB 平行于基面 G 为水平线)及其基投影 ab。过视点 S 与 AB、ab 平行的视线只有一条,且与画面相交在视平线上,此时透视和基透视灭点重合。即平行于基面的画面相交线,其透视和基透视相交于同一个灭点。同理,相互平行的水平线,其透视和基透视有一个共同的灭点 F。

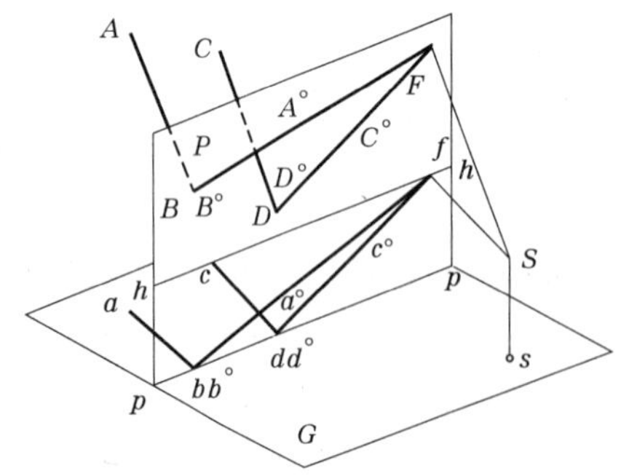

图 17-12　平行直线具有共同的灭点

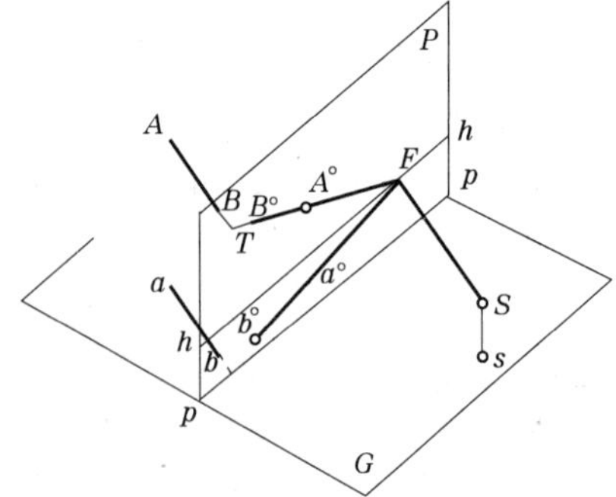

图 17-13　水平线的透视

②垂直于画面的直线,其灭点就是主点 s°。如图 17-14 所示,已知直线 AB 垂直于画面 P,过视点与其平行的视线只有一条,即主视线。主视线与画面的交点为主点,故其灭点为主点 s°。

③倾斜于基面的画面相交线。如图 17-15 所示的直线 $M^\circ L^\circ$、$M^\circ_1 L^\circ_1$、$L^\circ K^\circ$，它们的灭点在视平线的上方或下方，直线 $M^\circ L^\circ$、$M^\circ_1 L^\circ_1$ 的灭点 F_1 在视平线的上方称为上行直线，直线 $L^\circ K^\circ$的灭点 F_2 在视平线的下方称为下行直线，但它们的基灭点都是视平线上的同一个点 F_x。

6. 画面平行线的透视

(1)画面平行线没有灭点和迹点，其透视和直线本身平行，其基透视平行于基线和视平线，而成为一条水平线。

(2)直线上的点分直线所成的比例，与该点的透视分直线的透视所成的比例相同，即点分直线的透视比等于空间比。

(3)互相平行的画面平行线，其透视仍互相平行，其基透视也互相平行，并且平行于基线。

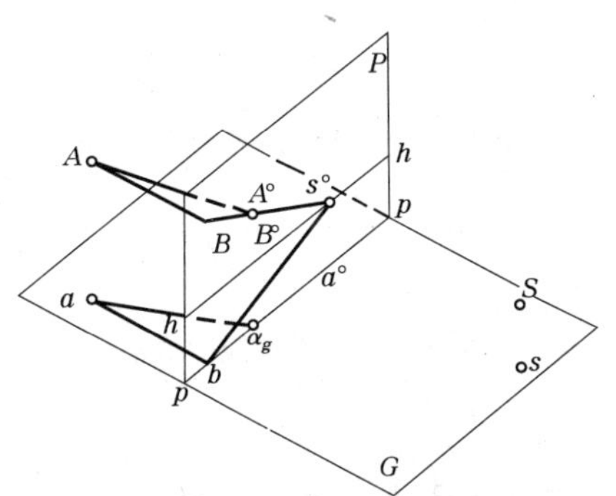

图 17-14　画面垂直线的透视

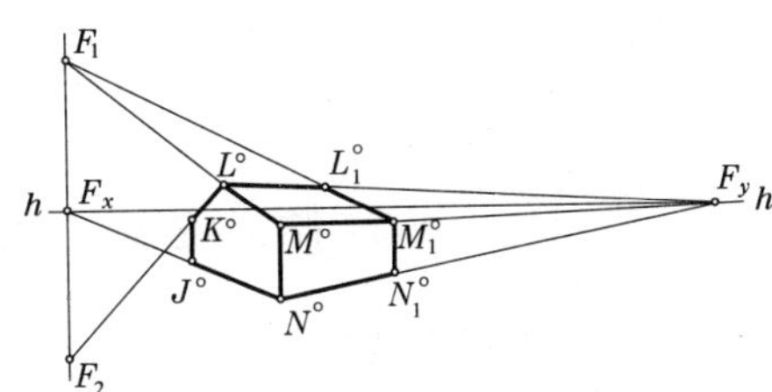

图 17-15　倾斜于基面的画面相交线的透视

如图 17-16 所示，直线 AB 平行于画面 P，过 S 引 AB 的平行线，必与画面 P 平行而无法与之相交，所以直线 AB 没有灭点。

由于直线 AB 平行于画面 P，$A^\circ B^\circ$ 又在平面 ABS 上，所以 $AB /\!/ A^\circ B^\circ$，同理可得 $ab /\!/ a^\circ b^\circ$，因而$\angle A^\circ N^\circ a^\circ = \angle ANa$。即画面平行线的透视倾角反映空间直线对基面的倾角 α。利用相似三角形的性质，可得 $AK:KB = A^\circ K^\circ : K^\circ B^\circ$，即透视之比等于空间之比。同样，也很容易证得互相平行的画面平行线，其透视和基透视仍互相平行。

(4)画面平行线三种典型形式的透视特征。

①垂直于基面的直线称为铅垂线，其透视仍为铅垂线。如图 17-17 所示，已知直线 AB 为铅垂线，则 AB 必平行于画面 P，其透视 $A^\circ B^\circ /\!/ AB$，也就是说，AB 的透视亦为铅垂线，所以 $A^\circ B^\circ$必然垂直于基线。

②平行于基线的直线，其透视与基透视均为水平直线，如图 17-18 中的直线 AB。

③倾斜于基面的画面平行线，其透视仍为倾斜直线，其透视与基线的夹角反映了该直线在空间对基面的倾角，其基透视则为水平直线，如图 17-18 中的直线 AE。

④如直线位于画面上，则其透视为自身，反映该直线的实长，基透视一定位于基线上，如图 17-18 中的直线 CD。

(二)各种位置直线的透视作图

视线法画透视图是一种常用的透视作图方法，它是利用视线的水平投影确定点的透视，从而绘制透视图，即利用直线灭点和过某点的视线在画面上的迹点来求作透视的方法。视线法又称为建筑师法。

为作出直线 AB 的透视 $A^{\circ}B^{\circ}$，先求出直线 AB 的迹点 T(AB 延长后与画面 P 相交于点 T，T 点即为 AB 线的迹点)和灭点 F(过 S 作 AB 的平行线与视平线 $h-h$ 相交于 F 点，即为 AB 的灭点)。连接 TF，TF 为直线 AB 的全长透视，AB 的透视必然在 TF 上。

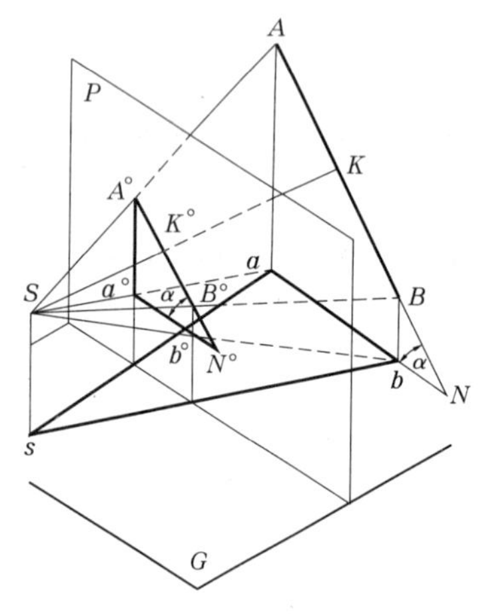

图 17-16　画面平行线的透视

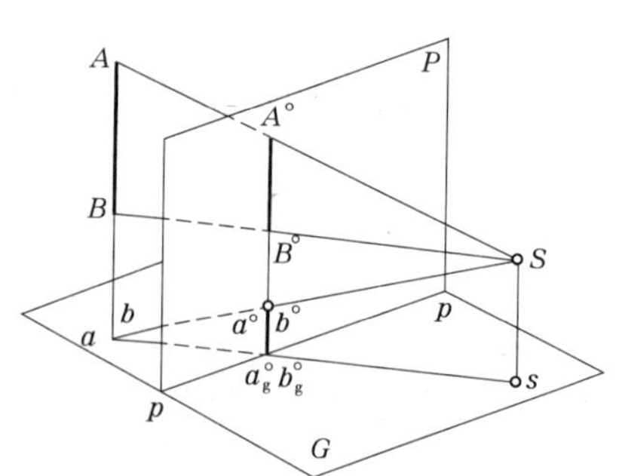

图 17-17　铅垂线的透视

1. 垂直于画面的直线

如图 17-19 所示，直线 AB 垂直于画面 P，AB 的灭点是过 S 作 AB 的平行线与画面 P 的交点，即为主点 s°，求 AB 的透视。A 点是迹点，其透视为它本身 $A^{\circ}(A)$，As° 为 AB 的透视方向，用视线迹点法可作出直线 AB 的透视 $A^{\circ}B^{\circ}$。

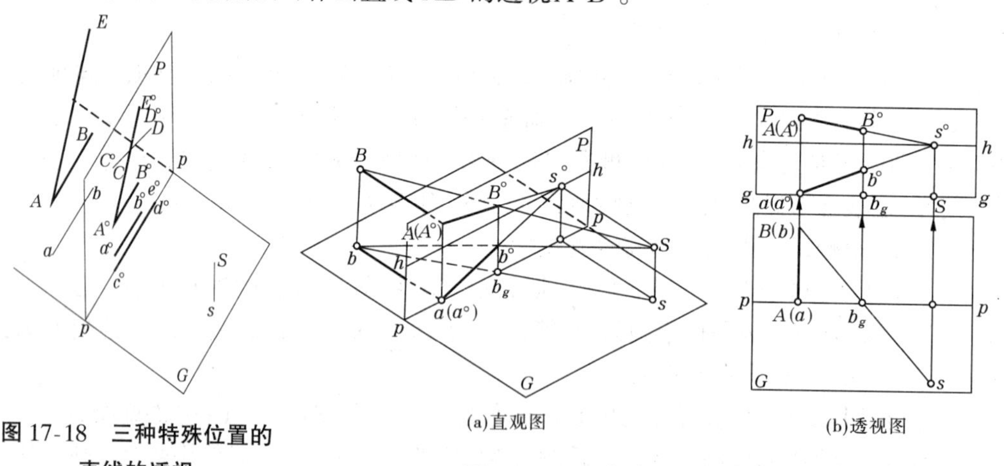

图 17-18　三种特殊位置的直线的透视

(a)直观图　(b)透视图

图 17-19　垂直于画面的直线的透视

2. 平行于基面的画面相交线(水平线)

此类直线的灭点在视平线 $h-h$ 上，如图 17-20(a)所示，AB 为一条水平线，A 点位于画面 P 上，求直线 AB 的透视，过视点 S 引一条平行于 AB 的视线，它与画面的交点就是所求的灭点，因为 SF 也是一条水平线，所以它与画面的交点 F 必位于 $h-h$ 上，又

$sf_g // ab$，f_g必在$p-p$上，并且$f_gF \perp p-p$，于是在图17-20(b)中，过s作$sf_g // ab$，与$p-p$交于点f_g，由f_g点引垂线与$h-h$相交得灭点F，A点的透视$A°$与A重合。$A°F$即为直线AB的透视方向，连接bs交$p-p$于b_g点，引铅垂线与$A°F$交于点$B°$，即得直线AB的透视$A°B°$。

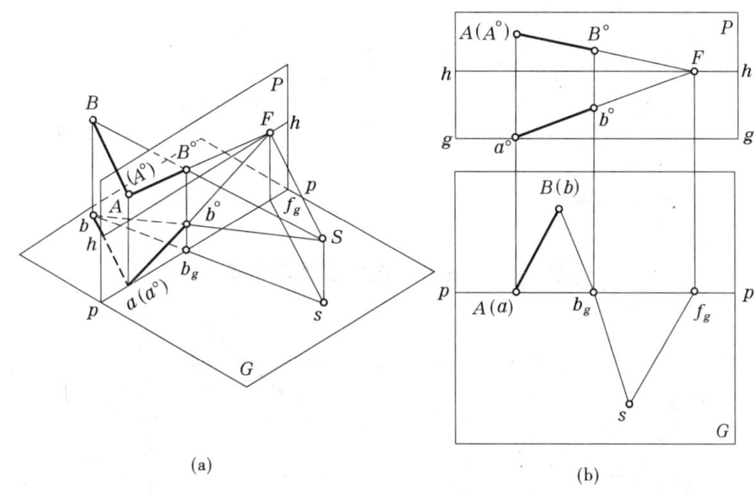

图17-20　水平线的透视

3. 垂直于基面的直线(铅垂线)

铅垂线的透视仍是一条铅垂线，只是由于透视的原因，长度一般不等于原长度。此类直线平行于画面，所以无灭点。如图17-19所示，Bb即为一条铅垂线，$B°b°$为其透视，当铅垂线在画面上时，它的透视就是本身，反映直线的真高，称为真高线。可利用它来解决透视高度的量取和定位问题。

用下面例题来说明基面上直线的透视画法。

【例17-1】 如图17-21(a)所示，直线AB在基面G上，求作直线AB的透视。

解：作图步骤(如图17-21(b)所示)

(1)将基面和画面分开，上下对齐放置，$p-p$表示画面在基面上的位置，$g-g$表示基面在画面上的位置，还有视平线$h-h$，它们互相平行。

(2)在基面上延长AB与$p-p$交于t，再过站点s平行于AB作sf_g，与$p-p$相交于f_g。自t垂直于$p-p$向下画竖直线与$g-g$相交于T，自f_g向下作竖直线与$h-h$相交于F，T和F是直线的迹点和灭点，连接TF。

(3)在画面上，连接sA和sB，与$p-p$分别相交于点a_g、b_g，自点a_g、b_g分别作垂线与TF相交，交点就是$A°$、$B°$，$A°B°$即为AB的透视。

【例17-2】 如图17-22(a)所示，已知水平线AB距基面G的距离为H，求直线AB的透视。

解：由于直线AB是水平画面相交线，因而其透视和基透视灭点重合。AB的迹点与ab的迹点在一条铅垂线上，它们在画面上的距离正是直线AB到基面的距离H。

作图步骤(如图17-22(b)、(c)所示)：

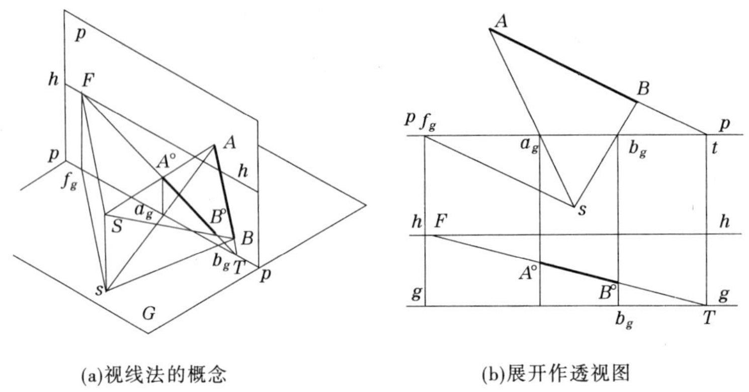

(a)视线法的概念　　(b)展开作透视图

图 17-21　基面上直线透视的画法

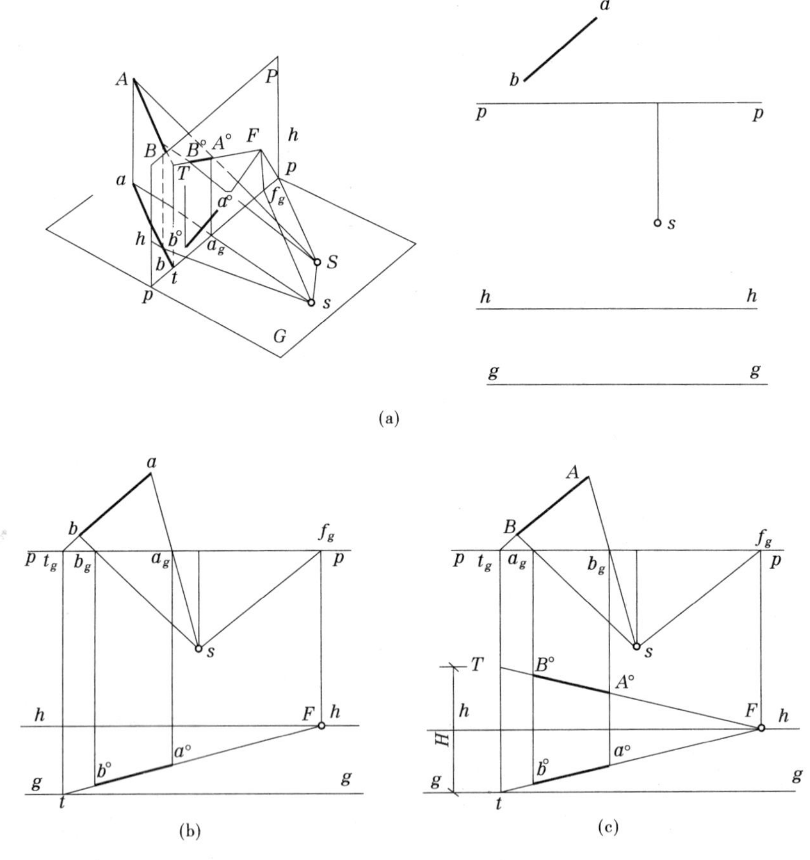

(a)

(b)　　(c)

图 17-22　水平线的透视画法

(1)在基面上求出 t_g、f_g 和 a_g、b_g。

(2)自 t_g 向下作垂线交 $g-g$ 于 t，自 f_g 向下作垂线交 $h-h$ 于 F，自 t 向上量取 H 为直线 AB 的迹点 T，连接 TF 和 tF，过 a_g、b_g 向下作垂线交 TF 于 A°、B°，交 tF 于 a°、b°。$A^\circ B^\circ$ 即为直线 AB 的透视，$a^\circ b^\circ$ 为直线 ab 的基透视。

(三)透视高度的量取

同样高度的直线,如果到画面的距离远近不同,则其透视高度不同。距离画面越远,其透视高度越小;距离画面越近,其透视高度越大。距画面不同远近的铅垂线的高度,可通过真高线来确定其透视高度。

1. 真高线

位于画面上的铅垂线,其透视为该直线本身,即反映直线的真实高度,这样的铅垂线称为真高线。可利用它来解决透视高度的量取和定位问题。

2. 求透视高度的方法

在图 17-23 中,欲过 a°作一铅垂线的透视,使其高度等于 H。为此,可先在视平线 $h-h$ 上适当位置取一点 F,连接 F 和 a°,并延长交基线于 t,过 t 作铅垂线并量取 tT 等于真高 H,再连接 TF,过 a°作铅垂线与 TF 相交与 A°,则 $A^\circ a^\circ$即为所求透视。

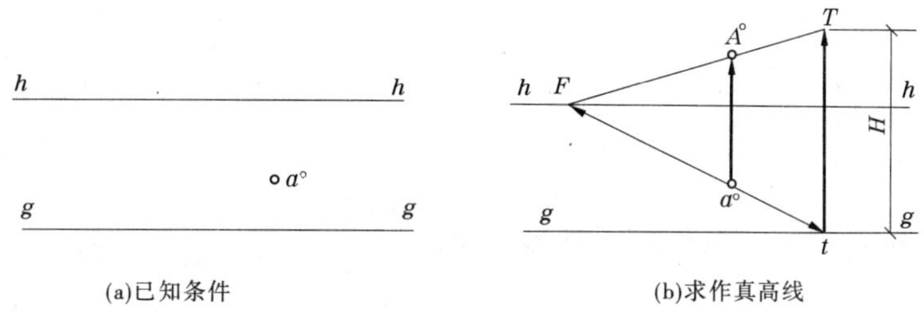

图 17-23 求透视高度的方法

四、平面多边形的透视

平面多边形的透视,由组成该平面图形的各条边线的透视确定,绘制平面多边形的透视图,实际上就是求作组成平面多边形的各边线的透视。

一般情况下,平面多边形 $ABCD$ 的透视 $A^\circ B^\circ C^\circ D^\circ$与基透视 $a^\circ b^\circ c^\circ d^\circ$仍为平面多边形,而且是平面多边形 $ABCD$ 的相仿形,即边数保持不变。如图 17-24 所示。

如果平面多边形所在平面通过视点时,其透视将会积聚成一条直线,其基透视仍为平面多边形,如图 17-25 所示。

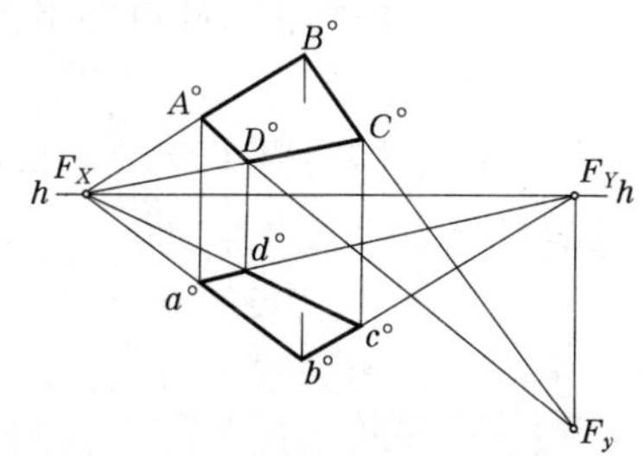

图 17-24 一般位置平面多边形的透视

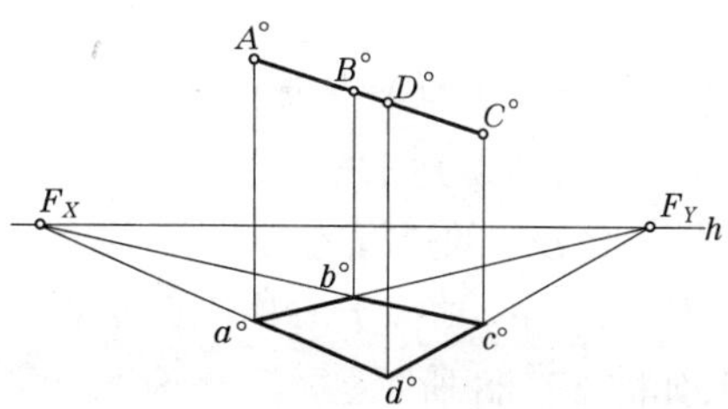

图 17-25 通过视点的平面多边形的透视

如果平面多边形所在平面处于铅垂位置,其基透视将会积聚成一条直线,其透视仍为平面多边形,如图 17-26 所示。

由于在实际工作中一般都是先用正投影图表达出建筑物的形状和大小，然后根据正投影图画出建筑物的透视图，以审视其外观设计质量。因此，主要讲解如何根据建筑物的正投影图去画透视图。

【例 17-3】 在基面 G 上有一平面多边形 $ABCDE$，其中 $BC /\!/ AE$，现用视线法求其透视。如图 17-27 所示（此图的基面在下，画面在上，当作图时视觉上感觉不便时，可以基面在上，画面在下）。

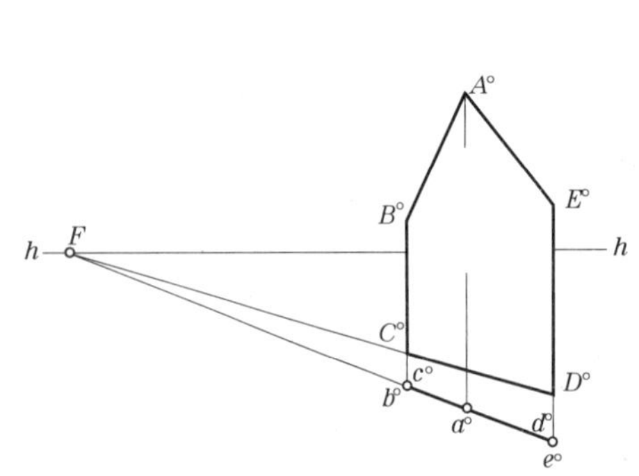

图 17-26 铅垂位置的平面多边形的透视

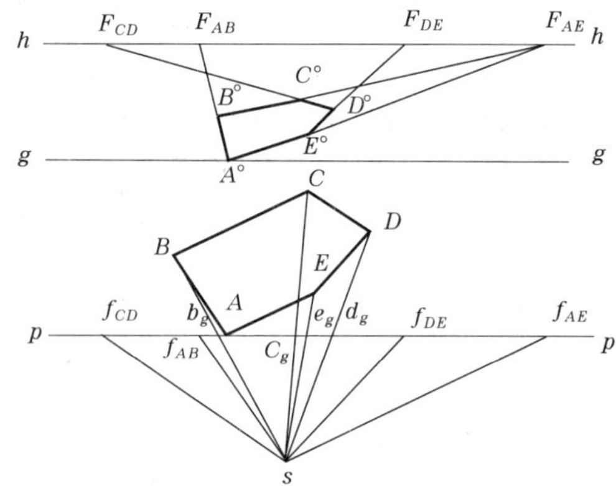

图 17-27 平面多边形的透视作图

解：(1)分别求出直线 AB、AE、CD、DE 的灭点 F_{AB}、F_{AE}、F_{CD}、F_{DE}。即过站点 s 作各直线的平行线，分别交基线 $p-p$ 于点 f_{AB}、f_{AE}、f_{CD}、f_{DE}，自点 f_{AB}、f_{AE}、f_{CD}、f_{DE} 向上引 $p-p$ 的垂线交 $h-h$ 于点 F_{AB}、F_{AE}、F_{CD}、F_{DE}，即为上述各直线的灭点。由于 $BC /\!/ AE$，所以直线 BC 和 AE 有同一个灭点 F_{AE}。

(2)利用角点 A 和 F_{AB}、F_{AE} 分别作出 AB、AE 的透视 $A^\circ B^\circ$、$A^\circ E^\circ$。由于 A 点在画面上，所以点 A 就是 AB 和 AE 两直线的画面迹点。自 A 向上引垂线交基线 $g-g$ 于 A°，连接 $A^\circ F_{AB}$ 和 $A^\circ F_{AE}$，即得到 AB、AE 的全长透视，用视线交点法可得到 B° 和 E°（视线交点法求 B°：连接 sB 交 $p-p$ 于点 b_g，自 b_g 向上作垂线交 $A^\circ F_{AB}$ 于点 B°，同理可得到 E°），即得到直线 AB、AE 的透视 $A^\circ B^\circ$、$A^\circ E^\circ$。

(3)再利用 B 点和 F_{AE}，过 C 点的视线迹点 c_g 作出 BC 的透视 $B^\circ C^\circ$。由于 BC 的灭点为 F_{AE}，连接 $B^\circ F_{AE}$，即得到 BC 的全长透视，用视线交点法可得到 C°，即可作出 BC 的透视 $B^\circ C^\circ$。

(4)由于 CD 的灭点为 F_{CD}，DE 的灭点为 F_{DE}，连接 $C^\circ F_{CD}$，即得到 CD 的全长透视，连接 $D^\circ F_{DE}$，即得到 DE 的全长透视，直线 $C^\circ F_{CD}$ 和直线 $D^\circ F_{DE}$ 的交点即为 D°，即得平面多边形 $ABCDE$ 的透视 $A^\circ B^\circ C^\circ D^\circ E^\circ$。

【例 17-4】 地面上方格网由垂直于画面的直线和平行于画面的直线组成，求作其透视图，如图 17-28 所示。

解：垂直于画面的一组平行线有一共同灭点，为主点 s°，平行于画面的一组平行线没有灭点。为作出该方格网的透视，需引用对角线作为辅助线，再求对角线的灭点。由于对角线的灭点到主点的距离等于站点到画面的距离，该灭点在透视投影中称为距离点，标记为 D。

作图步骤：先在基面上自站点 s 作 45°线交 $p-p$ 于 d_g，过 d_g 向下引垂线交 $h-h$ 于

D,D 点即为对交线的灭点。方格网的一边 12345 在画面上,五条画面垂直线的迹点为 1_g、2_g、3_g、4_g、5_g,过各点向下引垂线交 $g-g$ 于点 1°、2°、3°、4°、5°。将点 1°、2°、3°、4°、5°与灭点 $s°$相连,即得到五条画面垂直线的全长透视。连接 1°、D 两点,即得到对角线的全长透视 1°D。对角线与各条垂直线相交,过各交点即可画出平行于画面的直线的透视,整理图线,完成整个方格网的透视。

五、平面立体的透视

作平面立体的透视图,一般分两步进行:

(1)先作形体的基透视,即形体平面图的透视,解决长度与宽度两个方向上的度量问题,采用的最基本方法是视线法。

(2)进行形体高度的透视作图,即解决高度方向上的度量问题,采用的最基本方法是利用重合于画面上的真高线,即过真高线上的点作水平线的全透视,然后截取所需的形体透视高度。

(一)平面立体的两点透视

由于建筑形体有长、宽、高三个方面,若形体的高度方向(Z 向)与画面平行,长度(X 向)和宽度(Y 向)方向均与画面倾斜,则长和宽方向各有一个灭点 F_x、F_y,此时所形成的透视称为两点透视。由于画面与立体的主要立面成一定角度,所以又称为成角透视。OX、OY 一般为水平线,故 F_x、F_y 在视平线上。形体的立面图一般位于画面的左方或右方,地平线一般与 $g-g$ 齐平,以便量取高度。为统一起见,左方的轴取为 X 轴,右方的轴为 Y 轴,即 F_x 在左,F_y 在右。

【例 17-5】 已知四棱柱的平面图及其高度 L、$p-p$ 线、站点 s、$h-h$ 线、$g-g$ 线,求四棱柱的透视图。

解:由图 17-29 的平面图可知,四棱柱的长(X)、宽(Y)向与 $p-p$ 线倾斜,故在长和宽方向各有一个灭点 F_x、F_y,角点 a 与 $p-p$ 线重合,故可知 AA 棱在画面上,即 AA 棱为画面上的铅垂线,其透视反映真实高度。通常为简化作图,均选择形体的一角靠在画面上,使其显示真高。

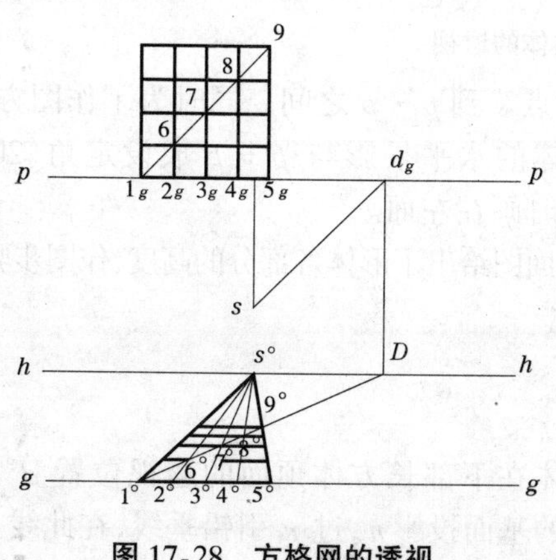

图 17-28 方格网的透视

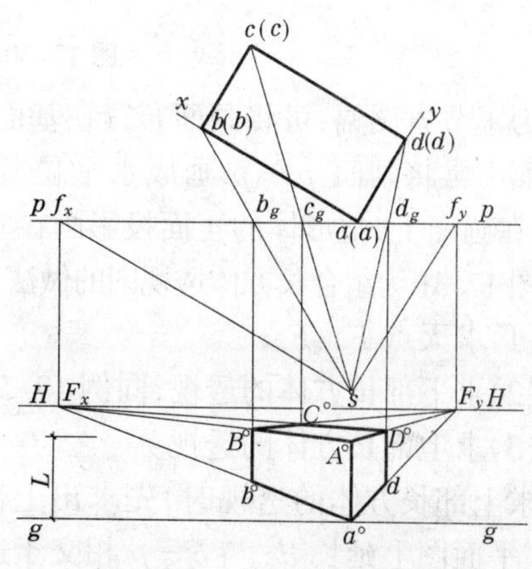

图 17-29 求四棱柱的透视

作图步骤：

(1)求灭点 F_x、F_y。过站点 s 作 $sf_x // ab(OX)$ 与 $p-p$ 线交于 f_x，过站点 s 作 $sf_y // ad(OY)$ 与 $p-p$ 线交于 f_y，过 f_x、f_y 引铅垂线，与 $h-h$ 相交，交点即为 F_x、F_y。

(2)求 AB、AD 线的迹点。由于 A 点在画面上，故 A 点即为 AB、AD 线的迹点，过点 a 向下引垂线与 $g-g$ 的交点即为 $a°$，在垂线上截取 $a°A°=H$。

(3)求 X 向 AB 和 Y 向 AD 的全长透视。连接 $A°F_x$、$a°F_x$ 和 $A°F_y$、$a°F_y$，即得 X 向和 Y 向的全长透视。

(4)求端点 $B°$、$b°$、$D°$、$d°$。连接 sb、sd，这两条线与 $p-p$ 线相交于 b_g、d_g，过 b_g、d_g 引铅垂线，与 $A°F_x$、$a°F_x$ 和 $A°F_y$、$a°F_y$ 线相交得到 $B°$、$b°$、$D°$、$d°$。

(5)连接 $F_xD°$、$F_yB°$，两线相交，交点即为 $C°$，连接 $F_xd°$、$Fyb°$两线的交点为 $C°$。

得到四棱柱下底面和上底面上各点的透视，按顺序连线，即可画出四棱柱的透视。透视图上看得见的轮廓线用粗实线画出，看不见的轮廓线不必画出。

当四棱柱高度低于视平线时，透视可见四棱柱的顶面，称俯视透视图(又称鸟瞰视图)。如图 17-30(a)所示；当四棱柱高度高于视平线时，顶面在透视图中不可见，如图 17-30(b)所示。

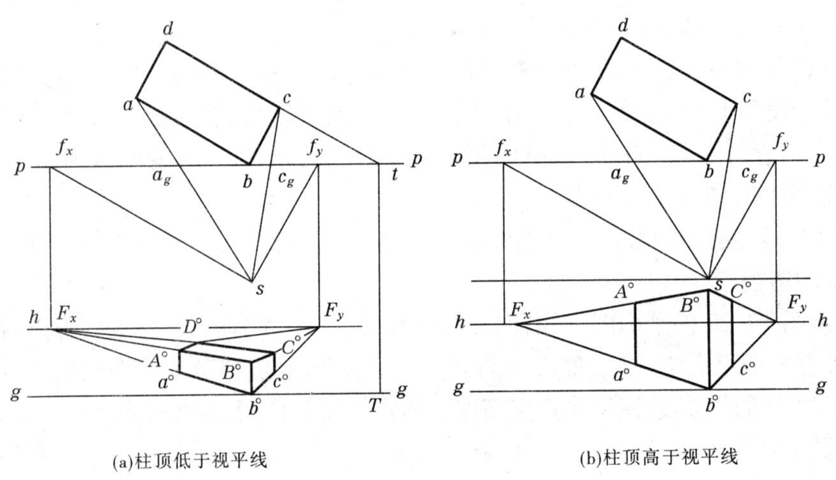

(a)柱顶低于视平线　　(b)柱顶高于视平线

图 17-30　平面立体的透视

为了节省图幅，可将画面布置在基面上的站点 s 到 $p-p$ 之间。同时为了作图方便，在基面上常将画面 $p-p$ 画成水平位置，使形体的水平投影与 $p-p$ 成设定角(20°～40°)，在画面上，把形体的正面投影画在右面，有时画在左面。

图 17-31 为组合长方体透视图的做法，左方立面图给出了形体各部分的高度，作图步骤：

(1)求灭点 F_x、F_y；

(2)求下部长方体的透视，同例 17-5；

(3)求上部长方体的透视。

求上部长方体的透视时，先求出上部长方体在下部长方体顶面的透视位置 $d°$、$e°$、$g°$，在平面图上延长 de 与 $p-p$ 相交于迹点 N 的基面投影 n，过 n 引铅垂线，在此线上根据立面图上部长方体高度定出迹点高 N、n，求出 DE 的全长透视 NF_x，过 $d°$、$e°$竖高度并

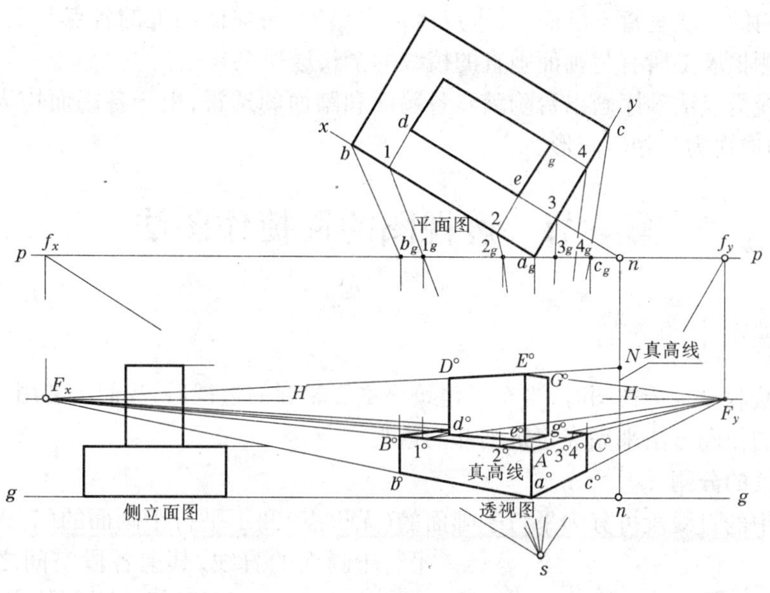

图 17-31 组合长方体的透视图

与 NF_x 相交得 D°、E°，连接 $E^\circ F_y$，过 g° 竖高度并与 $E^\circ F_y$ 相交得 G°。由于视平线低于上部长方体的顶面，故透视图中此顶面不可见。

(二)平面立体的一点透视

当画面与立体的主要立面平行时（X 轴、Z 轴平行于画面），长度（X 轴）和高度（Z 轴）方向直线透视没有灭点，只有 Y 轴垂直于画面，宽度（Y 轴）方向有灭点，这个灭点就是主点，这样的透视称为一点透视。一点透视又称为平行透视。

【例 17-6】 如图 17-32 所示，已知台阶的 V 面、H 面投影，$p-p$ 线、站点 s、$h-h$ 线、$g-g$ 线，求作台阶的透视图。

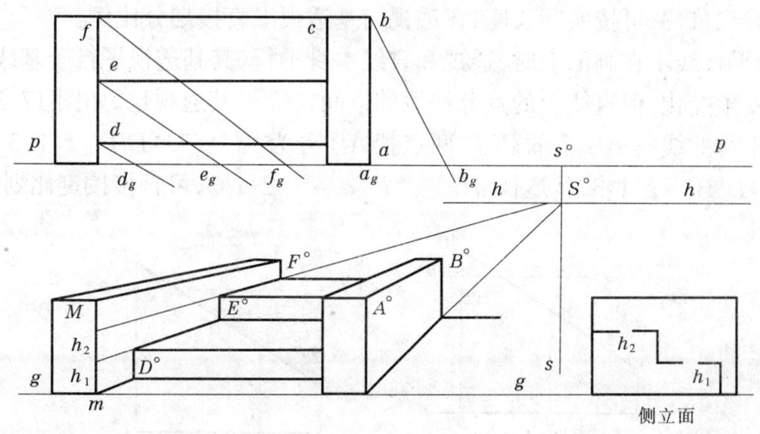

图 17-32 台阶的一点透视

解：因为台阶的前立面在画面上，故其透视与前立面重合，据此可画出前立面的实形。

台阶宽度方向的直线垂直于画面,其灭点就是主点 s°,将立面图上的各点与主点相连,即为踏步及两侧挡墙上所有与画面垂直的棱线的全长透视。

利用视线交点法顺序画出台阶踏步各踢面和踏面的透视,由于各踢面均为画面平行面,故踢面的透视为其相似图形。

第三节 透视图的简捷作图法

一、透视图中的分割

在实际绘制建筑透视图时,当有了建筑物主要轮廓的透视后,我们经常用分割直线或平面等简捷的作图方法来完成建筑细部的透视。

(一)直线的分割

透视图中的直线段可分为平行于画面的(无灭点)和不平行于画面的(有灭点)两类。平行于画面的直线,其上各段空间之比等于透视或基透视之比;不平行于画面的直线,其上各段空间之比不等于透视或基透视之比。

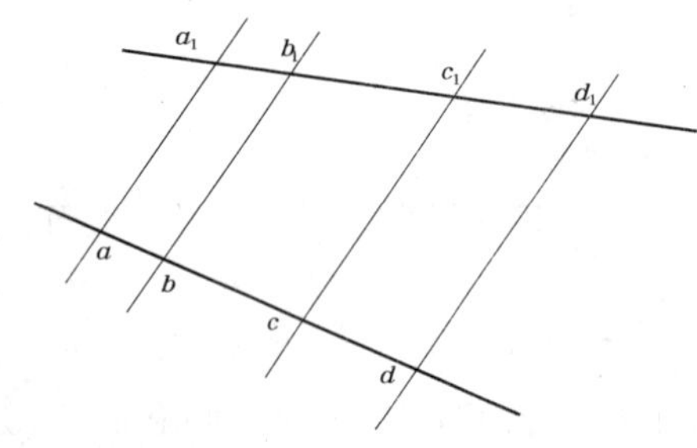

图 17-33 透视直线分段的依据

在透视直线上分割线段时,可以利用平面几何的理论,即一组平行线可将任意两直线分成比例相等的线段,如图 17-33 所示,$ab:bc:cd=a_1b_1:b_1c_1:c_1d_1$。

1.平行于画面的直线的分割

(1)画面平行线位于画面上时,其透视为自身,直线上的点分线段的空间比等于其透视比,如图 17-34(a)所示,直线 AB 平行于画面且位于画面上,其透视 $A^{\circ}B^{\circ}$就是 AB 自身,基透视 $a^{\circ}b^{\circ}$与基线重合,欲求点 C、D,使得 $AC:CD:DB=2:1:3$,可按实际长度,在透视与基透视上直接划分比例。

(2)画面平行线不在画面上时,透视和直线本身平行,其基透视平行于基线和视平线,其透视长度发生变化,但直线上的点分线段的空间比等于其透视比,如图 17-34(b)所示,已知与画面平行的线段 AB 上的 C、D 两点把 AB 分为 $AC:CD:DB=2:1:3$。则其透视 $A^{\circ}C^{\circ}:C^{\circ}D^{\circ}:D^{\circ}B^{\circ}=2:1:3$,基透视 $a^{\circ}c^{\circ}:c^{\circ}d^{\circ}:d^{\circ}b^{\circ}=2:1:3$,可直接按定比划分线段。

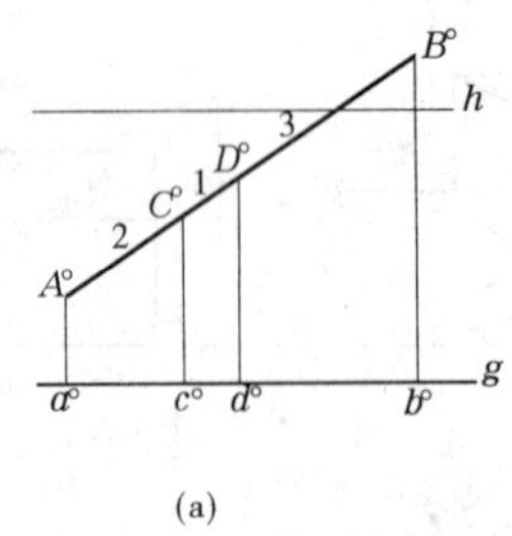

(a)

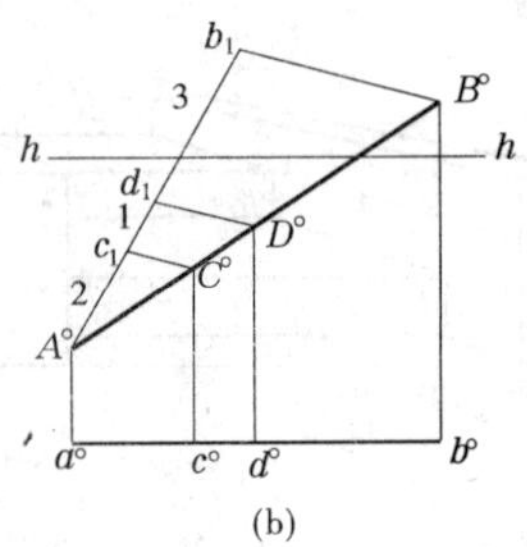

(b)

图 17-34 在画面平行线上分段

2. 平行于基面的直线(水平线)的分割

平行于基面的直线其灭点必定位于视平线 $h-h$ 上,其透视和基透视相交于同一个灭点。

如图 17-35 所示,为基面平行线 AB 的透视 $A^{\circ}B^{\circ}$,要求 AB 上的 C、D 两点把 AB 分为 $AC:CD:DB=2:1:3$。则其透视 $A^{\circ}C^{\circ}:C^{\circ}D^{\circ}:D^{\circ}B^{\circ}=2:1:3$。首先,自 $A^{\circ}B^{\circ}$ 的任一端点如 A°,作一水平线,自 A° 向右截得分点 C_1、D_1、B_1,使得 $A^{\circ}C_1:C_1D_1:D_1B_1=2:1:3$,连接点 B_1B°,并延长与 $h-h$ 交于点 F_1,再连接 F_1C_1、F_1D_1,与 $A^{\circ}B^{\circ}$ 相交得点 C° 和 D°。

3. 一般位置直线的分割

先将线段的基透视进行分段,然后从分点作垂线,与线段的透视相交,从而得到线段的透视分点(见图 17-36)。

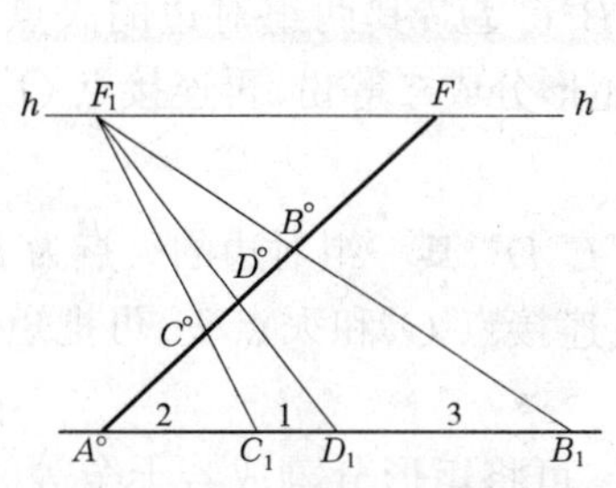

图 17-35 在基面平行线上分段

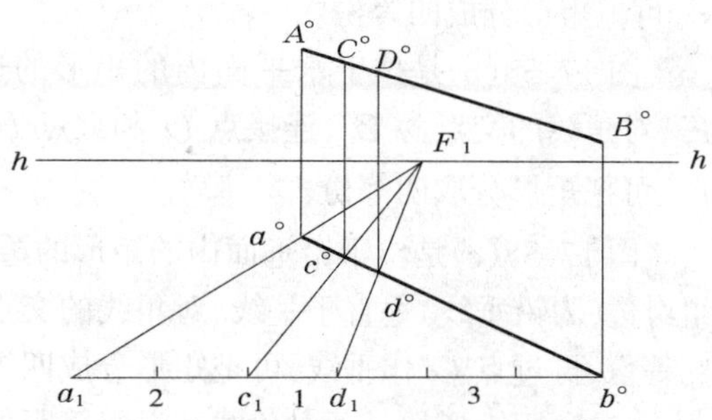

图 17-36 在一般位置直线上分段

如果需要把一般位置线段 AB 分为 $AC:CD:DB=2:1:3$ 三段,则在透视图中应先将其基透视 $a^{\circ}b^{\circ}$ 分为所需的三段,为此,过 b° 点引水平线 $b^{\circ}a_1$,在其上截取 a_1、c_1、d_1 三点使 $a_1c_1:c_1d_1:d_1b^{\circ}=2:1:3$,连接 a_1a° 交视平线 $h-h$ 于点 F_1,点 F_1 称为辅助灭点,连接 c_1F_1、d_1F_1 与 $a^{\circ}b^{\circ}$ 的交点分别为 c°、d°。过点 c°、d° 作铅垂线,与 $A^{\circ}B^{\circ}$ 相交得到点 C°、D°。

4. 在平行于基面的直线上连续截取等长线段

如图 17-37 所示,在基面平行线的透视 $A^{\circ}F$ 上,连续截取若干长度为 $A^{\circ}B^{\circ}$ 的等长线段的透视,定出这些线段的分点。

首先在 $h-h$ 上取一适当的点 F_1 作为辅助灭点,连线 F_1B°,与过 A° 的水平线相交于点 B_1,然后按 $A^{\circ}B_1$ 的长度,在水平线上连续截取若干段,得到分点 C_1、D_1、E_1、…,再连接 F_1C_1、F_1D_1、F_1E_1、…,与 $A^{\circ}F$ 相交,得到透视分点 C°、D°、E°、…。如果还需连续截取若干段,则自点 D° 作水平线与 F_1E_1 相交于点 E_2,然后按 $D^{\circ}E_2$ 的长度,在水平线

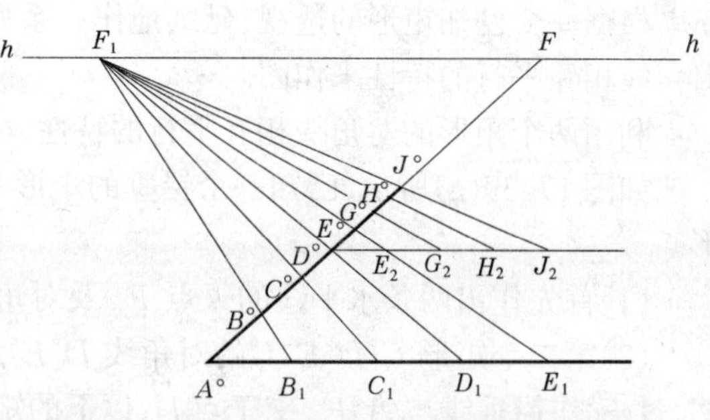

图 17-37 在透视直线上截取等长的线段

上连续截取若干段，得到分点 G_2、H_2、J_2、…，再连接 F_1G_2、F_1H_2、F_1J_2、…与 $A^\circ F$ 相交，得到透视分点 G°、H°、J°、…。

（二）矩形平面的分割

透视图中平面的分割是通过转化成直线的分割来完成的。下面分两种情况来讨论：

(1)利用矩形的两条对角线将矩形等分为两个竖向的或横向的全等的矩形，或四个相等的矩形。

矩形对角线的交点就是矩形的中心，矩形中线必过此点。首先作矩形的两条对角线，通过对角线的交点作边线的平行线，就将矩形等分为二，重复使用此法，还可继续分割成更小的矩形。

图 17-38(a)是位于水平面内一组对边平行于画面的矩形的透视 $A^\circ B^\circ C^\circ D^\circ$，对角线的交点为 O°，过点 O°作平行于 $h-h$ 的直线，可把矩形等分为二，再连接点 O°和主点 s°，可把矩形分成四等份。

图 17-38(b)是位于水平面内的矩形的透视 $A^\circ B^\circ C^\circ D^\circ$，其两组对边的灭点为 F_x、F_y，对角线的交点为 O°，连接点 O°和灭点 F_x，可把矩形分成二等份，再连接点 O°和灭点 F_y，可把矩形分成四等份。

图 17-38(c)是位于铅垂面内的矩形的透视 $A^\circ B^\circ C^\circ D^\circ$，其一组对边的灭点为 F，另一组对边(为铅垂线)垂直于基线，对角线的交点为 O°，连接点 O°和灭点 F，可把矩形分成二等份，再过点 O°作垂线，可把矩形分成四等份。

(2)利用矩形的一条对角线和一组等距的平行线，可将矩形分割成若干全等的矩形；或利用矩形的一条对角线和一组间距为某种比例的平行线，可将矩形分割成宽度为此比例的几个小矩形。

一个矩形铅垂面的透视 $A^\circ B^\circ C^\circ D^\circ$，$F$ 为灭点，要求将矩形沿水平方向(宽度)按 2∶1∶3的比例分割成三个矩形，如图 17-38(d)所示。

首先，在铅垂边线 $A^\circ B^\circ$上，以适当长度为单位，自点 A°截取三个分点 L°、M°、N°，使得 $A^\circ L^\circ : L^\circ M^\circ : M^\circ N^\circ = 2:1:3$；其次，连接 $N^\circ F$ 与 $C^\circ D^\circ$交点为 E°，连接 $L^\circ F$、$M^\circ F$ 与矩形 $A^\circ N^\circ E^\circ D^\circ$的对角线相交于点 H°、K°，过点 H°、K°作铅垂线，即可将矩形分割成比例为 2∶1∶3 的三个小矩形。

（三）矩形的延续

根据一个已知矩形的透视，延续地作一系列等大的矩形的透视，可以利用这些矩形的对角线相互平行的特性来作图。

利用两个矩形的对角线相互平行的特性，可知它们的对角线具有共同的灭点。

如图 17-39(a)所示，已知一个铅垂的矩形 $A^\circ B^\circ C^\circ D^\circ$，要求延续地作出几个相等的矩形。

(1)首先作出两条水平线的灭点 F_x 及对角线 $A^\circ C^\circ$的灭点 F_1。

(2)第二个矩形 $C^\circ D^\circ E^\circ J^\circ$的对角线 $D^\circ E^\circ$过灭点 F_1，则连接 $D^\circ F_1$，与 $B^\circ F_x$ 交于点 E°，过 E°作铅垂线与 $A^\circ F_x$ 交于点 J°，以下的矩形均按同样的步骤求出。

按上述方法作图时，如果对角线 $A^\circ C^\circ$的灭点 F_1 超出图幅，可按图 17-39(b)所示作图：

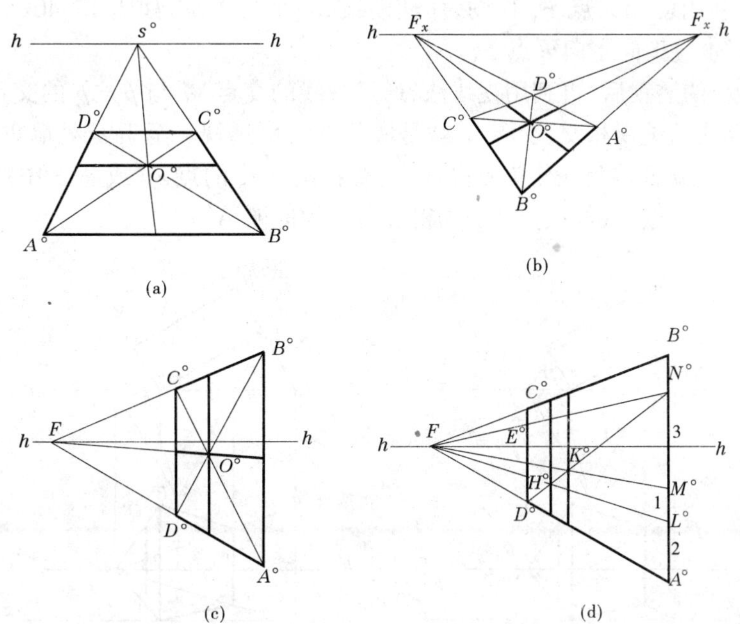

图 17-38 矩形的分割

(1)首先作出矩形 $A^\circ B^\circ C^\circ D^\circ$的水平中线 $N^\circ M^\circ$，连接 $A^\circ M^\circ$交 $B^\circ F_x$ 于点E°。

(2)过 E°作铅垂线与 $A^\circ F_x$ 交于点J°，以下的矩形均按同样的步骤求出。

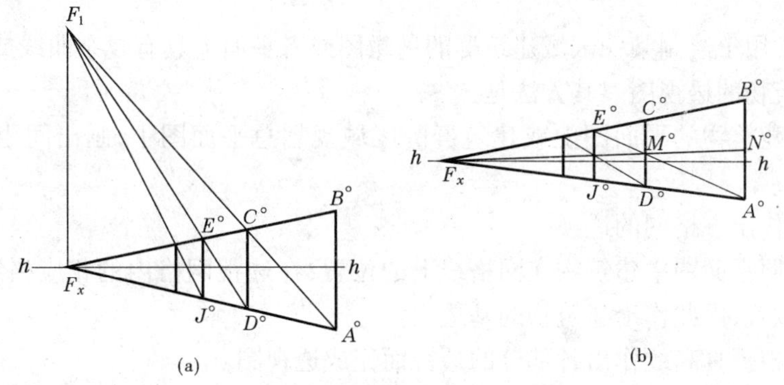

图 17-39 作等大连续的矩形

二、辅助灭点法

绘制建筑透视图时，灭点常常过远，甚至会超出图幅，在这种情况下就需要采用辅助灭点法。

如图 17-40 所示，主向 ab 的灭点 F_x 落在图板外，主向 cd 的灭点 F_y 落在图板内，求作墙身 ab 的透视，我们过墙角点 a 作一条辅助线。

方法一　利用主点作图，作辅助线 ae 垂直于画面，如图 17-40(a)所示，那么 ae 的透视$a^\circ e^\circ$就应指向主点 s°。

方法二　利用已知灭点 F_y 作图，作辅助线 ak 平行于 bc，如图 17-40(b)所示，那么 ak 的透视 $a^{\circ}k^{\circ}$ 也应指向主向灭点 F_y。

作出辅助线的透视后，再利用视线法，通过视线的交点 sa 与 $p-p$ 的交点 a_g 作铅垂线，与上述辅助线的透视相交，交点 a° 就是墙角点 a 的透视。至于 a° 处墙角线的透视高度，显然不能利用 b 处墙角线作为真高线，而要在图 a 中的点 e°（或图 b 中的点 k°）处另立真高线，再配合主点 s°（或灭点 F_y）求得墙角线的透视 $A^{\circ}a^{\circ}$。

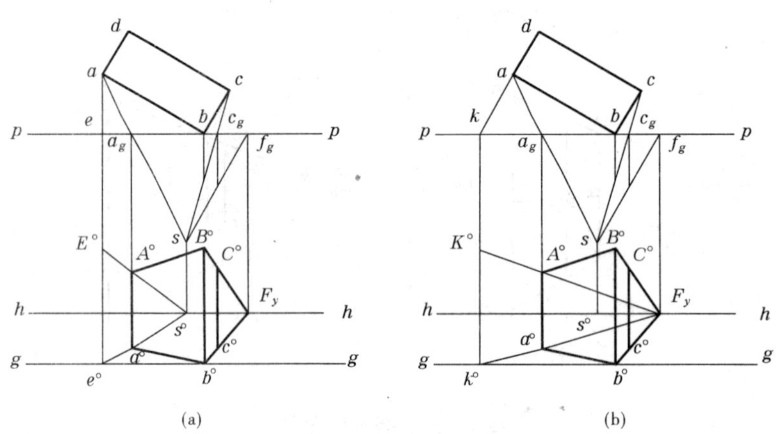

图 17-40　辅助灭点法

三、网格法

网格法常用于绘制某一区域建筑群的鸟瞰图或者平面上具有复杂曲线或平面布局相当复杂的建筑物的透视图。其方法是：

(1)先在建筑物的平面图上或建筑群的区域规划总平面图中，画出间距适宜的方格网。

(2)然后作出方格网的透视。

(3)再按照平面图中建筑物在网格线上的位置，在透视网格内的相应格线上，定出建筑物的透视位置，由此作出建筑物的基透视。

(4)最后根据真高线作出各部分的透视而完成透视图。

如图 17-41 所示为用方格网法绘制的建筑群的一点透视，作图步骤如下：

(1)在总平面图上，如图 17-41(a)所示，选定位置适当的画面，作出面面线 $g-g$，再作出间隔适宜的方格网，使其中一组格线平行于画面，另一组格线垂直于画面。

(2)在画面上，如图 17-41(b)所示，按选定的视高，画出基线 $g-g$ 和视平线 $h-h$，在 $h-h$ 上确定灭点 F，在 $g-g$ 上按格线间的宽度定出垂直画面的格线的交点 1、2、…这些点与 F 点的连线就是垂直画面的一组格线的透视。再作出方格网对角线的透视 oa°，它与 $1F$、$2F$、…等纵向格线相交，由这些交点作 $g-g$ 的平行线，就是平行画面的另一组格线的透视，从而得到方格网的一点透视。

(3)根据总平面图中建筑物和道路在方格网中的位置，定出它们在透视网格中的位置，如图 17-41(b)所示，画出整个建筑群的透视平面图。

(4)定出建筑物的高度。过 0 点作一条铅垂线，即真高线。在真高线上取 Z_1 高，并连 F，延长建筑透视平面的水平线与网格边缘相交后，再作铅垂线，即得建筑物的透视高度，如图 17-41(b)所示。其他各个墙角线的透视高度均按此法求取。

(5)最后完成建筑物的轮廓。

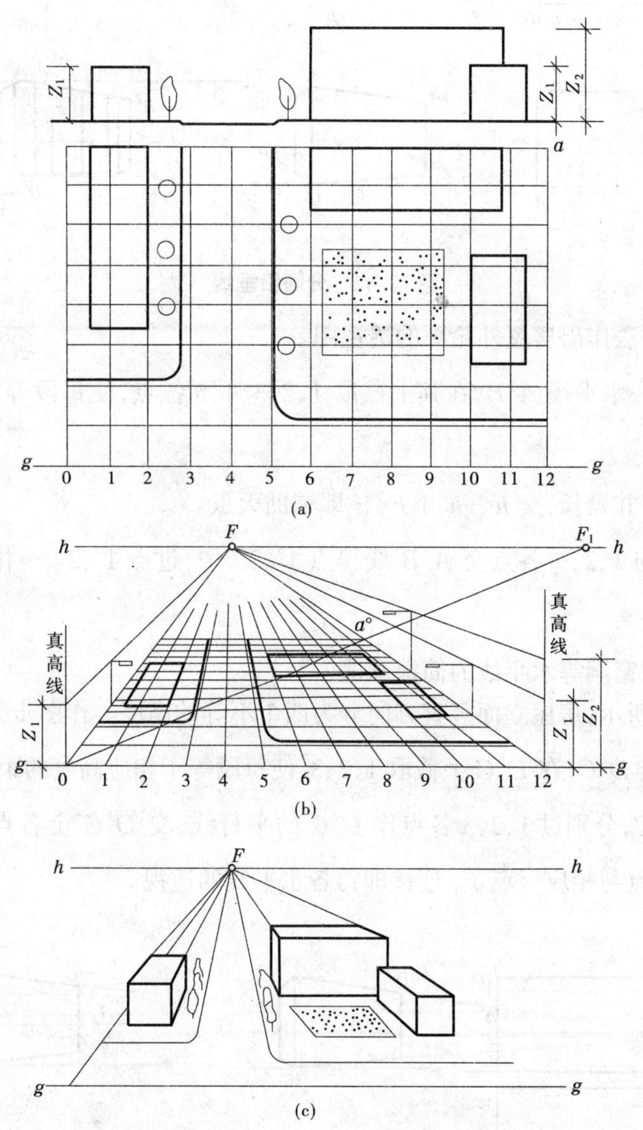

图 17-41 方格网法绘制的某建筑群的一点透视

四、建筑细部的简捷画法

对于建筑物一些细部构造的透视，可利用简捷做法来完成，从而简化作图节省时间。

下面介绍几种常用的简捷作图方法。

(一)开间、门窗洞等铅垂线的简捷画法

如图 17-42 所示,要直接在透视图上将房屋正立面划分为六个开间,作图步骤如下:

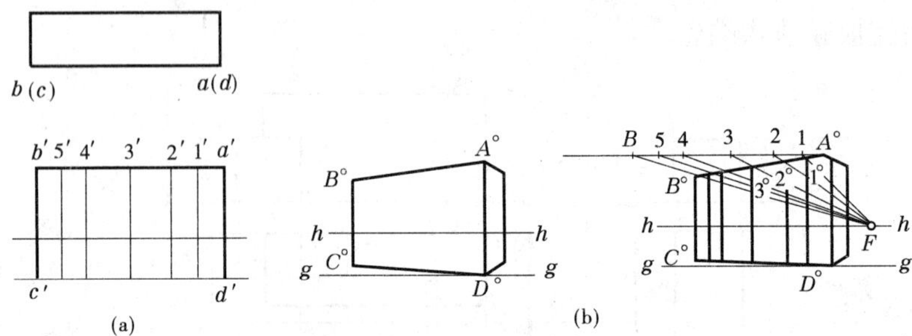

图 17-42　分画铅垂线

(1)用前述方法作出房屋外轮廓的透视图。

(2)过 A°作一水平线 $A^{\circ}B$,在其上截取 1、2、3、4、5 各点,使每段等于相应开间的实际大小。

(3)连接 BB°并延长,交 $h-h$ 于F,F 即辅助灭点。

(4)连接 F 与 1、2、…各点交 $A^{\circ}B^{\circ}$线得点 1°、2°、…,过点 1°、2°、…作铅垂线,即为各开间的分割线。

(二)层高、门窗洞等水平线的简捷画法

如图 17-43 所示,房屋立面竖直方向分为四个不等的高度。作图步骤如下:

(1)作辅助线 $D^{\circ}C$,在 $D^{\circ}C$ 上截取 1、2、3,使每段等于相应高度的距离。

(2)连接 $C^{\circ}C$,分别过 1、2、3 各点作 $C^{\circ}C$ 的平行线,交 $D^{\circ}C^{\circ}$上各点,即为分割点的透视。过各分割点与相应灭点 F_1 连接即得各水平线的透视。

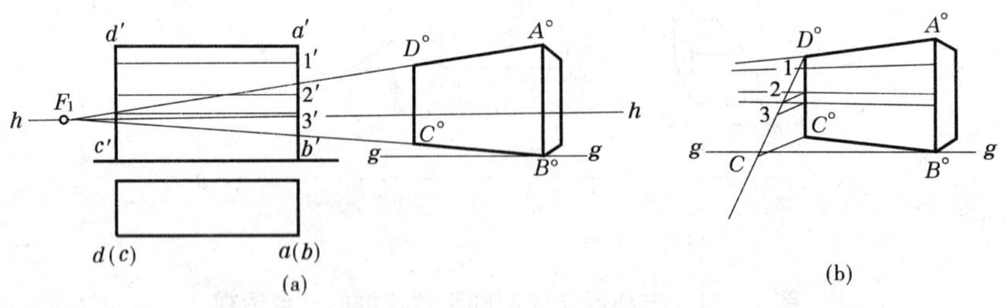

图 17-43　分画水平线

第四节　圆和圆柱的透视

一、圆的透视

一般情况下,圆的透视为椭圆;当圆位于画面上时,其透视就是自身;当圆所在的平面与画面平行时,其透视仍为圆,但透视圆的半径随圆与画面距离的远近而不同;当圆所在的平面通过视点时,其透视积聚为一直线。

(一)一般位置的圆

一般位置的圆,其透视一般是椭圆。作图时,通常采用八点法,利用圆的外切正方形的四边中点以及对角线与圆的四个交点,先求出这八个点的透视,再用曲线板光滑连接成椭圆。画图时应注意:圆心的透视位置与椭圆本身的中心(即长轴与短轴的交点)不重合。如图 17-44 所示,作水平圆的透视,具体步骤如下:

(1)在平面图上,画出圆的外切正方形 *abcd*,得到四个切点 1、2、3、4,对角线与圆的四个交点为 5、6、7、8;

(2)作外切正方形的透视 $a^\circ b^\circ c^\circ d^\circ$,为作图方便,让正方形的一边 *ad* 平行于画面。

(3)求四个切点的透视。对角线相交得圆心的透视 o°,过 o°作基线平行线以及指向 s°的直线与正方形相交得中(切)点的透视 1°、2°、3°、4°。

(4)求对角线与圆的四个交点的透视。再以 $a^\circ 1^\circ$为斜边作等腰直角三角形,以 1°为圆心,一直角边为半径作圆弧,圆弧与 $a^\circ d^\circ$相交得 9°、10°,连接 $9^\circ s^\circ$、$10^\circ s^\circ$与对角线相交得四个点 6°、7°、8°、5°。

(5)用曲线板光滑连接这八个点,得到所求的椭圆。

作铅垂圆的透视,见图 17-45。

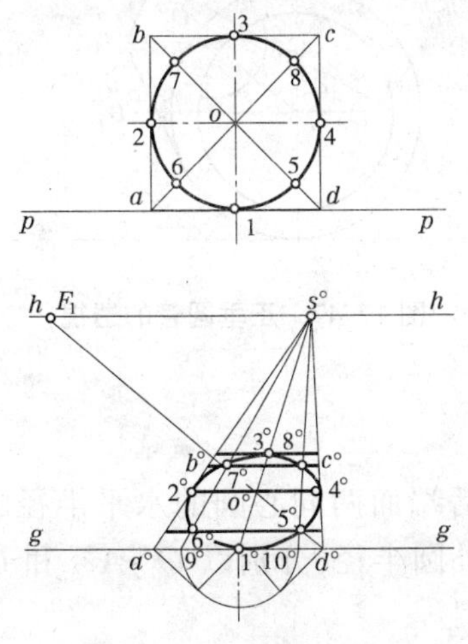

图 17-44　水平圆的透视

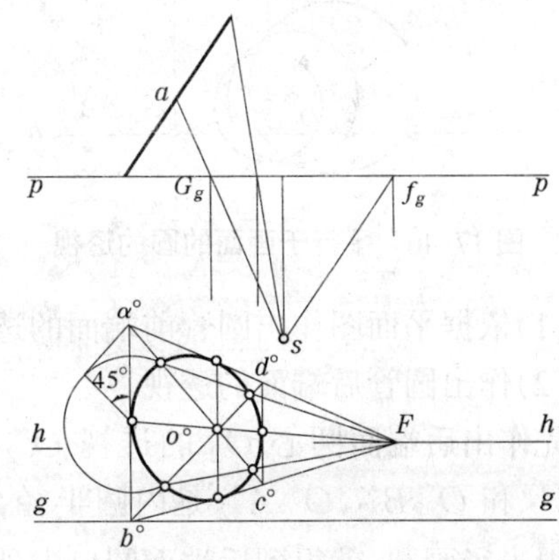

图 17-45　铅垂圆的透视

(二)平行于画面的圆

当圆所在的平面与画面平行时,其透视仍为圆,但透视圆的半径随圆与画面距离的远近而不同。如图 17-46 所示，图中圆 O、O_1、O_2 直径相等，它们的连心线垂直于画面，三圆均平行于画面。O 圆与画面重合其透视反映实形，在平面图上连接 so_1、so_2、sb、sc 得到圆心的基面投影 o_{1g}、o_{2g} 和透视圆的半径 $o_{1g}c_g$、$o_{2g}b_g$。在画面上根据已知圆心 $O°$ 和主点 $s°$，可作出实形圆 O 的透视，其半径为 oa。连接 $s°O°$，过点 o_{1g}、o_{2g} 作铅垂线与 $s°O°$ 相交得到点 $O°_1$、$O°_2$，即为圆心的透视，以 $O°_1$、$O°_2$ 为圆心，，分别以 $o_{1g}c_g$、$o_{2g}b_g$ 为半径作圆，即得到三个平行于画面的直径相等的圆的透视，其透视为三个大小不等的圆。

二、圆柱的透视

圆柱的透视，首先作出两端底圆的透视，然后再画出与两透视底圆公切的轮廓素线，区分可见性，即完成透视作图。

如图 17-47 所示是一个垂直于画面的圆管的透视，圆管的前后两端圆口面均平行于画面，圆管的前端圆口面位于画面上，其透视就是其自身。后端圆口面在画面后，故其透视仍为圆周，但半径缩小。

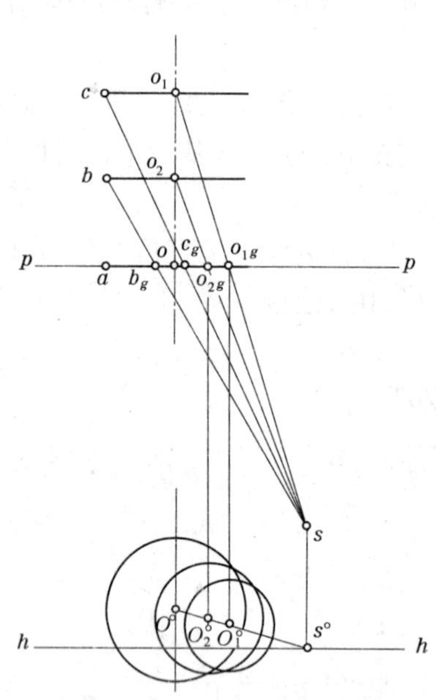

图 17-46　平行于画面的圆的透视

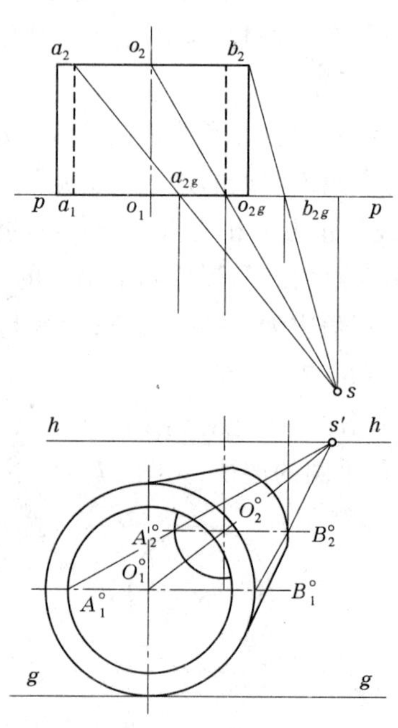

图 17-47　正垂圆管的透视

(1)依据平面图作出圆管前端面的透视。

(2)作出圆管后端面的透视。

先作出后端面圆心 O_2 的透视 $O°_2$，然后求出后端面两同心圆的水平半径的透视 $O°_2A°_2$ 和 $O°_2B°_2$，$O°_2A°_2$ 是内圆半径，$O°_2B°_2$ 是外圆半径，分别以 $O°_2A°_2$ 和 $O°_2B°_2$ 为透视半径画圆，就得到后端面圆口内外圆周的透视。

(3)作出圆管外壁的轮廓素线，即得圆管的透视图。

图 17-48(a)所示主点 $s°$ 在铅垂圆柱透视的轴线上；图 17-48(b)所示主点 $s°$ 偏离铅垂圆柱透视的轴线。

画图时要注意,不论用哪种方法画圆的透视,只有当圆柱轴线的透视通过主点 s° 时,椭圆的短轴才与轴线的透视重合,即长轴才与轴线的透视垂直。因此画圆柱的透视时,应避免其轴线偏离主点太远,以免图形失真(如图 17-48(b)所示)。

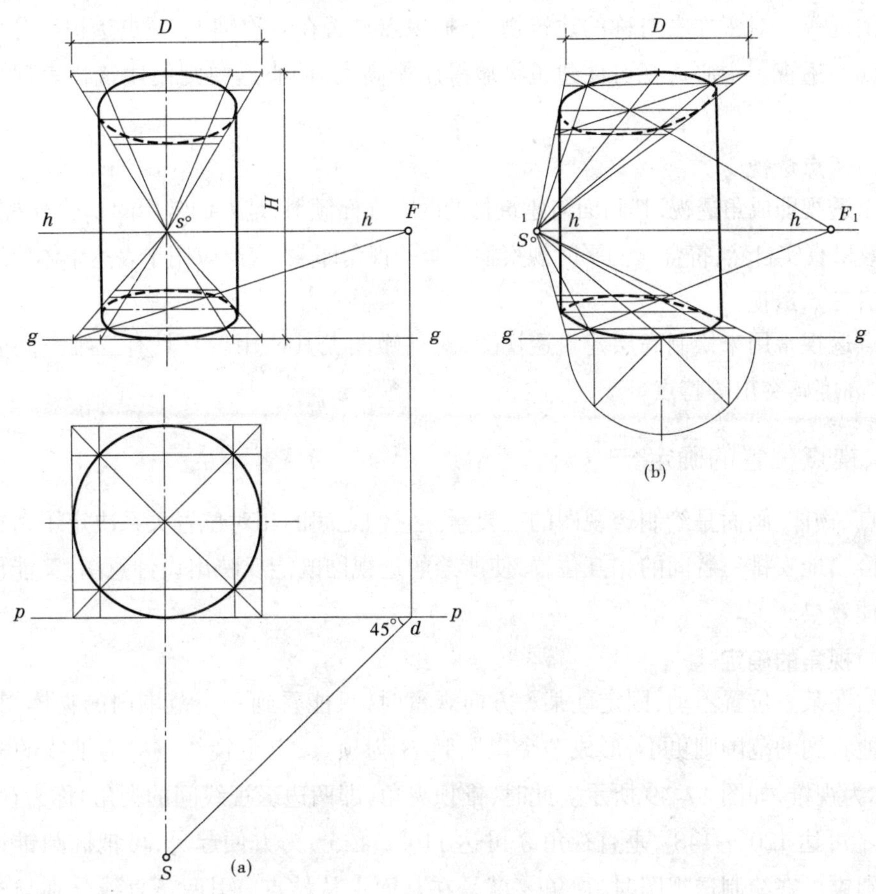

图 17-48　圆柱的透视

第五节　透视类型及视点、画面位置的确定

上述内容都是在给定了透视类型及视点、画面位置以后,绘制透视图的方法。但是在实际工作中,在着手绘制透视图之前,首先应选择透视类型,确定视点、画面与建筑物之间的相对位置之后才能绘制透视图。而透视类型、视点、画面与建筑物之间的相对位置的变化,将直接影响所画透视图的效果,如何选择透视类型,确定视点、画面位置是我们这一节要讲的内容。

一、透视类型的选择

应根据建筑物的形体特点和表达要求,选定透视类型。

(一)一点透视

一点透视即平行透视,建筑物的主要立面平行于画面,能显示主要立面的正确比例关系。它适用于表达横向场面宽广、需显示纵向深度的建筑群,如广场、街道以及室内或庭院布置情况等。对于左右对称的建筑物,根据视点是否在对称轴上,一点透视又分为中心透视和偏心透视。中心透视可使建筑物显得庄严高大,偏心透视则使建筑物表现得较为生动。

(二)两点透视

两点透视即成角透视,其画面与建筑物的两个立面倾斜,是人们常用的一种透视图。它的透视效果真实自然,符合人们平时观察物体时的视角印象,广泛应用于表达单体建筑物。

(三)三点透视

三点透视常用来绘制高层建筑透视图,对鸟瞰图尤其适用。它具有三维空间表现力强,竖向高度感突出等特点。

二、视点位置的确定

视点、物体、画面是绘制透视图的三要素。它们之间的相对位置关系决定了透视图的形象。恰当地安排三者间的相互位置,使所绘的透视图既能反映出设计意图,又能使图面达到最佳效果。

(一)视角的确定

人站在某一位置不动,固定朝某一方向观察时,只能看到一定范围内的物体,其中能够清晰地看到的范围则更小,形成一个以眼睛 S 为顶点,以主视线 Ss° 为轴线的椭圆形锥面,称为视锥,如图 17-49 所示。此时,锥顶夹角(即两边缘视线间的夹角)称为视角,水平视角 α 可达 120°~148°,垂直视角 δ 可达 110°~125°,为方便起见,可把椭圆锥近似看成是正圆锥。在绘制透视图时,视角 α 就是在基面上从站点 s 引两条直线分别与建筑物的最左、最右两侧棱相交,所形成的夹角,其通常控制在 20°~60°,以 30°~40°为佳。在画室内透视图时,由于受空间的限制,视角可稍大于 60°,但视角增大,透视图会产生变形而失真。

根据视角可以确定视距,若画面宽度为 B,视距则以(1.5~2.0)B 为宜,此时,主点宜在画面中部的 1/3 范围内,如图 17-50 所示。

(二)站点的确定

视点位置的选择,应保证透视图有一定的立体感,包括在基面 G 上确定站点 s 的位置和在画面上确定视点的高度。

基面 G 上确定站点 s 的位置,应注意以下两点:

(1)保证视角大小适宜。如图 17-51 所示,在四面与建筑物的相对位置一定时,站点在 s_1 位置,视距较小,水平线透视长度较小,收敛得快,因而透视效果较差;站点在 s_2 位置,视角在 30°左右,两灭点相距较远,水平线透视显得平缓,真实感强,因而透视效果较好。

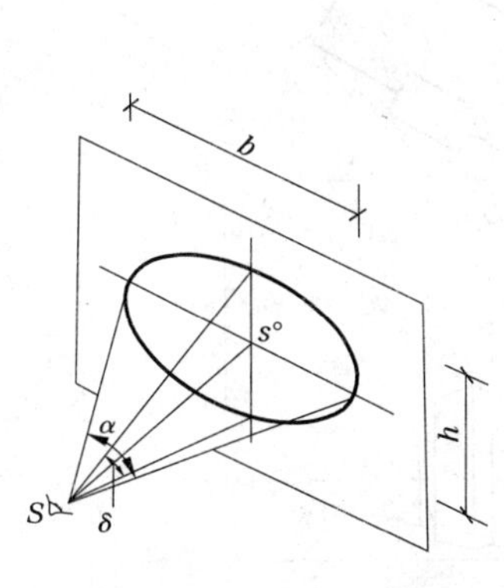

图 17-49　视角范围

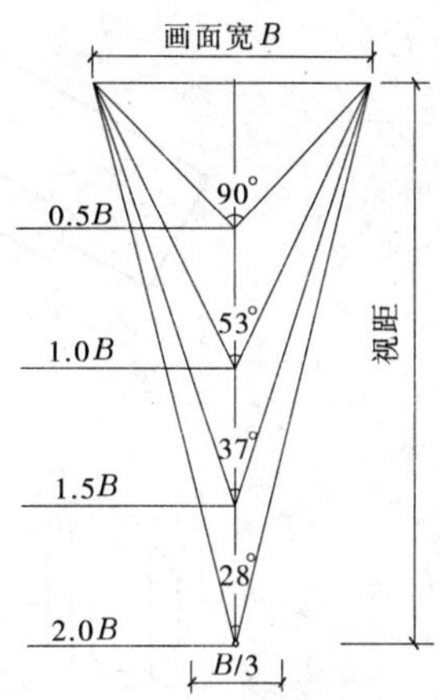

图 17-50　视角与视距

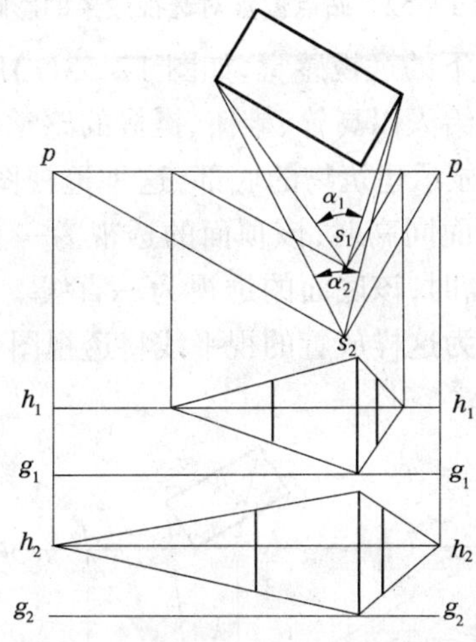

图 17-51　视角对透视效果的影响

(2)充分反映建筑物的特征。在确定站点位置时，除了保证视角大小适宜外，还应考虑站点的左右位置对透视图的影响，要使绘成的透视图能充分体现出建筑物的体形特点，反映出设计者的主要意图；同时站点应设置在实际环境所许可的位置上，使透视图与真实情况相吻合。如图 17-52 所示，同一建筑物，图 17-52(a)所示的站点 s_1 位置不能反映该建筑物的特点及全貌。将 s_1 向右移动到 s_2 位置，其表达效果较好，如图 17-52(b)所示。

(三)视点高度的确定

视点的高度即视平线 $h-h$ 的高度，也就是视点与站点间的距离，通常取人眼的高度(1.5~1.8m)，这样可使透视图更符合实际。确定视高与建筑物的总高与想表达的内容有关。若建筑物较高，可适当升高视点；若建筑物较低，可适当降低视点，以使建筑物上下两条水平线收敛均匀。但有时为取得透视图的特殊效果，可将视点按需要升高或降低。但视点的升高或降低，还应符合对视角大小的要求。此时，垂直方向上宜以 60°为控制角度，否则，宜采用三点透视。

视点适当升高时，透视图可表达建筑物的全貌，得到俯视的效果，这种透视图为俯视

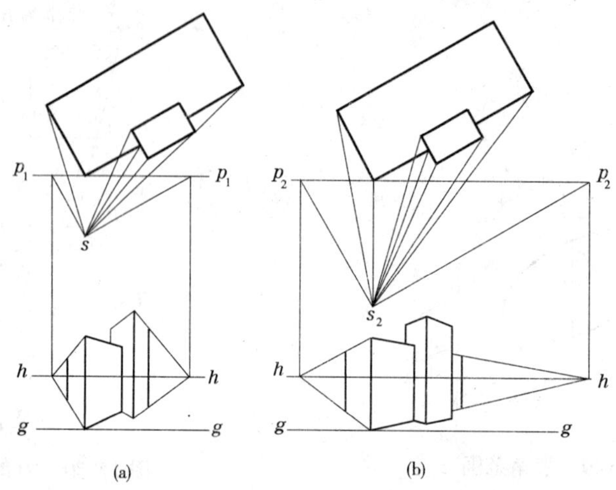

图 17-52　站点位置对透视效果的影响

图,给人以舒展、开阔、居高临下的远视感觉,如图 17-53(a)所示;降低视点可获得仰视的效果,它可使所绘物体的图形给人以高耸、雄伟、挺拔的感觉,如图 17-53(b)所示;将视点降到基线 $g-g$ 以下,透视图显示建筑物的底部,这种透视图为仰视图,如图 17-53(c)所示;当视点的高度与建筑物顶面同高时,该顶面的透视为一直线,如图 17-53(d)所示;当视点的高度与建筑物底面同高时,该底面的透视为一直线。应该注意视平线的位置不宜放在透视图高度的 1/2 处,因为这样放置的视平线将透视图分成上下对等的两部分,图像不免显得呆板。

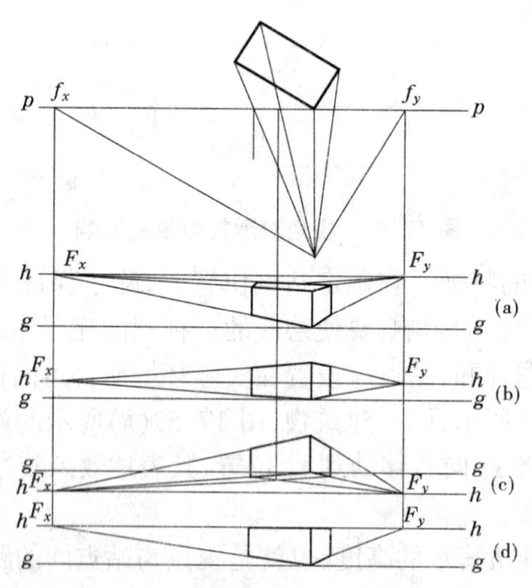

图 17-53　视点高度的确定

三、画面与建筑物相对位置的确定

(一)画面与建筑物的夹角

建筑物主要立面与画面之间的夹角 θ 称为偏角。当夹角 $\theta=0$ 时,所得到的透视图为一点透视，主要反映建筑物的立面形象；当夹角 $\theta \neq 0$ 时，所得到的透视图为两点透视。对两点透视而言，夹角 θ 越小，该立面上水平线的灭点越远，透视图形变化平缓，如图 17-54(a)所示；夹角越大，主立面上水平线的灭点越近，透视图形变化急剧，主立面窄小，不符合两个立面原来的宽度之比，如图 17-54(b)所示。因而，通常以建筑物的两个主要立面在透视图中的宽度之比与实际宽度之比大致相符为宜，选择夹角 θ 的大小，一般取夹角 $\theta = 20° \sim 40°$，以 30°左右为宜。

(二)画面与建筑物前后位置的确定

在视点与建筑物的相对位置及画面与建筑物的夹角确定后，建筑物与画面的前后(远近)可按需要确定。当画面位于建筑物之前时，所得的透视较小，为缩小透视，如图 17-55(a)所示；当画面位于建筑物之后时，所得的透视较大为放大透视，如图 17-55(c)所示；当画面穿过建筑物时，则位于画面后的部分其透视较小，位于画面前的部分其透视较大，而建筑物与画面相交所得的图形，其透视形状不变。一般常使建筑物一角位于画面上，便于反映真高，以利作图，如图 17-55(b)所示。由于只是画面作前后平移，所以所得的透视图形状相似，而大小发生变化。

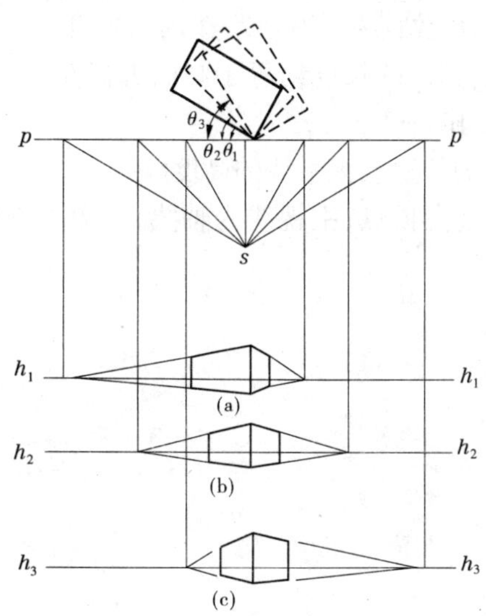

图 17-54　偏角对透视效果的影响

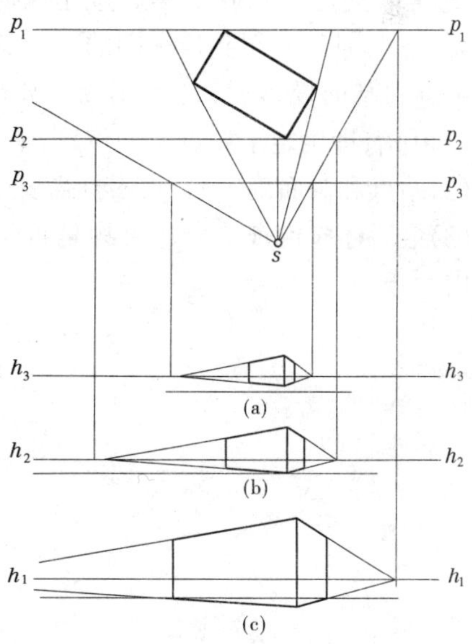

图 17-55　画面与建筑物的前后位置关系

四、确定站点、画面位置的步骤

综合考虑视点、物体、画面三者之间的关系，作图前可按下述步骤来确定视点和画面。

(1)确定站点和画面的位置。

①先确定站点 s，然后确定画面。首先确定站点 s，使过点 s 向建筑平面图所作的两条边缘视线(sb、sd)间的夹角为 30°～40°。在该夹角的中间 1/3 的范围内作主视线的投影 ss_g。作画面迹线 $p-p$ 垂直于 ss_g，画面迹线 $p-p$ 最好经过建筑物的一角(即平面图中某一角点 a)，以便作图，如图 17-56(a)。

②先确定画面，然后确定站点 s。首先经过建筑物的一角(即平面图中某一角点 a)

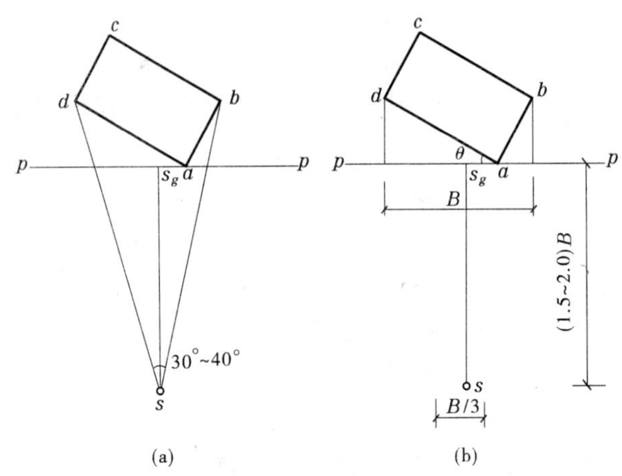

图 17-56　站点与画面的选择

确定基线 $p-p$,使它与建筑物的一个主要立面(即平面图形较长方向 ad)交成所需的夹角 θ,通常取夹角 $\theta=30°$。然后过建筑物的最外两边作画面的垂线(过边缘角点 b、d 向基线 $p-p$ 作垂线),得到透视图的近似宽度 B。确定站点 s 的位置,在近似宽度 1/3 处,选取主点的基面投影 s_g,自 s_g 作 $p-p$ 的垂线 ss_g,ss_g 的长度约等于画面近似宽度 B 的 1.5～2.0 倍,即确定了站点 s 的位置,如图 17-56(b)。

(2)站点和画面确定后,再根据需要确定主点的位置或视平线的高度。

(3)最后还应检查整个建筑物是否位于以视点为顶点,主视线为轴线,顶角为 60°的圆锥内。

第十八章　标高投影

各种工程建筑物常会建在高低不平或有山峦的地面上，建筑物（构筑物）的结构以及工程量与地面的形状有着密切的关系。因此，工程上常常需要根据地面形状，进行各种工程的规划、设计等工作。由于地面形状复杂，起伏不平，没有规则，如用前面所讲过的多面正投影法表示地形是困难的。在生产实践中，人们创造了一种与地形面相适应的表达方法——标高投影法。

用两个投影表示形体时，当水平投影确定之后，正面投影只起到了提供形体各部分高度的作用。因此，如果在水平投影图上加注形体上某些点、线、面的高程，以高程数字代替立面图的作用，也完全可以确定形体在空间的形状和位置，此即标高投影法。

标高投影仍是平行正投影，只不过它仅用一个水平投影面。

第一节　点、直线和平面

一、点的标高投影

如图 18-1 所示，设水平面 H 为基准面（也称基面），A 点在 H 面上方 4m，B 点在 H 面内，C 点在 H 面下方 3m。分别作出 A、B、C 三点在 H 面上的水平投影 a、b、c，并在其右下角注明距 H 面的高度数值（称为高程）4、0、-3，a_4、b_0、c_{-3}就是 A、B、C 三点在 H 面上的标高投影。这种用水平投影图加注高程数值来表示空间物体的方法称为标高投影法，所得的单面正投影称为标高投影图。在标高投影图中必须画出绘图比例尺及长度单位，高程以 m（米）为单位。

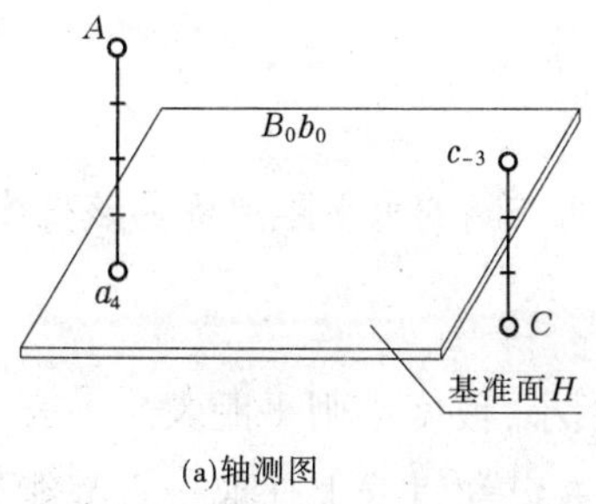

(a)轴测图

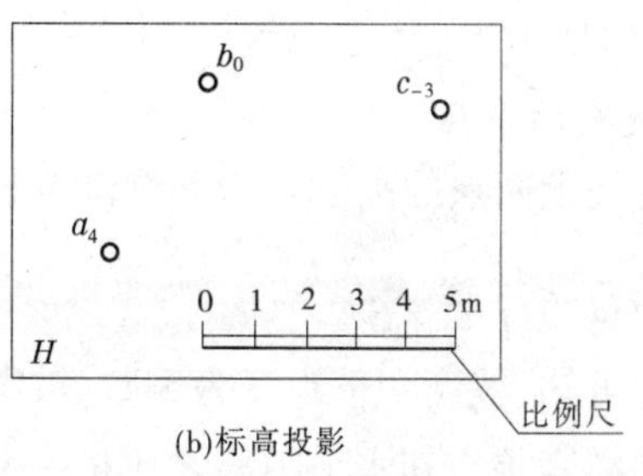

(b)标高投影

图 18-1　标高投影的概念

二、直线的标高投影

(一)直线的表示法

1. 用直线上两点的标高投影表示

如图 18-2(a)所示为直线 AB 的立体图,A 点高程为 7m,B 点高程为 2m。分别作出 A、B 两点在 H 面的标高投影 a_7、b_2,然后连接 a_7 与 b_2 便得到直线 AB 的标高投影,如图 18-2(b)所示。

2. 用直线上一点 A 的标高投影及直线的坡度表示

如图 18-2(c)所示,用直线上一点 A 的标高投影 a_7 和直线的坡度 $i=1:1$ 表示直线。规定表示坡度方向的箭头指向直线的下坡,即由高指向低。

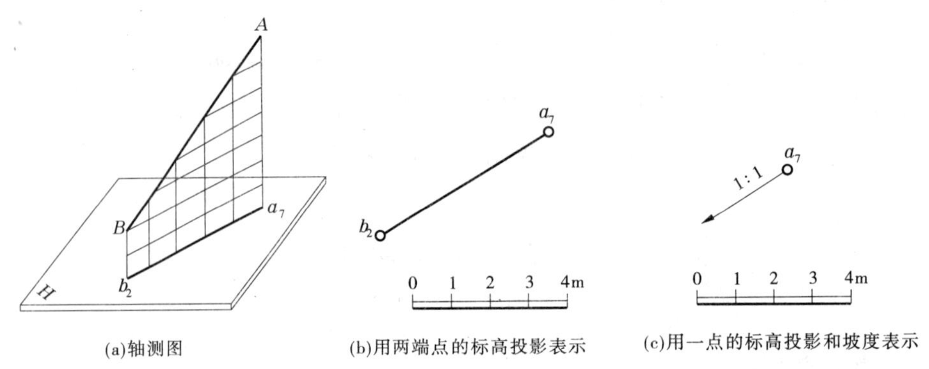

(a)轴测图　(b)用两端点的标高投影表示　(c)用一点的标高投影和坡度表示

图 18-2　直线的标高投影

(二)直线的坡度与平距

1. 直线的坡度 i

直线上任意两点的高度差与该两点的水平距离之比称为该直线的坡度,用 i 表示。在图 18-3(a)中,线段 AB 两端点的高差为 H,水平距离(即 AB 的标高投影长度)为 L,AB 对 H 面的倾角为 α,则 $i=\dfrac{H}{L}=\tan\alpha$。

上式表明直线坡度的含义为:直线上两点间的水平距离为一个单位时的高度差。如图 18-3(b)所示。

2. 直线的平距

当直线上两点的高度差为一个单位长度时,这两点间的水平距离称为该直线的平距,用 j 表示,$j=\dfrac{L}{H}=\cot\alpha$。

由此可知,坡度和平距互为倒数,坡度大则平距小,坡度小则平距大。一直线上任意两点间的高度差与其水平距离之比是一个常数,故在已知直线上任取一点都能计算出它的高程,或已知直线上任一点的高程可确定它的标高投影的位置。

【例 18-1】 试求图 18-4 所示直线上一点 C 的标高。

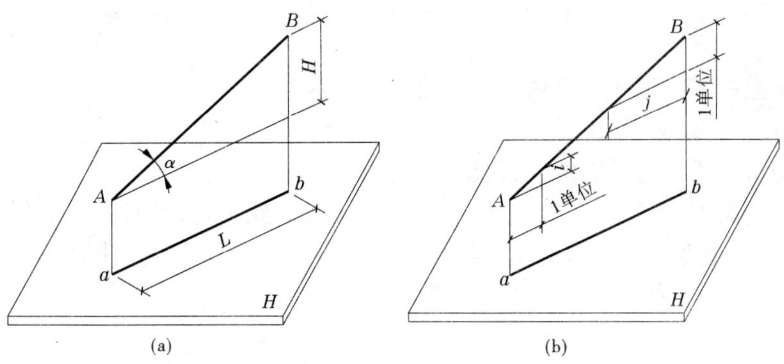

图 18-3　直线的坡度与平距

解:先求 i 或者 j。按比例尺量得 $L=36$,经计算得:$H=26.4-12=14.4$

则 $i=\dfrac{H}{L}=\dfrac{14.4}{36}=\dfrac{2}{5}$

或 $j=2.5$

然后按比例量得 ac 间的距离为 15,则根据 $i=\dfrac{H}{L}$,得$\dfrac{2}{5}=\dfrac{H}{15}$,即 $H=6$,于是,点 C 的标高应为 $26.4-6=20.4$。

可以从该两直线的标高投影中判别出两直线的相对位置,即:①是否平行;②是否相交;③是否交叉;④是否垂直。在适当的位置作出两直线的辅助投影,就能确定两直线的相对位置。从图 18-5 可知,直线 AB 与EF 平行,AB 与CD 相交于点K,CD 与EF 交叉。由于所引辅助投影面是平行于 AB 和EF 的,如果它们与 CD 垂直,就会在辅助投影上相互垂直。要注意所引的整数标高线必须按比例画出。

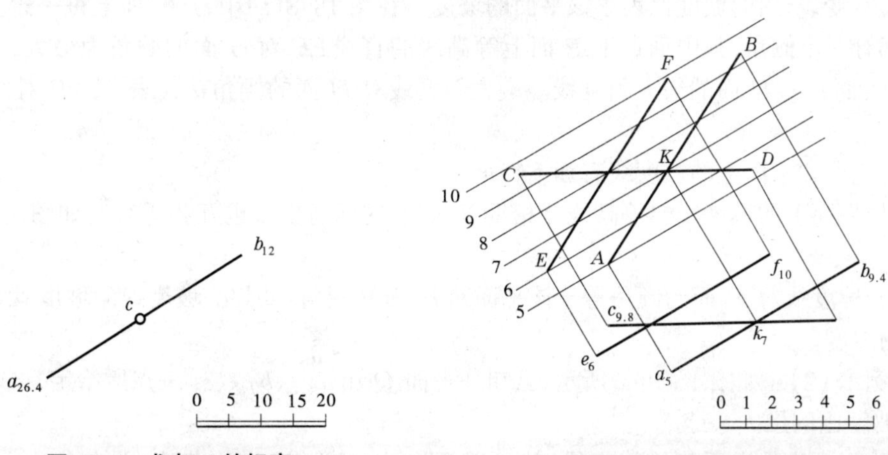

图 18-4　求点 C 的标高　　**图 18-5　直线的相对位置**

如果两直线的标高投影平行,上升或下降方向一致,而且坡度或间距相等,如图 18-6 所示,则两直线平行。如果两直线的标高投影相交,经计算知两直线交点处的标高相同,如图 18-7 所示,则两直线相交。否则,它们是交叉的。

三、平面及平面体

(一)平面上的等高线和坡度线

1. 平面上的等高线

平面上的水平线称为平面的等高线。等高线就是该平面与水平面的交线。等高线上各点到基准面的距离(高程)相等。平面上的各等高线彼此平行,并且各等高线间的高差与水平距离成同一比例。当各等高线的高差相等时,它们的水平距离也相等,如图 18-8(a)所示。

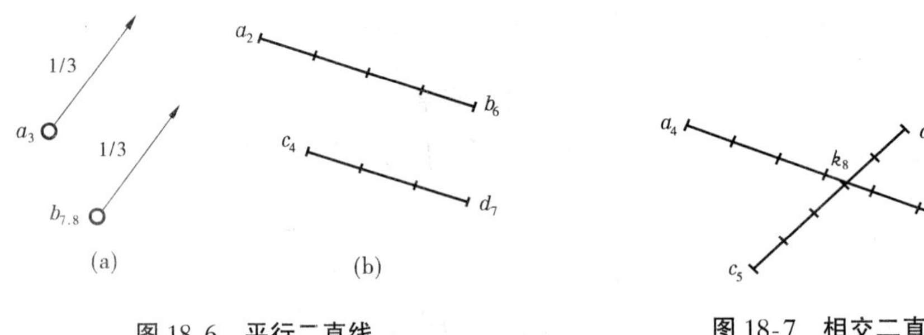

图 18-6 平行二直线　　　图 18-7 相交二直线

由此可知平面上的等高线有以下特征:

(1)平面上的等高线是直线。

(2)等高线彼此平行。

(3)等高线的高差相等时,其水平间距也相等。

2. 平面上的坡度线

平面上垂直于等高线的直线称为平面的坡度线。坡度线就是平面上对基面(H 面)的最大斜度线,它的坡度代表了该平面的坡度。在图 18-8(a)中,P 平面上每一条直线对 H 面都有一个倾角,其中垂直于 P 面上等高线的直线 EF 对 H 面的倾角为最大,于是称 EF 为平面 P 对 H 面的最大斜度线。最大斜度线对 H 面的倾角 α 代表平面 P 对 H 面的倾角。

由此可知平面上的坡度线有如下特征:

(1)平面上的坡度线与等高线互相垂直,它们的标高投影也互相垂直。如图 18-8(b)所示。

(2)坡度线对 H 面的倾角等于该平面对 H 面的倾角。因此,坡度线的坡度就代表该平面的坡度。

【例 18-2】 如图 18-9(a)所示,已知一平面 Q 由 $a_{4.2}$、$b_{7.5}$、c_1 三点所给定,试求平面 Q 的坡度比例尺。

解:只要先作出平面的等高线,就可以画出 Q_i。为此,先连各边,并在各边上刻度。然后连邻边同一标高的刻度点,得等高线,再在适当位置引线垂直于等高线,即可作出 Q_i,如图 18-9(b)所示。

(二)平面的标高投影表示法

平面除了可用几何元素(不在同一直线上的三点、一直线和直线外一点、相交两直线、

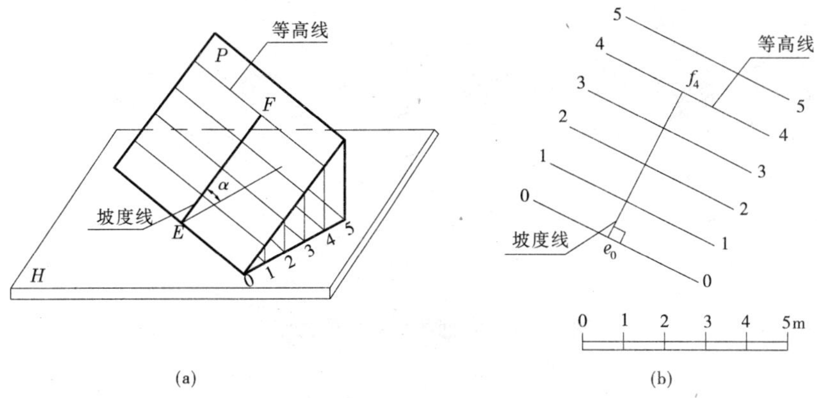

图 18-8 平面上的等高线、坡度线

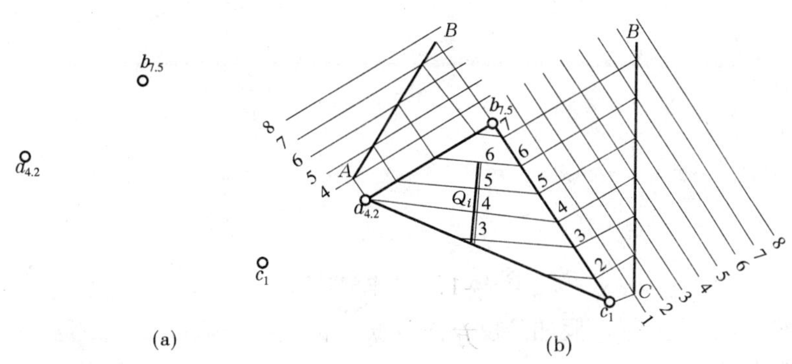

图 18-9 作平面 Q 的坡度比例尺

平行两直线、平面图形)的标高投影来表示以外,还可以根据标高投影的特点用以下方法来表示。

(1)用平面上一条等高线的标高投影和该平面的坡度来表示平面。在图 18-10(a)中,平面上一条等高线的高程为 10,坡度线垂直于等高线,在坡度线上画出指向下坡的箭头,并标出平面的坡度 i。

(2)用平面上一组等高线的标高投影表示该平面,如图 18-10(b)所示。

(3)用平面上一条倾斜直线的标高投影和该平面的坡度表示平面。在图 18-10(c)中画出了平面上一条倾斜直线的标高投影 a_5b_{10}。因为平面上的坡度线不垂直于该平面上的倾斜直线,所以在平面的标高投影中坡度线不垂直于倾斜直线的标高投影 a_5b_{10}。通常,把坡度线画成带箭头的弯折线,箭头仍指向下坡。

【例 18-3】 如图 18-11(a)所示,已知平面上一条高程为 20 的等高线,平面的坡度 $i=1:2$,试作出该平面上若干条整数高程的等高线。

解:作图步骤:

由平面的坡度 $i=1:2$ 可计算出平距 $j=\frac{1}{i}=2\text{m}$。根据图中已给的绘图比例尺,自坡度线与等高线 20 的交点 k 沿指向下坡的箭头方向连续量取平距 j,即可定出平面上整数

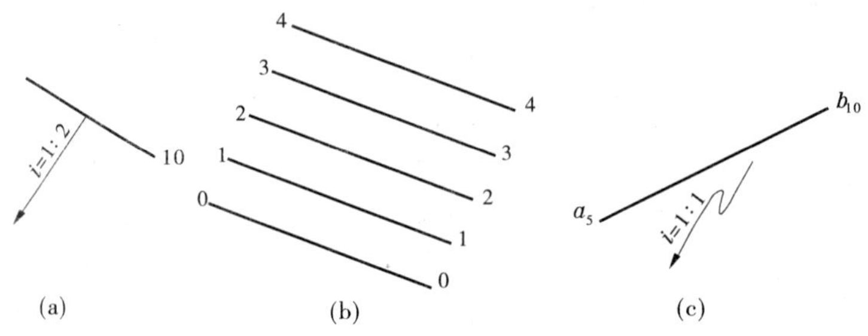

图 18-10　平面的标高投影表示法

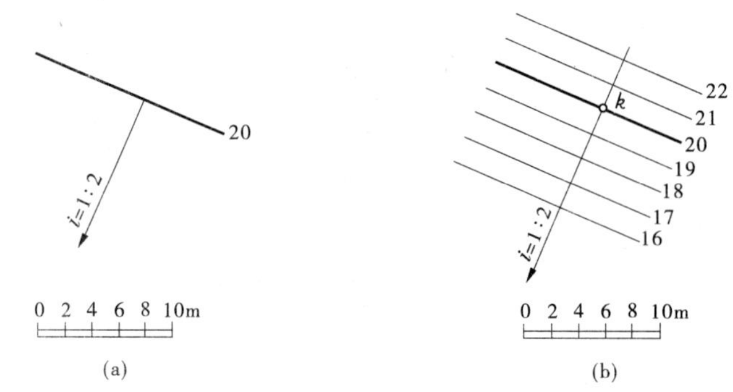

图 18-11　求作等高线

高程的等高线 19,18,17 等。假如沿反方向量取 j,可定出等高线 21,22 等。

(三)两平面的交线

若两平面相交,则仍用引辅助平面的方法求它们的交线。在标高投影图中引辅助平面,最方便的是整数标高的水平面,如图 18-12(a)所示。这时,所引辅助平面与已知平面的交线,分别是两已知平面上相同整数标高的等高线,它们必然相交于一点。如引两个辅助平面,可得两个交点,连接起来,即得交线。

这个概念可以引申为两面(平面或曲面)上相同标高等高线的交点连线,就是两面的交线。具体作图如图 18-12(b)所示,即在坡度比例尺 P_i 和 Q_i 上各引出两条相同标高(例如 10 和 13)的等高线,它们的交点 a_{13}和 b_{10}的连线即为交线的标高投影。

【例 18-4】 需要在标高为 5 的水平地面上堆筑一个标高为 8 的梯形平台。堆筑时,各边坡的坡度如图 18-13(a)所示,试求相邻边坡的交线和边坡与地面的交线(即施工时开始堆砌的边界线)。

解:可用图解法或整解法先求出各边坡的间距 $l_{1/3}$、$l_{2/3}$、$l_{3/2}$。如用图解法可在给出的比例尺上进行,如图 18-13(a)所示,然后按求得的间距作出各边坡的等高线,它们分别平行于平台各边。相邻边坡的交线是一直线,就是它们的相同标高等高线的交点连线,标高为 5 的 4 根等高线,就是各边坡与地面的交线,如图 18-13(b)所示。

【例 18-5】 已知大堤与小堤相交,堤顶面标高分别为 3m 和 2m,地面标高为 0。各坡面的坡度如图 18-14(a)所示。求作相交两堤的标高投影图。

解:作图步骤:

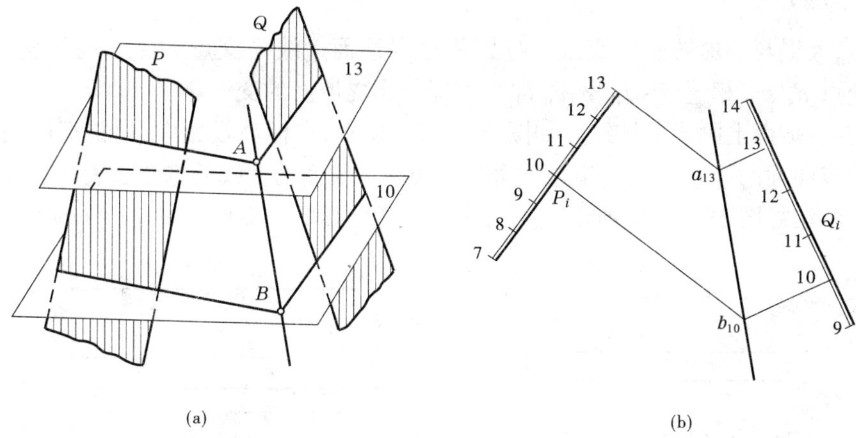

图 18-12 求两平面的交线

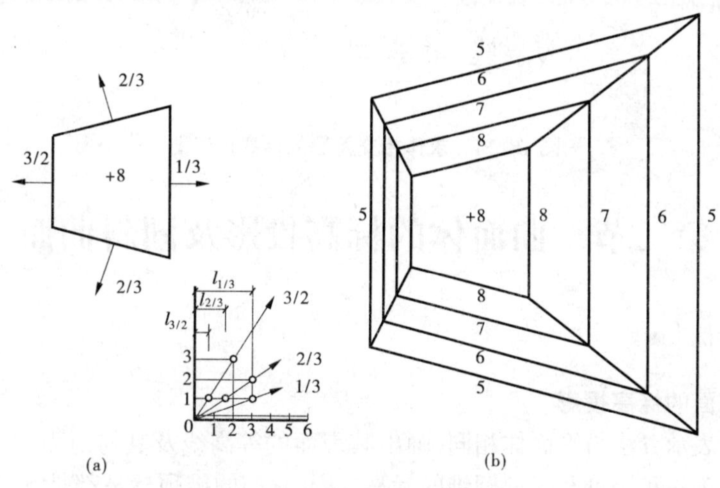

图 18-13 梯形平台的标高投影

(1)求大堤坡脚线。大堤坡顶线与坡脚线的高差为 3m。大堤前、后坡面的坡度均为 1∶1,则坡顶线到坡脚线的水平距离 $L=\dfrac{H}{i}=3\div\dfrac{1}{1}=3\text{m}$,按比例尺在两坡面的坡度线上分别截取 3m,作出上坡顶线的平行线,即得大堤的前、后坡脚线。

(2)求小堤坡脚线。小堤左、右坡面坡脚线的做法同上。前坡顶线到坡脚线的水平距离 $L=\dfrac{H}{i}=3\div\dfrac{1}{0.5}=1.5\text{m}$,按比例尺在前坡面的坡度线上截取 1.5m,作出前坡顶线的平行线,即得小堤的前坡面坡脚线。

(3)作小堤的坡面交线。将小堤顶面边线(高程为 2m)的交点 e_2、f_2 分别与小堤坡脚线(高程为 0)的交点 a_0、b_0 相连,e_2a_0、f_2b_0 即为小堤的坡面交线。

(4)作小堤顶面与大堤前坡面的交线。小堤顶面标高为 2m,它与大堤前坡面的交线应位于大堤前坡面高程为 2m 的等高线上。作出大堤前坡面高程为 2m 的等高线,求得交

线 h_2g_2。

(5)求大堤与小堤坡面的交线。分别将小堤顶面边线的交点 h_2、g_2 与小堤、大堤坡脚线的交点 d_0、c_0 相连，h_2d_0、g_2c_0 即为大堤与小堤坡面的交线。

(6)在各坡面上画出示坡线。如图 18-14(b)所示，在标高投影中，通常都用画出立体上的平面或曲面的等高线以及相邻表面的交线和与地面的交线的方法去表示该立体。平面体的表示法如图 18-13(b)所示。曲面体的标高投影下节中再作讨论。

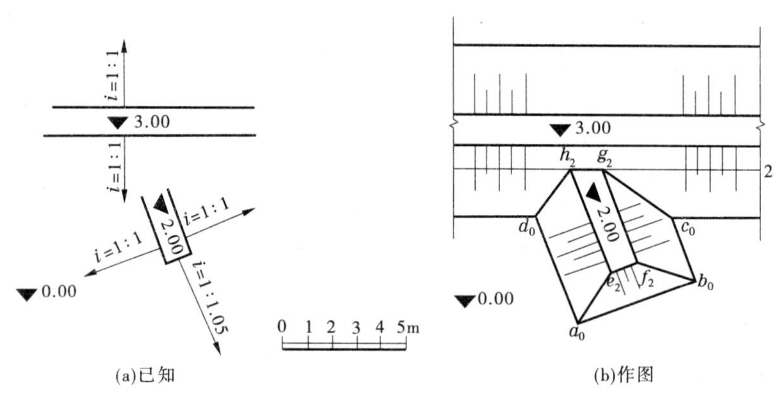

图 18-14　求作相交两堤的标高投影图

第二节　曲面体的标高投影及同斜曲面

一、曲面体

(一)圆锥面的标高投影

曲面体的表示方法与平面体相同，画出其表面的等高线及其与地面的交线即可。如图 18-15 所示为一正圆锥和一斜圆锥的标高投影，它们的锥顶标高都是 5，都是假设用一系列整数标高的水平面切割圆锥，画出所有截交线的 H 投影，并注上相应的标高(即等高线)。

图 18-15(a)是正圆锥的标高投影，各等高线是同心圆，通过锥顶 S_5 所引的各锥面素线间距相等。图 18-15(b)是斜圆锥的标高投影，等高线是异心圆，过锥顶 f_5 所引各锥面素线，它们的间距，除对通过轴线的铅垂面对称的素线外均不相等。间距最小的锥面素线就是锥面的最大斜度线。

(二)地形面标高投影

地形面是不规则曲面，用一系列整数标高的水平面与地面相交，就得到地面的各等高线，将各等高线向 H 面作正投影，便得一系列不规则形状的曲线，注上相应的标高值，就是地形面的标高投影。

如图 18-16 是山地的标高投影图，称为地形图。看地形图时，要注意根据等高线间的间距去想象地势的陡峭或平顺程度。若在图上等高线间距密，则表示该处地形坡度大，反之，则坡度小，即平缓。

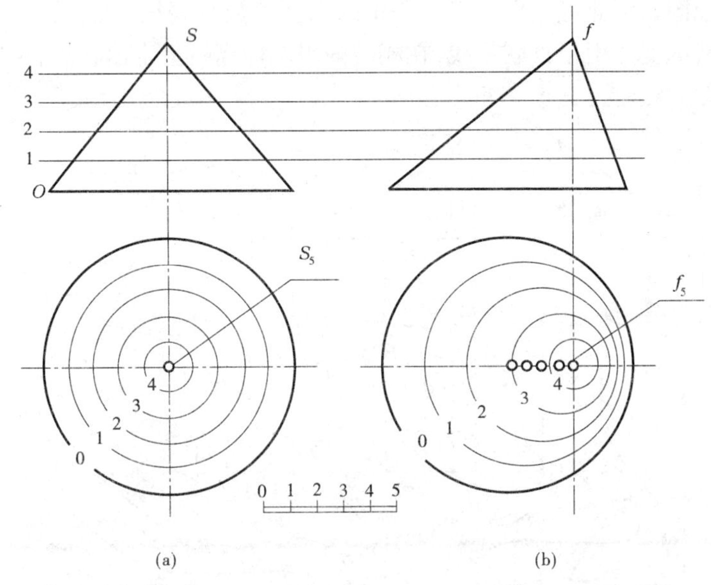

图 18-15　圆锥的标高投影

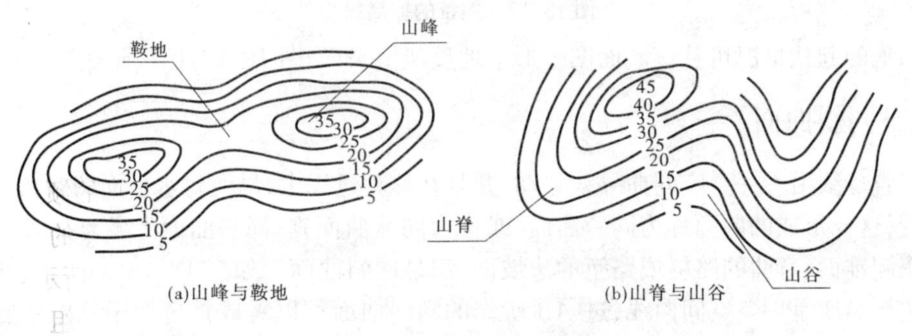

图 18-16　山地的标高投影

学习地形图时要掌握山峰、山脊、山谷、鞍地等基本地形及等高线的特征。山峰是山地的最高部分,等高线呈环形,环形越小,标高越大。两山峰之间的低洼处称为鞍地,如图 18-16(a)所示。高于两侧并连续延伸的山地称为山脊,其等高线凸出部分指向下坡方向。低于两侧并连续延伸的山地称为山谷,其等高线凸出部分指向上坡方向,如图 18-16(b)所示。

(三)地形断面图

山地一般是不规则曲面,其表示方法同上。以一系列整数标高的水平面与山地相截,把所截得的等高截交线正投影到水平面上,便得一系列不规则形状的等高线,注上相应的标高值(见图 18-17 下方),就是一个山地的标高投影图,称为地形图。看地形图时,要注意根据等高线间的间距去想象地势的陡峭或平顺程度,根据标高的顺序来想象地势的升高或下降。

如果以一个铅垂面截切山地,如图 18-17 的断面Ⅰ—Ⅰ(通常断面设置为正平面),可作出山地的断面图。为此可先作一系列等距的水平整数等高线,然后从断面位置线Ⅰ—Ⅰ与地面等高线的交点引铅直联系线,在相应的水平标高线上定出各点,再连接起来。断

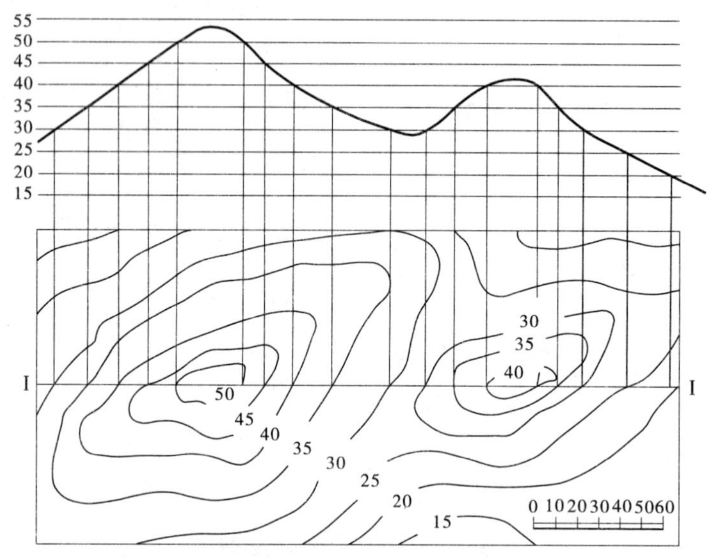

图 18-17　圆锥的标高投影

面处山地的起伏情况可从该断面图上形象地反映出来,如图 18-17 上方所示。

二、同斜曲面

当直母线沿着一条空间曲导线移动,并且在移动过程中,母线对水平面的倾角始终保持不变,这样形成的曲面称为同斜曲面(或称为同坡曲面)。同斜曲面上各点的坡度都相等。正圆锥面、弯曲的路堤或路堑的边坡面,都是同斜曲面。如图 18-18(a)所示,转弯斜坡道边界 *AB* 是一条空间曲线,过 *AB* 所作的同斜曲面可以看成是公切于一组正圆锥面的包络面,这些正圆锥顶点都在 *AB* 线上,素线对水平面的倾角都相等,如图 18-18(b)所示。同斜曲面上每条素线都是这个曲面与圆锥面的切线,也是圆锥面上的素线。所以,同斜曲面上所有素线对水平面的倾角都相等。

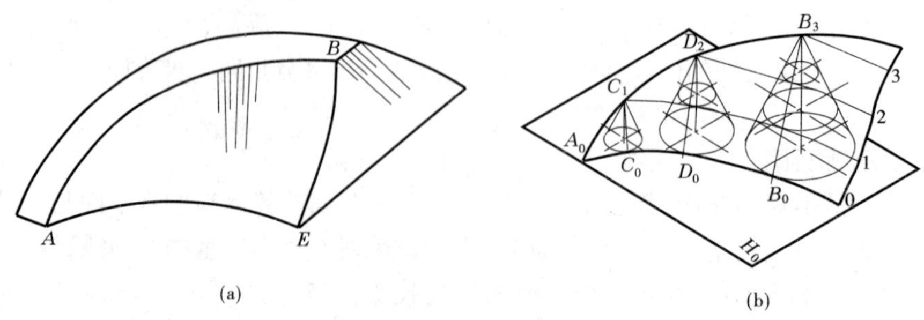

图 18-18　同斜曲面分析

如果用水平面截割同斜曲面和圆锥面,截得的同斜曲面上的等高线和圆锥面上的等

高线——水平圆,它们一定相切,切点在同斜曲面与圆锥面的切线上,如图 18-18(b)所示。同斜曲面上的等高线就是利用这种关系画出来的。

第三节　应用举例

一、平面与地形面的交线

求平面与地形面的交线,即求平面上与地形面上标高相同的等高线的交点,然后用平滑的曲线顺次连接起来即得交线。

如图 18-19 所示,求平面与地形面的交线。地面的等高线已经有了,平面上的等高线尚未画出。要作平面上的等高线,必须算出等高线的平距。因平面的坡度 $i=\frac{1}{3}$,故等高线的平距 $L=\frac{1}{i}=3$(单位)。按平面的倾斜方向和图中所附的比例,作平行于等高线 25,间距为 3 单位的平行线,即得平面上的等高线。平面上和地形面上标高相同的等高线的交点,即为交线上的点。至于等高线 25 与 26、以及 17 与 18 之间的交线如何确定,可分别在平面和地面上用加密等高线的办法,求出更多的交点,此法称为内插法。

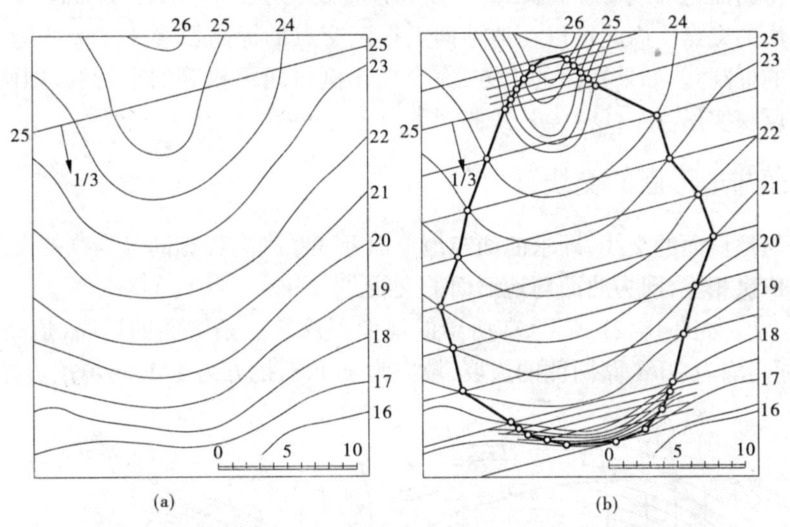

图 18-19　求平面与地形面的交线

有时需要画出某一地段的断面图,可假想将一个铅垂平面与地形面相截,所得的交线就是要求的断面轮廓线。

【例 18-6】　如图 18-20 所示,已知各管线两端的高程分别为 22.4m 和 25.6m,求管线 AB 与地形面的交点。

解:求直线与地形面的交点,一般都是包含地线作铅垂面,作出铅垂面与地形面的交线,即断面的轮廓线。再求直线与断面的交点,就是直线与地形面的交点。在图 18-20 的上方作间距为 1 单位的平行线,同时与直线 $a_{22.4}b_{25.6}$平行,并标出各线的高程数字。

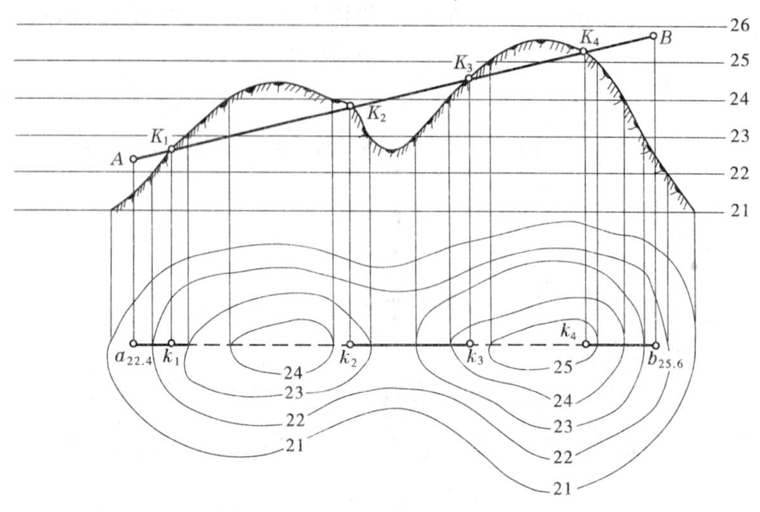

图 18-20　求管线与地形面的交线

再作包含管线 AB 的铅垂面，其在地形图上与 $a_{22.4}b_{25.6}$ 线重合。该线与等高线的交点就是断面轮廓线上点的标高投影。根据标高投影在图上方对应地定出其高程，用曲线连这些点即得断面轮廓线，其与画出的 AB 高程直线交于四个点 K_1、K_2、K_3 和 K_4，即为管线与地形面的交点。由此可以在地形面上得到交点的标高投影 k_1、k_2、k_3 和 k_4(图中未标出交点的标高)。如果在图的上方，完全按比例作间距相等的平行线，则画出的 AB 和断面图均反映实形。

二、曲面与地形面的交线

求曲面与地形面的交线，即求曲面与地形面上一系列高程相同等高线的交点，然后把所得的交点依次相连，即为曲面与地形面的交线。

【例 18-7】 如图 18-21 所示，在所给的地面上修筑一条弯曲的道路，道路的路面为平坡，假设标高均为 20m，路两侧的边坡，填方为 1:1.5，挖方为 1:1，求填挖边界线。

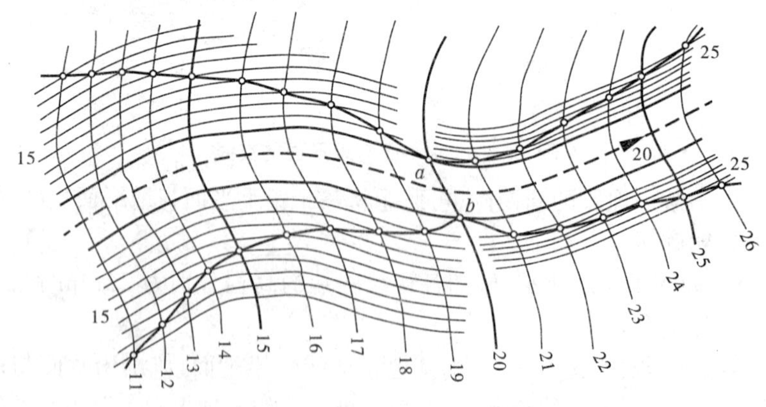

图 18-21　曲面与地形面的交线

解:此题求填挖边界线就是求曲面与地形面的交线,作图步骤如下:

(1)先找出填挖分界点,地形面上与路面上标高相同之点即为填挖分界点。如图中所示的 a、b 两点。填挖分界点左面部分的地面标高比路面标高低,故为填方;填挖分界点右面部分的地面标高比路面高,故为挖方。

(2)各坡面为同坡曲面,同坡曲面上的等高线为曲线,在填方地段,越往外的等高线,高程递减,故为填方。

(3)根据填方和挖方的坡度算出同坡曲面上等高线的平距,作出同坡曲面上的等高线。由于路面标高都是 20,就是平坡,所以无论是挖方地段还是填方地段,等高线与路缘曲线都是平行的。当路线为圆曲线时,可找出圆心,作等间距(平距)的同心圆,即得坡面上的等高线。

(4)连接坡面上各等高线与地面同高程等高线的交点,即得填挖边界线。如果填挖边界线不是整数标高时,则不能直接从图上的等高线找出填挖分界点,但可以先确定填挖分界点所在的范围,然后用内插法,加密等高线逐步接近的方法求填挖分界点。

第十九章　机械图

由于机械工业的发展,各种建筑机械设备、装置等已越来越广泛地应用在土木建筑工程中,在从事建筑工程设计、施工、维护的过程中,有时要对相关的机械产品进行选型、安装、革新改进和维修保养,或者设计门窗、施工构件等,都需要绘制和阅读机械图。因此,对于从事建筑工程的技术人员,了解掌握有关机械工程图样的知识是很必要的。

机械工程图是表达机械装置和机件的图样,主要有装配图和零件图。装配图是表达整台机器或部件的图样,而零件图是表达组成机器的基本单元(零件)的图样。

机械图具有与土木工程图相同的投影原理,但机械图要遵循有关《技术制图》和《机械制图》等国家标准的规定,在某些表达方法上与土木工程图样有着较大的差异。

一台机械设备首先要设计绘出装配图,然后根据装配图设计画出零件图。产品的生产则是先加工出零件,然后根据装配图把零件组装在一起,成为一台完整的设备。

第一节　零件图

零件图是加工制造、检验零件的依据。

一、零件图的内容

如图 19-1 所示是两个零件的零件图,从图中可以看出,一张完整的零件图应该包括以下主要内容:

(1)一组视图。用以完整、清晰地表达零件的结构和形状。

(2)加工零件所必需的尺寸。

(3)零件的技术要求。如表面粗糙度、尺寸公差、形位公差、热处理、表面处理等。

(4)标题栏。在标题栏中要注明零件的名称、图号、零件所用材料、作图比例、有关人员签名等。

二、零件图的视图表达

零件的视图表达首先要分析其结构特点、功能、工作位置、加工方法等,然后选择最能反映零件形状特征的投影方向作为主视图,整个表达方案要力求清晰、简洁。

机械零件按其形状结构和功能,基本上可以分为轴套类、盘盖类、箱体类和叉架类零件,同类零件有基本类同的表达方案。

(1)轴套类。主视图按其加工方法,轴线水平放置,再配合使用断面图。

(2)盘盖类零件。一般使用主视图和左视图表达,按其加工方法,主视图的轴线水平放置。

(3)叉架类零件。这类零件加工位置不确定,形状较复杂,所以一般主视图的选择考虑其加工位置和形状特征，然后再选择其他视图配合表达。

(4)箱体类零件。由于其结构和加工工序较复杂，一般主视图按其工作位置选择，并采用多个视图表达。

在零件的表达方法上，除合理选择零件的安放位置、主视方向和视图数量外，从完整、清晰表达零件的目的出发，还要合理选用机件的各种表达方法。与建筑形体表达方法一样，机械图也是采用多面正投影图，即各种视图、剖视图、断面图、简化和规定画法等，但由于它们表达的对象不一样，所以又有所区别，机械制图国家标准有不同的规定。

图 19-1(a)中拨叉架零件为叉架类零件，在主视图和左视图上分别采用了局部剖视，使用了 B—B 移出断面图和 K 向斜视图。

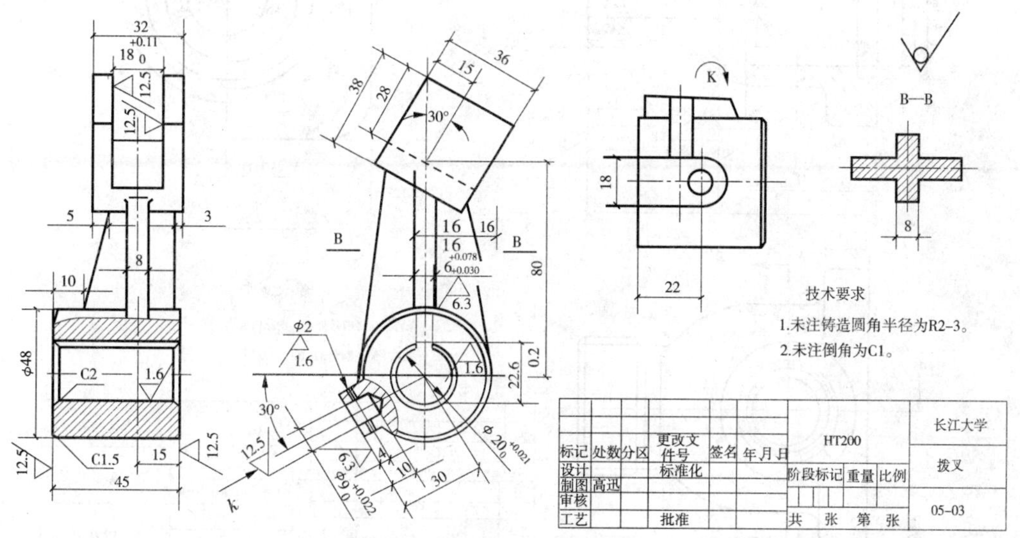

图 19-1(a)　拨叉架零件图

图 19-1(b)的阀体零件属于箱体类零件，主视图采用了全剖视图，左视图采用了半剖视图，俯视图为外形投影视图。

三、零件图的尺寸标注

零件图上的尺寸要完整、准确、清晰、合理。

零件图上尺寸和组合体视图的尺寸标注类似，尺寸类型也分为定形尺寸(确定各部分大小的尺寸)、定位尺寸(确定各部分间相互位置的尺寸)、总体尺寸。尺寸标注要注意以下几点。

(1)合理选择尺寸基准。基准的选择要满足设计使用、加工检测的要求。一般有设计基准和工艺基准，设计基准能保证设计要求，工艺基准有利于加工和测量，选择时最好能使二者重合。在零件图上要有长、宽、高三个方向的尺寸基准，一般要以重要的加工面、零件的对称面、主要回转面的轴线作为尺寸基准。

(2)重要尺寸要直接标注。在装配图中标出的与该零件有关的尺寸，如有配合关系的尺寸(如图 19-2 中的尺寸 A、B)、功能尺寸等要在零件图上直接标出。

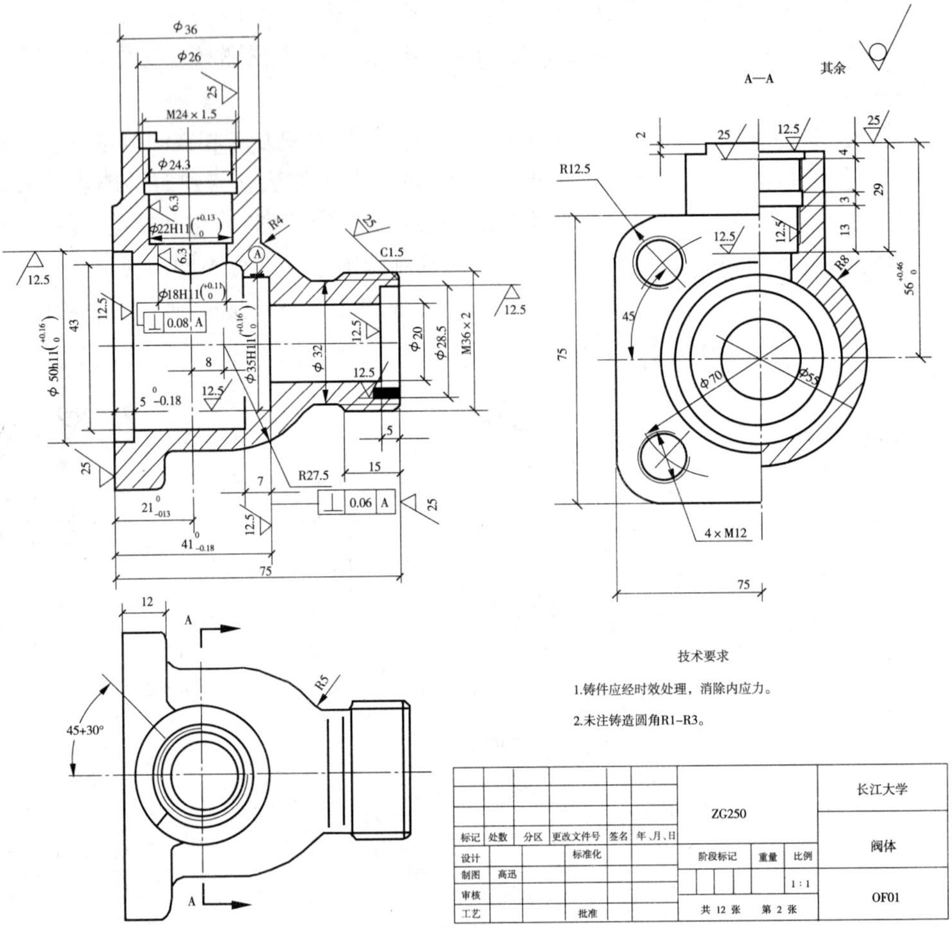

A—A
其余
技术要求
1.铸件应经时效处理，消除内应力。
2.未注铸造圆角R1–R3。
ZG250
长江大学
阀体
OF01
标记 处数 分区 更改文件号 签名 年、月、日
设计 标准化
制图 高迅
审核
工艺 批准
阶段标记 重量 比例
1 : 1
共 12 张 第 2 张

图 19-1(b)　阀体零件图

B
零件2
A
零件1
A
B
零件2
B
A

(a)装配图　　　　(b)零件图

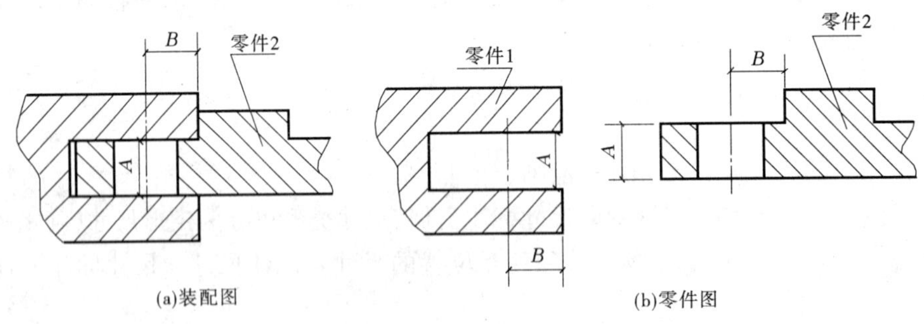

图 19-2　尺寸标注注意事项(一)

(3)不标注封闭尺寸。图 19-3(a)中标注的一组尺寸就称为封闭尺寸,封闭的尺寸给加工制造带来更高的要求,增加制造成本,其中的有些尺寸并不需要很高的要求,可以不直接注出。图 19-3(b)标注的尺寸是正确的。

(4)所注尺寸便于加工和测量。如图 19-3(b)中的尺寸标注就是合理的，如

图 19-3(c)中标注尺寸不便于加工测量,所以不合理。

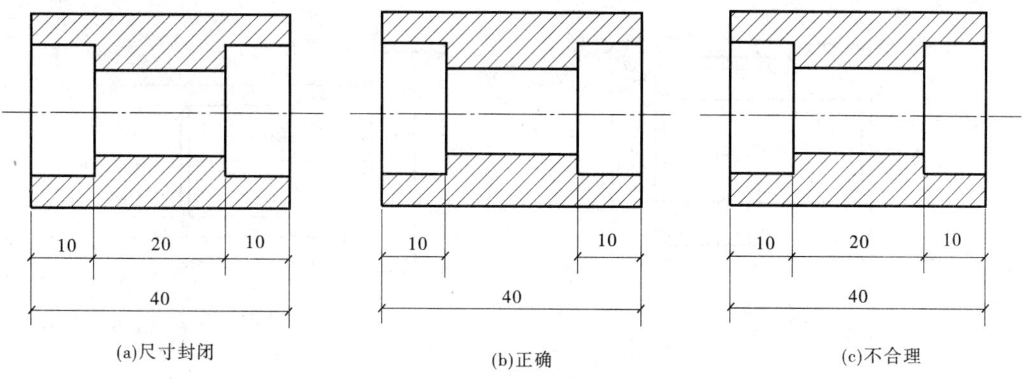

图 19-3　尺寸标注注意事项(二)

四、零件图上的技术要求

零件图除了确定零件的形状结构和尺寸大小外,还要提出零件在制造过程中的技术要求,这些要求一般用文字和符号注写在图中。这些要求主要包括表面粗糙度、极限偏差与配合、形位公差、热处理等。

(一)表面粗糙度

零件在加工过程中无论使用什么加工方法,放大观察都会发现它的表面是凹凸不平的,零件表面这种微观几何形状特性称为表面粗糙度。

评定表面粗糙度的主要技术参数是轮廓算术平均偏差 *Ra*,在图中标注时有加工(表面去除材料)符号和不加工(表面不去除材料)符号两种。

Ra 的基本系列值有 0.012、0.025、0.050、0.1、0.2、0.4、0.8、1.6、3.2、6.3、12.5、25、50、100μm,在图中标注表面粗糙度时应注意以下几点。

(1)每个表面只标注一次,可直接标在面上,也可引线标注。

(2)表面粗糙度符号要从零件外面指向表面。

(3)表面粗糙度数值方向与尺寸数值方向相同。

(4)当零件的大多数表面具有相同的表面粗糙度要求时,可统一标在图纸的右上角,并加注其余字样;当零件所有表面具有同一要求时,统一标注在右上角。

(5)表面粗糙度值越小,要求越高,其制造成本增加,所以在满足使用要求的前提下,要尽量选择较低的要求。图 19-4 是其标注图例。

(二)极限偏差与配合

零件在加工制造的过程中其尺寸大小总会存在误差,为了保证零件便捷地安装在机器上,并实现其功能,所以要对零件的尺寸提出精度要求,使零件的制造尺寸在某一范围内变动。

1. 基本概念

(1)基本尺寸:设计时根据使用要求和强度确定的尺寸。

(2)实际尺寸:零件制造完成后的尺寸。

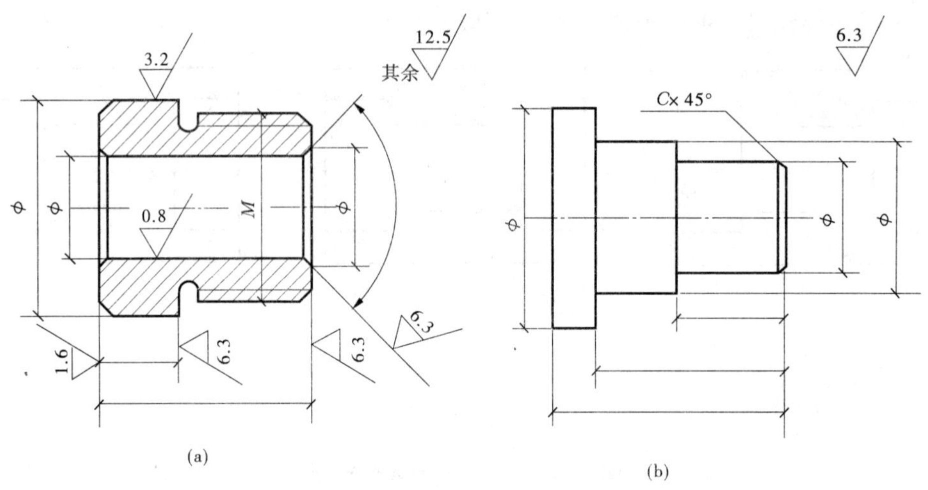

图 19-4 表面粗糙度标注示例

(3)极限尺寸:允许零件制造时尺寸变动的范围,有最大极限尺寸和最小极限尺寸。

(4)极限偏差:极限尺寸与基本尺寸的差值为极限偏差,最大极限尺寸减基本尺寸的代数差为上偏差;最小极限尺寸减基本尺寸的代数差为下偏差。

(5)公差:最大极限尺寸与最小极限尺寸的差值,是零件制造时的允许尺寸变动量。

(6)公差带:是上偏差和下偏差之间所限定的区域,它用拉丁字母和数字表达,如 *H*8、*f*7 等,孔的公差带用大写字母,轴的公差带用小写字母。

(7)配合:基本尺寸相同的孔和轴公差带之间的关系。

2.极限偏差与配合的标注

在零件图上对有配合要求或精度要求的尺寸标注极限偏差,其标注方法有三种形式,如图 19-5 所示。

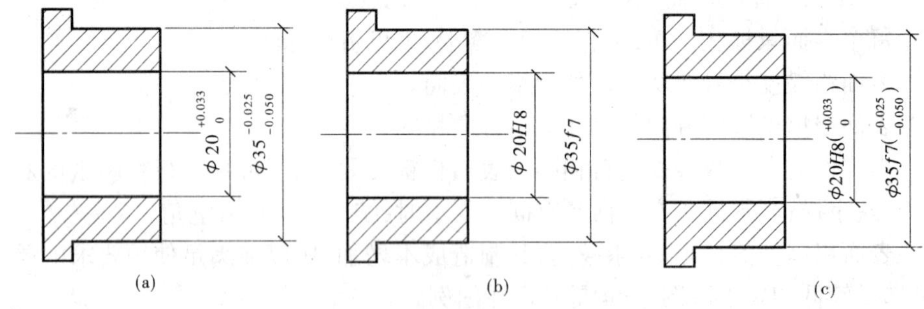

图 19-5 公差在零件图中的规定注法

在装配图上对有配合要求的尺寸进行标注,如图 19-6 所示,在基本尺寸的后面标注配合要求,其分子为孔的公差带,分母为轴的公差带。

3.其他技术要求

当零件有其他技术要求时,一般可注写在标题栏的上方。

五、零件上的常见工艺结构

零件的结构是零件根据在机器中的功能和作用确定的，但为了保证制造加工和装配的质量，要设计一些工艺结构。

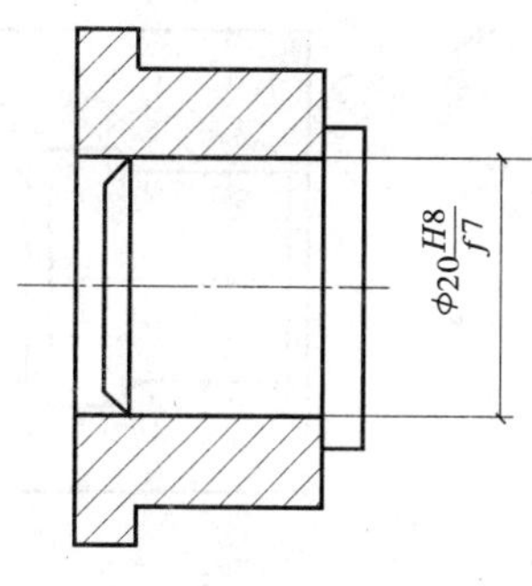

图 19-6 有配合要求的尺寸标准

(一)铸造工艺结构

铸造零件时为了取模的方便和防止落砂与凝固冷却时收缩产生裂纹，要尽量使其壁厚均匀，在尖角处要做成圆角，在有的表面上应有拔模斜度(见图 19-7)。

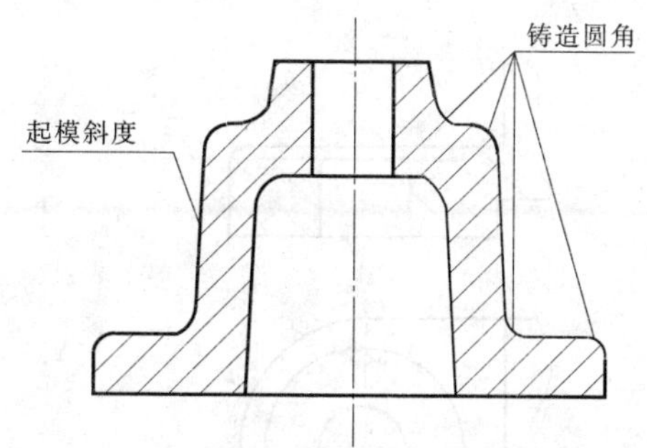

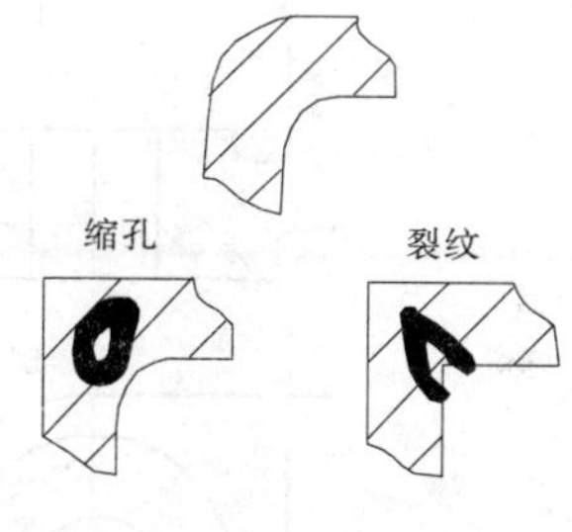

图 19-7 铸造工艺要求

(二)倒角

在轴或孔的端部，为了便于装配和操作安全，在其端部要加工出小的锥台面，即倒角，一般取母线与轴线的角度为 45°，图 19-8 中的数值 2 指其锥高。

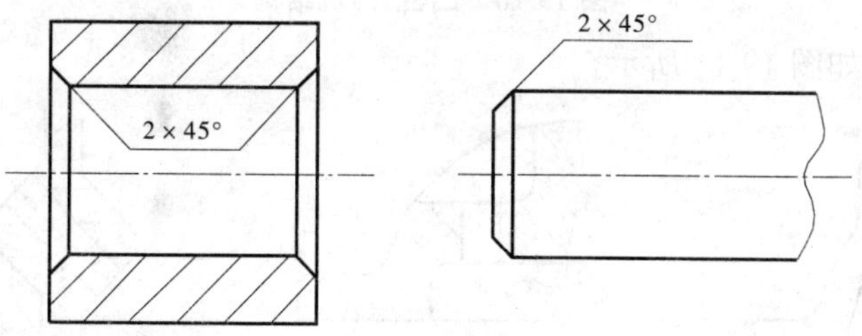

图 19-8 倒角

(三)退刀槽和砂轮越程槽

为了保证零件加工时在规定的范围内达到尺寸精度和表面粗糙度要求，并使装配时到位，一般在轴或孔的台肩处加工出环状的沟槽(见图 19-9)，其结构和尺寸可从有关资料中查找。

(四)凸台和凹坑

零件与零件的结合面一般都需要进行加工，为了减少加工量，保证零件表面接触良好，常在局部设计出如图 19-10 所示的凸台或凹坑结构。

(五)钻孔结构

在零件上进行钻削加工孔时，为了保证钻孔质量，并且避免钻头折断，要使孔的轴线

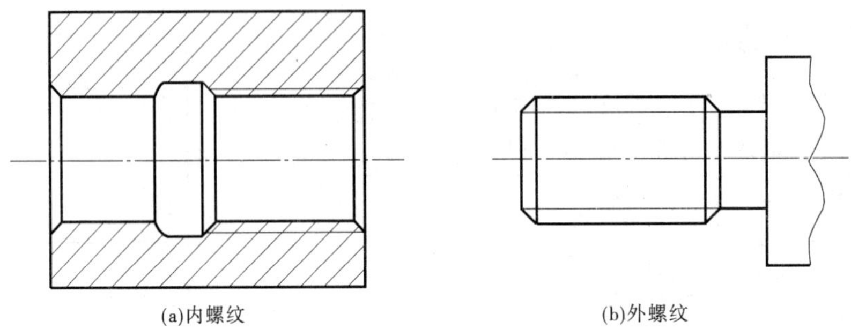

图 19-9 螺纹退刀槽

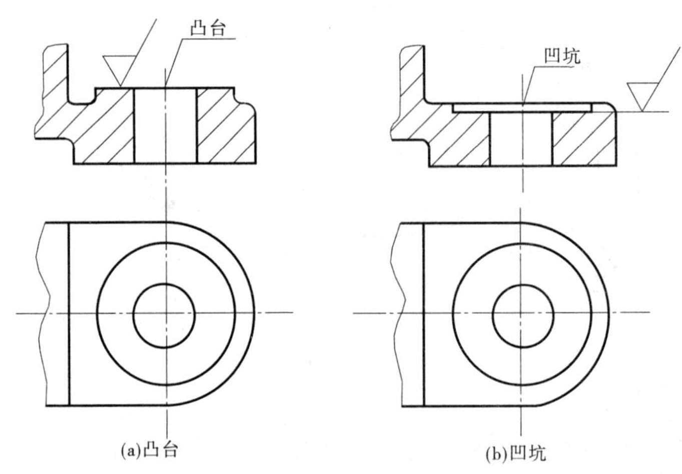

图 19-10 凸台、凹坑结构

垂直被加工表面,如图 19-11 所示。

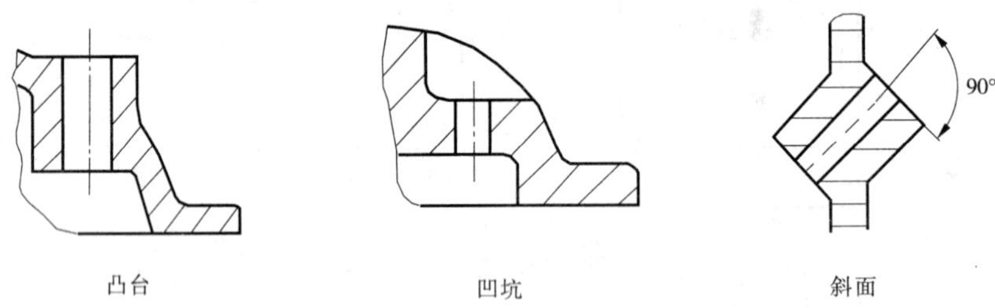

图 19-11 钻孔轴线与端面垂直

加工孔的锥底角画成 120°,在图中不需标注,阶梯孔和盲孔的画法如图 19-12 所示。

六、零件图的其他画法

零件图的其他画法主要有以下几点。

(1)局部视图。把零件的某一个部分向基本投影面投影所得到的视图叫局部视图,如图 19-13 的 A 向视图。局部视图可以按基本视图形式配置,也可以标注后放置在其他位置。

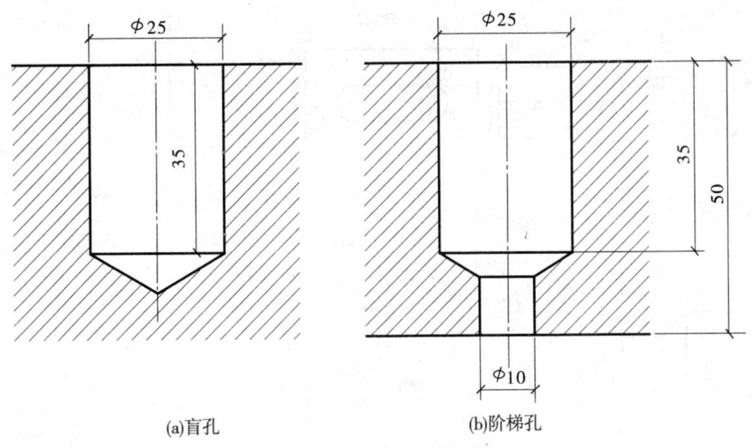

图 19-12　钻孔结构

(2)斜视图。把零件向不平行基本投影面的平面投影所得到的视图,如图 19-13 的 B 向视图。斜视图要进行标注,可以按投影关系配置,也可以放置在其他位置,还允许旋转配置,以箭头表示旋转方向。

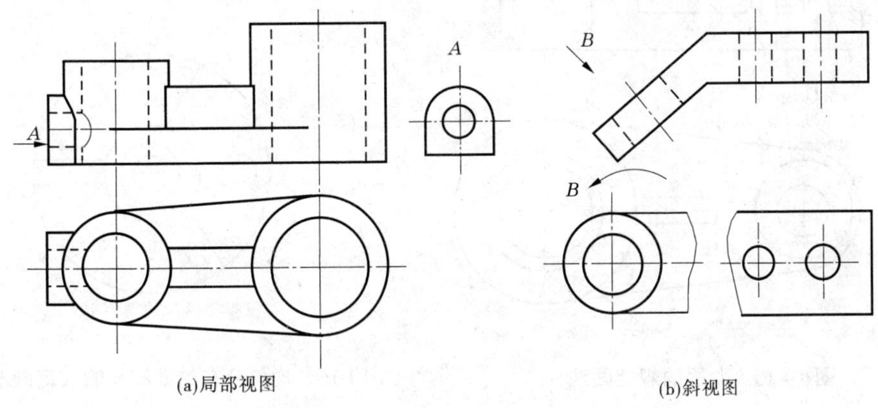

图 19-13　局部视图和斜视图

(3)局部放大图。机械图相对于建筑图来说应用了较小比例,当零件的某些局部图形不清晰或不便于标注尺寸时,采用大于原图比例所画出的图形,称为局部放大图,它可以画成视图、剖视图、断面图,如图 19-14 所示。

(4)对零件上的肋、幅板等,当沿纵向剖切时,这些结构都不画剖面符号,用粗实线将其与相邻部分分开(见图 19-15);当零件回转体上有均匀分布的孔、肋、轮幅等结构不在剖切平面上时,可将这些结构旋转到剖切平面上画出,如图 19-16 所示。

(5)当零件的视图上不能完全表达平面时,可用平面符号(相交的两条细实线)表示(见图 19-17)。

(6)过渡线画法。在零件相交表面处有小的圆角时,其交线并不明显,为了区分出不同表面,仍旧画出交线——过渡线(见图 19-18)。

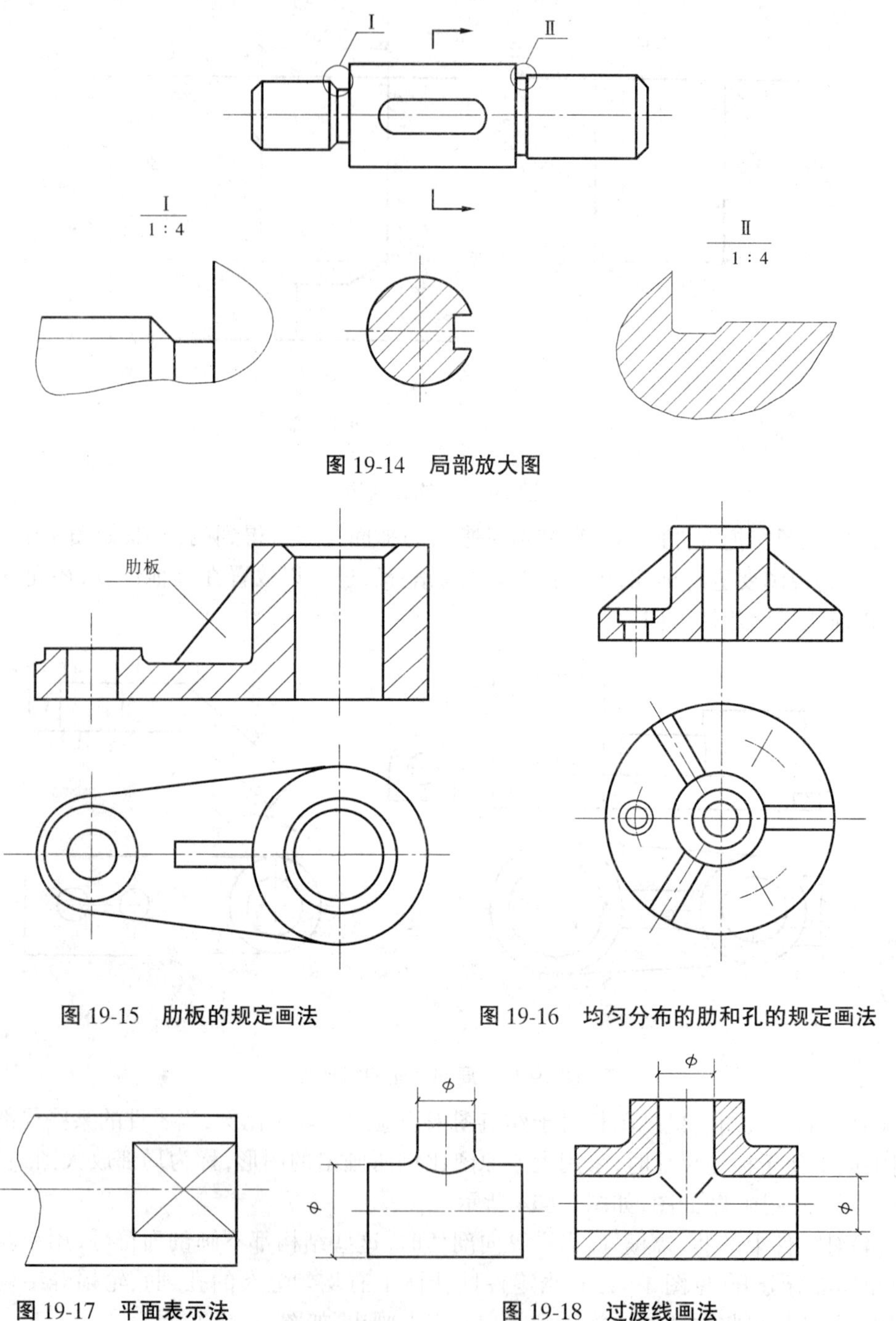

图 19-14　局部放大图

图 19-15　肋板的规定画法

图 19-16　均匀分布的肋和孔的规定画法

图 19-17　平面表示法

图 19-18　过渡线画法

第二节　标准件和常用件的规定画法

有一部分零件在机械装备中具有相同的功能和作用，被广泛、大量地采用，如螺纹紧固件、齿轮、轴承、弹簧等，为了设计、制造、使用方便，降低生产成本，它们有的形状结构尺寸、使用材料、技术要求和标记等都已标准化了，这些零件称为标准件；部分重要设计参数标准化的零件，称为常用件。

一、螺纹和螺纹连接

螺纹是在圆柱面或圆锥面表面上，沿着一条螺旋线形成的、具有相同轴向剖面的凸起和沟槽，在外表面形成的螺纹称为外螺纹（见图 19-19(a)），在内表面上形成的螺纹称为内螺纹（见图 19-19(b)）。

凸起部分的顶端称为牙顶，沟槽部分的底部称为牙底（见图 19-19）。

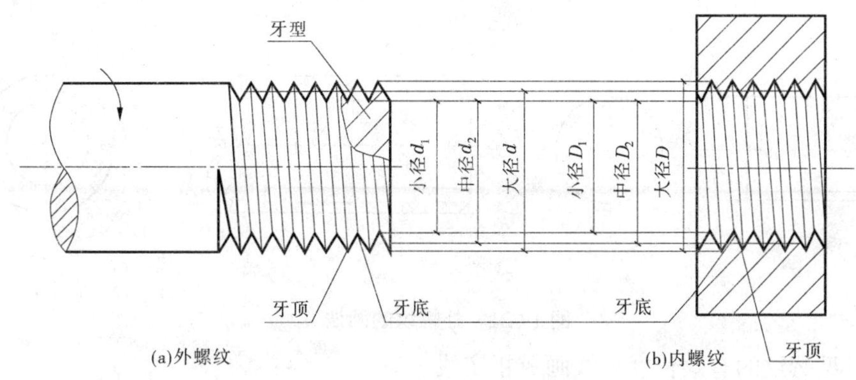

图 19-19　螺纹的各部分结构

(一)螺纹的要素

以图 19-19 的圆柱螺纹为例说明螺纹的要素。

(1)牙型。在通过螺纹轴线的剖面上，螺纹轮廓形状称为牙型。

(2)直径。与外螺纹牙顶和内螺纹牙底相重合的假想圆柱面的直径称为大径，是公称直径；外螺纹牙底和内螺纹牙顶相重合的假想圆柱面的直径称为小径。

(3)螺距。相邻两牙在中径线上对应两点间的轴向距离。

(4)线数。有单线和多线，沿一条螺旋线形成的螺纹称为单线螺纹，沿两条以上螺旋线形成的螺纹称为多线螺纹。

(5)旋向。分右旋螺纹和左旋螺纹，顺时针方向旋入的为右旋，逆时针方向旋入的为左旋，常用的是右旋螺纹。

凡牙型、直径、螺距三要素符合标准的称为标准螺纹。

当内外螺纹需要旋合在一起时，其上述五个要素应相同。

(二)单个螺纹的规定画法

如图 19-20、图 19-21 所示为内外螺纹的画法。

(1)可见螺纹的牙顶用粗实线，牙底用细实线，如果螺纹端部有倒角或倒圆时，在平行轴线的视图中细线应画入。

(2)在垂直于轴线，投影为圆的视图中，不画倒角圆，牙底细实线只画成$\frac{3}{4}$圆。小径通常画成大径的 0.85 倍。

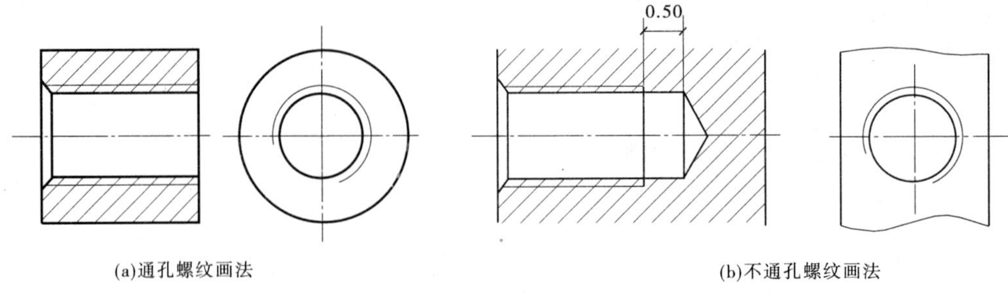

图 19-20　内螺纹的画法

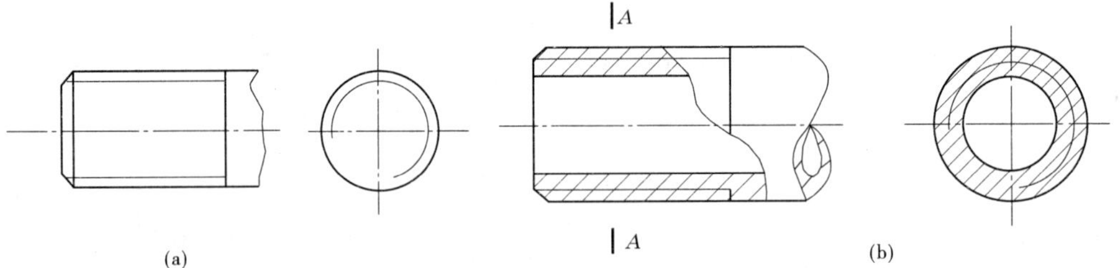

图 19-21　外螺纹的画法

(3)可见螺纹的有效长度界线画成粗实线。

(4)在剖视图或断面图上,剖面线要画到牙顶的粗实线。

(5)当螺纹为不通孔时,钻孔深度要比螺纹有效长度大 0.5D,其锥底角为 120°。

(6)不可见螺纹的所有图线均画成虚线,如图 19-22 所示。

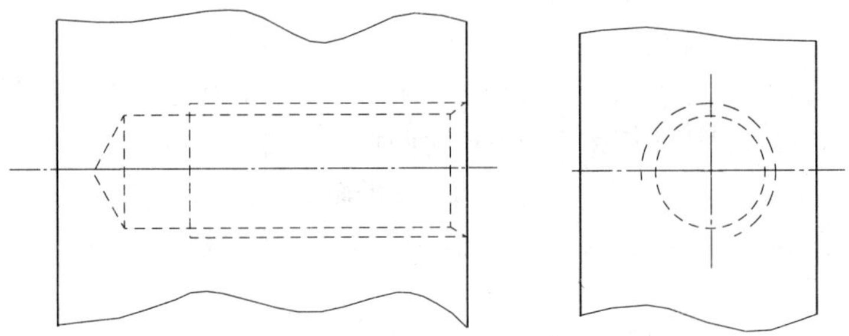

图 19-22　不可见内螺纹的画法

(三)螺纹连接的画法

图 19-23 是以剖视图为例的内外螺纹连接画法,其旋合部分按外螺纹的画法画,非旋合部分按各自的画法画。应该注意,表示内螺纹大小径的细线和粗线要分别与表示外螺纹大小径的粗线和细线对齐;为了保证有效旋合长度,其螺孔的有效长度应比旋合长度大,画图时一般长出 0.5D。

(四)螺纹的牙型及代号

常用的标准螺纹可分为连接螺纹和传动螺纹两大类,作连接使用的主要是普通螺纹和管螺纹,传动使用的主要是梯形和锯齿形螺纹,它们的牙型和特征代号如图 19-24 所示。

完整的螺纹标注格式如下:

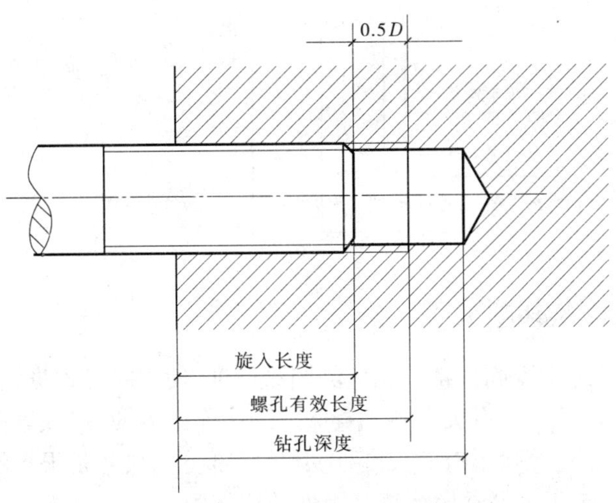

图 19-23　螺纹连接的画法

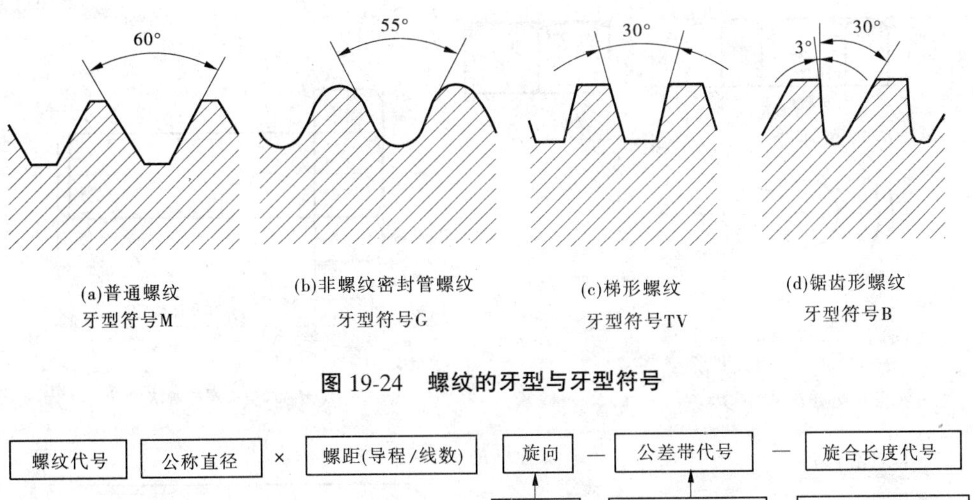

图 19-24　螺纹的牙型与牙型符号

粗牙螺纹，右旋和中等旋合长度可省略，中径和顶径公差带相同时只标注一个代号。

例 1：

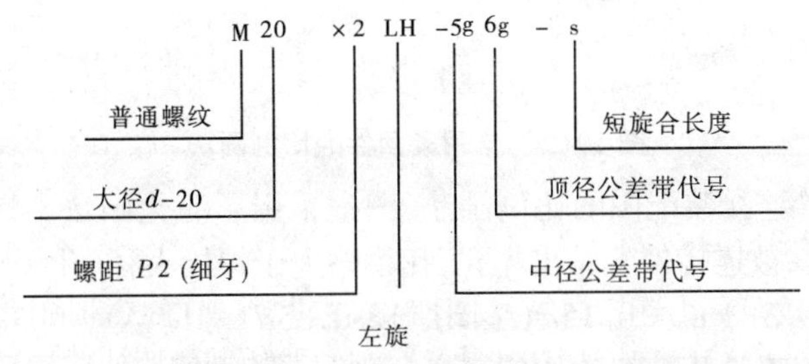

例 2：

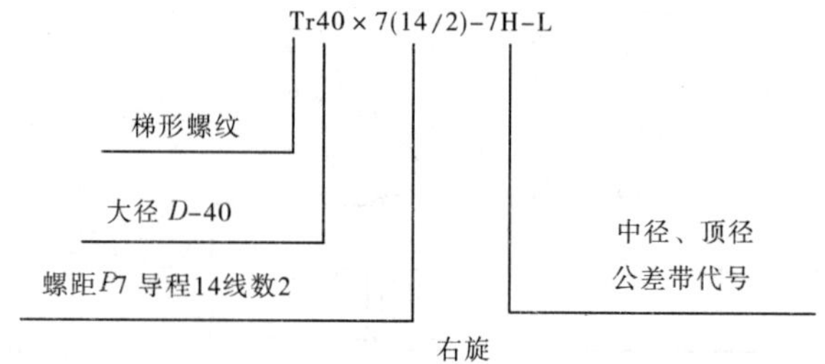

二、螺纹紧固件及其画法

各种常用的标准螺纹紧固件都有相应的国家标准，使用时可根据需要选用，不需要画零件图，它们的结构尺寸可从有关资料中查阅。为了作图方便，螺纹紧固件一般都使用比例画法，螺栓、螺钉、螺柱等除了有效长度外，其他各部分的尺寸是根据螺纹大径的一定比例画出的。如图 19-25 所示是常用螺纹紧固件的比例画法。

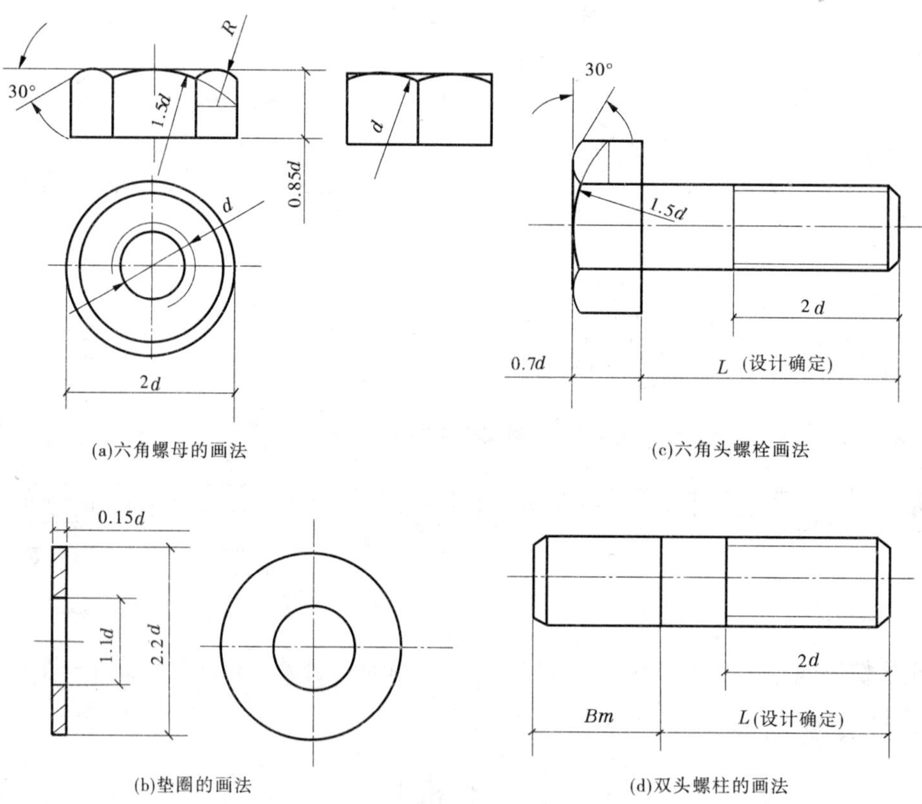

图 19-25　常用紧固件的比例画法

图 19-26 是螺栓连接装配图的比例画法，图中采用了简化画法。螺栓连接主要用于能钻成通孔的零件。被连接件上钻出光孔，孔径略大于螺栓大径(孔径 = 1.1d)。

螺栓的长度 $L=\delta_1+\delta_2+0.15d$(垫圈厚) $+0.85d$(螺母厚) $+0.3d$。

图 19-27 是螺柱连接装配图的比例画法。螺柱两端都有螺纹，当连接件中某个零件较厚或不适宜钻通时，可加工成盲孔螺纹，将螺柱的一端旋入带有螺孔的零件中，而另外

的连接件加工成稍大于螺柱的光孔进行连接。旋入零件端的长度根据不同材料选定。

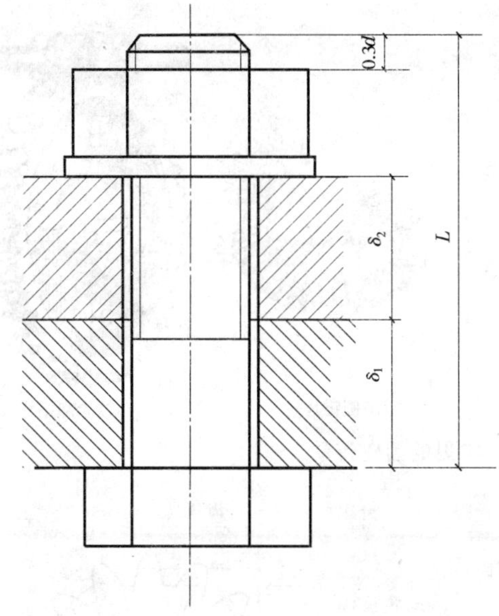

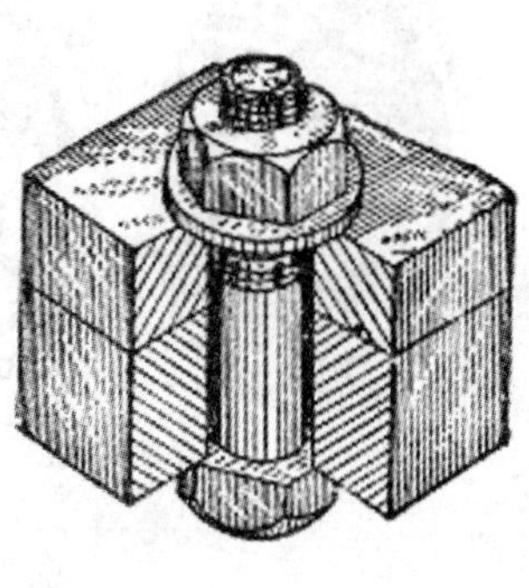

图 19-26 螺栓连接的比例画法

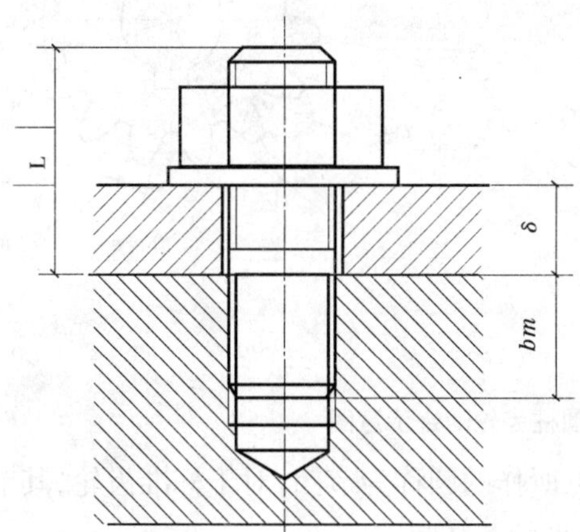

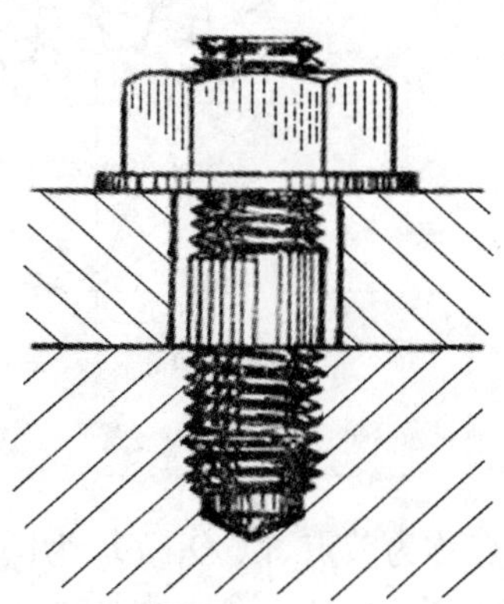

图 19-27 螺柱连接的比例画法

三、齿轮

齿轮属于常用件，是机器中广泛应用的传动零件。齿轮不仅可以用来传递动力，而且还可以用来改变运动速度和运动方向。

如图 19-28 所示是齿轮传动的几种主要形式。

（一）齿轮的主要参数

齿轮的轮齿轮廓比较复杂，在齿轮的参数中只有模数、压力角已经标准化。在齿轮的传动中，圆柱齿轮应用较为普遍，现结合图 19-29 为例进行介绍。

（1）节圆和分度圆。一对相互啮合的齿轮，其中心连线交于两齿轮传动的啮合点 P，

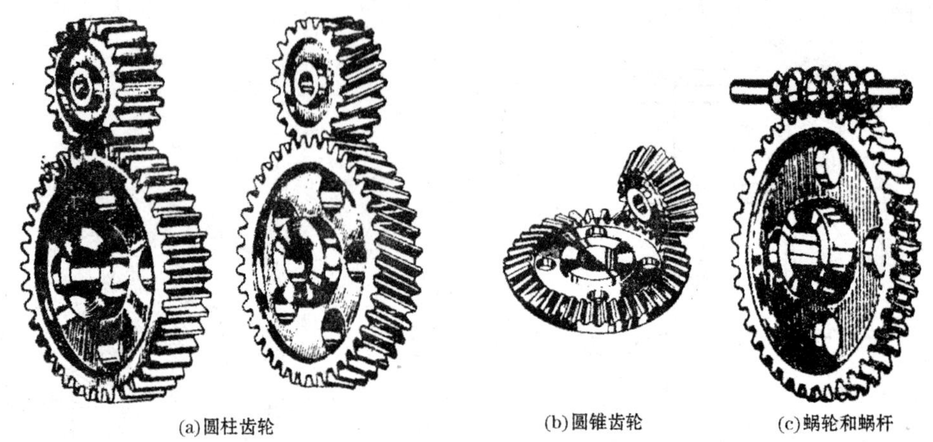

(a)圆柱齿轮　(b)圆锥齿轮　(c)蜗轮和蜗杆

图 19-28　常见的齿轮传动

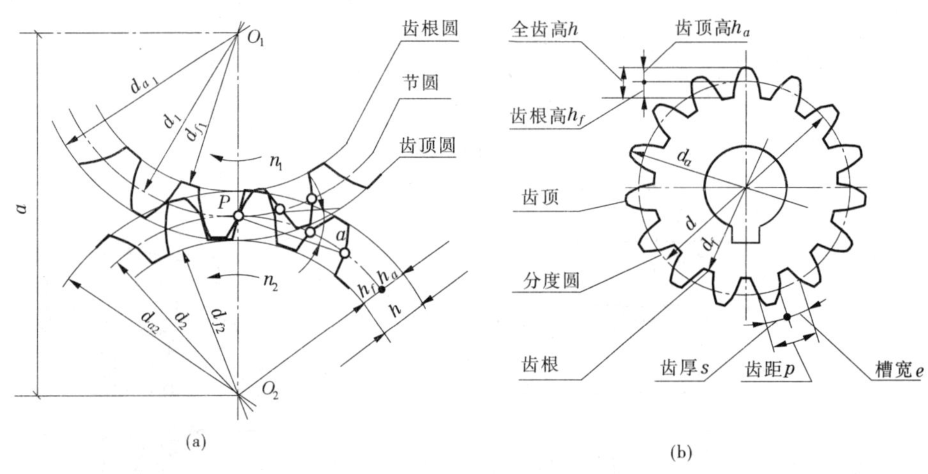

图 19-29　圆柱齿轮啮合示意图

P 点称为节点，以 O_1、O_2 为圆心，过 P 点所作的圆称为节圆，对于标准齿轮，其节圆和分度圆是一致的。分度圆是设计、制造的分齿的基准圆。

(2)齿距 p 与齿厚 s。齿距是在分度圆上相邻两齿对应点之间的弧长，而齿厚是每个齿在分度圆上的弧长。

(3)模数 m。以 Z 表示齿数，d 表示分度圆直径，分度圆的周长 $= \pi d = Z_p$，$d = p/\pi z$，令 $p/\pi = m$，则称 m 为齿轮的模数。模数是设计、制造齿轮的重要参数，两个相互啮合的齿轮模数必须相同。

(二)圆柱齿轮的画法

齿轮的轮齿部分不是按实际形状投影绘制，而是按规定画法绘制的，其他部分仍按其结构形状投影作图。规定齿顶圆和齿顶线用粗实线绘制，分度圆和分度线用点画线绘制，齿根圆和齿根线用细实线绘制(可省略不画)；在剖视图中，当剖切平面通过齿轮的轴线时，轮齿部分按不剖绘制，这时齿根线要用粗实线绘制。图 19-30 是单个圆柱齿轮的画法。

两个齿轮啮合时，在通过齿轮轴线的剖视图上的啮合区内，一个齿轮的轮齿用粗实线

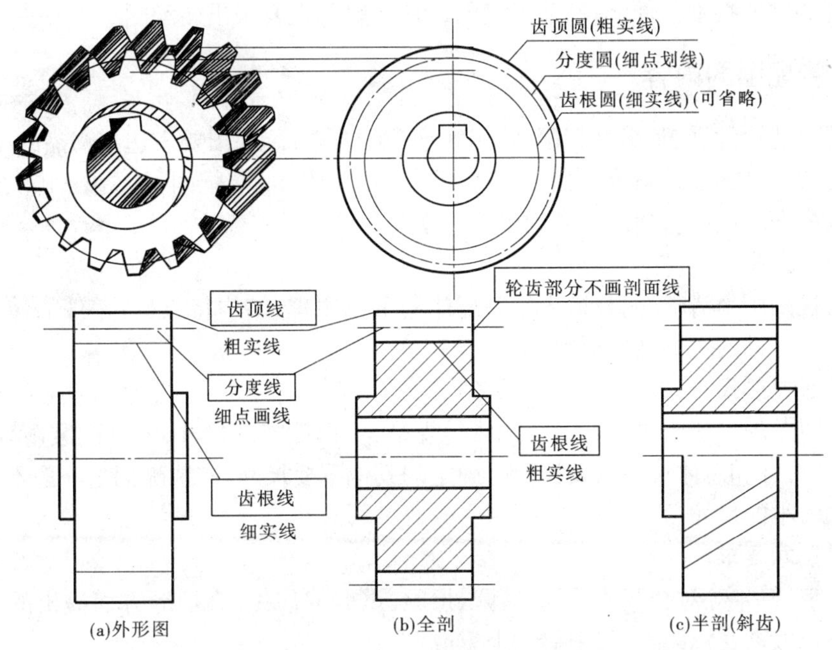

图 19-30　单个直齿圆柱齿轮画法

绘制,另一个齿轮轮齿被遮应部分用虚线绘制;在外形投影图上啮合区的齿顶线不需画出,节线用粗实线绘制。在垂直轴线的投影图上,分度圆(节圆)相切,齿顶圆用粗实线绘制,啮合区内可省略不画。图 19-31 是圆柱齿轮啮合的画法。

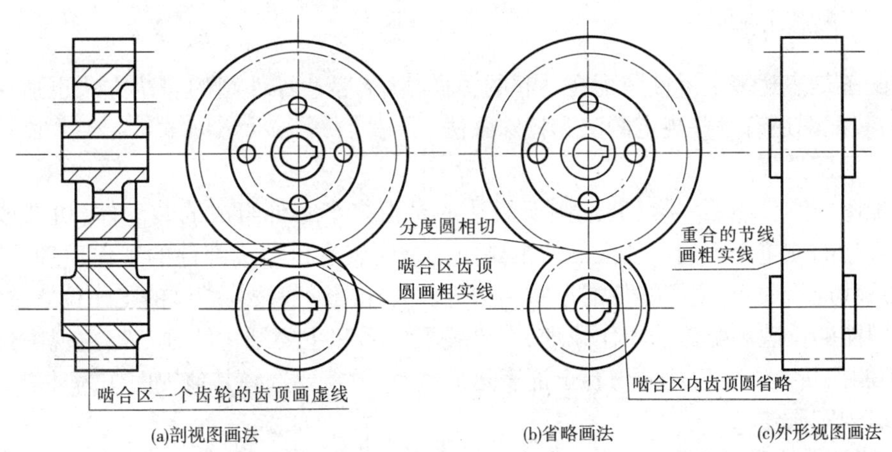

图 19-31　圆柱齿轮啮合的画法

第三节　装配图

一台机械装置是由若干个零件,按照一定的位置关系和技术要求装配在一起形成的。表达装配体(机器或部件)的图样,称为装配图。它是进行产品设计、装配、检验、安装、维修等过程的主要技术文件之一,新产品的设计一般都先要画出装配图。

一、装配图的内容

为了表达设计思想,满足装配、使用和维护的要求,装配图要表达出产品的工作原理,零件间的装配和连接关系等。如图 19-32 是一个球形阀的装配图,从图中可以看出,一张完整的装配图一般应包括的主要内容有以下几部分。

(一)一组视图

一组视图用来清晰、完整地表达装配体的工作原理、结构特点、各零件的装配与连接关系和重要零件的主要结构形状。

(二)必要的尺寸

装配图上的尺寸主要有表示装配体的规格、工作性能的尺寸,零件间装配配合尺寸,连接、安装尺寸和总体尺寸以及设计时确定的其他重要尺寸等,装配图上一般不标注表示零件形状大小的尺寸。

(三)技术要求

用文字、符号等对装配体质量、装配、检验、试验或使用、维护等方面提出的有关条件或要求。一般写在标题栏、明细栏的上方或左面。

(四)标题栏、零件序号和明细栏

在标题栏中,主要填写装配体的名称、图号、数量以及相关人员签名等内容。

在装配图中每个零件都要进行编号,在标题栏的上方或左边画出明细栏,把编号的零件按序号从下向上填写在明细表中。

二、装配图的画法

装配图是表达多个零件装配在一起的图样,除了表达零件图的表达方法也适用于装配图外,装配图还有一些规定画法和特殊画法。

(一)视图选择

装配图与零件图不一样,装配图所表达的是由多个零件组成的装配体(机器或部件等),所表达的侧重面不同。装配图的主要任务是要表达机器或部件的工作原理、零件的装配关系和连接关系、主要零件的形状结构等。装配图一般按装配体的工作位置选择,并使主视图能够反映装配体的工作原理、主要装配关系和主要结构特征。当主视图选定之后,若不能把所有需要表达的内容全部表达清楚时,就需要选择其他视图作为补充。

(二)规定画法

(1)两零件的配合表面或接触表面只画一条共有的轮廓线,而非配合和接触表面,要画两条线,即它们各自的轮廓线投影;两条线的间距过小时,也必须用夸大画法画出两条线。

(2)在剖视图中,两相邻的零件的剖面符号应方向相反或间隔不相等。

(3)当剖切平面通过螺纹紧固件或实心零件的轴线纵向剖切时,这些零件均按不剖绘制。

(三)特殊画法

1. 拆卸画法

在装配图的某个视图上,如果有些零件遮挡了某些需要表达的内容时,则可将其拆卸

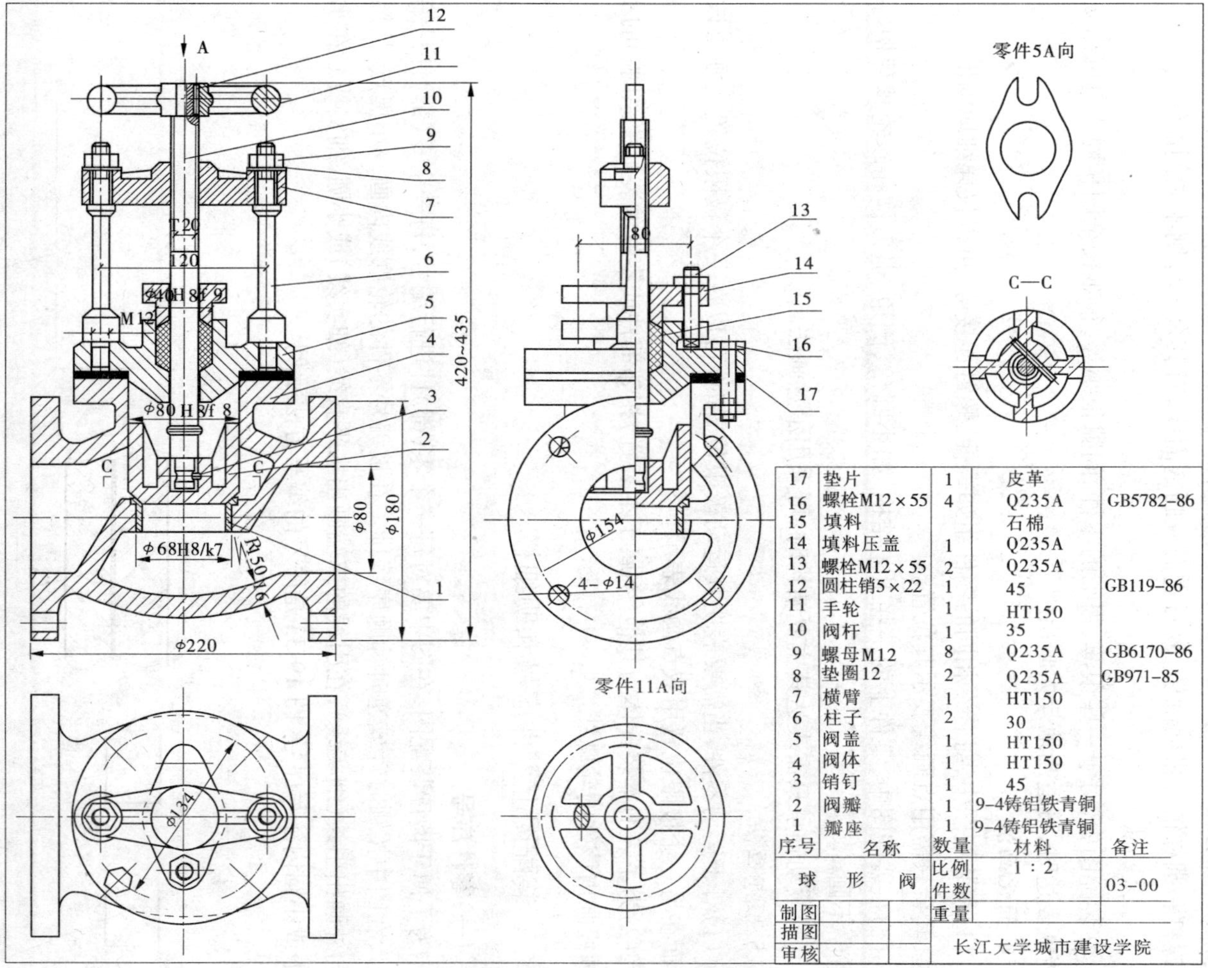

零件5A向

C—C

零件11A向

序号	名称	数量	材料	备注
17	垫片	1	皮革	
16	螺栓M12×55	4	Q235A	GB5782-86
15	填料		石棉	
14	填料压盖	1	Q235A	
13	螺栓M12×55	2	Q235A	
12	圆柱销5×22	1	45	GB119-86
11	手轮	1	HT150	
10	阀杆	1	35	
9	螺母M12	8	Q235A	GB6170-86
8	垫圈12	2	Q235A	GB971-85
7	横臂	1	HT150	
6	柱子	2	30	
5	阀盖	1	HT150	
4	阀体	1	HT150	
3	销钉	1	45	
2	阀瓣	1	9-4铸铝铁青铜	
1	瓣座	1	9-4铸铝铁青铜	

球形阀		比例	1∶2	03-00
		件数		
制图		重量		
描图		长江大学城市建设学院		
审核				

图 19-32　球形阀装配图

掉不画而画剩下部分的视图，这种画法称为拆卸画法。为了避免产生误解，在这个视图上加注“拆去零件×、×……”

2.沿结合面剖切画法

在装配图中，为了表示内部结构，可假想沿着某些零件的结合面剖开。图 19-31 中，齿轮油泵左视图的左半个投影，是沿着零件结合面剖切的画法。其中，由于剖切平面对螺栓、螺钉和圆柱销是横向剖切，故对它们应画剖面线；对其余零件则不画剖面线。

3.夸大画法

在装配图中，对于一些很薄、很细的零件、间隙很小等，很难按全图相同比例画出或不能清晰表达时，可适当地夸大画出。

4.简化画法

(1)在装配图中，对若干相同的零件组如螺栓、螺钉连接等，可以仅详细地画出一处或几处，其余只需用点画线表示其位置。

(2)在装配图中，零件上的一些工艺结构，如小圆角、倒角、退刀槽和砂轮越程槽等可以省略不画。

(3)滚动轴承只需表达其主要结构时，可采用示意画法。

5.假想画法

(1)对于运动零件，当需要表明其运动极限位置时，可以在一个极限位置上画出该零件，而在另一个极限位置用双点画线表示。

(2)为了表明本装配体与其他(不属于本装置)相邻部件或零件的装配关系时，可用双点画线画出该件的轮廓线。

三、装配图上零件序号和明细栏

(一)零件序号

为了便于阅读装配图，在图中要对每一个零(部)件进行编号，每一个零(部)件只编一个号，在图中按顺时针或逆时针顺序编排。在被编号零件的轮廓线内画一小黑点，从黑点处向外画出引线(细实线)，在引线的末端画出水平直线(细实线)或小圆(细实线)，在水平线上或小圆内注写序号，图 19-33 是序号的编写方法示例。

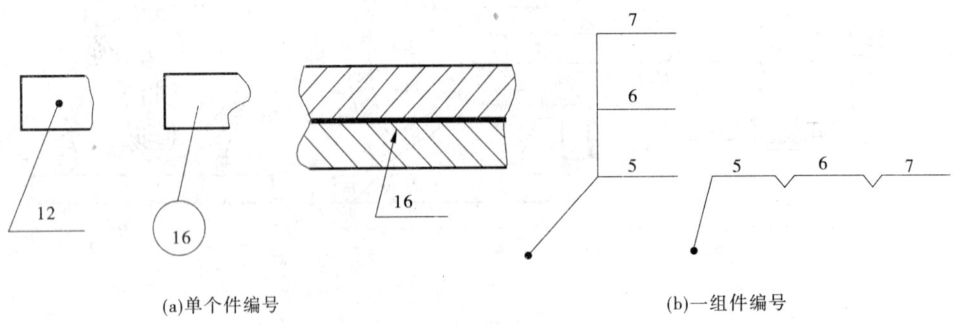

图 19-33　零件序号的编写方法

(二)明细栏

在明细栏中包括了装配体的全部零(部)件目录,填写零(部)件的序号、代号、名称、数量、材料、备注等内容。

在机器(或部件)中采用的标准件,在明细栏内注写规格和标记代号,不需要另画零件图。

第二十章　计算机绘图基础

第一节　AutoCAD 基本知识

计算机绘图技术是工程技术人员必须掌握的基本技能之一。目前,在国内外工程上应用较为广泛的绘图软件是 AutoCAD,本章主要介绍 AutoCAD 2006 绘图软件的基本操作及主要命令的使用方法,并通过工程图样的绘制实例,学习 AutoCAD 绘制工程图的基本方法及步骤,使读者对运用计算机绘图软件绘制建筑工程图有一个初步认识。

一、AutoCAD 2006 的工作界面

进入 AutoCAD 2006 后,屏幕将出现如图 20-1 所示的绘图屏幕。

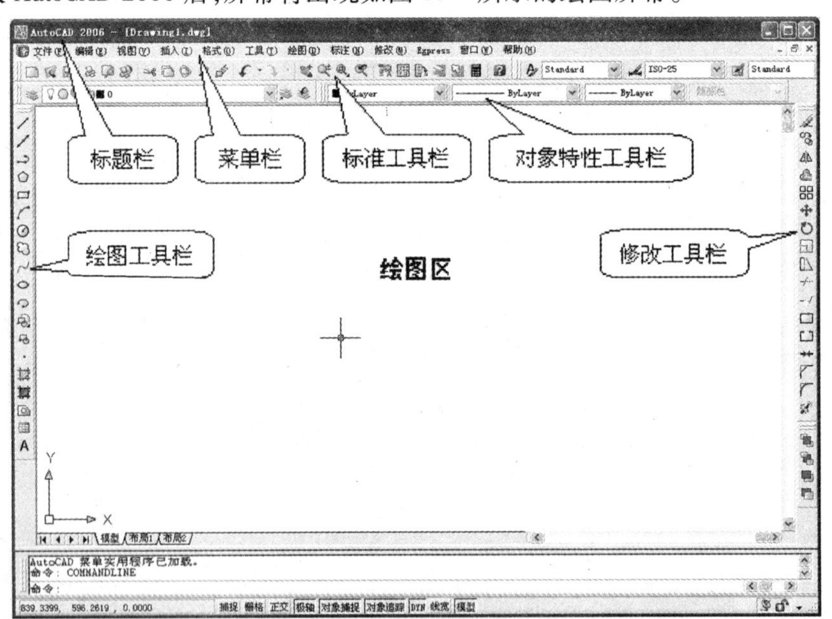

图 20-1　AutoCAD 2006 工作界面

标题栏——显示当前所用软件的信息及图形文件名。

菜单栏——包含各菜单选项、对话框或子菜单选项,每一个选项代表一个命令。

工具条——AutoCAD 最初显示以下几个工具栏:标准工具栏、样式工具栏、图层工具栏、特性工具栏、绘图工具栏、修改工具栏。工具栏上每个小图标代表一个命令,当光标指向某个图标并略停,会显示该图标的名称,单击它就激活该命令。

绘图区——显示和编辑图形的区域,其左下角箭头代表坐标系及原点。

命令窗口——用于输入命令及显示系统反馈提示信息,缺省为三行,它是一个可固定

且可调整大小的窗口。

状态栏——可以用它打开或关闭下面几种绘图模式：坐标的显示、捕捉(snap)、栅格(grid)、正交(ortho)、极轴(polar)、对象捕捉(osnap)、对象追踪(otrack)、线宽(lwt)和模型(model)，通过点击相应的按钮打开和关闭这些功能。对各文字键击右键，从弹出菜单中选择"设置"选项，则可对其参数进行设置。

十字光标——拾取屏幕上的点或拾取要编辑的对象。

二、命令和数据的输入方式

(一)命令的输入

在 AutoCAD 中，用户要进行某项操作，一般有三种方式。

(1)通过命令行直接输入命令，如图 20-2 所示。

(2)通过工具条图标输入命令，如图 20-3 所示。

(3)通过下拉菜单输入命令，如图 20-4 所示。

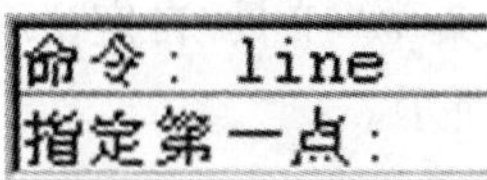

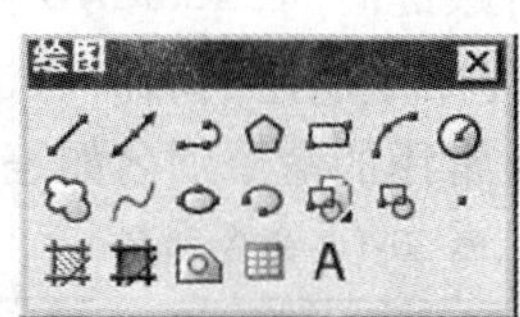

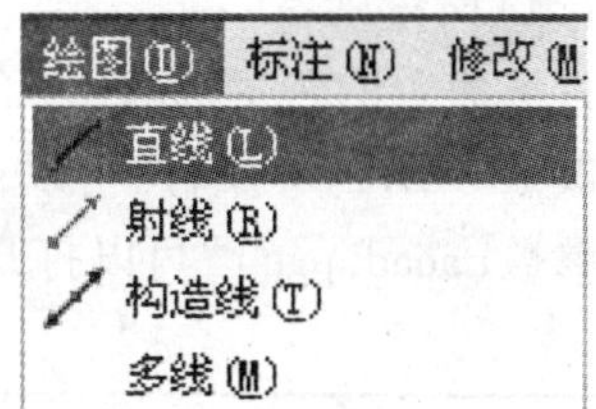

图20-2 通过命令行输入命令 图 20-3 通过工具条图标输入命令 图 20-4 通过下拉菜单输入命令

最基本的输入方法是通过键盘输入，输入的内容显示在命令行。在输入结束后必须按 Enter 键或空格键来激活该命令。AutoCAD 的命令不区分大小写。从键盘输入命令，命令行必须是"干净"的。

(二)命令的重复、中止与取消

在"命令:"提示符下按 Enter 或空格键，最后一次使用过的命令会被重复。

按 Esc 键可中止当前命令状态。

当绘图完一次操作后，如果发现操作失误，可在命令行中输入"U"并回车，或利用热键"Ctrl + Z"来实现取消操作，也可以利用工具条中的"放弃"图标来实现取消操作。利用"重做"命令或单击工具条中的重做图标，或者利用热键"Ctrl + Y"来恢复刚才放弃的操作。

(三)点的输入方式

AutoCAD 绘图时，经常要确定一些点的位置，如线段的端点、圆的圆心等。一般可以用以下方式输入一个点。

(1)用鼠标在屏幕上拾取点。

(2)用目标捕捉方式确定一些特殊点(如线段的端点、圆的圆心和切点等)。

(3)通过键盘输入点的坐标。

(4)在指定方向上通过给定距离确定点。这是指定第二点的方法之一，首先移动光标指出方向,然后输入距离。

(5)跟踪得到一些点。

(四)动态输入指南

现在,可以在工具栏提示中(而不是在命令行中)输入坐标值。在默认情况下,为大多数命令输入的 *X*,*Y* 坐标值被解释为相对极坐标,而不是像早期版本的产品一样解释为绝对坐标。要输入相对坐标,通常不需要输入 at 符号(@),而只需要输入相对偏移值。要指示绝对坐标,使用磅符号(#)前缀。例如,要将对象移到图形原点,就在第二点提示下输入 #0,0。

DYNPICOORDS 系统变量用于控制指针输入是使用相对坐标格式还是使用绝对坐标格式。可以使用符号前缀来临时替代这些设置。

(1)要在工具栏提示中显示相对坐标时输入绝对坐标,输入#。

(2)要在显示绝对坐标时输入相对坐标,输入@。

(3)要输入绝对世界坐标系(*WCS*)坐标,输入 *(星号)。

(五)命令别名

许多命令的名字很长,为了节省敲键时间,AutoCAD 给一些命令规定了别名,用户通过修改 ACAD. PGP 文件,可以自己为命令创建别名。通过下拉菜单"工具/自定义/编辑程序参数(acad. pgp)"可以打开它。常用的命令别名如表 20-1 所示。

表 20-1 命令别名

别名	命令	功能	别名	命令	功能
a	arc	绘制圆弧	m	move	移动对象
ar	array	对象阵列	mi	mirror	镜像
c	circle	绘制圆	mt	mtext	书写多行文字
ch	properties	对象属性	o	offset	偏移
cha	chamfer	倒角	pe	pedit	多义线编辑
cp	copy	拷贝	pl	pline	绘制多义线
d	dimstyle	尺寸类型	r	redraw	重绘对象
dt	dtext	书写文字	re	regen	重生成对象
ed	ddedit	动态编辑	ro	rotate	旋转
ex	extend	延伸对象	sc	scale	设置比例
f	fillet	圆角	tr	trim	剪切
l	line	画线	x	explode	分解
lts	ltscale	设置线性比例	z	zoom	缩放

三、坐标系统

在绘制图形时,AutoCAD 是通过坐标系统来确定一个图元在空间中的位置。坐标系统主要分为绝对直角坐标、绝对极坐标和相对直角坐标、相对极坐标。

当用户以绝对坐标的形式输入一个点时,可采用直角坐标和极坐标两种形式。直角坐标就是输入点的 *X* 值和 *Y* 值,坐标间用逗号隔开,如(2,3);极坐标就是输入该点距坐标系原点的距离,以及这两点的连线与 *X* 轴正向的夹角,中间用"<"号隔开,如(15 <

30)，表示此点距坐标原点的距离为 15，两点的连线与 X 轴正向的夹角为 30°，如图 20-5 所示。

相对坐标是指相对于前一坐标点的坐标，相对坐标也有直角坐标和极坐标两种形式，输入格式与绝对坐标相同，但要求在坐标前面加上“@”号。

在绘图中，多种坐标输入方式配合使用会使绘图更灵活，再配合目标捕捉、夹点编辑等方式，则使绘图更快捷。

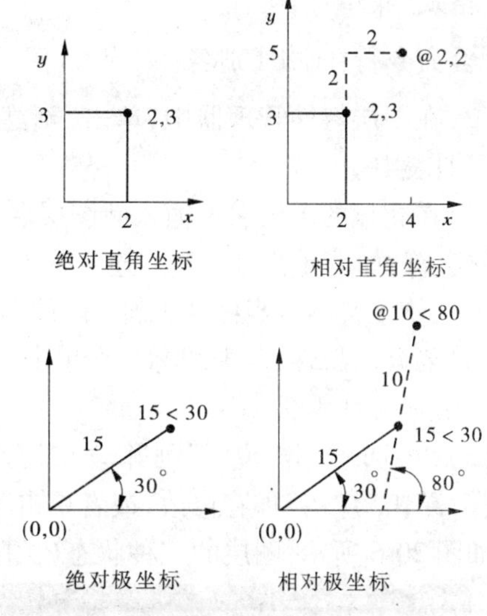

图 20-5　坐标系统

四、常用快捷键

F1——调出帮助系统。

F2——文本窗口与图形窗口的切换。有助于用户观察过去所执行的命令过程。

F3——打开捕捉设置对话框(未进行捕捉设置前)、打开/关闭捕捉设置(进行捕捉设置后)。

F6——打开/关闭坐标显示。

F7——打开/关闭网格显示。栅格间距由 grid 命令设置，此功能键不能设置栅格间距。

F8——打开/关闭正交模式。用此键可以强制绘制垂直线和水平线。

F9——打开/关闭网格捕捉。用 snap 命令设置网格捕捉值。

F10——打开/关闭极轴追踪模式。

F11——打开/关闭对象追踪模式。

五、图层、线型和颜色的设定

AutoCAD 中的图层可以看做是叠加在一起的没有厚度的一系列透明纸。任何图形对象都是绘制在图层上的。每个图层都有与其相关联的颜色、线型、线宽和打印样式。可以用图层将图形中的对象分组，同时用不同的颜色、线型和线宽识别不同对象。例如，可以创建一个用于绘制中心线的图层，并为该图层指定中心线需具备的特性(如颜色、线型和线宽)。在绘制中心线时切换到中心线图层开始绘图，而无需在每次绘制中心线时去设置线型、线宽和颜色。

开始绘制一个新图形时，AutoCAD 将创建一个名为 0 的特定图层。缺省时，图层 0 为白色或黑色(由背景色决定)、continuous(连续)线型、线宽 0.25mm 以及“普通”打印样式。图层 0 不能被删除或重命名。

创建新图层的步骤：

(1)“对象特性”工具栏：；

“格式”菜单:图层;

命令行:layer (别名:la)。

(2)在图层特性管理器中,单击“新建图层”按钮。图层名(例如 layer1)将自动添加到图层列表中。

(3)在亮显的图层名上输入新图层名。图层名最多可以包括 255 个字符:字母、数字和特殊字符,如美元符号($)、连字符(-)和下划线(_)。在其他特殊字符前使用反向引号(`),使字符不被当做通配符。图层名不能包含空格。

(4)要修改特性,单击图标。在单击“颜色”、“线型”、“线宽”或“打印样式”图标时,将显示相应的对话框。

(5)(可选)单击“说明”列并输入文字。

(6)单击“应用”保存修改,或者单击“确定”保存并关闭。

如图 20-6 所示,图层的三种状态(关闭、冻结和锁定)所产生的效果简述如下:

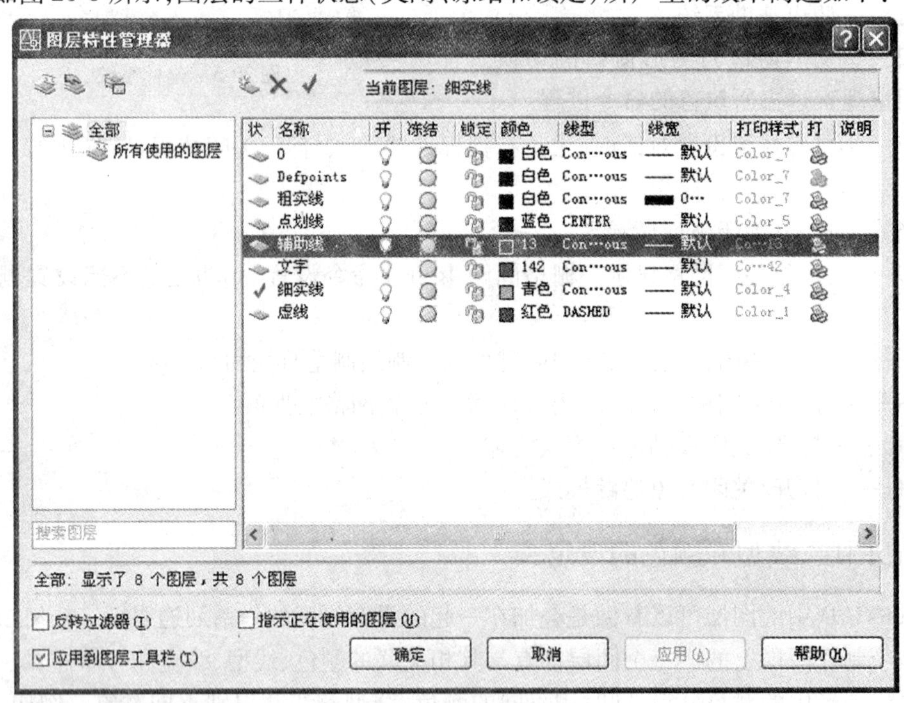

图 20-6 图层的设置

图层的关闭:关闭图层即相应图层上的对象不显示出来(打印时也不会出现)。

图层的冻结:冻结图层即相应图层上的对象虽然能显示在图形中,但不能选择,也不能修改,同时也不能利用该图层上的对象作为参考对象进行操作(无法捕捉到该图层上的对象)。

图层的锁定:锁定图层即相应图层上的对象能够显示出来,能够选择该图层上的对象,但不能对该图层上的对象进行修改。由于能够选择到图层上的对象,所以能利用该图层上的对象作为参考对象进行操作(即能利用对象捕捉功能捕捉到该图层上的对象)。

按上述步骤定制如图 20-6 所示的图层。

现以点画线为例说明图层的定制过程，其余图层依次类推。

(1)在“图层特性管理器”中选择“新建”，并将缺省图层名“图层 1”改为“点画线”。

(2)单击“颜色”图标，在“选择颜色”对话框中选择一种颜色——紫色，然后点击“确定”。

(3)单击与该图层相关联的线型，在“选择线型”对话框(见图 20-7)中，点击“加载”，则弹出如图 20-8 所示的“加载或重载线型” 对话框。

(4)在“加载或重载线型”对话框中选择一个或多个要加载的线型，如“Center”，然后选择“确定”。

(5)单击与该图层相关联的线宽，在“线宽”对话框的列表中选择线宽，选择“确定”退出所有对话框。在所有图层中，只需要将粗实线线宽改为 0.7 就可以了，点画线和其他图线都可以使用缺省线宽。

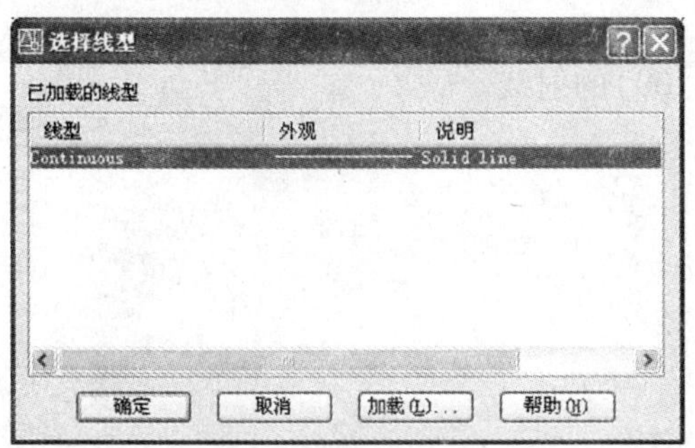

图 20-7　选择线型

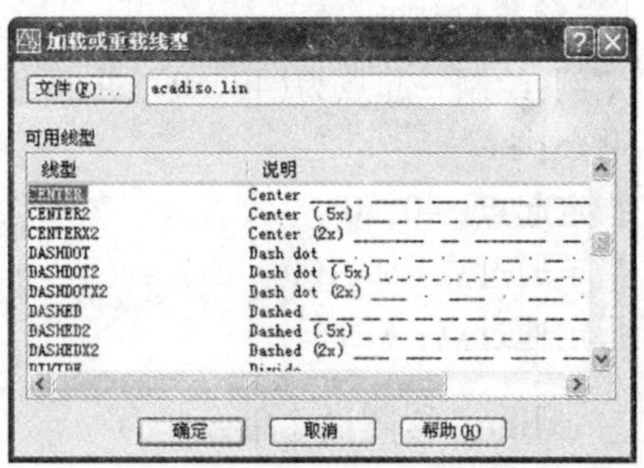

图 20-8　加载或重载线型

第二节　主要绘图命令

一、line(直线)命令

创建直线段，可以用二维或三维坐标指定直线的端点。

“绘图”工具栏：；

“绘图”菜单：直线。

命令行：line (别名：l)

实例：绘制如图 20-9 所示的图形。

命令：l(line 的别名)。

line 指定第一点：(60,0)(直角绝对坐标，第一点)(回车，数据输入完成后按回车确定，以后不再累述)

指定下一点或[放弃(U)]：110(方向距离，下同)

指定下一点或 [放弃(U)]：120

指定下一点或 [闭合(C)/放弃(U)]：80

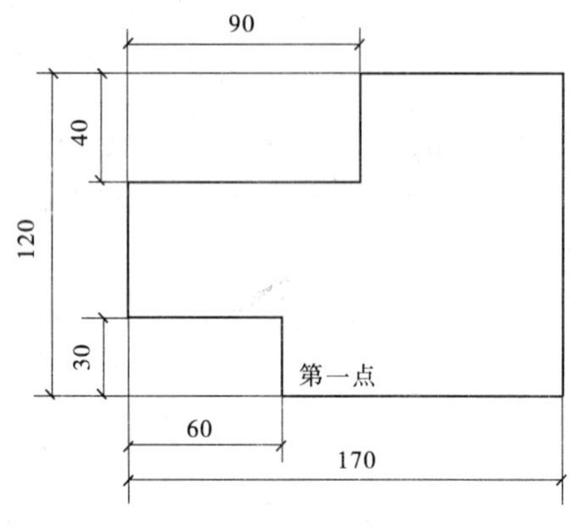

图 20-9　直线的绘制

指定下一点或［闭合(C)/放弃(U)］: 40
指定下一点或［闭合(C)/放弃(U)］: 90
指定下一点或［闭合(C)/放弃(U)］: 50
指定下一点或［闭合(C)/放弃(U)］: 60
指定下一点或［闭合(C)/放弃(U)］: c(封闭图形)

二、ray(射线)命令

ray 命令用来绘制单向无限延长的射线。它通常作为辅助作图线或作图基准线使用。

“绘图”菜单:射线 ;

命令行:ray 。

实例:绘制一起点为(40,50),并通过(80,100)的射线。

命令: ray
指定起点: 40,50
指定通过点: 80,100
指定通过点: (回车)

三、xline(参照线)命令

用来绘制无限延长的直线。它通常作为辅助作图线或作图基准线使用。

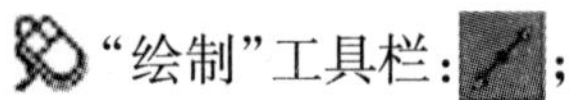

“绘制”工具栏: ;

“绘图”菜单:构造线;

命令行:xline。

实例:绘制如图 20-10 所示两相交直线的角平分线。

命令: xline
指定点或［水平(H)/垂直(V)/角度(A)/二等分(B)/偏移(O)］: b
指定角的顶点: (捕捉 50,50 点)
指定角的起点: (捕捉水平线的右端点)
指定角的端点: (捕捉斜线的右端点)
指定角的端点: (Enter)

四、mline(多线)命令

AutoCAD 中提供了 mline 命令用于绘制多重平行线。另外,还提供了 mledit 命令用于修改两条或多条多线的交点及封口样式,mlstyle 命令用于创建新的多线样式或编辑已有的多线样式。

“绘图”菜单:多线;

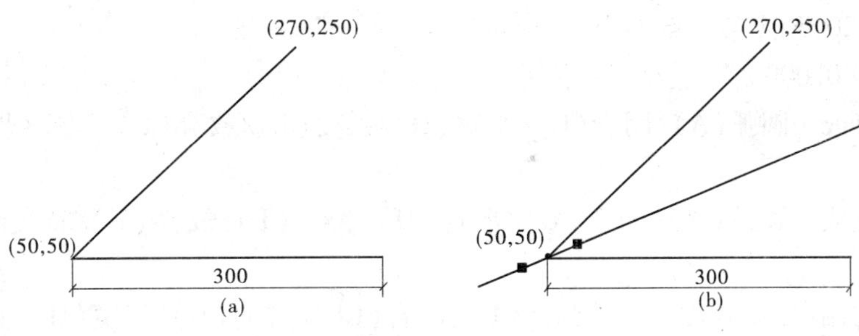

图 20-10　角平分线的绘制

命令行:mline 。

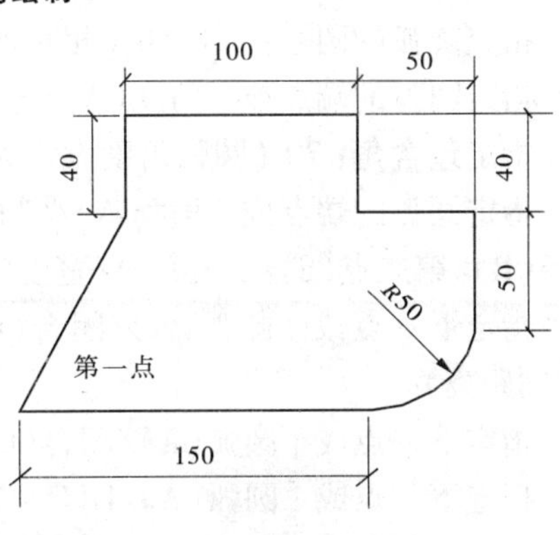

图 20-11　多线的绘制

实例:利用多线命令绘制如图 20-11 所示的图形。

命令: mline

当前设置: 对正 ＝ 上,比例 ＝ 20.00,样式 ＝ STANDARD

指定起点或［对正(J)/比例(S)/样式(ST)］: 50,50 (直角绝对坐标)

指定下一点: 150 (方向距离,下同)

指定下一点或［放弃(U)］: 100

指定下一点或［闭合(C)/放弃(U)］: 150

指定下一点或［闭合(C)/放弃(U)］: c

五、pline(多段线)命令

pline 命令用于绘制二维多段线。多段线中的“多段”指的是单个对象中包含多条直线或圆弧。在执行修改命令时,多段线是作为一个对象处理的。pline 命令还可以绘制不同宽度、线型、宽度渐变和填充的圆。

在默认状态下,pline 命令绘制的是优化的多段线,优化的多段线包含二维多段线的绝大部分功能而且占用较小的硬盘空间。顶点参数是作为信息的阵列保存在一个单独的对象中。当使用 pedit 命令对多段线进行样条拟合或圆弧拟合时,多段线将失去其优化特征,其顶点参数由各自独立单元保存。但使用修改命令编辑多段线时,多段线仍保持单个对象特性。

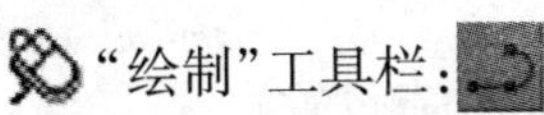

“绘制”工具栏:

“绘图”菜单:多段线

命令行:pline

实例:利用多段线命令绘制如图 2-5 所示的图形,其中线宽为 0.3mm。

命令: pl(pline 的别名)

pline

指定起点：20,50（第一点的坐标，绝对坐标）

当前线宽为 0.0000

指定下一点或［圆弧(A)/闭合(C)/半宽(H)/长度(L)/放弃(U)/宽度(W)］：150（方向距离）

指定下一点或［圆弧(A)/闭合(C)/半宽(H)/长度(L)/放弃(U)/宽度(W)］：a（画圆弧）

指定圆弧的端点或［角度(A)/圆心(CE)/闭合(CL)/方向(D)/半宽(H)/直线(L)/半径(R)/第二点(S)/放弃(U)/宽度(W)］：ce（指定圆心）

指定圆弧的圆心：@0,50（相对坐标，圆心相对直线端点的坐标）

指定圆弧的端点或［角度(A)/长度(L)］：a（指定圆弧的角度）

指定包含角：70（圆弧角度设定为 70 度）

指定圆弧的端点或［角度(A)/圆心(CE)/闭合(CL)/方向(D)/半宽(H)/直线(L)/半径(R)/第二点(S)/放弃(U)/宽度(W)］：l（接着画直线）

指定下一点或［圆弧(A)/闭合(C)/半宽(H)/长度(L)/放弃(U)/宽度(W)］：50（方向距离）

指定下一点或［圆弧(A)/闭合(C)/半宽(H)/长度(L)/放弃(U)/宽度(W)］：50

指定下一点或［圆弧(A)/闭合(C)/半宽(H)/长度(L)/放弃(U)/宽度(W)］：40

指定下一点或［圆弧(A)/闭合(C)/半宽(H)/长度(L)/放弃(U)/宽度(W)］：100

指定下一点或［圆弧(A)/闭合(C)/半宽(H)/长度(L)/放弃(U)/宽度(W)］：40

指定下一点或［圆弧(A)/闭合(C)/半宽(H)/长度(L)/放弃(U)/宽度(W)］：c

六、polygon(多边形)命令

polygon 命令用于绘制边数为 3～1024 的二维正多边形，它是一种多段线对象。

“绘制”工具栏：

“绘图”菜单：正多边形

命令行：polygon

实例：利用多边形命令绘制一五边形，其中五边形的中心在(100,100)处，内接圆的半径为 70mm。

命令：pol

polygon 输入边的数目 <4>：5

指定多边形的中心点或［边(E)］：100,100

输入选项［内接于圆(I)/外切于圆(C)］<I>：(Enter，取缺省设置)

指定圆的半径：70

七、rectangle/rectang(矩形)命令

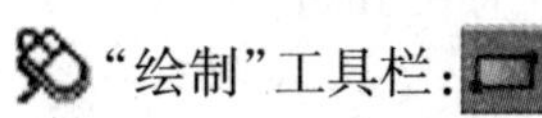
“绘制”工具栏：

“绘图”菜单：矩形

命令行:rectang 或 rectangle

实例:利用矩形命令绘制一矩形,其中矩形的中心在(100,70)处,矩形的长为200,宽为100。

命令: rec

rectang

指定第一个角点或[倒角(C)/标高(E)/圆角(F)/厚度(T)/宽度(W)]: 100,70

指定另一个角点或[面积(A)/尺寸(D)/旋转(R)]: 300,170

八、arc(圆弧)命令

“绘制”工具栏:

“绘图”菜单:圆弧

命令行:arc

实例:利用圆弧命令绘制如图20-12所示的圆弧图形,其中圆弧的起点在(100,50)处,圆弧的终点在(200,150)处,且圆弧在起点处与一通过起点的75°直线相切。

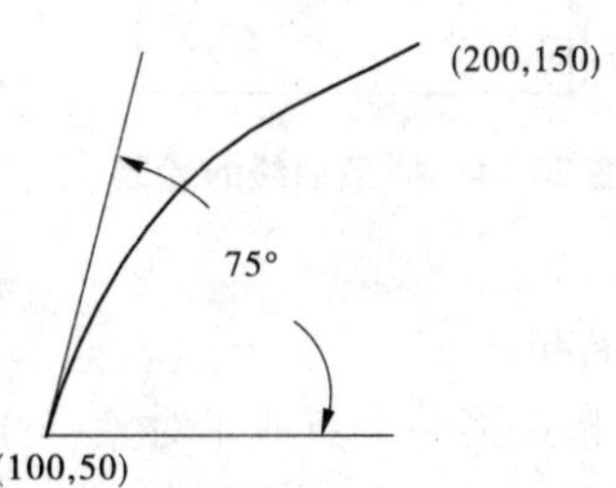

图20-12 圆弧的绘制

命令: arc

指定圆弧的起点或[圆心(CE)]:

指定圆弧的第二个点或[圆心(C)/端点(E)]: e

指定圆弧的端点: 200,150

指定圆弧的圆心或[角度(A)/方向(D)/半径(R)]: d (使圆弧反向)

指定圆弧的起点切向: 75

九、circle(圆)命令

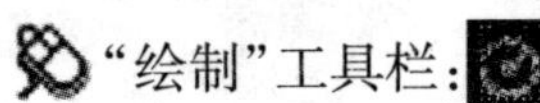

“绘制”工具栏:

“绘图”菜单:圆

命令行:circle

实例:利用圆命令绘制如图20-13所示的图形,其中第一个圆的圆心在(100,100)处,圆的直径为160,第二个圆的圆心在(250,250)处,圆的直径为100,第三个圆与前两个圆相切,且直径为240。

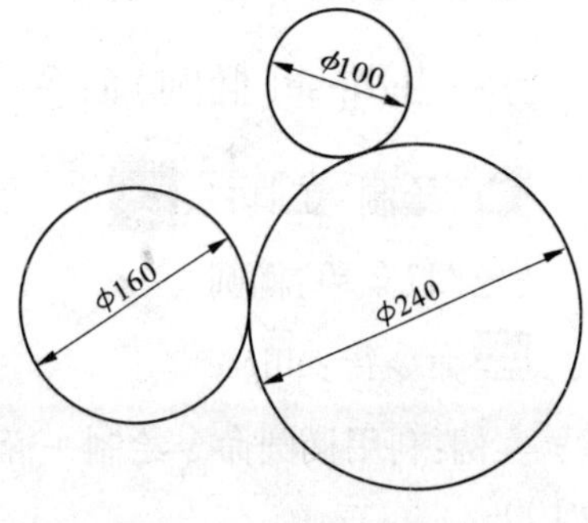

图20-13 圆的绘制

命令: c

circle 指定圆的圆心或[三点(3P)/两点(2P)/相切、相切、半径(T)]: 100,100

指定圆的半径或[直径(D)]: 80

命令: (按“Enter”键,重复画圆命令)

circle 指定圆的圆心或［三点(3P)/两点(2P)/相切、相切、半径(T)］：250,250

指定圆的半径或［直径(D)］ <80.0000 >：50

命令：(按“Enter”键，重复画圆命令)

circle 指定圆的圆心或［三点(3P)/两点(2P)/相切、相切、半径(T)］：t (指定切点)

指定对象与圆的第一个切点：(点取半径为 80 的圆)

指定对象与圆的第二个切点：(点取半径为 50 的圆)

指定圆的半径 <50.0000 >：120

十、spline(样条曲线)命令

“绘制”工具栏：

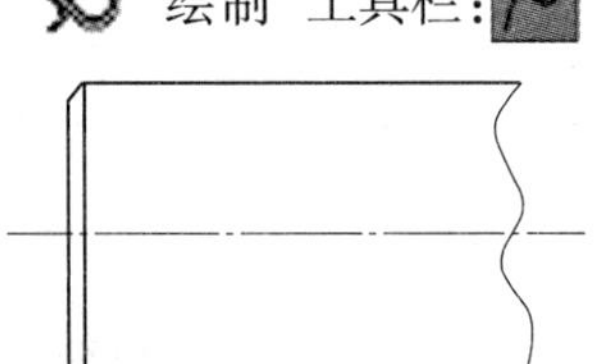

图 20-14 样条曲线的绘制

“绘图”菜单：样条曲线

命令行：spline

实例：利用样条曲线命令绘制如图 20-14 所示的波浪线。注意：应关闭正交模式和捕捉模式，水平粗实线的末端应采用对象捕捉功能拾取。

命令：spl

spline

指定第一个点或［对象(O)］：(拾取上面水平线的右端点)

指定下一点或［闭合(C)/拟合公差(F)］ <起点切向 >：(随机选取一点)

指定下一点或［闭合(C)/拟合公差(F)］ <起点切向 >：(随机选取一点)

指定下一点或［闭合(C)/拟合公差(F)］ <起点切向 >：(随机选取一点)

指定下一点或［闭合(C)/拟合公差(F)］ <起点切向 >：(随机选取一点)

指定下一点或［闭合(C)/拟合公差(F)］ <起点切向 >：(拾取下面水平线的右端点)

指定起点切向：(Enter)

指定端点切向：(Enter)

十一、ellipse(椭圆)命令

“绘制”工具栏：

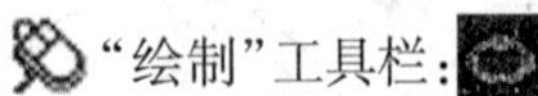

“绘图”菜单：椭圆

命令行：ellipse

实例：利用椭圆命令绘制一椭圆。其中椭圆的中心为(200,200)，水平长轴 150，短轴为 100。

命令：el

ellipse

指定椭圆的轴端点或［圆弧(A)/中心点(C)］：c (定椭圆中心)

指定椭圆的中心点：200,200

指定轴的端点：150（方向距离）

指定另一条半轴长度或［旋转（R）］：100（方向距离）

第三节　显示命令

显示命令就是用来对视图进行控制操作。在标准工具条的中间有四个小图标，如图 20-15 所示。它们自左向右分别表示：

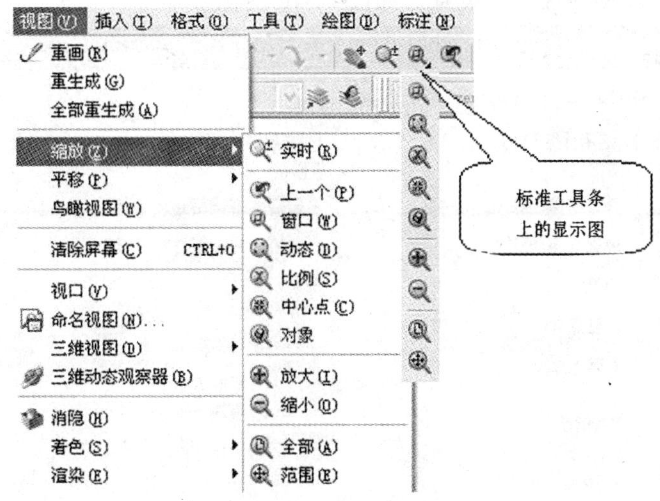

图 20-15　显示命令

实时平移（pan 命令）：光标形状变为手形，图形显示随光标向同一方向移动，按 Esc 或回车键可终止操作。也可以通过按住滚轮来进行移动。

实时缩放（zoom 命令）：图形随光标移动而缩放，实际尺寸不变。也可以通过滚动滚轮来进行缩放。

窗口缩放（zoom 命令）：用鼠标定义窗口的两个对角，就可以最大化框选的区域。

缩放上一个：可依次连续返回到上次的显示状态。

此外，从菜单栏“视图/缩放”选项中可以选择缩放命令 zoom 的各子项，或从缩放工具条中选择相应图标，如图 20-16 所示。

在绘制或修改复杂图形的细节部分时，一般都要使用 zoom 命令来缩放图形。图形的缩放显示不会影响图形的实际尺寸。

第四节　辅助绘图工具

捕捉、栅格、正交、极轴、对象捕捉和对象追踪是绘图的辅助工具。通过这些辅助工具，可以更容易、更准确地创建和修改对象。其中每一个辅助工具都可以在需要的时候打开，在不需要的时候关闭。在打开这些工具时还可以根据需要修改它们的设置。

一、捕捉模式和栅格显示

在绘制工程草图时,经常把草图绘制在坐标纸上,以方便定位和度量。AutoCAD 2000 也提供了这种类似坐标纸的功能,这就是下面介绍的捕捉模式和栅格显示。

(一)snap 命令

在屏幕底部的状态栏中,使用状态栏中的“捕捉”按钮可控制打开或关闭捕捉模式。要修改“捕捉”设置,只需把光标放在“捕捉”按钮上并单击右键从快捷菜单中选择“设置”选项即可修改“捕捉”的设置。如图 20-16 所示。

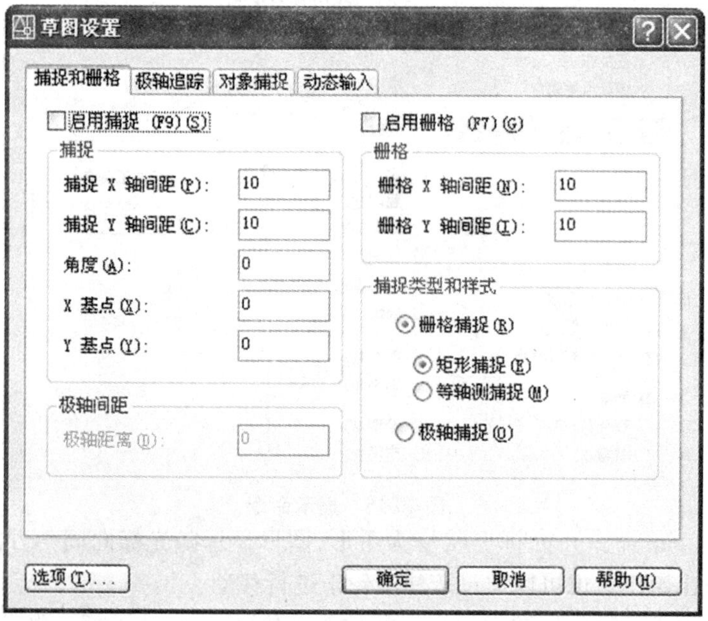

图 20-16 草图设置

“工具”菜单:草图设置。

命令行:snap(或 'snap 用于透明使用)(别名:sn)。

在图 20-16 中,设定光标移动的间距。捕捉栅格是不可见的,使用与 snap 关联的 grid 可以显示捕捉栅格点。

(二)grid 命令

在屏幕底部的状态栏中,使用状态栏中的“栅格”按钮可控制打开或关闭栅格显示。栅格仅用于视觉参考。它既不能被打印,也不被认为是图形的一部分。要修改“栅格”设置,只需把光标放在“栅格”按钮上并单击右键从快捷菜单中选择“设置”选项即可修改“栅格”的设置。

“工具”菜单:草图设置

命令行:grid(或'grid 透明使用)

二、正交模式

状态栏：正交，快捷键 F8

命令行：ortho（或'ortho 用于透明使用）

AutoCAD 提供了与丁字尺类似的绘图和编辑工具。创建或移动对象时，使用“正交”模式将光标限制在水平或垂直方向上。

三、对象捕捉

“对象捕捉”工具栏如图 20-17 所示。

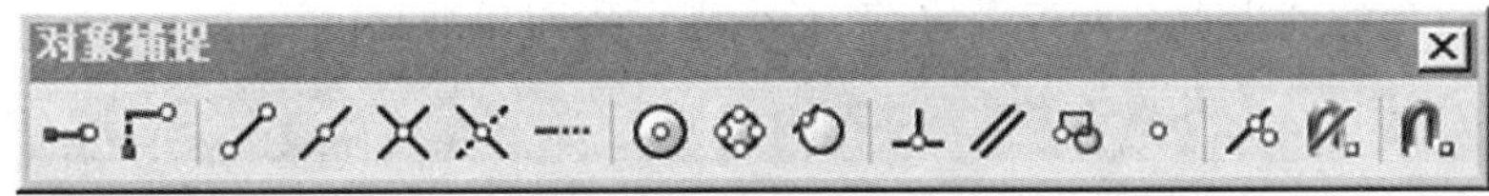

图 20-17　对象捕捉工具栏

“工具”菜单：草图设置

快捷菜单：在绘图区域中单击鼠标右键同时按 Shift 键，然后选择“对象捕捉设置”。

命令行：osnap（或'osnap 用于透明使用）

AutoCAD 在“草图设置”对话框中显示“对象捕捉”选项卡。如图 20-18 所示。

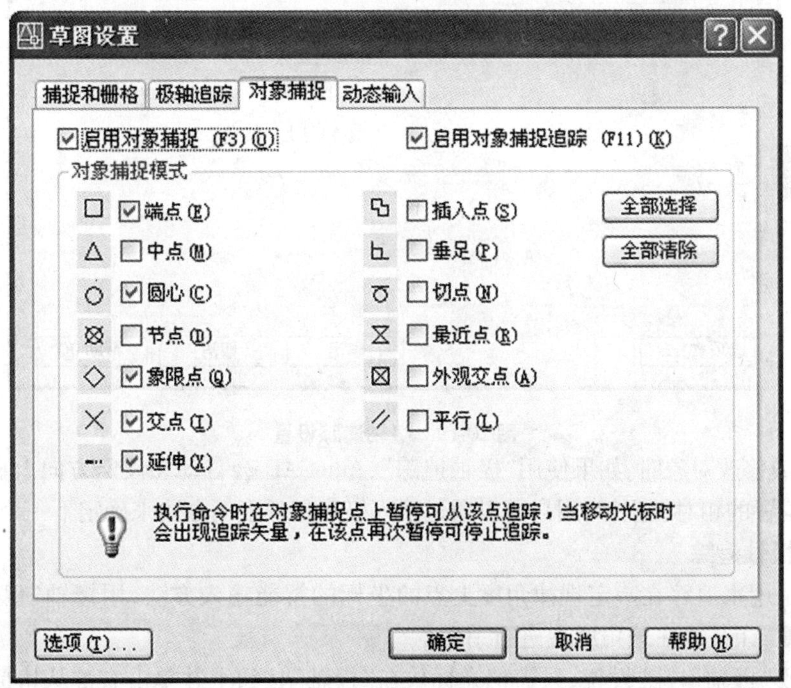

图 20-18　对象捕捉对象

对象捕捉将指定点限制在现有对象的确切位置上，例如中点或交点。使用对象捕捉可以迅速定位对象上的精确位置，而不必知道坐标或绘制构造线。例如，使用对象捕捉可以绘制到圆心或多段线中点的直线。只要 AutoCAD 提示输入点,就可以指定对象捕捉。

如果打开“对象捕捉”,只要将靶框移到捕捉点上,AutoCAD 就会显示标记和提示。该特性提供了可视提示词语,指示哪些对象捕捉正在使用。

如果设置了多个执行对象捕捉,可以按 Tab 键为特殊对象遍历所有可用的对象捕捉点。例如,如果在光标位于圆上的同时按 Tab 键,“对象捕捉”将显示用于捕捉象限点、交点和中心的选项。

四、自动追踪

AutoCAD 的自动追踪功能包括两个部分:极轴追踪和对象捕捉追踪。可以通过状态栏上的“极轴”或“对象追踪”按钮打开或关闭自动追踪。对象捕捉追踪应与对象捕捉配合使用。从对象的捕捉点开始追踪之前,必须先设置对象捕捉。

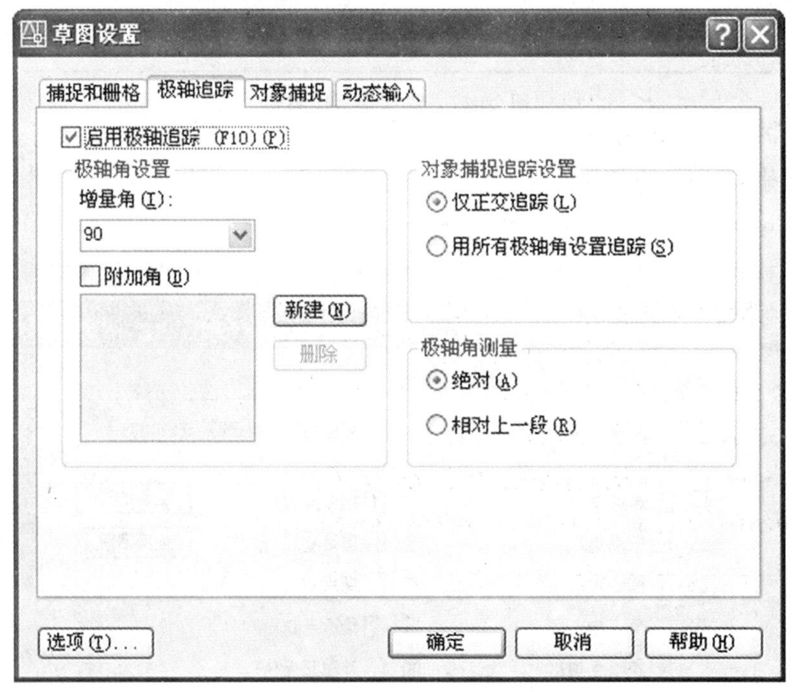

图 20-19　极轴追踪设置

创建或修改对象时,如果使用“极轴追踪”,AutoCAD 会自动在设定方向上显示出当前鼠标所在位置的相对极坐标,用户可以通过输入极半径长度的办法来确定下一个绘图点。

(一)极轴追踪

追踪是用来追踪在一定规律角度上点的坐标的智能输入方法,用极轴追踪要先设置一下其角度,让系统在该角度上进行追踪。

要修改“极轴追踪”设置,只需把光标放在“极轴”按钮上并单击右键从快捷菜单中选择“设置”选项即可修改“极轴追踪”的设置,如图 20-19 所示。

打开极轴追踪的步骤:按 F10 键或单击状态栏上的“极轴”。

实例:绘制如图 20-20 所示的图形。

命令:l

line 指定第一点：100,100

指定下一点或［放弃(U)］：100

指定下一点或［放弃(U)］：100

指定下一点或［闭合(C)/放弃(U)］：100

指定下一点或［闭合(C)/放弃(U)］:C

(二)对象捕捉追踪

打开对象捕捉追踪的步骤:按 F11 键或单击状态栏上的“对象追踪”。

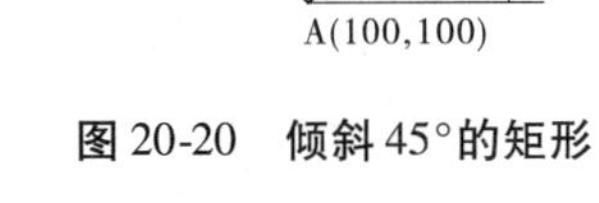

图 20-20　倾斜 45°的矩形

实例:在矩形(300×250)中绘制一直径为 160 的圆,圆的圆心在矩形的中心。如图 20-21 所示。

绘制矩形

命令：_rectang

指定第一个角点或［倒角(C)/标高(E)/圆角(F)/厚度(T)/宽度(W)］：100,100

指定另一个角点：@300,250

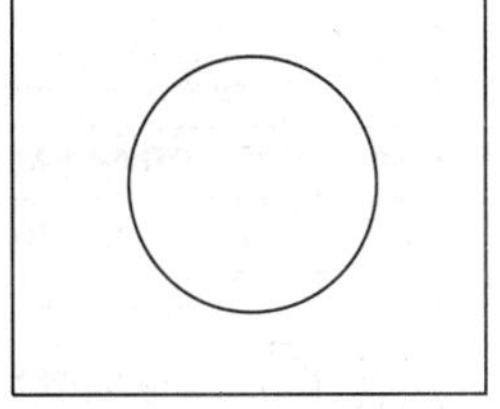

图 20-21　绘制矩形

绘制圆

命令：c

CIRCLE 指定圆的圆心或［三点(3P)/两点(2P)/相切、相切、半径(T)］：系统提示输入圆心坐标,移动鼠标指针到矩形长边的中点位置,待出现中点捕捉符号和一个“+”后,上下移动鼠标会出现一条追踪线,如图 20-22(a)所示。按同样的方法移动鼠标到短边的中点处,出现另一条追踪线,移动鼠标到矩形的中心位置,会出现两条相交的追踪线,如图 20-22(b)所示。单击鼠标左键,圆心就确定了。

指定圆的半径或［直径(D)］<80.0000>：80

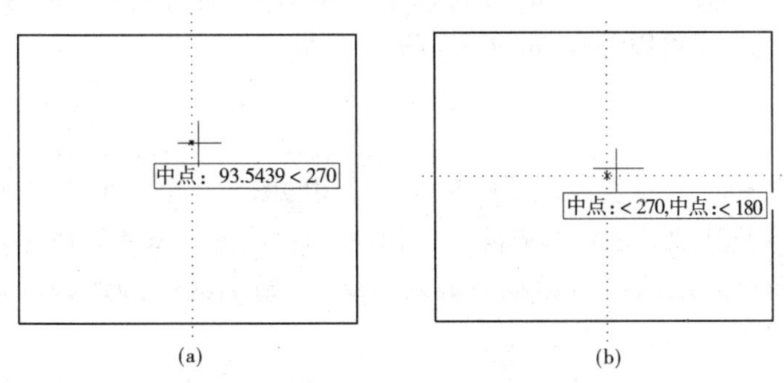

图 20-22　对象捕捉追踪

第五节　主要修改命令

为了高效地使用 AutoCAD,必须充分了解编辑命令及知道如何使用它们。这些命令可从工具条、菜单或在命令区输入来调用。

图 20-23 为修改工具栏，其命令和功能见表 20-2。

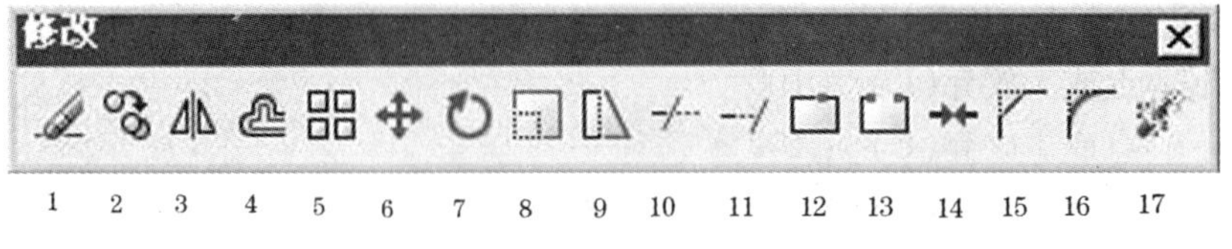

图 20-23 修改工具栏

表 20-2 修改工具栏上各图标与其对应命令及别名

序号	命令(别名)	含义
1	Erase (E)	删除一个或一组实体对象
2	Copy (CO)	一次或多次复制一个或一组对象
3	Mirror (MI)	创建对称的镜像副本
4	Offset (O)	创建同心圆、平行线和平行曲线
5	Array (AR)	创建按指定方式(矩形或环形)排列的多个对象副本
6	Move (M)	在指定方向上按指定距离移动对象
7	Rotate (RO)	围绕基点旋转对象
8	Scale (SC)	使用比例因子缩放对象
9	Stretch (S)	将交叉窗口或交叉多边形中的对象进行移动或拉伸
10	Trim (TR)	按其他对象定义的剪切边修剪对象
11	Extend (EX)	将对象延伸到另一对象
12/13	Break (BR)	在一点处打断选定对象/在两点之间打断选定对象
14	Join (J)	将对象合并以形成一个完整的对象
15	Chamfer (CHA)	给对象加倒角
16	Fillet (F)	给对象加圆角
17	Explode (X)	将合成对象分解为其部件对象

本节只重点介绍 srase、offset、array、stretch 和 trim 命令，而其他命令因为相对简单，在这里不再一一介绍，大家可以参看 AutoCAD 2006 帮助。

一、erase 命令

在编辑修改绘图时，可能会发现一些错误或没用的图形对象。此时，可使用 AutoCAD 提供的“删除”命令及其他方法将其删除。其使用方法可参看 AutoCAD 2006 帮助(快捷键:F1)，在帮助用户文档的索引标签中输入 erase 并回车就可得到如图 20-24 所示的 erase 命令帮助。

二、offset 命令

使用 AutoCAD 提供的“偏移”命令可以创建形状相似，而且与选定对象平行的新对象。偏移对象是绘图过程中经常用到的一种绘图方法。

(一)调用方法

“修改”工具栏:

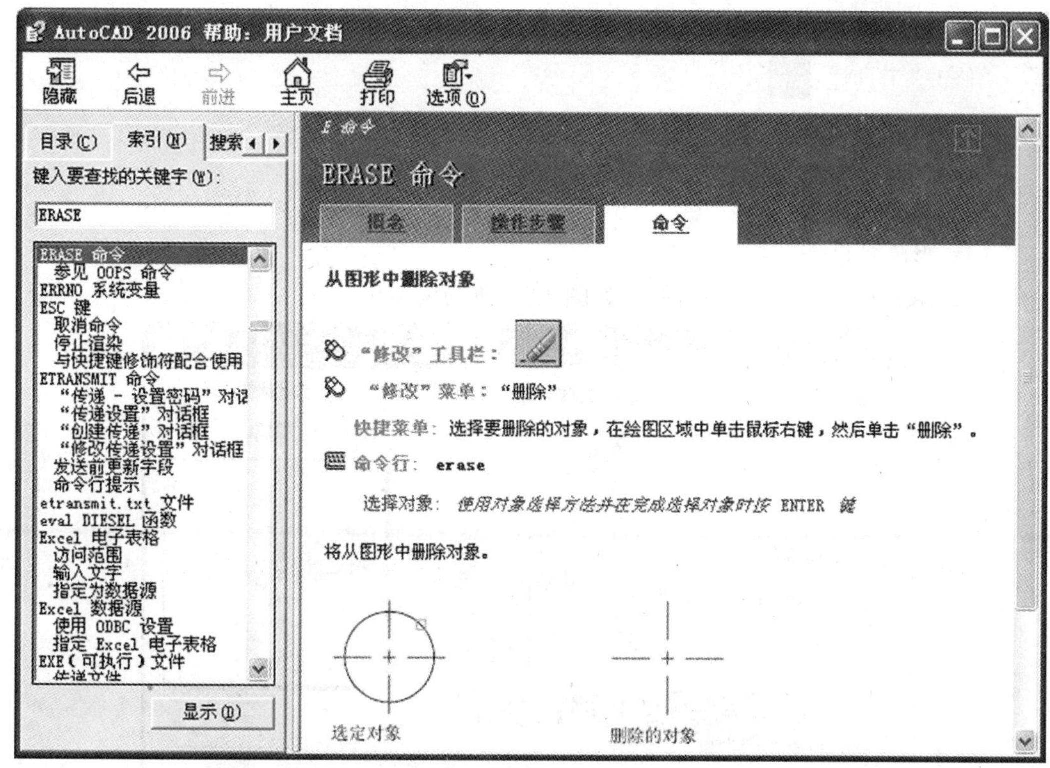

图 20-24　erase 命令帮助

“修改”菜单：偏移

命令行：offset

（二）偏移的步骤

命令：offset

指定偏移距离或［通过(T)/删除(E)/图层(L)］＜通过＞：（指定偏移距离，或单击右键从快捷菜单中选择合适的选项）

选择要偏移的对象，或［退出(E)/放弃(U)］＜退出＞：（选择要偏移的对象）

指定要偏移的那一侧上的点，或［退出(E)/多个(M)/放弃(U)］＜退出＞：（在要偏移对象的一侧指定一点）

选择要偏移的对象，或［退出(E)/放弃(U)］＜退出＞：（继续选择要偏移的对象并在要偏移对象的一侧指定一点或按 Enter 键结束 offset 命令）

为了使用方便，offset 命令将重复。要退出命令，按 Enter 键。

三、array 命令

使用“阵列”命令可以对对象进行一种有规则的多重复制。根据阵列方式不同，阵列又分为矩形阵列和环形阵列。使用矩形阵列时，需要指定行数、列数、行间距和列间距，整个矩形可以某个角度旋转。使用环形阵列时，需要指定间隔角、复制数目、整个阵列的包含角以及对象阵列时是否保持原对象方向。

(一)调用方法

“修改”工具栏:

“修改”菜单:阵列

命令:array

(二)阵列的步骤

1. 矩形阵列方法

命令:array(打开“阵列”对话框,如图 20-25 所示)

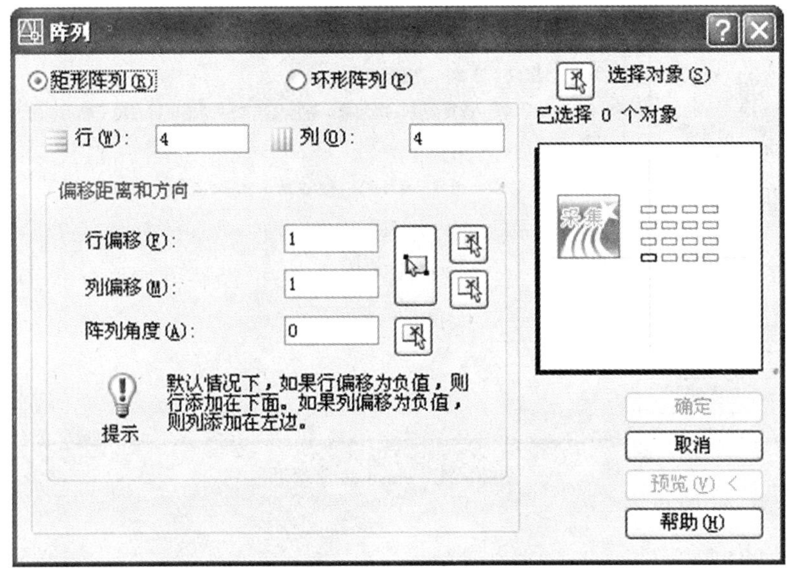

图 20-25 “阵列”对话框

在“阵列”对话框的右上角点击“选择对象”按钮,“阵列”对话框关闭,并自动切换到绘图工作区。在“选择对象”的提示下选择要阵列的对象,然后按回车键,AutoCAD 将再次切换到“阵列”对话框。

下面介绍矩形阵列的选项设置。

(1)行:在该文本框中键入矩形阵列的行数。

(2)列:在该文本框中键入矩形阵列的列数。

(3)偏移距离和方向:该选项组用来设置行、列之间的偏移距离,以及设置不同的旋转角,以定义创建矩形阵列的基线位置。

(4)行偏移:在该文本框中键入矩形阵列的行间距,或单击该选项右边的“拾取行偏移”,AutoCAD 将自动切换到绘图窗口并显示以下提示:

指定行间距:(键入一个数值)

第二点(键入数值或拾取一点)

对以上提示依次做出响应后,AutoCAD 将再次切换到对话框。

另外,单击“拾取两者偏移”按钮,AutoCAD 提示:

指定单位单元:

在该提示下指定行列之间单元格的一个角点并回车，AutoCAD 继续提示：

另一角点：

指定单位单元的另一个角点并按回车键，再次切换到“阵列”对话框。

(5)阵列角度：在该文本框中键入矩形阵列基线的旋转角度，或者单击“拾取阵列的角度”按钮，AutoCAD 提示：

指定阵列角度：(键入一个数值)

响应以上提示后，“阵列”对话框再次自动弹出。

设置完成后，单击“预览”按钮，可在绘图区域预览创建的阵列效果，并且弹出是否确认当前设置的对话框。

如果单击“接受”按钮，即确认当前设置。如果需要修改，可单击“修改”按钮，对创建矩形阵列的选项重新设置。如果要取消对“阵列”命令的使用，可单击“取消”按钮。

一个内接圆半径为 20 的五边形，要求复制三行五列，创建矩形阵列的选项设置及其效果如图 20-26 所示。

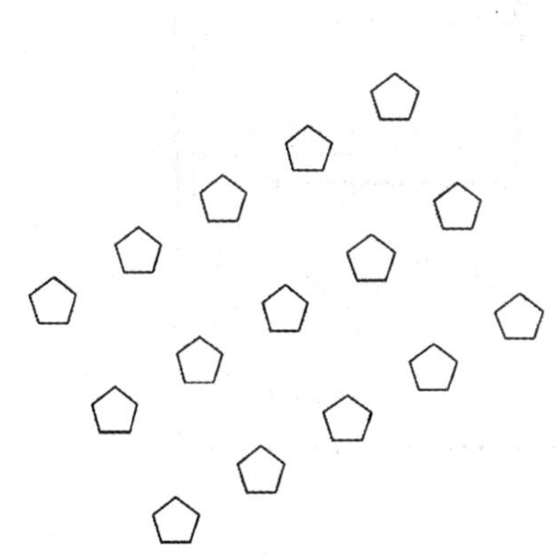

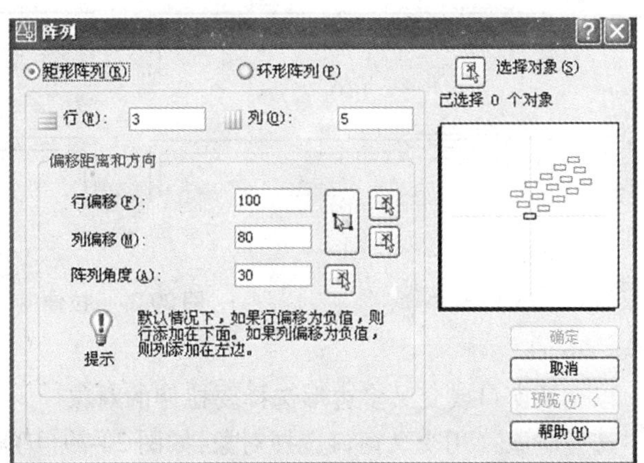

图 20-26　矩形阵列

说明：如果行间距为正数，阵列中的行以原图向上排列；反之，阵列中的行以原图向下排列。如果列间距为正数，阵列中的列以原图向右排列；反之，阵列中的列以原图向左排列。

2. 环形阵列方法

以(200,200)为中心，绘制边长为 10 的正三角形，并将其以(100,100)为中心阵列 7 个。

命令：array

打开“阵列”对话框，并设置相关参数，如图 20-27 所示。结果如图 20-28 所示。

点击“选择对象”，在“选择对象”的提示下选择要阵列的对象，然后按回车键，AutoCAD 将再次切换到“阵列”对话框。

四、stretch 命令

用 stretch 命令移动某个图形的一部分并且与没有移动的部分保持相连。在完成这项操作中必须使用交叉窗选方式来选择对象。例如将图 20-29 中的窗子从图 20-29(a)移到图 20-29(d)所在位置，用下面的命令顺序，完成这项操作。

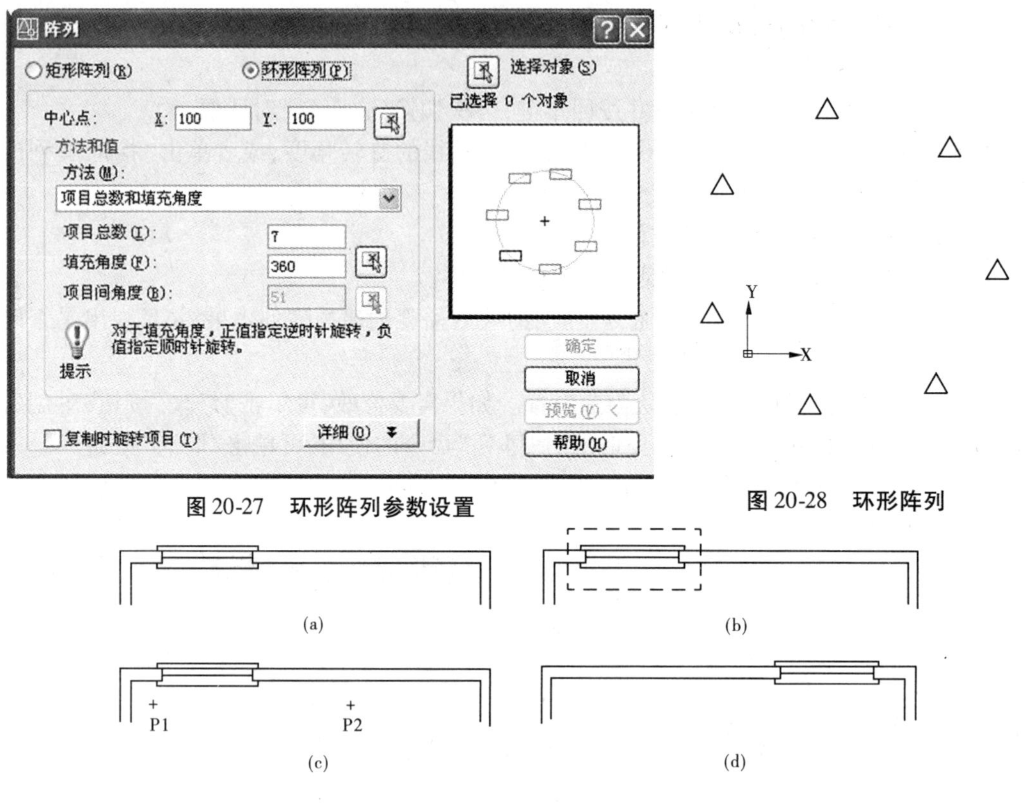

图 20-27　环形阵列参数设置

图 20-28　环形阵列

图 20-29　拉伸

命令：stretch

以交叉窗口或交叉多边形选择要拉伸的对象。

选择对象:(用交叉窗口选择对象,如图 20-29(b)所示)

选择对象:(回车)

指定基点或［位移(D)］＜位移＞:(选取 P1 点,如图 20-29(c)所示)

指定第二个点或 ＜使用第一个点作为位移＞:(选取 P2 点,如图 20-29(c)所示,或直接按方向距离法输入数据)

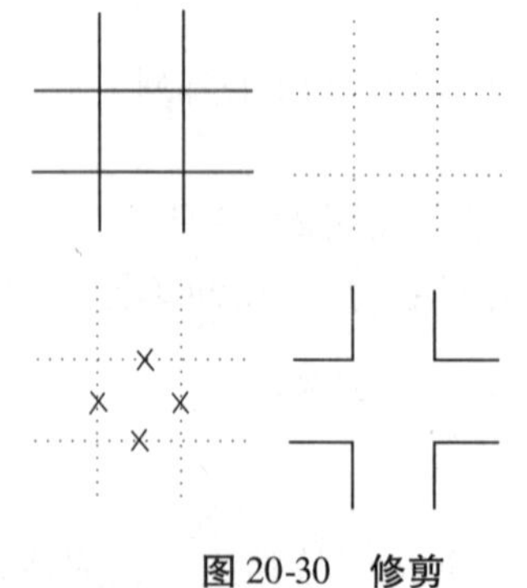

图 20-30　修剪

需要说明的是,如果墙线是用“多线”绘制的,则必须把它炸开,否则结果不正确。

五、trim 命令

若干线段相交,想在交点处精确剪除多余线段,可用 trim 命令实现。图 21-30 为将井字图形修剪成马路的十字路口的例子,其修剪过程如下。

命令：trim

当前设置:投影＝UCS,边＝无

选择剪切边...

选择对象或 <全部选择>:(回车,表示全部选择)

选择要修剪的对象,或按住 Shift 键选择要延伸的对象,或[栏选(F)/窗交(C)/投影(P)/边(E)/删除(R)/放弃(U)]:(分别点选四个×号所在的位置,就可以完成修剪)。

修剪操作是绘图过程中常用的编辑方法。它通过确定边界的方法来修剪多余的线段。是一个常用的命令。这个命令参数不多,而且用途广泛,希望大家能熟练掌握。

第六节　文本与尺寸标注

AutoCAD 提供了多种创建文字的方法。对简短的输入项使用单行文字,对带有内部格式的较长的输入项使用多行文字。AutoCAD 所提供的图形模板中的字体格式都没有设置好中文字体,所以,我们必须设置好中文字体才能用于实际制图中中文的输入。

一、创建、修改或设置命名文字样式

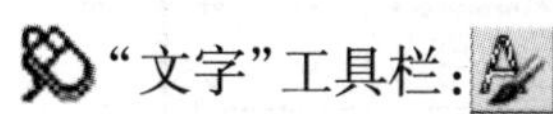
“文字”工具栏:

“格式”菜单:文字样式

命令:style(或 'style 用于透明使用)

AutoCAD 显示“文字样式”对话框。

新建文字样式的步骤如下:

(1)点击“文字样式”对话框中的“新建”按钮,则弹出如图 20-31 所示的“新建文字样式”对话框,并在样式名中输入特定的文字样式名称,如“gnc”(自己确定样式名称),如图 20-32 所示。点击“确定”,回到“文字样式”对话框。

(2)将字体名“txt. shx”替换为“gbeitc. shx”,并勾选“使用大字体”,在“大字体”栏下选择“gbcbig. shx”,设置结果如图 20-33 所示。

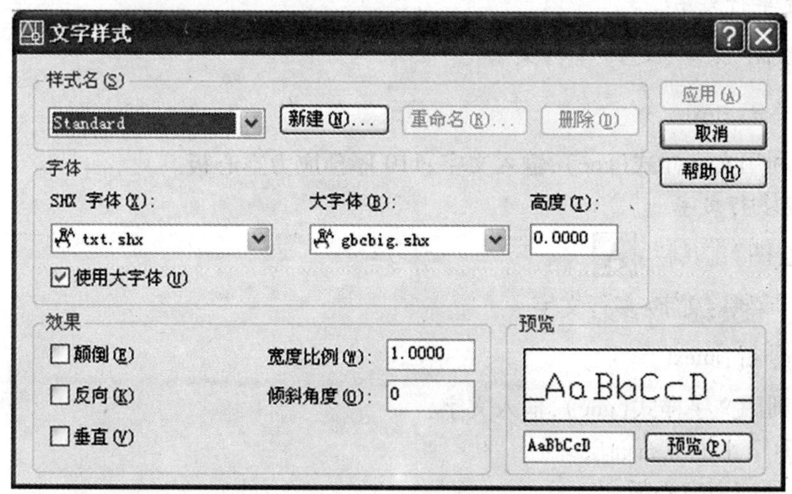

图 20-31　文字样式对话框

在其他格式中,字型的高度一般设置为 0,这样你可以在输入文本时根据需要选择不

图 20-32　新建文字样式

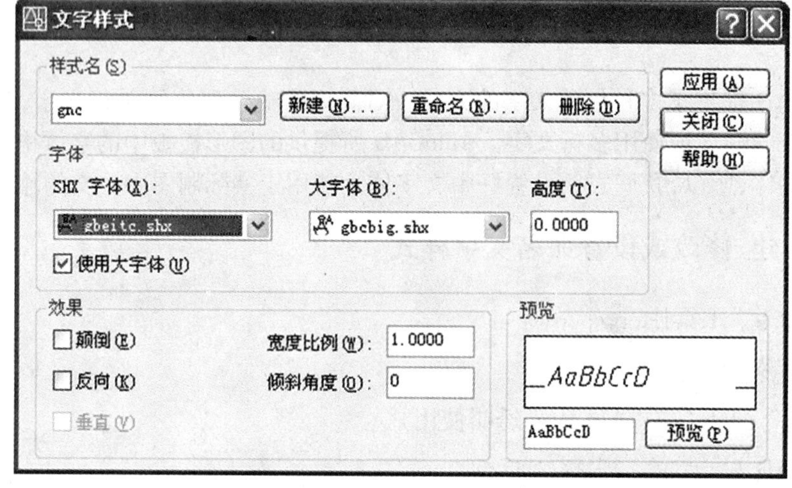

图 20-33　文字样式字体设置

同的字高。宽度因子一般设置为 1。

(3)选择“应用”进行保存。

(4)对文字样式进行了修改并应用以后,选择“关闭”。

(一)书写文字

1. 创建单行文字

“绘图”菜单:文字/单行文字

命令行:text

实例:利用文字样式(gnc),输入文字:110 厚预应力空心板。

2. 创建多行文字

“绘图”工具栏:A

“绘图”菜单:文字/多行文字

命令行:mtext

实例:利用文字样式(gnc),输入文字:

20 厚 1: 2 水泥豆石面层

110 厚预应力空心板

喷大白浆二道

(二)文字编辑(DDEDIT,PROPERTIES)

在 AutoCAD 中标注文字后,有时会需要对文字本身或属性进行修改。AutoCAD 为此提供了两种编辑方法:使用“编辑…”命令和使用“特性”管理器。使用“编辑…”命令编辑文字时,只可修改文字的内容(其修改方法和常规的文本编辑器一样)而不能改变文字对象的格式和特性。使用“特性”管理器可以修改所选文字的内容、样式、位量、方向、大小、对正以及其他特性。

下列操作均可对文字进行编辑。

“文字”工具栏:

“修改”菜单:“对象”▶“文字”▶“编辑”

直接双击文字对象,也可以对文字进行修改。

快捷菜单:选择文字对象,在绘图区域中单击鼠标右键,然后单击“编辑”。

“标准”工具栏:

命令:ddedit 或 properties

二、创建或修改标注样式

AutoCAD 中,标注对象具有特殊的格式,由于各行各业对于标注的要求不同,所以在进行标注之前,必须修改标注的型式以适应本行业的标准。

AutoCAD 每种标注样式针对不同的标注对象可设置不同的样式,如线性尺寸标注、半径标注、直径标注、角度标注、引线标注、坐标标注等分别设置不同的样式,以满足对不同对象的标注要求。绘图时大部分都可以按给定尺寸样式进行标注,对于一些特殊的尺寸,可用尺寸编辑(dimedit)命令和尺寸文字编辑(dimtedit)命令进行修改。

标注样式控制着标注的格式和外观。通过对标注样式的设置,可以对标注的尺寸界线、尺寸线、箭头、中心标记或中心线,以及标住文字的内容和外观等进行修改。

“样式”工具栏:

“格式”菜单:“标注样式…”

“标注”菜单:“标注样式…”

命令:dimstyle

(一)线性尺寸样式的创建

线性尺寸样式的创建步骤如下:

(1)点击图 20-34 中的“新建”按钮,弹出如图 20-35 所示的“创建新标注样式”,并将新样式名改为“线性尺寸”或其他名称。点击“继续”按钮,返回“新建标注样式:线性尺寸”。

(2)下面介绍标注样式修改的各选项卡。

①直线各参数设置如图 20-36 所示。

基线间距指的是在基线标注时,两标注对象尺寸线间的垂直距离,注意该设置只在基线标注时有效,而在手工标注时两标注线的距离是手工进行而不受限制,设置值一般为 7。

②符号和箭头各参数设置如图 20-37 所示。

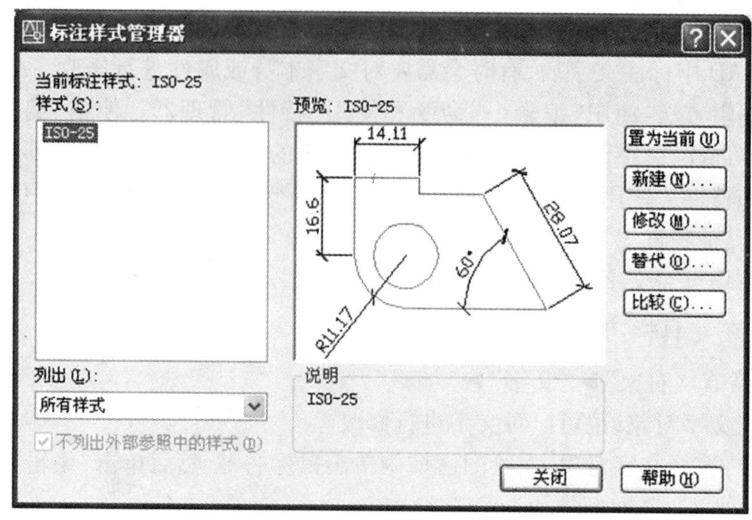

图 20-34　标注样式管理器

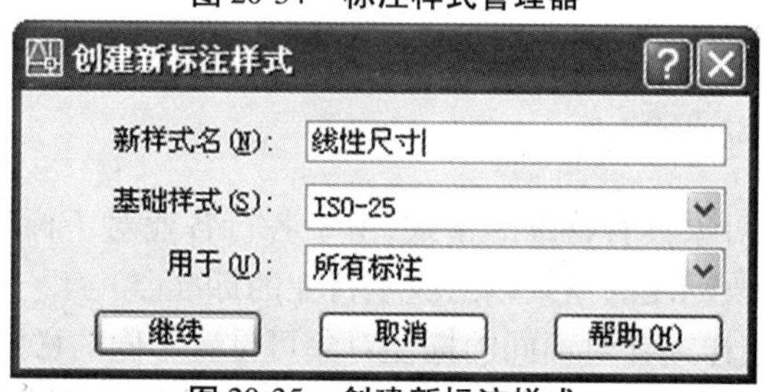

图 20-35　创建新标注样式

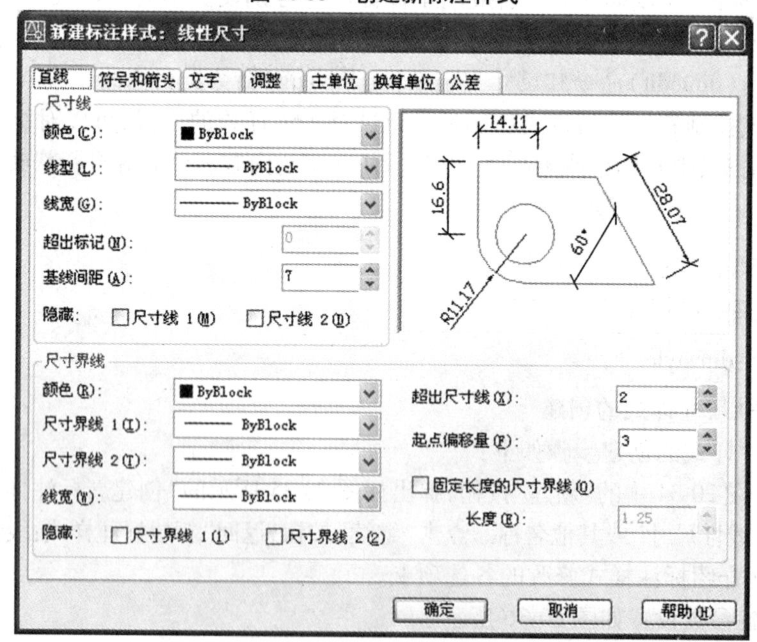

图 20-36　直线标签的设置

③文字各参数设置如图 20-38 所示。与尺寸线的偏移距离指的是文本底部与标注线的距离，设置为 1。

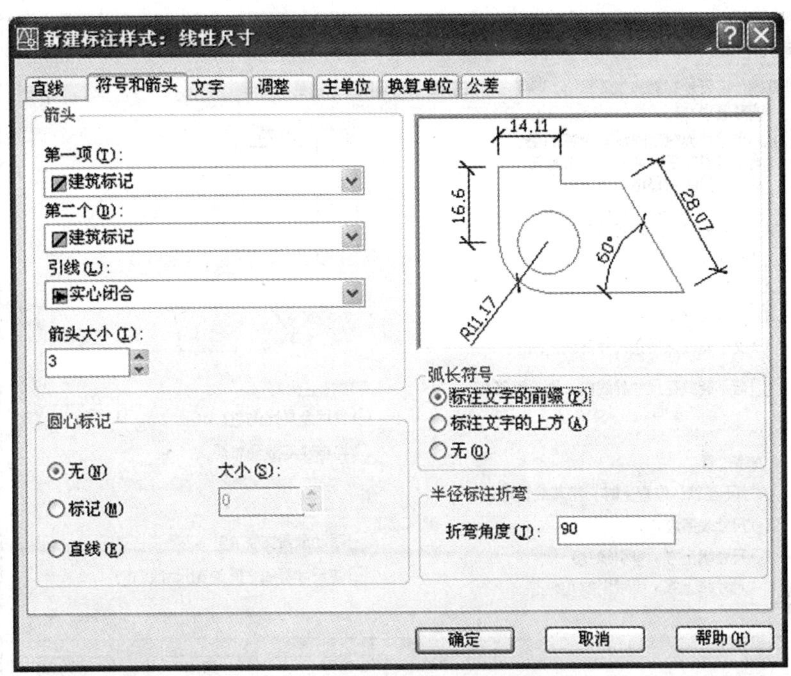

图 20-37　符号和箭头标签的设置

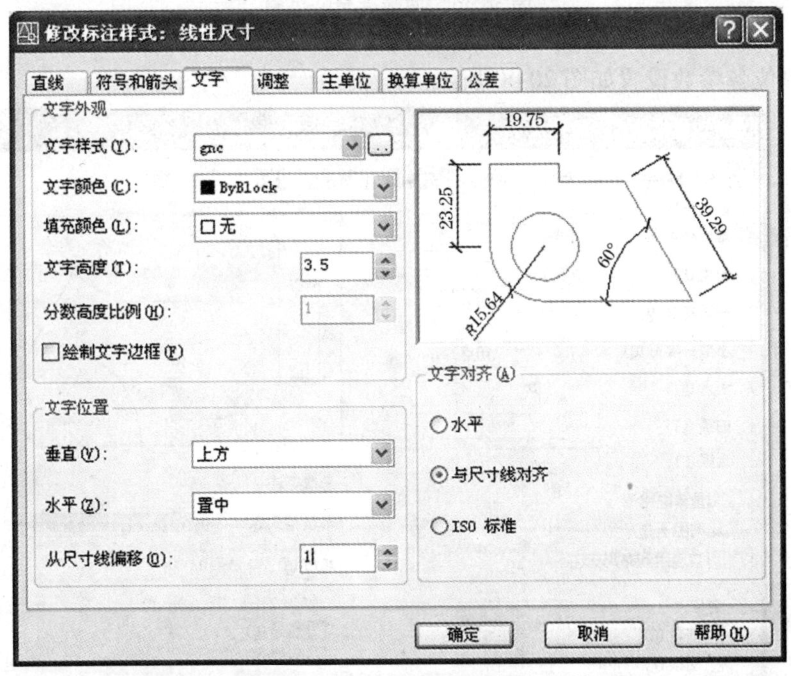

图 20-38　文字标签的设置

④调整各参数设置如图 20-39 所示。

"标注特征比例"栏是用来设置尺寸的缩放关系的。例如,绘图时按 1∶1 的比例绘制建筑施工图,打印输出时按 1∶100 的比例输出,需选择"使用全局比例",并将其数值改

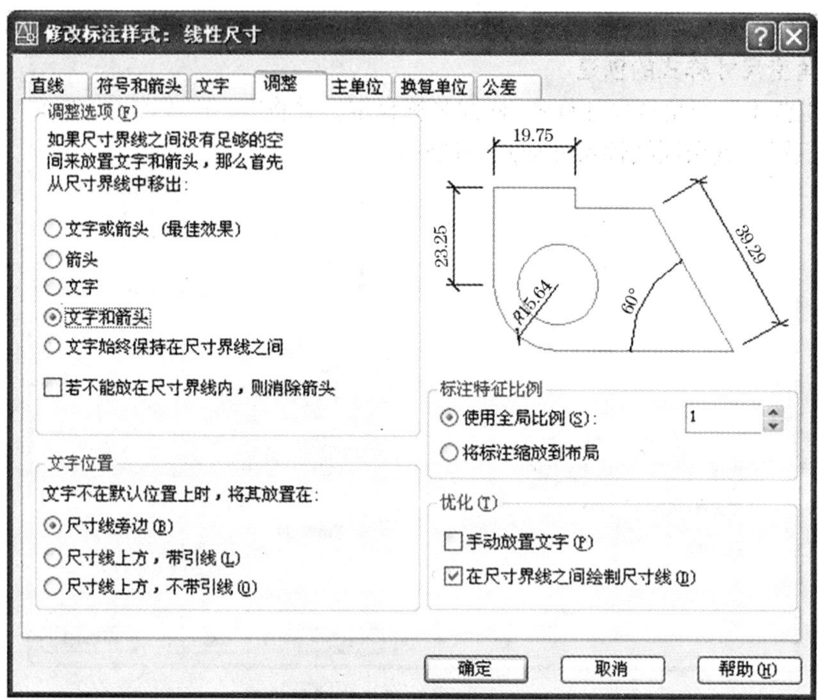

图 20-39　调整标签的设置

为 100。

⑤主单位各参数设置如图 20-40 所示。

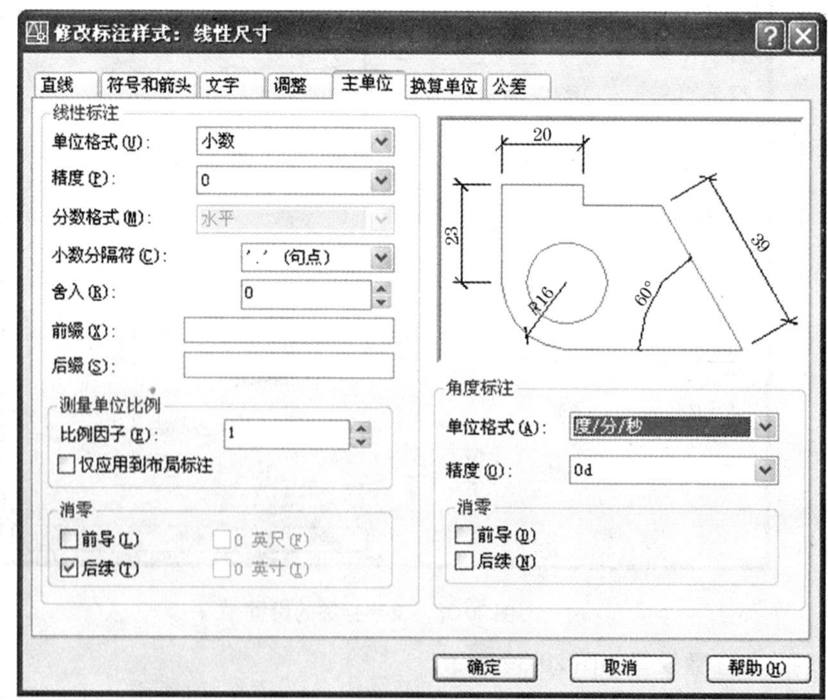

图 20-40　主单位标签的设置

⑥换算单位和公差在建筑制图中一般不采用，其中的选项大致与主单位中相同。

（二）角度尺寸样式的创建

只需要新建一个角度尺寸样式，样式名称自定。并将“文字”标签中的“文字对齐”方式改为“水平”。其余同线性尺寸样式的创建。

参考文献

1 朱育万.土木工程制图[M].北京:高等教育出版社,2001.
2 杜少岚,廖远明.画法几何及建筑制图[M].成都:四川科学技术出版社,1989.
3 同济大学建筑制图教研室.画法几何[M].上海:同济大学出版社,1985.
4 乐荷卿.建筑透视阴影[M].长沙:湖南大学出版社,1998.
5 何斌,陈锦昌,陈炽坤.建筑制图[M].北京:高等教育出版社,2001.
6 叶晓芹,林昌国.给水排水工程制图[M].北京:中国高等教育出版社,1993.
7 乐嘉龙.学看给水排水施工图[M].北京:高等教育出版社,2002.
8 刘志杰,张素敏,等.土木工程制图教程[M].北京:中国建材工业出版社,2004.
9 朱育万.画法几何及土木工程制图[M].北京:高等教育出版社,2000.
10 李国生.建筑透视与阴影[M].广州:华南理工大学出版社,2003.
11 许松照.画法几何与阴影透视(下册)[M].北京:中国建筑工业出版社,1998.
12 黄钟琏.建筑阴影和透视[M].上海:同济大学出版社,2004.
13 魏艳萍.建筑制图与阴影透视[M].北京:中国电力出版社,2004.
14 乐荷卿.土木建筑制图[M].武汉:武汉理工大学出版社,2001.